Olfert · Personalwirtschaft

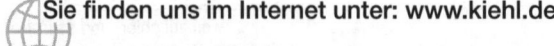Sie finden uns im Internet unter: www.kiehl.de

Kompendium der praktischen Betriebswirtschaft

Herausgeber Prof. Dipl.-Kfm. Klaus Olfert

Personalwirtschaft

von

Prof. Dipl.-Kfm. Klaus Olfert

12., überarbeitete und aktualisierte Auflage

Herausgeber:

Prof. Dipl.-Kfm. Klaus Olfert
Hochschule für Technik, Wirtschaft und Kultur Leipzig
Fachbereich Wirtschaftswissenschaften
Postfach 66, 04251 Leipzig

ISBN 13: 978 3 470 54382 6
ISBN 10: 3 470 54382 8 · 12. Auflage · 2006

Druck: Druckpartner Rübelmann, Hemsbach – ba

KOMPENDIUM DER PRAKTISCHEN BETRIEBSWIRTSCHAFT

Das Kompendium der praktischen Betriebswirtschaft soll dazu dienen, das allgemein anerkannte und praktisch verwertbare Grundlagenwissen der modernen Betriebswirtschaftslehre praxisgerecht, übersichtlich und einprägsam zu vermitteln.

Dieser Zielsetzung gerecht zu werden, ist gemeinsames Anliegen des Herausgebers und der Autoren, die durch ihr Wirken an Hochschulen, als leitende Mitarbeiter von Unternehmen und in der betriebswirtschaftlichen Unternehmensberatung vielfältige Kenntnisse und Erfahrungen sammeln konnten.

Das Kompendium der praktischen Betriebswirtschaft umfasst mehrere Bände, die einheitlich gestaltet sind und jeweils aus zwei Teilen bestehen:

- Dem Textteil, der systematisch gegliedert sowie mit vielen Beispielen und Abbildungen versehen ist, welche die Wissensvermittlung erleichtern. Zahlreiche Kontrollfragen mit Lösungshinweisen dienen der Wissensüberprüfung. Umfassende Literaturverzeichnisse zu jedem Kapitel verweisen auf die verwendete und weiterführende Literatur.

- Dem Übungsteil, der eine Vielzahl von Aufgaben und Fällen enthält, denen sich ausführliche Lösungen anschließen, die schrittweise und in verständlicher Form in die betriebswirtschaftlichen Fragestellungen einführen.

Als praxisorientierte Fachbuchreihe wendet sich das Kompendium der praktischen Betriebswirtschaft vor allem an:

- Studierende der Fachhochschulen und Universitäten, Akademien und sonstigen Institutionen, denen eine systematische Einführung in die betriebswirtschaftlichen Teilgebiete vermittelt werden soll, die eine praktische Umsetzbarkeit gewährleistet.

- Praktiker in den Unternehmen, die sich innerhalb ihres Tätigkeitsfeldes weiterbilden, sich einen fundierten Einblick in benachbarte Bereiche verschaffen oder sich eines umfassenden betrieblichen Handbuches bedienen wollen.

Für Anregungen, die der weiteren Verbesserung der Fachbuchreihe dienen, bin ich dankbar.

Prof. Klaus Olfert
Herausgeber

VORWORT ZUR 12. AUFLAGE

Die 12. Auflage wurde überarbeitet und aktualisiert. Insbesondere erfolgten auch arbeitsrechtliche Anpassungen, z. B. Veränderungen beim Arbeitslosengeld II, der Wegfall der Ich-AG zu Gunsten des Existenzgründerzuschusses, Veränderungen bei den Minijobs, das Verbot von Befristungen von Arbeitsverträgen für ältere Arbeitnehmer ohne sachlichen Grund, die Einführung des Allgemeinen Gleichstellungsgesetzes sowie des Saison-Kurzarbeitergeldes.

Ansonsten blieb die Grundstruktur der verschiedenen Kapitel voll erhalten:

* Kapitel A. befasst sich mit personalwirtschaftlichen Grundlagen, z. B. Motivationstheorien, der Personalabteilung, dem Personalcontrolling und dem Arbeitsrecht im Überblick.

* Die Personalplanung wird im Kapitel B. behandelt. Schwerpunkte sind die Personalbestands-, Personalbedarfs-, Personaleinsatz-, Personalbeschaffungs-, Personalfreistellungs-, Personalentwicklungs- und Personalkostenplanung.

* In Kapitel C. wird die Personalbeschaffung dargestellt, z. B. die Personalanforderung, die Beschaffungswege und Bewerbung, auch mithilfe des Internets, Auswahl und der Arbeitsvertrag.

* Dem Personaleinsatz ist Kapitel D. gewidmet. Es wird vor allem auf die Arbeitsaufnahme, den Arbeitsinhalt, den Arbeitsort und die Arbeitszeit eingegangen.

* Kapitel E. befasst sich als Personalführung mit Vorgesetzten, Mitarbeitern, Führungsmitteln, Führungsstilen und dem Führungserfolg.

* In Kapitel F. wird im Rahmen der Personalentlohnung z. B. auf die Lohnfindung, Löhne und sonstige Entgeltteile und Personalkosten eingegangen.

* Auf die Personalfreistellung wird in Kapitel G. als Personalbildung, Personalförderung und Organisationsentwicklung eingegangen.

* Kapitel H. umfasst die interne und externe Personalfreistellung mit Kündigung, Aufhebungsvertrag und Outplacement.

* Den Abschluss bildet die Personalverwaltung in Kapitel I., das sich u. a. mit Instrumenten, Personalinformationssystemen und dem Personalrechnungswesen beschäftigt.

Auch die 1.000 Kontrollfragen sowie die 80 Aufgaben und Fälle wurden durchgesehen und aktualisiert.

Für Anregungen der Leserinnen und Leser bin ich auch weiterhin dankbar.

Leipzig/Neckargemünd, im August 2006

Prof. Klaus Olfert

BENUTZUNGSHINWEIS

Kontrollfragen

Die Kontrollfragen dienen der Wissenskontrolle. Sie finden sich am Ende eines jeden Kapitels. Zur Wissenskontrolle wird folgende Vorgehensweise vorgeschlagen:

- Beantwortung der Kontrollfragen und Vermerk in der Spalte »bearbeitet«.

- Vergleich der beantworteten Kontrollfragen mit den in der Spalte »Lösungshinweis« gegebenen Textstellen.

- Vermerk in der Spalte »Lösung«, ob die beantworteten Kontrollfragen befriedigend (+) oder unbefriedigend (-) gelöst wurden.

Aufgaben/Fälle

Die Aufgaben/Fälle im Übungsteil dienen der Wissens- und Verständniskontrolle. Auf sie wird jeweils im Textteil hingewiesen:

Der Übungsteil befindet sich als »blauer Teil« am Ende des Buches. Es wird empfohlen, die Aufgaben/Fälle unmittelbar nach Bearbeitung der entsprechenden Textstellen zu lösen.

Aus Gründen der Praktikabilität und besserer Lesbarkeit wird darauf verzichtet, jeweils männliche *und* weibliche Personenbezeichnungen zu verwenden. So können z.B. Mitarbeiter, Arbeitnehmer, Vorgesetzte grundsätzlich sowohl männliche als *auch* weibliche Personen sein.

INHALTSVERZEICHNIS

F. Personalentlohnung

Übungsteil (Aufgaben/Fälle)

ABKÜRZUNGSVERZEICHNIS

AG	= Arbeitgeber	GewO	= Gewerbeordnung
AGB	= Allgemeine Geschäfts-bedingungen	GG	= Grundgesetz
		GmbH	= Gesellschaft mit beschränkter Haftung
AGG	= Allgemeines Gleichbe-handlungsgesetz		
		HAG	= Heimarbeitsgesetz
AktG	= Aktiengesetz	HGB	= Handelsgesetzbuch
AN	= Arbeitnehmer	JArbSchG	= Jugendarbeitsschutzgesetz
ArbnErfG	= Arbeitnehmer-erfindungsgesetz	KAPOVAZ	= Kapazitätsorientierte variable Arbeitszeit
ArbSichG	= Arbeitssicherheitsgesetz	KSchG	= Kündigungsschutzgesetz
ArbStättVO	= Arbeitsstättenverordnung	LohnFG	= Lohnfortzahlungsgesetz
ArbZG	= Arbeitszeitgesetz	MitbestG	= Mitbestimmungsgesetz
ArNeErfG	= Arbeitnehmer-erfindungsgesetz	MM	= Mitarbeitermonate
		MontanMitbestG	= Montan-Mitbestimmungs-gesetz
ASiG	= Arbeitssicherheitsgesetz		
AÜG	= Arbeitnehmer-überlassungsgesetz	MT	= Mitarbeitertage
		MTM	= Methods-Time-Measurement-Verfahren
AZO	= Arbeitszeitordnung		
BAG	= Bundesarbeitsgericht	MuSchG	= Mutterschutzgesetz
BB	= Betriebsberater	MW	= Mitarbeiterwochen
BBiG	= Berufsbildungsgesetz	NachwG	= Nachweisgesetz
BDA	= Bundesverband der Deut-schen Arbeitgeberverbände	OHG	= Offene Handelsgesellschaft
		PerVG	= Personalvertretungsgesetz
BDSG	= Bundesdatenschutzgesetz	SchwbG	= Schwerbehindertengesetz
BetrAVG	= Gesetz zur Verbesserung der betrieblichen Alters-versorgung	SGB	= Sozialgesetzbuch
		SIB	= Schweizerisches Institut für Betriebsökonomie und höhere kaufmännische Bildung
BetrVG	= Betriebsverfassungsgesetz		
BGB	= Bürgerliches Gesetzbuch		
BSHG	= Bundessozialhilfegesetz	TVG	= Tarifvertragsgesetz
BUrlG	= Bundesurlaubsgesetz	TzBfG	= Gesetz über Teilzeitarbeit und befristete Arbeitsverträge und zur Änderung und Aufhebung arbeitsrechtlicher Bestimmun-gen
CBT	= Computer Based Training		
DGFP	= Deutsche Gesellschaft für Personalführung e. V.		
DIB	= Deutsches Institut für Betriebswirtschaft	UWG	= Gesetz über den unlauteren Wettbewerb
DÜVO	= Datenübermittlungs-verordnung	VermBG	= Vermögensbildungsgesetz
		WF	= Work-Factor-Verfahren
EntgeltFZG	= Entgeltfortzahlungsgesetz	ZfB	= Zeitschrift für Betriebswirt-schaft
GdbR	= Gesellschaft des bürger-lichen Rechts		

A. Grundlagen

Unternehmen werden zu dem Zwecke betrieben, Leistungen zu erstellen. Dies geschieht durch die Kombination der **elementaren Produktionsfaktoren** als Arbeit, Betriebsmittel und Werkstoffe im Rahmen eines güterwirtschaftlichen Prozesses, der es notwendig macht, die Produktionsfaktoren zu beschaffen und planvoll einzusetzen.

Dem güterwirtschaftlichen Prozess steht ein finanzwirtschaftlicher Prozess gegenüber, denn für die zu beschaffenden Produktionsfaktoren fallen Auszahlungen an, die betrieblichen Leistungen führen zu Einzahlungen:

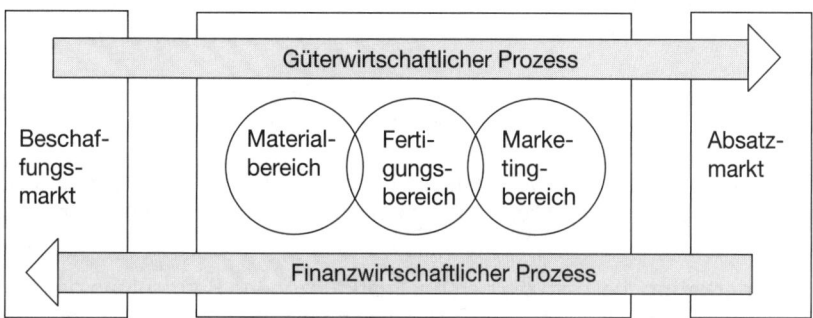

Um die Kombination der elementaren Produktionsfaktoren in geeigneter Weise vornehmen zu können, bedarf es **dispositiver Produktionsfaktoren**, die Leitung, Planung und Organisation darstellen.

Die menschliche Arbeit ist der bestimmende Faktor jeder betriebswirtschaftlichen Betätigung. Nicht nur als elementarer Produktionsfaktor, sondern auch als Träger der dispositiven Produktionsfaktoren hat sie eine herausragende Bedeutung.

Mit der menschlichen Arbeit beschäftigt sich die **Personalwirtschaft**, als deren Grundlagen dargestellt werden sollen:

Grundlagen der Personalwirtschaft	Personalwirtschaft
	Mitarbeiter
	Personalpolitik
	Personalabteilung
	Personalcontrolling
	Arbeitsrecht

Neben betriebswirtschaftlichen Gegebenheiten sind im Rahmen der Personalwirtschaft auch humanitäre, rechtliche, psychologische, soziologische Gesichtspunkte zu berücksichtigen.

1. PERSONALWIRTSCHAFT

Die Personalwirtschaft ist die Gesamtheit der mitarbeiterbezogenen Gestaltungs- und Verwaltungsaufgaben im Unternehmen. Ihre **Träger** sind die betrieblichen Führungskräfte und die Personalabteilung als Organisationseinheit. Der Personalwirtschaft obliegt die **betriebswirtschaftliche Mitarbeiterversorgung**, die unter zwei Aspekten zu erfolgen hat. Das sind:

- **Unternehmensbedürfnisse**, denn das Unternehmen muss bestmöglich mit geeigneten Mitarbeitern ausgestattet, also versorgt werden.

- **Mitarbeiterbedürfnisse**, denn für die Mitarbeiter eines Unternehmens ist Sorge zu tragen. Sie sind z. B. zu betreuen, zu entwickeln, zu führen, zu entlohnen.

Von der Personalwirtschaft werden mitunter **andere Begriffe** abgegrenzt, um einen personalwirtschaftlichen Schwerpunkt zu kennzeichnen, z. B.:

- **Personalmanagement**, bei welchem die Führung, Leitung und Steuerung des Personals im Mittelpunkt steht. Hier erfolgt vor allem eine instrumentelle Betrachtung der Mitarbeiter.

- **Personalmarketing**, bei dem die personalmarktbezogene Betrachtung des Personals das kennzeichnende Merkmal ist. Die Personalbeschaffung hat in diesem Begriff eine dominante Bedeutung.

- **Human Resource Management**, das teilweise als Synonym zur Personalwirtschaft oder zum Personalmanagement gesehen wird, aber auch weiter geht, indem es sich auf die ganzheitlich strategische Personalfunktion bezieht.

Aufgabe eines jeden Unternehmens ist das Wirtschaften mit dem Ziel des zweckgerichteten Handelns. Das gilt auch für alle Gegebenheiten, die sich auf das Personal beziehen. Da es wertvoll und teuer ist, muss es wirtschaftlich eingesetzt werden.

Das **Personal** stellt die Gesamtheit der Arbeitnehmer eines Unternehmens dar und wird häufig auch als **Belegschaft** bezeichnet. Dazu zählen auch die leitenden Mitarbeiter. Arbeitnehmer ist, wer in einem persönlichen Abhängigkeitsverhältnis entgeltliche Arbeit verrichtet.

In den letzten Jahren hat es sich eingebürgert, sie als Mitarbeiter zu bezeichnen, um damit das partnerschaftliche Verhältnis stärker zu betonen. Das Personal hat aus betrieblicher Sicht unterschiedliche **Eigenschaften**:

- Es ist **Arbeitsträger**, indem es Arbeiten verrichtet, Leistungen erbringt und damit wichtiger Teil des Wertschöpfungsprozesses ist. Aus dieser Sicht stellt es einen **Produktionsfaktor** dar.

- Es ist **motiviertes Individuum**, denn jeder Mitarbeiter hat bestimmte Motive und strebt eigenständige Ziele an. Diese können mit den vom arbeitgebenden Unternehmen angestrebten Zielen und Vorgaben übereinstimmen oder aber abweichen, wodurch sich **Probleme** zwischen den Parteien ergeben können.

- Es ist **Koalitionspartner**, wobei die Mitarbeiter üblicherweise verschiedenartigen Gruppen angehören:

  ▸ Arbeitnehmerarten, z.B. Arbeiter, Angestellte
  ▸ Arbeitnehmervertretung, z. B. Betriebsrat, Personalrat
  ▸ Berufsgruppen, z.B. Kaufleute, Techniker
  ▸ Hierarchieebenen, z.B. Sachbearbeiter, Abteilungsleiter
  ▸ Informellen Gruppen, z.B. ehemalige Auszubildende, Sangesbrüder

- Es ist **Entscheidungsträger**, denn in jeder Hierarchieebene und an jedem Arbeitsplatz müssen Entscheidungen gefällt werden. Sie haben unterschiedlich große Bedeutung und können für die Entwicklung eines Unternehmens wesentlich sein.

- Es ist **Kostenverursacher**, weil die Mitarbeiter einen Anspruch auf Entgelt und ergänzende Leistungen haben sowie für die vorzuhaltenden Arbeitsplätze entsprechende Kosten entstehen.

Die Vielfältigkeit und Vielgestaltigkeit der Beziehungen zwischen Mitarbeitern und Unternehmen sind Merkmale der Personalwirtschaft, die aufweist:

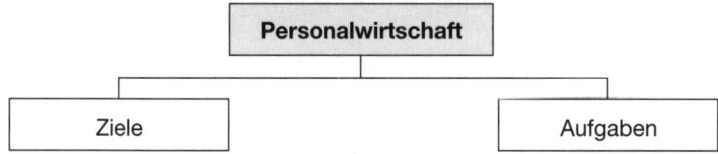

1.1 ZIELE

Die Verfolgung der personalwirtschaftlichen Ziele ist nicht nur Aufgabe der Personalabteilung, sondern auch der Unternehmensleitung, der Führungskräfte in den verschiedenen Abteilungen und des Betriebsrates. Sie sind vor allem:

- **Wirtschaftliche Ziele**

- **Soziale Ziele.**

Als weitere Arten von Zielen lassen sich **rechtliche Ziele**, z.B. die Rechtssicherheit auf dem Gebiet des Arbeitsrechtes, **organisatorische Ziele**, z.B. der angemessene Einsatz der Mitarbeiter im organisatorischen Gefüge des Unternehmens sowie **volkswirtschaftliche Ziele**, z.B. die Vermeidung von Arbeitslosigkeit, nennen.

Die personalwirtschaftlichen Ziele werden – wie auch die Ziele anderer funktionaler Bereiche – aus den Unternehmenszielen abgeleitet, die durch die Unternehmenseigentümer und/oder die Unternehmensleitung festgelegt werden.

Zwischen dem Personalbereich und den übrigen betrieblichen Bereichen bestehen wechselseitige **Abhängigkeiten**. Einerseits legen die Ziele der anderen Bereiche die personellen Erfordernisse fest, andererseits bestimmen die personell gegebenen Möglichkeiten maßgeblich die Festlegung erreichbarer Sachziele mit.

1.1.1 WIRTSCHAFTLICHE ZIELE

Die Versorgung des Unternehmens mit bestgeeigneten Mitarbeitern unter Berücksichtigung des ökonomischen Prinzips ist der Ausgangspunkt der wirtschaftlichen Ziele der Personalwirtschaft, die nach *Eckardstein* z. B. sind:

- **Optimaler Einsatz** des Elementarfaktors »menschliche Arbeit« und seine **bestmögliche Kombination** mit den übrigen Einsatzfaktoren.
- **Minimierung der Kostensumme** aller Einsatzfaktoren und Maximierung des Gewinnes gemäß dem ökonomischen Prinzip.
- **Steigerung der menschlichen Arbeitsleistung**, z. B. durch Fortbildung, aber auch durch Motivation.
- **Nutzung der Kreativität und Erfahrung** der Mitarbeiter zur Aufgabenerledigung, z. B. durch Mitarbeit im »kontinuierlichen Verbesserungsprozess«.

Den wirtschaftlichen Zielen stehen die sozialen Ziele teilweise konträr gegenüber.

1.1.2 SOZIALE ZIELE

Die bestmögliche Gestaltung der Arbeitsumstände für die Mitarbeiter ist das **soziale Hauptziel** der Personalwirtschaft. Aus ihm lässt sich eine Reihe von sozialen Zielen ableiten, die z. B. vor allem auf folgende Bereiche gerichtet sind:

▸ Arbeitsplatzgestaltung	▸ Arbeitsbedingungen
▸ Arbeitsschutz	▸ Personalführung
▸ Arbeitszeitgestaltung	▸ Personalentwicklung
▸ Entlohnung	▸ Mitbestimmung

Die sozialen Ziele, die teilweise auch als **humanitäre Ziele** bezeichnet werden, stehen im Spannungsfeld zwischen Unternehmensleitung und Betriebsrat.

1.2 AUFGABEN

Die Aufgaben der Personalwirtschaft sind vielfältig. Dem Aufbau des Buches folgend sollen als Aufgaben bzw. Funktionen unterschieden werden:

• **Aufgaben**, die in den folgenden **Hauptkapiteln** B. bis I behandelt werden:

Personal- planung ⇨ *Kapitel B.*	Sie ist die gedankliche Vorwegnahme des zukünftigen Personalge- schehens im Unternehmen und bildet die Grundlage für die anderen Aufgaben der Personalwirtschaft als: ▶ Die **Personalbestandsplanung**, die Ausgangspunkt jeder Perso- nalplanung ist. Dabei stellt der aktuelle Personalbestand die Basis für die Ermittlung des zukünftigen Personalbestandes dar. ▶ Die **Personalbedarfsplanung**, die sich unterschiedlicher Verfah- ren bedienen kann, um den zukünftigen Personalbedarf zu ermit- teln. ▶ Die **Personaleinsatzplanung**, mit welcher der Personalbestand mit dem Personalbedarf für einen zukünftigen Zeitpunkt abge- stimmt und notwendige Maßnahmen der Personalveränderung bzw. Personalentwicklung ermittelt werden. ▶ Die **Personalbeschaffungsplanung**, mit der festgelegt wird, wel- che Personalbeschaffungen vorzunehmen und auf welche Weise sie durchzuführen sind. ▶ Die **Personalfreistellungsplanung**, die darauf gerichtet ist, die künftig erforderlichen Personalfreistellungen als interne oder ex- terne Maßnahmen festzustellen. ▶ Die **Personalentwicklungsplanung**, die sich auf die Bildung des Personals im Rahmen der Ausbildung, Fortbildung oder Umschu- lung sowie die Förderung des Personals bezieht und auch die Or- ganisationsentwicklung einschließen kann. ▶ Die **Personalkostenplanung**, die notwendig ist, weil für das Per- sonal viele unterschiedliche Kosten entstehen, die für die Zukunft ermittelt und geplant werden müssen.
Personal- beschaffung ⇨ *Kapitel C.*	Sie befasst sich mit der Bereitstellung der für das Unternehmen er- forderlichen Arbeitskräfte in qualitativer, quantitativer sowie zeitlicher Hinsicht und umfasst vor allem: ▶ Die **Personalanforderung**, welche der Ausgangspunkt und die Grundlage für die Personalbeschaffung ist. ▶ Die **Beschaffungswege**, die interne oder externe Beschaffungs- wege sein können, d.h. Mitarbeiter werden aus dem Unternehmen selbst bzw. von außerhalb des Unternehmens beschafft, wobei das **Internet** zunehmend Bedeutung erlangt. ▶ Die **Bewerbung**, die vom personalsuchenden Unternehmen bear- beitet werden muss, insbesondere durch die systematische Aus- wertung der Bewerbungsunterlagen. Sie kann inzwischen auch mithilfe des **Internets** möglich sein. ▶ Die **Auswahl**, die der Ermittlung des geeignetsten Bewerbers dient. Im Mittelpunkt steht das **Vorstellungsgespräch**. Mitunter werden auch **Eignungstests** durchgeführt. ▶ Der **Arbeitsvertrag**, der mit dem ausgewählten Bewerber unbe- fristet oder befristet geschlossen wird.

Personaleinsatz ⇨ *Kapitel D.*	Er beginnt mit der Aufnahme der Tätigkeit eines Mitarbeiters im Unternehmen und endet mit seinem Ausscheiden aus dem Unternehmen. Durch ihn sollen bestmögliche Leistungsergebnisse erzielt, die Zufriedenheit der Mitarbeiter gefördert und die Kosten minimiert werden. Der Personaleinsatz umfasst: ▸ Die **Einführung** und **Einarbeitung der neuen Mitarbeiter**, die nicht nur neue Aufgaben übernehmen, sondern sich auch in einer neuen Umwelt zurechtfinden müssen. ▸ Den **Arbeitsinhalt**, der verschieden strukturiert sein kann. Dabei wird die traditionelle Arbeitsteilung zu Gunsten von Maßnahmen der Aufgabenerweiterung und Aufgabenbereicherung zunehmend reduziert. ▸ Den **Arbeitsort**, der innerhalb bzw. außerhalb des Unternehmens oder im Ausland liegen kann und als Arbeitsplatz in geeigneter Weise zu gestalten ist. ▸ Die **Arbeitszeit**, die einem gegebenen Bedarf bzw. den Mitarbeitern angepasst werden kann. Im Mittelpunkt stehen Dauer, Lage, Variabilität, Beeinflussbarkeit der Arbeitszeit durch den Mitarbeiter und/oder durch den Arbeitgeber.
Personalführung ⇨ *Kapitel E.*	Sie dient dazu, die Unternehmensziele und grundlegenden Strategien bzw. Entscheidungen in den hierarchischen Ebenen durch die Vorgesetzten umzusetzen. Dazu gibt es: ▸ **Führungsmittel**, derer sich die Führungskräfte bedienen können, z. B. Information, Kommunikation, Delegation. ▸ **Führungstechniken**, die grundsätzliche Verhaltens- und Verfahrensweisen zur Bewältigung der Führungsaufgaben darstellen und als »Management-by-Techniken« bekannt sind. ▸ **Führungsstile** als jeweilige Art und Weise, in der Vorgesetzte die unterstellten Mitarbeiter führen, z. B. als autoritärer oder kooperativer Führungsstil. Der **Führungserfolg** ist schließlich das Ergebnis, das die Führungskraft in Erfüllung ihrer Führungsaufgabe erzielt.
Personalentlohnung ⇨ *Kapitel F.*	Bei der Personalentlohnung geht es vor allem um: ▸ Die **Lohnfindung**, die anforderungs-, qualifikations-, leistungs-, qualitäts-, markt- oder sozialbezogen sein kann. ▸ Das **Entgelt**, das als Zeit-, Akkord-, Prämien- und Pensumlohn sowie als zusätzlicher Lohn und Erfolgs- bzw. Kapitalbeteiligung gewährt werden kann. ▸ Die **Personalkosten**, die aus Personalbasiskosten und Personalzusatzkosten, z. B. für Sozialleistungen, bestehen.
Personalentwicklung ⇨ *Kapitel G.*	Sie ist die Gesamtheit der Maßnahmen zur Verbesserung der Mitarbeiterqualifikation. Der Entwicklung des Personals dient die **Mitarbeiterförderung**, z.B. das Fördergespräch, das Coaching und Mentoring, sowie die **Mitarbeiterbildung** als:

▶ **Ausbildung**, welche eine betriebliche Erstberufsvermittlung ist. Neben einer Grundausbildung stehen der Erwerb von beruflichen Kenntnissen und Fertigkeiten im Mittelpunkt.

▶ **Fortbildung**, mit der insbesondere die beruflichen Kenntnisse und Fertigkeiten erweitert und an die aktuellen Entwicklungen angepasst werden.

▶ Die **Umschulung**, die eine Zweitausbildung darstellt, welche erwachsene Arbeitnehmer für eine andere als die bisher ausgeübte Tätigkeit befähigen soll, z. B. wegen Krankheit oder Unfall.

Personal-freistellung ⇨ *Kapitel H.*	Sie ist auf vielfältige Arten möglich. Es gibt: ▶ Die **interne Personalfreistellung**, bei der die personelle Kapazität durch die Änderung bestehender Arbeitsverhältnisse angepasst wird, ohne dass es zu einem Personalabbau kommt, z. B. durch Abbau von Mehrarbeit, Einführung von Kurzarbeit, Versetzung oder Änderungskündigung. ▶ Die **externe Personalfreistellung**, bei der die personelle Kapazität durch Beendigung bestehender Arbeitsverhältnisse angepasst wird, z. B. mithilfe von Kündigungen, Aufhebungsverträgen oder Outplacement.
Personal-verwaltung ⇨ *Kapitel I.*	In ihr werden die routinemäßigen **Daueraufgaben**, die sich auf die Arbeitnehmer beziehen, bewältigt. Sie befasst sich mit: ▶ Den **Aufgaben**, welche die Personalverwaltung in vielfältiger Weise wahrzunehmen hat, wobei diese sich an den personalwirtschaftlichen Funktionen orientieren. ▶ Der **Durchführung** der Personalverwaltung, die z. B. konventionell, im Dialog mit dem Computer oder automatisch erfolgen kann. ▶ Den die Abwicklung vereinfachenden **Instrumenten**, z. B. Personalakte, Personalkartei, Personalhandbuch. ▶ Den **Personalinformationssystemen**, mit denen die administrativen und dispositiven Tätigkeiten der Personalabteilung verbessert und beschleunigt werden können. ▶ Dem **Personalrechnungswesen**, das dazu dient, die Personalarbeit und deren Auswirkungen in quantitativer Form zu dokumentieren, z. B. als Buchhaltung, Kostenrechnung, Statistik.

• **Sonstige Aufgaben** der Personalwirtschaft, die bereits im **Kapitel A.** dargestellt werden:

Personal-politik	Sie umfasst alle Grundsätze und Entscheidungen, die sich auf die **wechselseitigen Beziehungen** zwischen Vorgesetzten und Mitarbeitern, zwischen Mitarbeitern untereinander und zwischen den Mitarbeitern und ihrer Arbeit beziehen. Ihre **Festlegung** kann in der Unternehmenssatzung, Ordnungen, schriftlichen Anweisungen oder mündlich erfolgen.

Personal-organisation	Bei ihr geht es um die **Organisation der Personalabteilung** hinsichtlich

Bei ihr geht es um die **Organisation der Personalabteilung** hinsichtlich

▸ Gliederung ▸ Ausrichtung
▸ Eingliederung ▸ Hilfsmitteln

| Personal-controlling | Es verbindet den Prozess der Planung, Kontrolle und Steuerung mit der Informationsversorgung. Mitunter bedient man sich dabei der **Personal-Portfolios**, die Ausdruck des personellen Leistungspotenzials eines Unternehmens sind. |

Bei der Mitarbeiterversorgung durch die Personalwirtschaft sind die beschriebenen wirtschaftlichen und sozialen Ziele zu beachten. Zunehmend wird die Personalwirtschaft als eine Betreuungs- und Beratungsaufgabe angesehen.

01 ≫ Seite 511

2. MITARBEITER

Die Personalwirtschaft ist auf die Mitarbeiter ausgerichtet, die sich von den anderen elementaren Produktionsfaktoren durch eine Reihe von **Besonderheiten** unterscheiden, welche für die Personalwirtschaft von wesentlicher Bedeutung sind:

- Die **Aktivität**, denn die Mitarbeiter sind nicht passiv, sondern haben ihren eigenen Willen, verfolgen selbstgesteckte Ziele, entwickeln Initiative.

- Die **Individualität**, denn der einzelne Mitarbeiter unterscheidet sich von anderen Mitarbeitern in einer Vielzahl von Merkmalen, z. B. Leistungsfähigkeit, Temperament und Motive – siehe S. 215. Im Übrigen treten Mitarbeiter als jugendliches, älteres, weibliches, männliches, behindertes, ausländisches Personal in Erscheinung – siehe Seite 216.

- Die **Motivation**, denn jeder Mitarbeiter soll trotz seiner eigenständigen Ziele die Unternehmensziele in geeigneter Weise verfolgen.

- Die **Probabilität**, denn das Verhalten der Mitarbeiter ist nicht deterministisch bestimmbar, sondern nur im Rahmen der Wahrscheinlichkeit vorhersagbar.

- Die **Beeinflussbarkeit**, denn jeder Mitarbeiter ist von psychologischen und physischen Einflüssen abhängig, die nur zum Teil zu beeinflussen sind.

- Die **Zugehörigkeit**, denn die Mitarbeiter sind auch Mitglieder verschiedener sozialer Gruppierungen, z. B. formeller Gruppen oder informeller Gruppen – siehe S. 216.

Für die Personalwirtschaft wurde eine Vielzahl von Ansätzen, Theorien und Modellen im Hinblick auf das Verhalten, die Bedürfnisse, die Zufriedenheit bzw. die Motivation der Mitarbeiter entwickelt. Ausgangspunkte **personalwirtschaftlicher Ansätze**, die bis heute auf die Personalwirtschaft wirken, waren in der Vergangenheit u.a.:

- Der **Scientific Management-Ansatz**, der 1911 von *Taylor* entwickelt wurde. Er ist vor allem durch den rationellen Einsatz von Menschen und Maschinen im Produktionsprozess geprägt. Merkmale des auch als **wissenschaftliche Betriebsführung** bezeichneten Ansatzes sind vor allem:

▸ Leistungs- und Effizienzdenken	▸ Materielle Anreizsysteme
▸ Streben nach Produktivität	▸ Strenge Arbeitsteilung
▸ Systematische Arbeitszeitstudien	▸ Optimierung der Arbeitsumgebung

Der Mensch wird bei diesem Ansatz nicht als soziales Wesen betrachtet, sondern eher wie eine Maschine behandelt, was zu seiner **Entwürdigung** führt. Dem stand in der Vergangenheit eine deutlich positive Produktivität gegenüber.

- Der **Human-Relations-Ansatz**, dem Forschungsarbeiten von *Mayo, Roethlisberger* u.a. in den Hawthorne-Werken (1927–1932) zu Grunde liegen, die sich mit verschiedenen **Experimenten** beschäftigten:

Licht-experiment	Dabei wurde eine **Testgruppe** und eine **Kontrollgruppe** gebildet, die in ihren Arbeitsbereichen unterschiedlich starker Beleuchtung ausgesetzt wurden. Beide Gruppen wiesen trotz **unterschiedlicher Beleuchtungsstärken** etwa gleiche Leistungssteigerungen auf. Als Hauptgrund dafür wurde erkannt, dass mit den Betroffenen bei nötigen Änderungen jedesmal gesprochen wurde, also Zuwendung erfolgte.
Pausen-experiment	Hier wurden ähnliche Ergebnisse erzielt. Auch bei diesem Experiment war nicht die **Zunahme der Pausen** für die stetige Leistungssteigerung entscheidend, sondern die veränderte soziale Einstellung gegenüber den Arbeitern.
Beobachtungs-raum – Experiment	Dabei montierten Arbeiter Schalter für Telefonanlagen. Es wurde angenommen, dass sie so hart wie möglich arbeiten würden, um einen möglichst hohen Stundenlohn zu erreichen. Die Arbeiter produzierten aber weit weniger als das, wozu sie physisch in der Lage gewesen wären, denn sie folgten einer **sozialen Norm**, welche die Produktionsmenge gruppenintern festlegte.

Zusammenfassend kann beim Human-Relations-Ansatz festgestellt werden:

- ▸ Das **Leistungsverhalten** wird vorrangig durch soziale Normen und nicht durch physiologische Leistungsgrenzen und finanzielle Anreize der Mitarbeiter bestimmt.
- ▸ Als **Leistungsursache** ist im Wesentlichen die Zufriedenheit anzusehen, die z. B. durch günstige Aufstiegsmöglichkeiten, Vorgesetzte, abwechslungs- und inhaltsreiche Arbeit, Einfluss auf Arbeitsmethoden und Arbeitsgestaltung bewirkt wird.
- ▸ Der **Leistungsförderung** dienen die Kommunikation zwischen den hierarchischen Ebenen, die Information der Mitarbeiter und intensive Personalbetreuung.
- ▸ Bei den **Führungsgegebenheiten** ist stets zwischen formeller und informeller Führung zu unterscheiden.

Gegen den Human-Relations-Ansatz gibt es **Einwände**. So wird festgestellt, dass es keinen Automatismus zwischen Zufriedenheit und hoher Leistung gibt. *March* und *Simon* gehen z. B. davon aus, dass auch Unzufriedenheit zu hoher Leistung führen kann. Weiterhin wird vorgebracht, dass die sozialen Bedürfnisse der Mitarbeiter zu stark betont werden und ein Ausgleich zwischen betrieblichen und sozialen Zielen nicht zwangsläufig gegeben sein muss.

Im Rahmen der Motivationsforschung sind vielfältige Theorien entwickelt worden. Dazu zählen folgende **Motivationstheorien**:

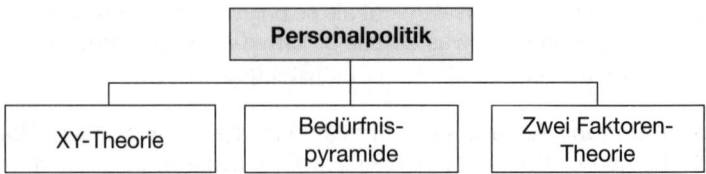

Die genannten Theorien werden den **Inhaltstheorien** zugerechnet, die sich auf die Inhalte der Motive beziehen, die Menschen mehr oder weniger zur Arbeit motivieren. Sie unterscheiden sich von den **Prozesstheorien**, die nicht auf inhaltlich bestimmte Motive eingehen, sondern den Handlungsprozess betrachten und zu erklären versuchen, wie das menschliche Verhalten aktiviert, gerichtet und beendet wird und warum Menschen bestimmte Wege wählen, um ihre Ziele zu erreichen (*Weinert*).

2.1 XY-THEORIE

Die XY-Theorie von *McGregor* basiert auf unterschiedlichen **Menschenbildern**. Die Theorie X sieht den Menschen negativ, die Theorie Y positiv:

X-Theorie	Y-Theorie
▸ Der Durchschnittsmensch ist träge und geht der Arbeit so weit wie möglich aus dem Weg.	▸ Arbeitsunlust ist nicht von Natur angeboren, sondern Folge schlechter Arbeitsbedingungen.
▸ Mitarbeiter haben nur wenig Ehrgeiz, scheuen Verantwortung und möchten angeleitet werden.	▸ Mitarbeiter akzeptieren Zielvorgaben. Sie besitzen sowohl Selbstdisziplin als auch Selbstkontrolle.
▸ Mitarbeiter sind durch ein dominantes Sicherheitsstreben gekennzeichnet.	▸ Die Mitarbeiterpotenziale sind größer als vermutet und damit stärker als erwartet nutzbar.
▸ Durch Druck und mithilfe von Sanktionen muss versucht werden, die Unternehmensziele zu erreichen.	▸ Durch Belohnung und die Möglichkeit zur Persönlichkeitsentfaltung werden die Unternehmensziele am ehesten erreicht.
▸ Straffe Führung und häufige Kontrolle sind wegen der Trägheit des Menschen unerlässlich.	▸ Bei günstigen Erfahrungen suchen die Mitarbeiter die Verantwortung, wenn sie richtig geführt werden.

└▸ erfordert eher **autoritären Führungsstil**   └▸ erfordert eher **kooperativen Führungsstil**

McGregor ist davon überzeugt, dass in der Führung von der Theorie Y ausgegangen werden sollte und empfiehlt, die Theorie X aufzugeben. Mitarbeiter, die eher X-orientiert zu sein scheinen, sollen in Richtung Y geführt werden. Vorgesetzte, die ihre Mitarbeiter nach der Theorie X beurteilen, machen es sich häufig zu leicht. Andererseits werden nicht alle Mitarbeiter von einem kooperativen Führungsstil angesprochen.

2.2 BEDÜRFNISPYRAMIDE

Von *Maslow* wurde eine hierarchische Ordnung der menschlichen Bedürfnisse aufgestellt, die insbesondere in Pyramidenform bekannt geworden ist:

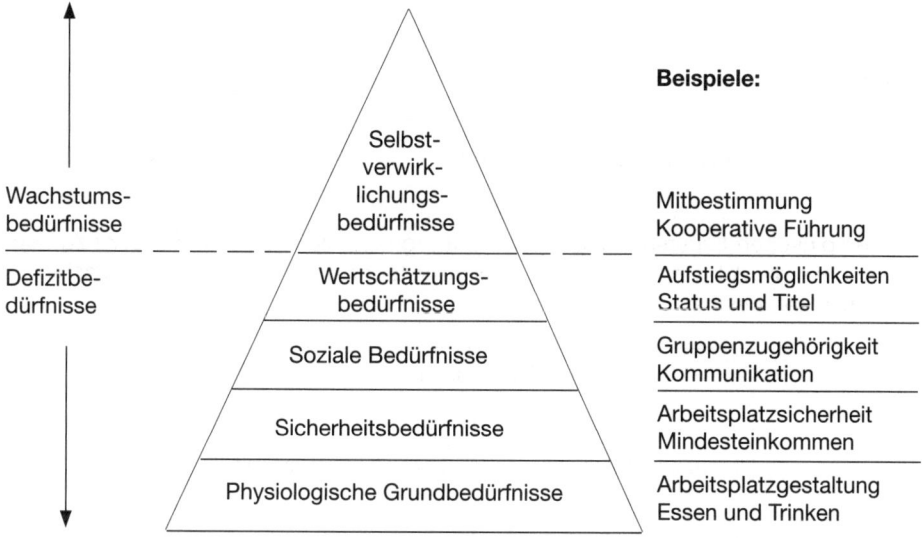

Während die oberste Bedürfnisstufe die Wachstumsbedürfnisse umfasst, werden die anderen Bedürfnisstufen als **Defizitbedürfnisse** bezeichnet, die folgende Merkmale aufweisen:

* Die Befriedigung der niedrigeren Defizitbedürfnisse hat eine höhere Priorität als die Befriedigung höher angeordneter Defizit- und Wachstumsbedürfnisse.

* Eine teilweise Nichterfüllung von Defizitbedürfnissen kann Krankheiten körperlicher und/oder seelischer Art hervorrufen.

* Mit der vollen Befriedigung eines Defizitbedürfnisses wird es verhaltensunwirksam, d.h. dass dieses Bedürfnis nicht mehr bedeutsam ist.

* Je mehr Bedürfnisse mit hoher Priorität befriedigt werden, umso größere Bedeutung erlangen die Bedürfnisse geringer Priorität.

Wachstumsbedürfnisse sind nach *Maslow* nur latente Bedürfnisse, solange die Defizitbedürfnisse nicht weitgehend befriedigt sind.

Die Bedürfnispyramide ist sehr bekannt und gilt heute als Basis für viele Motivationsbe-
mühungen in deutschen Unternehmen.

2.3 ZWEI FAKTOREN-THEORIE

Der Human-Relations-Ansatz geht davon aus, dass die **Zufriedenheit** und die **Unzufriedenheit** der Mitarbeiter die beiden Extrempunkte sind, welche sich durch unterschiedliche Ausprägungen gleicher Faktoren ergeben:

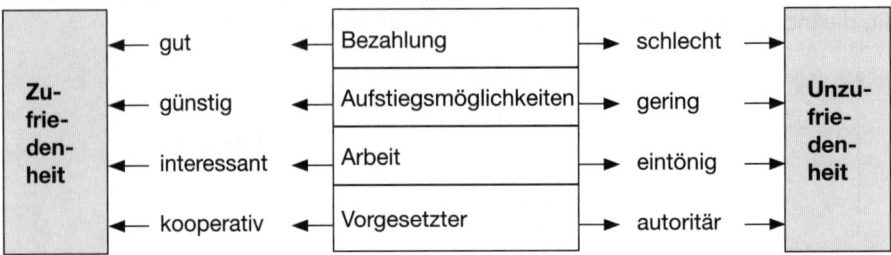

In einer empirischen Untersuchung – der *Pittsburgh*-Studie – kommt *Herzberg* zu dem
Ergebnis, dass die Arbeitszufriedenheit oder Arbeitsunzufriedenheit zwei unterschiedliche Dimensionen besitzt:

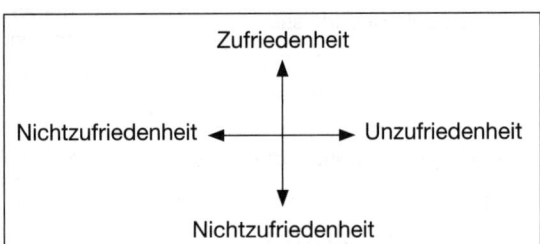

Er führt das darauf zurück, dass zwei unterschiedliche **Faktoren** gegeben sind:

- **Motivatoren** als Faktoren, die in direktem Zusammenhang mit der Arbeitsaufgabe des
  Mitarbeiters stehen, z. B. Anerkennung, Aufstieg, Arbeitserledigung, Erfolg.

- **Hygienefaktoren** als Faktoren, die in keinem direkten Zusammenhang mit der Arbeitsaufgabe stehen, z. B. Entlohnung, Vorgesetztenfähigkeiten, Kollegenbeziehun-
  gen, Vorgesetztenverhältnis.

Herzberg leitet für diese zwei Faktoren verschiedene **Wirkungen** ab:

- Fehlen Hygienefaktoren, so ergibt sich Unzufriedenheit.

- Durch das Vorhandensein von Motivatoren kann das Fehlen von Hygienefaktoren nur
  teilweise und unvollständig ausgeglichen werden.

- Sind Hygienefaktoren vorhanden, wird das als Selbstverständlichkeit betrachtet. Von
  ihnen geht keine Motivationswirkung aus.

- Durch Motivatoren kann bei Vorliegen der Hygienefaktoren eine positive Wirkung erreicht werden.

Die Zwei Faktoren-Theorie ist in der Wissenschaft nicht ohne Kritik, hat jedoch eine starke Resonanz in der Praxis gefunden.

02 Seite 511

3. Personalpolitik

Unternehmen werden durch ihre Ziele und Aufgaben bestimmt:

- **Aufgaben** sind Arbeitsaufträge der Unternehmenseigner, z. B. als Fertigung und Vertrieb von Fernsehgeräten oder als Beratungs- und Dienstleistungen.

- **Ziele** sind Vorstellungen, was mit der Aufgabenerledigung erreicht werden soll, z. B. Gewinnerzielung oder Bevölkerungsversorgung.

Mit der **Unternehmenspolitik** wird festgelegt, in welcher Weise die Aufgaben erledigt und wie die angestrebten Ziele erreicht werden sollen. In ihrem Rahmen müssen bestimmt werden:

- **Teilziele** für die einzelnen Unternehmensbereiche, also auch für die Personalwirtschaft, und **Zwischenziele** zur Erreichung der Endziele.

- **Handlungsarten**, die zur Aufgabendurchführung und zur Zielerreichung einzuhalten sind, z. B. Strategien, Methoden, Verfahrensarten und Techniken, Taktiken, Maßnahmen.

- **Verhaltensnormen**, die für die Mitarbeiter gelten. Diese sind für die Personalwirtschaft von besonderer Bedeutung.

Die **Personalpolitik** umfasst alle Grundsätze und Entscheidungen, die sich auf die wechselseitigen Beziehungen zwischen Vorgesetzten und Mitarbeitern, zwischen Mitarbeitern untereinander und zwischen den Mitarbeitern und ihrer Arbeit beziehen. Ihre **Ziele** sind die Steigerung:

- Der Leistungs**fähigkeit** der Mitarbeiter, z. B. durch Personalentwicklung.
- Der Leistungs**bereitschaft** der Mitarbeiter, z. B. durch kooperative Führung.
- Der Leistungs**möglichkeit** der Mitarbeiter, z. B. durch Arbeitsplatzgestaltung.

Die Entscheidungen, die im Rahmen der Personalpolitik erfolgen, sind sowohl Zielentscheidungen als auch Mittelentscheidungen. Nach ihrem **Inhalt** gibt es:

- **Grundsatzentscheidungen**, die als Leitlinien für Personalstrategien von der Unternehmensleitung formuliert werden und richtungsweisend sind.

- **Einzelentscheidungen**, mit denen die Grundsatzentscheidungen durch Vorgesetzte in den betrieblichen Bereichen ausgeführt und umgesetzt werden.

Die Personalpolitik ist unter zwei Gesichtspunkten zu betrachten:

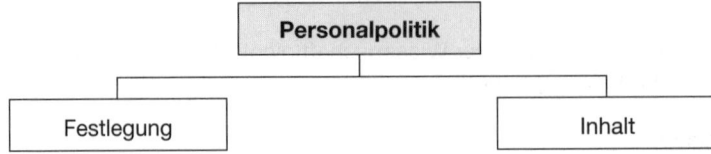

3.1 FESTLEGUNG

Personalpolitische Festlegungen können unterschiedlich vorgegeben werden, z. B.:

- Durch eine **Unternehmenssatzung**, in der oftmals bereits die wesentlichen personalpolitischen Grundsätze festgeschrieben werden.

- Durch **Ordnungen**, die vielfach personalpolitische Grundsätze enthalten und von den Unternehmen in unterschiedlicher Art herausgegeben werden können, z. B. als Geschäftsordnung, Arbeitsordnung, Betriebsordnung.

- Durch **Anweisungen** in schriftlicher Form – insbesondere der Personalabteilung – die den Mitarbeitern personalpolitische Grundsätze vorgeben, z. B. in Form von Arbeitsanweisungen, Grundsatzerklärungen oder Organisationsrichtlinien.

Personalpolitische Vorgaben sind nicht bei allen Unternehmen schriftlich festgelegt, sondern existieren auch in **mündlicher Form**, der »**Tradition** des Unternehmens« oder der »selbstverständlichen **Haltung**« einer jeden Führungskraft.

3.2 INHALT

Personalpolitische Festlegungen sind inhaltlich auf unterschiedliche Bereiche zu beziehen, woraus sich die **Grundsätze der Personalpolitik** ergeben, z. B. als:

- **Allgemeine Grundsätze**, die für alle Bereiche des Unternehmens gültige Grundsätze der Personalpolitik sind. Dazu zählen:

Prinzip der internen Aufstiegsbesetzung	Leitungspositionen werden nur durch bereits im Unternehmen tätige Mitarbeiter und nicht durch die Anwerbung externer Fach- und Führungskräfte besetzt.
Prinzip der repräsentativen Meinungsermittlung	Durch regelmäßige Meinungsumfragen bei den Mitarbeitern ist ein repräsentatives Meinungsbild einzuholen, das bei der Festlegung der Unternehmenspolitik auch entsprechende Berücksichtigung finden sollte.
Prinzip der Mitarbeiterbeteiligung	Die Mitarbeiter sind am Unternehmen in geeigneter Weise zu beteiligen. Das kann z. B. durch die Ausgabe verbilligter Aktien geschehen.

- **Grundsätze für Vorgesetzte**, die z. B. sein können:

Prinzip der offenen Tür	Jeder Mitarbeiter hat das Recht, Anliegen und Beschwerden auch bei höheren Vorgesetzten persönlich vorzutragen.
Prinzip der Mitarbeiter- beurteilung	Jeder Mitarbeiter hat einen Anspruch auf ein Beurteilungs- und För- derungsgespräch im Jahr oder in einem anderen festgelegten Zeit- rahmen.
Prinzip der Mitarbeiter- förderung	Jeder Vorgesetzte hat seine Mitarbeiter zu fördern, z. B. durch Fort- bildungsmaßnahmen, Mitarbeiterveröffentlichungen, Aufstiegsvor- schläge.

- **Grundsätze für das Personalwesen**, zu denen zählen:

Prinzip der Behinderten- bevorzugung	Bei gleichwertigen Bewerbern auf eine vom Unternehmen ausge- schriebene Stelle sind behinderte Bewerber bei der Einstellung zu bevorzugen.
Prinzip der Zu- sammen- arbeit	Mit dem Betriebsrat ist eine vertrauensvolle Zusammenarbeit anzu- streben, die sich z. B. in umfassender Information und offener Kom- munikation zeigt.
Prinzip des Qualifizierungs- angebotes	Den Mitarbeitern sind Fortbildungsveranstaltungen zur allgemeinen und betriebsspezifischen Qualifikation anzubieten, die von ihnen ge- nutzt werden können.

4. PERSONALABTEILUNG

Die Personalabteilung ist die **Organisationseinheit** im Unternehmen, die sich mit der Gesamtheit der mitarbeiterbezogenen Gestaltungs- und Verwaltungsaufgaben befasst. Sie wird auch als **Personalwesen** bezeichnet und trägt – zusammen mit den betriebli- chen Führungskräften – die Personalwirtschaft. Die Personalabteilung wirkt auch mit der Unternehmensleitung und dem Betriebsrat zusammen.

Der Personalabteilung wird i.d.R. auch das **Sozialwesen** zugerechnet. Eine Trennung beider Bereiche hat sich nicht als sinnvoll erwiesen, da die Aufgabenstellungen beider Bereiche eng verwoben sind.

Die Personalabteilung wird vom **Personalleiter** geführt, dessen Aufgaben weit über die anderer Abteilungsleiter hinausgehen, und an den deshalb vielfältige Anforderungen zu stellen sind. Seine **Aufgaben** umfassen zusätzlich:

- Die **Gestaltung der sozialen Beziehungen**, insbesondere in Bezug auf das Betriebs- klima, das Verhältnis zum Betriebsrat und das Mitarbeiterverhalten.

- Die **Einflussnahme auf Sozialleistungen und Sozialeinrichtungen**, z. B. auf die Art, Größe, Struktur und Ziele der Sozialleistungen sowie die Weiterentwicklung des Sozi- alsystems.

- Die **Bestimmung der Personalführung**, z. B. durch Einflussnahme auf die Führungsgrundsätze, Führungsschulung, Führungsanweisungen.

- Die **Mitsprache in Sonderbereichen**, denn der Personalleiter betreut vielfach die Beauftragten des Unternehmens für Sonderaufgaben, z. B. als Pressesprecher, Datenschutzbeauftragter, Sicherheitsbeauftragter oder Leiter des Vorschlagswesens.

Die Personalabteilung soll unter vier Gesichtspunkten betrachtet werden:

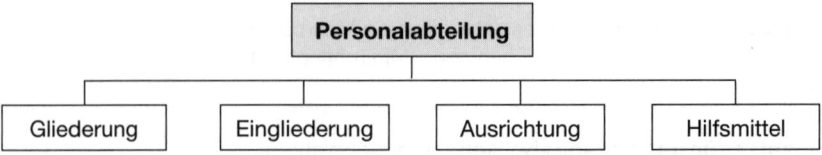

Während die Gliederung den Aufbau der Personalabteilung betrifft, zeigt die Eingliederung ihre Stellung bzw. Bedeutung innerhalb des Unternehmens.

4.1 GLIEDERUNG

In **kleinen Unternehmen** werden die personalwirtschaftlichen Aufgaben üblicherweise vom Unternehmer oder vom Verwaltungs- bzw. kaufmännischen Leiter und seinen Mitarbeitern ausgeübt. Erst in **mittleren Unternehmen** gibt es vielfach eine Personalabteilung bzw. ein Personalwesen. In **großen Unternehmen** findet man häufig Personalbereiche vor, die eine Reihe von Abteilungen umfassen.

Unabhängig von der Unternehmensgröße stellt sich immer die Frage, ob die **Entgeltrechnung** als Lohnrechnung, Gehaltsrechnung bzw. Provisionsrechnung dem Rechnungswesen oder in der Personalabteilung zugeordnet wird.

Die Gliederung der Personalabteilung wird dargestellt für:

- **Mittlere Unternehmen**

- **Großunternehmen**.

4.1.1 MITTLERE UNTERNEHMEN

Die Personalabteilung in mittleren Unternehmen ist oftmals eine Abteilung mit dem Personalleiter als Abteilungsleiter. Die Stellen innerhalb der Personalabteilung können unterschiedlich gegliedert werden. Es sind zu unterscheiden:

- Die **mitarbeiterbezogene Organisation**, die früher nach Arbeitern, Angestellten und gegebenenfalls Auszubildenden unterteilt wurde.

Beispiel:

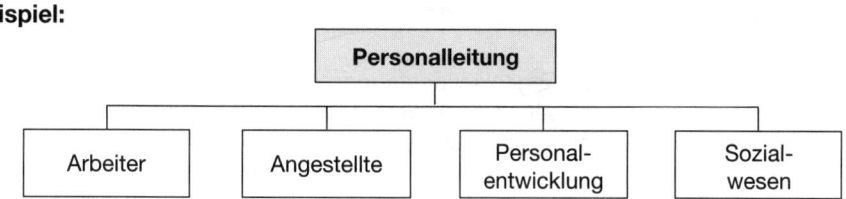

Da die Unterschiede zwischen Arbeitern und Angestellten in den letzten Jahren insbesondere unter arbeitsrechtlichen Gesichtspunkten immer geringer geworden sind, bietet sich diese Gestaltungsweise heute vielfach nicht mehr an.

- Die **aufgabenbezogene Organisation**, die sich wegen deutlich erweiterter und komplexerer personalwirtschaftlicher Aufgaben empfehlen kann.

Beispiel:

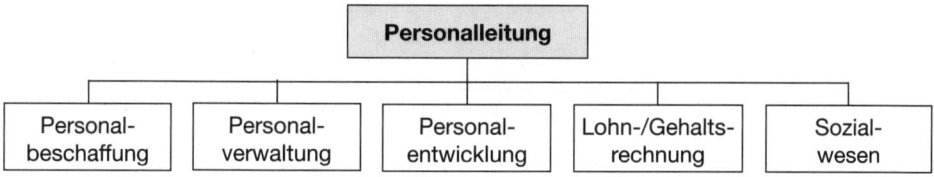

Mit der Bildung aufgabenbezogener bzw. funktionaler **Spezialbereiche** wurden in der Vergangenheit die Aufgabenstellungen eng abgegrenzt sowie sehr rationell und fachlich qualifiziert abgewickelt. Die Arbeitnehmer hatten bei unterschiedlichen Problemstellungen aber immer wieder andere Ansprechpartner, was einer guten persönlichen Mitarbeiterbetreuung nicht förderlich war.

- Aus dieser Problematik heraus ist es vielfach wieder zu einer Rückentwicklung der Spezialisierung gekommen. **Personalreferenten** werden für bestimmte Mitarbeitergruppen oder Unternehmensbereiche eingesetzt, deren Aufgabe die Mitarbeiterbetreuung »aus einer Hand« ist.

Beispiel:

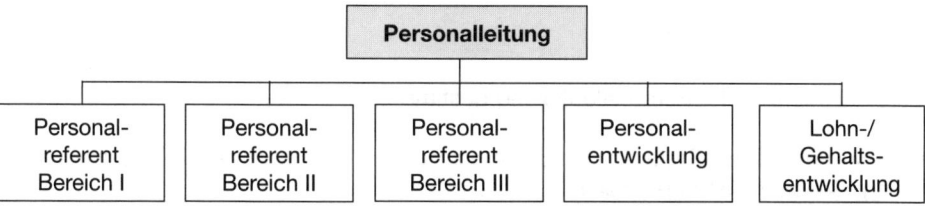

Wie zu sehen ist, bietet es sich auch beim Personalreferenten-Konzept gegebenenfalls an, einzelne Aufgabenstellungen zu zentralisieren.

4.1.2 GROSSUNTERNEHMEN

Sind Großunternehmen in den Organisationsformen der Divisionalorganisation, Matrix-organisation oder Tensororganisation gegliedert, besitzen die verschiedenen Unternehmens- oder Geschäftsbereiche üblicherweise jeweils eigenverantwortliche Personalabteilungen, die i.d.R. so aufgebaut sind, wie dies für mittlere Unternehmen beschrieben wurde.

Wird in Großunternehmen mit *einem* Bereich »**Personalwesen**« gearbeitet, ist dieser Bereich oftmals gekennzeichnet durch:

* Größere Zahl von Personalstellen
* Mehrere hierarchische Ebenen im Personalbereich
* Zunehmende Spezialisierung des Personalwesens.

Ein solcher Personalbereich kann z. B. die folgende Gliederung ausweisen:

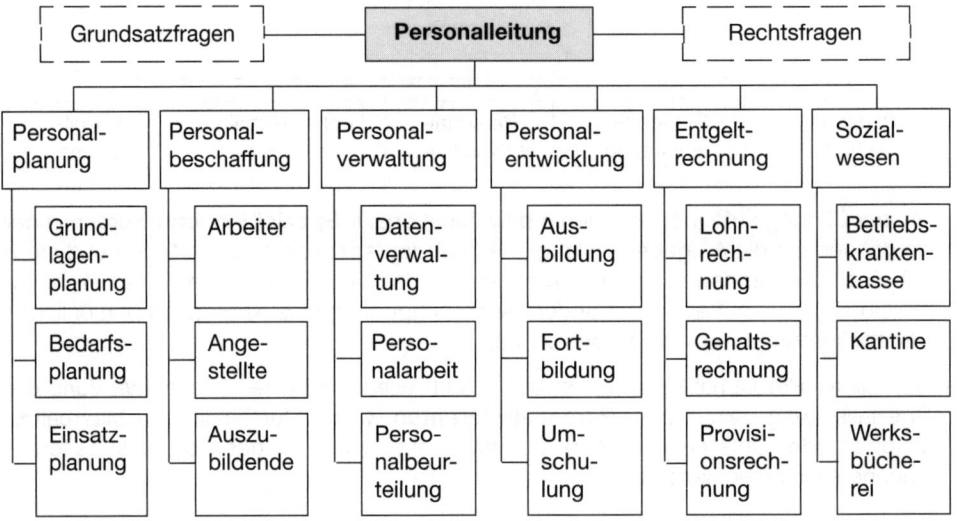

4.2 EINGLIEDERUNG

Die Eingliederung der Personalabteilung bestimmt:

* Die **hierarchische Stellung** dieses Bereiches, z. B. als Stelle, Abteilung, Hauptabteilung, Geschäftsleitungsbereich.

* Die **Zuordnung zu einer Funktion** des Unternehmens, z. B. als Verwaltung, kaufmännische Leitung oder funktionslose Unterstellung unter den Vorsitzenden der Geschäftsleitung.

* Die **Bedeutung** dieses Bereiches im Gefüge des Unternehmens, z. B. als Aufgabenabwickler, Geschäftsleitungsberater oder Alleinentscheider.

- Die **Stellung** und den **Einfluss** des Personalleiters, der z. B. Abteilungsleiter, Prokurist oder Geschäftsleitungsmitglied sein kann.

Da es in **Kleinunternehmen** i.d.R. keine eigenständige Stelle als Personalabteilung gibt, stellt sich hier nur die Frage, welcher Stelle die personalwirtschaftlichen Aufgaben zusätzlich zu übertragen sind.

Die Eingliederung der Personalabteilung wird betrachtet für:

- **Mittlere Unternehmen**

- **Großunternehmen.**

4.2.1 MITTLERE UNTERNEHMEN

In mittleren Unternehmen wird die Personalabteilung nur ausnahmsweise ein in der Unternehmensleitung vertretener Funktionsbereich sein. Meist ist sie der kaufmännischen Leitung unterstellt, wie folgender **Organisationsplan** zeigt:

Beispiel:

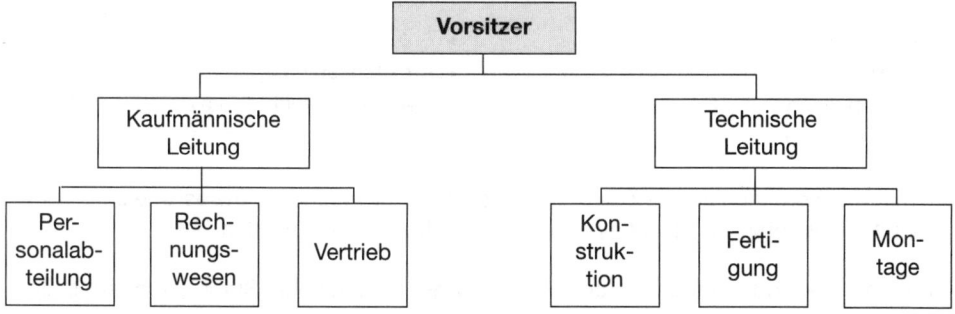

Die Aufgabe der Personalabteilung kann jedoch so angereichert werden, dass es angemessen ist, dafür ebenfalls einen Leitungsbereich einzurichten.

Beispiel:

4.2.2 GROSSUNTERNEHMEN

In Großunternehmen sollte der Personalbereich im Vorstand oder einem entsprechenden Geschäftsführungsorgan vertreten sein.

Beispiel:

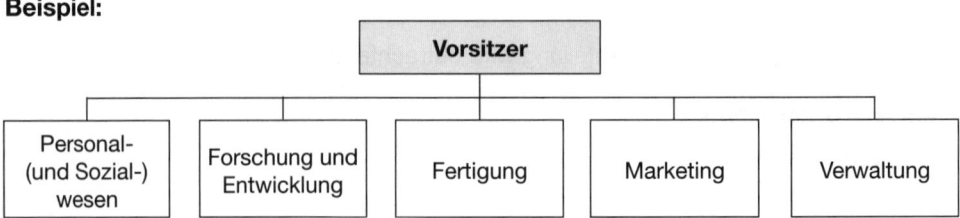

In Montanunternehmen mit mehr als 1.000 Arbeitnehmern ist gemäß dem Montanmitbestimmungsgesetz ein **Arbeitsdirektor** im Vorstand vorgeschrieben. Außerhalb von Montanunternehmen ist ein Arbeitsdirektor in Aktiengesellschaften und Gesellschaften mit beschränkter Haftung mit regelmäßig mehr als 2.000 Arbeitnehmern zu bestellen (§§ 1 Abs. 1, 33 MitbestG).

Seine wesentlichen **Tätigkeitsgebiete** liegen in folgenden Bereichen:

- ▸ Personalwesen
- ▸ Sozialwesen
- ▸ Ausbildung
- ▸ Fortbildung

- ▸ Arbeitssicherheit
- ▸ Arbeitsgestaltung
- ▸ Betriebsärztlicher Dienst

Die mitunter vorgeschlagene Zuordnung des Personalwesens als **Stabstelle** zum Vorsitzer eines Großunternehmens *empfiehlt sich* aus folgenden Gründen *nicht*:

- Die überwiegenden Aufgaben des Personalwesens sind keine Stabs-, sondern Linienaufgaben.

- Umfassende Bereiche wie das Personalwesen in einem Großunternehmen besitzen nicht den Charakter einer Stabstelle.

Das Personalwesen sollte auf alle Fälle hierarchisch auf höchstmöglicher Ebene stehen. Es ist der Aufgabe der Personalwirtschaft nicht angemessen, sie organisatorisch lediglich auf Abteilungsebene anzusiedeln.

Sind Großunternehmen in den Organisationsformen der Divisionalorganisation, Matrixorganisation oder Tensororganisation aufgebaut, besitzen die verschiedenen Unternehmens- oder Geschäftsbereiche **eigenständige Personalabteilungen**.

Der **Organisationsplan** kann bei einer Divisionalorganisation wie folgt aussehen:

Beispiel:

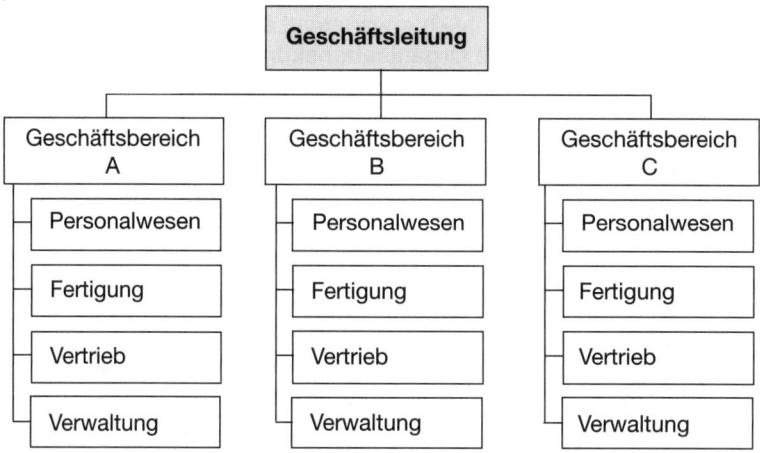

Bei der **Matrix-** und der **Tensororganisation** kommt eine **Zentralabteilung »Personal«** hinzu, deren Aufgaben die Personalpolitik, die Sozialpolitik und die Koordination der Personalabteilungen ist.

Der Zentralabteilung kann gegenüber den Personalabteilungen der Geschäfts- oder Unternehmensbereichen ein Anweisungsrecht für Grundsatzfragen eingeräumt werden. Oftmals wird ihr aber auch nur die Stellung eines »primus inter pares« zugebilligt, was bedeutet, dass Grundsatzfragen nur gemeinsam zu entscheiden sind.

Beispiel:

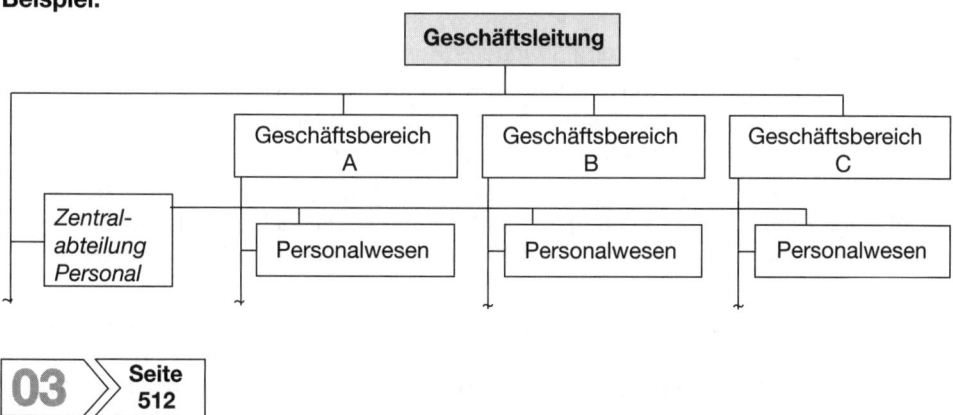

03 〉〉 **Seite** 512

4.3 AUSRICHTUNG

Die Anforderungen an die Personalabteilung sind in den vergangenen Jahren ständig gestiegen, was sich künftig weiter fortsetzen wird. Um die **Leistungsfähigkeit** der Personalabteilung bedeutungsgerecht zu **fundieren** und zu **verbessern**, wurden verschiedene Organisationskonzepte entwickelt.

Ihr wesentliches Ziel ist die **Kundenorientierung**, die sich darin zeigt, dass die Personalabteilung allen Kunden die von ihnen erwarteten Leistungen bestmöglich und effizient anbietet. Inzwischen verbreitete **Organisationskonzepte** sind:

- Das **Cost-Center**, bei dem die Personalabteilung im Auftrag der Geschäftsführung definierte Leistungen und Aufgaben im Rahmen eines festgelegten **Kosten-Budgets** zu erbringen hat. **Voraussetzung** hierfür ist, dass die Kosten der Dienstleistungen, die für die internen Kunden in Rechnung gestellt werden, von Anfang an festgelegt werden. Die Budgets werden dann über die **interne Gemeinkostenumlage** finanziert *(Wunderer/Dick)*.

- Das **Service-Center**, bei dem die Personalabteilung als **Servicegeber** eine organisatorisch abgegrenzte Einheit ist, der eindeutig definierte Aufgaben zugewiesen werden. **Servicenehmer** können alle Mitarbeiter, alle Bereiche und eine große Anzahl interner und externer Einzelpersonen oder organisierter Personengruppen sein *(Kieß)*.

  Ziel des Service-Centers ist es, den Servicenehmern kostendeckend über interne, verursachungsgerechte und kostenorientierte Transferpreise auf Basis der Selbstkostenpreise interne, marktfähige Dienstleistungen anzubieten *(Bühner, Oechsler)*. Alternativ dazu besteht für die Servicenehmer auch die Möglichkeit, einzelne Leistungen am **externen Markt** zu beziehen.

  Daher bietet sich eine Personalabteilung als Service-Center nur dort an, wo stark **standardisierte Personalleistungen** erstellt und **Größenvorteile** genutzt werden können, um kostendeckend zu arbeiten *(Scholz)*, z. B. bei der Fortbildung.

- Das **Profit-Center**, bei dem die Personalabteilung als rechtlich unselbstständiger oder ausgegliederter, rechtlich selbstständiger Bereich gestaltet sein kann *(Ackermann, Bühner)*. Sein Grundgedanke besteht darin, dass die Leitung der Personalabteilung nicht nur wie schon bisher **Kostenverantwortung** übernimmt, sondern zusätzlich auch **Ertragsverantwortung** *(Wunderer/Kuhn)*.

  Es werden marktfähige Dienstleistungen bereitgestellt, die von internen sowie externen Kunden nachgefragt und gegen Zahlung kosten- oder marktorientierter **Verrechnungspreise** in Anspruch genommen werden können *(Jung)*.

  Da interne Kunden die Leistungen auch extern beschaffen dürfen, ist ein wesentliches **Ziel** jedes Profit-Centers, marktgerechte Leistungen, die sich an den Wünschen der Kunden orientieren, wirtschaftlich und effizient zu erstellen, um Absatzchancen zu haben, z. B. bei Fortbildungen.

- Das **Wertschöpfungs-Center**, das eine Kombination aus Cost-Center und Profit-Center darstellt und als eine strategische Geschäftseinheit verstanden werden kann. Es dient dazu, als **Unternehmen im Unternehmen** eigenständig und selbstverantwortlich kostenbewusste und kundenorientierte Personaldienstleistungen bereitzustellen *(Berthel, Wunderer/Kuhn)*.

  Die Personalabteilung verkauft **wirtschaftlich autonom** ihre Personaldienstleistungen an andere Unternehmensfunktionen. Sie kann somit Aufwendungen und Erträge sowie den tatsächlichen Gewinn pro Personaldienstleistung feststellen. Die Personaldienstleistungen werden damit am Wertschöpfungsgedanken ausgerichtet, ihr Beitrag zur Steigerung der Unternehmensleistung offen gelegt.

04 >> Seite 513

4.4 HILFSMITTEL

Es gibt eine Vielzahl von organisatorischen Hilfsmitteln, derer sich die Personalabteilung bedient. Dazu zählen insbesondere:

- ▸ Stellenplan – S. 74 f.
- ▸ Stellenbesetzungsplan – S. 75
- ▸ Stellenbeschreibung – S. 82 f.
- ▸ Anforderungsprofil – S. 84
- ▸ Fähigkeitsprofil – S. 86

- ▸ Nachfolgeplan – S. 94 f.
- ▸ Laufbahnplan – S. 413 f.
- ▸ Personalakte – S. 466 ff.
- ▸ Personalkartei/-datei – S. 468 ff.
- ▸ Personalhandbuch – S. 471 f.

Sie werden auf den angegebenen Seiten näher beschrieben.

5. PERSONALCONTROLLING

Das Personalcontrolling verbindet den Prozess der Planung, Kontrolle und Steuerung mit der Informationsversorgung in der Personalwirtschaft. Es bezieht sich auf alle Teilbereiche der Personalwirtschaft und kann nach seiner **Ausrichtung** sein:

- **Strategisches** Personalcontrolling, das langfristig ausgerichtet ist.
- **Taktisches** Personalcontrolling, das mittelfristig erfolgt.
- **Operatives** Personalcontrolling, das kurzfristiger Natur ist.

Als **Ebenen** des Personalcontrolling gibt es (*Hilb*):

- Auf der **Ziel-Ebene** des Effektivitäts-Controlling:

$$\text{Effektivitäts-Controlling} = \frac{\text{Zielerreichung}}{\text{Zielvorgabe}}$$

- Auf der **Resultat-Ebene** des Effizienz-Controlling:

$$\text{Effizienz-Controlling} = \frac{\text{Output}}{\text{Input}}$$

- Auf der **Kosten-Ebene** des Kosten-Controlling:

$$\text{Kosten Controlling} = \frac{\text{Effektive Kosten}}{\text{Minimale (Standard-)Kosten}}$$

Es sollen betrachtet werden:

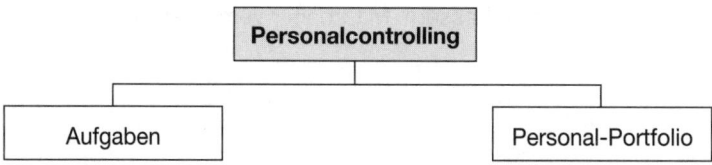

5.1 AUFGABEN

Aufgaben des Personalcontrolling sind:

- Die **Planung**, die auf den wirtschaftlichen und sozialen Zielsetzungen des Personalbereiches basiert, z.b. als Senkung der Personalkosten, Erhöhung der Arbeitsproduktivität und Wirtschaftlichkeit, Verbesserung der Arbeitsorganisation, Business Reengineering, Schaffung von Arbeitszufriedenheit, Budgetplanung.

- Die **Kontrolle**, die als Personalkontrolle aus der Überwachung der Soll-Werte und der Untersuchung der Soll-Ist-Abweichungen im Personalbereich besteht:

Überwachung	Sie ist eher **vergangenheitsorientiert**, indem die Ist-Werte und die Differenzen zu den Soll-Werten ermittelt werden, z.b. bei Kennzahlen zur Fluktuation oder bei Fehlzeiten im Unternehmen.
Untersuchung	Sie ist **vergangenheits-** und **zukunftsorientiert**. Es werden die Soll-Ist-Abweichungen der Vergangenheit analysiert und fortgeschrieben.

Die personalwirtschaftliche Kontrolle ist auf verschiedenen **Ebenen** möglich als:

Unternehmens-orientierte Personalkontrolle	Sie geht von der **Unternehmensleitung** aus, z.B. die Gewinnung strategischer Frühwarninformationen oder die Überwachung des personalwirtschaftlichen Rechnungswesens.
Bereichs-orientierte Personalkontrolle	Sie erfolgt durch den **Bereichsleiter**, z.B. die Überwachung der Einhaltung vereinbarter Arbeitszeiten. Die Personalkontrolle bringt Beiträge zur taktischen Optimierung der Arbeit.
Gruppen-orientierte Personalkontrolle	Sie wird durch den **Gruppenleiter** vorgenommen, z.B. die Fremdkontrolle im Rahmen des Gruppenakkordsystems. Ein Gruppenleiter prüft, ob die operativen Regelungen eingehalten werden.
Individual-orientierte Personalkontrolle	Sie umfasst – auf den **einzelnen Mitarbeiter** bezogen – z.B. die Abgabe nummerierter Kontrollmarken beim Pförtner oder die Zeiterfassung über eine Kontrolluhr im Rahmen der gleitenden Arbeitszeit.

- Die **Informationsversorgung** als Weitergabe bzw. Mitteilung von Daten. Ein Berichtssystem informiert z. B. über Frühwarnindikatoren, die den personalen Prozess positiv oder negativ beeinflussen.

- Die **Steuerung** des Personalgeschehens, die auf der Basis der Kontrollergebnisse erfolgt, z.B. Fehlzeiten und Fluktuation senken, Produktivität verbessern, Personalkosten senken, Betriebsklima verbessern, Mitarbeiter versetzen.

5.2 PERSONAL-PORTFOLIO

Im Rahmen des strategischen Personalcontrolling werden Personal-Portfolios einge-setzt, die auch **Human-Resourcen-Portfolios** genannt werden. Sie sind als Ist-Portfolio und als Ziel-Portfolio erstellbar. Ihr Vergleich legt Abweichungen offen und bewirkt geeignete Maßnahmen.

Odiorne schlägt z. B. folgendes Personal-Portfolio vor:

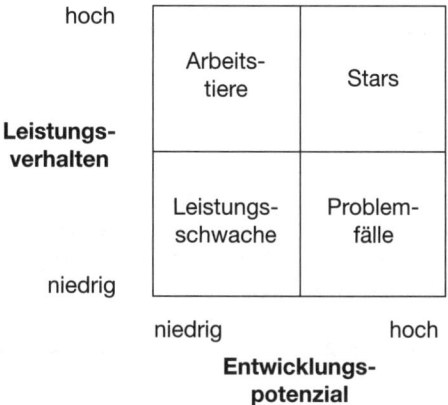

Daraus können als personalbezogene **Schlüsse** gezogen werden (*Bühner*):

- **Leistungsschwache Mitarbeiter** müssen voraussichtlich auf unbedeutendere Stellen versetzt werden.

- **Arbeitstiere** benötigen individuelle Führung, um nicht in den leistungsschwachen Bereich abzusinken.

- **Problemfälle** müssen zur Verbesserung ihres Leistungsverhaltens angehalten werden.

- **Stars** sind besonders zu fördern, da sie die herausragenden Leistungs- und Potenzialträger sind.

Das Personal-Portfolio unterstützt das Personalcontrolling vor allem in der Planungsfunktion und der Vorsteuerungsfunktion. Es lässt eine rechtzeitige Identifikation von Stärken und Schwächen in der Mitarbeiterstruktur sowie die Aufdeckung von Chancen und Gefahren zu, die durch das Personal bewirkt werden.

6. ARBEITSRECHT

Das für die Personalwirtschaft zuständige Recht ist das Arbeitsrecht. Es betrifft die Arbeitnehmer und Arbeitgeber und stellt die **Gesamtheit der Normen** dar, welche die Beziehungen der an einem abhängigen Arbeitsverhältnis beteiligten Personen regelt, z. B. Gesetze, Verordnungen, Tarifverträge, Betriebsvereinbarungen.

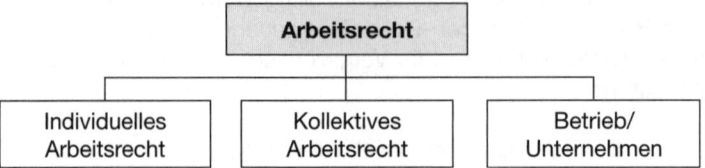

Das **Sozialrecht** bildet die Ergänzung des Arbeitsrechtes.

6.1 Individuelles Arbeitsrecht

Das individuelle Arbeitsrecht regelt die **Einzelbeziehungen** zwischen Arbeitnehmern und Arbeitgebern. Es wird auf das Arbeitsverhältnis angewandt, im Rahmen dessen sich ein Arbeitnehmer verpflichtet, seine Arbeitskraft gegen Entgelt einem Arbeitgeber weisungsgebunden zur Verfügung zu stellen.

Zwei **Bereiche** des individuellen Arbeitsrechts sollen unterschieden werden:

• **Arbeitsvertragsrecht**

• **Arbeitsschutzrecht**.

Daneben ist das **Recht der Arbeitsgerichtsbarkeit** für das individuelle Arbeitsrecht bedeutsam.

6.1.1 Arbeitsvertragsrecht

Der Arbeitsvertrag ist im rechtlichen Sinn ein Unterfall des **Dienstvertrages**. Für ihn sind mehrere Gesetze maßgeblich:

• Das **Bürgerliche Gesetzbuch (BGB)**, das von grundlegender Bedeutung ist und in den §§ 611 - 630 die Vorschriften des Dienstvertrages enthält.

• Das **Handelsgesetzbuch (HGB)**, welches in den §§ 59 ff. das Arbeitsvertragsrecht für Handlungsgehilfen und Handlungslehrlinge ausweist.

• Die **Gewerbeordnung (GewO)**, welche die Stellung der gewerblichen Arbeiter im Titel VII regelt.

Der Arbeitsvertrag wird zwischen zwei **Parteien** geschlossen. Das sind:

• Der **Arbeitgeber**, der eine natürliche oder eine juristische Person sein kann, aber auch ein nicht rechtsfähiger Personenverband wie die GdbR, OHG und KG. Er beschäftigt mindestens einen Arbeitnehmer.

Der Arbeitgeber ist zum einen **Vertragspartner** des Arbeitnehmers (AN), zum anderen **Organ der Betriebsverfassung**. Er kann Unternehmer sein, muss es aber nicht und umgekehrt. Dem Arbeitgeber obliegen:

Rechte	▸ **Organisation** des Arbeitsablaufes ▸ Erteilung von **Weisungen** an Arbeitnehmer (Direktionsrecht)
Pflichten	▸ **Lohnzahlungspflicht** als Hauptpflicht (§ 611 BGB) ▸ **Fürsorgepflicht** (Wahrung schutzwürdiger AN-Interessen) ▸ **Beschäftigungspflicht** des eingestellten Arbeitnehmers ▸ **Gleichbehandlungspflicht** (keine willkürliche Schlechterstellung einzelner AN – § 75 Abs. 1 BetrVG) ▸ **Urlaubsgewährungspflicht** gemäß § 1 BUrlG ▸ **Zeugniserteilungspflicht** über die AN-Tätigkeit

Der Arbeitgeber hat die Lohnsteuerkarte des Arbeitnehmers aufzubewahren sowie die Lohnsteuer und Versicherungsbeiträge zu berechnen und abzuführen.

• Der **Arbeitnehmer** erbringt bei einem Arbeitgeber aufgrund eines Arbeitsvertrages fremdbestimmte Arbeitsleistungen. Er kann nach § 5 Abs. 1 BetrVG sein:

Arbeiter	Er ist überwiegend körperlich-mechanisch tätig.
Angestellter	Er ist überwiegend geistig-gedanklich tätig.
Auszubildender	Er ist ein zur Berufsausbildung Beschäftigter.
Heimarbeiter	Beschäftigter, der in der Hauptsache für den Betrieb arbeitet.

Das BetrVG findet, soweit nicht ausdrücklich anders bestimmt, keine Anwendung auf **leitende Angestellte** als Personen, die mit der Wahrnehmung von Arbeitgeberfunktionen betraut sind (§ 5 Abs. 3, 4 BetrVG).

Arbeitnehmer haben, wie Arbeitgeber (AG) auch, verschiedene Rechte und Pflichten:

Rechte	▸ **Lohnzahlung** als Anspruch auf das vereinbarte Entgelt ▸ **Fürsorge** durch Wahrung schutzwürdiger Interessen ▸ **Beschäftigung** bei bestehendem Arbeitsverhältnis ▸ **Gleichbehandlung** durch den Arbeitgeber ▸ **Urlaubsgewährung** gemäß der rechtlichen Vorschriften ▸ **Zeugniserteilung** über die abgeleistete Tätigkeit
Pflichten	▸ **Arbeitspflicht** (Erbringung der vereinbarten Arbeitsleistung) ▸ **Treuepflicht** (Schutz berechtigter AG-Interessen) ▸ **Haftungspflicht** bei Vorsatz und grober Fahrlässigkeit, teilweise bei mittlerer Fahrlässigkeit, gar nicht bei leichter Fahrlässigkeit

Selbstständige, Beamte und Wehrpflichtige sind **keine Arbeitnehmer**.

6.1.2 ARBEITSSCHUTZRECHT

Das Arbeitsschutzrecht enthält Normen, die dem Arbeitgeber **öffentlich-rechtliche Pflichten** auferlegen, um die für den Arbeitnehmer von der Arbeit ausgehenden Gefahren zu beseitigen oder zu mindern. Zu unterscheiden sind:

* **Allgemeine Schutzvorschriften** für alle Arbeitnehmer bzw. Arbeitgeber:

Arbeitssicherheitsgesetz (ArbSichG)	Es enthält Regelungen für Betriebsärzte, Sicherheitsingenieure und andere Fachkräfte für Arbeitssicherheit, die Arbeitgeber und Arbeitnehmer unterstützen sollen.
Arbeitsstättenverordnung (ArbStättVO)	Sie umfasst Anforderungen an Werkstätten, Büros usw., die auf dem aktuellen sicherheitstechnischen, arbeitsmedizinischen, hygienischen und ergonomischen Erkenntnisstand beruhen.
Arbeitszeitgesetz (ArbZG)	Es dient dazu, die Sicherheit und den Gesundheitsschutz der Arbeitnehmer bei der Arbeitszeitgestaltung zu gewährleisten und die Rahmenbedingungen für flexible Arbeitszeiten zu verbessern sowie den Sonntag und die Feiertage zu schützen.
Gewerbeordnung (GewO)	Sie weist Regelungen über den allgemeinen Betriebs- und Gefahrenschutz auf und dient dem Schutz des Lebens und der Gesundheit der Arbeitnehmer.
Kündigungsschutzgesetz (KSchG)	Es sichert den Arbeitnehmer vor Nachteilen einer Kündigung durch den Arbeitgeber. Kündigungsschutz können alle Arbeitnehmer unter bestimmten Bedingungen geltend machen.
Entgeltfortzahlungsgesetz (EFZG)	Es regelt die Ansprüche auf Zahlung des Arbeitsentgelts an Feiertagen und während einer unverschuldeten Arbeitsunfähigkeit durch Krankheit des Arbeitnehmers.

* **Spezielle Schutzvorschriften** für einzelne Gruppen von Arbeitnehmern:

Berufsbildungsgesetz (BBiG)	Es bezieht sich auf alle Personen, die in einer beruflichen Aus- und Fortbildung bzw. Umschulung stehen.
Heimarbeitsgesetz (HAG)	Es enthält für Heimarbeiter einen besonderen Arbeitszeit-, Gefahren-, Vergütungs-, Kündigungsschutz.
Jugendarbeitsschutzgesetz (JArbSchG)	Es gilt für alle Beschäftigten unter 18 Jahren und regelt z. B. die Höchstarbeitszeit für Jugendliche, ihre Ruhepausen, ihren Urlaubsanspruch.
Mutterschutzgesetz (MuSchG)	Es bezieht sich auf werdende und stillende Mütter und enthält z. B. Vorschriften über Beschäftigungsverbote (6 Wochen vor, 8 Wochen nach Entbindung bzw. auf ärztliche Weisung) und Einsatzverbote.
Allgemeines Gleichbehandlungsgesetz (AGG)	Es ist seit 08/2006 in Kraft und soll **Benachteiligungen** in Beschäftigung und Beruf wirksam begegnen, die auf Geschlecht, Rasse oder ethnischer Herkunft, Religion oder Weltanschauung, Alter, Behinderung und sexueller Identität beruhen.

Betroffene Arbeitnehmer können sich bei den zuständigen Stellen, z. B. Arbeitgeber oder Betriebsrat, beschweren. Sie haben gegenüber dem Verursacher ein Recht auf Schadensersatz und Unterlassung. (Ausschließlich) bei **groben Verstößen** hat der Betriebsrat sowie im Betrieb vertretene Gewerkschaften ein eigenständiges Klagerecht.

Schwerbehindertenrecht

Das Schwerbehindertenrecht war früher im Schwerbehindertengesetz geregelt, seit Mitte 2001 ist es im **Sozialgesetzbuch (SGB IX)** zu finden. Es regelt den Schutz von Schwerbehinderten und ihnen gleichgestellten Personen. Dazu zählen u. a.:

▸ Die **Pflicht** der Arbeitgeber **zur Beschäftigung schwerbehinderter Menschen**, die für Arbeitgeber mit mindestens 20 Arbeitsplätzen besteht. Sie haben mit Schwerbehinderten zu besetzen (§ 71 SGB IX):

- Seit 04/2004 mindestens 5 % der Arbeitsplätze.

▸ Eine **Ausgleichsabgabe**, die für jeden unbesetzten Pflichtarbeitsplatz vom Arbeitgeber zu leisten ist. Sie beträgt je Monat und unbesetztem Pflichtarbeitsplatz (§ 77 SGB IV):

– 105 € bei Beschäftigungsquote zwischen 3 % und 5 %
– 180 € bei Beschäftigungsquote zwischen 2 % und unter 3 %
– 260 € bei Beschäftigungsquote unter 2 %

▸ Eine **Kündigung** von Schwerbehinderten bzw. ihnen Gleichgestellten ist ohne vorherige Zustimmung des **Integrationsamtes** nicht zulässig. Insofern besteht ein **besonderer Kündigungsschutz**, wenn der Behinderte regelmäßig seinen Wohnsitz oder seinen gewöhnlichen Aufenthalt in Deutschland hat oder regelmäßig dort seine Beschäftigung ausübt.

6.2 KOLLEKTIVES ARBEITSRECHT

Während das individuelle Arbeitsrecht die Rechtsverhältnisse zwischen den einzelnen Arbeitgebern und Arbeitnehmern regelt, bezieht sich das kollektive Arbeitsrecht auf das Recht zwischen den **Sozialpartnern**.

Grundlage des kollektiven Arbeitsrechtes ist die **Koalitionsfreiheit**, die in Art. 9 Grundgesetz (GG) garantiert wird und nicht eingeschränkt werden darf (Art. 10, 79 GG). Darunter wird das »Recht zur Vereinigung zum Zweck der Förderung der Arbeits- und Wirtschaftsbedingungen« verstanden. Dementsprechende Vereinigungen sind die **Gewerkschaften** und die **Arbeitgeberverbände**.

Das kollektive Arbeitsrecht umfasst drei **Bereiche**:

• **Tarifvertragsrecht**

• **Arbeitskampfrecht**

• **Betriebsverfassungsrecht**.

6.2.1 Tarifvertragsrecht

Der Tarifvertrag ist ein schriftlicher Vertrag zwischen Koalitionen der Arbeitgeber und Arbeitnehmer, in dem die Bedingungen von Arbeitsverhältnissen für einen bestimmten Zeitraum und für beide Seiten verbindlich festgelegt werden. Das Tarifvertragsgesetz (TVG) regelt das Recht der Tarifverträge, die sein können:

- Der **Lohn-/Gehaltstarifvertrag**, der die Vergütung der Arbeitnehmer regelt. Er wird nach vereinbarten Fristen neu abgeschlossen. Darin wird der **Ecklohn** als mittlerer Tariflohn von 100% festgelegt, aus dem sich die individuelle Lohnhöhe in Prozentanteilen errechnen lässt.

- Der **Manteltarifvertrag**, in dem allgemeine Bedingungen der Arbeitsverhältnisse für mehrere Jahre geregelt werden, z.B. Arbeitszeit, Urlaub, Entgeltfortzahlung im Krankheitsfall. Er wird auch als **Rahmentarifvertrag** bezeichnet.

- Der **Verbandstarifvertrag**, der zwischen einem oder mehreren Arbeitgeberverbänden und einer oder mehreren Gewerkschaften vereinbart wird und für das Gebiet der Tarifvertragsparteien gilt. Verbände können auch Tarifverträge abschließen, deren Geltungsbereich nur auf ein Unternehmen beschränkt ist.

- Der **Firmentarifvertrag**, der zwischen einem Arbeitgeber und einer oder mehreren Gewerkschaften abgeschlossen wird. Er wird auch **Unternehmenstarifvertrag, Haustarifvertrag** und **Werkstarifvertrag** genannt. Der Arbeitgeber bleibt auch als Mitglied eines Arbeitgeberverbandes tariffähig.

In jedem Tarifvertrag muss der **Geltungsbereich** festgelegt sein:

Räumlicher Geltungsbereich	Bundesland, Regierungsbezirk usw.
Fachlicher Geltungsbereich	Metallindustrie, chemische Industrie usw.
Persönlicher Geltungsbereich	Arbeiter, Angestellte, Auszubildende usw.

Nach dem **Spezialitätsprinzip** hat der räumlich und fachlich nähere Tarifvertrag den Vorrang, z. B. der Haustarifvertrag vor dem Verbandstarifvertrag.

Der Tarifvertrag regelt **Mindestbedingungen**. Das bedeutet:

- Abweichungen zu Gunsten der Arbeitnehmer sind möglich (**Günstigkeitsprinzip**).

- Arbeitnehmer dürfen nicht auf tarifvertragliche Rechte verzichten (**Grundsatz der Unabdingbarkeit**).

Der Tarifvertrag gilt grundsätzlich nur für tarifgebundene Arbeitsverhältnisse, also für Mitglieder des Arbeitgeberverbandes und der Gewerkschaften. Üblicherweise wird er jedoch allgemein angewandt, wobei Voraussetzungen zu erfüllen sind (§ 3 TVG).

Der Bundesminister für Arbeit und Sozialordnung kann einen Tarifvertrag im Einvernehmen mit einem aus je drei Vertretern der Spitzenorganisationen der Arbeitgeber und der Arbeitnehmer bestehenden Ausschuss auf Antrag einer Tarifvertragspartei für **allgemein verbindlich** erklären (§ 5 TVG).

6.2.2 ARBEITSKAMPFRECHT

Der Arbeitskampf ist eine kollektive Auseinandersetzung der Arbeitgeber- bzw. Arbeit-
nehmerseite hinsichtlich der jeweiligen Arbeitsbedingungen, um ein bestimmtes Ziel zu
erreichen. Als **Maßnahmen** im Arbeitskampfrecht lassen sich unterscheiden:

* Der **Streik**, der die planmäßige Arbeitsniederlegung einer größeren Zahl von Arbeitnehmern zur Durchsetzung tarifvertraglich regelbarer Forderungen darstellt. Anlass für einen Streik kann insbesondere die Verbesserung bestehender Lohn- und Arbeitsbedingungen sein.

  Zulässig sind lediglich Streiks, die von einer Gewerkschaft geführt bzw. organisiert
  werden und die Friedenspflicht während der Laufzeit eines Tarifvertrages nicht verletzen. Ihre Ausrufung erfordert die Zustimmung von 75 % der gewerkschaftlich organisierten Arbeitnehmern im Rahmen der **Urabstimmung.**

  Warnstreiks sind als kurzfristige Arbeitsniederlegungen nur im Zusammenhang mit
  Tarifverhandlungen erlaubt. Der **politische Streik** ist ebenso unzulässig wie der »wil-
  de« Streik als von der Gewerkschaft nicht gebilligter Streik.

* Die **Aussperrung**, die eine planmäßige, durch einen Arbeitgeber ausgelöste Nichtzu-
  lassung mehrerer Arbeitnehmer zur Arbeit ist. Sie kann alle Arbeitnehmer oder nur die
  streikenden Arbeitnehmer betreffen. Der Arbeitgeber kann mit einer Abwehraussper-
  rung auf einen Streik reagieren. Eine **Angriffsaussperrung**, durch die der Arbeitgeber
  den Arbeitskampf eröffnet, ist rechtswidrig. Die rechtmäßige Aussperrung hat wie der
  Streik die Suspendierung des Arbeitsverhältnisses zur Folge. Bei der unrechtmäßigen
  Aussperrung macht sich der Arbeitgeber schadenersatzpflichtig.

6.2.3 BETRIEBSVERFASSUNGSRECHT

Durch das Betriebsverfassungsgesetz (BetrVG), das in 07/2001 reformiert wurde, werden
die **Beteiligungsmöglichkeiten** der Arbeitnehmer geregelt. Es gilt für alle Unternehmen
mit mindestens fünf regelmäßig beschäftigten Arbeitnehmern. Keine Anwendung findet
das Betriebsverfassungsgesetz auf Religionsgemeinschaften sowie ihre karitativen und
erzieherischen Einrichtungen.

Zu wesentlichen Regelungen im BetrVG zählen:

* **Mitwirkungs-/Mitbestimmungsrechte**

* **Betriebsvereinbarungen**

* **Einigungsstelle.**

Der **Betriebsrat** ist das zuständige Vertretungsorgan der Arbeitnehmer in einem Unternehmen. Seine Wahl erfolgt alle vier Jahre durch die Arbeitnehmer. Als **Gesamtbetriebs-
rat** vertritt der Betriebsrat die Gesamtinteressen der Arbeitnehmer mehrerer Betriebe eines Unternehmens (§§ 47 ff. BetrVG).

Die allgemeinen **Aufgaben** des Betriebsrates umfassen nach § 80 BetrVG:

> ▸ Überwachung der Durchführung von Gesetzen, Verordnungen, Vorschriften
> ▸ Wahrnehmung von Antragsrechten beim Arbeitgeber

▸ Durchsetzung der Gleichstellung aller Arbeitnehmer gemäß AGG

▸ Förderung der Vereinbarkeit von Familie und Erwerbstätigkeit

▸ Entgegennahme von Anregungen der Arbeitnehmer

▸ Förderung der Eingliederung Schwerbehinderter

▸ Vorbereitung und Durchführung der Wahl der Jugendvertretung

▸ Förderung der Beschäftigung älterer Arbeitnehmer

▸ Förderung der Eingliederung ausländischer Arbeitnehmer

▸ Förderung und Sicherung der Beschäftigung

▸ Förderung von Maßnahmen des Arbeitsschutzes und des Umweltschutzes

Der Betriebsrat ist vom Arbeitgeber zur Erfüllung seiner Aufgaben rechtzeitig und umfassend zu unterrichten, auch im Hinblick auf die Beschäftigung von Personen, die nicht in einem Arbeitsverhältnis stehen. Dem Betriebsrat sind alle erforderlichen Unterlagen zur Verfügung zu stellen.

Der Betriebsrat kann bei der Durchführung seiner Aufgaben nach Vereinbarung mit dem Arbeitgeber **Sachverständige** hinzuziehen, soweit dies zur Erfüllung seiner Aufgaben nötig ist.

6.2.3.1 MITWIRKUNG/MITBESTIMMUNG

Einwirkungsmöglichkeiten des Betriebsrates sind nach §§ 87, 88, 96-98 BetrVG:

• Die **Mitwirkung**, die verschiedene Arten der rechtlich abgesicherten Einflussnahme von Arbeitnehmern auf betriebliche Entscheidungsprozesse umfasst. Sie bedeutet **Beratung** und **Mitsprache** bei Entscheidungen des Arbeitgebers als:

Informations- recht	Der Arbeitgeber wird verpflichtet, die Arbeitnehmerseite rechtzeitig und umfassend zu **unterrichten** (§ 81 Abs. 2 BetrVG), ohne dass diese über ein Recht zur Diskussion und zur Abgabe einer Stellungnahme verfügt. Informationsrechte bestehen hinsichtlich: ▸ Arbeitsschutz (§ 89 BetrVG) ▸ Gestaltung von Arbeitsplatz, Arbeitsablauf (§ 99 Abs. 1 BetrVG) ▸ Personellen Einzelmaßnahmen (§ 99 Abs. 1 BetrVG) ▸ Geplanten Betriebsänderungen (§ 111 BetrVG)
Vorschlagsrecht	Der Betriebsrat hat ein Vorschlagsrecht bei der Einführung einer Personalplanung und ihrer Durchführung (§ 92 BetrVG).
Antragsrecht	Der Betriebsrat darf Maßnahmen beantragen, die dem Unternehmen und der Belegschaft dienen (§ 80 Abs. 1 Nr. 2 BetrVG).
Beratungsrecht	Der Betriebsrat hat dieses Recht bei Maßnahmen der Bauplanung, Anlageplanung, Ablauf- und Verfahrensplanung bzw. Planung des Arbeitsplatzes (§ 90 BetrVG).
Anhörungsrecht	Der Betriebsrat ist insbesondere vor jeder **Kündigung** eines Arbeitnehmers zu hören (§ 102 Abs. 1 BetrVG).

Die **letzte Entscheidung** bleibt aber **beim Arbeitgeber**, d.h. er behält das Recht, seine Absichten auch gegen die Vorstellungen des Betriebsrates durchzusetzen. Die Mitwirkung geht damit nicht so weit wie die Mitbestimmung.

Arbeitgeber und Betriebsrat sollen bei **Meinungsverschiedenheiten** rechtzeitig verhandeln mit dem ernsthaften Willen, zu einer Einigung zu kommen (§ 74 Abs. 1 BetrVG). Nach § 121 BetrVG kann eine Verletzung von Aufklärungspflichten durch den Arbeitgeber mit Geldbußen geahndet werden.

- Die **Mitbestimmung** ist die institutionelle Teilhabe des Betriebsrats an Willensbildungs- und Entscheidungsprozessen im Unternehmen. Sie unterscheidet sich von der Mitwirkung dadurch, dass der Betriebsrat die Möglichkeit hat, einer **Entscheidung** des Unternehmers zu **widersprechen** oder sie zu **verhindern**.

Die Mitbestimmung nach dem BetrVG bezieht sich auf:

Soziale Angelegenheiten §§ 87 - 89 BetrVG	Der Betriebsrat hat ein **Mitbestimmungsrecht**, z.B. bei Fragen der Betriebsordnung, Lage von Arbeitszeit und Arbeitspausen, Entgeltmodalitäten, Urlaubsplan, Unfallschutz, Verwaltung der Sozialeinrichtungen und Werkswohnungen, Formen der Arbeitsbewertung, Akkord- und Prämiensätze, Vorschlagswesen.
	Zu unterscheiden sind **notwendige Mitbestimmung** (§ 87 BetrVG) und **freiwillige Mitbestimmung** (§ 88 BetrVG).
	Die notwendige Mitbestimmung ist **erzwingbar**. Maßnahmen des § 87 BetrVG dürfen nur getroffen werden, wenn der Betriebsrat einer **Betriebsvereinbarung** oder einer **Regelungsabsprache** zustimmt.
	Bei der Gestaltung des Arbeitsschutzes (§ 89 BetrVG) gibt es keine Mitbestimmung, sondern nur eine **Mitwirkung** des Betriebsrates.
Arbeitsplatzbezogene Angelegenheiten §§ 90 - 91 BetrVG	Nach § 90 BetrVG besteht ein **zwingendes Mitbestimmungsrecht**, wenn Arbeitnehmer durch Änderungen der Arbeitsplätze, des Arbeitsablaufes oder der Arbeitsplatzumgebung, die gesicherten arbeitswissenschaftlichen Erkenntnissen über die Arbeitsgestaltung widersprechen, besonders belastet werden.
	Der Betriebsrat kann in diesem Fall angemessene Maßnahmen zur Abwendung, Milderung oder zum Ausgleich der Belastung verlangen, z.B. Vermeidung von Lärmbelästigung.
Personelle Angelegenheiten §§ 92 - 105 BetrVG	Ein **Zustimmungs-** oder **Vetorecht** liegt z.B. bei Personalfragebögen bzw. Beurteilungsgrundsätzen, Richtlinien für die Auswahl, Versetzung und Umgruppierung, Bestellung von Ausbildern und ordentlichen Kündigungen vor.
	Ein **erzwingbares Initiativrecht** gibt es bei Stellenausschreibungen und bei der Auswahl von Ausbildungsteilnehmern.
Wirtschaftliche Angelegenheiten §§ 106 - 113 BetrVG	Dem Betriebsrat stehen **Informationsrechte** über wirtschaftliche Angelegenheiten des Unternehmens zu. Dazu ist in Unternehmen mit mehr als 100 ständig Beschäftigten ein **Wirtschaftsausschuss** zu bilden (§§ 106 ff. BetrVG), der die Aufgabe hat, wirtschaftliche Angelegenheiten mit dem Unternehmer zu beraten und den Betriebsrat zu unterrichten.

Die Mitbestimmung ist nicht nur im BetrVG geregelt, sondern auch im:

Mitbestim-mungsgesetz (MitbestG)	Es regelt die Mitbestimmung der Arbeitnehmer im **Aufsichtsrat** von Kapitalgesellschaften, die mehr als 2.000 Arbeitnehmer beschäftigen.
Montan-Mitbestim-mungsgesetz (Montan MitbestG)	Für Unternehmen des Bergbaus und der Eisen und Stahl erzeugenden Industrie gilt das Gesetz, wenn solche Unternehmen mehr als 1.000 Arbeitnehmer beschäftigen.
	Die Mitbestimmung im Montanbereich ist durch eine **paritätische Besetzung des Aufsichtsrates** mit Vertretern der Arbeitnehmerseite und der Anteilseignerseite sowie einem zusätzlichen neutralen Aufsichtsratsmitglied gekennzeichnet.
	Weiterhin ist eine besondere Beteiligung der Arbeitnehmerseite im Vorstand durch einen **Arbeitsdirektor** vorgeschrieben.
Personal-vertretungs-gesetz (PerVG)	Es kann für öffentlich-rechtliche, karitative und erzieherische Einrichtungen der Religionsgemeinschaften gelten. Seine Beteiligungsrechte sind teilweise abweichend vom BetrVG gestaltet, z. B. lediglich als empfehlende Mitwirkung bei personellen Angelegenheiten.

6.2.3.2 BETRIEBSVEREINBARUNG

Der Betriebsrat kann nach dem BetrVG mit dem Arbeitgeber Betriebsvereinbarungen abschließen. Das sind privatrechtliche Verträge, die der **Schriftform** bedürfen. In ihnen sind alle Fragen regelbar, die im Zuständigkeitsbereich des Betriebsrates liegen. Nach § 88 BetrVG können sie insbesondere zum Gegenstand haben:

- Zusätzliche Maßnahmen zur **Verhütung von Arbeitsunfällen und Gesundheitsschädigungen**.

- Die **Errichtung von Sozialeinrichtungen**, deren Wirkungsbereich auf den Betrieb, das Unternehmen oder den Konzern beschränkt ist.

- Maßnahmen zur **Förderung der Vermögensbildung**.

Spezielle Betriebsvereinbarungen betreffen z.B. Datenschutzregelungen, Urlaubspläne, Regelungen über ein Alkoholverbot, Regelungen zur Altersversorgung.

Betriebsvereinbarungen sind ohne Rücksicht auf den Inhalt von Arbeitsverträgen und Kenntnis der Vertragsparteien von den Inhalten der Betriebsvereinbarung wirksam. Sie gelten für alle im Unternehmen tätigen Arbeitnehmer, die auf darin eingeräumte Rechte nur mit Zustimmung des Betriebsrates verzichten dürfen. Betriebsvereinbarungen sind vom Arbeitgeber an geeigneter Stelle auszulegen (§ 77 Abs. 2 BetrVG). Ihre **Kündigung** ist, wenn nichts anderes vereinbart ist, mit einer Frist von drei Monaten möglich.

Die **Zulässigkeit** von Betriebsvereinbarungen wird durch § 77 Abs. 3 BetrVG **einge-schränkt**. Danach können Arbeitsentgelte und sonstige Arbeitsbedingungen, die durch Tarifvertrag geregelt sind oder üblicherweise geregelt werden, nicht Gegenstand von Betriebsvereinbarungen sein, es sei denn, ein Tarifvertrag lässt den Abschluss ergänzender Betriebsvereinbarungen ausdrücklich zu.

6.2.3.3 EINIGUNGSSTELLE

Ebenfalls im BetrVG geregelt ist die Einigungsstelle (§ 76 BetrVG). Sie kann bei Meinungsverschiedenheiten zwischen Betriebsrat und Arbeitgeber freiwillig gebildet werden, ist vielfach aber auch gesetzlich vorgeschrieben.

Die Einigungsstelle dient dem **Interessenausgleich**, ihre Aufgabe ist die Schlichtung von Regelungsstreitigkeiten. Sie besteht aus einer gleichen Anzahl von Beisitzern, die vom Arbeitgeber und vom Betriebsrat bestellt werden. Auf die Person des unparteiischen Vorsitzenden müssen sich beide Seiten einigen. Kommt eine Einigung nicht zu Stande, bestellt das Arbeitsgericht den Vorsitzenden der Einigungsstelle.

An ihre Stelle kann aufgrund einer tarifvertraglichen Regelung die **tarifliche Schlichtungsstelle** treten, die im Gegensatz zur Einigungsstelle meist eine ständige Einrichtung ist.

05 >> Seite 513

6.3 BETRIEB/UNTERNEHMEN

Anders als in der Betriebswirtschaftslehre werden arbeitsrechtlich als Betrieb und Unternehmen unterschieden *(Straub)*:

- Der **Betrieb**, von dem gesprochen wird, wenn die organisatorische Einheit gemeint ist, mit der ein Unternehmer allein oder mit seinen Mitarbeitern bestimmte arbeitstechnische Zwecke auf eine gewisse Dauer verfolgt. Beim Betriebsbegriff wird also auf die **konkrete Arbeitsorganisation** abgestellt.

- Das **Unternehmen**, das im handelsrechtlichen und wirtschaftlichen Sinne gesehen wird. Es ist somit die **organisatorische Einheit**, die durch den **wirtschaftlichen oder ideellen Zweck** bestimmt wird, mit dem ein oder mehrere Betriebe zusammengefasst werden.

Beispiel: Ein Zeitungsverlag gibt eine Tageszeitung heraus. Er hat eine eigene Druckerei und eine räumlich getrennte Verwaltung einschließlich Redaktion. Der Zeitungsverlag ist das Unternehmen. Die Redaktion der Tageszeitung einschließlich Verwaltung ist ein Betrieb. Die Druckerei, in der die Tageszeitung gedruckt wird, stellt einen weiteren Betrieb dar.

KONTROLLFRAGEN	bear-beitet	Lösungs-hinweise	Lö-sung +	-
01	Was versteht man unter der Personalwirtschaft?		24		
02	Welche grundlegende Aufgabe obliegt der Personalwirtschaft?		24		
03	Worin unterscheiden sich Personalmanagement, Personalmarketing und Human Resource Management von der Personalwirtschaft?		24		
04	Was versteht man unter Personal und durch welche Eigenschaften ist es gekennzeichnet?		24 f.		
05	Wer ist Arbeitnehmer?		24		
06	Erläutern Sie die wirtschaftlichen Ziele der Personalwirtschaft!		26		
07	Welche sozialen Ziele hat die Personalwirtschaft?		26		
08	Geben Sie einen Überblick über die einzelnen Aufgaben der Personal-wirtschaft!		27 ff.		
09	Welche Personalplanungen können unterschieden werden?		27		
10	Welche Schritte umfasst die Personalbeschaffung?		27		
11	Erläutern Sie die zentralen Fragen des Personaleinsatzes!		28		
12	Womit befasst sich die Personalführung?		28		
13	Worum geht es bei der Personalentlohnung?		28		
14	Welche Maßnahmen umfasst die Personalentwicklung?		28 f.		
15	Auf welche Arten kann Personalfreistellung erfolgen?		29		
16	Womit befasst sich die Personalverwaltung?		29		
17	Durch welche Besonderheiten sind Mitarbeiter gekennzeichnet?		30		
18	Erläutern Sie, was unter dem Scientific-Management-Ansatz zu verste-hen ist!		31		
19	Welche Experimente liegen dem Human-Relations-Ansatz zu Grunde und was sagt er aus?		31 f.		
20	Beschreiben Sie die XY-Theorie!		32 f.		
21	Erläutern Sie, was unter der Bedürfnispyramide verstanden werden kann!		33		
22	Worin unterscheiden sich Defizitbedürfnisse und Wachstumsbedürfnis-se?		33		
23	Erläutern Sie die Zwei Faktoren-Theorie!		34		
24	Wozu dient die Personalpolitik?		35		
25	Welche Ziele verfolgt die Personalpolitik?		35		
26	Welche personalpolitischen Entscheidungen lassen sich ihrem Inhalt nach unterscheiden?		35		
27	In welchen Weisen können personalpolitische Festlegungen erfolgen?		36		
28	Erläutern Sie Prinzipien, welche die Grundsätze der Personalpolitik aus-füllen!		36 f.		
29	Was versteht man unter der Personalabteilung?		37		

30	Welche Aufgaben obliegen dem Personalleiter?		37 f.		
31	Wie werden die personenbezogenen Aufgaben in kleinen Unternehmen bewältigt?		38		
32	Welche Gliederungen der Personalstellen können bei mittleren Unternehmen vorgenommen werden?		38 f.		
33	Welche Gliederung der Personalabteilung ist in Großunternehmen möglich?		40		
34	Wie ist die Personalabteilung in kleinen Unternehmen eingegliedert?		41		
35	Wie kann der Organisationsplan bei mittleren Unternehmen aussehen?		41		
36	Wie ist die Eingliederung der Personalabteilung in Großunternehmen möglich?		42		
37	Welche Aufgaben hat der Arbeitsdirektor?		42		
38	Worin ist das wesentliche Ziel neuerer Organisationskonzepte zu sehen?		44		
39	Beschreiben Sie, was unter dem Cost-Center zu verstehen ist!		44		
40	Was sind Service-Center?		44		
41	Worin ist das Ziel von Service-Centern zu sehen?		44		
42	Welche Merkmale weisen Profit-Center auf?		44		
43	Beschreiben Sie die Merkmale von Wertschöpfungs-Centern!		44		
44	Welcher Hilfsmittel kann die Personalorganisation sich bedienen?		45		
45	Was versteht man unter Personalcontrolling?		45		
46	Welche Ebenen des Controlling lassen sich unterscheiden?		45		
47	Beschreiben Sie die Aufgaben des Personalcontrolling!		46		
48	Erläutern Sie, wie ein Personal-Portfolio aussieht?		47		
49	Welche Schlüsse werden aus dem Portfolio gezogen?		47		
50	Welche Regelungen erfolgen im individuellen Arbeitsrecht?		48		
51	Welche Gesetze sind für den Arbeitsvertrag maßgeblich?		48		
52	Was versteht man unter einem Arbeitgeber und welche Rechte bzw. Pflichten hat er?		49		
53	Wer ist Arbeitnehmer, wer zählt nicht dazu?		49		
54	Welche Rechte und Pflichten haben Arbeitnehmer?		49		
55	Geben Sie einen Überblick über die allgemeinen arbeitsrechtlichen Schutzvorschriften!		50		
56	Welche speziellen Schutzvorschriften für einzelne Arbeitnehmer-Gruppen gibt es?		50 f.		
57	Welche besonderen Regelungen weist das Schwerbehindertenrecht auf?		51		
58	Welche Regelungen erfolgen durch das kollektive Arbeitsrecht?		51		
59	Beschreiben Sie die Arten und Geltungsbereiche von Tarifverträgen!		52		
60	Was versteht man unter dem Günstigkeitsprinzip und dem Grundsatz der Unabdingbarkeit?		52		
61	Wie kann ein Tarifvertrag für allgemein verbindlich erklärt werden?		52		

B. Personalplanung

Die Personalplanung ist die gedankliche Vorwegnahme des zukünftigen Personalgeschehens im Unternehmen. Mit ihrer Hilfe sollen die in der Zukunft liegenden Erfordernisse ermittelt und die daraus resultierenden Maßnahmen im Mitarbeiterbereich festgelegt werden. Für ihre Durchführung gibt es mehrere **Gründe**:

- Sie hilft Fehlentwicklungen zu vermeiden.
- Sie verringert die Unsicherheit.
- Sie fördert Verstetigungen von Entscheidungen.

Die Personalplanung bezieht sich auf alle Mitarbeiter des Unternehmens und alle personalwirtschaftlichen Funktionen, z. B. Personalbeschaffung, Personaleinsatz. Im vorliegenden Kapitel sollen jedoch nicht sämtliche personalwirtschaftlich bedeutsamen Planungen behandelt werden. Es ist ausschließlich auf die **personalwirtschaftliche Rahmenplanung** ausgerichtet, die zwei Merkmale aufweist:

- Sie bezieht sich auf **Mitarbeitergesamtheiten**, z. B. auf alle Mitarbeiter von Abteilungen, Bereichen oder die gesamte Belegschaft eines Unternehmens.
- Sie umfasst tendenziell zumindest etwa **ein Jahr** oder ist **mittelfristiger** bzw. **langfristiger Natur**.

Personalwirtschaftliche Planungen, die auf einzelne Mitarbeiter gerichtet sind und einen grundsätzlich eher engeren Zeitrahmen als etwa ein Jahr aufweisen, werden in den nachfolgenden, die personalwirtschaftlichen Funktionen beschreibenden Kapiteln C. bis I. behandelt.

Wesentliche **Aufgaben** der Personalplanung sind:

- Die **andauernde Sicherung des Produktionsfaktors »Arbeit«** zu wirtschaftlichen Bedingungen für das Unternehmen.
- Der **optimale Einsatz der Mitarbeiter** in der Zukunft durch Kenntnis der Stellenanforderungen und Mitarbeiterqualifikationen.
- Die **Schaffung bestmöglicher Arbeitsbedingungen** für die Mitarbeiter in der Zukunft.

Die **Einbindung** der Personalplanung im Unternehmen ist in mehrfacher Weise gegeben und führt damit zu ihrer Abhängigkeit von:

- Der **Planungsbasis**, die z. B. Arbeitsanfall, Organisation, Mitarbeiter umfasst.

  Voraussetzung für jede Personalplanung ist deswegen, Gegebenheiten in einer für die Personalplanung geeigneten Form zu ermitteln, z. B. als Personalbestand, Stellenbestand, Kostenanfall.

  Es gibt dabei **Ist-Größen** und **Soll-Größen**, zwischen denen vielfach Differenzen bestehen, die ebenso planerisch zu erfassen sind.

- **Veränderungen**, die sich im Planungszeitraum auf das Personal auswirken. Das sind z. B. **im Unternehmen**:

▸ Erweiterungen von Aufgaben	▸ Durchführung von Projekten
▸ Verminderungen von Aufgaben	▸ Rationalisierungsmaßnahmen
▸ Umgestaltungen von Kapazitäten	▸ Reorganisation

Außerdem müssen auch Veränderungen beachtet werden, die **außerhalb des Unternehmens** liegen, sich aber dennoch auf das Unternehmen auswirken, z. B. volkswirtschaftliche, tarifvertragliche oder arbeitsmarktliche Änderungen.

- Sonstige **betriebliche Planungen** als grundsätzliche Vorgaben für die Personalplanung, z. B. der Beschaffungsplan, Absatzplan, Fertigungsplan. Die Personalplanung muss sich an diesen Plänen ausrichten. Es kann aber auch sein, dass sie selbst die Grundlage für die übrigen Einzelpläne im Unternehmen darstellt.

Als Personalplanung werden behandelt:

Personal- planung	Ziele
	Bedingungen
	Organisation
	Arten
	Ablauf

1. ZIELE

Die Ziele der Personalplanung weisen drei **Ausrichtungen** auf:

- Die **Ziele des Unternehmens**, an denen sie auszurichten ist, z. B. (RKW):

▸ Steigerung der Leistung	▸ Sicherung des Marktanteils
▸ Senkung der Personalkosten	▸ Vergrößerung des Marktanteils
▸ Verbesserung der Wirtschaftlichkeit	▸ Sicherung/Vergrößerung der Gewinne

- Die **Ziele der Mitarbeiter**. Die im Unternehmen tätigen Menschen sollen dabei nicht – wie die Planungsinhalte in anderen betrieblichen Funktionsbereichen – als Objekte behandelt werden, sondern als **individuelle Personen**, die selbstständig handeln, Wünsche und Bedürfnisse haben und auf Maßnahmen reagieren, z. B.:

▸ Abbau von Stress	▸ Erhalt ihrer Arbeitsplätze
▸ Menschengerechte Arbeitsbedingungen	▸ Verkürzung ihrer Arbeitszeiten
▸ Erweiterung der Handlungsspielräume	▸ Erweiterung der Arbeitsinhalte

Die Personalplanung ist damit komplexer als die übrigen funktionsbezogenen Planungen im Unternehmen und weist eine ungleich größere Verantwortung auf.

• **Die Ziele der Personalplanung selbst**, wozu zählen:

Fehlerfreiheit	Sie soll gegeben sein, da die **Auswirkungen von Fehlern** in der Personalplanung **schwerwiegend** sein können, z. B. als: ▸ Störung und Zerstörung des Betriebsklimas ▸ Frustration und Demotivation der Mitarbeiter ▸ Entlassungen und Arbeitslosigkeit Dass jede Planung risikobehaftet ist, berührt das Ziel der Fehlerfreiheit nicht.
Einflussnahme	Die Personalplanung erfolgt einerseits in **Abhängigkeit zu den Planungen der anderen Funktionsbereiche**, z. B. als: ▸ Organisatorische Veränderungen ▸ Anstehende Projekte ▸ Marktbezogene Veränderungen Andererseits sollte sie selbst auch **Einfluss nehmen**, um die Ziele des Personalbereiches durchzusetzen, z. B. auf: ▸ Unternehmensbereiche ▸ Projektausführungen ▸ Aktionsplanungen Beim Verzicht auf unmittelbare Einflussnahme ist eine spätere Einwirkung oft nicht mehr oder hinreichend möglich.
Konfliktminderung	Erhebliche Konflikte können sich **nicht nur bei »extremen« Maßnahmen** im Personalbereich entzünden, z. B. als Kurzarbeit, Kündigungen, Massenentlassungen. Ziel der Personalplanung muss es deswegen sein, Konflikte möglichst zu vermeiden oder zu begrenzen durch: ▸ Geeignete Verfahren der Personalplanung ▸ Konfliktminimale Planungsergebnisse ▸ Beteiligung aller Planer und Entscheidungsträger

Die Personalplanung überführt die Ziele des Personalwesens und die festgelegte Personalpolitik in **Maßnahmen**. Sie trägt damit zur Erreichung der Unternehmensziele bei. Deswegen ist sie verantwortungsbewusst durchzuführen.

2. Bedingungen

Die Personalplanung erfordert die Berücksichtigung mehrerer **Bedingungen**:

• Das **Betriebsverfassungsgesetz**, das dem Betriebsrat bei der Personalplanung verschiedene **Mitwirkungsrechte** einräumt:

Unter-richtungs-recht	Danach ist der Arbeitgeber gemäß § 92 Abs. 1 Satz 1 BetrVG verpflichtet, den Betriebsrat insbesondere über den **gegenwärtigen** und **künftigen Personalbedarf** und über die sich daraus ergebenden personellen Maßnahmen rechtzeitig und umfassend zu unterrichten sowie die dazu notwendigen Unterlagen vorzulegen, z. B. Stellenbesetzungspläne.
Beratungs-recht	Nach § 92 Abs. 1 Satz 1 BetrVG ist der Arbeitgeber verpflichtet, mit dem Betriebsrat über **Art** und **Umfang** der erforderlichen **Maßnahmen** zu beraten. Er muss sich aber nicht den Überlegungen des Betriebsrates anschließen.
Vorschlags-recht	Der Betriebsrat darf nach § 92 Abs. 2 BetrVG Vorschläge zur **Einführung und Durchführung einer Personalplanung** unterbreiten. Der Arbeitgeber muss sich ernsthaft mit den Vorschlägen befassen, ist aber nicht verpflichtet, ihnen zu folgen.

- Das übrige **kollektive Arbeitsrecht**, bei dem rechtliche Verpflichtungen bezüglich des Inhaltes bzw. der Durchführung der Personalplanung aus verschiedenen Quellen kommen, z. B. Gesetzen/Verordnungen, Tarifverträgen, Betriebsvereinbarungen.

- Das **individuelle Arbeitsrecht**, das sich auf die Arbeitsverträge bezieht, in denen Vereinbarungen enthalten sind, welche die Grundlage für Arbeitsverhältnisse darstellen. Es ist in der Personalplanung zu berücksichtigen.

- Die **Personalstruktur**, die bei einer gegebenen Belegschaft durch eine Vielzahl von Merkmalen gekennzeichnet und Grundlage jeder Personalplanung ist, z. B. als Altersstruktur, Qualifikationsstruktur, Tätigkeitsstruktur.

- Die **Organisation**, die als Aufbau- bzw. Prozessorganisation gegeben und besonders bedeutsam ist, z. B. in Form von Organisationsplänen, Stellenbesetzungsplänen, Stellenbeschreibungen.

- Die **personellen Gegebenheiten**, zu denen z. B. Fehlzeiten, Fluktuation, Mehrleistungen, Minderleistungen, Entwicklungsmaßnahmen und Überstundenbereitschaft zählen.

Die Bedingungen können von Unternehmen nur teilweise beeinflusst werden.

3. Organisation

Die Personalplanung wird wesentlich von der Art ihrer Durchführung bestimmt. Grundsätzlich können zwei **Arten** unterschieden werden:

- Die **dezentrale Personalplanung**, bei welcher die Planung des Personals von den Leitern der organisatorischen Einheiten erfolgt, i.d.R. der Abteilungen.

  Durch Zusammenfassung aller genehmigten Personalpläne der Abteilungen entsteht der unternehmensbezogene Personalplan. Er stellt sich tendenziell als **Erwartungsplan** dar, in dem sich üblicherweise die Wünsche und Erfordernisse aus der Sicht der Führungskräfte widerspiegeln.

- Die **zentrale Personalplanung**, die durch eine einzige Stelle im Unternehmen erfolgt, die z. B. Personalleiter, Personalplaner, Unternehmensplaner, Leitungsassistent sein kann.

Tendenziell wird bei einer zentralen Planung von einheitlichen Erwartungen oder Planvorgaben ausgegangen, z. B. dem Umsatz, dem Ausstoß oder der zu fertigenden Menge. Das Ergebnis der zentralen Personalplanung kann sowohl ein **Erwartungsplan** als auch ein **Vorgabeplan** sein.

Wie für jede Planung ist für die Personalplanung grundlegende **Voraussetzung**, dass der oder die Planer fundierte planungsspezifische Erfahrungen aufweisen.

4. ARTEN

Die Personalplanung lässt sich nach verschiedenen **Kriterien** systematisieren. Je nach der Betrachtungsweise gibt es folgende Arten der Personalplanung:

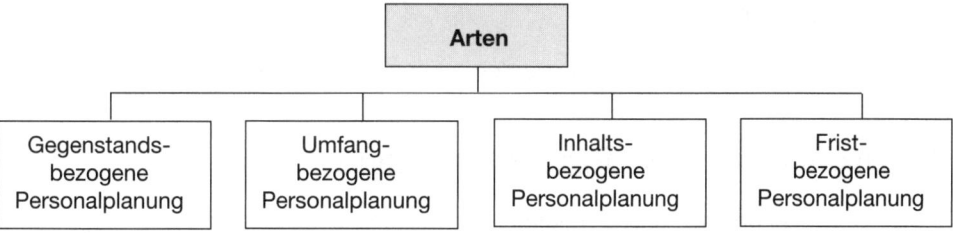

Die genannten Personalplanungen stehen nicht isoliert nebeneinander, sondern werden **miteinander kombiniert**, z. B. ist eine bestimmte gegenstandsbezogene Personalplanung auf eine bestimmte Mitarbeiterzahl ausgerichtet, hat einen bestimmten Inhalt und weist eine bestimmte Frist auf.

4.1 GEGENSTANDSBEZOGENE PERSONALPLANUNG

Ausgangspunkt der Personalplanung ist immer eine gegenstandsbezogene Personalplanung, in der andere Planungsmerkmale aufgehen. Es gibt:

- Die **Personalbestandsplanung**, die vom aktuellen Personalbestand ausgeht und den voraussichtlich zukünftigen Bestand ermittelt, indem quantitative und qualitative Personalveränderungen bis zu einem in der Zukunft liegenden Zeitpunkt prognostiziert bzw. geplant werden.

- Die **Personalbedarfsplanung**, die Daten über die künftig im Unternehmen benötigte Zahl von Mitarbeitern sowie die an sie zu stellenden Anforderungen liefert. Dazu lassen sich **verschiedene Verfahren** einsetzen.

- Die **Personaleinsatzplanung**, die insbesondere vorgenommen wird, indem der Personalbestand zu einem bestimmten Zeitpunkt mit dem Personalbedarf bzw. die Fähigkeiten der Mitarbeiter mit den Anforderungen der Stellen oder Arbeitsplätze zu diesem Stichtag verglichen werden.

- Die **Personalbeschaffungsplanung**, die sich auf die interne oder externe Personalbeschaffung bezieht und alle planerischen Maßnahmen, die damit verbunden sind, beinhaltet. Sie kann aufgrund der aus der Personaleinsatzplanung gewonnenen Erkenntnisse erforderlich werden.

- Die **Personalfreistellungsplanung**, mit der interne und externe Personalfreistellungen initiiert werden. Die Notwendigkeit ihres Einsatzes kann – wie schon bei der Personalbeschaffungsplanung – ebenfalls aus Erkenntnissen resultieren, die sich aus der Personaleinsatzplanung ergeben.

- Die **Personalentwicklungsplanung**, welche die zukünftige Gestaltung, Erhaltung und Verbesserung der Qualifikation von Mitarbeitern zum Gegenstand hat. Sie wird vorgenommen, wenn die Anforderungen größer sind als die Fähigkeiten der Mitarbeiter. Als **Bildungsplanung** kann sie Ausbildungsplanung, Fortbildungsplanung oder Umschulungsplanung sein. Weiterhin ist sie als **Förderungsplanung** möglich.

- Die **Personalkostenplanung**, welche auf die personenbezogenen Kosten gerichtet ist, die sich aus den vorangegangenen Personalplanungen sowie sonstigen personellen Erfordernissen ergeben.

Die dargestellten Personalplanungen werden in diesem Kapitel noch genauer beschrieben.

4.2 Umfangbezogene Personalplanung

Je nach der Zahl der zu planenden Mitarbeiter lassen sich unterscheiden:

- Die **Individualplanung**, die sich jeweils ausschließlich auf einen einzelnen, namentlich identifizierbaren Mitarbeiter bezieht. Sie ist auch gegeben, wenn mehrere gleichartige Planungen parallel erfolgen, aber immer individuell auf die jeweils betroffenen Mitarbeiter ausgerichtet sind.

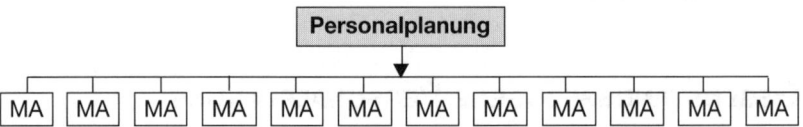

- Die **Kollektivplanung**, bei der nicht einzelne Mitarbeiter im Mittelpunkt stehen, sondern Gesamtheiten von Mitarbeitern, z. B. Gruppen, Abteilungen, Bereiche oder die gesamte Belegschaft.

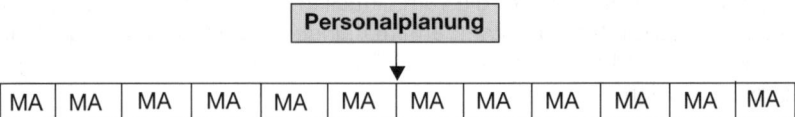

Während die Personalbestandsplanung, die Personalbedarfsplanung und die Personalkostenplanung grundsätzlich als **kollektive Planungen** anzusehen sind, können die Personaleinsatzplanung, die Personalbeschaffungsplanung, die Personalfreistellungsplanung und die Personalentwicklungsplanung sowohl **individuelle** als auch **kollektive Planungen** sein.

4.3 INHALTSBEZOGENE PERSONALPLANUNG

Im Hinblick auf ihren Inhalt können als Personalplanung genannt werden:

- Die **quantitative Personalplanung**, bei der ausschließlich mit den »Köpfen« der Mitarbeiter geplant wird, d. h. ihr liegt die für die jeweilige Planungsaufgabe maßgebliche **Anzahl von Mitarbeitern** zu Grunde.

Die **Maßeinheit** zur Personalplanung kann sich aber auch auf den Arbeitsmonat, den Arbeitstag oder die Arbeitsstunde beziehen. Für abgegrenzte Planungen – z. B. die Durchführung von Projekten – wird mit dem **Arbeitsvolumen** geplant, wobei als Maßeinheiten Mitarbeitermonate (MM), Mitarbeiterwochen (MW), Mitarbeitertage (MT) oder Mitarbeiterstunden (MS) möglich sind.

Neben diesen mitarbeiterbezogenen Quantifizierungen müssen im Rahmen der quantitativen Personalplanung weiterhin festgelegt werden:

Zeiteinheiten	Da die Personalplanung vorwiegend eine Stichtagsplanung ist, wird ihre zeitliche Detaillierung durch die Menge der **Planungszeitpunkte** bestimmt, z. B.: ▸ Monatlicher Stichtag: 31.01., 28.02., 31.03. usw. ▸ Quartalsbezogener Stichtag: 01.01., 01.04., 01.07., 01.10. ▸ Halbjährlicher Stichtag: 01.01., 01.07.
Organisationseinheiten	Es kann sich anbieten, auch die von der Personalplanung betroffenen Organisationseinheiten auszuweisen, z. B. als Geschäftsbereich, Werk, Funktionsbereich. Bei stärkerer **Detaillierung** wären die Organisationseinheiten entsprechend kleiner, z. B. als Abteilung, Kostenstelle, Meisterei.

- Die **qualitative Personalplanung**, denn die Mitarbeiter unterscheiden sich in einer Vielzahl von Eigenschaften und werden unter deren Berücksichtigung im Unternehmen eingesetzt.

Lägen der Personalplanung ausschließlich quantitative Daten zu Grunde, würde das zu Fehlbesetzungen führen. Die Information, dass drei Mitarbeiter benötigt werden, ist aussagearm, wenn nicht hinzugefügt wird, dass es sich dabei z. B. um einen Buchhalter, einen Verkäufer und einen Mechaniker handelt.

Die qualitative Personalplanung kann z. B. basieren auf:

Qualifikation der Mitarbeiter	Dabei bilden häufig **Berufsarten** die Grundlage. Um mit einheitlichen Berufsbezeichnungen und Berufsgruppen planen zu können, empfiehlt sich die Benutzung der »**Klassifikation der Berufe**« des Statistischen Bundesamtes. Bei besonders detaillierter Planung wird mit **Fähigkeiten** gearbeitet. Das geschieht auch bei Planungen, die sich auf Zusatzerfordernisse beziehen, z. B. Fremdsprachenkenntnisse, technische Kenntnisse, wirtschaftliche Kenntnisse, Managementkenntnisse.

Fähigkeiten können zusätzlich noch **bewertet** werden, z. B. als sehr gut, gut, befriedigend oder ausreichend.

Damit wird es möglich, detaillierte **Fähigkeits- und Anforderungsprofile** einzusetzen.

Bildung der Mitarbeiter	Sie wird häufig berücksichtigt und z. B. durch folgende **Schlüsselung** ausgewiesen:

▸ Universitätsstudium	1	▸ Ausbildung	6
▸ Fachhochschulstudium	2	▸ Anlernausbildung	7
▸ Fachschulbildung	3	▸ Keine abgeschlossene	
▸ Abitur + Ausbildung	4	Berufsausbildung	8
▸ Mittlere Reife + Ausbildung	5	▸ Sonstige	9

Lohn- bzw. Gehaltsgruppe	Auch sie findet oft Verwendung. Um die Lohn- bzw. Gehaltsgruppe kennzeichnen zu können, wird meistens auf die **Klassifikation des** betreffenden **Tarifvertrages** zurückgegriffen, der z.B. enthält:

▸ Oberkonstrukteur	T 31	▸ Konstrukteurassistent	T 34
▸ 1. Konstrukteur	T 32	▸ Konstruktionsgehilfe	T 35
▸ Konstrukteur	T 33		

4.4 Fristbezogene Personalplanung

Bei der fristbezogenen Personalplanung werden als Arten unterschieden:

- Die **kurzfristige Personalplanung**, deren Zeitraum bis zu einem Jahr umfasst. Sie ist z. B. als eine auf ein Kalenderjahr ausgerichtete Stellen- oder Stellenbesetzungsplanung möglich, kann aber auch wesentlich kurzfristiger notwendig werden, z. B. beim aktuellen Personaleinsatz.

- Die **mittelfristige Personalplanung**, die sich auf einen Zeitraum von mehr als einem bis vier bzw. fünf Jahre bezieht. In diesen Rahmen fallen i.d.R. alle größeren personalrelevanten Maßnahmen, Aktionen und Projektdurchführungen.

- Die **langfristige Personalplanung**, die üblicherweise über vier bis fünf Jahre hinausgeht. Sie findet in der Praxis nicht häufig statt.

Die Personalplanung muss in regelmäßigen Abständen erfolgen. Eine halbjährliche **Planungsfrequenz** ist oftmals zu lang, um die Personalpläne aktuell zu halten. Deswegen beträgt sie vielfach drei Monate.

5. ABLAUF

Der Ablauf der Personalplanung kann in folgender Weise skizziert werden:

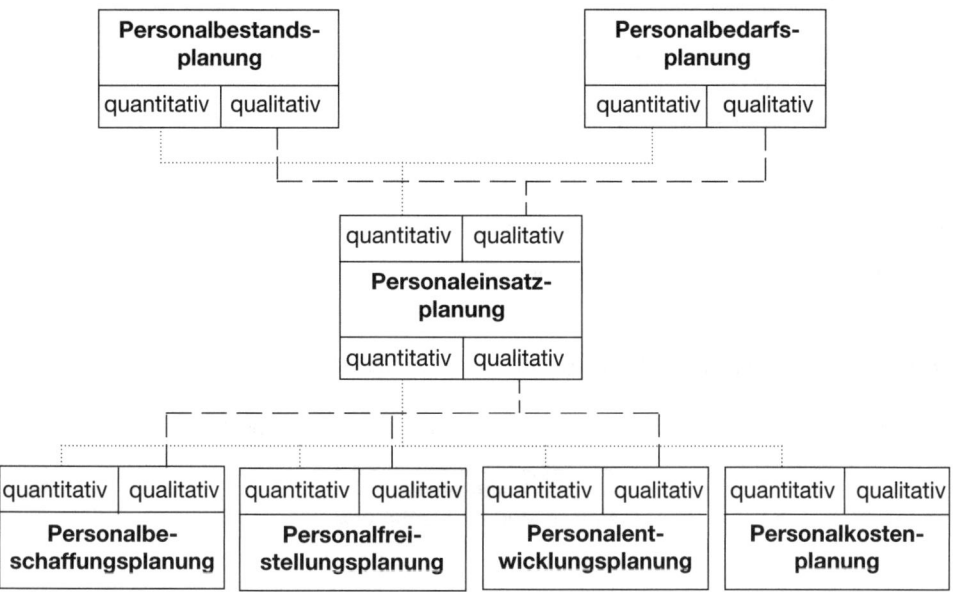

Dementsprechend werden als Personalplanungen unterschieden:

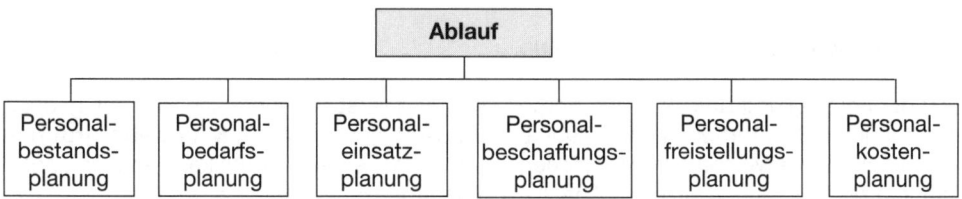

5.1 PERSONALBESTANDSPLANUNG

Sie dient dazu, den aktuellen Personalbestand in quantitativer und qualitativer Sicht zu ermitteln sowie den zukünftigen quantitativen und qualitativen Personalbestand vorherzusagen, indem Veränderungen zum aktuellen Personalbestand erfasst werden, die bis zum Planungszeitpunkt im Zeitablauf eintreten werden.

Die Ermittlung des aktuellen Personalbestandes ist grundsätzlich problemlos, erfordert aber Festlegungen im Hinblick darauf, wie die im Unternehmen tätigen Personen zu erfassen sind, denn neben im Unternehmen **vollbeschäftigten Arbeitnehmern**, die i.d.R. die Basis der Ermittlung darstellen, gibt es auch:

- **Teilzeitbeschäftigte**, deren Art der Zählung festzulegen ist. Dies kann z. B. nach der Zahl der Mitarbeiter (1,0 pro Mitarbeiter) oder der von ihnen im Verhältnis zu den Vollbeschäftigten geleisteten Arbeitszeit (z. B. 0,5 Mitarbeiter bei Halbtagskräften) sein.

- **Leiharbeitnehmer**, die von Arbeitnehmerüberlassungs-Firmen bereitgestellt werden. Ihre Zählweise muss bestimmt werden.

- **Langfristurlauber**, zu denen u. a. Mitarbeiter zählen, die Wehrdienst oder Ersatzdienst ableisten.

Im Personalbestand kann damit, je nach der praktizierten Verfahrensweise bei der Einbeziehung der im Unternehmen tätigen Personen arbeitsrechtliches, bezahltes oder leistungserbringendes Personal enthalten sein.

Die Personalbestandsplanung kann unterteilt werden in:

- **Quantitative Personalbestandsplanung**

- **Qualitative Personalbestandsplanung.**

5.1.1 Quantitative Personalbestandsplanung

Mithilfe der quantitativen Personalbestandsplanung werden ermittelt:

5.1.1.1 Aktueller Personalbestand

Bei der Feststellung des aktuellen Personalbestandes ist zu empfehlen, die Belegschaft nicht in ihrer Gesamtheit in einer Zahl auszuweisen, sondern z. B. **Mitarbeitergruppen** zu bilden, um verwertbare Informationen zu erhalten. Je nach Größe kann es sich anbieten, die Mitarbeiter jeweils einer Abteilung zusammenzufassen.

Beispiel: Ermittlung des aktuellen Personalbestandes zum 01.01.

Aktueller Personalbestandsplan						
Stellenart	**Konstruktion**	**Materialwirtschaft**	**Fertigung**	**Vertrieb**	**Verwaltung**	**Gesamtsumme**
Vollzeitmitarbeiter	14	8	205	34	39	300
Teilzeitbeschäftigte (50%)		1*	3**			4
Leiharbeitnehmer	2		8			10
Bestand 01.01.	**16**	**9**	**216**	**34**	**39**	**314**

* 1 = 2 x 0,5   ** 3 = 6 x 0,5

⇨ *Fortführung des Beispiels S. 72*

5.1.1.2 ZUGÄNGE/ABGÄNGE

Um vom aktuellen Personalbestand zum zukünftigen Personalbestand zu gelangen, ist es erforderlich, die Zugänge und Abgänge von Personal zu berücksichtigen, die bis zum Planungsstichtag voraussichtlich erfolgen werden:

- Die **Personalzugänge** erhöhen den Personalbestand. Sie können sein:

Unternehmensseitig veranlasste Zugänge	▸ Arbeitsantritte aufgrund früher erfolgter Einstellungen ▸ Versetzungen von anderen Unternehmensteilen ▸ Rückkehr von Mitarbeitern nach Beurlaubungen ▸ Übernahme von Auszubildenden ▸ Besetzung von freigegebenen Stellen
Unternehmensseitig nicht beeinflussbare Zugänge	▸ Rückkehr von der Bundeswehr ▸ Rückkehr vom Zivildienst ▸ Arbeitswiederaufnahme durch Langzeitkranke ▸ Arbeitsgerichtsentscheidungen

Die Personalzugänge können bis auf wenige Ausnahmen **genau geplant** werden.

- Entsprechend verringern die **Personalabgänge** den Personalbestand als:

Unternehmensseitig veranlasste Zugänge	▸ Ausscheiden aufgrund von Kündigungen ▸ Abstellungen zu langzeitigen Fortbildungsmaßnahmen ▸ Übernahme in Ausbildungsverhältnisse ▸ Versetzungen zu anderen Unternehmensteilen ▸ Langzeitbeurlaubungen ▸ Abschluss von Aufhebungsverträgen ▸ Beendigung von befristeten Arbeitsverhältnissen ▸ Einschränkung des Betriebes, teilweise Stilllegung
Unternehmensseitig nicht beeinflussbare Zugänge	▸ Ordentliche Kündigungen durch Arbeitnehmer ▸ Austritte wegen Pensionierungen und Arbeitsunfähigkeit ▸ Einberufung zur Bundeswehr und zum Zivildienst ▸ Todesfälle von Arbeitnehmern ▸ Außerordentliche Kündigungen durch Arbeitnehmer

Die von den Arbeitnehmern veranlassten Abgänge können i.d.R. nur **mit statistischer Wahrscheinlichkeit geplant** werden. Damit ist die Planungssicherheit insbesondere in Detailplänen stark herabgesetzt.

Bei Personalveränderungen, die vom Unternehmen ausgelöst oder zumindest beeinflusst werden, wird auch von **initiierten Personalveränderungen** gesprochen. Hat das Unternehmen keinen Einfluss auf Personalveränderungen, handelt es sich um **autonome Personalveränderungen**.

5.1.1.3 Zukünftiger Personalbestand

Die Planung des zukünftigen Personalbestandes erfolgt aufgrund des aktuellen Personalbestandes sowie der voraussichtlichen Zugänge und Abgänge:

$$B_Z = B_A + Z - A$$

B_Z = Zukünftiger Personalbestand   A = Personalabgang
B_A = Aktueller Personalbestand   Z = Personalzugang

Die Ermittlung des zukünftigen Personalbestandes kann nicht nur mithilfe der dargestellten Formel erfolgen, sondern ist auch **tabellarisch** möglich.

Beispiel: Ermittlung des zukünftigen Personalbestandes zum 31.12.

Aktueller Personalbestandsplan						
Stellenart	Konstruktion	Material-wirtschaft	Ferti-gung	Ver-trieb	Verwal-tung	Gesamt-summe
Bestand 01.01.	16	9	216	34	39	314
Zugang	2	1	1		4	8
Abgang	2		20	4	2	28
Bestand 31.12.	**16**	**10**	**197**	**30**	**41**	**294**

⇨ *Fortführung des Beispiels S. 76*

In diesem Personalbestandsplan sind keine Auswirkungen von Maßnahmen enthalten, die erst als Ergebnis der Personalplanung festgelegt werden müssen, d.h. die Zahlen des zukünftigen Personalbestandes enthalten nur zum Zeitpunkt der Planerstellung veranlasste, erkannte oder erwartete Personalveränderungen.

5.1.2 Qualitative Personalbestandsplanung

Neben der zu ermittelnden Anzahl der Mitarbeiter ist es unerlässlich, Klarheit über deren berufliche Ausrichtung bzw. Qualifikation für den zu planenden Zeitpunkt zu erlangen.

Dementsprechend bezieht sich die qualitative Personalbestandsplanung auf die **beruflichen Klassifizierungen** oder – bei differenzierterer Betrachtung – auf die **Fähigkeiten** der Mitarbeiter.

Zur Dokumentation der Fähigkeiten eignet sich das **Fähigkeitsprofil**, das im Rahmen einer Fähigkeitsanalyse oder Qualifikationsanalyse erstellt werden kann. Es umfasst die Fähigkeiten eines Mitarbeiters als Kenntnisse (Wissen), Fertigkeiten (Tun) und Erfahrungen.

Beispiel:

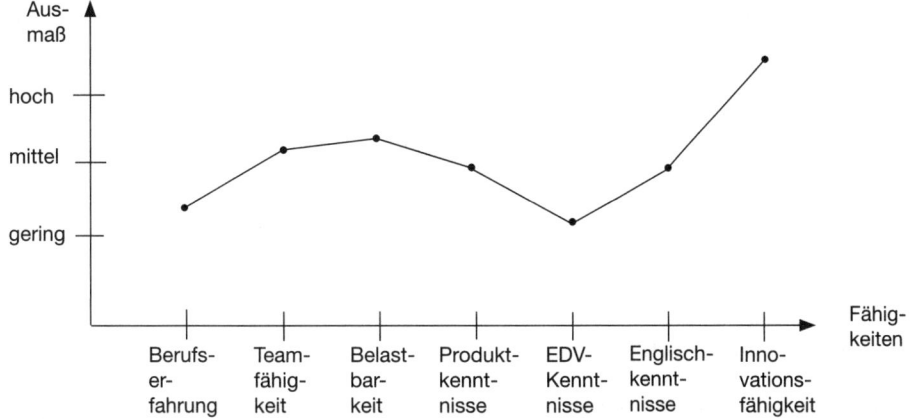

Dem Fähigkeitsprofil des Mitarbeiters wird später das **Anforderungsprofil** der Stelle bzw. des Arbeitsplatzes gegenübergestellt – siehe Personaleinsatzplanung.

07 ⟩⟩ Seite 515

5.2 PERSONALBEDARFSPLANUNG

Die Personalbedarfsplanung ist als **wichtigster Teil der Personalplanung** die Grundlage für alle übrigen Teile der Personalplanung.

Mit ihrer Hilfe wird der Personalbedarf zu einem bestimmten Zeitpunkt ermittelt. Fehler, die hier gemacht werden, wirken sich besonders schwerwiegend aus. Der **Bedarfszeitpunkt** kann grundsätzlich sein:

* Die **Gegenwart**, somit wird der aktuelle Personalbedarf geplant, der relativ sicher ermittelt werden kann.

* Die **Zukunft**, wobei die Personalbedarfsplanung für einen späteren Zeitpunkt erfolgt, dessen Gegebenheiten unsicher sind.

Der Personalbedarfsplanung kommen vor allem zwei **Aufgaben** zu:

* Sie hat dazu beizutragen, den Personaleinsatz rationell zu gestalten.

* Sie soll gewährleisten, dass Personal in erforderlichem Umfang und hinreichender Qualifikation zur Verfügung steht.

Die Bedarfsermittlung erfolgt bei der Personalbedarfsplanung als:

* **Quantitative Bedarfsermittlung**

* **Qualitative Bedarfsermittlung.**

5.2.1 Quantitative Bedarfsermittlung

Um den Personalbedarf quantitativ zu ermitteln, kann auf eine **Vielzahl von Methoden** zurückgegriffen werden. Es sollen dargestellt werden:

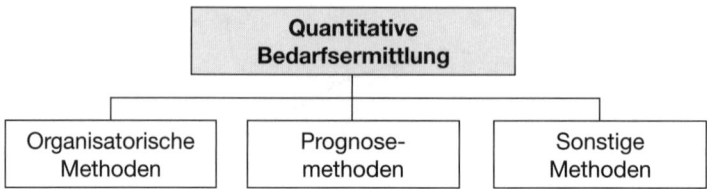

5.2.1.1 Organisatorische Methoden

Organisatorische Methoden ermitteln den Personalbedarf unter **Zugrundelegung der** gegenwärtigen und zukünftigen **Organisation** des Unternehmens. Der Organisations-plan stellt dabei ein unentbehrliches Hilfsmittel dar. Es gibt:

• **Stellenmethode**

• **Stellenbesetzungsmethode**

• **Stellenbedarfsplan.**

Ausgangspunkt bei den organisatorischen Methoden ist der Bestand an angestrebten oder Planstellen. Er wird mit dem aktuellen Bestand an Stellen verglichen, also mit den tatsächlich besetzten Stellen. Ist die Anzahl der besetzten Stellen geringer als die Anzahl der angestrebten oder Planstellen, ergibt sich ein **Personalbedarf**. Der angestrebte oder genehmigte Bestand an Planstellen ist üblicherweise im Stellenplan oder Stellenbeset-zungsplan festgeschrieben.

5.2.1.1.1 Stellenmethode

Die Stellenmethode basiert auf dem **Stellenplan**. Er ist die Zusammenfassung aller ge-nehmigten und zur Besetzung freigegebenen Stellen einer Abteilung, eines Bereiches oder – je nach Größe – des gesamten Unternehmens.

Beispiel:

Stellenplan: Verkaufsabteilung B 2				
Stellenart	**Tarifgruppe**	**Personal-bestand**	**Stellen-bestand**	**Differenz**
Abteilungsleiter	–	1	1	
Gruppenleiter	T 9	5	4	+ 1
Sachbearbeiter	T 6 - 8	13	13	
Kontoristin	T 4 - 5	6	5	+ 1
Bürohilfen	T 2 - 3	4	4	
Summe		**29**	**27**	**+ 2**

Die Darstellung des Stellenplanes kann nicht nur, wie gezeigt, in **Listenform** erfolgen, sondern ist auch in Form eines **Schaubildes** möglich.

5.2.1.1.2 STELLENBESETZUNGSMETHODE

Grundlage bei der Stellenbesetzungsmethode ist der **Stellenbesetzungsplan**. Darin werden die verfügbaren Stellen den Mitarbeitern zugeordnet, welche diese Stellen innehaben. Er enthält die **Namen** der Mitarbeiter, ggf. aber zusätzlich auch Geburtsjahr, Eintrittsjahr, Funktion, Stellvertretung, Rangstufe, Lohngruppe bzw. Vollmacht.

Der Stellenbesetzungsplan ist – wie der Stellenplan – **listenmäßig** oder als **Schaubild** darstellbar.

Beispiel:

Stellenplan: Verkaufsabteilung B 2		
Stelle	**Inhaber**	**Stellvertreter**
Abteilungsleitung	Herr Neumann	Herr Hense
Abteilungssekretärin	Frau Lang	-
Gruppenleiter B 2 I	Herr Hense	Herr Krings
Sachbearbeiter I-1	Herr Haaga	Herr Reich
Sachbearbeiter I-2	Frl. Wlasy	Herr Haaga
Sachbearbeiter I-3	Herr Reich	Herr Neumann
Gruppenleiter B 2 II	Herr Krings	
.	.	.
.	.	.

Für beide Pläne ist unabdingbar, dass sie **aktuell** sind, um im Rahmen der Personalbedarfsplanung verwendet zu werden. Ein regelmäßiger **Änderungsdienst** ist unerlässlich. Die notwendige **Fortschreibung** der Pläne umfasst:

- **Stellenzugänge**, z. B. wegen der Erweiterung der Kapazität, der Gründung von Filialen, der Verstärkung der Bearbeitungsintensität.

- **Stellenveränderungen**, die einzubeziehen sind, wenn die Stellenbedarfsermittlungen auch qualitativ betrachtet werden.

- **Stellenabgänge**, z. B. wegen der Verminderung von Kapazität, der Wirkung von Rationalisierungen oder Auswirkungen von Leistungssteigerungen.

5.2.1.1.3 STELLENBEDARFSPLAN

Im Stellenbedarfsplan wird Bedarf an Stellen zu einem künftigen Zeitpunkt als **Brutto-Personalbedarf** ausgewiesen.

Beispiel eines Stellenbedarfplanes zum 31.12.:

Stellenbedarfsplan						
	Kon-struk-tion	Materi-alwirt-schaft	Ferti-gung	Vertrieb	Ver-wal-tung	Ge-samt-sum-me
Stellenbestand 01.01	16	10	197	30	41	294
Einführung zentraler Textverarbeitung				- 2	- 1	- 3
Erzeugnisanlauf »Gummigrafen«			+ 8	+ 3		+ 11
Auflösung Verkaufsniederlassungen				- 4		- 4
Fertigung »Plastikgrafen«			- 4			- 4
Diverse Rationalisierungen			- 3		- 2	- 5
Neues System »Auftragabwicklung«		- 1		- 3	- 1	- 5
Konstruktionsaufnahme »Platinen«	+ 3					+ 3
Stellenbedarf 31.12.	**19**	**9**	**198**	**24**	**37**	**287**

⇨   *Fortführung des Beispiels S. 85*

5.2.1.2 PROGNOSEMETHODEN

Der Personalbedarf kann auch mithilfe von Bedarfsprognosen ermittelt werden, z.B.:

- **Schätzmethode**
- **Globale Bedarfsprognose**
- **Kennzahlenmethode**
- **Personalbemessungsmethode**.

5.2.1.2.1 SCHÄTZMETHODE

Die Schätzung ist eine **einfache Methode** zur Ermittlung des Personalbedarfes. Zu unterscheiden sind:

- Die **einfache Schätzung** aufgrund von Erfahrungswerten der Vergangenheit, die von den jeweiligen Verantwortungsträgern erfolgen können, z. B. den Abteilungsleitern. Die Ergebnisse sind **subjektiv** und werden damit den Anforderungen nicht gerecht, die an eine Ermittlung des Personalbedarfes zu stellen sind.

* Die **Expertenbefragung**, bei der Schätzungen von Führungskräften vorgenommen werden, z. B. Betriebsleitern. Diese werden daraufhin zu einer **Gesamtschätzung** zusammengefasst, was die Objektivität etwas fördern kann, insgesamt aber immer noch nicht befriedigende Ergebnisse ergibt.

* Die **Delphi-Methode**, bei der externe Experten für die Schätzung hinzugezogen werden, z. B. Unternehmensberater, Lieferanten, Kunden. Deren **Bedarfsprognosen** werden **zentral ausgewertet**. Bei abweichenden Auffassungen erhalten die Experten in einer zweiten Runde die Prognosen der übrigen Teilnehmer und geben eine neuerliche Stellungnahme ab.

Die Schätzmethode ist **einfach** und **kostengünstig** durchzuführen. Trotz der einfließenden Erfahrung ist sie **unsystematisch** und **wenig objektiv**. Dennoch ist sie recht verbreitet, insbesondere in kleineren und mittleren Unternehmen.

5.2.1.2.2 GLOBALE BEDARFSPROGNOSE

Bei der globalen Bedarfsprognose wird von **Vergangenheitswerten** ausgegangen, die dazu dienen, zukünftige Größen global zu bestimmen. Die Bedarfsprognose bedarf der Verfügbarkeit detaillierter **Statistiken** über die Entwicklung der Vergangenheit, um mithilfe folgender Trendextrapolation, Trendanalogie, Regressionsrechnung oder Korrelationsrechnung den Personalbedarf zu bestimmen (RKW):

Die globale Bedarfsprognose ist ein **relativ ungenaues Verfahren**, das bezüglich seiner Anwendung nur **vertretbar** ist, wenn die Einflussgrößen für die **Vergangenheitswerte relativ unverändert** bleiben.

5.2.1.2.3 KENNZAHLENMETHODE

Bei der Kennzahlenmethode wird davon ausgegangen, dass **Beziehungen zwischen** dem **Personalbedarf** und bestimmten **Bezugsgrößen** bestehen, z. B.:

▸ Arbeitsproduktivität	▸ Umsatz, z. B. pro Mitarbeiter:
▸ Anzahl der Kunden	- Supermärkte 208 Tsd. €
▸ Anzahl der Kundenaufträge	- Verbrauchermärkte 270 Tsd. €
▸ Führungs- bzw. Kontrollspanne	- ALDI 2.000 Tsd. €

Um den Personalbedarf hinreichend verlässlich ermitteln zu können, ist es notwendig, dass entsprechend **geeignete Informationen** vorliegen. Weiterhin muss eine **Gleichartigkeit der Arbeitsvorgänge** gegeben sein, bei denen es lediglich zu einer Veränderung der Menge bzw. des Arbeitsanfalles kommt (RKW).

Die Kennzahlenmethode erfolgt in drei **Schritten**:

* Zunächst wird eine **Ermittlung der Kennzahl für den Personalbedarf je Vorgang** vorgenommen. Sie kann sich an Branchenmittelwerten, Unternehmens-/Konzerndurchschnittswerten, Simulationsergebnissen, Vergangenheitswerten, Werten aus

Systemen vorbestimmter Zeiten sowie Werten aus Analysen des Arbeitszeitbedarfes orientieren.

In Bezug auf die künftige Entwicklung müssen wegen der Vergangenheitsbezogenheit der Kennzahlen mögliche Rationalisierungsaspekte sowie mögliche Verbesserungen des Leistungsgrades der Mitarbeiter beachtet werden.

Beispiel für Kennzahlen, die verschiedene Arbeitsaufgaben betreffen:

Arbeitsaufgabe	Kennzahl	Maßeinheit je Arbeitstag
Auftragsbearbeitung	9,2	Mitarbeiter/1.000 Aufträge
Warenkommissionierung	2,8	Mitarbeiter/1.000 Artikelpositionen
Versand	12,5	Mitarbeiter/1.000 Pakete
Rechnungsschreibung	1,4	Mitarbeiter/1.000 Rechnungen mit Software „BLITZFACTURA"

• Sodann erfolgt eine **Feststellung bzw. Prognose der Vorgangsmengen**.

Beispiel: Vorgangsmengen für den Planungszeitraum

Arbeitsaufgabe	Vorgangsmenge Stück
Auftragsbearbeitung	480
Warenkommissionierung	2.400
Versand	470
Rechnungsschreibung	450

• Schließlich geschieht die **Ermittlung des Personalbedarfes** durch Multiplikation der jeweiligen Kennzahl mit der entsprechenden Vorgangsmenge.

Beispiel: Ermittlung des Personalbedarfes für den Planungszeitraum

Arbeitsaufgabe	Vorgangsmenge Stück	Kennzahl	Personalbedarf Mitarbeiter
Auftragsbearbeitung	480	8,6	4,0
Warenkommissionierung	2.400	2,5	6,0
Versand	470	12,0	5,5
Rechnungsschreibung	450	1,1	0,5
Gesamtpersonalbedarf			**16,0**

Da die Berechnung des Personalbedarfes mithilfe der Kennzahlenmethode eine sehr einfach gestaltete Methode ist, kann es notwendig werden, Besonderheiten des Arbeitsplatzes durch **Korrekturfaktoren** zu berücksichtigen. Außerdem ist es – je nach Art und Inhalt der betreffenden Kennzahl – gegebenenfalls erforderlich, Korrekturen vorzunehmen, wie sie S. 80 beschrieben werden.

5.2.1.2.4 PERSONALBEMESSUNGSMETHODE

Die Personalbemessungsmethode beruht auf drei **Elementen**:

* Den **Arbeitserfordernissen**, die zunächst festgestellt werden müssen. Sie sind die Grundlage, um den Personalbedarf zu ermitteln und können in **unterschiedlicher Detaillierung** vorliegen als:

Arbeits-gänge	Sie stellen die **detaillierteste Gliederung** dar. Im Versand sind z. B. folgende Arbeitsgänge erforderlich: ▸ Verpackung bereitstellen ▸ Adressaufkleber erstellen ▸ Pakete verpacken ▸ Adressaufkleber befestigen
Arbeits-aufgaben	Bei ihnen wird das Arbeitsvolumen etwas **grober gegliedert**. Es kann z. B. nachstehende Aufgaben umfassen: ▸ Auftragsbearbeitung ▸ Versand ▸ Warenkommissionierung ▸ Rechnungserstellung
Arbeits-bereiche	Dabei **fehlt jede Gliederung** der Arbeitserfordernisse. Eine differenzierte Kapazitätsrechnung ist auf dieser Basis nicht möglich.

* Den **Arbeitszeiten**, die in Form des erforderlichen Arbeitszeitbedarfes je Arbeitsgang oder Arbeitsaufgabe pro Vorgang zu ermitteln sind. Dazu dienen z. B.:

Simulation	Mit ihr wird der Personalbedarf auf der Basis festgelegter Beziehungen zwischen den Einflussgrößen bestimmt. Wegen ihrer Komplexität hat sie kaum praktische Bedeutung.
Systeme vorbe-stimmter Zeiten	▸ Methods-Time-Measurement-Verfahren (MTM) ▸ Work-Factor-Verfahren (WF)
Ist-zeitermitt-lungen	▸ Zeitschätzung ▸ Zeitaufnahme mit Leistungsgradkorrektur (*REFA*) ▸ Multimomentaufnahme ▸ Arbeitsberichte mit Arbeitszeitanalyse.

Für die Ermittlung der Arbeitszeiten genügt i.d.R eine **mittlere Genauigkeit**.

* Die **Vorgangsmengen**, die in Abhängigkeit von der Gliederungstiefe der Arbeitserfordernisse ermittelt werden müssen, z. B. als Aufträge, Pakete, Rechnungen. Sie können sich beziehen auf Durchschnittsmengen, Minimalmengen oder Maximalmengen. Bei stark schwankenden Vorgangsmengen, wie sie in Saisonunternehmen vorkommen, bedarf es einer vertieften **Mengenanalyse**.

Die **Ermittlung des Personalbedarfes** geschieht in zwei **Schritten**:

* Der **Feststellung des Nettokapazitätsbedarfes**, die durch die Multiplikation der Arbeitszeiten mit den Vorgangsmengen erreicht wird.

Beispiel: Ermittlung des Nettokapazitätsbedarfes

Arbeitsgang	Arbeitszeit	Vorgangs-menge	Kapazitäts-bedarf	Personal-bedarf
	Minuten/ Vorgang	Stück/ Arbeitstag	Arbeits-stunden/ Arbeitstag	Mitarbeiter
Verpackung bereitstellen	8,5	50	7,1	1,0
Pakete bereitstellen	3,0	420	21,0	3,0
Adressaufkleber erstellen	1,0	420	7,0	1,0
Adressaufkleber aufkleben	0,5	420	3,5	0,5

- Der **Errechnung des Bruttokapazitätsbedarfes**, die erfolgen muss, weil Mitarbeiter nicht nur Arbeitszeiten aufweisen, sondern auch Zeiten, in denen sie in Bezug auf die unmittelbare Erfüllung der Arbeitsaufgabe nicht tätig sind, aber dennoch beschäftigt und entlohnt werden.

Der Bruttokapazitätsbedarf wird ermittelt, indem den als Nettokapazitätsbedarf ausgewiesenen Arbeitszeiten als **Korrekturen** z. B. zugeschlagen werden:

- ▸ Durchschnittlicher Leistungsgrad der Mitarbeiter
- ▸ Verteilzeitbedarf für die Mitarbeiter
- ▸ Mittelwert der krankheitsbedingten Ausfallzeiten
- ▸ Durchschnittlicher Urlaubsanspruch
- ▸ Arbeitszeit mindernde Fortbildung
- ▸ Sonderfehlzeiten, z. B. für Behördengänge oder Sonderurlaub
- ▸ Sonderzeitbedarf, z. B. für Betriebsversammlungen oder Dienstbesprechungen
- ▸ Durchschnittliche andauernde Überstundenleistungen

Der **Zuschlag**, der die aus den dargestellten Gründen bewirkten Kapazitätsminderungen der Mitarbeiter ausgleichen soll, beträgt erfahrungsgemäß 10 bis 20 Prozent.

09 〉〉 Seite 516

5.2.1.3 Sonstige Methoden

Schließlich sollen zur Ermittlung des Personalbedarfes noch dargestellt werden:

- **Direktionsmethode**
- **Monetäre Methoden**.

5.2.1.3.1 Direktionsmethode

In der Praxis wird vielfach auch mit der Direktionsmethode gearbeitet. Dabei wird üblicherweise in drei **Schritten** vorgegangen:

1. Schritt: Planzahlen-anforderung	Zunächst werden von allen Instanzen des Unternehmens **Personalbedarfszahlen** für die gewünschten Planungsperioden, gegebenenfalls mit gewünschter Spezifizierung, angefordert. Die Spezifizierung kann sich z. B. auf die Qualifikation bzw. die hierarchischen Stufen beziehen.

⇩

2. Schritt: Planzahlen-korrektur	Die genannten Personalbedarfszahlen sind erfahrungsgemäß im Vergleich mit den Erwartungen der Unternehmensleitung stark überhöht und können aus wirtschaftlichen und anderen Gründen nicht realisiert werden. Deswegen werden, oftmals in langen Gesprächen, die Instanzenleiter zur **Absenkung** ihrer Personalbedarfszahlen veranlasst. Das kann mit unterschiedlichen **Manipulationen** erfolgen, z. B.: ▸ Sachliche Überzeugung ▸ »Zuckerbrot und Peitsche« ▸ Projektversprechen zur Minderung des Personalbedarfes ▸ Verpflichtung zu Personal mindernder Arbeitsdurchführung Solche »Planungsgespräche« sind i.d.R. begrenzt erfolgreich.

⇩

3. Schritt: Planzahlen-festlegung	Das Ergebnis der Planzahlenkorrektur reicht häufig noch immer nicht aus, um die von der Unternehmensleitung vorgegebenen Personalbedarfsziele zu erreichen. Deswegen werden nun, ohne die Instanzen nochmals einzuschalten, **weitere Absenkungen** der Personalbedarfszahlen vorgegeben. Mit Strafandrohungen werden danach die Instanzen veranlasst, diesen neuen Personalzahlen zuzustimmen und sie einzuhalten.

Da sowohl die Unternehmensleitungen als auch die Abteilungsleitungen und andere Instanzen das Verfahren jeweils aus der Vergangenheit kennen, funktioniert es in der betrieblichen Praxis erstaunlicherweise recht gut.

5.2.1.3.2 MONETÄRE METHODEN

Die monetären Methoden orientieren sich nicht an Einflussgrößen, die mit der Leistungserstellung unmittelbar verbunden sind, sondern an den in der Zukunft zur Verfügung stehenden **finanziellen Mitteln**. Zu den monetären Methoden zählen:

- Die **Budgetierung**, bei der die verursachbaren Lohnkosten in einer Top-Down-Vorgehensweise bis in die einzelne Organisationseinheit aufgeschlüsselt werden (*Sent*). Der Personalbedarf ist damit kein zur Leistungserstellung notwendiger Bedarf, er stellt nur einen **finanziell zulässigen Personalbedarf** dar.

- Die **Null-Basis-Budgetierung**, mit deren Hilfe die unbedingt notwendigen Funktionen des Unternehmens ermittelt werden. Dabei wird von der **Basis Null** ausgegangen, also keine Fortschreibung des Ist-Zustandes vorgenommen. So ergeben sich die weiter wahrzunehmenden Aufgaben und damit – unter Berücksichtigung des vorgesehenen Leistungsumfanges – der **Personalbedarf**.

Vielfach wird hier auch von **Zero-Base-Budgetierung** gesprochen.

- Die **Gemeinkosten-Wertanalyse**, mit der eine Kosten-Nutzen-Ermittlung für alle in den indirekten Bereichen erbrachten Leistungen erfolgt (*Sent*). Es wird überprüft, ob eine Leistung vollständig abschaffbar ist, sich Schritt um Schritt **abbauen** lässt oder durch andere Leistungen **ersetzt** werden kann. Die Ergebnisse stellen die Grundlage für die Planung des **Personalbedarfes** dar.

Der **Vorteil** der monetären Methoden besteht in ihrer auf die Wirtschaftlichkeit bezogenen Ausrichtung. Als **Nachteile** sind zu nennen, dass sie weitere für den Personalbedarf bedeutsame Aspekte unberücksichtigt lassen und bei den Mitarbeitern nur auf eine geringe Akzeptanz stoßen (*Bröckermann*).

5.2.2 Qualitative Bedarfsermittlung

Zur Ermittlung des Personalbedarfes reicht es nicht aus, lediglich den zu leistenden Arbeitsumfang festzustellen. Vielmehr müssen auch die Arbeitsanforderungen als die von den Mitarbeitern erwarteten Kenntnisse (Wissen), Fertigkeiten (Tun) und Erfahrungen einbezogen werden, damit sie die Arbeitsaufgaben bewältigen können.

Der qualitative Personalbedarf wird aus den Aufgaben hergeleitet, welche die Mitarbeiter zu erfüllen haben. Die ihnen übertragenen **Aufgaben** stellen **Anforderungen** dar. Mit organisatorischen und/oder technischen Veränderungen wandeln sich i.d.R. auch die Arbeitsinhalte, was zu veränderten Aufgaben und damit zu einem veränderten **Personalbedarf** führt.

Um die Personalbedarfsplanung rationell zu bewirken, sollte sie sich bei der qualitativen Bedarfsermittung geeigneter organisatorischer Hilfsmittel bedienen, z. B.:

5.2.2.1 Stellenbeschreibungen

Stellenbeschreibungen sind die formularisierten Ausweise aller wesentlichen Merkmale von Stellen. Sie werden unabhängig von bestimmten Personen erstellt, enthalten also keine Daten von Stelleninhabern und werden auch als **Tätigkeitsbeschreibungen**, **Pflichtenhefte**, **Job descriptions** oder **Arbeitsplatzbeschreibungen** bezeichnet.

Typische **Strukturen** und **Inhalte** von Stellenbeschreibungen sind:

Stellen-bezeichnung	Bei ihr sollte neben dem **Stellennamen** auch eine **Stellennummer** ausgewiesen werden.
Stellen-einordnung	Hier empfiehlt es sich, eine eindeutige **hierarchische Einordnung** anzugeben: ▸ Vorgesetzte Stelle(n) ▸ Stellenart, sofern es sich ▸ Nachgeordnete Stelle(n) nicht um eine Linienstelle ▸ Abteilungszugehörigkeit handelt
Stellen-aufgaben	Sie sollen als Sachaufgaben der betrieblichen Stelle genau ausgewiesen werden, soweit es sich um **Daueraufgaben** handelt. Ihr Ausweis ist unterschiedlich tief bzw. detailliert möglich.
Stellen-ziele	Die im Hinblick auf die wahrzunehmenden Stellenaufgaben anzustrebenden **Ziele** sind anzugeben, soweit möglich **quantitativ**.
Stellen-befugnisse	Die der Stelle zugewiesenen **Kompetenzen** sind z. B.: ▸ Allgemeine Stellen- ▸ Befugnisse hinsichtlich befugnisse der Arbeitsordnung oder ▸ Unterschriftsbefugnisse der Reiseordnung
Stellenver-antwortung	Sie sollte sich aus den **Stellenaufgaben** und den **Stellenbefugnissen** ergeben und alle Verantwortungen, die der Stelle zugeordnet sind, enthalten.
Stellenan-forderungen	Sie zeigen die **Erwartungen an den Stelleninhaber**, z. B.: ▸ Ausbildung ▸ Fertigkeiten ▸ Fachkenntnisse ▸ Erfahrungen ▸ Fähigkeiten ▸ Persönliche Eigenschaften

Für die Ermittlung des qualitativen Personalbedarfes stellen die Stellenbeschreibungen den **Ausgangspunkt** dar. Erst wenn alle wichtigen Aufgaben der Stellen bzw. Arbeitsplätze bekannt sind, ist der qualitative **Personalbedarf** feststellbar.

5.2.2.2 BERUFLICHE KLASSIFIZIERUNG

Im **einfachsten Fall** reicht es für die qualitative Bedarfsermittlung aus, den Stellenbeschreibungen gerecht zu werden, indem mit Berufen geplant wird, z. B. Industriekaufmann, Bilanzbuchhalter. Diese Klassifizierung genügt bei eher standardisierten Tätigkeiten, insbesondere auf der unteren Hierarchieebene.

Vielfach ist es aber notwendig, **differenzierter** vorzugehen, d. h. konkrete Fähigkeiten als Kenntnisse, Fertigkeiten und Erfahrungen zu Grunde zu legen.

5.2.2.3 ANFORDERUNGSPROFILE

Die differenziertere Klassifizierung erfolgt mithilfe von Anforderungsprofilen, die Anforderungen in grafischer Weise darstellen, welche die zu planenden Stellen oder Arbeitsplätze betreffen. Sie basieren auf den Stellenbeschreibungen und dienen der Erleichterung und Absicherung der qualitativen Bedarfsplanung.

Beispiel:

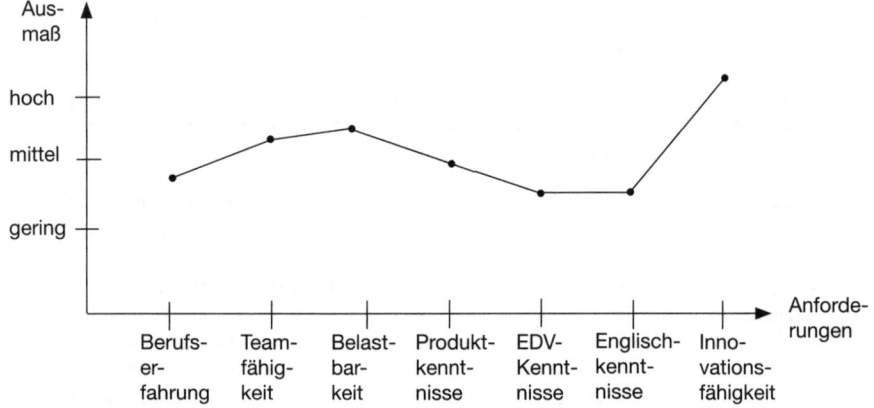

Im Rahmen der Personaleinsatzplanung werden die Anforderungsprofile der Stellen bzw. Arbeitsplätze den **Fähigkeitsprofilen** der Mitarbeiter gegenübergestellt.

10 ⟫ Seite 517

5.3 PERSONALEINSATZPLANUNG

Die Personaleinsatzplanung hat zwei grundsätzliche **Ausrichtungen** *(RKW)*:

• Sie plant die **zeitliche** und **kapazitätsmäßige Disposition** der Mitarbeiter, die vorhanden und einsetzbar sind, z. B. unter Verwendung von Plänen zur Maschinenbesetzung, Schichtplänen oder Urlaubsplänen.

Als **kurzfristige Planung**, die vielfach weniger als ein Jahr umfasst, z. B. als Monats- oder Quartalsplanung, soll sie im vorliegenden Kapitel nicht behandelt werden. Hierauf wird im Kapitel »Personaleinsatz« eingegangen – siehe S. 173 ff.

• Sie bezieht sich auf einen Zeitrahmen, der tendenziell **ein Jahr** beträgt bzw. **mittel- oder langfristig** ausgerichtet ist. Bei ihr geht es darum, die **Zahl** der Mitarbeiter mit der Zahl der Arbeitsplätze sowie die **Qualifikation** der Mitarbeiter mit den Anforderungen der Arbeitsplätze in Übereinstimmung zu bringen.

Dementsprechend sollen behandelt werden:

- **Quantitative Einsatzplanung**
- **Qualitative Einsatzplanung.**

5.3.1 Quantitative Einsatzplanung

Bei der quantitativen Einsatzplanung wird die zu einem bestimmten Stichtag verfügbare **Zahl von Mitarbeitern**, also des künftigen Personalbestandes, mit der Zahl der zu diesem Stichtag geplanten **Arbeitsplätze verglichen**, die als Personalbedarf ermittelt wurde. Das **Ergebnis** kann sein:

- Unterdeckungen durch mehr Arbeitsplätze als Mitarbeiter
- Überdeckungen durch mehr Mitarbeiter als Arbeitsplätze
- Arbeitsplätze und Mitarbeiter in gleicher Zahl.

Eine **Unterdeckung** führt zu dem Erfordernis, Personal zu beschaffen, eine **Überdeckung** erfordert, dass Personal freigestellt werden muss. Stimmen die Zahlen der Mitarbeiter und der Arbeitsplätze überein, ist es nicht notwendig, quantitative Maßnahmen zu ergreifen.

Beispiel: Vergleich des quantitativen Personalbedarfes und Personalbestandes zum 31.12.

Personaleinsatzplan						
	Konstruktion	Materialwirtschaft	Fertigung	Vertrieb	Verwaltung	Gesamtsumme
Personalbedarf	19	9	198	24	37	287
Personalbestand	16	10	191	32	39	288
Beschaffungserfordernis	+ 3		+ 7			
Freistellungserfordernis		- 1		- 8	- 2	- 1

⇨ *Fortführung des Beispiels S. 87 und 88*

5.3.2 Qualitative Einsatzplanung

Die quantitative Planung des Personaleinsatzes reicht i.d.R. nicht aus. Es müssen auch die Fähigkeiten der Mitarbeiter und die Anforderungen der Arbeitsplätze betrachtet werden. Damit können sowohl **Überforderungen** als auch **Unterforderungen** und daraus resultierende Negativwirkungen **vermieden** werden, z. B. mangelhafte Arbeitsergebnisse, Frustration, Demotivation.

Stimmt die **Qualifikation der Mitarbeiter nicht** mit den **Anforderungen der Arbeitsplätze** überein, ist eine **Anpassung** in Erwägung zu ziehen, mit der die Fähigkeiten an die Arbeitsanforderungen bzw. die Arbeitsanforderungen an den Fähigkeiten ausgerichtet werden.

Der Vergleich der Fähigkeiten und Anforderungen kann auf zwei **Genauigkeitsebenen** erfolgen. Das sind:

- Die **Berufe**, wenn es ausreicht, Anforderungen der Arbeitskräfte mit den erlernten oder ausgeübten Berufen oder Mitarbeiter abzugleichen.

- **Fähigkeiten** als Kenntnisse, Fertigkeiten und Erfahrungen, mit denen insbesondere bei Personalinformationssystemen gearbeitet wird.

Sofern zweckmäßig und vorhanden, bietet es sich an, die **Anforderungsprofile** der Arbeitsplätze den **Fähigkeitsprofilen** der Mitarbeiter gegenüber zu stellen.

Beispiel: In Fortführung der oben dargestellten Profile ergeben sich einzelne Unterforderungen und Überforderungen.

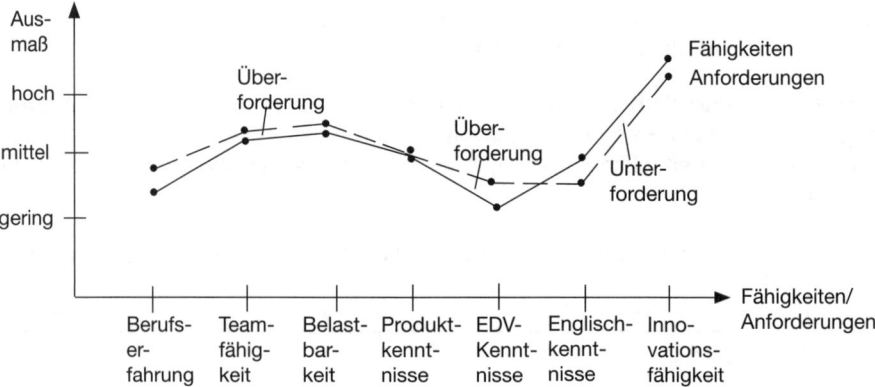

Die Personaleinsatzplanung führt im Rahmen der Stellenplanmethode zu folgenden **Erkenntnissen**:

- Ist der Personalbedarf größer als der Personalbestand, sind Maßnahmen der **Personalbeschaffung** nötig.

- Ist der Personalbestand größer als der Personalbedarf, ist es erforderlich, Maßnahmen der **Personalfreistellung** einzuleiten.

- Sind die Anforderungen an die Mitarbeiter größer als die Fähigkeiten der Beschäftigten, sind Maßnahmen der **Personalentwicklung** angezeigt.

- Wenn die Fähigkeiten von Mitarbeitern größer sind als die gestellten Anforderungen, können **Versetzungen** dieser Mitarbeiter erwogen werden.

Da in die Personaleinsatzplanung bereits die erkennbaren zukünftigen Personalbestandsveränderungen eingeflossen sind, müssen nur noch die Maßnahmen geplant werden, die zusätzlich auszuführen sind.

11 >> Seite 517

5.4 PERSONALBESCHAFFUNGSPLANUNG

Die Planung der Personalbeschaffung kann erforderlich werden, wenn **Unterdeckungen** bzw. **Unter- oder Überforderungen** festzustellen sind. Sie ist – wie auch die Personalbedarfsplanung und Personaleinsatzplanung – eine:

• **Quantitative Beschaffungsplanung**

• **Qualitative Beschaffungsplanung**.

5.4.1 QUANTITATIVE BESCHAFFUNGSPLANUNG

Die quantitative Planung befasst sich mit der Zahl der zu beschaffenden Mitarbeiter.

Beispiel:

Personalbeschaffungsplan						
Stellenart	Kon-struk-tion	Materi-alwirt-schaft	Ferti-gung	Ver-trieb	Ver-wal-tung	Ge-samt-summe
Personalzugangserfodernis	3		7			10
Übernahme von Auszubildenden			6			6
Versetzung	2					2
Personalbeschaffung	1		1			2
Veränderungen	**+ 3**		**+ 7**			**+ 10**

Die Personalbeschaffung wird erforderlich, wenn der ermittelte Personalbedarf größer als der gegebene Personalbestand ist, z. B. zum 31.12. des Jahres.

5.4.2 QUALITATIVE BESCHAFFUNGSPLANUNG

Die qualitative Beschaffungsplanung hat die quantitative Beschaffungsplanung zu ergänzen. Auf diese Weise wird die Zahl der zu beschaffenden Mitarbeiter durch die erwarteten **Qualifikationen** der künftigen Mitarbeiter ergänzt. Dabei ist möglich:

• Es wird nach klassifizierten **Berufen** beschafft, z. B. als Bilanzbuchhalter.

• Die Beschaffung erfolgt auf der Grundlage von speziell erwarteten **Fähigkeiten** als Kenntnisse, Fertigkeiten und Erfahrungen.

Grundlage für die differenzierte Vorgehensweise sind **Anforderungs- und Fähigkeitsprofile**.

5.5 Personalfreistellungsplanung

Ergibt sich im Rahmen der Personaleinsatzplanung eine **Überdeckung**, ggf. aber auch eine **Unterforderung** oder **Überforderung**, ist es möglich, einen Ausgleich mithilfe der Personalfreistellungsplanung herbeizuführen.

Die Personalfreistellung kann intern erfolgen, also nicht zu einer Trennung von den Mitarbeitern führen, z. B. durch Versetzung oder Abbau von Mehrarbeit, aber auch extern geschehen, z. B. als Kündigung – siehe S. 428 ff. Sie kann sein:

* **Quantitative Freistellungsplanung**

* **Qualitative Freistellungsplanung**.

5.5.1 Quantitative Freistellungsplanung

Bei der quantitativen Freistellungsplanung geht es um die Zahlen freizustellender Mitarbeiter. Sie wird in ihrer Realisierung durch Beteiligungsrechte des Betriebsrates sowie i.d.R. gegebenes Kündigungsschutzrecht der Mitarbeiter erschwert.

Beispiel:

Personalbeschaffungsplan						
Stellenart	Kon-struk-tion	Materi-alwirt-schaft	Ferti-gung	Ver-trieb	Ver-wal-tung	Ge-samt-summe
Personalabgangserfodernis		1		8	2	11
Versetzung				2		2
Vorzeitige Pensionierung					2	2
Personalfreistellung		1		6		7
Veränderungen		**- 1**		**- 8**	**- 2**	**- 11**

Die Personalfreistellung wird erforderlich, wenn der ermittelte Personalbestand größer als der Personalbedarf ist, z. B. zum 31.12. des Jahres.

5.5.2 Qualitative Freistellungsplanung

Die qualitative Freistellungsplanung bezieht sich auf die **Fähigkeiten** der Mitarbeiter, die freigestellt werden sollen, also auf Mitarbeiter bestimmter Berufsgruppen, z. B. Verkäufer bzw. Mitarbeiter mit bestimmten Kenntnissen, Fertigkeiten und Erfahrungen.

Inwieweit hier mehr oder weniger **differenziert** vorzugehen ist, hängt insbesondere von der Aufgabenstellung und hierarchischen Einordnung der ggf. betroffenen Mitarbeiter ab. Vermitteln Berufsbezeichnungen ausreichende Informationen hinsichtlich der zu erwartenden Fähigkeiten, können diese möglicherweise ausreichen.

5.6 PERSONALENTWICKLUNGSPLANUNG

Aus der Personaleinsatzplanung werden nicht nur die Personalbeschaffungsplanung und Personalfreistellungsplanung abgeleitet, sondern auch die Personalentwicklungsplanung. Sie wird erforderlich, wenn die Anforderungen bei den Stellen größer sind als die Fähigkeiten der Mitarbeiter und hat eine **qualitative Ausrichtung**.

Als **kollektive** und damit nachfolgend darzustellende **Arten** der Personalentwicklungsplanung lassen sich nennen:

* **Ausbildungsplanung**

* **Fortbildungsplanung**

* **Umschulungsplanung**

* **Förderungsplanung**.

5.6.1 AUSBILDUNGSPLANUNG

Die Ausbildung ist die Vermittlung von Kenntnissen und Fertigkeiten, bei welcher der Auszubildende nach bestimmten Ausbildungsplänen auf einen anerkannten Ausbildungsberuf vorbereitet wird.

Erfolgt sie nicht nur von den Fachabteilungen der Unternehmen und den Berufsschulen, sondern auch in unternehmenseigenen Ausbildungsstätten wie **Lehrwerkstätten** und/oder **Schulungsstätten**, sind auch die Kapazitäten dieser Ausbildungsstätten zu berücksichtigen. Dabei ist zu beachten, dass üblicherweise mehrere Jahrgangsgruppen gleichzeitig ausgebildet werden.

Ausbildungen dauern i.d.R. 2 bis 3,5 Jahre. Deswegen muss sich die Ausbildungsplanung auf den Personalbedarf beziehen, der in diesem Zeitrahmen gegeben sein wird. Ihre **Differenzierung** erfolgt insbesondere nach Ausbildungsberufen, Ausbildungsdauer bzw. der Zahl der Auszubildenden.

Beispiel einer Ausbildungsplanung für das folgende Jahr:

Ausbildungungsplan		Ausbildungsbeginn: 01.09.2007
Ausbildungsberuf	**Fachrichtung**	**Zahl der Auszubildenden**
Werkzeugmacher	Stanz- und Formtechnik	15
Werkzeugmacher	Formenbau	10
Mechaniker	Maschinenbau	20
Mechaniker	Zerspanung	8
Kaufmann/frau	Bürokommunikation	12
Kaufmann/frau	Großhandel	5

Individuelle Regelungen der Ausbildung mit Planungscharakter werden im Kapitel »Personalentwicklung« beschrieben.

5.6.2 FORTBILDUNGSPLANUNG

Die **Verbesserung der fachlichen Qualifikation** der Mitarbeiter steht im Mittelpunkt der Fortbildung. Mit der Fortbildungsplanung werden die wesentlichen **Merkmale** der unternehmensinternen Fortbildung festgelegt – siehe S. 385 ff.:

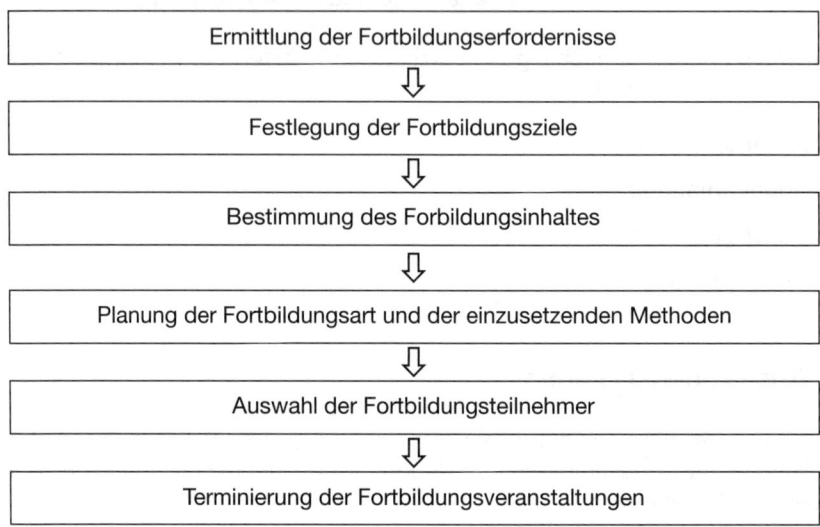

In der Praxis ist es nicht erforderlich, alle Fortbildungserfordernisse mit **unternehmensinternen Fortbildungsveranstaltungen** abzudecken. Insbesondere für solche Fortbildungserfordernisse, die nur für wenige Mitarbeiter notwendig sind, empfehlen sich vielfach unternehmensexterne Fortbildungsveranstaltungen.

Beispiel: Ausschnitt eines Fortbildungsplanes

Fortbildungungsplan				
Fortbildungs-veranstaltung	**Grund/Projekt**	**Termin**	**Dauer Stunden**	**Teilneh-merzahl**
Qualitätsmanagement	Zertifizierung	02.- 04.04.	16	20
Umweltmanagement	Auditierung	17.- 21.05.	40	30
Disposition	Materialwirtschaft	05.- 09.06.	40	16
CASE-Einführung	Informatik	21. - 25.06.	35	12
Objektorientierte Systementwicklung	Informatik	12. - 15.07.	20	15

Die **Zuordnung** der Teilnehmer zu den Fortbildungsveranstaltungen erfolgt im Rahmen der Aufstiegsplanung und Projektplanung. Damit ein Unternehmen immer bestgeeignete Mitarbeiter zur Verfügung hat, muss es die Fortbildung seiner Mitarbeiter in geeigneter Weise veranlassen, steuern und unterstützen.

Es sollen unterschieden werden:

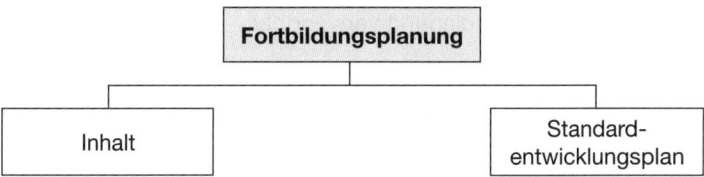

5.6.2.1 INHALT

Die Fortbildungsplanung kann auch als **Mitarbeiterentwicklungsplanung** bezeichnet werden. Sie weist üblicherweise zwei Inhalte auf:

• Die **Ziele der Fortbildung** bzw. **Mitarbeiterentwicklung**, die sein können:

Stellenziele	Sie beziehen sich auf **konkrete Stellen**, die nach Durchführung des Entwicklungsplanes eingenommen werden sollen, z. B. Leiter Debitorenbuchhaltung Ausland, Verkaufsleiter Südostsachsen oder Betriebsingenieur Platinenfertigung. Die Angabe von Stellenzielen setzt eine entsprechende Planung in den Besetzungsplänen voraus.
Berufsziele	Hier werden **konkrete Berufsangaben** als Entwicklungsziel festgelegt, z. B. Bilanzbuchhalter, Programmierer oder Detailkonstrukteur. Berufsziele lassen keine Ansprüche auf bestimmte Stellen herleiten.
Kenntnisziele	Das sind **konkrete Kenntnisvorgaben**, die mit dem Mitarbeiterentwicklungsplan erworben werden sollen, z. B. die Beherrschung von Netzplantechniken. Von einem direkten Bezug zu einer Stelle wird hier vollständig abgesehen.

• Die **Maßnahmen** der Fortbildung oder Mitarbeiterentwicklung, die zur Erreichung der genannten Ziele für notwendig angesehen werden. Es gibt:

Unternehmens- bezogene Maßnahmen	Das sind Aktivitäten, die vom **Arbeitgeber finanziert** und/oder während der **Arbeitszeit** durchgeführt werden, z. B. als Interne Schulungen, Teilnahme an Fachkongressen, systematische Job rotations, externe Kursbesuche oder Auslandspraktika.
Mitarbeiter- bezogene Maßnahmen	Sie erfolgen in der **Freizeit** des Mitarbeiters und/oder werden **von ihm finanziert**, z. B. der Besuch einer Abendakademie, das Studium an einer Fernuniversität, die Beteiligung am Telekolleg, der Besuch einer Fachmesse am Wochenende oder eines Fachseminars in der Urlaubszeit.

Zielerreichung und Maßnahmendurchführung bedürfen in jedem Fall auch einer **terminlichen Planung**. Dadurch werden die Fortbildungs- bzw. Mitarbeiterentwicklungspläne auch für die Besetzungsplanung verwendbar.

5.6.2.2 Standard-Entwicklungsplan

Werden in einem Unternehmen für das Erreichen bestimmter Entwicklungsziele mehrere oder viele Mitarbeiter benötigt, empfiehlt es sich, nicht für jeden einzelnen dieser Mitarbeiter einen persönlichen Entwicklungsplan auszuarbeiten, sondern Standard-Entwicklungspläne zu nutzen, die in zwei **Gruppen** gegliedert werden können:

• **Hierarchische Entwicklungspläne**, bei denen die Entwicklung der Mitarbeiter auf eine bestimmte hierarchische Ebene ausgerichtet ist, z. B. auf Abteilungsleiter, Gruppenleiter, Industriemeister.

• **Aufgabenbezogene Entwicklungspläne**, die auf bestimmte Funktionen des Unternehmens ausgerichtet sind, z. B. auf Bilanzbuchhalter, Personalreferenten, Bereichsverkaufsleiter.

Eine **Mischform** beider Arten von Standard-Entwicklungsplänen sind die Entwicklungspläne für Trainees. Hier werden sowohl hierarchische als auch aufgabenbezogene Merkmale miteinander verbunden.

Beispiel eines Standard-Entwicklungsplanes für Abteilungsleiteranwärter:

Besuch des Führungskräfteseminars in Baden-Baden	2 x 3 Tage
Besuch folgender externer Seminare	
Managementtechniken	5 Tage
Selbstmanagement	3 Tage
Organisationstechnik für Abteilungsleiter	3 Tage
Mitarbeiterführung	5 Tage
Teilnahme an der Abteilungsleiterkonferenz	monatlich
Gast im »Kreis leitender Mitarbeiter – Alte Gilde«	2 x jährlich

Standard-Entwicklungspläne sind rationell einsetzbar, wenn gleiche Ausgangsvoraussetzungen gegeben sowie mehrere Mitarbeiter in ähnlicher Weise zu entwickeln sind. Sie stehen den **Individual-Entwicklungsplänen** gegenüber, die persönliche jeweils auf einen Mitarbeiter ausgerichtete Pläne und nicht Gegenstand des vorliegenden Kapitels sind.

5.6.3 Umschulungsplanung

Die Umschulung umfasst Maßnahmen der Verbesserung der Qualifikation von Beschäftigten sowie nicht in Arbeitsverhältnissen stehenden Personen, z. B. wegen einer Berufskrankheit oder Arbeitslosigkeit. Mit ihr soll der **Übergang in einen anderen Beruf** ermöglicht werden – siehe S. 395.

Eine betriebliche Umschulung kann auch notwendig werden, um Mitarbeiter für neue Verfahren zu qualifizieren oder in anderen Verfahren einzusetzen, die sie noch nicht beherrschen.

Beispiel: Inhalt eines Umschulungsplanes

Bisheriger Einsatz	Zukünftiger Einsatz	Umschulungs-dauer in Tagen	Mitarbeiterzahl
Maschinen-bediener	CNC-Maschinenpro-grammierer	30	12
Konstruktions-techniker	Vertriebs-techniker	90	8
Schreibkraft	Sachbearbeiterin	120	16
Stenokontoristin	Sekretärin	30	5

5.6.4 FÖRDERUNGSPLANUNG

Während die Ausbildung, Fortbildung und Umschulung die Aufgabe haben, die Qualifikation der Mitarbeiter zu verbessern, werden die Mitarbeiter durch die Personalförderung in ihrer **persönlichen Entwicklung** im Unternehmen **unterstützt**. Sie bezieht sich insbesondere auf Veränderungen bei den Arbeitsplätzen bzw. Positionen und den Arbeitsinhalten.

Die individuelle Förderungsplanung ist stark individuell ausgerichtet und diesbezüglich an dieser Stelle nicht zu behandeln. Es gibt aber auch **kollektive Planungen**, wie z. B.:

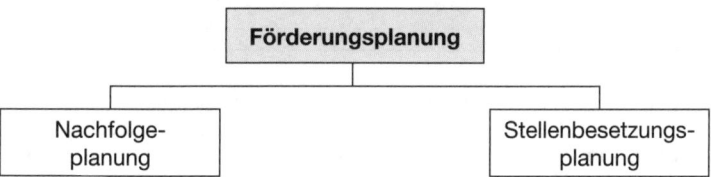

Beide Planungen sind **Besetzungsplanungen**.

5.6.4.1 NACHFOLGEPLANUNG

Bei **keinen** oder nur **geringfügigen Veränderungen** in der Stellenstruktur reicht eine Nachfolgeplanung aus. Sie enthält nur die Stellen, bei denen es Veränderungen geben wird und erfolgt in mehreren **Schritten**:

| Veränderungs-ermittlung | Sie steht am Beginn der Nachfolgeplanung. Alle personellen Veränderungen durch Austritte, Versetzungen, Beförderungen und Pensionierungen werden terminbezogen ermittelt. |
| | In die Nachfolgeplanung werden nur **definitive Veränderungen** einbezogen. Erwartete oder mögliche Veränderungen finden bei dieser Planung keine Aufnahme. |

⇩

| Alternativen-ermittlung | Dabei werden alle erwünschten Alternativen für die Besetzung der frei werdenden Stelle ermittelt. Sie sind nach geeigneten **Kriterien** zu beurteilen, z. B. Ausbildung, Erfahrung, Persönlichkeit und Beurteilung. |
| | Als **Grundlage** sollten die Stellenbeschreibung und Personalbeurteilungen dienen. |

⇩

| Besetzungs-entscheidung | Sie hat vom zuständigen Entscheidungsträger zu erfolgen und schließt die Nachfolgeplanung ab. |

Nachfolgepläne können in verschiedenen **Formen** ausgearbeitet werden:

- Als **Listen**, die alle Änderungen in der Stellenbesetzung ausweisen.
- Als **Grafiken**, die über eine Zeitachse die Nachfolgerwechsel darstellen:

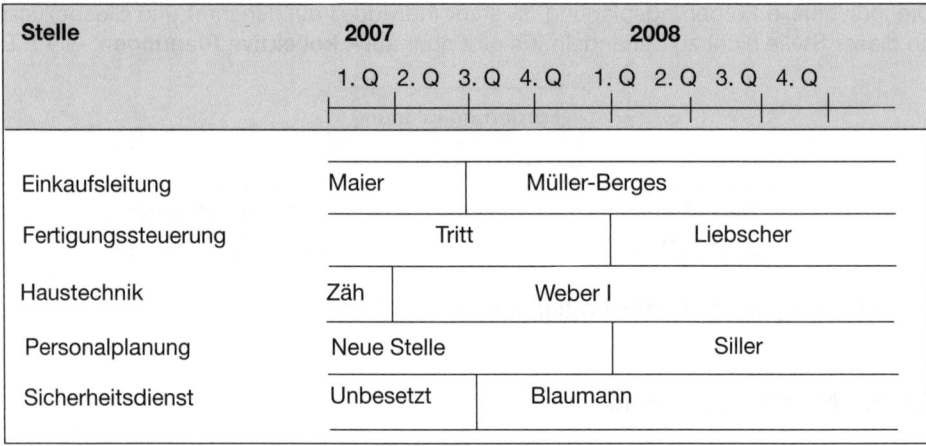

Stelle	2007				2008			
	1. Q	2. Q	3. Q	4. Q	1. Q	2. Q	3. Q	4. Q
Einkaufsleitung	Maier		Müller-Berges					
Fertigungssteuerung		Tritt			Liebscher			
Haustechnik	Zäh	Weber I						
Personalplanung	Neue Stelle			Siller				
Sicherheitsdienst	Unbesetzt	Blaumann						

- In **Personalinformationssystemen**, bei denen sowohl im Stellenstammsatz als auch im Personalstammsatz die Veränderungen mit Terminen wechselseitig gespeichert werden. Über einen Sekundärindex kann der Nachfolgeplan jederzeit nach unterschiedlichen Kriterien ausgedruckt werden.

12 ⟫ **Seite 517**

5.6.4.2 STELLENBESETZUNGSPLANUNG

Die Stellenbesetzungsplanung erfolgt bei zukünftig umfangreichen und häufigen Veränderungen im Stellengefüge. Bei ihr werden bei der Stellenbesetzungsplanung **alle Stellen** aufgenommen. Der Stellenbesetzungsplan wurde bereits als organisatorisches Hilfsmittel zur Ermittlung des Personalbedarfes behandelt – siehe S. 75. Er dient aber auch der Personalförderung.

Stellenbesetzungspläne werden mit unterschiedlichem **Inhalt** erstellt:

- Als **Gesamtstellenbesetzungsplan**, der alle Stellen des Unternehmens mit den Mitarbeitern umfasst, welche diese Stellen einnehmen.

- Als **Leitungsstellenbesetzungsplan**, in den alle Führungs- und Leitungsstellen von Meistern und Gruppenleitern aufwärts aufgenommen werden.

- Als **Projektmitarbeiterplan**, der häufig für die Durchführung wesentlicher Projekte erstellt wird, z. B. der Errichtung eines Werkes.

Sind im Organisationsplan eines Unternehmens die Stelleninhaber ausgewiesen, kann der Organisationsplan auch als **Stellenbesetzungsplan** benutzt werden. Er erfordert einen regelmäßigen Änderungsdienst.

5.7 PERSONALKOSTENPLANUNG

Die Personalkosten sind ein bedeutender Teil der Gesamtkosten des Unternehmens. Sie müssen genauso sorgfältig geplant werden wie das Personal. Dabei baut die Personalkostenplanung auf zwei **Grundlagen** auf:

- Auf dem geplanten **zukünftigen Personalbestand** mit seinen erwarteten strukturellen und qualifikatorischen Gegebenheiten.

- Auf der **erwarteten Lohnentwicklung**, die durch Tarife und andere Veränderungen bestimmt wird.

Die Planung der Personalkosten sollte zur Verbesserung der Transparenz detailliert erfolgen und auch entsprechend im Personalkostenplan ausgewiesen werden. Diese Detaillierung muss im Hinblick auf mehrere **Merkmale** erfolgen:

- Die **organisatorische Gliederung**, die in Bereiche und Abteilungen oder in Kostenstellen erfolgen kann.

- Die **Personalkostenstruktur**, die den Anfall von Löhnen, Gehältern, Ausbildungsbeihilfen und deren Entwicklung zu berücksichtigen hat.

- Die **Personalkostenarten**, die in direkte Personalkosten und indirekte Personalkosten bzw. Personalbasiskosten und Personalzusatzkosten gegliedert werden sollten. Zu den indirekten Personalkosten zählen vor allem gesetzliche Sozialleistungen, tarifliche Sozialleistungen sowie freiwillige Sozialleistungen.

- **Personalerhaltungskosten**, die z. B. Personalbeschaffungskosten und Personalversetzungskosten sein können.

- **Personalentwicklungskosten**, bei denen z. B. Ausbildungskosten, Fortbildungskosten und Umschulungskosten zu unterscheiden sind.

Der Aufbau des Personalkostenplanes sollte möglichst aussagekräftig sein. Personelle Maßnahmen bedürfen auch immer einer kostenbezogenen Betrachtung.

KONTROLLFRAGEN	bear-beitet	Lösungs-hinweise	Lö-sung	
			+	-
01 Was versteht man unter Personalplanung?		61		
02 Welche Gründe gibt es für die Durchführung?		61		
03 Worauf bezieht sich die personalwirtschaftliche Rahmenplanung?		61		
04 Welche Aufgaben hat die Personalplanung?		61		
05 In welchen Weisen ist die Einbindung der Personalplanung im Unternehmen gegeben?		61 f.		
06 Worin sind die Ziele der Personalplanung zu sehen?		62 f.		
07 Welche Bedingungen müssen bei der Personalplanung berücksichtigt werden?		63 f.		
08 Erläutern Sie, welche Rechte der Betriebsrat bei der Personalplanung hat!		64		
09 Beschreiben Sie die Möglichkeiten, die Personalplanung zu organisieren!		64 f.		
10 Nach welchen Kriterien lässt sich die Personalplanung systematisieren?		65		
11 Welche gegenstandsbezogenen Personalplanungen lassen sich unterscheiden?		65 f.		
12 Erläutern Sie, welche umfangbezogenen Personalplanungen es gibt!		66		
13 Worin unterscheiden sich inhaltsbezogene Personalplanungen?		67 f.		
14 Was ist unter quantitativer Personalplanung zu verstehen?		67		
15 Worauf bezieht sich die qualitative Personalplanung?		67		
16 Welche fristbezogenen Personalplanungen gibt es?		68		
17 Beschreiben Sie, wie die personelle Rahmenplanung abläuft!		69		
18 Wozu dient die Personalbestandsplanung?		69		
19 Welche Festlegungen müssen zur Ermittlung des aktuellen Personalbestands getroffen werden?		69 f.		
20 Welche Arten der Personalbestandsplanung sind zu unterscheiden?		70		
21 Wie wird der aktuelle Personalbestand festgestellt?		70		
22 Welche Zugänge und Abgänge können den aktuellen Personalbestand verändern?		71		
23 Worin unterscheiden sich autonome und initiierte Personalveränderungen?		71		
24 Wie wird der zukünftige Personalbestand ermittelt?		72		
25 Worauf bezieht sich die qualitative Personalbestandsplanung?		72		
26 Wie können die Fähigkeiten der Mitarbeiter dokumentiert werden?		72		
27 Auf welche Zeitpunkte kann sich die Personalbedarfsplanung beziehen?		73		
28 Nennen Sie Bedeutung und Aufgaben der Personalbedarfsplanung!		73		
29 Welche Arten der Personalbedarfsplanung sind zu unterscheiden?		73		

30	Nennen Sie die Methoden, mit denen der Personalbedarf quantitativ ermittelt werden kann!		74		
31	Welche organisatorischen Methoden zur quantitativen Ermittlung des Personalbedarfes lassen sich nennen?		74		
32	Beschreiben Sie, was unter dem Stellenplan zu verstehen ist und wie er dokumentiert werden kann!		74 f.		
33	Welche Angaben kann der Stellenbesetzungsplan enthalten?		75		
34	Wie ist der Stellenbesetzungsplan darstellbar?		75		
35	Welche Voraussetzung muss erfüllt sein, damit Stellenplan bzw. Stellenbesetzungsplan für die Personalbedarfsermittlung einsetzbar ist?		75		
36	Wie sieht ein Stellenbedarfsplan aus?		75 f.		
37	Welche Prognosemethoden können zur Ermittlung des Personalbedarfes eingesetzt werden?		76		
38	Welche Arten der Schätzmethode lassen sich unterscheiden?		76 f.		
39	Wie ist die Eignung der Schätzmethode zu beurteilen?		77		
40	Worauf basiert die globale Bedarfsprognose?		77		
41	Inwieweit ist sie zur Personalbedarfsermittlung geeignet?		77		
42	Beschreiben Sie die Kennzahlenmethode!		77		
43	In welchen Schritten wird bei der Kennzahlenmethode vorgegangen?		77 f.		
44	Auf welchen Elementen beruht die Personalbemessungsmethode?		79		
45	Stellen Sie dar, in welchen Schritten der Personalbedarf mithilfe der Personalbemessungsmethode zu ermitteln ist!		79 f.		
46	Beschreiben Sie die Vorgehensweise bei der Direktionsmethode!		81		
47	Erläutern Sie, welche monetären Methoden der Personalbedarfsermittlung unterschieden werden können!		81 f.		
48	Wie sind die monetären Methoden in ihrer Eignung zu bewerten?		82		
49	Wie geht die qualitative Ermittlung des Personalbedarfes vor sich?		82		
50	Welcher organisatorischer Hilfsmittel kann man sich bei der qualitativen Personalbedarfsermittlung bedienen?		82		
51	Was sind Stellenbeschreibungen?		82		
52	Welche Struktur und welchen Inhalt weisen Stellenbeschreibungen typischerweise auf?		83		
53	Welche Bedeutung haben Stellenbeschreibungen für die qualitative Ermittlung des Personalbedarfes?		83		
54	Wann reichen berufliche Klassifizierungen zur qualitativen Personalbedarfsermittlung aus?		83		
55	Wie sehen Anforderungsprofile aus und wozu dienen sie?		84		
56	Welche Ausrichtungen hat die Personaleinsatzplanung?		84		
57	Welche Arten der Personaleinsatzplanung gibt es?		85		
58	Wozu dient die quantitative Personaleinsatzplanung?		85		
59	Welche Ergebnisse kann sie erbringen?		85		
60	Was geschieht bei der qualitativen Personaleinsatzplanung?		85 f.		

61	In welchen Genauigkeitsebenen kann der Vergleich der Fähigkeiten und Anforderungen erfolgen?	86		
62	Welche Erkenntnisse können sich aus der Personaleinsatzplanung ergeben?	86		
63	Welche Maßnahmen werden mithilfe der Personaleinsatzplanung lediglich geplant?	87		
64	Welche Arten der Personalbeschaffungsplanung lassen sich unterscheiden?	87		
65	Beschreiben Sie, wie beide Planungen durchgeführt werden!	87		
66	In welcher Situation muss eine Personalfreistellungsplanung erfolgen?	88		
67	Welche Arten von Personalfreistellungsplanungen gibt es?	88		
68	Wie werden sie abgewickelt?	88		
69	Wann wird die Personalentwicklungsplanung erforderlich?	89		
70	Nennen Sie die kollektiv ausgerichteten Arten der Personalentwicklungsplanung!	89		
71	Erläutern Sie, was in der Ausbildungsplanung geschieht!	89		
72	Im Rahmen welcher Planungen erfolgt die Zuordnung der Teilnehmer zu Fortbildungsveranstaltungen?	90		
73	Welche Merkmale werden mit der Fortbildungsplanung festgelegt?	90		
74	Was können Ziele der Fortbildung bzw. Mitarbeiterentwicklung sein?	91		
75	Welche Maßnahmen können zur Erreichung der Ziele ergriffen werden?	91		
76	Was sind Standard-Entwicklungspläne und in welche Gruppen lassen sie sich gliedern?	92		
77	Beschreiben Sie die Umschulungsplanung!	92		
78	Wozu dient die Förderungsplanung und welche Arten gibt es?	92		
79	In welchen Fällen und in welchen Schritten wird die Nachfolgeplanung vorgenommen?	93 f.		
80	Beschreiben Sie die Grundlagen der Personalkostenplanung und welche Merkmale sie aufweist!	95 f.		

C. Personalbeschaffung

Die Personalbeschaffung befasst sich mit der Bereitstellung der für das Unternehmen erforderlichen Arbeitskräfte unter qualitativen, quantitativen, zeitlichen und örtlichen Aspekten. Sie baut dabei auf der **Personalbedarfsplanung** auf – siehe S. 73 ff. Bei den zu beschaffenden Arbeitskräften kann es sich um Arbeitnehmer oder freie Mitarbeiter handeln:

- **Arbeitnehmer** erbringen einem Arbeitgeber im Rahmen eines Arbeitsverhältnisses, das durch einen **Arbeitsvertrag** begründet wird, Leistungen. Die arbeitsrechtlichen Grundlagen für den Arbeitsvertrag sind in den §§ 611-630 BGB als Unterfall des Dienstvertrages zu finden.

  Zur Feststellung, ob für ein Unternehmen tätige Personen Arbeitnehmer sind, ist zu untersuchen, unter welchen Umständen sie Arbeit leisten. Als **Merkmale** deuten aus arbeitsrechtlicher Sicht auf die Arbeitnehmereigenschaft hin:

> ▸ Die Weisungsgebundenheit der leistenden Person
> ▸ Die Bindung an vorgegebene Arbeitszeiten
> ▸ Die Bindung an einen vorgegebenen Arbeitsort
> ▸ Die Eingliederung in die betriebliche Organisation des Arbeitgebers
> ▸ Die Tätigkeit ausschließlich für einen Arbeitgeber
> ▸ Die Entlohnung in Form eines festen Arbeitsentgeltes
> ▸ Die Abführung der Lohnsteuer durch den Arbeitgeber
> ▸ Die Abführung von Sozialversicherungsbeiträgen
> ▸ Die Entgeltfortzahlung bei Krankheit, Urlaub usw.

Allerdings lässt sich aus einzelnen dieser Merkmale nicht auf eine Arbeitnehmereigenschaft schließen. Vielmehr ist eine **Gesamtabwägung aller Umstände** des Einzelfalles erforderlich. Auch die Verwendung des Begriffes »Arbeitnehmer« in dem von einem Arbeitgeber und einer Leistung erbringenden Person geschlossenen Vertrag begründet nicht zwangsweise eine Arbeitnehmereigenschaft.

Die Arbeitnehmer können als Arbeiter oder Angestellte beschäftigt werden. Ihr Unterschied besteht in der Art der ausgeübten Tätigkeit:

Arbeiter	Sie sind im Rahmen eines Arbeitsverhältnisses überwiegend körperlich-mechanisch tätig.
Angestellte	Ihre Tätigkeit im Rahmen eines Arbeitsverhältnisses ist überwiegend geistig-gedanklicher Natur.

Die Abgrenzung zwischen Arbeitern und Angestellten wird immer weniger bedeutsam. Sie lässt sich zudem nicht immer eindeutig vornehmen. Bei Streitigkeiten zwischen Arbeitgebern und Arbeitnehmern ist das **Arbeitsgericht** zuständig.

- **Fremdpersonal**, das nicht als Arbeitnehmer des Unternehmens tätig wird. Es wird vielfach eingesetzt als:

Freie Mitarbeiter	Sie werden als selbstständige Personen für das Unternehmen tätig und erbringen bestimmte Leistungen, über die Annahme von Aufträgen entscheiden sie selbst. Freie Mitarbeiter besitzen keine Eigenschaften eines typischen Arbeitnehmers – siehe S. 101.
	Grundlagen für freie Mitarbeiterverhältnisse sind meist:
	▸ **Dienstverträge**, die §§ 611 - 630 BGB geregelt sind. Durch sie wird die selbstständige Leistung von Diensten jeder Art gegen eine vereinbarte Vergütung geregelt. Ein bestimmter Erfolg dieser Dienste wird nicht zu Grunde gelegt.
	Beispiele für Leistungen aufgrund von Dienstverträgen sind Dolmetscherarbeiten, Wartungs-, Dozenten-, Bewachungs- und Beratertätigkeiten.
	▸ **Werkverträge**, die in §§ 631 - 651 BGB geregelt sind. Darin verpflichtet sich der Werkunternehmer zur Herstellung eines versprochenen Werkes, der Besteller zur Entrichtung einer vereinbarten Vergütung (§ 631 Abs. 1 BGB).
	Die konkrete Arbeitsleistung wird beim Werkvertrag i.d.R. von Erfüllungsgehilfen, also Arbeitnehmern des Werkunternehmers erbracht.
	Gegenstand des Werkvertrages kann sowohl die Herstellung einer Sache als auch die Herbeiführung eines Erfolges sein. Der Werkvertrag unterscheidet sich damit sowohl vom Arbeitsvertrag als auch vom Dienstvertrag in den Leistungspflichten.
	Bei Streitigkeiten ist für freie Mitarbeiter das Zivilgericht – als **Amtsgericht** oder **Landgericht** – zuständig.
Leiharbeitnehmer	Sie werden dem Unternehmen von einem Unternehmen, das Arbeitnehmerüberlassung betreibt, als Verleiher überlassen – siehe näher S. 124 ff.

Warum sich die Frage bei der Personalbeschaffung stellt, ob Arbeitnehmer oder Fremdpersonal beschäftigt werden sollen, liegt insbesondere an den unterschiedlich ausgeprägten **Arbeitgeberpflichten**.

Während bei dem Einsatz von Arbeitnehmern das Arbeitsrecht, insbesondere mit seinen Arbeitnehmerschutzvorschriften, und das Sozialversicherungsrecht einzuhalten sind, verfügt das Fremdpersonal beim Auftrag gebenden Unternehmen über keine vergleichbaren beschäftigungsbezogenen und sozialen Absicherungen. Unternehmerische Risiken können auf diese Weise in erheblichem Umfang auf das Fremdpersonal verlagert werden.

Im Rahmen der Personalbeschaffung soll in diesem Buch – soweit im Einzelfall nicht anders vermerkt – auf die Beschaffung von Arbeitnehmern eingegangen werden.

In den letzten Jahren wurde erkannt, dass die Personalbeschaffung zu den wichtigsten Aufgaben der Personalwirtschaft gehört, da sie i.d.R. langfristig ausgerichtete **Investitionen** bewirkt, deren wirtschaftliche Vorteilhaftigkeit – als Kosten-Nutzen-Verhältnis – sorgsam geprüft werden sollte.

Dies hat auch vor dem Hintergrund zu geschehen, dass die menschliche Arbeitskraft in Deutschland und im Vergleich zum Ausland weithin zu einem besonders kostenträchtigen Produktionsfaktor geworden ist.

Um Personalbeschaffung bestmöglich durchführen zu können, ist es erforderlich, den **Arbeitsmarkt** systematisch zu erkunden, einzuschätzen und zu beeinflussen, auf dem Angebot und Nachfrage von Arbeitskräften zusammentreffen. Dies geschieht mithilfe der **Arbeitsmarktforschung**, die auch als **Personalmarktforschung** bezeichnet wird und insbesondere zwei **Aufgaben** hat:

- Die **Analyse der heutigen und zukünftigen Situation** des Arbeitsangebots und der Arbeitsnachfrage. Die zukünftige Arbeitsmarktentwicklung ist nach einer Untersuchung des *Instituts für Arbeitsmarkt- und Berufsforschung (IAB)* z. B. dadurch gekennzeichnet, dass sich Deutschland zunehmend zur Dienstleistungsgesellschaft entwickelt und die Anforderungen an die Qualifikation der Beschäftigten in den Unternehmen steigen.

- Die **Fundierung personalwirtschaftlicher Maßnahmen** im Hinblick auf das betriebliche Beschaffungspotenzial. Darunter ist der Teil des Angebotes an Arbeitskräften zu verstehen, der zur Besetzung gegenwärtig oder zukünftig freier Positionen in Betracht kommt. Das **Beschaffungspotenzial** kann sein:

Offenes Arbeitsmarktpotenzial	Dazu zählen **Arbeitslose**, die arbeitssuchend sind, Beschäftigte, die einen neuen Arbeitsplatz suchen, sowie **jüngere Arbeitssuchende**, die in das Arbeitsleben eintreten. Sie alle haben gemeinsam, dass sie erkennbar eine Arbeit anstreben.
Latentes Arbeitsmarktpotenzial	Es tritt nicht offen auf, sondern ist lediglich verdeckt vorhanden. Beispielsweise kann es in Form von **Arbeitskräften**, die von anderen Unternehmen abgeworben werden bzw. durch die **Erhöhung der Erwerbstätigkeit** bei bestimmten Bevölkerungsgruppen ausgeschöpft werden, z.B. bei Hausfrauen, die früher im Arbeitsleben standen.

Der Arbeitsmarkt kann ein **innerbetrieblicher** oder ein **außerbetrieblicher Arbeitsmarkt** sein, d.h. sich auf den Teil des Arbeitsmarktes beziehen, der innerhalb des Unternehmens liegt, oder jenen Teil des Arbeitsmarktes betreffen, der sich außerhalb des Unternehmens befindet. Im Folgenden sollen behandelt werden:

Personal-beschaffung	Personalanforderung
	Beschaffungswege
	Bewerbung
	Auswahl
	Arbeitsvertrag

1. Personalanforderung

Ausgangspunkt für die Personalbeschaffung ist die Personalanforderung, die wegen möglicher Missverständnisse und Fehlinformationen ausschließlich **schriftlich** erfolgen sollte. Es empfiehlt sich die Verwendung eines einheitlichen Formulars.

Bei der Personalanforderung ist die **Art des Bedarfes** zu beachten:

- Ist die zu besetzende Stelle bereits vorhanden und soll sie lediglich wieder besetzt werden, weil der bisherige Stelleninhaber diese Aufgabe nicht mehr wahrnimmt, handelt es sich um einen **Ersatzbedarf**. Die Personalanforderung sollte hier zumindest folgende Informationen enthalten:

  - ▶ Anfordernde Abteilung
  - ▶ Bezeichnung der zu besetzenden Stelle
  - ▶ Anforderungen an die Arbeitskraft
  - ▶ Zeitpunkt der Besetzung

- Bezieht die Personalanforderung sich auf einen **Neubedarf**, also auf die erstmalige Besetzung einer Stelle, sind *zusätzliche* Angaben erforderlich, z. B.:

  - ▶ Begründung des Bedarfes
  - ▶ Höhe der anfallenden Personalkosten
  - ▶ Dauer der Besetzung
  - ▶ Stellenbeschreibung

Die Personalanforderung ist unter zwei Gesichtspunkten zu betrachten:

1.1 Anforderungsberechtigte

Die Personalanforderung sollte nur von leitenden Mitarbeitern, zumindest Abteilungsleitern oder Betriebsleitern, gestellt werden dürfen. Auch hier ist die Unterscheidung zwischen einem Ersatzbedarf und einem Neubedarf vorzunehmen:

- Bei **Ersatzbedarf** kann der Abteilungsleiter oder Betriebsleiter die Personalanforderung vielfach ohne Einschaltung der Unternehmensleitung direkt an die Personalabteilung geben, da die zu besetzende Stelle bereits vorhanden ist.

- Bei **Neubedarf** ist die vom Abteilungsleiter oder Betriebsleiter gestellte Personalanforderung häufig zunächst der Unternehmensleitung zur Genehmigung vorzulegen. Nach deren Erteilung erfolgt eine Weiterleitung an die Personalabteilung.

  Es kann aber auch sein, dass die Personalleitung der Adressat dafür ist, der die Personalanforderung – oft zusammen mit einer eigenen Stellungnahme – an die Unternehmensleitung zur Genehmigung weiterleitet.

Die Unternehmensleitung ist ebenfalls dann einzuschalten, wenn die Personalanforderung sich auf die Position eines **leitenden Angestellten** bezieht.

Die Anforderungsberechtigten sollten veranlasst werden, vor der Erstellung einer Personalanforderung alle Möglichkeiten der Personaleinsparung zu prüfen. Außerdem kann es sich als nützlich erweisen, wenn sie mit der Personalanforderung bereits für die Stellenbesetzung infrage kommende Person(en) benennen.

1.2 Anforderungsbearbeitung

Die Personalanforderung ist von der Personalabteilung zu bearbeiten. Im Falle von **Ersatzbedarf** ergeben sich folgende Bearbeitungsschritte, nachdem die Personalanforderung bei der Personalabteilung eingegangen ist:

1	Eintragung in ein Sammelblatt bzw. EDV-Formular
2	Bedarfsfeststellung durch Planstellen-Vergleich
3	Feststellung des Ist-Zustandes am Arbeitsplatz
4	Festlegung eines optimalen Soll-Arbeitsplatzes
5	Abstimmung der Stellenbesetzung mit den betrieblichen Zielsetzungen
6	Festlegung der optimalen Stellenbesetzung
7	Festlegung des Besetzungstermines
8	Festlegung des optimalen Beschaffungstermines
9	Festlegung des Beschaffungsweges
10	Information des Betriebsrates gem. § 99 BetrVG
11	Festlegung des Inhaltes der Ausschreibung
12	Information des Vorgesetzten über geplante Maßnahmen
13	Beschaffungsvorgang
14	Vermerk von Bewerbern auf der Personalanforderung
15	Erledigungsvermerk auf dem Sammelblatt bzw. EDV-Formular
16	Ablage der Personalanforderung in der Personalakte
17	Information des Vorgesetzten über geplante Maßnahmen

2. Beschaffungswege

Um die erforderlichen Arbeitskräfte in qualitativer, quantitativer, zeitlicher und örtlicher Hinsicht bereitstellen zu können, ist das Unternehmen in der Lage, eine Vielzahl von Wegen zu beschreiten. Welcher der Beschaffungswege im Einzelfall als geeignet anzusehen ist, hängt insbesondere von der Art der zu besetzenden Stelle ab.

Im Folgenden soll eine Auswahl von Beschaffungswegen im Hinblick auf ihre Nutzung dargestellt werden:

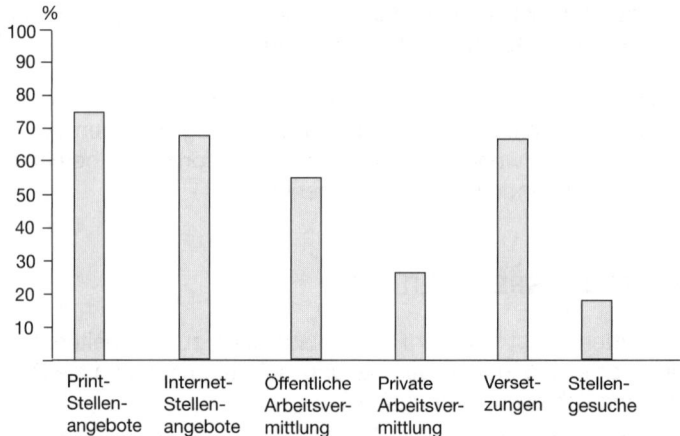

Die Darstellung zeigt bereits einige Schwerpunkte bei der Wahl von Beschaffungswegen. Sie soll durch die Zusammenstellung aller üblicherweise – mehr oder weniger – genutzten Beschaffungswege ergänzt werden:

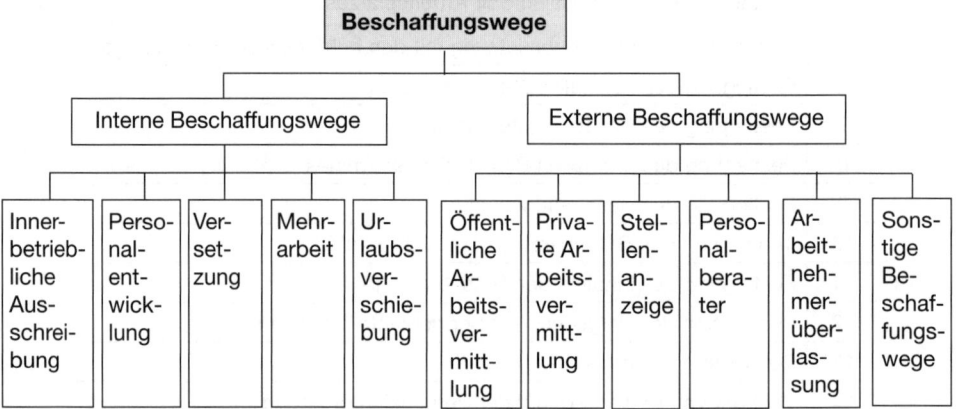

2.1 INTERNE BESCHAFFUNGSWEGE

Die internen Beschaffungswege beziehen sich auf den Teil des Arbeitsmarktes, der innerhalb des Unternehmens liegt. In der betrieblichen Praxis hat es sich weithin als vorteilhaft erwiesen, vor einer Stellenbesetzung zu prüfen, inwieweit bereits im Unternehmen tätige Arbeitskräfte für die Besetzung der Stelle in Betracht kommen.

Grundsätzlich kann das Interesse an der positionsmäßigen Veränderung eines Arbeitnehmers beim Unternehmen oder beim Arbeitnehmer selbst liegen:

• Wird einem **Arbeitnehmer** eine zu besetzende Stelle – z. B. durch eine innerbetriebliche Stellenausschreibung – bekannt, an der er interessiert ist, bietet sich ihm die Möglichkeit, der Personalabteilung seine Bewerbung einzureichen. Sofern er für die ausgeschriebene Stelle qualifiziert ist oder – z. B. durch Fortbildung oder Umschulung – qualifiziert werden kann, hat er grundsätzlich eine Chance, sich beruflich zu verändern bzw. weiterzuentwickeln.

- Wenn das **Unternehmen** auf den Arbeitnehmer einwirkt, eine bestimmte Stelle einzunehmen, sind zwei Möglichkeiten zu unterscheiden:

> ▸ Der Arbeitnehmer kann sich **beruflich verbessern**, weshalb in der Mehrzahl dieser Fälle anzunehmen ist, dass er einer Veränderung zustimmt.
>
> ▸ Der Arbeitnehmer kann sich **beruflich nicht verbessern**, gegebenenfalls verschlechtert er sich sogar, z. B. wenn organisatorische Maßnahmen im Unternehmen zur Veränderung bzw. zum Wegfall bisher besetzter Stellen führen. In diesem Fall ist es denkbar, dass er sich der Veränderung nach Möglichkeit widersetzt.

Die Zuteilung einer anderen Stelle kann im Rahmen einer **Weisung** erfolgen, wenn sie durch den bestehenden Arbeitsvertrag inhaltlich gedeckt ist. Andernfalls ist eine **Änderungskündigung** oder **Änderungsvereinbarung** erforderlich. In beiden Fällen hat der Betriebsrat entsprechende Mitbestimmungsrechte. Die interne Personalbeschaffung ist für das Unternehmen zu beurteilen:

Vorteile	Nachteile
▸ Der Arbeitnehmer hat Entwicklungs- und Aufstiegschancen	▸ Begrenzte Auswahlmöglichkeiten
▸ Die Motivation des Arbeitnehmers wird positiv beeinflusst	▸ Betriebsblindheit kann sich ergeben
▸ Die Bindung des Arbeitnehmers an das Unternehmen wird verstärkt	▸ Hemmung fortschrittlicher Entwicklungen ist möglich
▸ Das Betriebsklima wird verbessert	▸ Lediglich eine Verlagerung des quantitativen Personalbedarfes
▸ Die Mobilität des Arbeitnehmers wird erhöht	▸ Ggf. hohe Fortbildungs-/Umschulungskosten
▸ Die Beschaffung des Arbeitnehmers ist rasch möglich	▸ Enttäuschung bei Kollegen/Mitbewerbern
▸ Die Beschaffung des Arbeitnehmers ist kostengünstig	▸ Spannungen/Rivalitäten zwischen potenziellen Bewerbern
▸ Der Arbeitnehmer kennt das Unternehmen	▸ Befürchtung des Arbeitnehmers abgelehnt zu werden
▸ Das Unternehmen kennt den Arbeitnehmer	▸ Ablehnung wird als Misserfolg empfunden
▸ Die Einarbeitung des Arbeitnehmers wird erleichtert	▸ Angst des Arbeitnehmers vor negativen Reaktionen des Vorgesetzten
▸ Stellen für nachrückende Arbeitnehmer werden vielfach frei	▸ Vorgesetzte geben sich gekränkt
	▸ Vorgesetzte loben weniger geeignete Mitarbeiter weg

Als interne Beschaffungswege sollen unterschieden werden:

- **Innerbetriebliche Stellenausschreibung**

- **Personalentwicklung**

- **Versetzung**

- **Mehrarbeit**

- **Urlaubsverschiebung.**

Bei der innerbetrieblichen Stellenausschreibung bietet das Unternehmen allen Arbeitnehmern eine bestimmte Stelle zur Besetzung an. Interessierte Arbeitnehmer können sich darauf bewerben. Wenn dies mit Erfolg geschieht, kommt es zu einer **Versetzung**.

Ebenfalls eine Versetzung kann die Folge von Personalentwicklungsmaßnahmen sein, indem Arbeitnehmern eine ihrer verbesserten Qualifikation entsprechende Stelle zugewiesen wird. Die Versetzung ist jedoch nicht an die genannten Maßnahmen gebunden, sie kann auch aus anderen Gründen vom Unternehmen initiiert bzw. vom Arbeitnehmer gewünscht werden.

Innerbetriebliche Stellenausschreibung, Personalentwicklung und Versetzung sind Maßnahmen der Personalbeschaffung, mit denen eine **Personalbewegung** verbunden ist. Demgegenüber stellen die Mehrarbeit und die Urlaubsverschiebung solche Maßnahmen dar, denen **keine Personalbewegung** zu Grunde liegt.

2.1.1 Innerbetriebliche Stellenausschreibung

Das Unternehmen, das eine Stelle zu besetzen hat, ist in der Wahl seines Beschaffungsweges grundsätzlich frei. Nach § 93 BetrVG kann der Betriebsrat jedoch eine innerbetriebliche Stellenausschreibung verlangen. Der Betriebsrat hat die **Wahl,**

*   allgemein – also für alle zu besetzenden Stellen – eine innerbetriebliche Stellenausschreibung zu fordern,

*   nur für bestimmte Arten von Tätigkeiten eine innerbetriebliche Stellenausschreibung zu verlangen.

Ausgenommen hiervon sind die Positionen leitender Angestellter nach § 5 BetrVG, die innerbetrieblich nicht ausgeschrieben werden müssen.

Wenn der Arbeitsplatz dafür geeignet ist, hat das Unternehmen einen zu besetzenden Arbeitsplatz auch als **Teilzeitarbeitsplatz** auszuschreiben (§ 7 Abs. 1 TzBfG).

Das Unternehmen kann – unabhängig von der innerbetrieblichen Stellenausschreibung – parallel auch externe Beschaffungswege nutzen. Ein innerbetrieblicher Bewerber hat bei der Stellenbesetzung grundsätzlich keinen Vorrang vor Bewerbern von außerhalb des Unternehmens. Allerdings kann z. B. in einer **Betriebsvereinbarung** geregelt sein, dass interne Bewerber bei gleicher Eignung den Vorzug vor externen Bewerbern erhalten.

Die innerbetriebliche Stellenausschreibung sollte alle für einen potenziellen Bewerber wichtigen **Informationen** enthalten. Dazu zählen insbesondere:

▸ Nennung der offenen Stelle	▸ Tarifliche Einstufung
▸ Angaben über die Aufgabenstellung	▸ Besetzungstermin
▸ Anforderungen an den Bewerber	▸ Bewerbungsfrist

Bei der Ausschreibung von Stellen muss das **Allgemeine Gleichbehandlungsgesetz** (AGG) beachtet werden, welches u. a. regelt, dass Stellen weder nur für Männer noch ausschließlich für Frauen ausgeschrieben werden. Lediglich wenn ein bestimmtes Geschlecht eine zwingende Voraussetzung für die ausgeschriebene Tätigkeit darstellt, ist dies möglich.

Hat der **Betriebsrat** eine innerbetriebliche Stellenausschreibung verlangt, muss das Unternehmen dem Verlangen entsprechen. Erfolgt dies nicht, kann der Betriebsrat nach § 99 Abs. 2 Nr. 5 BetrVG seine **Zustimmung** zu einer geplanten Einstellung oder Versetzung **verweigern**.

Außerdem ist es dem Betriebsrat möglich, im Rahmen seines **Mitbestimmungsrechtes** einer Einstellung zu **widersprechen**, wenn:

- ▸ Mindestanforderungen bei der Ausschreibung unbeachtet bleiben
- ▸ Eine Ausschreibung nicht den Vorschriften des AGG entspricht
- ▸ Gegen Auswahlrichtlinien gemäß § 95 BetrVG verstoßen wurde
- ▸ Inner- und außerbetrieblich unterschiedliche Anforderungen genannt wurden.

Der Betriebsrat kann über die **Art und Weise** der innerbetrieblichen Stellenausschreibung nicht mitbestimmen, eine freiwillige Vereinbarung zwischen der Unternehmensleitung und dem Betriebsrat ist aber möglich und empfehlenswert.

2.1.2 Personalentwicklung

Die Personalentwicklung ist ein weiterer Weg innerbetrieblicher Personalbeschaffung, womit ein künftiger Bedarf an qualifizierten Arbeitnehmern gedeckt werden kann. Als **Bildungsmaßnahmen** lassen sich unterscheiden – siehe S. 375 ff.:

- Die **Ausbildung** als berufliche Erstausbildung, die neben einer breit angelegten beruflichen Grundausbildung den Erwerb von Kenntnissen, Fertigkeiten und Erfahrungen zum Ziel hat.

- Die **Fortbildung**, mit der die beruflichen Kenntnisse und Fertigkeiten erweitert und den aktuellen Entwicklungen angepasst werden. Sie kann z. B. sein:

Anpassungs-fortbildung	Mit ihrer Hilfe soll die fachliche Qualifikation der Mitarbeiter in ihrem Beruf oder Einsatzgebiet verbessert werden.
Aufstiegs-fortbildung	Sie dient dazu, den Mitarbeitern notwendiges Führungswissen zu vermitteln und Führungsverhalten zu trainieren.

- Die **Umschulung**, mit der eine berufliche Neuorientierung erfolgt, indem erwachsene Arbeitnehmer eine Zweitausbildung für eine andere als von ihnen bisher ausgeübten Tätigkeit erhalten.

Neben den Bildungsmaßnahmen gibt es auch **Förderungsmaßnahmen** für die Mitarbeiter, z. B. Job enlargement, Job enrichment, Laufbahnförderung, Coaching.

2.1.3 Versetzung

Versetzungen bieten sich beispielsweise dann an, wenn sich die Anzahl bestimmter von Arbeitnehmern besetzter Arbeitsplätze verringert und dafür neue, andere Arbeitsplätze eingerichtet werden müssen. Sie ist arbeitsrechtlich nach § 95 Abs. 3 BetrVG die **Zuweisung eines anderen Arbeitsbereiches**,

- die entweder voraussichtlich die Dauer von einem Monat überschreitet

    oder

- mit einer erheblichen Änderung der Umstände verbunden ist, unter denen die Arbeit zu leisten ist.

Was unter einem **anderen Arbeitsbereich** verstanden werden kann, lässt sich indirekt über § 21 Abs. 2 aus § 81 Abs. 1 BetrVG ableiten. Danach umfasst er eine andere Aufgabe, eine andere Verantwortung, eine andere Art der Tätigkeit, aber auch eine andere Einordnung in den betrieblichen Arbeitsablauf, die vor allem darin zu sehen ist, dass der Arbeitnehmer einer anderen Arbeitsgruppe oder einem anderen Vorgesetzten zugeordnet wird.

Werden Arbeitnehmer nach der Eigenart ihres Arbeitsverhältnisses üblicherweise nicht ständig an einem bestimmten Arbeitsplatz beschäftigt, so gilt die Bestimmung des jeweiligen Arbeitsplatzes nach § 95 Abs. 3 BetrVG nicht als Versetzung.

Wesentliche **Gründe** für Versetzungen können sein:

- **Betriebliche Umstellungen**, z. B. Erweiterungen oder Einschränkungen im Unternehmen, wirtschaftliche oder technische Rationalisierungsmaßnahmen.

- **Ereignisse bei Kollegen**, z. B. das Ende der Ausbildung, der Wechsel des Unternehmens, Bundeswehr, Invalidität, Tod.

- **Ereignisse beim Mitarbeiter selbst bzw. Vorgesetzten**, z. B. Urlaub, Krankheit, Berufskrankheit, Familie, Unfall, körperliche, fachliche, menschliche Schwächen.

Durch die Versetzung kann der Arbeitnehmer – wie erläutert – sich beruflich verbessern, nicht verbessern oder verschlechtern. Sie ist auf zwei **Wegen** möglich:

- Durch eine **Weisung** des Arbeitgebers, die aber nur wirksam ist, wenn der Arbeitsvertrag mit dem Arbeitnehmer dies zulässt. Ihre Grundlagen können sein:

Fachliche Umschreibung	Die zugewiesenen Arbeiten liegen innerhalb der fachlichen Umschreibung der Tätigkeit des Arbeitnehmers – z. B. innerhalb eines bestehenden Berufsbildes – und werden üblicherweise in dem betreffenden Beruf geleistet.
Allgemeine Umschreibung	Die zugewiesenen Arbeiten sind allgemein umschrieben – z. B. als Bürohilfskraft – und entsprechen **billigem Ermessen**, wovon ausgegangen werden kann, wenn die Arbeiten bei Vertragsschluss vorausseher waren und nicht willkürlich angeordnet wurden.
Beschreibung des Ortes der Leistungserbringung	Der Ort der Leistungserbringung ist im Arbeitsvertrag nicht auf den gegenwärtigen Ort beschränkt, sondern eine Versetzung des Arbeitnehmers aus betrieblichen Gründen – allgemein oder unter Nennung bestimmter Orte, einer bestimmten Region oder eines bestimmten Umkreises – wurde vereinbart.

In keinem Falle darf der Arbeitgeber dem Arbeitnehmer einen **Arbeitsplatz mit geringerer Entlohnung** zuweisen. Dies ist selbst dann nicht möglich, wenn er sich dies arbeitsvertraglich vorbehalten hat.

- Durch eine **Änderungskündigung** oder **Änderungsvereinbarung**, wenn die obigen Voraussetzungen nicht gegeben sind, der Arbeitsvertrag die Versetzung durch eine Weisung also nicht deckt. Entspricht die zu leistende Arbeit inhaltlich oder bezüglich des Ortes der Leistungserbringung nicht den Vereinbarungen im Arbeitsvertrag bzw. ist die Versetzung mit einer geringeren Entlohnung verbunden, wird eine Änderungskündigung oder Änderungsvereinbarung erforderlich.

In jedem Falle, ob Weisung oder Änderungskündigung, muss der **Betriebsrat** angehört werden, der die Zustimmung zur vorgesehenen Maßnahme verweigern kann. Geschieht die Anhörung nicht, ergeben sich unterschiedliche Folgen:

- Bei einer Weisung ohne Anhörung des Betriebsrates hat der Betriebsrat einen **Anspruch auf Aufhebung der Maßnahme**.

- Bei einer Änderungskündigung ohne Anhörung des Betriebsrates ist die **Änderungskündigung unwirksam**.

Der Betriebsrat kann der Änderungskündigung aus bestimmten Gründen widersprechen, die in § 102 Abs. 3 BetrVG genannt sind. Bei einer weisungsbedingten Versetzung kann der Betriebsrat unter Angabe von Gründen widersprechen, die sich in § 99 Abs. 2 BetrVG finden.

13 〉〉 **Seite 518**

2.1.4 MEHRARBEIT

Unter Mehrarbeit soll allgemein verstanden werden, dass für einzelne, mehrere oder alle Arbeitnehmer eine Verlängerung ihrer Arbeitszeit erfolgt. Sie hat aus Sicht des Unternehmens den **Vorteil**, dass die Zahl der Arbeitnehmer im Unternehmen nicht erhöht werden muss. Einstellungen – und damit neue arbeitsrechtliche Bindungen des Unternehmens – lassen sich vermeiden.

Formen der Mehrarbeit durch Arbeitszeitverlängerung können sein:

- **Überstunden**, die vorliegen, wenn die tatsächliche Arbeitszeit von Arbeitnehmern die arbeits- oder tarifvertraglich geschuldete Arbeitszeit übersteigt. Sofern die Arbeitsverträge, ersatzweise gegebenenfalls eine Betriebsvereinbarung oder ein Tarifvertrag, keine Verpflichtung zur Leistung von Überstunden beinhalten, kann der Arbeitgeber Überstunden grundsätzlich nicht anweisen.

- **Änderungen der betriebsüblichen Arbeitszeit**, die gegeben sind, wenn die Arbeitszeiten im Unternehmen generell verändert werden, z. B. von 7 Stunden auf 8 Stunden täglich, aber auch über längere Zeit erbrachte Überstunden.

Der **Betriebsrat** hat zwar nur bei Änderungen der betriebsüblichen Arbeitszeit ein Mitbestimmungsrecht. Bei regelmäßig auftretenden und damit vorhersehbaren Überstunden kann jedoch ein Bedürfnis nach einer generellen Regelung bestehen, wodurch sich auch hier ein **Mitbestimmungsrecht** des Betriebsrates ergibt. Die Vorschriften des ArbZG sind zu beachten – siehe ausführlich S. 206.

Die durch die Verlängerung der Arbeitszeit bewirkte Mehrarbeit bietet sich bei **kurzfristigen Spitzen** im Leistungsbedarf an, z. B. als Sonderschichten in der Automobilindustrie. Über längere Frist sollte Mehrarbeit nicht angestrebt werden, sondern eine Erhöhung der personellen Kapazität erfolgen, z. B. durch Einstellungen bzw. die Umwandlung von Teilzeitstellen in Vollzeitstellen.

Mehrarbeit im Sinne von Mehrleistung kann schließlich auch noch durch verstärkte **Motivation** der Mitarbeiter bzw. durch **Rationalisierungsmaßnahmen** bewirkt werden.

2.1.5 URLAUBSVERSCHIEBUNG

Die Deckung eines Mehrbedarfes an Mitarbeitern ist auch durch Veränderungen bei der **Urlaubsplanung** und **Urlaubsabwicklung** möglich. So kann die Verlegung des Urlaubes von Arbeitnehmern dazu führen, dass eine an sich in einem bestimmten Zeitrahmen nicht verfügbare Kapazität doch noch genutzt werden kann.

Rechtlich gesehen darf der Arbeitgeber den Urlaub einseitig festlegen. Er hat dabei jedoch die Wünsche des Arbeitnehmers zu berücksichtigen (§ 7 Abs. 1 BUrlG), soweit dringende betriebliche Erfordernisse dies zulassen oder andere Arbeitnehmer wegen ihrer sozialen Situation nicht Vorrang beanspruchen können.

Zum **Widerruf** eines einmal erteilten Urlaubes ist grundsätzlich eine Vereinbarung von Arbeitgeber und Arbeitnehmer erforderlich. Einseitig kann der Arbeitgeber nur bei unvorhergesehenen Ereignissen den bereits zugesagten Urlaub widerrufen.

Die Nichtgewährung von Urlaub zu einem bestimmten Zeitpunkt sollte nicht nur unter rechtlichen, sondern auch unter Motivationsgesichtspunkten gesehen werden.

14 》 Seite 518

2.2 EXTERNE BESCHAFFUNGSWEGE

Die externen Beschaffungswege beziehen sich auf den Teil des Arbeitsmarktes, der außerhalb des Unternehmens liegt. Sie werden genutzt, wenn eine innerbetriebliche Personalbeschaffung nicht möglich ist oder unzweckmäßig erscheint. Welcher externe Beschaffungsweg zu wählen ist, hängt von mehreren **Kriterien** ab. Insbesondere sind das:

- Situation am Arbeitsmarkt
- Bedeutung der zu besetzenden Stelle
- Qualifikation der zu beschaffenden Arbeitskraft.

Die Nutzung externer Beschaffungswege weist Vorteile und Nachteile auf:

Vorteile	Nachteile
▸ Auswahlmöglichkeit aus vielen Bewerbern ▸ Verwertbarkeit von externen Bewerberkenntnissen/-erfahrungen ▸ Keine Betriebsblindheit ▸ Neue Impulse möglich ▸ Keine Verstrickungen in frühere Entscheidungen/Handlungen ▸ Keine personellen Abhängigkeiten ▸ Größere Anerkennung als interne Bewerber möglich	▸ Demotivation interner Bewerber ▸ Erhöhte Fluktuation möglich ▸ Beeinträchtigung des Betriebsklimas möglich ▸ Zeitaufwändige Bewerberauslese ▸ Hohe Beschaffungskosten ▸ Höhere Gehaltsforderungen als bei internen Bewerbern möglich ▸ Bewerber kennt das Unternehmen nicht ▸ Bewerber dort nicht bekannt

Die externe Personalbeschaffung bezieht sich vorwiegend auf Arbeitskräfte, die als **Arbeitnehmer** in das Unternehmen eingegliedert werden, z.B. als Angestellte oder Arbeiter. Es ist aber auch möglich, dass das Unternehmen nach Arbeitskräften sucht, die letztlich aber nicht als Arbeitnehmer im Unternehmen tätig werden. Damit entledigt es sich vieler ansonsten gegebener arbeitsrechtlicher Pflichten, z. B. bei **Leiharbeitnehmern**, die Arbeitnehmer des entleihenden Unternehmens sind und bleiben, sowie bei **freien Mitarbeitern**.

Als externe Beschaffungswege sollen unterschieden werden:

- **Öffentliche Arbeitsvermittlung**

- **Private Arbeitsvermittlung**

- **Stellenanzeige**

- **Personalberater**

- **Arbeitnehmerüberlassung**

- **Sonstige Beschaffungswege.**

2.2.1 ÖFFENTLICHE ARBEITSVERMITTLUNG

Die Bundesagentur für Arbeit (BA) in Nürnberg mit ihren 10 Regionaldirektionen (früher Landesarbeitsämtern) und die ihr zugehörigen Einrichtungen haben in der Bundesrepublik Deutschland das Recht, Berufsberatung, Vermittlung in berufliche Ausbildungsstellen und Arbeitsvermittlung zu betreiben. Zum Zwecke der Arbeitsvermittlung unterhält sie mehrere **Einrichtungen**, die aber auch noch andere Aufgaben haben:

- Die 180 **Agenturen für Arbeit (AA)** mit ihren 660 Nebenstellen, die in ihrer Tätigkeit jeweils auf ihre regionalen Bereiche festgelegt sind.

  Die Schwerpunkte ihrer Arbeitsvermittlung lagen in der Vergangenheit, insbesondere in **Zeiten hoher Beschäftigung**, eher bei Tätigkeiten ausführender Art, z. B. von Hilfsarbeitern, Facharbeitern, Bürohilfskräften, Aushilfskräften. In **Zeiten geringerer Beschäftigung** wandelte sich dieses Bild zunehmend, insbesondere wegen des Vermittlungsdruckes durch Stellensuchende.

  Durch »*Hartz I*« und »*Hartz II*« obliegen den Arbeitsagenturen neue Aufgaben – siehe unten.

- Die **Zentralstelle für Arbeitsvermittlung (ZAV)** in Bonn, die für das gesamte Gebiet der Bundesrepublik Deutschland zuständig ist. Diese befasst sich überwiegend mit der Vermittlung von Bewerbern mit Fachschul-, Fachhochschul-, Hochschulausbildung und (sonstigen) Führungskräften. Zu diesem Zwecke veröffentlicht sie einen **zentralen Stellenanzeiger** »Markt und Chance«, der bei den Agenturen für Arbeit kostenlos zu erhalten ist.

- Die **Fachvermittlungsstellen**, welche die Vermittlung für besonders qualifizierte Fach- und Führungskräfte vornehmen. Sie arbeiten überregional, teilweise auch, indem sie **Stellenanzeigen** in namhaften Tages- und Wochenzeitungen veröffentlichen.

Neuere Leistungsbereiche der Arbeitsverwaltung sind:

- Die **Jobbörse**, die Ende 2003 wesentlich verbessert wurde – siehe S. 123.

- Die **Personal-Service-Agenturen** (PSA), die nach dem Ersten Gesetz für moderne Dienstleistungen am Arbeitsmarkt, das als »*Hartz I*« bekannt ist, von jeder Agentur für Arbeit einzurichten sind. Nach § 37c SGB III ist deren Aufgabe insbesondere, eine Arbeitnehmerüberlassung zur Vermittlung von Arbeitslosen in Arbeit durchzuführen sowie ihre Beschäftigten in verleihfreien Zeiten zu qualifizieren und weiterzubilden.

  Zur Einrichtung von Personal-Service-Agenturen schließt die Agentur für Arbeit namens der Bundesagentur für Arbeit mit erlaubt tätigen Verleihern (Randstad, Manpower) entsprechende **Verträge**. Die Agentur für Arbeit kann für die Tätigkeit der Personal-Service-Agenturen ein **Honorar** vereinbaren. Eine Pauschalierung ist zulässig.

  Werden Arbeitnehmer von der Personal-Service-Agentur an einen früheren Arbeitgeber überlassen, bei dem sie während der letzten vier Jahre mehr als drei Monate versicherungspflichtig beschäftigt waren, ist das Honorar entsprechend zu kürzen. Kommen keine Verträge mit erlaubt tätigen Verleihern zu Stande, kann sich die Agentur für Arbeit namens der Bundesagentur für Arbeit an Verleihunternehmen **beteiligen**.

- Die Gewährung eines **Gründungszuschusses**, der ab 08/2006 den Existenzgründerzuschuss aus der damit abgeschafften **Ich-AG** und das **Überbrückungsgeld** zu einem neuen Förderinstrument vereinigt, mit dem Arbeitslose, die sich selbstständig machen wollen, gefördert werden.

Die Förderung dauert 15 Monate:

> ▸ Für **neun Monate** erhalten arbeitslose Existenzgründer einen Zuschuss in Höhe ihres Arbeitslosengeldes (I) sowie eine Pauschale von 300 €, damit sie sich freiwillig sozialversichern können.
>
> ▸ Weitere **sechs Monate** erfolgt nur noch die Zahlung der Pauschale.

Für die erste Phase gibt es einen **Rechtsanspruch**, für die letzten sechs Monate nicht.

Voraussetzungen für den Gründungszuschuss sind:

> ▸ Es liegt **Arbeitslosigkeit** vor, aufgrund derer mindestens noch drei Monate Anspruch auf das Arbeitslosengeld (I) besteht.
>
> ▸ Die Selbstständigkeit muss durch eine **Expertenstelle** befürwortet und die **Eignung** hierfür bei der Arbeitsagentur nachgewiesen werden.

Zusätzlich haben Existenzgründer seit 2003 durch das Kleinunternehmerförderungsgesetz steuerliche Vorteile durch **Sonderabschreibungen** im Jahr der Betriebseröffnung nach § 7g EStG.

Die Unternehmen sollten **engen Kontakt**, insbesondere mit der örtlichen Agentur für Arbeit, halten. Schließlich ist es für die Vermittler in der Agentur für Arbeit wichtig, die Unternehmen möglichst genau zu kennen, um wirkungsvoll beraten und vermitteln zu können.

Eine **Zusammenarbeit** der Unternehmen mit den örtlichen Agenturen für Arbeit bietet sich auch deshalb an, weil diese über **Förderungsmöglichkeiten** bei der Beschaffung und Eingliederung neuer Arbeitskräfte verfügen.

2.2.2 Private Arbeitsvermittlung

Private Arbeitsvermittler führen Arbeitssuchende mit Arbeitgebern zur Begründung von Arbeitsverhältnissen zusammen. Die private Arbeitsvermittlung ist seit 1994 erlaubt und seit 03/2002 genehmigungsfrei. Zur privaten Arbeitsvermittlung zählen auch die Herausgabe, der Vertrieb und der Aushang von Listen über Stellenangebote und Stellengesuche sowie listengleiche Sonderdrucke aus Zeitungen und Zeitschriften.

Die gelegentliche entgeltliche Empfehlung von Arbeitskräften zur Einstellung sowie die im alleinigen Interesse und Auftrag eines Arbeitgebers gewährte Unterstützung bei der Selbstsuche nach Arbeitskräften zählen nicht zur Arbeitsvermittlung.

Eine **Vergütung** darf außer bei der Vermittlung von Künstlern, Berufssportlern und Au-Pair-Arbeitskräften nur vom Arbeitgeber gefordert werden. Sie ist im Vermittlungsvertrag zu vereinbaren und beträgt maximal:

- **12 % des Arbeitsentgeltes**, wobei sich der Satz bei Vermittlung in Arbeitsverhältnisse von länger als 12 Monaten auf das Arbeitsentgelt für ein Jahr bezieht.
- **15 % des Arbeitsentgeltes** bei Vermittlung in kurzfristige Arbeitsverhältnisse von bis zu sieben Tagen.

Mithilfe privater Arbeitsvermittler sollen die Vermittlungseffizienz erhöht und das Leistungsangebot verbessert werden. Nach Angaben des Bundesverbands Personalvermittlung sind mittlerweile rund 130.000 Personen vermittelt worden, davon waren ca. ein Drittel zuvor arbeitslos gemeldet.

2.2.3 Stellenanzeige

Die Stellenanzeige lässt sich in zweifacher Weise nutzen, je nachdem, ob ein Arbeitsplatz gesucht wird oder zu besetzen ist:

* Sie kann durch den **Bewerber** aufgegeben sein, der eine Arbeitsstelle sucht, also ein **Stellengesuch** darstellen. Dieser Weg ist für einen Bewerber eher bei Vollbeschäftigung oder einem Mangelberuf erfolgsversprechend.

Beispiele:

Berufserfahrene
Schaufenstergestalterin
sucht Teilzeitbeschäftigung oder freie
Mitarbeit.
Off. unter 9696 an die ...

Bürokauffrau
in ungekündigter Stellung sucht
neuen Wirkungskreis
Angeb. unt. Chiffre-Nr.: 38 818

Verlagskauffrau, zzt. als Buchhändlerin tätig, sucht ab sof. oder später Stelle in Verlag oder Druckerei (Schreibmaschine-, Engl.-, Franz.-Kenntnisse vorhanden). Off. unt. 9765

Wirtschafterin su. Stelle, auch privat, von Mo.-Fr. 8 Std. tägl. Tel. ....

19-jähr. Einzelhandelskauffrau sucht Stelle als Bürokraft im Raum Wiesloch/HD, baldmögl. Angeb. u. Chiffre 17 665

* Wird von einer Stellenanzeige gesprochen, ist darunter meist das **Stellenangebot** eines Unternehmens zu verstehen. Es stellt den – zumindest bei Angestellten – von den Unternehmen am meisten genutzten externen Beschaffungsweg dar.

Die Stellenanzeige als Stellenangebot wird im Folgenden beschrieben als:

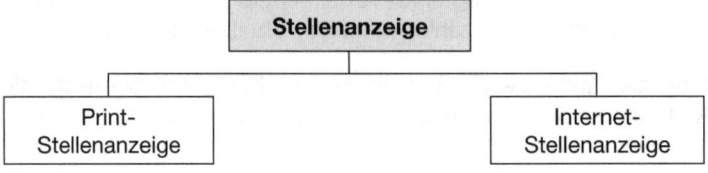

2.2.3.1 PRINT-STELLENANZEIGE

Im Hinblick auf die Stellenanzeigen in Printmedien sollen behandelt werden:

* **Anzeigenträger**
* **Anzeigentermine**
* **Anzeigenarten**
* **Anzeigengestaltung.**

2.2.3.1.1 ANZEIGENTRÄGER

Eine grundlegende **Voraussetzung** für den Erfolg einer Stellenanzeige ist, dass die für eine Bewerbung in Betracht kommenden Arbeitskräfte die Stellenanzeige überhaupt lesen. Diese Chance ist gegeben, wenn das Unternehmen den Anzeigenträger zielgruppengerecht auswählt, d.h. ein nur **geringer Streuverlust** entsteht.

Wird beispielsweise in einer Zeitung mit 100.000 Lesern ein Ingenieur mit einer speziellen beruflichen Qualifikation gesucht, entsprechen aber nur 10 Leser den Anforderungen, beträgt der Streuverlust 99,9 %.

Dem Unternehmen dienen bei den Printmedien regionale Tageszeitungen, überregionale Tageszeitungen, überregionale Wochenzeitungen und Fachzeitschriften als Anzeigenträger. Dazu kommen in neuerer Zeit die elektronischen Medien wie Rundfunk, Fernsehen, Internet, aber auch das Kino.

Zur Vermeidung der Streuverluste gehen Unternehmen bei der Nutzung von Printmedien z. B. von folgenden **Überlegungen** aus:

* Arbeitskräfte der **unteren bis mittleren Hierarchie-Ebene** werden überwiegend in regionalen Tageszeitungen gesucht. Dafür spricht, dass für die ausgeschriebenen Positionen i.d.R. genügend Bewerber im regionalen Umfeld vorhanden sind. Eine Insertion in überregionalen Zeitungen bietet sich oft auch deshalb nicht an, weil die Mobilität dieser Arbeitskräfte tendenziell eher begrenzt ist.

* Arbeitskräfte der **höheren bis hohen Hierarchie-Ebene** werden vorzugsweise in überregionalen Tages- und Wochenzeitungen gesucht, weil diese Arbeitskräfte vielfach mobiler sind und die anzusprechende Zielgruppe von Arbeitskräften bei regionalen Tageszeitungen häufig zu klein wäre.

* Arbeitskräfte mit **Spezialkenntnissen** werden häufig in Fachzeitschriften gesucht, insbesondere im technischen Bereich. Sie haben die geringsten Streuverluste und eine längere Wirkungsdauer als Zeitungen. Außerdem sind sie relativ kostengünstig. Ihr **Nachteil** ist, dass sie den einzelnen Adressaten – bei betrieblichem Umlauf – möglicherweise erst sehr spät erreichen.

Für das Unternehmen kann es sich auch als zweckmäßig erweisen, in mehreren Anzeigenträgern zu inserieren, z. B. in »nebeneinander liegenden« regionalen Tageszeitungen und/oder einer überregionalen Zeitung bzw. einer Fachzeitschrift.

2.2.3.1.2 Anzeigentermin

Damit eine an einer Bewerbung interessierte Arbeitskraft sorgsam über das Stellenangebot nachdenken und ein sich möglicherweise ergebendes Bewerbungsverfahren in Ruhe
abgewickelt werden kann, empfiehlt es sich, die Stellenanzeige frühzeitig zu schalten.

Soweit es einen Spielraum für den Besetzungstermin gibt, also nicht ein dringlicher Bedarf schnellstmöglich zu decken ist, sollte beachtet werden, dass es insbesondere auf
der unteren bis mittleren Hierarchie-Ebene günstigere und weniger günstige Arbeitnehmer seitige **Kündigungstermine** gibt. So kann z. B.:

- Eine **Kündigung im ersten Quartal** eine Rückzahlungspflicht der Weihnachtsgratifikation durch den Arbeitnehmer bewirken.

- Eine **Kündigung im letzten Quartal** dazu führen, dass eine Weihnachtsgratifikation
nicht ausgezahlt oder eine Rückzahlung erforderlich wird.

Bei der zeitlichen Planung einer Stellenanzeige, die sich auf Arbeitnehmer der **höheren
und hohen Hierarchie-Ebene** bezieht, sind Vermutungen über geeignete Einschaltter-
mine schwieriger anzustellen, weil meist Verträge mit individuellen Vereinbarungen bzw.
Kündigungsfristen vorliegen.

Die Festlegung des Anzeigentermines ist nicht nur eine Frage des allgemeinen Zeitrahmens, sondern sie beinhaltet bei Tageszeitungen auch den geplanten **Tag der Veröffentlichung**. Hier ist insbesondere die Überlegung anzustellen, ob die Stellenanzeige am
Samstag oder einem anderen Wochentag erscheinen soll:

- Für den **Samstag** spricht vielfach, dass an diesem Tag ein umfassendes, konzentriertes
Angebot erfolgt, das auch Nicht-Abonnenten erreicht, die sich die Wochenend-Ausga-
be kaufen.

- Ein **anderer Wochentag** kann den Vorteil haben, dass die einzelne Stellenanzeige größere Aufmerksamkeit auf sich zieht, weil das Angebot insgesamt wesentlich kleiner
und damit übersichtlicher ist.

Schließlich ist im Hinblick auf den Anzeigentermin vom Unternehmen festzulegen, ob die
Anzeige zu **einem** oder zu **mehreren Terminen** geschaltet wird.

2.2.3.1.3 Anzeigenarten

Es lassen sich mehrere Arten von Stellenanzeigen unterscheiden. Nach der Nennung des
beschaffenden Unternehmens gibt es:

- **Offene Stellenanzeigen**, die den Namen des inserierenden Unternehmens enthalten.
Sie legen dem Bewerber nicht nur offen, wo er sich bewirbt, sondern geben ihm auch
die Möglichkeit, sich gezielter zu bewerben, als wenn ihm der Name des inserierenden
Unternehmens nicht bekannt wäre.

- **Chiffreanzeigen**, die den Namen des inserierenden Unternehmens nicht enthalten. Sie werden allgemein eher negativ beurteilt, sowohl von ihrer Intention als auch von ihrem Erfolg her.

Gerade qualifizierte Bewerber neigen weniger dazu, sich auf Chiffreanzeigen zu bewerben, weil ihnen die vorliegenden Informationen nicht genügen, um sich gezielt bewerben zu können, und sie ihren Ansprechpartner nicht kennen.

Chiffreanzeigen sollten deshalb nur ausnahmsweise und bei Vorliegen gewichtiger Gründe eingesetzt werden, z. B. wenn der inserierte Arbeitsplatz noch besetzt ist oder der Konkurrenz bzw. unerwünschten Interessenten nicht bekannt werden soll.

- **Anzeigen von Personalberatern**, deren Name genannt ist, und die i.d.R. auch gewährleisten, dass Sperrvermerke des Bewerbers beachtet werden. Sie geben vielfach auf Anfrage auch für die Bewerbung wichtige Zusatzinformationen.

Das ausschreibende Unternehmen kann genannt werden. Möglich ist auch, dass es nicht genannt wird, was dazu dienen kann, eine Chiffreanzeige zu vermeiden und dennoch nicht erkannt zu werden. Da der Personalberater als Ansprechpartner dient, können Interessenten von ihm nähere Informationen erhalten, die ihnen für eine Bewerbung wichtig sind.

Nach den unterschiedlichen **Satzverfahren** gibt es:

- **Wortanzeigen**, die auch Fließsatzanzeigen, Kleinanzeigen oder Gelegenheitsanzeigen genannt werden, als offene Anzeigen oder Chiffreanzeigen. Sie sind einspaltig, werden im laufenden Text abgesetzt und nach der Zahl der enthaltenen Wörter berechnet.

Beispiele:

Junge Führungskräfte bis 30 Jahre benötigt namhafter Deutscher Konzern zum Aufbau einer Spezialorganisation. Wenn Sie kaufmännische, betriebswirtschaftliche oder pädagogische Erfahrungen haben, Freude an einer selbstständigen Position und Lernbereitschaft für eine aus dem Rahmen fallende Karriere mitbringen, bieten wir Ihnen eine echte Chance. Kurzbewerbung unter: ...

Kfz-Meister u. Geselle ges., evtl. auch Lackierer od. Spengler. Tel. ...

Anzeigenverkäufer od. qualifizierter Außendienstverkäufer gesucht. Tel. ....

Holzfachleute/Maschinenführer (Schreiner, Maschinenschlosser usw.) für unser hochmodernes Werk in Dauerstellung ges., Kenngott-Treppen, Neulandstr., 76547 Sinsheim, Tel. ...

- **Gesetzte Anzeigen** als offene Anzeigen oder Chiffreanzeigen, die mehrspaltig sein können und – auf der Grundlage eines Spaltenpreises pro mm – nach der belegten Fläche berechnet werden – siehe beispielhaft Seite 120.

2.2.3.1.4 Anzeigengestaltung

Die Gestaltung der Anzeige erfolgt unter mehreren Gesichtspunkten. Das sind:

- Die **inhaltliche Gestaltung** der Stellenanzeige, die z. B. umfasst:

  ▸ Herausstellung des Unternehmens
  ▸ Herausstellung des Leistungsprogrammes
  ▸ Herausstellung des geografischen Raumes
  ▸ Herausstellung der besonderen Aufgaben und Probleme
  ▸ Herausstellung der zu besetzenden Position
  ▸ Herausstellung der Zukunftsträchtigkeit der Position
  ▸ Vermeidung von Superlativen
  ▸ Vermittlung klarer und informativer Informationen

Beispiel einer gesetzten Anzeige:

Firmenkundenkredite.

Die Baden-Württembergische Bank AG ist die große Geschäftsbank mit Sitz in Baden-Württemberg.

Für unsere Firmenkunden- und Kreditabteilung in der Filiale

Mannheim

suchen wir einen Bankkaufmann oder Betriebswirt mit praktischer Erfahrung im Kreditgeschäft zur selbstständigen Betreuung von Firmenkunden und zur Kreditbearbeitung.

Neben entsprechenden Kenntnissen des Kreditgeschäfts erwarten wir Kontaktfähigkeit, Initiative und Einsatzbereitschaft.

Wenn Sie an dieser entwicklungsfähigen Position interessiert sind, so richten Sie bitte Ihre Bewerbung mit den üblichen Unterlagen, Ihrem Gehaltswunsch und dem möglichen Eintrittstermin, unter Stichwort „Firmenkredite Mannheim" an nachstehende Adresse. Für telefonische Anfragen stehen wir Ihnen vorab gerne zur Verfügung.

Baden-Württembergische Bank AG

Ressort Personal, Postfach 142
70465 Stuttgart Telefon 0711/..... oder - .....

Der Inhalt der Stellenanzeige sollte so gestaltet sein, dass sich für die ausgeschriebene Stelle qualifizierte Stellensuchende bewerben, jedoch Stellensuchende mit nicht ausreichender Qualifikation auf eine Bewerbung möglichst verzichten. Er kann sich an folgendem Schema orientieren:

Wir sind:	Aussagen über das Unternehmen:
	Beispiele:
	▸ Firmenname ▸ Größe des Unternehmens
	▸ Firmenzeichen ▸ Mitarbeiterzahl
	▸ Branche ▸ Führungsstil
	▸ Standort des Unternehmens

Wir haben:	**Aussagen über die freie Stelle**	
	Beispiele:	
	▸ Ausschreibungsgrund	▸ Vertretungsmacht
	▸ Aufgabenbeschreibung	▸ Entwicklungschancen
	▸ Verantwortungsumfang	
Wir suchen:	**Aussagen über die Anforderungsmerkmale**	
	Beispiele:	
	▸ Berufsbezeichnung	▸ Fähigkeiten
	▸ Vorbildung	▸ Persönliche Eigenschaften
	▸ Ausbildung	▸ Alter
	▸ Kenntnisse	
Wir bieten:	**Aussagen über die freie Stelle**	
	Beispiele:	
	▸ Hinweis auf Entgelt	▸ Sozialleistungen
	▸ Wohnungshilfe	▸ Gleitende Arbeitszeit
	▸ Fahrgeld(zuschuss)	
Wir bitten:	**Nennung der Bewerbungsunterlagen**	
	Beispiele:	
	▸ Bewerbungsschreiben	▸ Lichtbild
	▸ Lebenslauf	▸ Persönliche Vorstellung
	▸ Zeugnisse	

• Die **optische Gestaltung** der Stellenanzeige, für die z. B. folgende Hinweise gegeben werden können:

▸ Schlagwort als Blickfang
▸ Textblöcke zur Erleichterung der Lesbarkeit
▸ Schriftgröße mindestens acht Punkt (ca. 3 mm hoch)
▸ Weißraum zur Abhebung der Anzeige
▸ Firmenzeichen am Ende des Layouts
▸ Vorgeschriebenes Layout
▸ Einheitliches Anzeigenbild über längere Zeit

Die **Herausstellungen**, die bereits bei der inhaltlichen Gestaltung der Stellenanzeige genannt wurden, lassen sich auch auf die optische Gestaltung übertragen, damit die Anzeige sich abhebt und Aufmerksamkeit erweckt.

Abbildungen – z. B. Grafiken oder Fotos – eignen sich häufig nur bei Positionen der unteren bis mittleren Hierarchie-Ebene. **Fette** oder **halbfette Umrandungen** der Anzeige sollten vermieden werden.

• Die **Gestaltung der Größe**, die sich z. B. orientieren kann an:

▸ Bedeutung des Unternehmens	▸ Werbeträger
▸ Bedeutung der Stelle	▸ Konkurrenzpräsenz

> Dringlichkeit der Stellenbesetzung   > Werbeetat
> Arbeitsmarktlage

Die Größe der Anzeige kann auch aus ihren **Kosten** abgeleitet werden. In der betrieblichen Praxis geht man vielfach davon aus, dass die Kosten der Anzeige etwa einem Monatsgehalt der zu besetzenden Stelle entsprechen können.

Die **Wahl** des **Anzeigenträgers**, des **Anzeigentermines**, der **Anzeigenart** und die **Gestaltung der Anzeige** sind wesentliche Voraussetzungen für den Erfolg einer Stellenanzeige.

Es kommt nun noch darauf an, dass die Anzeige die richtige **Platzierung** erhält. Erfahrungsgemäß ist die Aufmerksamkeit des Lesers bei Stellenanzeigen auf den ersten vier bis fünf Seiten am größten, wobei jeweils die rechte Seite rechts oben besonders vorteilhaft ist.

Der Erfolg der Anzeige ist durch systematische **Erfolgskontrolle** festzustellen.

15 >> Seite 519

2.2.3.2 Internet-Stellenanzeige

Neben der Stellenanzeige in Zeitungen und Zeitschriften gewinnt das Internet zur Schaltung von Stellenanzeigen immer größere Bedeutung. **Möglichkeiten** sind:

• Die **firmeneigene Homepage**, mit der elektronische Stellenanzeigen auf der eigenen Web-Seite des Unternehmens geschaltet werden können. Sie wird inzwischen von den meisten größeren Unternehmen zur Personalbeschaffung genutzt, aber auch von einer ganzen Reihe mittlerer und kleinerer Unternehmen.

Eine Stellenanzeige auf der eigenen Homepage bietet die Möglichkeit, das Unternehmen wesentlich umfangreicher darzustellen als das in Printmedien möglich ist. Der potenzielle Bewerber kann gezielt angesprochen werden. Er findet das Unternehmen entweder über eine **Suchmaschine** oder durch direkte **Eingabe des Firmennamens** mit den second-Level-Domain-Endungen »de« oder »com«.

• **Kommerzielle Jobbörsen**, die sich in den letzten Jahren stark entwickelt haben. Je nach Anbieter fallen für Stellenangebote überwiegend zwischen 150 € und 750 € pro Schaltung an, Stellengesuche sind i.d.R. kostenlos.

Interessenten haben die Möglichkeit, aufgrund von **Suchkriterien** wie Branche, Region, Tätigkeitsfeld, Firmennamen oder Profil gezielt nach relevanten Stellen zu suchen.

Kommerzielle Jobbörsen können dem Unternehmen hilfreich sein. Ihre Auswahl ist aber sorgfältig vorzunehmen, da sie in Professionalität, Seriosität und Benutzerfreundlichkeit erheblich variieren. Bekannte Namen sind: monster, jobpilot (mittlerweile von monster übernommen), jobscout 24, stepstone, jobware.

- **Nicht kommerzielle Jobbörsen**, die ebenfalls in einer Vielzahl betrieben werden. So bot die Vorgängerin der Bundesagentur für Arbeit seit 1997 eine eigene elektronische Jobvermittlung als Jobbörse an, die Ende 2003 wesentlich verbessert wurde und mittlerweile ein komplettes Bewerbermanagement für Arbeitgeber ermöglicht. Mit inzwischen mehr als 350.000 Stellenangeboten und über einer Million abrufbarer Stellengesuche ist »Arbeitsagentur.de« inzwischen die größte Jobbörse im deutschsprachigen Raum.

Die Stellenangebote sind kostenlos in das Internet einstellbar, ebenso die Suche in der Bewerberdatenbank bzw. Stellengesuchsdatenbank. **Negativ** ist, dass eine zielgenaue, vollständige und schnelle Identifikation geeigneter Kandidaten bzw. Stellenangebote schwierig ist. Auch gibt es kaum Spielräume bei der Gestaltung einer Stellenanzeige.

Weitere nicht kommerzielle Jobbörsen gibt es von **Hochschulen** sowie von **Verlagen** und **Zeitungen**, die vor allem die bei ihnen als Printanzeigen veröffentlichten Stellenangebote und Stellengesuche ergänzend in das Internet einstellen.

- **Newsgroups**, die thematisch orientierte Diskussionsgruppen darstellen. Die Nachrichten werden hier als **E-Mails** geschrieben und empfangen. Sie sind öffentlich und können von jedem Mitglied des Diskussionsforums gelesen werden. Die Nutzung ist einfach und kostenlos, wegen der geringen optischen Gestaltungsmöglichkeiten aber nicht sehr attraktiv.

16 ⟩⟩ Seite 520

2.2.4 PERSONALBERATER

Personalberater stellen einen externen Beschaffungsweg für **Arbeitskräfte der höheren und hohen Hierarchie-Ebene** dar. Ihr Schwergewicht liegt zunächst nicht auf der Vermittlung von Arbeitskräften, sondern auf der Beratung des beauftragten Unternehmens. In den letzten Jahren haben sie sich vielfach aber auch zu privaten Arbeitsvermittlern entwickelt.

Beispiele häufig erbrachter Leistungen von Personalberatern *(Pillat)*:

- ▸ Erarbeiten einer Aufgabenstellung und Stellenanforderung
- ▸ Erarbeiten der organisatorischen Einordnung einer Stelle
- ▸ Formulieren und Gestalten einer aussagefähigen Stellenanzeige
- ▸ Prüfen und vergleichendes Bewerten von Bewerbungsunterlagen
- ▸ Durchsprechen der Ergebnisse mit dem Auftraggeber
- ▸ Durchführen von Bewerbergesprächen
- ▸ Auswerten von Bewerbergesprächen
- ▸ Einholen und Auswerten von Auskünften
- ▸ Vorstellen der ausgewählten Bewerber beim Auftraggeber
- ▸ Mitwirken beim Vorstellungsgespräch
- ▸ Beraten bei der Entscheidung

> ▸ Beraten bei dem Festlegen der Anstellungsbedingungen
> ▸ Vermittlung klarer und informativer Informationen

Auf die Stellenanzeigen von Personalberatern wurde bereits bei den Anzeigenarten hingewiesen. Qualifizierte Personalberater verfügen durch ihre Zusammenarbeit mit einer Vielzahl von Unternehmen über weit reichende Kenntnisse und Erfahrungen.

Für ihre Leistungen berechnen Personalberater vereinbarte **Beratungshonorare**, die üblicherweise nicht erfolgsabhängig sind, und den Ersatz von Sachkosten.

2.2.5 Arbeitnehmerüberlassung

Bei der Arbeitnehmerüberlassung stellt ein selbstständiger Unternehmer als Verleiher einen Arbeitnehmer, mit dem er einen Arbeitsvertrag geschlossen hat, einem Dritten als Entleiher befristet zwecks Erbringung von Arbeitsleistungen zur Verfügung. Dabei entstehen folgende **Beziehungen**:

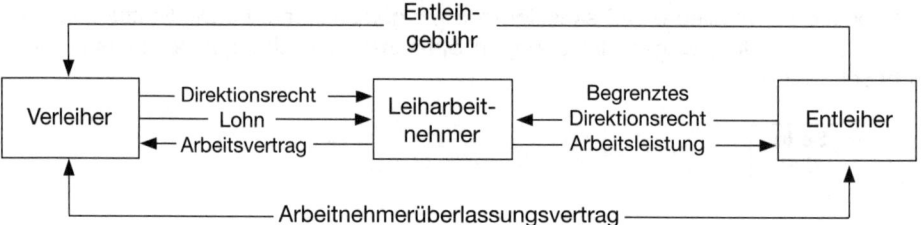

Für Verleiher und Entleiher ergeben sich im Einzelnen:

- Der **Verleiher**

> ▸ schließt mit dem Leiharbeitnehmer einen Arbeitsvertrag
> ▸ hat die generelle Tauglichkeit des Leiharbeitnehmers zu gewährleisten
> ▸ steht jedoch für das Arbeitsergebnis nicht ein
> ▸ schließt mit dem Entleiher einen Arbeitnehmerüberlassungsvertrag
> ▸ teilt sich mit dem Entleiher das Direktionsrecht
> ▸ überträgt dem Entleiher seinen Anspruch auf Arbeitsleistung
> ▸ zahlt dem Leiharbeitnehmer den Nettolohn
> ▸ führt die Steuern und Sozialabgaben ab

- Der **Entleiher**

> ▸ schließt mit dem Verleiher einen Arbeitnehmerüberlassungsvertrag
> ▸ erhält vom Verleiher den Anspruch auf Arbeitsleistung
> ▸ erhält ein begrenztes Direktionsrecht vom Verleiher (Weisungen vor Ort)
> ▸ gliedert den Leiharbeitnehmer in seinem Unternehmen ein
> ▸ hat eine Fürsorgepflicht gegenüber dem Leiharbeitnehmer
> ▸ zahlt dem Verleiher die vereinbarte Entleihgebühr

Die **gewerbsmäßige Arbeitnehmerüberlassung** ist im Arbeitnehmerüberlassungsgesetz (AÜG) geregelt. Ihre Bedeutung hat in den letzten Jahren erheblich zugenommen. Darauf deutet auch die Zahl der Verleihfirmen (über 4.000) und der dort beschäftigten Arbeitnehmer hin, die für 2006 mit 500.000 angesetzt wird.

Typische **Tätigkeitsbereiche** der Verleihfirmen sind:

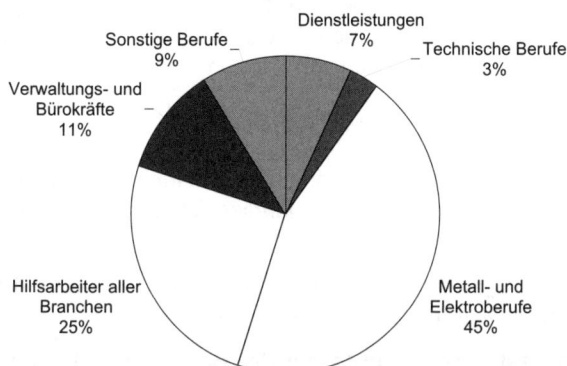

Das Arbeitnehmerüberlassungsgesetz soll den **Missbrauch** der Arbeitnehmerüberlassung verhindern. Deshalb bedürfen Arbeitgeber, die als Verleiher gewerbsmäßig Arbeitnehmer an Dritte überlassen wollen, einer Erlaubnis durch die zuständige Regionaldirektion (früher Landesarbeitsamt). Sie ist zu **versagen**, wenn der Antragsteller (§ 3 AÜG):

> ▸ Die für die Ausübung der Tätigkeit erforderliche **Zuverlässigkeit** nicht besitzt.
>
> ▸ Nach der Gestaltung seiner **Betriebsorganisation** nicht in der Lage ist, die üblichen Arbeitgeberpflichten ordnungsgemäß zu erfüllen.
>
> ▸ Dem Leiharbeitnehmer für die Zeit der Überlassung an einen Entleiher die im Betrieb dieses Entleihers für einen vergleichbaren Arbeitnehmer des Entleihers geltenden **wesentlichen Arbeitsbedingungen** einschließlich des Arbeitsentgelts nicht gewährt.*

Mit »*Hartz I*« sind seit Ende 2002 das Befristungsverbot, das Sychronisationsverbot und die Überlassungsbeschränkung auf zwei Jahre entfallen.

Nach § 9 AÜG sind **unwirksam**:

> ▸ **Verträge** zwischen Verleihern und Entleihern sowie zwischen Verleihern und Leiharbeitnehmern, wenn der Verleiher **nicht** die **erforderliche Erlaubnis** hat.
>
> ▸ **Vereinbarungen**, die für den Leiharbeitnehmer für die Zeit der Überlassung an einen Entleiher **schlechtere** als die im Betrieb des Entleihers für einen vergleichbaren Arbeitnehmer des Entleihers geltenden **wesentlichen Arbeitsbedingungen** einschließlich des Arbeitsentgelts vorsehen.*

---

* Es sei denn, der Verleiher gewährt dem zuvor arbeitslosen Leiharbeitnehmer für die Überlassung an einen Entleiher während der Dauer von insgesamt höchstens sechs Wochen mindestens ein Nettoarbeitsentgelt in Höhe des Betrages, den der Leiharbeitnehmer zuletzt als Arbeitslosengeld erhalten hat.

Letzteres gilt nicht, wenn mit demselben Verleiher bereits ein Leiharbeitsverhältnis bestanden hat. Ein Tarifvertrag kann abweichende Regelungen zulassen. Im Geltungsbereich eines solchen Tarifvertrages können nicht tarifgebundene Arbeitgeber und Arbeitnehmer die Anwendung der tariflichen Regelungen vereinbaren (seit 01/2003 geregelt in »Hartz I«).

> ▸ **Vereinbarungen**, die dem **Entleiher untersagen**, den Leiharbeitnehmer zu einem Zeitpunkt einzustellen, in dem dessen Arbeitsverhältnis zum Verleiher nicht mehr besteht.

> ▸ **Vereinbarungen**, die dem **Leiharbeitnehmer untersagen**, mit dem Entleiher zu einem Zeitpunkt, in dem das Arbeitsverhältnis zwischen Verleiher und Leiharbeitnehmer nicht mehr besteht, ein Arbeitsverhältnis einzugehen.

Seit 06/2003 bestehen **tarifvertragliche Regelungen** für Zeitarbeit, die zwischen der Tarifgemeinschaft Zeitarbeit des Deutschen Gewerkschaftsbundes (DGB) und dem Bundesverband Zeitarbeit (BZA) abgeschlossen wurden und für vier Jahre gelten sollen.

Wesentliche **Inhalte** der tarifvertraglichen Regelungen sind:

• Ein **fixes Entgeltsystem** mit neun Entgeltstufen, die für 2004 Stundensätze von 6,85 € bis 15,50 € ausweisen, welche bis 2007 jährlich um 2,5 % auf schließlich 7,38 € bis 16,69 € ansteigen.

• **Produktivitätszuschläge**, die beim ununterbrochenen Einsatz bei gleichen Kunden gewährt werden von 2 % (nach drei Monaten) bis 7,5 % (nach 12 Monaten).

• Ein **flexibles Jahresarbeitszeitkonto** auf der Basis von 1.827 Jahresstunden, das Ausgleichsmöglichkeiten durch Plus- und Minusstunden gestattet.

Mit *»Hartz I«* sind auch die Agenturen für Arbeit seit 01/2003 mit Arbeitnehmerüberlassung befasst. Nach § 37c SGB III hat jede Agentur für Arbeit mindestens eine **Personal-Service-Agentur** einzurichten, deren Aufgabe es insbesondere ist, eine Arbeitnehmerüberlassung zur Vermittlung von Arbeitslosen in Arbeit durchzuführen sowie ihre Beschäftigten in verleihfreien Zeiten zu qualifizieren und weiterzubilden – siehe S. 114.

Die zeitliche Begrenzung der Arbeitnehmerüberlassung ist im AÜG seit 2003 entfallen. Im Hinblick auf eine **Befristung** von Leiharbeitsverhältnissen finden seit 01/2004 die allgemeinen Regelungen des TzBfG Anwendung.

Hat der Verleiher nicht die erforderliche Erlaubnis nach § 1 bzw. 3 AÜG, liegt eine **unerlaubte private Arbeitsvermittlung** vor (§ 1 Abs. 2 AÜG), unter anderem mit der Folge, dass zum Zeitpunkt der tatsächlichen Arbeitsaufnahme kraft Gesetzes ein Arbeitsverhältnis zwischen Leiharbeitnehmer und Entleiher als zu Stande gekommen gilt (§ 10 AÜG).

Die Arbeitnehmerüberlassung bot sich früher im Verwaltungsbereich an, z. B. bei Schreibkräften, aber auch im gewerblichen Bereich, z. B. bei Monteuren und Facharbeitern. **Gründe** für deren Einsatz waren häufig Urlaub, Krankheit, sonstige Abwesenheit von eigenen Arbeitnehmern oder kurzfristige Leistungsspitzen im Unternehmen.

Inzwischen hat die Arbeitnehmerüberlassung ein wesentlich breiteres Einsatzfeld erschlossen und betrifft z. B. qualifizierte Kaufleute, Diplom-Kaufleute, Techniker und Diplom-Ingenieure, die bei besonderer Eignung im entleihenden Unternehmen dort mitunter eine Festanstellung angeboten bekommen.

Der **Betriebsrat** des Entleihers muss dem Einsatz des Leiharbeitnehmers zustimmen (§ 14 Abs. 3 AÜG, § 99 BetrVG). Die **Kosten** für den Leiharbeitnehmer liegen i.d.R. höher als für einen eigenen Arbeitnehmer, nicht zuletzt weil auch beim Verleiher Kosten anfallen und Gewinne erzielt werden sollen. Dafür ist das Risiko einer Fehleinstellung für das Unternehmen erheblich geringer und Auseinandersetzungen nach Ablauf der vorgesehenen Beschäftigungszeit werden vermieden.

Die im Arbeitnehmerüberlassungsgesetz geregelte gewerbliche Arbeitnehmerüberlassung wird auch **unechte Arbeitnehmerüberlassung** genannt. Ihr steht die **echte Arbeitnehmerüberlassung*** gegenüber, die für Zwecke der Personalbeschaffung weniger bedeutsam und auch nicht im AÜG geregelt ist.

17 ⟫ **Seite 520**

2.2.6 SONSTIGE BESCHAFFUNGSWEGE

In der Praxis gibt es eine Vielzahl weiterer externer Beschaffungswege, z. B.:

- **Vermittlung durch Mitarbeiter**, deren Nutzung sich vor allem in Zeiten hoher Beschäftigung anbieten kann, z. B. durch Information über freie Stellen in der Werkszeitschrift, durch Aufforderung der Mitarbeiter zur Unterstützung des Unternehmens bei der Personalbeschaffung oder/und Gewährung einer Anwerbeprämie.

- **Aushang am Werkstor**, der sich vor allem auf Hilfskräfte, einfache Verwaltungstätigkeiten und gewerbliche Tätigkeiten beziehen kann und vorbeikommende Berufstätige ansprechen soll. Um Aufmerksamkeit zu erregen, empfehlen sich z. B. große, gut sichtbare und attraktiv aufgemachte Tafeln.

- **Besichtigungen des Unternehmens**, die eine Aufklärung über das Unternehmen geben und die Arbeitsplätze vor Ort zeigen sollen, z. B. an einem »Tag der offenen Tür«. Dazu bieten sich Vorträge, Filme, Informationsmaterial und Betriebsführungen in besonderer Weise an.

- **Kontakt mit Bildungseinrichtungen**, die für das Unternehmen interessant sind, z. B. allgemein bildende Schulen, Fachschulen, Fachhochschulen, Universitäten. Er kann in Form von Besichtigungen, Kontaktbörsen, Vorträgen in den Bildungseinrichtungen oder/und Informationsmaterialien erfolgen.

- **Plakatierung**, die vor allem in Verkehrsmitteln, an Haltestellen, in Bahnhöfen, aber auch an Litfaßsäulen vorgenommen werden kann und sich schwerpunktmäßig auf Positionen der unteren Hierarchie-Ebene bezieht.

---

* Bei ihr werden Arbeitnehmer nur **ausnahmsweise** an andere Arbeitgeber überlassen, ohne dass dazu eine Erlaubnis der Arbeitsverwaltung notwendig ist, z. B.:

  ▶ Aufgrund eines Kauf- oder Mietvertrages als **Nebenleistung**, wenn Bedienungs- oder Einweisungspersonal bereitgestellt wird,
  ▶ Wenn Arbeitgeber desselben Wirtschaftszweiges Arbeitnehmer überlassen, um **Kurzarbeit** oder **Entlassungen** zu vermeiden, sofern Tarifverträge das vorsehen (§ 1 Abs. 3 Nr. 1 AÜG),
  ▶ Bei vorübergehender Überlassung von Arbeitnehmern desselben **Konzerns** i.S.d. § 18 AktG (§ 1 Abs. 3 Nr. 2 AÜG),
  ▶ Bei einer **Arbeitsgemeinschaft**, deren Aufgabe die Herstellung eines Werkes ist, unter bestimmten Voraussetzungen (§ 1 Abs. 1 AÜG).

- **Handzettel**, die von Beauftragten des Unternehmens oder als Postwurfsendungen verteilt werden und sich ebenfalls im Wesentlichen auf Positionen der unteren Hierarchie-Ebene beziehen.

Schließlich ist noch die **Abwerbung** zu nennen, die auch in Verbindung mit anderen externen Beschaffungswegen erfolgen kann. Davon wird gesprochen, wenn ein Arbeitgeber einen anderweitig beschäftigten Arbeitnehmer dazu bewegt, die Arbeit bei ihm aufzunehmen. Sie ist grundsätzlich **zulässig**, d.h. jedem Arbeitgeber ist es in einem marktwirtschaftlichen System erlaubt, einem anderweitig beschäftigten Arbeitnehmer eine Arbeit anzubieten. Diesem kann eine mögliche Nutzung der sich ihm bietenden Chancen grundsätzlich nicht verwehrt werden.

Die Abwerbung kann aber auch rechtlich **unzulässig** sein. Die rechtliche Grundlage dazu bilden § 1 UWG und §§ 823, 826 BGB. So ist sie **sittenwidrig**, wenn:

- Ein anderweitig beschäftigter Arbeitnehmer zum **Vertragsbruch** verleitet wird, z.B. indem auf ihn eingewirkt wird, seine Arbeit bei einem anderen Arbeitgeber nicht aufzunehmen oder sie einzustellen, obgleich er diesem Arbeitgeber zur Arbeitsleistung verpflichtet ist. Mitunter übernimmt der abwerbende Arbeitgeber noch eine den Arbeitnehmer wegen dieses Vertragsbruches treffende Strafe.

- Ein beschäftigter Arbeitnehmer unter **Verwendung unlauterer Mittel** zur ordentlichen Beendigung seines Arbeitsverhältnisses verleitet wird, z.B. durch:

  > ‣ Irreführende Mitteilungen oder herabsetzende Äußerungen über den bisherigen Arbeitgeber
  >
  > ‣ Planmäßige und systematische Abwerbung mehrerer Arbeitnehmer aus einem Unternehmen
  >
  > ‣ Abwerbung mit dem Ziel, einen Konkurrenten zu ruinieren oder dessen Geschäftsgeheimnisse kennen zu lernen

Bei rechtlich unzulässiger Abwerbung ergibt sich für das geschädigte Unternehmen nach §§ 823 bzw. 826 BGB ein Anspruch auf Ersatz des Schadens, nach § 1 UWG kann **Schadensersatz** oder **Unterlassung** geltend gemacht werden.

3. Bewerbung

Eine Bewerbung kann dem Unternehmen aufgefordert oder unaufgefordert zugehen. Die Aufforderung ist z. B. in einer Stellenanzeige enthalten. Unaufgefordert kann eine Bewerbung erfolgen, wenn ein Stellensuchender dem Unternehmen seine Leistung anbietet, was insbesondere in Zeiten geringer Beschäftigung häufiger vorkommt.

Unaufgeforderte Bewerbungen erfolgen häufig als **Kurzbewerbungen**. Das sind Anfragen nach derzeit oder später zu besetzenden Stellen, in denen sich Bewerber kurz vorstellen. Das Unternehmen sollte hierauf antworten, indem es – situationsbedingt – ausführliche Bewerbungsunterlagen anfordert oder den Bewerbern einen gegenwärtig oder einen prinzipiell nicht vorhandenen Bedarf mitteilt.

Die **schriftliche** Bewerbung besteht üblicherweise aus mehreren Teilen, z. B.:

▶ Bewerbungsschreiben	▶ Personalfragebogen	▶ Referenzen
▶ Bewerberfoto	▶ Schulzeugnisse	▶ Arbeitsproben
▶ Lebenslauf	▶ Arbeitszeugnisse	

Je nach der zu besetzenden Position ist es nicht immer erforderlich, alle diese Teile einzureichen. Dies gilt um so mehr für Positionen der unteren Hierarchie-Ebene.

Es ist aber auch möglich, dass – insbesondere auf der unteren Hierarchie-Ebene – die Bewerbung vom Unternehmen unmittelbar **mündlich** möglich gemacht wird, z. B. durch die Aufforderung in der Stellenanzeige: »*Vereinbaren Sie telefonisch mit unserem Herrn Schmidt einen Gesprächstermin!*«

Die **Bearbeitung** der Bewerbung erfolgt im Unternehmen:

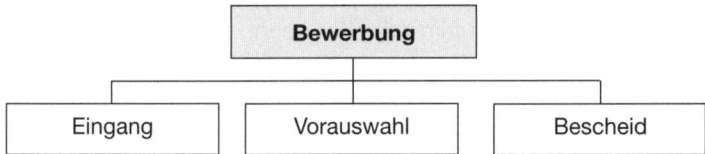

3.1 EINGANG

Der Eingang kann auf verschiedene Weise erfolgen. Daraufhin erfolgt eine erste Bearbeitung:

- **Eingang per Internet**
- **Eingang per Post**
- **Bearbeitung**.

Inzwischen hat der Anteil der Bewerbungen erheblich zugenommen, die **online** vorgenommen werden. Hierauf soll zunächst eingegangen werden.

3.1.1 EINGANG PER INTERNET

Für den Eingang per Internet gibt es drei **Möglichkeiten**:

- Die **E-Mail-Bewerbung**, die am häufigsten praktiziert wird. Wenn ein Unternehmen eine solche Bewerbung akzeptiert oder wünscht, sollte es darauf hinweisen und eine Kontaktadresse bereitstellen. Die Bewerbung kann erfolgen als:

Kurz-bewerbung	Sie sollte, wie ein traditionelles **Anschreiben**, eine kurze Vorstellung des **Bewerberprofils** enthalten, auf welches das Unternehmen interessiert reagieren kann.

Bewerbung als Anhang zur E-Mail	Hier werden die **Bewerbungsunterlagen** als Dateianhänge übermittelt. Problematisch dabei können Kompatibilitätsprobleme sowie möglicherweise übertragene Viren sein.

- Das **strukturierte Formular**, das auf der Homepage des Unternehmens hinterlegt ist. Der Bewerber kann es abrufen, vollständig ausfüllen und direkt an den Server des Unternehmens senden. Da hier die vom Unternehmen erwartete Information vorstrukturiert ist, erweist sich diese Verfahrensweise im Hinblick auf den Bewerbungsprozess als **sehr effizient**.

- Die **Bewerber-Homepage**, die vom Stellensuchenden eingerichtet wird. Sie dient der Präsentation des Bewerbers, ist aber nicht stellenspezifisch ausgerichtet. Um an die erforderlichen Informationen zu gelangen, muss das Unternehmen jedoch erst einmal Kenntnis von der Existenz der Bewerber-Homepage erlangen.

Dies kann geschehen, indem sich der Bewerber mit einer **E-Mail-Kurzbewerbung** an das Unternehmen wendet, in der auf die Bewerber-Homepage hingewiesen wird, auf welche das Unternehmen daraufhin zugreifen kann.

18 ⟫ Seite 520

3.1.2 Eingang per Post

Trotz des zunehmenden Anteils von Internet-Bewerbungen erfolgt die Bewerbung immer noch in der Mehrzahl der Fälle auf **traditionellem Weg**, also i.d.R. per Post.

Um Fehlläufe im Unternehmen und daraus resultierende Verzögerungen zu vermeiden, sollte die Bewerbung an die Personalabteilung gerichtet sein. Vielfach wird in Stellenanzeigen darauf hingewiesen, wer ihr persönlicher Adressat ist.

3.1.3 Bearbeitung

Beim Eingang von Bewerbungen im Unternehmen sollten diese in einer **Liste** eingetragen bzw. in einer **Datei** aufgenommen werden, was auch dazu dient, den weiteren Weg der Bewerbungen – z. B. die Vorlage in der Fachabteilung, bei der Unternehmensleitung oder die Rücksendung – genau festzuhalten.

Es empfiehlt sich, die Bewerbungen rasch einer **groben Durchsicht** zu unterziehen, die erkennen lässt, welche Bewerber von vornherein für die zu besetzende Stelle nicht in Betracht kommen, weil sie bestimmten **Mindesterwartungen** oder **Mindestanforderungen** nicht gerecht werden.

Diesen Bewerbern sollte – unter Rückgabe der eingereichten Bewerbungsunterlagen – unverzüglich mitgeteilt werden, dass ihre Bewerbung nicht berücksichtigt werden kann. Den übrigen in Betracht kommenden Bewerbern ist der **Eingang** der Bewerbung zu **bestätigen** und darauf zu verweisen, dass die eingereichten Bewerbungsunterlagen bearbeitet würden, was etwas Zeit benötige.

Nur in Ausnahmefällen erscheint eine **unmittelbare** – schriftliche oder telefonische – **Kontaktaufnahme** mit dem Ziel empfehlenswert, einen Bewerber zu einem Vorstellungsgespräch zu bitten, z. B. bei besonders qualifizierten Bewerbern oder bei Mangelberufen.

Das Unternehmen hat im Hinblick auf die eingereichten Bewerbungsunterlagen mehrere **Pflichten**, bei deren Verletzung es dem Bewerber gegenüber schadensersatzpflichtig wird. *Stopp* nennt:

- Die sorgfältige und sichere Aufbewahrung der Unterlagen

- Das Verbot, die Unterlagen beliebigen Mitarbeitern zugänglich zu machen

- Das Verbot, die Unterlagen betriebsfremden Personen zugänglich zu machen

- Das Verbot, die Unterlagen an ein anderes Unternehmen weiterzuleiten

- Die unverzügliche Rücksendung der Unterlagen in ordnungsgemäßem Zustand, aber *ohne* Bewerbungsbrief und *ohne* Personal(frage)bogen.

Weiterhin darf das Unternehmen die persönlichen Daten eines Bewerbers weder speichern noch kopieren, auch wenn es z. B. beabsichtigt, bei einer neuerlich frei werdenden Stelle wieder an den Bewerber heranzutreten, es sei denn, es hat ein **berechtigtes Interesse**. Das kann insbesondere vorliegen, wenn

- die Bewerbung in absehbarer Zeit wiederholt werden soll
- Rechtsstreitigkeiten in Verbindung mit der Bewerbung erwartet werden.

Es ist darauf hinzuweisen, dass der Bewerber nach dem **Bundesdatenschutzgesetz** berechtigt ist, bei dem die Stelle ausschreibenden Unternehmen anzufragen, welche Daten über ihn elektronisch gespeichert sind und das Unternehmen zur Auskunft verpflichtet ist. Das gilt aber nicht für traditionell gespeicherte Daten.

3.2 Vorauswahl

Nach der ersten, groben Durchsicht der Bewerbungsunterlagen erfolgt die Auswertung der Bewerbungsunterlagen, die eine Vorauswahl der Bewerber darstellt. Die Grundlagen dafür können **Auswahlrichtlinien** sein, deren Aufstellung der Betriebsrat in Unternehmen mit mehr als 1.000 Arbeitnehmern nach § 95 Abs. 2 BetrVG verlangen kann. Für die Personalbeschaffung sind von Bedeutung:

- **Fachliche Voraussetzungen**, deren Vorliegen z. B. durch Zeugnisse, Arbeitsproben, Tests zu belegen ist.

- **Persönliche Voraussetzungen**, die in der geistigen, charakterlichen, körperlichen Eignung liegen und vor allem im Vorstellungsgespräch erkennbar sind.

Im Übrigen sind die Vorschriften des Allgemeinen Gleichbehandlungsgesetzes (seit 08/2006) zu beachten.

Verstößt das Unternehmen gegen die Auswahlrichtlinien bzw. gegen das AGG, kann der **Betriebsrat** die **Zustimmung** zur Einstellung eines neuen Mitarbeiters nach § 99 Abs. 2 BetrVG **verweigern**.

Die Auswertung der Bewerbungsunterlagen hat systematisch und so objektiv wie möglich zu erfolgen. Sie wird vielfach im Zusammenwirken der Personalabteilung und der Fachabteilung vorgenommen. Dazu bietet sich die Verwendung eines **Auswertungsbogens** an, der für jeden einzelnen Bewerber erstellt oder – als Sammelbogen – für mehrere Bewerber genutzt werden kann, z. B. in der folgenden Form:

Auswertungsbogen								Stelle:																	
Name, Vorname																									
Geburtsdatum																									
Bewerbungs-unterlage	Bewertungs-kriterium	1	2	3	4	5	Bemerkung	1	2	3	4	5	Bemerkung	1	2	3	4	5	Bemerkung	1	2	3	4	5	Bemerkung
Bewerbungs-schreiben																									
Bewerber-foto																									
Lebens-lauf																									
Personal-fragebogen																									
Schul-zeugnisse																									
Arbeits-zeugnisse																									
Refe-renzen																									
Arbeits-proben																									
Gesamturteil																									
Datum: Unterschrift:							1 Punkt: Nicht ausreichend 4 Punkte: Gut 2 Punkte: Ausreichend 5 Punkte: Sehr gut 3 Punkte: Befriedigend																	

Die Angaben im Personal(frage)bogen können nur dann – wie im Auswertungsbogen vorgesehen – bewertet werden, wenn er dem Unternehmen bereits vorliegt.

Der Auswertungsbogen lässt sich weiter **verfeinern**, indem die einzelnen Beurteilungskriterien eine ihrer für die Beschaffungsentscheidung tatsächlichen Bedeutung entsprechende Gewichtung erhalten und die sich daraus ergebenden Punktwerte addiert werden, sodass sich für jeden Bewerber ein **Nutzwert** ergibt.

Die einzelnen **Bewerbungsunterlagen** haben für die Auswahl von Bewerbern **unterschiedliche Bedeutung**. Das liegt an ihrer allgemeinen Aussagefähigkeit, aber auch an der Art der zu besetzenden Stelle.

Im Folgenden wird die Auswertung einzelner Bewerbungsunterlagen erörtert:

- **Bewerbungsschreiben**
- **Bewerberfoto**
- **Lebenslauf**

- **Personal(frage)bogen**
- **Schulzeugnisse**
- **Arbeitszeugnisse**
- **Referenzen**
- **Arbeitsproben**.

Unabhängig von der Auswertung der einzelnen Bewerbungsunterlagen ist der **Gesamt-eindruck** der eingereichten Bewerbung von erheblicher Bedeutung, insbesondere die Art ihrer Zusammenfügung, z. B. als lose Blätter, in einem Hefter, Ordner oder Ringbuch, mit oder ohne Verwendung von Plastikhüllen.

3.2.1 BEWERBUNGSSCHREIBEN

Das Bewerbungsschreiben dient dem Bewerber dazu, sein Interesse an der zu besetzenden Stelle darzulegen. Dem Unternehmen ist es eine wertvolle Informationsquelle, wobei seine **Auswertung** sich auf mehrere Kriterien beziehen kann:

- Das **Aussehen** des Bewerbungsschreibens soll dem Unternehmen einen ersten Aufschluss über die Persönlichkeit des Bewerbers und die Ernsthaftigkeit seiner Bewerbung geben. Im Übrigen sollen insbesondere folgende **Fragen** geklärt werden:

> ▸ *Ist das Bewerbungsschreiben klar gegliedert?*
> ▸ *Ist das Bewerbungsschreiben ordentlich gestaltet?*

Ein Bewerbungsschreiben, das klar gegliedert und ordentlich gestaltet ist, kann von einem qualifizierten Bewerber kommen. Möglich ist aber auch, dass es sich um einen unsicheren Bewerber, einen Pedanten, einen in Normen denkenden Bewerber oder einen Blender handelt.

Die Anforderungen an das Aussehen des Bewerbungsschreibens sind bei verschiedenen Berufsgruppen – z. B. technischen, kaufmännischen, kreativen Berufen – und Hierarchie-Ebenen der zu besetzenden Stellen unterschiedlich.

- Der **Inhalt** des Bewerbungsschreibens soll stellenspezifisch über den Bewerber informieren und den in einer Stellenanzeige oder sonstigen Ausschreibung genannten Informationserwartungen des Unternehmens gerecht werden.

Beispielsweise sind folgende **Fragen** mit ihm zu beantworten:

> ▸ Aus welchem Grund erfolgt die Bewerbung?
> ▸ Ist der Bewerber in einem Arbeitsverhältnis?
> ▸ Ist das Arbeitsverhältnis gekündigt oder ungekündigt?
> ▸ Wo ist bzw. war der Bewerber (zuletzt) beschäftigt?
> ▸ Welche besonderen Fähigkeiten hat der Bewerber?
> ▸ Hat der Bewerber bisher ähnliche Aufgaben gelöst?
> ▸ Wie hoch ist bzw. war das (letzte) Einkommen des Bewerbers?
> ▸ Hat der Bewerber entsprechende Einkommenserwartungen?
> ▸ Wann steht der Bewerber frühestens zur Verfügung?

Aus dem Bewerbungsschreiben kann die **Eignung** eines Bewerbers zu einem beträchtlichen Teil entnommen werden. Dazu gehören auch seine Fähigkeiten bzw. Bereitschaft, auf Anforderungen – wie sie in der Stellenanzeige oder sonstigen Ausschreibung an ihn gestellt werden – genau einzugehen.

Außerdem können **Fehleinschätzungen** des Bewerbers über sich selbst aufgedeckt und Unsicherheiten aufgedeckt werden, z. B. bei übersteigerter Selbstdarstellung.

- Der **Stil** des Bewerbungsschreibens soll zeigen, wie der Bewerber sich einschätzt, was er will und wie er von anderen gesehen werden möchte. *Pillat* nennt:

Stil	Arten	Bewertung	
Ausdruck	Vorwiegend verbaler Stil	▶ lebendig ▶ frisch	▶ ungekünstelt ▶ ungezwungen
	Vorwiegend aktiver Stil	▶ energisch	
	Vorwiegend passiver Stil	▶ abwartend handelnd	▶ betrachtend ▶ versachlicht
	Vorwiegend substantivistischer Stil	▶ distanziert bis steif	▶ schwerfällig ▶ affektiert
Satzbau	Vorwiegend einfacher Satzbau	▶ schlicht ▶ unkompliziert	▶ direkt
	Vorwiegend verschachtelter Satzbau	▶ unbeholfen ▶ umständlich	▶ verschroben ▶ arrogant
Satzver-bindungen	Flüssige Satzverbindungen	▶ wendig	▶ intelligent
	Steife Satzverbindungen	▶ ungeschickt ▶ anpassungs- schwach	▶ einfühlungs- schwach
Wort-umfang	Großer Wortumfang	▶ vielseitig	▶ intelligent
	Geringer Wortumfang	▶ unbeholfen ▶ einseitig	▶ unbeweglich

19 ⟫ Seite 521

3.2.2 BEWERBERFOTO

Das Bewerberfoto soll einen unmittelbaren Eindruck vom Bewerber vermitteln. In der Vergangenheit hat man mitunter versucht, den Typ des Bewerbers aufgrund seiner Äußerlichkeiten herauszufinden. Inzwischen wurde weithin erkannt, dass eine **Typisierung** eines Bewerbers auf diese Weise vielfach **nicht zweckmäßig** ist, zumal das Bewerberfoto nicht nur etwas über den Bewerber selbst aussagt, sondern auch über den Fotografen.

Ein guter Fotograf kann einem verklemmten Bewerber für die Sekunde der Aufnahme eine natürliche Haltung geben, ein schlechter Fotograf lässt einen ansonsten natürlichen Bewerber verklemmt erscheinen. Deshalb bietet das Bewerberfoto vielfach eher die Möglichkeit, **Rückschlüsse** auf den Bewerber zu ziehen in Bezug auf:

- Die **Art** des Bewerberfotos, z. B. klein, groß, schwarz-weiß, farbig
- Die **Herstellung** des Bewerberfotos, z. B. Fotografen-Foto, Automaten-Foto
- Das **Datum** des Bewerberfotos, z. B. alt, neuer, aktuell
- Die **Kleidung** des Bewerbers, z. B. un/gepflegt, un/modern, streng/salopp, einmalig
- Besondere **Äußerlichkeiten** des Bewerbers, z. B. Brille, Bart, Frisur.

Das Bewerberfoto kann dann **größere Bedeutung** haben, wenn die zu besetzende Stelle auf die Öffentlichkeit gerichtet ist bzw. unmittelbaren Kundenkontakt beinhaltet. Hier können Erwartungen der Öffentlichkeit bzw. Kunden, die auf Äußerlichkeiten gerichtet sind, für die Auswahl eines Bewerbers wichtig sein.

3.2.3 LEBENSLAUF

Der Lebenslauf soll Aufschluss über die persönliche und berufliche **Entwicklung des Bewerbers** geben. Er enthält zweckmäßigerweise unter Angabe der jeweiligen Zeitpunkte bzw. Zeiträume folgende Informationen:

▸ Vorname, Name	▸ Berufliche Ausbildung
▸ Wohnort, Straße	▸ Prüfungen
▸ Geburtsdatum, Geburtsort	▸ Berufliche Tätigkeiten
▸ Familienstand	▸ Berufliche Fähigkeiten
▸ Schulische Ausbildung	▸ Fortbildung

Von einem Bewerber wird heute i. d. R. ein **tabellarischer Lebenslauf** erwartet, weil er übersichtlich und gut auswertbar ist. Mitunter wird auch verlangt, den Lebenslauf handschriftlich einzureichen, damit eine Schriftanalyse erstellt werden kann, vorwiegend aber nur bei Positionen der höheren und hohen Hierarchie-Ebene.

Der **Aufbau** des Lebenslaufes kann grundsätzlich erfolgen:

- Als **chronologische Aneinanderreihung** aller aufzunehmenden persönlichen Stationen des Bewerbers. Diese Verfahrensweise bietet sich bei Lebensläufen mit **relativ wenigen Stationen** an, damit vielfach gerade auch bei jüngeren Bewerbern. Da der Lebenslauf ausschließlich nach dem zeitlichen Ablauf gegliedert ist, lässt sich seine Vollständigkeit besonders leicht erkennen.

- Haben Bewerber **mehrere** oder bereits **viele Stationen** absolviert, kann es sich empfehlen, den Lebenslauf **thematisch** zu **gliedern** und innerhalb der Gliederungspunkte chronologisch vorzugehen – siehe beispielhaft S. 136.

Ein computergeschriebener Lebenslauf ist übersichtlich und leicht zu lesen. Er lässt sich auf seine ordentliche Gestaltungs- und Darstellungsweise hin gut überprüfen. Soll der Bewerber einer **Schriftanalyse** unterzogen werden, ist deshalb zu empfehlen, anstelle eines handgeschriebenen Lebenslaufes eine zusätzlich zu erstellende Schriftprobe zu verlangen.

Neben dem allgemeinen Eindruck des Lebenslaufes in Bezug auf seine Gestaltung und Darstellung gibt es weitere **Möglichkeiten der Auswertung**. *Raschke* nennt:

- Die **Zeitfolgenanalyse**, mit welcher die Arbeitsplatzwechsel untersucht und Lücken im Lebenslauf aufgespürt werden. Ein mehrfacher kurzzeitiger Arbeitsplatzwechsel des Bewerbers ist häufig eher negativ zu beurteilen, dies grundsätzlich um so mehr, je älter der Bewerber ist.

Arbeitsplatzwechsel in vertretbaren zeitlichen Abständen können bei jüngeren Bewerbern positiv gewertet werden. Welche zeitlichen Abstände für Arbeitsplatzwechsel vertretbar sind, hängt von der Art des ausgeübten Berufes ab.

Lebenslauf

Persönliche Daten

                    Vorname, Name
                    Straße, Hausnummer
                    Postleitzahl, Ort
                    Tel./Fax/E-Mail-Adresse
                    geboren am/in ....
                    ledig/verheiratet seit ....
                    Anzahl der Kinder ....

Schul/Hochschulausbildung*

xx/xxxx – xx/xxxx   Besuch der .... Schule
xx/xxxx – xx/xxxx   Besuch der .... Schule
xx/xxxx – xx/xxxx   Studium an der Fachhochschule.............

                    ggf. mit dem Hinweis »mit Abschluss»
                    ggf. unter Angabe der Abschlussnote

                    Studienschwerpunkte:
                    –   ....
                    –   ....
                    ggf. auch Thema/Note der Diplomarbeit

Berufliche Ausbildung/Weiterbildung*

xx/xxxx – xx/xxxx   Ausbildung als ....
                    bei der Firma** ....

                    ggf. mit dem Hinweis »mit Abschluss «
                    ggf. unter Angabe der Abschlussnote(n)

xx/xxxx – xx/xxxx   Weiterbildung bei/als ....

Berufliche Tätigkeiten

xx/xxxx – xx/xxxx   Sachbearbeiter bei der Firma** ....
xx/xxxx – xx/xxxx   Gruppenleiter bei der Firma** ....
xx/xxxx – xx/xxxx   Abteilungsleiter bei der Firma** ....
         seit xx/xxxx   Abteilungsleiter bei der Firma** ....

                    ggf. mit dem Hinweis »Schwerpunkte der Tätigkeit«, die jedoch nur knapp und stichwortartig aufzählbar

Besondere Fähigkeiten/Kenntisse

                    Sprachkenntnisse ....
                    EDV-Kenntnisse.......................................
                    Angaben sollten einen Bezug zur angestrebten Tätigkeit aufweisen

Datum, Ort   Unterschrift

---

*   Je nach Umfang der Stationen können beide Themenkreise auch getrennt aufgeführt werden.
** Vollständiger Firmenname und Ort, ggf. Anschrift

- Die **Positionsanalyse**, mit der ein beruflicher Aufstieg oder Abstieg, ein Berufswechsel oder ein Wechsel des Arbeitsgebietes offen gelegt wird. Offensichtlich negative Entwicklungen des Bewerbers können sich bei näherer Prüfung dabei möglicherweise als weniger bedeutsam erweisen.

So können sich Probleme im privaten Bereich – z. B. eine Krankheit des Bewerbers oder naher Angehöriger – oder außerhalb des privaten Bereiches – z. B. unternehmens-, branchen-, konkurrenzbezogene Veränderungen – negativ auf die Entwicklung des Bewerbers ausgewirkt haben.

20 >> Seite 522

3.2.4 PERSONAL(FRAGE)BOGEN

Der Personal(frage)bogen soll die aus der Sicht des Unternehmens wichtigen persönlichen und beruflichen Daten des Bewerbers in systematischer und einfach auswertbarer Form darstellen. Er enthält wesentliche Teile des Lebenslaufes – siehe Seite 138 f.

Der Inhalt des Personal(frage)bogens orientiert sich an den Erfordernissen des Unternehmens. Wegen eines unterschiedlichen Informationsbedarfes wird mitunter vorgeschlagen, spezielle Personal(frage)bögen für Arbeiter, Angestellte und leitende Angestellte zu verwenden.

Zweckmäßiger erscheinen aber anstelle spezieller Personalfragebögen insgesamt einheitliche Personalbögen, wobei bestimmte Bewerbergruppen von der Beantwortung einzelner Fragen(-gruppen) befreit werden.

Die Fragen im Personalbogen sollten sich auf Daten beschränken, die für die Einstellung des Bewerbers und seine spätere Tätigkeit von Wichtigkeit sind. Es empfiehlt sich, darauf zu verzichten, mit den Fragen persönliche Belange des Bewerbers zu beleuchten. Das ist unangemessen, für den Bewerber vielfach abschreckend und arbeitsrechtlich gegebenenfalls nicht erlaubt.

Dementsprechend lassen sich als **Arten von Fragen** unterscheiden:

- Arbeitsrechtlich **zulässige Fragen**, deren unwahre oder unvollständige Beantwortung die Anfechtung des Arbeitsvertrages ermöglicht. Der Arbeitgeber kann fristlos kündigen und gegebenenfalls Schadensersatz beanspruchen.

- Arbeitsrechtlich **unzulässige Fragen**, deren unwahre oder unvollständige Beantwortung keine nachteiligen Folgen für den Bewerber haben darf. Dem Arbeitgeber ist weder erlaubt fristlos zu kündigen noch Schadensersatz zu beanspruchen.

Das Interesse des Unternehmens kann beim Personal(frage)bogen – wie auch im Vorstellungsgespräch – vor allem in der Klärung folgender Punkte bestehen:

Frage	Arbeitsrecht zulässig	Arbeitsrecht nicht zulässig
Beruflicher Werdegang	Ja, uneingeschränkt, inbesondere auch Fragen über: ▶ Zeugnisnoten ▶ Prüfungsnoten ▶ Besondere Sprachkenntnisse ▶ Sonstige Fertigkeiten ▶ Abgeleisteten Wehrdienst ▶ Bevorstehenden Wehrdienst	—
Frühere Gehaltshöhe*	Vergleichbare Tätigkeit bei der neuen Stelle und damit entsprechende Bedeutung für das künftige Gehalt.	Wenn das frühere Gehalt für die künftige Stelle unbedeutend – und damit auch keine Verhandlungsgrundlage – ist.
Schwerbehinderung	Ja, uneingeschränkt.	—
Chronische Krankheiten	Wenn an der Kenntnis der Krankheiten ein Interesse besteht: ▶ Für das Unternehmen (Eignung für die vorgesehene Tätigkeit eingeschränkt) ▶ Für die übrigen Arbeitnehmer (Gefährdung von Kollegen und Kunden durch Ansteckung) ▶ Für die Arbeit (Arbeitsunfähigkeit zum Termin des geplanten Arbeitsantrittes oder für absehbaren Zeitraum danach) Bei Frage nach einer AIDS-Erkrankung wie oben.	— Bei Frage nach einer Infizierung mit dem AIDS-Virus, wobei bestimmte Tätigkeiten (z. B. medizinische) eine Ausnahme erlauben.
Schwangerschaft	Nur ausnahmsweise, wenn die Schwangere die vereinbarte Tätigkeit nicht erbringen kann, z.B. als Sportlehrerin, Mannequin oder bei einem Berufsverbot für Schwangere, z.B. aus gesundheitlichen Gründen.	I.d.R. unzulässig aufgrund eines Urteils des Europäischen Gerichtshofes. Ein Arbeitgeber, der den Abschluss eines Arbeitsvertrages mit einer Schwangeren wegen später zu leistendem Mutterschutzlohnes ablehnt, verstößt gegen Europäisches Gemeinschaftsrecht.
Vermögensverhältnisse	Bei höherer und hoher Hierarchie-Ebene sowie Mitarbeitern mit besonderem Vertrauensverhältnis zum Arbeitgeber.	Bei Mitarbeitern der unteren und mittleren Hierarchie-Ebene.
Vorstrafen	Wenn sie etwas mit der künftigen Arbeit zu tun haben, d. h. wenn und soweit die zu besetzende Arbeitsstelle oder die zu leistende Arbeit dies erfordert.	Wenn kein berechtigtes Interesse des Arbeitgebers vorliegt. Wenn es zwar vorliegt, die Frist für die Löschung der Vorstrafe aber abgelaufen ist.

Pfändungen*	Wenn sie gegenwärtig bestehen.	Wenn sie früher bestanden.
Gewerkschaftliche Zugehörigkeit*	Wenn der Arbeitgeber feststellen will, ob der Tarifvertrag auf das künftige Arbeitsverhältnis anzuwenden ist.	Es muss dem Arbeitgeber ausreichen, wenn er nach Abschluss des Arbeitsvertrages feststellt, ob der Tarifvertrag anzuwenden ist.
Politische Zugehörigkeit	Nur bei parteipolitisch gebundenen Arbeitgebern.	Grundsätzlich ja.
Religiöse Zugehörigkeit	Nur bei konfessionell gebundenen Arbeitgebern.	Grundsätzlich ja.

Bei den mit * gekennzeichneten Kriterien gibt es bei Arbeitsrechtlern unterschiedliche Auffassungen über die arbeitsrechtliche Zulässigkeit der gestellten Fragen.

Der Bewerber hat eine **Offenbarungspflicht**, spätestens im Vorstellungsgespräch. Das bedeutet, dass er – auch ohne gefragt worden zu sein – Informationen zu geben hat, wenn diese für das Arbeitsverhältnis wichtig sind, insbesondere der vereinbarungsgemäßen Aufnahme der Tätigkeit entgegenstehen, z. B.:

- Wenn der Bewerber konkrete Anhaltspunkte dafür hat, dass er zum Zeitpunkt des Arbeitsantrittes **krank** oder in **Kur** sein wird (aber keine Offenbarungspflicht bei allgemeinen Befürchtungen ohne Vorliegen objektiver Gründe).

- Wenn die Bewerberin **schwanger** ist und die vereinbarte Arbeitsleistung aus diesem Grunde nicht erbringen können wird.

- Wenn ein **schwerbehinderter** Bewerber die vereinbarte Arbeitsleistung nicht erbringen können wird und dies weiß (keine Offenbarungspflicht, wenn er nur vermutet, wegen seiner Behinderung verringerte Leistungen zu erbringen).

- Wenn der Bewerber einem **Wettbewerbsverbot** unterliegt, das auch noch zu Beginn des neuen Arbeitsverhältnisses rechtswirksam sein wird.

Genügt der Bewerber seiner Offenbarungspflicht nicht, hat das die gleiche Wirkung, als wenn er arbeitsrechtlich zulässige Fragen falsch beantwortet hätte. Das Unternehmen kann den Arbeitsvertrag anfechten bzw. fristlos kündigen und gegebenenfalls Schadensersatz verlangen.

Gemäß § 94 Abs. 1 BetrVG hat der Betriebsrat ein **Mitbestimmungsrecht** bezüglich der Einführung und des Inhaltes des Personal(frage)bogens. Er kann seine Zustimmung über den Inhalt verweigern und ihn somit beeinflussen, hat aber keine Möglichkeit, die Einführung und Verwendung eines Personal(frage)bogens zu erzwingen. Kommt keine Einigung zu Stande, entscheidet die **Einigungsstelle**, deren Spruch die Einigung ersetzt.

Das Unternehmen schickt vielfach den in die Auswahl kommenden Bewerbern den Personal(frage)bogen mit der Bitte zu, ihre Bewerbungsunterlagen dadurch zu ergänzen. Bei Positionen der unteren Hierarchie-Ebene ist er mitunter die einzige oder wesentliche Bewerbungsunterlage, die gegebenenfalls vom Personalsachbearbeiter im Zusammenwirken mit dem Bewerber ausgefüllt wird.

Die **Auswertung** des Personal(frage)bogens in Form einer Zeitfolgenanalyse und Positionsanalyse erfolgt in enger Verbindung mit dem Lebenslauf, wobei auf Widersprüche und Abweichungen in beiden Unterlagen geachtet wird. Durch die Systematik des Personal(frage)bogens sind sie häufig einfacher als beim Lebenslauf vorzunehmen.

3.2.5 Schulzeugnisse

Schulzeugnisse sollen Auskunft über die Eignung des Bewerbers geben. Indessen wird ihre Aussagefähigkeit vielfach infrage gestellt. Die in ihnen enthaltenen Noten unterliegen erfahrungsgemäß vielfältigen Einflüssen und gewährleisten – trotz Bemühens – keine hinreichende Objektivität.

Die Auswertung der Schulzeugnisse nach einzelnen Noten erscheint daher nicht aussagekräftig, eher schon die Betrachtung der Noten als Ganzes oder als Gruppen. Nach *Böttcher* lassen die Schulzeugnisse folgende **Aussagen** zu:

• Gute Noten ermöglichen Rückschlüsse auf Interessengebiete.

• Schlechte Noten deuten auf Faulheit, Desinteresse, mangelnden Willen hin.

• Mit der Zahl vorliegender Zeugnisse steigt die Genauigkeit der Aussage.

• Der Gesamteindruck der Zeugnisse zeigt mit großem Sicherheitsgrad die Fähigkeit des Bewerbers, sich im sozialen System anzupassen und einzuordnen.

Die Schulzeugnisse stehen bei einem jüngeren Bewerber – mangels anderer auswertbarer Bewerbungsunterlagen – im Vordergrund. Bei einem Bewerber mit mehrjähriger beruflicher Tätigkeit, haben sie i.d.R. nur eine geringe Bedeutung.

3.2.6 Arbeitszeugnisse

Die Arbeitszeugnisse sollen über die Beschäftigung des Bewerbers in anderen Unternehmen informieren. Auf ihre Ausstellung haben Arbeitnehmer, zur Berufsausbildung Beschäftigte und arbeitnehmerähnliche Personen einen **Anspruch**. Er entsteht mit dem Ausspruch der Kündigung, nicht erst bei Beendigung des Arbeitsverhältnisses. Ein vor Beendigung des Arbeitsverhältnisses ausgestelltes Arbeitszeugnis kann sein:

• Das **Zwischenzeugnis**, welches zu bestimmten Anlässen ausgestellt wird, ohne dass der Mitarbeiter sein Arbeitsverhältnis mit dem Unternehmen beendet, z.B. bei seiner Versetzung bzw. bei Versetzung oder Ausscheiden des Vorgesetzten.

• Das **vorläufige Zeugnis** ist auf die Beendigung des Arbeitsverhältnisses gerichtet. Es kann mit dem Ausspruch der Kündigung ausgestellt werden und bezieht sich auf den Zeitraum bis zum Ausstellungszeitpunkt. Änderungen in dem zu Ende des Arbeitsverhältnisses zu erstellenden Zeugnis sind damit noch möglich.

Das Arbeitszeugnis muss nicht vom Inhaber des Unternehmens unterschrieben werden, jedoch zumindest von einem Vorgesetzten.

Inhaltlich lassen sich zwei **Arten** von Arbeitszeugnissen unterscheiden:

- Das **einfache Zeugnis**, das Angaben über die Person des Arbeitnehmers sowie die Art und Dauer der Beschäftigung enthält, wobei die Dauer monatsgenau anzugeben und die Art der Beschäftigung konkret zu beschreiben ist. Auf Wunsch des Arbeitnehmers ist der Grund der Beendigung des Arbeitsverhältnisses in das Zeugnis aufzunehmen. Es umfasst:

> ▸ **Überschrift »Zeugnis«**
> ▸ **Angaben zur Person des Arbeitnehmers**
>   Name, Vorname, ggf. Geburtsname, Titel/Geburtsdatum bei Verwechslungsgefahr/Geburtsort bei Verwechslungsgefahr/Dauer des Beschäftigungsverhältnisses/Berufs- bzw. Positionsbezeichnung
> ▸ **Beschreibung der ausgeführten Tätigkeiten**
>   Aufgaben, Verantwortung, Kompetenzen/Werdegang im Unternehmen/ausgeübte Sonderaufgaben/längere Unterbrechungen
> ▸ **Beendigung des Arbeitsverhältnisses**
>   Austrittstermin, falls nicht oben genannt/Beendigungsmodalitäten nur auf Arbeitnehmerwunsch
> ▸ **Schlussfloskel**
>   Dank, Bedauern/Zukunftswünsche
> ▸ **Ausstellungsdatum und Unterschrift**

- Das **qualifizierte Zeugnis**, das auf Verlangen des Arbeitnehmers auszustellen ist und über die Dienstbeschreibung des einfachen Zeugnisses hinausgeht, indem es zusätzlich eine Beurteilung der **Führung** und **Leistung** enthält:

> ▸ **Überschrift »Zeugnis«**
> ▸ **Angaben zur Person des Arbeitnehmers**
>   Name, Vorname, ggf. Geburtsname, Titel/Geburtsdatum bei Verwechslungsgefahr/Geburtsort bei Verwechslungsgefahr/Dauer des Beschäftigungsverhältnisses/Berufs- bzw. Positionsbezeichnung
> ▸ **Beschreibung der ausgeführten Tätigkeiten**
>   Aufgaben, Verantwortung, Kompetenzen/Werdegang im Unternehmen/ausgeübte Sonderaufgaben/längere Unterbrechungen
>   **Beurteilung der Arbeitsleistung**
>   Leistungsbereitschaft/Fachliches Können, ggf. Fortbildung/Arbeitserfolg/Arbeitsweise
>   **Beurteilung des Sozialverhaltens**
>   Verhalten gegenüber Vorgesetzten und Mitarbeitern/ggf. Führungsverhalten/Verhalten gegenüber Dritten, z.B. Kunden
> ▸ **Beendigung des Arbeitsverhältnisses**
>   Austrittstermin, falls nicht oben genannt/Beendigungsmodalitäten nur auf Arbeitnehmerwunsch
> ▸ **Schlussfloskel**
>   Dank, Bedauern/Zukunftswünsche
> ▸ **Ausstellungsdatum und Unterschrift**

Das vom Arbeitgeber ausgestellte Arbeitszeugnis muss **wahr** sein, wobei ein für den Arbeitnehmer **wohlwollender Standpunkt** eingenommen werden soll, der jedoch seine

Grenze im Interesse des künftigen Arbeitgebers zu finden hat. Der Arbeitgeber kann nach eigenem Ermessen bestimmte Leistungen und Fähigkeiten des Arbeitnehmers hervorheben oder zurücktreten lassen, das Arbeitszeugnis muss aber die wesentlichen Tatsachen und Bewertungen enthalten.

Der Arbeitnehmer kann auf die Erteilung eines inhaltlich **richtigen Zeugnisses** klagen und bei schuldhafter Verletzung der Zeugnispflicht vom Arbeitgeber entsprechenden Schadensersatz verlangen. Ebenso kann ein späterer Arbeitgeber bei einem unrichtig ausgestellten Arbeitszeugnis vom Aussteller einen Schadensersatz verlangen, wenn dieser vorsätzlich in einer gegen die guten Sitten verstoßenden Weise – § 826 BGB – gehandelt hat.

Die **Auswertung** der Arbeitszeugnisse von Bewerbern ist in mehrfacher Hinsicht möglich. Insbesondere können herangezogen werden:

*   Die **Dauer der Tätigkeiten**, die ein Bewerber in den einzelnen Unternehmen, aber auch innerhalb bestimmter Aufgabengebiete beschäftigt war.

*   Die **Termine des Ausscheidens** aus den einzelnen Unternehmen, die besonders interessant sind, wenn sie nicht den üblichen Kündigungsterminen entsprechen.

*   Die **Inhalte der Tätigkeiten** eines Bewerbers in den einzelnen Unternehmen, wobei diese Anforderungen, Kompetenzen usw. offen legen sollten.

*   Der **Grund des Ausscheidens**, für den es spezielle Formulierungen gibt:

Zeugnistext	Bewertung
... auf eigenen Wunsch ...	Weniger aussagekräftig, da dem Arbeitnehmer bei Problemen häufig Gelegenheit gegeben wird, selbst zu kündigen.
... im beiderseitigen Einverständnis ...	Kann auf Probleme hindeuten, weshalb gegebenenfalls Nachforschungen angestellt werden sollten.
... aus organisatorischen Gründen/wegen interner Reorganisation ...	Können vorgeschobene oder wahrheitsgemäße Gründe sein, weshalb gegebenenfalls Nachforschungen angestellt werden sollten.

Wenn der Arbeitgeber das Ausscheiden des Arbeitnehmers »bedauert« oder gar »außerordentlich bedauert«, deutet das möglicherweise auf einen guten oder sehr guten Bewerber hin. Es kann aber auch eine Floskel sein.

*   Die **Leistung** und **Führung**, die ein Bewerber gezeigt hat. Da der bisherige Arbeitgeber das Arbeitszeugnis nicht nur wahrheitsgetreu zu gestalten hat, sondern auch keine direkt negativen Beurteilungen in die Arbeitszeugnisse aufnehmen darf, erweist sich die Auswertung der Arbeitszeugnisse als schwierig.

Das Erschwernis liegt darin, dass die Arbeitgeber ihre Aussagen mitunter indirekt machen und damit bei der Auswertung der Arbeitszeugnisse zwischen den Zeilen zu lesen ist. Ihr **Maß der Zufriedenheit** kann sich z.B. erkennen lassen:

- Aus der **Formulierungsskala**, die von der *Arbeitsgemeinschaft selbstständiger Unternehmer* entwickelt wurde:

Zeugnistext	Bewertung
... stets/ständig vollste Zufriedenheit ...	Sehr gute Leistungen
... stets/ständig volle Zufriedenheit ...	Gute Leistungen
... volle Zufriedenheit	Befriedigende Leistungen
... Zufriedenheit ...	Ausreichende Leistungen
... im Großen und Ganzen zur Zufriedenheit	Mangelhafte Leistungen
... hat sich bemüht ...	Sehr mangelhafte Leistungen

- Aus im Arbeitszeugnis verwendeten **Spezialformulierungen**:

Zeugnistext	Bewertung
... in jeder Hinsicht und in allerbester Weise entsprochen ...	Sehr gute Leistungen
... in jeder Hinsicht und in bester Weise entsprochen ...	Gute Leistungen
... in bester Weise entsprochen ...	Ziemlich gute Leistungen
... in jeder Hinsicht entsprochen ...	Befriedigende Leistungen
... hat unseren Erwartungen entsprochen ...	Schlechte Leistungen
... hat alle Arbeiten ordnungsgemäß erledigt ...	Er war ein Bürokrat ohne Initiative.
... mit seinen Vorgesetzten ist er gut zurecht gekommen ...	Er war Mitläufer, der sich gut anpasste.
... sehr tüchtig und wusste sich gut zu verkaufen ...	Er war ein unangenehmer Mitarbeiter.
... wegen seiner Pünktlichkeit stets ein gutes Vorbild ...	Er zeigte schwache Leistungen.
... bemühte sich, den Anforderungen gerecht zu werden ...	Er hat versagt.
... hat sich im Rahmen seiner Fähigkeiten eingesetzt ...	Er hat getan, was er konnte, aber das war nicht viel.
... erledigte alle Arbeiten mit großem Fleiß und Interesse ...	Er war eifrig, aber nicht besonders tüchtig.
... war immer mit Interesse bei der Sache ...	Er hat sich angestrengt, aber nichts geleistet.
... zeigte für seine Arbeit Verständnis ...	Er war faul und hat nichts geleistet.
... galt im Kollegenkreis als toleranter Mitarbeiter ...	Er war für Vorgesetzte ein schwerer Brocken.
... galt als umgänglicher Kollege ...	Er wurde lieber von hinten als von vorn gesehen.
... trug durch seine Geselligkeit zur Verbesserung des Betriebsklimas bei ...	Er neigte zu übertriebenem Alkoholgenuss.

- Aus dem **Verschweigen** wichtiger und dem **Hervorheben** unwichtiger mit den Tätigkeiten verbundenen Eigenschaften und Merkmale.

Bei der Auswertung der Arbeitszeugnisse in Bezug auf Leistung und Führung muss berücksichtigt werden, dass **größere Unternehmen** eher dazu neigen, sachlich zu formulieren und die Formulierungsskala, Spezialformulierungen, Verschweigen, Hervorhebungen bewusst verwenden.

Bei **kleineren**, gegebenenfalls auch **mittleren Unternehmen** ist es möglich, dass Formulierungen uneinheitlich verwendet werden oder diese Arten von Formulierungen überhaupt nicht bekannt sind.

Die **Auswertung** der Arbeitszeugnisse von Bewerbern erweist sich häufig – wie gezeigt – als schwierig, insbesondere auch, weil die Qualifikation und Intention ihres Ausstellers den Inhalt erheblich mitbestimmen können.

Der Vergleich mehrerer zeitlich nacheinander liegender Arbeitszeugnisse ist deshalb mitunter hilfreich und begrenzt die Wirkungen solcher Einflussgrößen.

21 >> Seite 523

3.2.7 Referenzen

Referenzen sollen das Bild über den Bewerber abrunden, vorwiegend aber nur bei Positionen, die der höheren und hohen Hierarchie-Ebene zuzurechnen sind.

Die Aussagekraft von Referenzen ist **umstritten**, zumal die Auskunftspersonen – üblicherweise mit deren Zustimmung – vom Bewerber vorgeschlagen werden und nachteilige Informationen über den Bewerber nicht ohne weiteres geben können oder wollen, ggf. auch aus rechtlichen Gründen.

Von einer gewissen Aussagekraft ist die Tatsache, welche Auskunftspersonen vom Bewerber vorgeschlagen werden. Auskunftspersonen, die im Grunde genommen wenig über die Qualifikation des Bewerbers sagen können, sind eher negativ zu beurteilen. Gleiches gilt für **Renommierreferenzen**.

Von den Referenzen zu unterscheiden ist die **Einholung von Auskünften** beim derzeitigen oder einem früheren Arbeitgeber des Bewerbers ohne dessen Wissen und Zustimmung bzw. Referenzangabe. Die Einholung von Auskünften ist grundsätzlich zulässig, beim derzeitigen Arbeitgeber des Bewerbers allerdings erst nach erfolgter Kündigung.

Die früheren Arbeitgeber sind berechtigt, nicht aber verpflichtet, Auskünfte über den Bewerber zu erteilen. Haben frühere Arbeitgeber sich nicht zur Unterlassung von Auskünften verpflichtet und hat der anfragende Arbeitgeber ein berechtigtes Interesse, können sie **wahrheitsgemäße Auskünfte** auch dann geben, wenn sie dem Arbeitnehmer damit schaden.

3.2.8 Arbeitsproben

Die Arbeitsproben sollen einen unmittelbaren Einblick in die Qualifikation des Bewerbers vermitteln. Sie sind allerdings nur bei bestimmten Berufsgruppen nutzbar. Ihre Auswertung ist relativ einfach. Als **Arten** von Arbeitsproben lassen sich unterscheiden:

- **Einzureichende Arbeitsproben**, z. B. Veröffentlichungen, Reportagen, Entwürfe, Texte, Bilder, Konstruktionen, Patente.

- Unter Aufsicht **abzuleistende Arbeitsproben**, z. B. Stenogrammwiedergaben, Übersetzungen, gewerbliche Arbeiten.

Reicht ein Bewerber von ihm erstellte interne Unterlagen des derzeitigen Arbeitgebers ein, die möglicherweise (noch) vertraulich sind, um seine Qualifikation und Vertrauensstellung zu dokumentieren, kann das nur negativ bewertet werden.

3.3 Bescheid

Mit der Auswertung der Bewerbungsunterlagen und der Erfassung ihrer Ergebnisse im Auswertungsbogen ergeben sich drei **Gruppen von Bewerbern**:

- Ungeeignete Bewerber
- Geeignete Bewerber mit unvollständigen Unterlagen
- Geeignete Bewerber mit vollständigen Unterlagen.

Bewerbern, die für die ausgeschriebene Stelle **nicht geeignet** erscheinen, ist unverzüglich abzuschreiben, sämtliche eingereichten Bewerbungsunterlagen – mit Ausnahme des Bewerbungsschreibens und Personal(frage)bogens – sind beizufügen. Die Absage sollte den Bewerber nicht verletzen und ihm möglichst eine Stütze für sein berufliches Fortkommen sein.

An sich **geeignete Bewerber**, bei denen Unterlagen oder sonstige Informationen fehlen, die vor einem Vorstellungsgespräch vorliegen sollten, können aufgefordert werden, diese Informationen nachzureichen, was jedoch nicht häufig geschieht.

Uneingeschränkt geeignete Bewerber werden zu einer persönlichen Vorstellung eingeladen, wobei ein Terminvorschlag zweckmäßig erscheint. Sofern noch nicht geschehen, kann der nachzureichende oder mitzubringende Personal(frage)bogen beigefügt werden. Soll in Zusammenhang mit der persönlichen Vorstellung ein Eignungstest vorgenommen werden, ist dies im Einzelnen mitzuteilen.

4. Auswahl

Mit der Auswertung der vorliegenden Bewerbungsunterlagen ist die **Vorauswahl** der Bewerber abgeschlossen. Die Auswahl des geeigneten Bewerbers erfolgt aufgrund eines oder mehrerer Vorstellungsgespräche mit den in die engere Wahl gekommenen Bewerbern. Ergänzend dazu können – vor, in Verbindung mit oder nach dem Vorstellungsgespräch – zusätzlich Eignungstests durchgeführt werden.

Außerdem ist – eher seltener und bei hierarchisch höher angesiedelten Stellen – die Erstellung grafologischer Gutachten möglich. Ärztliche Eignungsuntersuchungen können das Bild abrunden. Schließlich folgt aufgrund der sich ergebenden Ergebnisse i.d.R. die Entscheidung, einen der Bewerber einzustellen:

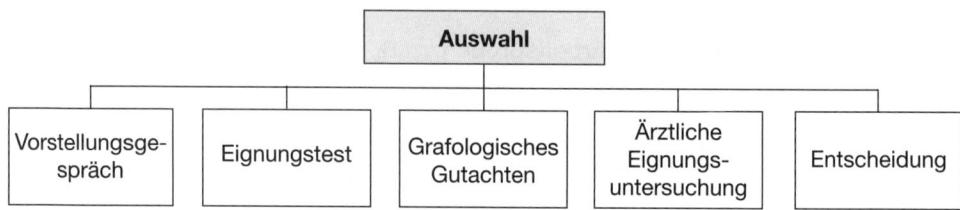

Wird ein Bewerber *persönlich* zur Vorstellung aufgefordert und die Erstattung der Vorstellungskosten zum Zeitpunkt der Aufforderung nicht bereits ausgeschlossen oder begrenzt, muss das Unternehmen dem Bewerber die notwendigerweise entstehenden **Vorstellungskosten** ersetzen. Das können Fahrtkosten, Übernachtungskosten und Verpflegungskosten sein.

Liegt eine persönliche Aufforderung nicht vor – z. B. ist in einer Stellenanzeige zu lesen, Interessenten könnten am 10.06. um 15:00 Uhr bei dem inserierenden Unternehmen vorsprechen – oder sucht ein Bewerber das Unternehmen aufgrund einer Vorschlagskarte der Agentur für Arbeit auf, müssen dem Bewerber **keine Vorstellungskosten** ersetzt werden.

Gleiches gilt, wenn dem Bewerber anheimgestellt wird, sich vorzustellen oder wenn die Vorstellung auf eine Bitte des Bewerbers hin erfolgt. Dagegen ist das Unternehmen zum Ersatz der Vorstellungskosten verpflichtet, wenn der Bewerber anbietet, zu einer Vorstellung zu kommen und das Unternehmen den Termin bestimmt.

Sofern das Unternehmen dem Bewerber nicht schon Hinweise über die Höhe **angemessener Vorstellungskosten** gibt – z. B. Bahnfahrt 1. Klasse, Übernachtung bis 80 €/Nacht –, steht der Bewerber vor dem Problem, in welcher Höhe er eine Erstattung seiner Vorstellungskosten erwarten kann. Allgemein ist er gehalten, den Vorstellungstermin auf die kostengünstigste Weise wahrzunehmen.

Der Bewerber hat grundsätzlich einen **Anspruch auf Beurlaubung** zur Stellensuche, wenn er in einem Dauerarbeitsverhältnis steht und das Ende des Arbeitsverhältnisses absehbar ist, z. B. indem

- er gekündigt hat
- ein Aufhebungsvertrag geschlossen worden ist
- Bewerbungen vom bisherigen Arbeitgeber empfohlen wurden.

Ein Anspruch auf Beurlaubung besteht auch, wenn der vorgesehene Beendigungszeitpunkt in einem befristeten Arbeitsverhältnis so nahe ist, dass der übliche Kündigungstermin bereits verstrichen wäre.

Der Bewerber muss den Anspruch auf Beurlaubung frühzeitig geltend machen. Der bisherige Arbeitgeber hat dem Bewerber »angemessene« Freizeit zu gewähren. Er bestimmt den Zeitpunkt der Beurlaubung, muss dabei aber auch die Interessen des Bewerbers berücksichtigen. Ebenso hat der bisherige Arbeitgeber dem Bewerber seine **Vergütung** für eine »verhältnismäßig« kurze Zeit **fortzuzahlen**, deren Umfang sich an der Länge des bestehenden Arbeitsverhältnisses orientiert.

Die Regelung der Lohnfortzahlung kann dazu führen, dass der Bewerber finanzielle Einbußen erleidet. Es ist möglich, dass er sie vom Stellen ausschreibenden Unternehmen als **Verdienstausfall** als Vorstellungskosten beansprucht.

4.1 Vorstellungsgespräch

Im Vorstellungsgespräch, das vielfach auch als **Vorstellungsinterview** bezeichnet wird, sollten beide Seiten die Informationen geben bzw. austauschen. Es werden mit ihm mehrere **Ziele** verfolgt:

* Gewinnen eines persönlichen Eindruckes über den Bewerber
* Feststellen des Eignungspotenzials des Bewerbers
* Erkennen von Interessen und Wünschen des Bewerbers
* Informieren des Bewerbers über Unternehmen und Arbeitsplatz
* Schaffen eines positiven Eindruckes beim Bewerber.

Um das Vorstellungsgespräch erfolgreich durchführen zu können, ist eine sorgfältige **Vorbereitung** notwendig, die vor allem umfasst:

* Festlegen des/der an dem Vorstellungsgespräch zu beteiligenden Mitarbeiter
* Planen der Anzahl der mit dem Bewerber vorgesehenen Vorstellungsgespräche
* Feststellen von Lücken und Unklarheiten bei den Bewerbungsunterlagen
* Erfassen der Anforderungen der zu besetzenden Stelle
* Feststellen der Entwicklungs- und Fortbildungsmöglichkeiten
* Vorbereiten auf besondere, gegebenenfalls zu erwartende Fragen
* Gewährleisten eines ungestörten, zeitlich ausreichenden Vorstellungsgespräches.

Beim Vorstellungsgespräch ist darauf zu achten, dass **subjektive Einflüsse** des Gesprächsführenden weitestgehend ausgeschaltet werden. Das bedeutet, dass Vorurteile vermieden werden müssen. So untersagt das **Allgemeine Gleichbehandlungsgesetz** die Benachteiligung von Bewerbern. Außerdem sind auch Maßstäbe unzulässig, die der Gesprächsführende von seiner Person auf den Bewerber projiziert.

Das Vorstellungsgespräch sollte in einer freundlichen Atmosphäre geführt werden. Dem Bewerber sind Interesse, Wertschätzung und Verständnis entgegenzubringen. Er sollte nicht das Gefühl bekommen, einer Prüfung unterzogen zu werden. Im Folgenden werden dargestellt:

* **Arten**

* **Durchführung**

* **Auswertung**.

4.1.1 ARTEN

Das Vorstellungsgespräch kann auf mehrere Arten durchgeführt werden. Nach seiner **Strukturierung** lassen sich unterscheiden:

• Das **freie Vorstellungsgespräch**, bei welchem der Gesprächsinhalt und der Gesprächsablauf nicht vorgegeben sind. Der Vorteil des freien Vorstellungsgespräches liegt in der Flexibilität, sich situationsbedingt anpassen zu können. Die Auswertung ist jedoch aufwändig und macht häufig Schwierigkeiten.

• Das **strukturierte Vorstellungsgespräch**, bei welchem ein Rahmen gegeben ist, der sich insbesondere auf unbedingt zu klärende Fragen beziehen kann, den Gesprächsablauf und sonstige Gesprächsinhalte aber nicht festlegen muss. Auch hier ist noch eine gewisse Flexibilität gegeben, die Auswertung kann einfacher sein als beim freien Vorstellungsgespräch.

• Das **standardisierte Vorstellungsgespräch**, bei welchem der Gesprächsinhalt und Gesprächsablauf genau vorgegeben sind, wodurch das Vorstellungsgespräch unflexibel und starr wird, die Auswertung aber relativ einfach und kostengünstig ist.

In der betrieblichen Praxis werden meist freie oder strukturierte Vorstellungsgespräche geführt. Nach der **Zahl** der Personen, die das Vorstellungsgespräch auf der Seite des Arbeitgebers führen, sind zu unterscheiden:

• Das **Einzel-Vorstellungsgespräch**, bei dem eine das Unternehmen vertretende Person mit dem Bewerber das Vorstellungsgespräch führt. Häufig ist das der Personalleiter bzw. Personalsachbearbeiter oder der zukünftige Fachvorgesetzte.

• Das **Zweier-Vorstellungsgespräch**, bei dem zwei Personen aus dem Unternehmen das Vorstellungsgespräch mit dem Bewerber führen, insbesondere um seine Rolle, Persönlichkeit und Einordnungsfähigkeit festzustellen, kann z. B. je ein Vertreter der Personalabteilung und der Fachabteilung sein.

• Das **Gruppen-Vorstellungsgespräch**, an dem weitere Personen teilnehmen.

Das Zweier- oder Gruppen-Vorstellungsgespräch kann sich auch auf bestimmte Phasen des Vorstellungsgespräches beschränken. Das Gruppen-Vorstellungsgespräch wird mitunter auch als **Belastungs- oder Stress-Gespräch** geführt, was arbeitsrechtlich allerdings grundsätzlich nicht zulässig ist.

4.1.2 DURCHFÜHRUNG

Das Vorstellungsgespräch soll die in den Bewerbungsunterlagen gegebenen Informationen bestätigen bzw. Abweichungen davon erkennen lassen sowie die Bewerbungsunterlagen ergänzen, vervollständigen und abrunden. Sein thematischer **Aufbau** kann typischerweise sieben Phasen umfassen:

Phase 1	Begrüßung des Bewerbers	Beispiele:	Vorstellung der Gesprächspartner Dank für Bewerbung Begründung der Einladung Versicherung der Vertraulichkeit
Phase 2	Besprechung seiner persönlichen Situation	Beispiele:	Herkunft Familie Elternhaus Wohnort
Phase 3	Besprechung seines Bildungsganges	Beispiele:	Schulischer Werdegang Fortbildungsaktivitäten Fortbildungspläne
Phase 4	Besprechung seiner beruflichen Entwicklung	Beispiele:	Erlernter Beruf Berufliche Veränderungen Berufliche Tätigkeiten Berufliche Pläne
Phase 5	Information über das Unternehmen	Beispiele:	Unternehmensdaten Unternehmensorganisation Abteilung Arbeitsplatz
Phase 6	Vertragsverhandlung	Beispiele:	Bisheriges Einkommen Erwartetes Einkommen Sonstige Unternehmensleistungen Nebentätigkeiten
Phase 7	Abschluss des Gespräches	Beispiele:	Hinweis auf weitere Vorgehensweise Zusage kurzfristiger Benachrichtigung Dank für das Gespräch

In der **Phase 5** des Vorstellungsgespräches werden insbesondere der Organisationsplan und eine vorhandene Stellenbeschreibung erläutert, und es erfolgen Aussagen zu Arbeitszeit, Arbeitsplatz, Kollegen, Mitarbeitern. Eine **Besichtigung des Arbeitsplatzes** kann sich empfehlen.

Wie beim Personal(frage)bogen erläutert, hat der Bewerber als Pflichten:

• Auf rechtlich **zulässige Fragen** wahrheitsgemäß und vollständig zu antworten

• Auch ungefragte Informationen zu geben, wenn diese für das Arbeitsverhältnis wichtig sind – siehe die **Offenbarungspflicht** S. 139.

Wird der Bewerber diesen Pflichten nicht gerecht, kann das Unternehmen den Arbeitsvertrag anfechten bzw. fristlos kündigen und gegebenenfalls Schadensersatz verlangen.

Wenn im Vorstellungsgespräch erkennbar wird, dass ein **Bewerber nicht** für die Stelle **geeignet** ist, sollte dies nicht zu erkennen gegeben und das Gespräch nicht abgebrochen bzw. erkennbar abgekürzt werden, es sei denn, dass grundlegende Differenzen zwischen den Bewerbungsunterlagen und den im Gespräch gemachten Äußerungen auftauchen oder erkennbar ist, dass elementare Voraussetzungen vom Bewerber nicht erfüllt werden.

22 >> Seite 525

4.1.3 AUSWERTUNG

Dem Vorstellungsgespräch schließt sich unmittelbar eine – nach Möglichkeit systematische – Auswertung an, die sich vor allem bezieht auf:

• Das **Verhalten** des Bewerbers, das Aufschlüsse über sein Wesen gibt, z. B. seine Mimik, Gestik, Sprechweise oder sein Verhandlungsgeschick.

• Die **Motive** des Bewerbers, die seinen schulischen, beruflichen und privaten Werdegang sowie seine Bewerbung begründen.

Ein erster gewonnener Eindruck darf das Vorstellungsgespräch und seine Auswertung nicht beeinflussen, um dies zu vermeiden, ist die Verwendung eines **Bewertungsbogens** empfehlenswert, der grundlegende Beurteilungskriterien enthalten soll, z. B. schlägt *Waszkewitz* vor – siehe auszugsweise Seite 151.

4.2 EIGNUNGSTESTS

Eignungstests sollen das Bild über den Bewerber vervollständigen. Sie sind insbesondere in der Psychologie eingesetzte Verfahren, die drei **Anforderungen** gerecht werden müssen:

• Die Testperson muss ihr typisches Verhalten zeigen können.
• Das Verfahren muss geeicht, erprobt und zuverlässig messend sein.
• Die Ergebnisse müssen für ein zukünftiges Verhalten gültig sein.

Wichtig ist, dass sie nur von erfahrenen **Fachkräften** vorbereitet und eingesetzt werden. Um eine möglichst hohe Aussagekraft zu erzielen, werden mitunter mehrere Eignungstests neben- bzw. nacheinander als **Testbatterien** durchgeführt.

Rechtlich ist der Einsatz psychologischer Eignungstests nur **zulässig**, wenn:

• Der Bewerber über Inhalt und Reichweite des Tests unterrichtet wurde
• Der Bewerber sein Einverständnis zur Durchführung des Tests gegeben hat
• Der Test sich ausschließlich auf arbeitsplatzspezifische Merkmale bezieht
• Der Arbeitsplatz des Bewerbers bedeutsam ist.

Bei der Auswahl von Bewerbern lassen sich insbesondere unterscheiden:

	1	2	3	4	5	
Unlebendige Reaktionsweise						Impulsive Reaktionsweise
Unbedenkliche Stellungnahme						Skeptische Stellungnahme
Betonungslose Sprechweise						Akzentuierte Sprechweise
Unbeherrschtes Verhalten						Streng diszipliniertes Verhalten
Stockende Sprechweise						Flüssige Sprechweise
Zarte Bewegungen						Vitale Bewegungen
Abrupte Bewegungsweise						Fließende Bewegungsweise
Übergangslose Bewegungen						Zackige Bewegungen
Chaotischer Satzbau						Kompliziert-korrekter Satzbau
Schleichender Gang						Zackiger Stakkato-Gang
Enger Bewegungsraum						Ausgreifender Bewegungsraum
Harte, spröde Bewegungen						Weiche, runde Bewegungen
Unsicheres Auftreten						Selbstbetontes Auftreten
Uneindeutiges Urteilen						Energisches Urteilen
Verwaschene Aussprache						Scharfe Artikulation
Matte Bewegungen						Heftige Bewegungen
Unklare Begriffe						Überscharfe Begriffe
Unpersönliche Äußerungsform						Selbstgefällige Äußerungsweise
Konkrete Beschreibungsweise						Abstrakt-formale Darstellungsweise
Ungenaue Angaben						Exakt-einheitliche Angaben
Ohne Unterstreichungsgesten						Heftige Unterstreichungsgesten
Nachlässig im Äußeren						Penibel gepflegtes Äußeres
Ängstlich-vorsichtig						Optimistisch-freies Taktieren
Unklare Urteile						Kompliziert-klare Urteile
Unvollständige Sätze						Stets vollständige Sätze
Unbeholfenes Denken						Geschickte Gedankenverknüpfung
Träges Sprechtempo						Hastiges Sprechtempo
Primitiv-holprige Redeweise						Routiniert-gewandte Redeweise
Bezieht keinen Standpunkt						Behauptet Standpunkte stur
Schweift ab						Lässt sich nie ablenken
Wechselnde Sprechweise						Monotone Sprechweise
Bewegungsgehemmt						Ausfahrende Bewegungen
Eingleisiges Denken						Vielgleisiges Denken

- **Persönlichkeitstests**, die Aufschluss auf das Vorhandensein und die Ausprägung bestimmter Persönlichkeitsmerkmale oder die Persönlichkeitsstruktur von Bewerbern geben sollen. Sie können z. B. dazu dienen, Interessen, Neigungen, innere Einstellungen, soziale Verhaltensweisen und charakterliche Eigenschaften festzustellen. Dazu bieten sich **Interessentests, Formdeutetests, Thematische Tests** sowie Farbtests an.

Die Verwendung von Persönlichkeitstests ist sinnvoll, wenn Informationen über Bewerber benötigt werden, die durch andere Verfahren nicht gewonnen werden können. Gute Persönlichkeitstests lassen relativ genaue Aussagen zu, ihre Entwicklung ist jedoch zeit- und kostenintensiv, weil die zu messenden Eigenschaften schwierig zu erfassen und abzugrenzen sind.

Die Durchführung von Persönlichkeitstests erfordert hohes psychologisches Geschick, weil die zu ermittelnden Eigenschaften nicht direkt messbar sind, sondern im Rahmen der psychologischen Theorie gedeutet werden. **Probleme** bereitet auch die Frage, inwieweit erkannte Eigenschaften für bestimmte berufliche Tätigkeiten notwendig sind.

Für die Auswahl von Bewerbern haben Persönlichkeitstests keine überragende Bedeutung.

• **Fähigkeitstests**, mit der die allgemeine Leistungsfähigkeit, die Intelligenz, spezielle Begabungen und Leistungsfähigkeiten untersucht werden als:

Allgemeine Leistungstests	Sie dienen dazu, die **geistigen Leistungsmerkmale** des Bewerbers zu erfassen und beziehen sich z. B. auf die Belastbarkeit, Konzentration, Aufmerksamkeit und den Willenseinsatz.
Spezielle Leistungstests	Mit ihrer Hilfe wird das **Verhalten** in einer experimentellen Arbeitssituation untersucht, z. B. durch Prüfung sensorischer oder motorischer Funktionen, technischen Verständnisses sowie von Rechtschreib- und Rechenkenntnissen.
Intelligenztests	Mit ihnen wird die **allgemeine Intelligenz** untersucht. Darunter wird die Begabung zum Denken verstanden, d.h. unterschiedliche gedankliche Probleme zu erkennen und zu lösen.

Die allgemeine Intelligenz prägende **Faktoren** sind z.B. sprachliches Verständnis, Assoziationsfähigkeit, Rechengewandtheit, räumliches Denken, Gedächtnis, Auffassungsgabe und schlussfolgerndes Denken. Der Maßstab für das Ausmaß der Intelligenz ist der **Intelligenzquotient** (IQ), der aus dem Verhältnis von Intelligenzalter (IA) – als durchschnittlicher Entwicklungsgrad gleichartiger Personen – zum Lebensalter (LA) besteht:

$$IQ = \frac{IA}{LA} \cdot 100$$

IQ-Wert	Erklärung
140 und höher	extrem hohe Intelligenz
120 - 139	sehr hohe Intelligenz
110 - 119	hohe Intelligenz
90 - 109	durchschnittliche Intelligenz
80 - 89	niedrige Intelligenz
70 - 79	sehr niedrige Intelligenz
unter 70	extrem niedrige Intelligenz

Spezielle Begabungstests	Damit wird versucht, z. B. die technische Begabung, Fingerfertigkeit und Geschicklichkeit festzustellen.

Fähigkeitstests werden in der Praxis gerne eingesetzt. Sie ermöglichen – im Gegensatz zu Noten oder Beurteilungen – infolge der standardisierten Prüfungssituation erhebliche **Chancengleichheit**. Im Gegensatz zu Persönlichkeitstests sind sie für die Bewerber meist **gut verständlich** und **nachvollziehbar**. Schließlich weisen sie vielfach eine hohe **Treffsicherheit** auf.

Es darf allerdings nicht verkannt werden, dass die zahlreichen Veröffentlichungen für Bewerber, die sich z.B. als »Testknacker« ausgeben, eine intensive Vorbereitung auf diese Tests ermöglichen. Dadurch können sich Verfälschungen in den Ergebnissen ergeben. Dies ist auch der Fall, wenn Bewerber mehrfach an diesen – meist ähnlich strukturierten – Tests teilnehmen.

Schließlich können die Testergebnisse durch **Einflussfaktoren** bestimmt werden, die sich nicht standardisieren lassen, z. B. physikalische Umweltbedingungen, persönliche Eigenschaften der Bewerber, persönliche Verhaltensweisen des Testleiters, momentane emotionale und körperliche Zustände der Bewerber sowie testbezogene Einstellungen und Erwartungen der Bewerber.

- Zunehmend verstärkt eingesetzte Eignungstests sind die **Assessment Center**. Sie stellen systematische Verfahren zur qualifizierten Feststellung von Verhaltensleistungen und Verhaltensdefiziten von Bewerbern dar und weisen als **Merkmale** auf:

Teilnehmer	Am Assessment Center nehmen meist 8 bis 12 Bewerber teil.
Dauer	Das Assessment Center wird im Rahmen der Personalbeschaffung **einen bis zwei Tage** lang durchgeführt, mitunter auch drei Tage.
Inhalt	Er soll sich an den Erfordernissen der zu besetzenden Stelle orientieren. Dazu ist es notwendig, eine **Anforderungsanalyse** durchzuführen und daraus das Anforderungsprofil für das Aufgabengebiet zu erstellen, das zeigt, welche Aufgaben in der zu besetzenden Stelle anfallen und welche Verhaltensweisen für deren erfolgreiche Bewältigung erforderlich sind.
Übungen	Eine Vielzahl von Übungen steht zur Verfügung, welche die Bewerber absolvieren müssen. Ihre Auswahl hat sich an den Erfordernissen der zu besetzenden Stelle zu orientieren. Außerdem müssen sie Beobachtungen und Bewertungen zu den jeweiligen Anforderungsmerkmalen zulassen. Zu den wichtigsten **Arten** von Übungen siehe S. 154.
Ablauf	Zunächst sollten die Bewerber über die ausgewählten Übungen und Anforderungskriterien informiert werden. Sodann haben sie sich den verschiedenen **Übungen** zu stellen, wobei **Beobachter** ihr Verhalten aufnehmen und bewerten. Zum Abschluss erhält jeder Bewerber ein **Feedback**, in dem detailliert auf seine Ergebnisse sowie Stärken und Schwächen eingegangen wird.
Beobachter	Das Verhalten der Bewerber wird von mehreren Personen während der Übungen beobachtet und bewertet.
	Als Beobachter bieten sich **Führungskräfte** des Unternehmens an, da sie über gute Kenntnisse der Arbeitsbedingungen und Arbeitserfordernisse verfügen, aber auch **Psychologen**, welche die gezeigten

Leistungen unparteiisch und objektiv interpretieren können. Gegebenenfalls stehen zudem **Mitarbeiter der Personalabteilung** als Beobachter zur Verfügung.

Die Beobachter sollten unbedingt für ihre Aufgabe geschult werden. Sie arbeiten auf der Grundlage festgelegter und schriftlich dokumentierter Kriterien.

Erst mit Abschluss der Beobachtung ist die Vornahme der Bewertung zu empfehlen, d.h. Beobachtung und Bewertung sollen getrennt voneinander erfolgen.

Typische **Übungen**, die im Assessment Center eingesetzt werden, sind:

Postkorb	Er zählt zu den bekanntesten Verfahren des Assessment Centers. Mit dieser Übung wird eine Situation simuliert, bei welcher der Bewerber unter Zeitdruck die Eingangspost (Briefe, Mitteilungen, Anfragen, Aktennotizen) einer Führungskraft bearbeiten muss.
Gruppendiskussion	Sie erfolgt zu einem vorgegebenen Thema. Je brisanter es ist, umso mehr können sich unterschiedliche Meinungen provozieren und das Diskussionsverhalten dynamisieren lassen. Möglich ist auch, die Teilnehmer im Anschluss an die Diskussion aufzufordern, sich gegenseitig zu beurteilen bzw. in eine Rangfolge zu bringen.
Rollenspiel	Damit wird eine praxistypische Gesprächssituation simuliert, z.B. ein Beurteilungsgespräch mit einem schwierigen Mitarbeiter.
Präsentation	Die Teilnehmer bearbeiten vorbereitend einzeln oder in Gruppen eine Aufgabenstellung, um sie sodann im Plenum zu präsentieren.
Interview	Es dient als Einzel- oder Gruppeninterview dazu, nicht direkt beobachtbare Werte, Einstellungen, Motive offen zu legen.
Gruppenarbeit	Die Teilnehmer erarbeiten in Gruppen eine Aufgabenstellung, die sich auf betriebliche Gegebenheiten beziehen kann.

Im Rahmen des Assessment Centers können auch **Persönlichkeitstests** und **Fähigkeitstests** – wie oben beschrieben – durchgeführt werden. Außerdem erfolgt mitunter die Erstellung **biografischer Fragebögen**, mit denen vergangenheitsbezogene Ereignisse und Erfahrungen einschließlich ihrer Verarbeitung erhoben werden, um auf künftiges Verhalten schließen zu können.

Das Assessment Center ist zweifellos ein besonders personal-, zeit- und kostenintensiver Eignungstest. Andererseits ermöglicht es durch vielfältige und relativ praxisnahe Übungen, das tatsächliche Verhalten von Bewerbern, insbesondere auch ihr Sozialverhalten, relativ gut zu erkennen.

Das gezeigte Verhalten ist aber nur bei angemessener Ausrichtung auf die Erfordernisse der zu besetzenden Stelle aussagekräftig. Geschieht dies angemessen, besteht die Chance, dass dem hohen Aufwand für das Assessment Center eine gute Treffsicherheit gegenübersteht.

4.3 Grafologisches Gutachten

Mithilfe grafologischer Gutachten werden Handschriften psychoanalytisch ausgewertet. Dabei wird angenommen, dass das Schreibverhalten des Menschen von einem relativ konstanten System von Persönlichkeitsfaktoren beeinflusst wird. Der Grafologe schließt aus der individuellen Handschrift auf Leistungs- und Persönlichkeitsmerkmale des Bewerbers.

Es können z.B. folgende **Faktoren** der Handschrift geprüft werden:

- Die **Schriftgröße**, die z.B. den Ausprägungsgrad des Selbstwertgefühls zeigt.
- Die **Schriftlage**, die z.B. auf die Art der Zuwendung zur Außenwelt hinweist.
- Der **Wortabstand**, der z.B. auf seelische Probleme schließen lässt.
- Die **Endbetonung** bestimmter Buchstaben, die auf extremen Ehrgeiz hindeutet.
- Der **Formreichtum**, der produktive Fantasie bzw. Vorstellungsvermögen zeigt.
- Der **Schreibdruck**, der bei großer Stärke auf willentliche Energie hindeutet.

Beispielsweise wird aus einer nach links geneigten Schrift auf **Introversion** geschlossen, d.h. auf einen nach innen gekehrten Menschentypen, und bei nach rechts geneigter Schrift **Extraversion** angenommen.

Die Aussagekraft grafologischer Gutachten ist umstritten. Sie dürfen sich im Übrigen ausschließlich auf **arbeitsplatzspezifische Eigenschaften** des Bewerbers beziehen.

Grafologische Gutachten sind nach einem Urteil des Bundesarbeitsgerichts grundsätzlich **zulässig**. Sie dürfen jedoch nur mit Zustimmung des Bewerbers erfolgen, wobei vielfach davon ausgegangen wird, dass der Bewerber durch die Zusendung eines handgeschriebenen Lebenslaufes bzw. einer sonstigen Handschriftprobe seine Zustimmung zu einem grafologischen Gutachten gegeben hat.

4.4 Ärztliche Eignungsuntersuchung

Den Abschluss des Auswahlverfahrens stellt in vielen Fällen die ärztliche Eignungsuntersuchung dar. Bei **jugendlichen Bewerbern** unter 18 Jahren ist sie nach § 32 Abs. 1 JArbSchG vorgeschrieben. Danach darf eine Beschäftigung nur begonnen werden, wenn der Bewerber innerhalb der letzten 14 Monate von einem Arzt untersucht worden ist und eine entsprechende Tauglichkeitsbescheinigung vorlegt.

Die ärztliche Eignungsuntersuchung soll feststellen, inwieweit ein Bewerber den physischen Belastungen seiner künftigen Tätigkeit gewachsen ist. Sie hat damit **arbeitsplatz- bzw. anforderungsspezifisch** zu erfolgen, zweckmäßigerweise durch den Betriebsarzt, wenn ein solcher im Unternehmen vorhanden ist.

Die **Tauglichkeitsbescheinigung** muss auf Einstufungen wie tauglich, nur für den vorgesehenen Arbeitsplatz tauglich, anderweitig tauglich, zurzeit nicht tauglich oder untauglich beschränkt sein. Ein weitergehendes ärztliches Urteil ist ohne die Zustimmung des Bewerbers unzulässig.

Soweit die ärztliche Eignungsuntersuchung auch arbeitsrechtlich unzulässige Fragestellungen beinhaltet, müssen diese nicht wahrheitsgemäß beantwortet werden.

4.5 Entscheidung

Aufgrund der Bewerbungsunterlagen, der geführten Vorstellungsgespräche sowie gegebenenfalls vorhandener Ergebnisse von Eignungstests, grafologischen Gutachten und ärztlichen Eignungsuntersuchungen kann entschieden werden, welchem der Bewerber der Vorzug gegeben werden soll.

Der **Personalleiter** und der **Abteilungsleiter** haben sich vielfach auf einen Bewerber zu verständigen, was nicht immer problemlos sein muss. Während der Abteilungsleiter vor allem die Eignung des Bewerbers und seine Verfügbarkeit zum erforderlichen Zeitpunkt sieht, hat der Personalleiter auch rechtliche und personalpolitische Gesichtspunkte zu beachten.

Bewerbern, die für die ausgeschriebene Stelle nicht mehr in Betracht kommen, ist unverzüglich abzuschreiben. Der **Absage-Brief** sollte persönlich, höflich und ermunternd sein, um die Enttäuschung der Bewerber zu begrenzen.

Die Entscheidung für einen Bewerber mit der Folge seiner **Einstellung** im Unternehmen unterliegt der **Mitbestimmung** des Betriebsrates:

- Nach § 99 BetrVG, der die Mitbestimmung des Betriebsrates bei **personellen Einzelmaßnahmen** regelt, gilt, dass der Arbeitgeber in Unternehmen mit in der Regel mehr als zwanzig wahlberechtigten Arbeitnehmern den Betriebsrat vor jeder Einstellung, Eingruppierung, Umgruppierung und Versetzung zu unterrichten, ihm die erforderlichen **Bewerbungsunterlagen** vorzulegen und **Auskunft** über die Person der Beteiligten zu geben hat.

Er muss dem Betriebsrat auch Auskunft über die Auswirkungen der geplanten Maßnahme geben sowie seine **Zustimmung** zu der geplanten Maßnahme einholen. Bei Einstellungen und Versetzungen hat der Arbeitgeber den in Aussicht genommenen Arbeitsplatz und die vorgesehene Eingruppierung mitzuteilen.

Die Mitglieder des Betriebsrats sind verpflichtet, über die ihnen im Rahmen der personellen Maßnahmen bekannt gewordenen persönlichen Verhältnisse und Angelegenheiten der Arbeitnehmer, die ihrer Bedeutung oder ihrem Inhalt nach einer vertraulichen Behandlung bedürfen, **Stillschweigen** zu bewahren.

Der Betriebsrat kann die **Zustimmung verweigern,** wenn:

- ▸ Die personelle Maßnahme gegen eine **Verordnung**, eine **Unfallverhütungsvorschrift**, eine Bestimmung in einem **Tarifvertrag** oder in einer **Betriebsvereinbarung**, eine gerichtliche **Entscheidung**, eine behördliche **Anordnung** oder ein **Gesetz** (z. B. auch das Allgemeine Gleichbehandlungsgesetz von 08/2006) verstoßen würde.

- ▸ Die personelle Maßnahme gegen eine **Auswahlrichtlinie** nach § 95 BetrVG verstoßen würde.

▸ Die durch Tatsachen begründete **Besorgnis** besteht, dass infolge der personellen Maßnahme im Betrieb beschäftigte **Arbeitnehmer gekündigt** werden oder sonstige **Nachteile** erleiden, ohne dass dies aus betrieblichen oder persönlichen Gründen gerechtfertigt ist. Als Nachteil gilt bei unbefristeter Einstellung auch die Nichtberücksichtigung eines gleich geeigneten befristeten Beschäftigten.

▸ Der betroffene **Arbeitnehmer** durch die personelle Maßnahme **benachteiligt** wird, ohne dass dies aus betrieblichen oder in der Person des Arbeitnehmers liegenden Gründen gerechtfertigt ist.

▸ Eine nach § 93 BetrVG erforderliche **Ausschreibung** im Betrieb **unterblieben** ist oder die durch Tatsachen begründete Besorgnis besteht, dass der für die personelle Maßnahme in Aussicht genommene Bewerber oder Arbeitnehmer den **Betriebsfrieden** durch gesetzwidriges Verhalten oder durch grobe Verletzung der in § 75 Abs. 1 BetrVG enthaltenen Grundsätze, insbesondere durch rassistische oder fremdenfeindliche Betätigung, stören werde.

Verweigert der Betriebsrat seine **Zustimmung**, hat er das dem Arbeitgeber unter Angabe von Gründen innerhalb einer Woche nach Unterrichtung durch den Arbeitgeber schriftlich mitzuteilen. Der Arbeitgeber kann daraufhin beim Arbeitsgericht beantragen, die Zustimmung zu ersetzen. Teilt der Betriebsrat dem Arbeitgeber die Verweigerung seiner Zustimmung nicht innerhalb dieser Frist schriftlich mit, gilt die Zustimmung als erteilt.

• Nach § 100 BetrVG, der **vorläufige personelle Maßnahmen** regelt, kann der Arbeitgeber, wenn dies aus sachlichen Gründen dringend erforderlich ist, die personelle Maßnahme im Sinne des § 99 BetrVG vorläufig durchführen, bevor der Betriebsrat sich geäußert oder wenn er die Zustimmung verweigert hat. Der Arbeitgeber hat den hiervon betroffenen **Arbeitnehmer** über die Sach- und Rechtslage **aufzuklären**.

Der Betriebsrat muss vom Arbeitgeber unverzüglich von der vorläufigen personellen Maßnahme unterrichtet werden. Bestreitet der **Betriebsrat**, dass die Maßnahme aus sachlichen Gründen dringend erforderlich ist, hat er dies dem Arbeitgeber unverzüglich mitzuteilen.

In diesem Fall darf der Arbeitgeber die vorläufige personelle Maßnahme nur aufrechterhalten, wenn er innerhalb von drei Tagen beim Arbeitsgericht die **Ersetzung der Zustimmung** des Betriebsrates und die Feststellung beantragt, dass die Maßnahme aus sachlichen Gründen dringend erforderlich war.

Lehnt das Arbeitsgericht durch rechtskräftige Entscheidung die Ersetzung der Zustimmung des Betriebsrates ab oder stellt es rechtskräftig fest, dass die Maßnahme aus sachlichen Gründen offensichtlich nicht dringend erforderlich war, endet die vorläufige personelle Maßnahme mit Ablauf von zwei Wochen nach Rechtskraft der Entscheidung. Von diesem Zeitpunkt an darf die personelle Maßnahme nicht mehr aufrechterhalten werden.

Kein Mitbestimmungsrecht besteht bei der Einstellung **leitender Angestellten** gemäß § 5 Abs. 3 BetrVG. Nach § 105 BetrVG ist die beabsichtigte Einstellung oder personelle Veränderung dem Betriebsrat lediglich rechtzeitig mitzuteilen.

Liegt die Zustimmung des Betriebsrates zur Einstellung eines Bewerbers – sofern erforderlich – vor, sollte dem Bewerber die **Zusage** unverzüglich schriftlich mitgeteilt und der

Entwurf eines Arbeitsvertrages beigefügt werden. In eiligen Fällen – z. B. vor einem Kündigungstermin – ist eine telefonische Vorabinformation möglich.

5. Arbeitsvertrag

Der Arbeitsvertrag ist die rechtliche Grundlage für die Beziehung von Arbeitgeber und Arbeitnehmer. Mit ihm wird ein Arbeitsverhältnis begründet, das die Pflichten von Arbeitgeber und Arbeitnehmer bewirkt. Rechtliche **Grundlagen** für den Arbeitsvertrag sind:

- **Gesetze**, wobei das Bürgerliche Gesetzbuch mit seinen §§ 611 - 630 die gesetzliche Grundlage für den Arbeitsvertrag darstellt, die durch viele spezielle Gesetze zu Gunsten des Arbeitnehmers ergänzt wird, z. B.:

▸ Tarifvertragsgesetz	▸ Jugendarbeitsschutzgesetz
▸ Bundesurlaubsgesetz	▸ Betriebsverfassungsgesetz
▸ Schwerbehindertenrecht im SGB IX	▸ Arbeitszeitgesetz
▸ Wehrpflichtgesetz	▸ Gewerbeordnung
▸ Arbeitsplatzschutzgesetz	▸ Mutterschutzgesetz
▸ Kündigungsschutzgesetz	▸ Personalvertretungsgesetz

Inzwischen gibt es auch eine Vielzahl europäischer Rechtsvorschriften, die zu beachten sind.

- **Tarifverträge**, die geschlossen werden können als – siehe S. 51 f.:

▸ Lohn- und Gehaltstarifvertrag	▸ Verbandstarifvertrag
▸ Mantel- oder Rahmentarifvertrag	▸ Firmen-, Haus-, Werks- oder Unternehmenstarifvertrag

- **Betriebsvereinbarungen**, die privatrechtliche Verträge zwischen Arbeitgeber und Betriebsrat sind, in denen alle Fragen geregelt werden können, die im Zuständigkeitsbereich des Betriebsrates liegen. Ihre Wirksamkeit und Zulässigkeit wurden bereits dargelegt – siehe S. 56 f.

- Die **Rechtsprechung**, die durch die Arbeitsgerichte erfolgt.

Es kann vorkommen, dass die unterschiedlichen Grundlagen für den Arbeitsvertrag untereinander oder/und mit diesem nicht übereinstimmen, sodass eine Konkurrenzsituation entsteht, und sich die Frage ergibt, welche Regelung letztendlich rechtswirksam ist. Dazu ist es wichtig, die **unterschiedlichen Rangordnungen** der Rechtsgrundlagen zu kennen.

Wenn ein Sachverhalt bereits »weiter oben« geregelt ist, gilt diese Regelung:

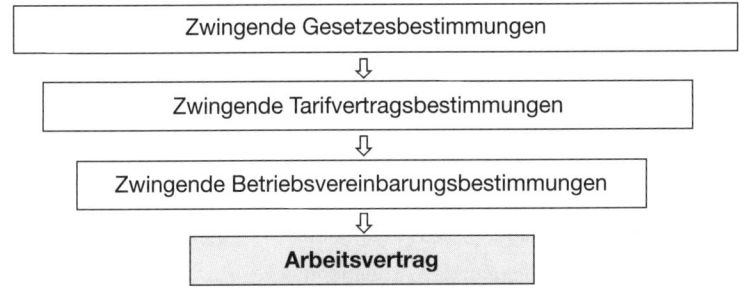

Der Arbeitsvertrag soll nach Form und Inhalt dargestellt werden.

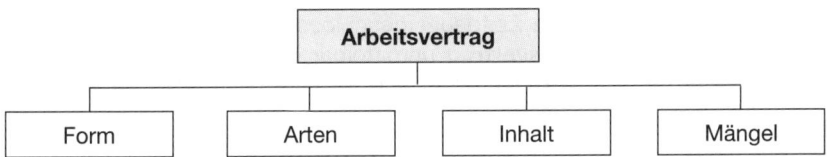

5.1 FORM

Der Arbeitsvertrag kann grundsätzlich **formlos** geschlossen werden, also auf schriftlichen oder mündlichen Willenserklärungen* von Arbeitgeber und Arbeitnehmer beruhen, die übereinstimmen. Die Formfreiheit des Arbeitsvertrages ist nicht mehr gegeben, wenn Gesetze, Tarifverträge oder Betriebsvereinbarungen vorschreiben, dass ein Arbeitsvertrag der **Schriftform** bedarf.

So legt § 4 BBiG fest, dass der Ausbildende – das ist der Arbeitgeber – unverzüglich nach Abschluss eines **Berufsausbildungsvertrages**, spätestens vor Beginn der Berufsausbildung, den wesentlichen Inhalt des Vertrages schriftlich niederzulegen hat. Seit 05/2000 bedürfen auch **befristete Arbeitsverträge** der Schriftform (§ 620 Abs. 3, § 14 Abs. 4 TzBfG).

Bei einem vertraglich vereinbarten **Wettbewerbsverbot** – siehe Seite 162 f. – ist nach § 74 Abs. 1 HGB die Schriftform vorgeschrieben, allerdings nur in Bezug auf diese Vereinbarung, nicht auf den gesamten Arbeitsvertrag.

Auch wenn der mündliche Abschluss eines Arbeitsvertrages zulässig ist, empfiehlt sich dennoch die Wahl der Schriftform, nicht zuletzt aus Gründen der Rechtssicherheit. Das gilt nicht nur unmittelbar für den Arbeitsvertrag, sondern auch für Nebenabreden, die beim Abschluss des Arbeitsvertrages oder später vereinbart werden.

Bei der Verwendung von Formular-Arbeitsverträgen hat der Betriebsrat ein **Mitbestimmungsrecht**. Er kann eine Zustimmung verweigern.

---

* Unbeschadet der Möglichkeit, den Arbeitsvertrag mündlich abzuschließen, muss der Arbeitgeber spätestens einen Monat nach dem vereinbarten Beginn des Arbeitsverhältnisses die wesentlichen **Vertragsbedingungen schriftlich niederlegen**, die Niederschrift unterzeichnen und dem Arbeitnehmer aushändigen (§ 2 NachwG), sofern kein schriftlicher Arbeitsvertrag vorliegt, der die wesentlichen Vertragsbedingungen enthält.

5.2 ARTEN

Der Arbeitsvertrag kann grundsätzlich in zweifacher Weise geschlossen werden:

- Als **unbefristeter Arbeitsvertrag**, der auch als Dauerarbeitsvertrag bezeichnet wird und beendet werden kann durch:

  - ▸ Einseitige Erklärung (Kündigung) des Arbeitgebers
  - ▸ Einseitige Erklärung (Kündigung) des Arbeitnehmers
  - ▸ Vertragliche Vereinbarung (Aufhebungsvertrag) zwischen Arbeitgeber und Arbeitnehmer

- Als **befristeter Arbeitsvertrag**, der ohne solche Erklärungen oder Vereinbarungen endet, da er für eine bestimmte Zeitdauer geschlossen wurde, die bei einem **kalendermäßig befristeten Arbeitsvertrag** unmittelbar (z.B. 31.12.2007) oder bei einem **zweckbefristeten Arbeitsvertrag** mittelbar (z.B. mit Projektende) vereinbart wurde.

Ein befristeter Arbeitsvertrag darf seit 05/2000 ausschließlich schriftlich und nach § 14 TzBfG grundsätzlich nur abgeschlossen werden, sofern für die Befristung ein **sachlicher Grund** gegeben ist, insbesondere wenn:

- ▸ Der betriebliche Bedarf an der Arbeitsleistung nur vorübergehend besteht
- ▸ Die Befristung im Anschluss an eine Ausbildung oder ein Studium erfolgt, um den Übergang des Arbeitnehmers in eine Anschlussbeschäftigung zu erleichtern
- ▸ Der Arbeitnehmer zur Vertretung eines anderen Arbeitnehmers beschäftigt wird
- ▸ Die Eigenart der Arbeitsleistung die Befristung rechtfertigt
- ▸ Die Befristung zur Erprobung erfolgt
- ▸ In der Person des Arbeitnehmers liegende Gründe die Befristung rechtfertigen
  Der Arbeitnehmer aus Haushaltsmitteln vergütet wird, die haushaltsrechtlich für eine befristete Beschäftigung bestimmt sind, und er entsprechend beschäftigt wird
- ▸ Die Befristung auf einem gerichtlichen Vergleich beruht

Die kalendermäßige Befristung eines Arbeitsvertrages ist nach § 14 Abs. 2 TzBfG **ohne Vorliegen eines sachlichen Grundes** bis zur Dauer von zwei Jahren zulässig, wobei bis zu dieser Gesamtdauer eine höchstens dreimalige Verlängerung des kalendermäßig befristeten Arbeitsvertrages möglich ist. Nicht zulässig ist die Befristung ohne sachlichen Grund, wenn mit demselben Arbeitnehmer bereits zuvor ein befristetes oder unbefristetes Arbeitsverhältnis bestand.

Durch Tarifvertrag kann die Anzahl der Verlängerungen oder die Höchstdauer der Befristung abweichend von Satz 1 festgelegt werden. Im Geltungsbereich eines solchen Tarifvertrages ist es möglich, dass nicht tarifgebundene Arbeitgeber und Arbeitnehmer die Anwendung der tariflichen Regelungen vereinbaren.

Die Regelung, dass die Befristung eines Arbeitsvertrages aufgrund des Ersten Gesetzes für moderne Dienstleistungen am Arbeitsmarkt (*Hartz I*) ab dem 52. Lebensjahr bzw. ab dem 58. Lebensjahr keines sachlichen Grundes bedarf, ist vom Europäischen Gerichtshof 11/2005 für unwirksam erklärt worden. Das bedeutet, dass Mitarbeiter, die älter als 52 Jahre sind, nicht unbeschränkt befristet beschäftigt werden dürfen.

Seit 2004 ist nach dem Gesetz zu Reformen am Arbeitsmarkt (Artikel 2) außerdem in den **ersten vier Jahren nach der Gründung** eines Unternehmens die kalendermäßige Befristung eines Arbeitsvertrages ohne Vorliegen eines sachlichen Grundes bis zur Dauer von vier Jahren zulässig. Bis zu dieser Gesamtdauer ist eine **mehrfache Verlängerung** möglich (§ 14 Abs. 2a TzBfG).

Die **Befristung** ist jedoch **nicht zulässig**, wenn zu einem vorhergehenden unbefristeten Arbeitsvertrag mit demselben Arbeitgeber ein enger sachlicher Zusammenhang besteht. Ein solcher enger sachlicher Zusammenhang ist insbesondere anzunehmen, wenn zwischen den Arbeitsverträgen ein Zeitraum von weniger als sechs Monaten liegt.

Der Arbeitgeber kann mit Auszubildenden innerhalb der letzten sechs Monate des Berufsausbildungsverhältnisses ein befristetes Arbeitsverhältnis für die Zeit nach Ende der Ausbildung eingehen.

Klagen auf Feststellung der **Unwirksamkeit einer Befristung** sind innerhalb von drei Wochen beim Arbeitsgericht geltend zu machen.

5.3 INHALT

Grundsätzlich sind Arbeitgeber und Arbeitnehmer bei der inhaltlichen Gestaltung des Arbeitsvertrages frei. Sie müssen aber bestehende Vorschriften beachten, die in Gesetzen, Tarifverträgen oder Betriebsvereinbarungen enthalten sind bzw. sich aus der betrieblichen Übung ergeben. **Inhalte** des Arbeitsvertrages können sein:

- Die **Vertragsparteien**, die genau zu bezeichnen sind. Beim Arbeitgeber sind die Firma, Rechtsform und der Sitz, beim Arbeitnehmer der Vorname, Zuname und die Anschrift zu nennen.

- Der **Vertragsbeginn**, der genau festzulegen ist.

- Die **Tätigkeitsbezeichnung**, die möglichst genau zu erfolgen hat, z. B. Exportsachbearbeiter, Bilanzbuchhalter, Werkzeugmacher. Unbefriedigend sind Bezeichnungen wie Mitarbeiter, Kaufmann, Betriebswirt.

  Je weitreichender die Tätigkeitsbezeichnung ist, umso breiter ist das Spektrum der vom Arbeitgeber forderbaren Leistungen. Wird eine übliche Berufsbezeichnung verwendet, ist der Arbeitnehmer zur Leistung aller dem betreffenden Berufsbild entsprechenden Arbeiten verpflichtet.

- Die **Tätigkeitsbeschreibung**, die möglichst genau erfolgen und auch Vollmachten enthalten sollte. Unbefriedigend sind Beschreibungen wie »alle anfallenden Arbeiten«, »nach mündlicher Anweisung«, »übliche Tätigkeiten«.

  Häufig behält der Arbeitgeber sich durch eine **Klausel** vor, dem Arbeitnehmer auch »andere der Berufserfahrung und Ausbildung entsprechende Aufgaben« zu übertragen, wodurch eine Versetzung des Arbeitnehmers möglich und das Erfordernis einer Änderungskündigung vermieden wird.

- Die **Vergütung**, zu der die Art, Höhe, Steigerung, Fälligkeit und Auszahlungsweise der Vergütung als Angaben erfolgen sollten.

Als **Art** der Vergütung können Zeitlohn, Akkordlohn, Prämienlohn und Pensumlohn genannt werden. Die **Höhe** der Vergütung – als Bruttolohn oder Nettolohn – ist frei vereinbar, sie muss bei einem tarifgebundenen Arbeitgeber aber wenigstens der tariflichen Mindestvergütung entsprechen.

Gegebenenfalls sind Vereinbarungen über die Vergütung von Mehrarbeit, Überstunden, Feiertagen sowie über eine Gewinnbeteiligung zu treffen.

- Die **Sozialleistungen**, die in vielfältiger Form gewährt werden können, z. B. als Dienstwagen, Werks- oder werksgeförderte Wohnung, Umzugskosten, Gratifikationen, Beiträge zur Vermögensbildung, Unfallversicherung, Invaliditätsversicherung, Dienstkleidung, Altersversorgung oder Sterbekasse.

- Die **Arbeitszeit**, die unter zwei Gesichtspunkten geregelt werden kann:

> ▸ Die **regelmäßige Arbeitszeit** unter Einschluss der Pausen ist meist im Tarifvertrag festgelegt, ansonsten gilt das Arbeitszeitgesetz, das z.B. Arbeitszeit, Ruhepausen, Ruhezeiten, Nachtarbeit, Sonntagsarbeit und Feiertagsarbeit regelt – siehe S. 206.

> ▸ Die Verpflichtung zur **Mehr-, Nacht-, Feiertags- und Sonntagsarbeit** kann im **Tarifvertrag** oder in einer **Betriebsvereinbarung** festgelegt sein.

Sofern die Arbeitszeit bestimmten Regelungen unterliegt, empfiehlt sich der Hinweis hierauf. Sind solche Regelungen nicht gegeben, ist die Arbeitszeit bei Bedarf im Arbeitsvertrag ausdrücklich festzulegen.

- Der **Urlaub**, der mindestens der Regelung im Bundesurlaubsgesetz (BUrlG) – nach einer Wartezeit von 6 Monaten – mindestens 24 Werktage im Jahr zu entsprechen hat, wozu auch die Samstage zählen, sofern sie keine Feiertage sind.

Die Regelung des Urlaubs kann in einem Tarifvertrag oder in Richtlinien des Unternehmens weitergehend erfolgen.

Eine einzelvertragliche Vereinbarung des Urlaubes – über 24 Werktage hinaus – bietet sich an, wenn eine über die kollektiven Vereinbarungen hinausgehende Regelung erfolgen soll.

- Die **unverschuldete Arbeitsverhinderung**, die sich vor allem bezieht auf:

Erkrankung	Bei Erkrankung des Arbeitnehmers erhält dieser nach gesetzlicher Regelung **100 % seiner Vergütung** für die Dauer von **sechs Wochen** weitergezahlt, sofern das Arbeitsverhältnis bis zum Beginn der Erkrankung bereits vier Wochen bestanden hat.
	Der Arbeitgeber kann über diesen Zeitraum hinausgehen, was tarifvertraglich festgelegt oder im Arbeitsvertrag vereinbart ist.
Ableben	Bei Ableben des Arbeitnehmers gilt eine **ähnliche Regelung**. Auch hier kann der Arbeitgeber die Vergütung für einen bestimmten Zeitraum weiterzahlen, was im Arbeitsvertrag festzulegen ist.

- Das **Wettbewerbsverbot**, das auch als **Konkurrenzklausel** bezeichnet wird und dazu dient, eine zeitnahe Tätigkeit des Arbeitnehmers nach Beendigung des Arbeitsverhältnisses bei der Konkurrenz zu verhindern. Nach §§ 74 - 74a HGB gelten für den **Angestellten** folgende Regelungen:

- ▸ Die Vereinbarung bedarf der Schriftform.

- ▸ Das Wettbewerbsverbot ist auf 2 Jahre begrenzt.

- ▸ Für die Dauer des Wettbewerbsverbotes ist eine Entschädigung von mindestens der Hälfte der zuletzt bezogenen vertragsmäßigen Leistungen zu zahlen.

- ▸ Das Wettbewerbsverbot darf für den Arbeitnehmer nach Ort, Zeit oder Gegenstand nicht zu einer unbilligen Erschwernis seines Fortkommens führen.

Kündigt der Arbeitnehmer fristgerecht, wird das Wettbewerbsverbot wirksam. Liegt eine **fristlose Kündigung** wegen vertragswidrigem Verhalten des Arbeitgebers vor, kann der Arbeitnehmer vor Ablauf eines Monats nach der Kündigung erklären, dass er sich nicht an das Wettbewerbsverbot gebunden fühle.

- Die **Probezeit**, die dem Kennenlernen von Arbeitgeber und Arbeitnehmer dient. Sie beträgt für gewerbliche Arbeitnehmer gewöhnlich vier Wochen, für Angestellte bis zu drei Monate, für leitende Angestellte und Spezialisten mitunter auch sechs Monate. Regelungen über die Länge der Probezeit finden sich oft in Tarifverträgen.

Das Probearbeitsverhältnis kann auf zwei **Arten** gestaltet werden:

Befristetes Arbeits- verhältnis	Es wird zunächst abgeschlossen und durch **ausdrückliche Verein- barung** in ein endgültiges Arbeitsverhältnis umgewandelt bzw. nach Ablauf der Frist mit Wissen des Arbeitgebers fortgesetzt, wodurch es als **unbefristet verlängert** gilt, sofern der Arbeitgeber gemäß § 625 BGB nicht unverzüglich widerspricht.
Unbefristetes Arbeits- verhältnis	Das Arbeitsverhältnis wird ohne Befristung abgeschlossen, wobei für die Anfangszeit eine Probezeit vereinbart wird, mit welcher das Ar- beitsverhältnis beginnt.

Die Länge der Probezeit sollte im Arbeitsvertrag vereinbart werden. Es kann aber auch auf die tarifvertragliche Regelung verwiesen werden. Ebenso ist zu empfehlen, die Kündigungsfrist während der Probezeit in den Arbeitsvertrag aufzunehmen. Erfolgt keine arbeitsvertragliche Regelung, gilt die gesetzlich zulässige Mindestkündigungs- zeit von einem Monat als stillschweigend vereinbart.

- Die **Kündigungsfrist**, die frei vereinbart werden kann, sofern die gesetzlichen Mindest- fristen, bei tarifgebundenen Arbeitsverhältnissen die Bestimmungen des Tarifvertrages beachtet werden – siehe ausführlich S. 433 f.

Die gesetzliche Kündigungsfrist ist für Arbeiter und Angestellte gleich. Das Arbeitsver- hältnis kann mit einer Frist von vier Wochen zum Fünfzehnten oder zum Ende des Ka- lendermonats gekündigt werden (§ 622 Abs. 1 BGB). Für eine Kündigung durch den Arbeitgeber ist die Kündigungsfrist von der **Beschäftigungsdauer** abhängig.

Während einer vereinbarten **Probezeit**, längstens für die Dauer von sechs Monaten, kann das Arbeitsverhältnis mit einer Frist von zwei Wochen gekündigt werden (§ 622 Abs. 3 BGB).

Die Kündigungsfrist sollte im Arbeitsvertrag vereinbart werden bzw. ein Verweis auf die gesetzliche oder tarifvertragliche Regelung erfolgen.

Die genannten Inhalte des Arbeitsvertrages können noch ergänzt werden, z. B. durch die sich eigentlich aus der Treuepflicht des Arbeitnehmers ergebenden **Geheimhaltungspflicht**, die ohnehin im ArNeErfG enthaltenen Regelungen für **Diensterfindungen**, Vereinbarungen in Bezug auf **Nebentätigkeiten**, **Rückzahlungsklauseln** und **Gerichtsstandklauseln**.

5.4 MÄNGEL

Der Arbeitsvertrag kann verschiedene Mängel aufweisen. Das sind *(Schwedes)*:

• **Mängel beim Vertragsabschluss**, zu denen zählen:

Gesetzliches Verbot	Der Arbeitsvertrag verstößt gegen ein gesetzliches Verbot gemäß § 134 BGB, z. B. bei: ▸ Beschäftigung von Kindern (§ 7 JArbSchG) ▸ Beschäftigung von Jugendlichen in besonderen Fällen (§§ 10 - 18, 39 JArbSchG, § 120 e GewO) ▸ Beschäftigung von Frauen (§ 120 e GewO) ▸ Beschäftigung von Ausländern ohne entsprechende Voraussetzungen (§ 19 AFG, §§ 2, 3, 8 AuslG)
Willensmangel	Der Arbeitsvertrag enthält einen Willensmangel, z. B. als: ▸ Irrtum (§ 119 BGB) ▸ Arglistige Täuschung (§ 123 BGB) ▸ Drohung (§ 123 BGB)
Sonstige Mängel	▸ Der Arbeitsvertrag verstößt gegen die **guten Sitten** (§ 138 BGB) ▸ Dem Arbeitsvertrag liegt eine **ursprüngliche Unmöglichkeit** der Leistung (§ 306 BGB) zu Grunde.

Entgegen den allgemeinen Regeln des BGB führen diese Mängel grundsätzlich nicht zur Nichtigkeit des Arbeitsvertrages, sondern die gegenseitigen Rechte bleiben für die **Vergangenheit** erhalten, wenn bereits Arbeit geleistet ist. Für die **Zukunft** entfällt die Bindung an das Arbeitsverhältnis ohne Rücksicht auf kündigungsrechtliche Bestimmungen.

• **Mängel im Inhalt**, die nicht zur Nichtigkeit oder Anfechtbarkeit des gesamten Arbeitsvertrages führen, auch wenn eine Arbeit noch nicht geleistet wurde. An die Stelle des unwirksamen Vertragsteiles tritt eine der Billigkeit entsprechende Regelung.

Arbeitgeberseitig kann der Arbeitsvertrag nur vom Unternehmer oder einer Person abgeschlossen werden, der über eine entsprechende **Vertretungsmacht** verfügt. Gemäß § 177 BGB kann der Vertretene durch eine nachträgliche Genehmigung den Mangel beseitigen, sodass der Arbeitsvertrag von Anfang an wirksam ist.

Voraussetzung für einen wirksamen Vertragsabschluss ist die **Geschäftsfähigkeit** beider Vertragsparteien:

- Für **geschäftsunfähige Personen** darf nur der gesetzliche Vertreter handeln.

- **Beschränkt geschäftsfähige Personen** können den Arbeitsvertrag durch den gesetzlichen Vertreter oder – mit vorangegangener Zustimmung bzw. nachträglicher Genehmigung des gesetzlichen Vertreters – selbst abschließen.

Liegt die Zustimmung des gesetzlichen Vertreters beim ersten Arbeitsvertrag einer beschränkt geschäftsfähigen Person vor, kann die beschränkt geschäftsfähige Person selbstständig neue Arbeitsverträge schließen und lösen, wenn der gesetzliche Vertreter seine Zustimmung für die Zukunft nicht widerruft.

Ein Mangel kann seit Inkrafttreten der Schuldrechtsreform (01/2002) auch gegeben sein, wenn der Arbeitsvertrag nicht den **AGB** (Allgemeinen Geschäftsbedingungen) gerecht wird. Die Kontrolle der AGB gilt aber nicht für alle Arbeitsverträge.

Es sind lediglich jene Verträge davon betroffen, die als **Formular-Arbeitsverträge** vom Arbeitgeber für eine Vielzahl von Arbeitnehmern vorformuliert, also nicht individuell ausgehandelt werden.

23 >> Seite 525

KONTROLLFRAGEN		bear- beitet	Lösungs- hinweise	Lö- sung	
				+	-
01	Worauf baut die Personalbeschaffung auf?		101		
02	Welche Merkmale deuten auf eine Arbeitnehmereigenschaft hin und welche Arbeitnehmer lassen sich unterscheiden?		101		
03	Durch welche Merkmale können freie Mitarbeiter gekennzeichnet sein?		102		
04	Auf welchen Verträgen kann die Beschäftigung freier Mitarbeiter basieren?		102		
05	Warum ziehen Arbeitgeber die freien Mitarbeiter den Arbeitnehmern bei der Einstellung gegebenenfalls vor?		102		
06	Welche Bedeutung hat die Personalbeschaffung für ein Unternehmen?		103		
07	Welche Aufgaben stellen sich der Arbeitsmarktforschung?		103		
08	Worin unterscheiden sich offenes und latentes Beschaffungspotenzial?		103		
09	Wie sollte eine Personalanforderung erfolgen und warum?		104		
10	Worin unterscheiden sich Ersatzbedarf und Neubedarf?		104		
11	Welche Angaben muss eine Personalanforderung zumindest enthalten?		104		
12	Wie erfolgt die Bearbeitung einer Personalanforderung in der Personalabteilung?		105		
13	Worauf beziehen sich interne Beschaffungswege?		105		
14	Erläutern Sie, von wem das Interesse der positionsmäßigen Veränderung eines Arbeitnehmers ausgehen kann!		106 f.		
15	Wie ist die Eignung der innerbetrieblichen Personalbeschaffung zu beurteilen?		107		
16	Wie hängen innerbetriebliche Stellenausschreibung, Personalentwicklung und Versetzung miteinander zusammen?		107 f.		
17	Welche internen Personalbeschaffungsmaßnahmen führen zu einer Personalbewegung, welche nicht?		108		
18	Inwieweit ist ein Unternehmen verpflichtet, eine innerbetriebliche Stellenausschreibung vorzunehmen?		108		
19	Welche Informationen sollten innerbetriebliche Stellenausschreibungen zumindest enthalten?		108		
20	In welchen Fällen kann der Betriebsrat einer geplanten Einstellung widersprechen?		109		
21	Inwieweit kann der Betriebsrat über die Art und Weise einer innerbetrieblichen Stellenausschreibung mitbestimmen?		109		
22	Erläutern Sie die Maßnahmen, die als Personalentwicklung zusammengefasst werden können!		109		
23	Was versteht man unter einer Versetzung?		110		
24	Geben Sie Beispiele für einen »anderen Arbeitsbereich«!		110		
25	Auf welchen Wegen kann eine Versetzung arbeitsrechtlich erfolgen?		110 f.		
26	In welchen Fällen reicht eine Weisung aus, um eine Versetzung zu bewirken und wann ist eine Änderungskündigung erforderlich?		110		

27	Welche Folgen kann die Nicht-Anhörung des Betriebsrates bei einer Versetzung haben?	111		
28	Was ist Mehrarbeit und worin liegt ihr Vorteil?	111		
29	Erläutern Sie, welche Formen der Mehrarbeit unterschieden werden können!	111 f.		
30	Wann bietet sich Mehrarbeit an, wann nicht?	112		
31	Inwieweit kann die Urlaubsverschiebung als Maßnahme der internen Personalbeschaffung angegeben werden?	112		
32	Wer darf den Urlaub des Arbeitnehmers festlegen bzw. widerrufen?	112		
33	Wie ist die Nutzung externer Beschaffungswege zu beurteilen?	113		
34	Welche externen Beschaffungswege können unterschieden werden?	113		
35	Erläutern Sie, welche Einrichtungen der öffentlichen Arbeitsvermittlung zu unterscheiden sind!	114		
36	Stellen Sie dar, welche neueren Leistungsbereiche die Arbeitsverwaltung anbietet!	114 f.		
37	Wie ist die Zulässigkeit privater Arbeitsvermittler rechtlich geregelt?	115		
38	Inwieweit dürfen private Arbeitsvermittler eine Vergütung für ihre Dienstleistung beanspruchen?	115		
39	Wo kann ein Unternehmen eine Stellenanzeige grundsätzlich platzieren?	116		
40	Was versteht man unter dem Streuverlust einer Stellenanzeige?	117		
41	Welche Anzeigenträger bieten sich für die Schaltung einer Stellenanzeige grundsätzlich an?	117		
42	Erläutern Sie, weshalb einzelne Print-Anzeigenträger für die Personalbeschaffung mehr oder weniger geeignet sind!	117		
43	In welchem Zeitrahmen sollte eine Stellenanzeige grundsätzlich geschaltet werden?	118		
44	Welche Bedeutung haben die Kündigungstermine für die Festlegung, wann eine Stellenanzeige veröffentlicht werden soll?	118		
45	Beschreiben Sie die Arten von Print-Stellenanzeigen, die sich nach der Nennung des beschaffenden Unternehmens unterscheiden lassen und beurteilen Sie deren Eignung!	118 f.		
46	Welche Print-Stellenanzeigen werden nach den unterschiedlichen Satzverfahren unterschieden?	119		
47	Unter Beachtung welcher Gesichtspunkte sollte die inhaltliche Gestaltung der Stellenanzeige erfolgen?	120		
48	Wie kann das Grundschema einer Stellenanzeige aussehen?	120 f.		
49	Welche Empfehlungen gibt es für die optische Gestaltung einer Stellenanzeige?	121		
50	Welche Überlegungen können zur Größe und Platzierung einer Print-Stellenanzeige im Anzeigenträger angestellt werden?	121 f.		
51	Welche Möglichkeiten gibt es, Internet-Stellenanzeigen zu platzieren?	122 f.		
52	Worin liegen die Vorteile einer firmeneigenen Homepage?	122		
53	Welche Möglichkeiten bieten Jobbörsen?	122 f.		
54	Erläutern Sie, wie Newsgroups funktionieren!	123		

55	Inwieweit können Personalberater die Personalbeschaffung unterstützen?	123		
56	Welche Leistungen bieten Personalberater im Rahmen der Personalbeschaffung vielfach an und wie werden sie honoriert?	123 f.		
57	Was versteht man unter Arbeitnehmerüberlassung?	124		
58	Wie geschieht die Arbeitnehmerüberlassung, welche Aktivitäten entwickeln Verleiher und Entleiher?	124		
59	Nennen Sie wichtige Regelungen des Arbeitnehmerüberlassungsgesetzes!	125		
60	In welchen Fällen bietet sich eine Arbeitnehmerüberlassung an und wie sind ihre Kosten einzuschätzen?	126		
61	Worin unterscheiden sich echte und unechte Arbeitnehmerüberlassung?	127		
62	Geben Sie einen Überblick über sonstige externe Beschaffungswege!	127		
63	Wann ist Abwerbung zulässig; inwieweit muss sie als unzulässig angesehen werden?	128		
64	Was können Folgen rechtlich unzulässiger Abwerbung sein?	128		
65	Aus welchen Teilen kann eine schriftliche Bewerbung bestehen?	129		
66	Welche Möglichkeiten der Bewerbung per Internet gibt es?	129 f.		
67	Wie ist die Hinterlegung eines strukturierten Formulars durch das ausschreibende Unternehmen zu beurteilen?	130		
68	Wie erfolgt die Bearbeitung der Bewerbung im Unternehmen?	130 f.		
69	Welche Pflichten obligen dem Unternehmen im Hinblick auf die eingegangenen Bewerbungsunterlagen?	131		
70	Inwieweit dürfen Daten von Bewerbern von Unternehmen gespeichert oder kopiert werden?	131		
71	Worauf beziehen sich die Auswahlrichtlinien gemäß § 95 Abs. 2 BetrVG und welche Folgen hat ein Verstoß gegen sie?	131		
72	Worin liegen die Vorteile bei der Verwendung eines Auswertungsbogens zur Beurteilung der Bewerber?	132		
73	Wozu dient das Bewerbungsschreiben?	133		
74	Inwieweit ist das Aussehen des Bewerbungsschreibens für das Unternehmen von Bedeutung?	133		
75	Welche Fragen soll das Bewerbungsschreiben dem Unternehmen beantworten?	133		
76	Welche Aussagen sind möglich, wenn der Stil des Bewerbungsschreibens betrachtet wird?	134		
77	Welche Bedeutung hat das Bewerberfoto?	135		
78	Welche Angaben sollte der Lebenslauf enthalten?	135		
79	Beschreiben Sie die Möglichkeiten, den Lebenslauf auszuwerten!	135 f.		
80	Welche Folgen kann die unwahre oder unvollständige Beantwortung arbeitsrechtlich zulässiger bzw. unzulässiger Fragen haben?	136		
81	Nennen Sie Fragen, die im Personalbogen als zulässig bzw. unzulässig anzusehen sind!	138 f.		

82	Was versteht man unter der Offenbarungspflicht eines Bewerbers und worauf kann sie sich beziehen?		139		
83	Welche arbeitsrechtlichen Folgen können eintreten, wenn ein Bewerber seiner Offenbarungspflicht nicht gerecht wird?		139		
84	Wie erfolgt die Auswertung des Personal(frage)bogens?		140		
85	Welche Aussagefähigkeit haben Schulzeugnisse für die Beurteilung eines Bewerbers?		140		
86	Zu welchem Zeitpunkt entsteht der Anspruch auf ein Arbeitszeugnis?		140		
87	Wann wird ein Arbeitszeugnis als vorläufiges Zeugnis bezeichnet, wann als Zwischenzeugnis?		140		
88	Worin unterscheiden sich einfache und qualifizierte Arbeitszeugnisse?		141		
89	Worin liegt für den Arbeitgeber das grundsätzliche Problem, wenn er Leistung und Führung im Arbeitszeugnis beschreiben soll?		142		
90	Nach welchen Kriterien ist die Auswertung eines Arbeitszeugnisses möglich?		142		
91	Erläutern Sie die Zeugnistexte aus der von der *Arbeitsgemeinschaft selbstständiger Unternehmer* entwickelten Formulierungsskala!		143		
92	Stellen Sie die Spezialformulierungen für Zeugnisse zusammen und erläutern Sie, was sie bedeuten!		143		
93	Worauf kann das Verschweigen wichtiger mit der Tätigkeit des Arbeitnehmers verbundener Eigenschaften und Merkmale hindeuten?		144		
94	Welche Aussagekraft haben Referenzen?		144		
95	Inwieweit ist die Einholung von Auskünften beim derzeitigen Arbeitgeber des Bewerbers möglich?		144		
96	Sind frühere Arbeitgeber des Bewerbers zur Erteilung von Auskünften verpflichtet?		144		
97	Welche Arten von Arbeitsproben können unterschieden werden?		145		
98	Wie ist mit Bewerbern zu verfahren, die für die Stellenbesetzung nicht geeignet sind und wie mit geeigneten Bewerbern?		145		
99	Auf welche Weise erfolgt die Auswahl der geeigneten Bewerber grundsätzlich?		145 f.		
100	Wann sind einem Bewerber die Vorstellungskosten zu ersetzen und woran orientiert sich ihre Höhe?		146		
101	In welchen Fällen hat ein Bewerber einen Anspruch auf Beurlaubung, um sich vorstellen zu können?		146		
102	Inwieweit hat der bisherige Arbeitgeber für die Zeit der Beurlaubung dem Bewerber seinen Lohn fortzuzahlen?		147		
103	Welche Ziele werden mit dem Vorstellungsgespräch verfolgt?		147		
104	Worin besteht die Vorbereitung des Vorstellungsgesprächs?		147		
105	Beschreiben Sie die Arten des Vorstellungsgesprächs!		148		
106	Was ist ein Belastungs- oder Stress-Gespräch?		148		
107	Erläutern Sie die verschiedenen Phasen des Vorstellungsgespräches!		148 f.		
108	Worauf kann sich die Auswertung des Vorstellungsgespräches beziehen?		150		

109	Wozu dienen Eignungstests und welchen Anforderungen müssen sie gerecht werden?		150		
110	Unter welchen Voraussetzungen ist die Durchführung von Eignungstests zulässig?		150		
111	Welche Aussagen ermöglichen Persönlichkeitstests und wo liegen ihre Probleme?		151 f.		
112	Wozu dienen Fähigkeitstests und welche Aussagekraft haben sie?		152		
113	Beschreiben Sie die verschiedenen Arten von Fähigkeitstests!		152		
114	Was sind Assessment Center und welche Merkmale weisen sie auf?		153 f.		
115	Geben Sie eine Überblick über die typischen Übungen, die beim Assessment Center eingesetzt werden!		154		
116	Was versteht man unter einem biografischen Fragebogen?		154		
117	Beurteilen Sie die Eignung des Assessment Centers im Rahmen der Personalbeschaffung!		154		
118	Welche Grundannahme liegt grafologischen Gutachten zu Grunde und welche Faktoren werden mit ihm untersucht?		155		
119	Inwieweit ist die Beurteilung von Bewerbern mithilfe grafologischer Gutachten zulässig?		155		
120	Inwieweit sind ärztliche Eignungsuntersuchungen vorgeschrieben und in welchem Umfang dürfen sie durchgeführt werden?		155		
121	Welche Aussagen dürfen im ärztlichen Urteil enthalten sein?		155		
122	Inwieweit darf der Betriebsrat bei der Einstellung von Bewerbern mitbestimmen?		156		
123	Welche Gründe nennt das BetrVG, die zur Verweigerung der Zustimmung durch den Betriebsrat berechtigen?		156 f.		
124	Was muss der Betriebsrat tun, wenn er die Einstellung eines Bewerbers verhindern will?		157		
125	Erläutern Sie, was unter einer vorläufigen personellen Maßnahme zu verstehen ist!		157		
126	Welche rechtliche Bedeutung hat der Arbeitsvertrag?		158		
127	Erläutern Sie, worin die rechtlichen Grundlagen für den Arbeitsvertrag zu sehen sind und welche Bedeutung sie haben!		158		
128	Beschreiben Sie die Rangordnung verschiedener Rechtsgrundlagen!		158 f.		
129	Inwieweit gibt es Formvorschriften für Arbeitsverträge?		159		
130	Worin unterscheiden sich unbefristeter und befristeter Arbeitsvertrag?		160		
131	Unter welchen Voraussetzungen dürfen befristete Arbeitsverträge geschlossen werden?		160		
132	Zählen Sie auf, welche Inhalte ein Arbeitsvertrag typischerweise aufweisen sollte!		161 ff.		
133	Was ist bei der Tätigkeitsbezeichnung und der Tätigkeitsbeschreibung zu beachten?		161		
134	Welche Regelungen zur Vergütung und zu Sozialleistungen kann ein Arbeitsvertrag enthalten?		161 f.		

135	Welche Gesichtspunkte sind bei der Regelung der Arbeitszeit und unverschuldeten Arbeitsverhinderungen zu beachten?		162		
136	Wie kann ein Wettbewerbsverbot für einen Angestellten geregelt sein?		162 f.		
137	Welche Möglichkeiten gibt es, die Probezeit zu vereinbaren?		163		
138	Wie sind die gesetzlichen Kündigungsfristen?		163		
139	Beschreiben Sie Mängel beim Vertragsschluss und ihre rechtlichen Folgen!		164		
140	Welche rechtlichen Folgen haben Mängel im Inhalt eines Arbeitsvertrages?		164		

D. PERSONALEINSATZ

Der Personaleinsatz ist die Zuordnung der Mitarbeiter zu den verfügbaren Stellen oder Arbeitsplätzen eines Unternehmens. Er kann unter zwei **Aspekten** gesehen werden:

- **Zeitpunktbezogen** ist der Personaleinsatz als qualitative, quantitative und zeitliche Zuordnung zu verstehen, die im Rahmen der Personaleinsatzplanung – siehe S. 84 ff. – vorbereitet wird:

Qualitative Zuordnung	Sie ist für den Einsatz der Mitarbeiter in den Organisationseinheiten bedeutsam und erfolgt durch den Abgleich der Anforderungen der Stellen mit den Fähigkeiten der für den Personaleinsatz in Betracht kommenden Personen in Form von **Anforderungsprofilen** und **Fähigkeitsprofilen**, z. B. wie folgt:

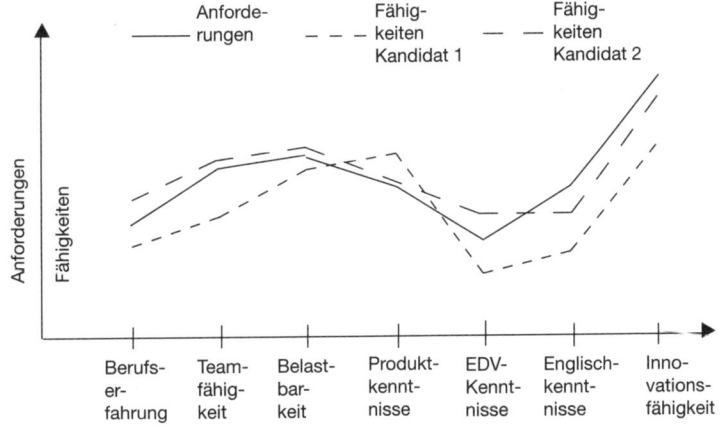

	Wie zu ersehen ist, erfüllt der Kandidat 1 die gestellten Anforderungen überwiegend nicht, nur bei den Produktkenntnissen liegt er über den Anforderungen. Dagegen liegt der Kandidat 2 in fünf von sieben Kriterien über den Anforderungen, bei den restlichen beiden Kriterien sind die Anforderungen fast erfüllt. Die Vorgehensweise, **zunächst** die **Anforderungen** der zu besetzenden Stelle zu ermitteln, um danach den Abgleich mit den Fähigkeiten vorzunehmen, ist das **typische Verfahren**. Es kann aber auch sein, dass die einer Stelle zu Grunde zu legenden **Anforderungen am Fähigkeitsprofil** einer bestimmten Person **ausgerichtet** werden. Dies bietet sich jedoch nur in Ausnahmefällen bei Spezialisten und Führungskräften an, da hiermit personelle Abhängigkeiten geschaffen werden, die für das Unternehmen grundsätzlich eher nicht wünschenswert sind.
Quantitative Zuordnung	Sie besteht darin, die Zahl vorhandener **Stellen** bzw. **Arbeitsplätze** mit der Anzahl entsprechend geeigneter Mitarbeiter in Verbindung zu bringen. Mitarbeiter, die in einem Bereich nicht mehr eingesetzt wer-

	den können, sind nach Möglichkeit in anderen Bereichen einzuplanen. Kündigungen sollten erst erwogen werden, wenn keine anderen Einsatzmöglichkeiten mehr bestehen.
Zeitliche Zuordnung	Sie bezieht sich auf die **Termine des Mitarbeitereinsatzes** in den Organisationseinheiten, z. B. den Einsatz einer Teilzeitkraft am Vormittag oder den Einsatz im Schichtbetrieb in der Nacht.

- **Zeitraumbezogen** beginnt der Personaleinsatz nach der Personalbeschaffung i.d.R. mit der Probezeit und endet mit dem letzten Tag der Anwesenheit der Mitarbeiter im Unternehmen. **Stufen** des Personaleinsatzes sind demnach:

Personal- zugang	Sie ist die **erste Stufe** des Personaleinsatzes, z.B. wird der Neuling während der **Probezeit** eingewiesen und eingearbeitet.
Personal- leistung	Sie stellt die **zentrale Phase** des Personaleinsatzes dar, in welcher der Mitarbeiter nach Ablauf der Probezeit seine volle Leistungsfähigkeit und Leistungsbereitschaft zeigen sollte.
Personal- abgang	Er ist die **letzte Stufe** des Personaleinsatzes, die sich z. B. durch Pensionierung, Vertragsablauf, Kündigung des Arbeitgebers oder des Arbeitnehmers oder Tod des Arbeitnehmers ergibt.

Mit dem Personaleinsatz stellt der Mitarbeiter seine **Arbeitskraft** zur Verfügung und erbringt eine bestimmte Leistung. Auf die Begriffe Arbeit und Leistung soll deshalb eingegangen werden:

- Die **Arbeit** ist die Tätigkeit eines Menschen, die der Erfüllung einer Aufgabe dient. *REFA* bezeichnet sie im ergonomischen Sinne als »die Summe von Energie und Informationen, die bei der Erfüllung von Arbeitsaufgaben durch den Menschen umgesetzt bzw. verarbeitet wird«. Sie kann sein:

Geistige Arbeit	Das sind alle **Fähigkeiten**, die gekennzeichnet sind durch: ▸ Selbstständiges geistiges Erfassen von Zusammenhängen ▸ Selbstständiges geistiges Durchdringen von Zusammenhängen ▸ Selbstständiges Vergleichen von betrieblichen Tatbeständen ▸ Selbstständiges Beurteilen von betrieblichen Zusammenhängen ▸ Selbstständiges Ableiten von Schlüssen zu Tatbeständen ▸ Selbstständiges Ableiten von Urteilen über Zusammenhänge Mit geistiger Arbeit sind immer auch **Anteile muskelmäßiger Arbeit** verbunden, die jedoch sehr unterschiedlichen Umfanges sein können.
Muskelmäßige Arbeit	Sie ist durch den **Einsatz vieler Muskeln** und durch **Bewegungen** des Gesamtkörpers und seiner Gliedmaßen gekennzeichnet. Ausschließlich muskelmäßige Arbeit kommt normalerweise nicht vor. Sie vielmehr ist **durch geistige Arbeit zu ergänzen**, wenn eine Arbeitsaufgabe erfüllt werden soll und kann sein: ▸ **Statische Muskelarbeit**, bei der bestimmte Muskelgruppen – durch eine starre oder ungünstige Körperhaltung bedingt – über

längere Zeit unvermindert beansprucht und erst danach wieder entlastet werden. Die Folge ist eine **verminderte Durchblutung** der betreffenden Muskeln bzw. Muskelgruppen. Es treten rasch **Ermüdungserscheinungen** auf.

Im Rahmen der Arbeitsgestaltung ist man deshalb bestrebt, statische Muskelarbeiten möglichst zu vermeiden.

▸ **Dynamische Muskelarbeit**, wobei durch ständige Bewegung der arbeitenden Körperteile des Menschen eine fortwährend wechselnde Beanspruchung und Entlastung der betreffenden Muskeln bzw. Muskelgruppen erfolgt. Dadurch wird die **Durchblutung** der Muskeln **gefördert**.

Kurzzeitig wirkende Ermüdungserscheinungen wie bei der statischen Muskelarbeit treten nicht auf, sofern die Muskelarbeit nicht einseitig-dynamisch ist.

• Die **Leistung** ist das bewertete Ergebnis, das aus der menschlichen Arbeit resultiert. Sie umfasst sowohl die **Qualität** und die **Quantität** der Ergebnisse sowie die benötigte Zeit. Die Leistung unterscheidet sich bezüglich des einzelnen Arbeitnehmers im Hinblick auf ihre qualitativen und quantitativen Elemente teilweise beträchtlich. Je höher der einzelne Arbeitsplatz hierarchisch eingeordnet ist, umso stärker werden tendenziell die qualitativen Elemente.

Die Leistung wird – mehr oder weniger – durch eine ganze Reihe von Faktoren bestimmt. Es besteht weitgehende Übereinstimmung darin, als **Bestimmungsfaktoren** zu unterscheiden:

Innere Leistungs-faktoren	Sie liegen im Potenzial des Mitarbeiters als: ▸ **Leistungsfähigkeit**, die beeinflusst wird von: - **Aufgabenbezogenen Elementen**, z. B. Ausbildung, Wissen, Fähigkeiten, Fertigkeiten, Erfahrungen - **Persönlichkeitsbezogenen Elementen**, z. B. physischer und psychischer Gesundheit, Ermüdung(sgrad), Belastbarkeit, Resistenz, Anpassungsfähigkeit, Teamfähigkeit, Koordinationsfähigkeit, Konfliktfähigkeit, Durchsetzungsfähigkeit. ▸ **Leistungsbereitschaft**, die abhängig ist z. B. von Initiative, innerer Motivation, Leistungswillen und dem Grad der Selbstverpflichtung, aber auch von **äußeren Leistungsfaktoren**, wie nachfolgend beschrieben.
Äußere Leistungs-faktoren	Sie zählen zum Umfeld der Mitarbeiter als: ▸ **Arbeitssituation**, z. B. als Arbeitsanforderungen, Betriebsmittel, Arbeitsaufgaben, Arbeitsverfahren, Arbeitsplatz, Sonstige Arbeitsbedingungen ▸ **Gruppensituation**, z. B. als Struktur der Gruppe, Verhalten der Gruppe, Mitgliederzahl der Gruppe, Zusammenhalt der Gruppe, Bewusstsein der Gruppe

> ‣ **Unternehmenssituation**, z. B. als Betriebsklima, Kostensituation, Auftragslage, Ertragssituation, Organisationsstruktur, Stand der Technik, Finanzielle Situation, Entlohnung.
>
> ‣ **Umfeldsituation**, z. B. als Konjunktur, Preise, Konkurrenz, Stand der Technik.

Die inneren und äußeren Faktoren wirken zusammen und beeinflussen die Arbeitsleistung. Diese lässt sich aber auch bei Kenntnis der aufgeführten Faktoren nicht ohne Weiteres prognostizieren. Unbeschadet dessen ist eine gründliche Analyse dieser Faktoren dennoch angezeigt. Dies gilt vor allem dann, wenn die Leistungen eines Mitarbeiters nicht den Erwartungen entsprechen.

Die **Ziele** des Personaleinsatzes liegen kurzfristig in der optimalen Besetzung der Stellen und langfristig in der wechselseitigen Anpassung von Mensch und Arbeit.

Beim Personaleinsatz haben die Arbeitnehmer verschiedene Mitwirkungs- und Beschwerderechte, z. B. bezüglich ihres Arbeitsplatzes (§§ 81, 82 BetrVG). Der Betriebsrat kann **mitwirken** bzw. **mitbestimmen**, z. B. bei:

- Sozialen Angelegenheiten, z.B. Arbeitszeit, Arbeitsbedingungen (§ 87 BetrVG)
- Arbeitssicherheit, Arbeitsschutz (§ 89 BetrVG)
- Anpassung der Arbeit an den Menschen (§ 90 BetrVG)
- Änderungen von Arbeitsplatz, Arbeitsablauf, Arbeitsumgebung (§ 91 BetrVG)
- Personaleinsatz bei und nach Berufsbildungsmaßnahmen (§§ 96-98 BetrVG)
- Schwerbehinderten, ausländischen, älteren Arbeitnehmern (§ 80 BetrVG).

Im Folgenden werden behandelt:

Personaleinsatz	Arbeitsaufnahme
	Arbeitsinhalt
	Arbeitsort
	Arbeitszeit

24 ≫ Seite **526**

1. ARBEITSAUFNAHME

Der Personaleinsatz beginnt mit der Aufnahme der Arbeit durch den Mitarbeiter. Mit ihm sind **fachliche, rechtliche** und **soziale Aspekte** verbunden, die sich bei im Unternehmen bereits beschäftigten Mitarbeitern anders darstellen können als bei neu eingestellten Mitarbeitern. Deshalb sollen bei der Arbeitsaufnahme in einer bestimmten Stelle bzw. an einem bestimmten Arbeitsplatz unterschieden werden:

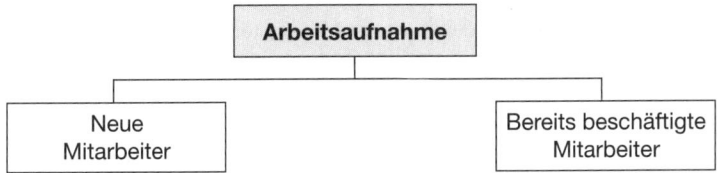

1.1 NEUE MITARBEITER

Neue Mitarbeiter werden aufgrund des **Arbeitsvertrages** tätig, den sie mit dem Unternehmen geschlossen haben. Darin ist die Arbeitsaufgabe entweder genau beschrieben oder es erfolgt eine allgemeinere Umschreibung, in welche die Arbeitsaufgabe eingeordnet werden kann, z. B. die »Tätigkeit als kaufmännischer Angestellter«.

Mit seiner **Arbeitsaufgabe** ist der neue Mitarbeiter vertraut zu machen, aber auch mit der **neuen Umwelt**, die das Unternehmen für ihn darstellt. Das erfordert:

• **Einführung**

• **Einarbeitung.**

1.1.1 EINFÜHRUNG

Die Einführung beginnt mit dem Arbeitsbeginn des neuen Mitarbeiters. Sie wird auch als **Konfrontationsphase** bezeichnet. In ihr erhält der neue Mitarbeiter einen ersten Eindruck vom Unternehmen, dem Vorgesetzten und den Kollegen:

• Der **erste Eindruck** ist sehr wichtig. Deshalb sollte der neue Mitarbeiter freundlich aufgenommen und motiviert werden, zumal er psychischen Belastungen ausgesetzt ist, die ihn verunsichern. Wichtig ist aber auch, dass er selbst dem ersten Arbeitstag positiv gegenübersteht. Diese Haltung wirkt sich auf sein Verhalten aus, er ist offener und aufgeschlossener gegenüber dem Umfeld, das seinerseits entsprechend reagiert.

Ist der erste **Eindruck negativ**, wird das Unzufriedenheit und Demotivation auslösen. Möglicherweise entwickelt sich beim neuen Mitarbeiter bereits der Gedanke, das Unternehmen rasch wieder zu verlassen.

Am **ersten Arbeitstag** sollten für den Mitarbeiter zur Verfügung stehen:

Checkliste	In ihr sollte festgeschrieben sein, was alles am Tag der Arbeitsaufnahme zu beachten ist und geregelt werden muss.
Einführungs-broschüre	Sie sollte ab Unternehmen mittlerer Größe den Informationsbedarf decken. Wünschenswert ist, dass sie zum Unternehmensbild passt, handlich und nicht zu überladen ist.
Welcome-Package	Zu ihm können z. B. Blumen, ein Essen mit dem Vorgesetzten oder die Vorstellung in der Werkszeitschrift gehören.

Pate/Mentor	Mitunter wird dem neuen Mitarbeiter ein Pate oder Mentor an die Seite gestellt, der die Einarbeitung unterstützt – siehe S. 179.

Außerdem kann sich eine **Einführungsveranstaltung** in den ersten Tagen der Arbeitsaufnahme anbieten, an der dann meist alle neu eingestellten Mitarbeiter, zumindest einer bestimmten Hierarchieebene, teilnehmen.

- Der **Vorgesetzte** sollte am ersten Arbeitstag anwesend sein, um die Begrüßung und Vorstellung des neuen Mitarbeiters zu übernehmen. Seine Aufgabe ist es auch, für ein ausführliches Gespräch zur Verfügung zu stehen und darauf zu achten, dass Konflikte vermieden oder beseitigt werden.

- Die **Kollegen** sollten über den Arbeitsantritt des neuen Mitarbeiters unterrichtet und bereit sein, ihn positiv aufzunehmen. Die Einführung wird nicht gefördert, wenn der neue Mitarbeiter das Gefühl vermittelt bekommt, dass er als Eindringling empfunden wird.

Mit der Aufnahme der Tätigkeit im neuen Unternehmen treffen verschiedene Rollenerwartungen aufeinander. Der Mitarbeiter wird mit neuen Situationen und Gegebenheiten konfrontiert. Er muss sich mit seinen eigenen Vorstellungen und den tatsächlichen Umständen auseinander setzen, die mitunter stark voneinander abweichen. Es kann zum **Praxis-** oder **Realitätsschock** kommen.

1.1.2 Einarbeitung

Die Einarbeitung sollte systematisch erfolgen. Fachlich kann sie z. B. mithilfe der **Vier-Stufen-Methode** geschehen – siehe S. 397. Der neue Mitarbeiter ist auch sozial zu integrieren. Für die Einarbeitung ist es zweckmäßig, einen **Einarbeitungsplan** aufzustellen, der enthalten sollte:

- Die Reihenfolge der zu erledigenden Aufgaben
- Die Zeitabschnitte für die Erledigung
- Die Kriterien für die Beherrschung der Arbeitsaufgabe
- Zusätzlich angestrebte Qualifikationen.

Vom Vorgesetzten kann erwartet werden, dass er Fehlern gegenüber tolerant ist und den neuen Mitarbeiter motiviert. Sowohl Über- als auch Unterforderungen sind zu vermeiden, ebenso **Negativ-Strategien** wie:

- Die »**Schonungs-Strategie**«, bei welcher der Neuling unterfordert und vom Vorgesetzten nicht auf Fehler hingewiesen wird, sodass sich Fehler verfestigen.

- Die »**Wirf-ins-kalte-Wasser-Strategie**«, wobei der Neuling mit seiner Arbeit allein gelassen wird, was zu Misserfolgserlebnissen oder gar zu einem Schock führen kann.

- Die »**Entwurzelungs-Strategie**«, bei der eine bewusste Überforderung des Neulings erfolgt, was zu Fehlerhäufigkeit und Demotivation führen kann.

Mitunter wird dem neuen Mitarbeiter ein Mentor oder Pate zur Seite gestellt, der die Einarbeitung unterstützt. Beide haben ähnliche Aufgaben:

- Der **Pate** steht meist auf der gleichen hierarchischen Ebene und soll mit der Arbeitsumgebung, den Kollegen sowie den Gesetzen des Unternehmens vertraut machen sowie ihm fachlich zur Seite stehen und ihn unterstützen.

- Der **Mentor** findet sich i.d.R. auf einer höheren Hierarchieebene als der neue Mitarbeiter. Er dient ihm als Anlaufstelle und Vermittler bei Problemen.

Die zentrale Rolle im Einarbeitsprozess spielt das **Feedback**. Es ist vom Vorgesetzten nach jeder Phase des Einarbeitungsplanes ehrlich, aber nicht zu negativ zu geben. Die Einarbeitung endet mit der **Integration** des neuen Mitarbeiters in das Unternehmen, die mit dem Ende der Probezeit zusammenfallen kann.

25 ⟫ Seite 526

1.2 BEREITS BESCHÄFTIGTE MITARBEITER

Bereits im Unternehmen beschäftigte Mitarbeiter nehmen eine neue Tätigkeit auf bzw. einen neuen Arbeitsplatz ein, wenn eine **Versetzung** erfolgt ist. Sie kann auf Initiative des Mitarbeiters geschehen, der sie gewünscht oder sich erfolgreich auf eine innerbetriebliche Stellenausschreibung beworben hat. Es ist aber auch möglich, dass die Versetzung auf Betreiben des Unternehmens erfolgt.

Die Zuweisung einer neuen Tätigkeit bzw. einer neuen Stelle ist durch Weisung, Änderungskündigung, Änderungsvereinbarung möglich. **Motivationsprobleme** wird es i.d.R. dabei nicht geben, wenn der Mitarbeiter an der Versetzung interessiert ist bzw. sich beruflich verbessert. Für seine Einführung und Einarbeitung gibt es zwei grundsätzliche **Ausgangssituationen:**

- Die für neu eingestellte Mitarbeiter beschriebenen **Maßnahmen** sind zu erheblichen Teilen **entbehrlich**, wenn der Mitarbeiter seinen neuen Vorgesetzten, seine Kollegen und gegebenenfalls auch die Arbeitsaufgabe bereits kennt.

- Insbesondere in größeren Unternehmen, aber nicht nur dort, kann es sein, dass der Mitarbeiter seinen neuen Vorgesetzten, seine neuen Kollegen und seine neue Arbeitsaufgabe nicht kennt. In diesem Falle ist zwar das Unternehmen nicht mehr vorzustellen, alle anderen **Maßnahmen** sind jedoch mehr oder weniger ähnlich **zu ergreifen**, wie dies für neu eingestellte Mitarbeiter beschrieben wurde.

2. ARBEITSINHALT

Das Unternehmen hat die Aufgabe, eine Gesamtleistung zu erbringen, z. B. Produkte herzustellen und zu vertreiben. Da es i.d.R. mehrere oder viele Mitarbeiter beschäftigt, muss es diese Gesamtaufgabe auf die einzelnen Mitarbeiter verteilen. Es wird eine **Arbeitsstrukturierung** in Form einer Arbeitsteilung notwendig. Seit dem von *Taylor* entwickelten Scientific Management wurde bis vor einigen Jahren ein hoher Grad an Arbeitsteilung angestrebt, womit eine starke Spezialisierung der Mitarbeiter verbunden war. Diese Verfahrensweise führte z. B. zu den traditionellen Formen der Fließ(band)arbeit in der Fertigung.

Die so praktizierte Arbeitsteilung entspricht inzwischen aber nicht mehr den aktuellen Gegebenheiten. Die **Mitarbeiter** erwarten als motivierende Maßnahmen heute z. B. Mitgestaltung, Mitverantwortung, Autonomie, Selbstentfaltung. Aber auch das **Unternehmen** benötigt selbstständig denkende, handelnde, mitgestaltende, flexible Mitarbeiter, um im starken Wettbewerb bestehen zu können. Aus diesen Gründen ist die **Flexibilisierung** und **Individualisierung** der Arbeitsorganisation in jüngerer Zeit immer bedeutsamer geworden.

Im Folgenden sollen die Arbeitsteilung als Grundlage der Arbeitsstrukturierung sowie die neueren Ansätze der Arbeitsstrukturierung dargestellt werden:

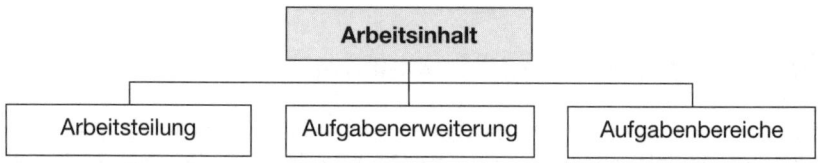

2.1 ARBEITSTEILUNG

Die Arbeitsteilung ist die **Zerlegung** einer Gesamtaufgabe **in Teilaufgaben** als:

- **Mengenteilung**, bei der die gesamte Arbeitsmenge auf verschiedene Personen aufgeteilt wird, die jeweils *alle* Teilleistungen erbringen, welche für die Erstellung der Gesamtleistung erforderlich sind. Jeder Mitarbeiter fertigt somit ein komplettes Produkt. Die Mengenteilung wird auch als **horizontale Arbeitsteilung** bezeichnet.

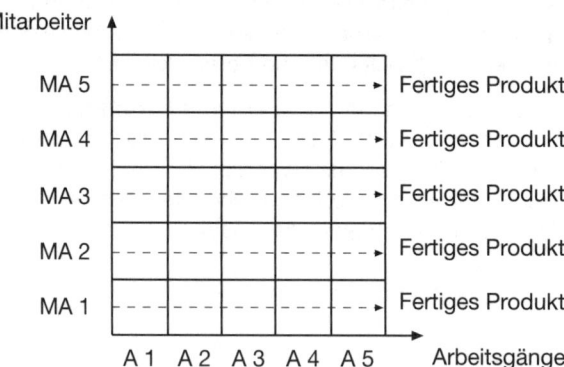

- **Artteilung**, die i.d.R. gemeint ist, wenn von Arbeitsteilung gesprochen wird. Bei ihr erfolgt eine Zerlegung des Arbeitsprozesses im Hinblick auf ein Produkt oder einen Arbeitsvorgang z. B. in unterschiedliche Verrichtungsaufgaben oder in Planung, Durchführung, Kontrolle. Jeder Mitarbeiter führt **in ständiger Wiederholung denselben Arbeitsgang** an allen Teilen der Gesamtmenge aus.

Die Artteilung ist eine **vertikale Arbeitsteilung** und wird häufig auch als **Spezialisierung** bezeichnet.

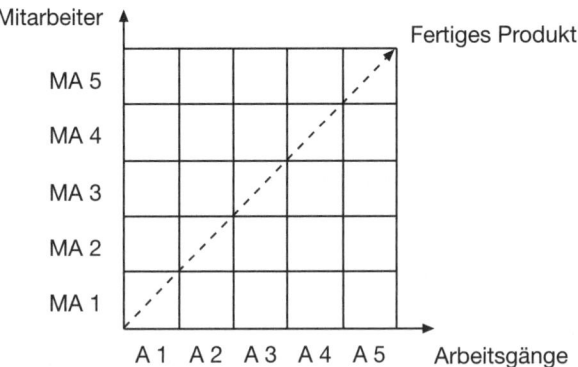

Die Artteilung kann wie folgt beurteilt werden:

Vorteile	Nachteile
‣ Steigerung der Produktivität der Arbeitskräfte ‣ Steigerung des Ertrages durch Spezialisierung ‣ Erhöhung der Geschicklichkeit bei gleichartigen Handgriffen ‣ Ansteigen der Leistung pro Zeiteinheit ‣ Die Beschaffung des Arbeitnehmers ist kostengünstig ‣ Bestmögliche Maschinenausnutzung ‣ Nutzung von Standortvorteilen ‣ Verwertung von speziellen Fähigkeiten	‣ Eintönige Tätigkeit bei gleichartigen Handgriffen ‣ Entfremdung durch Stumpfsinn bei monotoner Arbeit ‣ Einseitige Belastung ‣ Mangelnde Flexibilität durch Spezialisierung ‣ Kein innerer Bezug des Arbeitenden zur Gesamtleistung ‣ Starke Ermüdung ‣ Hoher Erholungsbedarf ‣ Gefahr gesundheitlicher Schäden ‣ Verkümmerung geistiger Fähigkeiten ‣ Qualitätsmängel

Die Nachteile der vertikalen Arbeitsteilung haben zu Konzepten der **Humanisierung** geführt, bei denen die Arbeit z. B. inhaltlich angereichert oder erweitert wird.

2.2 AUFGABENERWEITERUNG

Bei der Aufgabenerweiterung geht es um eine **quantitative Vergrößerung des Arbeitsfeldes**. Sie wird auch als horizontale Erweiterung des Arbeitsinhaltes bezeichnet, da sie überwiegend durch Aufgaben erfolgt, die zuvor auf gleicher Hierarchieebene erledigt wurden und kann erfolgen als:

• **Job rotation**

• **Job enlargement.**

2.2.1 JOB ROTATION

Das Job rotation ist ein **Arbeitswechsel** oder **Arbeitsplatzwechsel**. Es gibt:

- Die **Grundform** des Job rotation, bei welcher der Arbeitsplatzwechsel planmäßig erfolgt und gleich- oder ähnlichwertige Aufgaben für den Mitarbeiter umfasst, weshalb es hier der Aufgabenerweiterung zugerechnet wird.

- Inzwischen wird aber **auch** die Auffassung vertreten, dass ein spontaner, von außen vorgegebener oder vom Mitarbeiter selbst initiierter Arbeitsplatzwechsel möglich sein muss sowie auch höherwertige Arbeitsplätze einbeziehbar sind.

Die Grundform des Job rotation hat fraglos positive Auswirkungen für das Unternehmen und auf den Mitarbeiter, z. B. die Erhöhung seiner Motivation. Zur **Flexibilisierung** und **Individualisierung** trägt sie jedoch wenig bei, weshalb die Eigeninitiative des Mitarbeiters in bestimmten Grenzen zugelassen und auch höherwertige Arbeitsplätze einbezogen werden sollten.

Das Job rotation ist wie folgt zu beurteilen:

Vorteile	Nachteile
► Abbau einseitiger Belastung	► Erhöhter Einübungsaufwand
► Mehr Interesse an den Arbeitsaufgaben	► Integrationsprobleme
► Höhere Arbeitszufriedenheit	► Erhöhter Planungsaufwand
► Abbau sozialer Isolierung	► Verzögerungen möglich
► Höhere Anpassungsfähigkeit	► Stockungen möglich
► Bessere Kenntnis der Arbeitszusammenhänge	► Ggf. ablehnende Haltung von Vorgesetzten
► Neue Herausforderungen	► Mindestzahl von Rotationskandidaten
► Neue Ideen/Standpunkte	
► Mehr Kooperations-/Delegationsbereitschaft	

Trotz der Vorteile für die Mitarbeiter ist festzustellen, dass Job rotation **nur begrenzt genutzt** wird. Gründe können vor allem der Verlust stabiler Kontakte und die immer wieder notwendig werdende Einarbeitung sein.

Eine besondere Form des Arbeitsplatzwechsels ist das **Springer-Prinzip**, mit dem sichergestellt wird, dass der Arbeitsprozess bei kürzeren Ausfällen von Mitarbeitern nicht zum Erliegen kommt. Die Springer müssen für ihren flexiblen Einsatz bestimmten Qualifikationsanforderungen gerecht werden.

2.2.2 JOB ENLARGEMENT

Das Job enlargement ist eine Aufgabenerweiterung, bei der neue qualitativ gleich- oder ähnlichwertige Aufgaben zusätzlich zu den bisher vom Mitarbeiter ausgeführten Aufgaben hinzukommen. Im Unterschied zum Job rotation erfolgt hier eine **Veränderung des** vorhandenen **Arbeitsplatzes** um weitere Aufgaben, die z. B. sein können:

- Entscheidende Aufgaben, die zu auszuführenden Aufgaben kommen.
- Planende und/oder kontrollierende Aufgaben, die zu ausführenden Aufgaben treten.

Das Job enlargement hat positive Wirkungen auf das Unternehmen und auf den Mitarbeiter. Allerdings trägt es zu einer **Individualisierung** und **Flexibilisierung** nur begrenzt bei. Es weist Vorteile und Nachteile auf:

Vorteile	Nachteile
▸ Höhere Arbeitszufriedenheit ▸ Kostensenkung ▸ Anstieg der Arbeitsqualität ▸ Anstieg der Arbeitsquantität ▸ Verminderung der Monotonie ▸ Senkung des Spezialisierungsgrades ▸ Interessantere Aufgaben	▸ Notwendigkeit vermehrter Fortbildung ▸ Unfähigkeit zum Wachsen an der Aufgabe ▸ Anpassung an vermehrte Pflichten schwierig ▸ Widerstände gegen Veränderungen

2.3 AUFGABENBEREICHERUNG

Mit der Aufgabenbereicherung erfolgt eine **qualitative Vergrößerung des Arbeitsfeldes**. Sie wird auch als vertikale Ausweitung des Arbeitsinhaltes bezeichnet, weil die Bereicherung überwiegend durch Aufgaben erfolgt, die zuvor auf einer höheren Hierarchieebene erfüllt wurden, z. B. als Planungs- und Kontrollaufgaben.

Die Aufgabenbereicherung kann sich also sowohl auf einzelne Mitarbeiter als auch auf Gruppen beziehen. Zu unterscheiden sind:

- **Job enrichment**

- **Teilautonome Arbeitsgruppen.**

2.3.1 JOB ENRICHMENT

Das Job enrichment stellt eine Aufgabenbereicherung dar, bei der neue qualitativ höherwertige Aufgaben den bestehenden Aufgaben hinzugefügt werden, d.h. es erfolgt eine **strukturelle Änderung** von Arbeitssituationen. Die neuen Aufgaben sind schwieriger bzw. anspruchsvoller und sollten damit auch interessanter sein.

Mit dem Job enrichment wird nicht nur auf eine bessere Arbeitssituation für den Mitarbeiter abgezielt, es dient vielfach auch seiner **Höherqualifizierung**, kann sie aber auch voraussetzen. Durch die Ausdehnung des Dispositionsspielraumes kann der Mitarbeiter die eigene Leistungstüchtigkeit erleben, sich selbst entfalten und eine Sinnerfüllung durch die Arbeit wahrnehmen, was einer echten **Persönlichkeitsentfaltung** und **Selbstverwirklichung** dient *(Hentze).*

Die **Individualisierung** kann gefördert werden, indem der Mitarbeiter seine Arbeitsgeschwindigkeit und die Arbeitsabfolge selbst bestimmen darf, soweit die Gegebenheiten dies zulassen. Die Einschätzung des Job Enrichment umfasst:

Vorteile	Nachteile
▸ Höhere Arbeitszufriedenheit ▸ Verminderung der Monotonie ▸ Senkung des Spezialisierungsgrades ▸ Interessantere Aufgaben ▸ Entwicklung des Mitarbeiters	▸ Unzufriedenheit bei Überforderung ▸ Notwendigkeit vermehrter Fortbildung ▸ Begrenzte Möglichkeiten durch Besitzstände

2.3.2 Teilautonome Arbeitsgruppen

Bei den teilautonomen Arbeitsgruppen handelt es sich um **Kleingruppen**, in denen mehrere Mitarbeiter eine weitgehend in sich abgeschlossene Arbeitsaufgabe selbstständig erfüllen. Sie werden vorwiegend in der **Fertigung** eingesetzt.

Der Grad ihrer Selbstständigkeit kann unterschiedlich hoch sein, *Berthel* zeigt als **Autonomiegrade**:

Die Gruppe ...	Autonomiegrad gering hoch
... hat Einfluss auf die qualitativen Ziele	
... hat Einfluss auf die quantitativen Ziele	
... entscheidet mit über externe Führungsfragen	
... entscheidet über die Übernahme zusätzlicher Arbeit	
... entscheidet, wann sie arbeitet	
... entscheidet über die Fertigungsmethoden	
... regelt die interne Aufgabenverteilung	
... entscheidet darüber, wer Mitglied wird	
... entscheidet über interne Führungsfragen	
... überlässt ihren Mitgliedern die Entscheidung über ihre individuelle Aufgabenbewältigung	

Mit den teilautonomen Arbeitsgruppen sind als **Vorteile** verbunden *(Ruppert)*:

Vorteile der Mitarbeiter	Vorteile der Organisation	Vorteile der Fertigung
▸ Motivation durch Aufgabenorientierung ▸ Verbesserung von Qualifikation und Kompetenz ▸ Erhöhung der Flexibilität ▸ Qualitative Veränderung der Arbeitszufriedenheit ▸ Abbau einseitiger Belastungen ▸ Abbau von Stress durch gegenseitige Unterstützung ▸ Aktiveres Freizeitverhalten	▸ Verringerung von hierarchischen Positionen ▸ Veränderung der Vorgesetztenrollen ▸ Veränderung von Kontrollspannen ▸ Funktionale Integration ▸ Höhere Flexibilität ▸ Neudefinition von Stellen ▸ Neue Lohnkonzepte	▸ Verbesserung von Produktqualität ▸ Verminderung von Durchlaufzeiten ▸ Verringerung arbeitsablaufbedingter Wartezeiten ▸ Verringerung von Stillstandszeiten ▸ Erhöhung der Flexibilität

Weiterhin helfen teilautonome Arbeitsgruppen, dem Absentismus und der Fluktuation entgegenzuwirken sowie die sozialen Kontakt- und Interaktionsbedürfnisse zu befriedigen, da die aufgabenbezogene Kommunikation und Gruppenbeziehungen wesentlicher Bestandteil der Aufgabenerfüllung sind *(Hopfenbeck)*.

Die teilautonomen Arbeitsgruppen weisen aber auch **Nachteile** auf:

- Arbeitnehmer können durch **Bestrafung** von ihren Kollegen davon abgehalten werden, in ihrer Leistung von der Gruppennorm nach oben abzuweichen.

- Der Abbau hierarchischer Koordinations- und Kontrollmechanismen kann dazu führen, dass die **Selbstkontrolle** und die durch die Gruppe selbst gesetzten Normen **anspruchsvoller** sind als die des Managements, was zu einer Diskriminierung leistungsschwacher Gruppenmitglieder und einer »Selbstreinigung« führt.

- Es können sich **erhöhte Kosten** für technische Einrichtungen und notwendige Qualifizierungsmaßnahmen ergeben.

- Schließlich lassen sich mögliche **Probleme bei der Entlohnung** nennen, insbesondere bei der Aufteilung des Lohnes auf die einzelnen Gruppenmitglieder.

26 >> Seite 527

3. ARBEITSORT

Der Arbeitsort ist der Ort, an dem der Arbeitnehmer vertragsgemäß seine Arbeitsleistung erbringt. Das ist für den Mitarbeiter sein **Arbeitsplatz**. Darunter sind alle erforderlichen Einrichtungen und Mittel zu verstehen, mit denen er die ihm zugewiesenen betrieblichen Aufgaben erfüllen kann.

Der Arbeitsplatz kann mit der **Stelle** als kleinster organisatorischer Einheit übereinstimmen, muss aber nicht, denn eine Stelle kann auch mehrere Arbeitsplätze umfassen. Er kann räumlich innerhalb oder außerhalb des Unternehmens sein. Außerdem kann das Unternehmen bzw. der Arbeitsplatz im Ausland liegen:

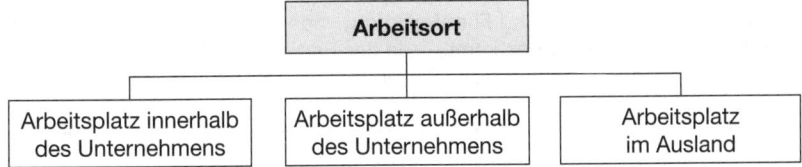

3.1 ARBEITSPLATZ INNERHALB DES UNTERNEHMENS

Die größte Zahl der vorhandenen Arbeitsplätze befindet sich räumlich im Unternehmen, d.h. in dessen Räumlichkeiten bzw. auf dessen Gelände. Es sollen dargestellt werden:

- **Arten**

- **Gestaltung.**

3.1.1 ARTEN

Aus der Sicht des Personaleinsatzes gibt es mehrere Arten von Arbeitsplätzen:

- Nach der Zahl der an einem Arbeitsplatz tätig werdenden Arbeitnehmer sind das **Einzelarbeitsplätze** und **Gruppenarbeitsplätze.**

- Nach der räumlichen **Veränderlichkeit** des Arbeitsplatzes sind zu nennen:

Stationäre Arbeitsplätze	Sie befinden sich an bestimmten **nicht veränderlichen Orten**, z. B. der Arbeitsplatz eines Buchhalters, eines Werkzeugausgebers oder eines Drehers. Die betreffenden Mitarbeiter leisten ausschließlich an diesen Orten ihre Arbeit.
Wechselnde Arbeitsplätze	Sie werden auch als **mobile Arbeitsplätze** bezeichnet. Die Mitarbeiter verändern ihren Arbeitsplatz räumlich, um ihre Arbeitsaufgabe auszuführen, z. B. der Postbote der Hauspost, der Werkschutzmitarbeiter, Vorgesetzte großer Bereiche.

- Nach ihrer **Anordnung** in der Fertigung können unterschieden werden:

Arbeitsplätze in der Werkstattfertigung	Bei der Werkstattfertigung werden alle Betriebsmittel und Arbeitsplätze **gleichartiger Arbeitsverrichtungen** räumlich zusammengefasst, z.B. Stanzerei, Dreherei, Fräserei. Die Bestimmung des Fertigungsablaufs erfolgt der Grundlage des Standortes der Maschinen und Arbeitsplätze. Die Werkstattfertigung ist anpassungsfähig und wenig störanfällig.
Arbeitsplätze bei der Fließfertigung	Bei der Fließfertigung werden die Betriebsmittel und Arbeitsplätze räumlich nach dem **Fertigungsablauf** angeordnet. Den geringen Durchlaufzeiten und Transportzeiten stehen die stark begrenzte Anpassungsfähigkeit, erhebliche Störanfälligkeit und psychologische Probleme beim Personal gegenüber.
Arbeitsplätze bei der Gruppenfertigung	Bei der Gruppenfertigung erfolgt eine **Kombination** von **Werkstattfertigung** und **Fließfertigung**, indem die Betriebsmittel und Arbeitsplätze für bestimmte Teile des Fertigungsablaufes gruppenmäßig zusammengefasst, im Gesamtablauf aber nach dem Fließprinzip angeordnet werden.

3.1.2 GESTALTUNG

Die Gestaltung des Arbeitsplatzes dient zwei **Zielen**:

- Die Tätigkeit soll bestmöglich ausgeführt werden können.

- Die Bedingungen sollen menschengerecht sein.

Die Arbeitsplatzgestaltung kann unter verschiedenen Gesichtspunkten erfolgen:

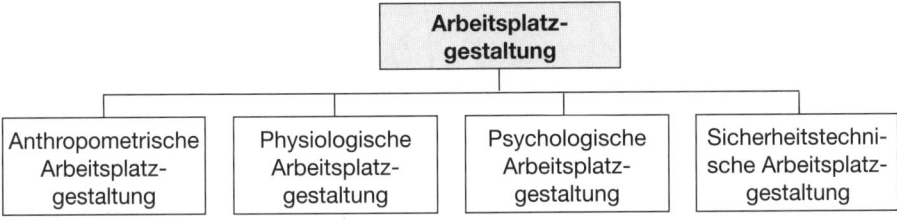

Korrigierende Mitbestimmungsrechte des Betriebsrates können nach § 91 BetrVG entstehen, wenn *(Schaub)*:

- Änderungen von Arbeitsplatz, Arbeitsablauf bzw. Arbeitsumgebung vom Arbeitgeber vorgenommen werden.
- Bei diesen Maßnahmen die arbeitswissenschaftlichen Erkenntnisse über die menschengerechte Gestaltung der Arbeit nicht beachtet werden.
- Die Maßnahmen die Arbeitnehmer in besonderer Weise belasten.

Kommt eine Einigung zwischen Arbeitgeber und Betriebsrat nicht zu Stande, entscheidet die **Einigungsstelle**, deren Spruch die Einigung ersetzt.

3.1.2.1 ANTHROPOMETRISCHE ARBEITSPLATZGESTALTUNG

Die **Anthropometrie** ist die Lehre von durchschnittlichen menschlichen Körpermaßen und Bewegungsbereichen. Deshalb geht es bei der anthropometrischen Arbeitsplatzgestaltung um die Gestaltung des Arbeitsplatzes unter Berücksichtigung der menschlichen Körpermaße und die Gestaltung der Arbeitsmittel:

- Die **Anpassung des Arbeitsplatzes** an den Menschen umfasst:

Arbeitsplatz-höhe	Sie ist günstig, wenn bei angewinkeltem Unterarm die Hand fünf Zentimeter tiefer liegt als der Ellbogen: ▸ Bei **stehender Tätigkeit** liegt die Arbeitshöhe danach bei 102 cm für Männer und 95 cm bei Frauen. ▸ Bei **sitzender Tätigkeit** ergibt sich – unter Zugrundelegung einer mittleren Sitzhöhe von 42,5 cm – eine Höhe des Arbeitstisches, die bei Männern 72 cm und bei Frauen 69 cm beträgt.
Griffbereich	Er ist von der **Größe** der menschlichen **Gliedmaße** abhängig. Für die Gestaltung des Arbeitsplatzes ist wichtig, dass sich nicht alle Zonen des Griffbereiches mit gleicher Schnelligkeit und Wirkkraft erreichen lassen.

Der Griffbereich ist nach *Hettinger/Wobbe* wie folgt darstellbar:

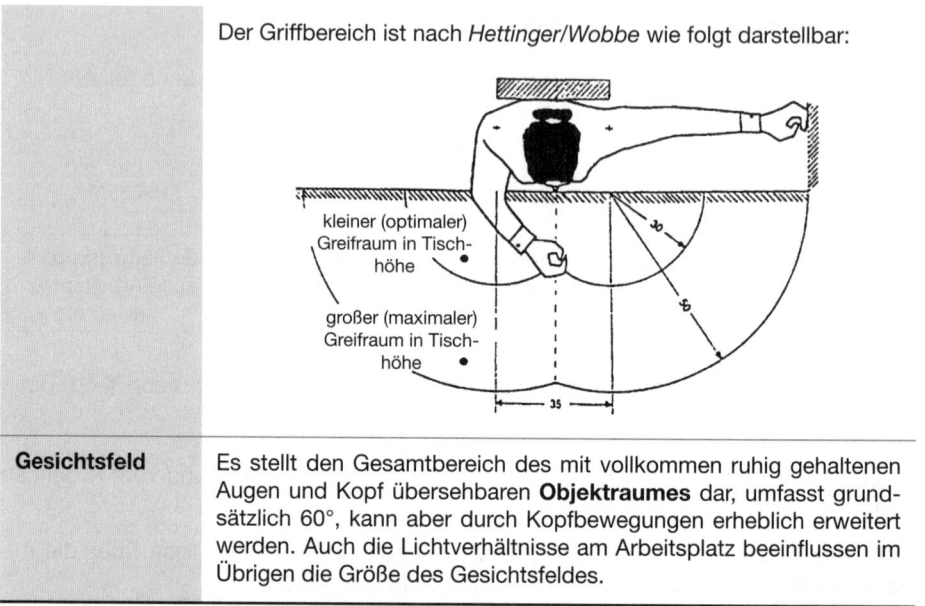

kleiner (optimaler) Greifraum in Tischhöhe

großer (maximaler) Greifraum in Tischhöhe

Gesichtsfeld

Es stellt den Gesamtbereich des mit vollkommen ruhig gehaltenen Augen und Kopf übersehbaren **Objektraumes** dar, umfasst grundsätzlich 60°, kann aber durch Kopfbewegungen erheblich erweitert werden. Auch die Lichtverhältnisse am Arbeitsplatz beeinflussen im Übrigen die Größe des Gesichtsfeldes.

• Die menschengerechte **Gestaltung der Arbeitsmittel** bezieht sich z. B. auf Handgriffe, Pedale, Drehknöpfe, Druckknöpfe, Schalter.

Bei der Anpassung der Arbeitsmittel an den Menschen sind z. B. Abmessungen, Materialform und Materialdichte, Korrosionsfähigkeit, Wärmeleitfähigkeit, Isolierbarkeit und Sterilisierbarkeit zu beachten.

3.1.2.2 Physiologische Arbeitsplatzgestaltung

Die **Physiologie** befasst sich mit der Beanspruchung des menschlichen Körpers durch körperliche und geistige Belastungen sowie die damit verbundene Ermüdung unter bestimmten Umgebungseinflüssen. Dementsprechend dient die physiologische Arbeitsplatzgestaltung dazu, die Arbeitsmethoden und Arbeitsbedingungen dem menschlichen Körper anzupassen. **Ziele** der physiologischen Arbeitsplatzgestaltung sind:

• Die **Verbesserung des Wirkungsgrades** menschlicher Arbeit als:

$$\text{Wirkungsgrad} \; \stackrel{\wedge}{=} \; \frac{\text{Arbeitsergebnis}}{\text{Beanspruchung}}$$

Der Wirkungsgrad kann z. B. durch wirtschaftlichen Muskeleinsatz, Verringerung auszuübender Kräfte, Vermeidung statischer Muskelarbeit, Wahl optimaler Kraftrichtung, Vorgabe von Erholungszeiten und Arbeitswechsel erhöht werden.

Seine Höhe hängt auch davon ab, in welcher **Stellung** und **Körperhaltung** der Mensch arbeitet. Bei verschiedenen Körperstellungen im Vergleich zum Liegen steigt der Energieumsatz um *(REFA)*:

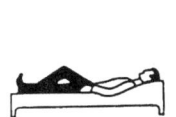  

3 - 5 %   8 - 10 %   30 - 40 %   50 - 60 %

- Die **Schaffung günstiger Umgebungseinflüsse**, wozu vor allem zählen:

Klima	Es setzt sich aus Lufttemperatur, relativer Luftfeuchtigkeit, Luftgeschwindigkeit und Wärmestrahlung zusammen.

Außerdem ist seine **Auswirkung** abhängig von der Schwere der Arbeit, der Wärmeisolation der Kleidung, der individuellen Konstitution und Kondition.

Empfohlene **Klimawerte** sind z. B. (*Martin*):

Art der Tätigkeit	Luft-temperatur °C		Luft-feuchtigkeit %		Luftbewe-gung m/s
	min.	max.	min.	max.	max.
Geistig-nervöse Tätigkeit im Sitzen	18	24	40	70	0,1
Leichte Handarbeit im Sitzen	18	24	40	70	0,1
Leichte Arbeit im Stehen	17	22	40	70	0,2
Schwerstarbeit	15	21	30	70	0,4

Um von **Klimatisierung** sprechen zu können, ist es erforderlich, dass diese Faktoren automatisch geregelt werden. Wird keine Klimatisierung angestrebt, ist es in gleicher Weise erforderlich, die genannten Faktoren optimal zu gestalten durch Heizung, Kühlung, Belüftung, Entlüftung, Entstaubung.

Lärm	Er wird als solcher empfunden, wenn Geräusche stören und belästigen. Dauernde Lärmeinwirkung kann zu erheblichen Gesundheitsschädigungen führen. Für die **Wirkung** des Lärms sind die Stärke, Einwirkungsdauer, Zusammensetzung und zeitliche Anordnung des Schalles bedeutsam:

Als **Lärmstufen** werden unterschieden:

Stufe 1	**30–65 Phon**	Nur von psychologischer Bedeutung, wird individuell als unangenehm empfunden.
Stufe 2	**65–90 Phon**	Physische Bedeutung, wirkt auf vegetatives Nervensystem.
Stufe 3	**90–120 Phon**	Taubheitserscheinungen über Stunden oder Tage möglich.
Stufe 4	**ab 120 Phon**	Ernste Nervenschäden, z. B. durch Düsenaggregate.

Dem **Lärmschutz** dienen besonders:

▸ Verminderung und Dämpfung von Lärmquellen
▸ Absorption von Lärm
▸ Vermeidung von Resonanz
▸ Isolation gegen Lärmübertragungen

Beleuchtung

Sie sollte folgenden **Forderungen** gerecht werden:

▸ Ausreichende Beleuchtungsstärke im Arbeitsfeld
▸ Ausgewogener Leuchtdichtekontrast im Gesichtsfeld
▸ Vermeidung von Direktblendung
▸ Natürliche Farbwiedergabe

Die Beleuchtung hat erheblichen **Einfluss** auf (*Martin*):

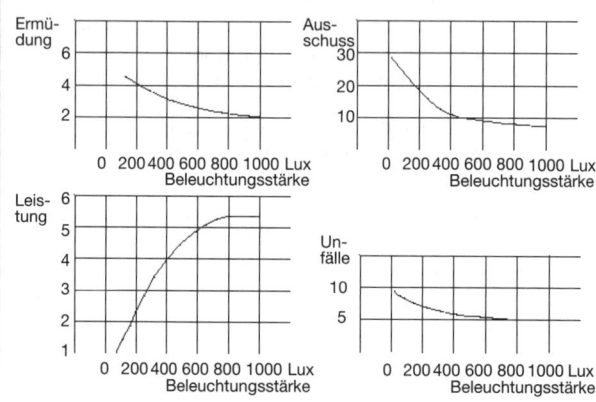

Die **Sehleistung** ist unmittelbar vom Beleuchtungsniveau abhängig, das durch die Beleuchtungsstärke bestimmt und von den Reflexionseigenschaften des Umfeldes beeinflusst wird.

Weitere **Umgebungseinflüsse** sind:

▸ **Mechanische Schwingungen**, die zur Verschlechterung der Sinneswahrnehmungen sowie der Auge-Hand-Koordination und damit zur Herabsetzung der Leistungsfähigkeit und des Wohlbefindens beitragen können.

▸ **Gefahrstoffe** als feste Stoffe, Flüssigkeiten und Gase, die physikalisch-chemische toxische oder biologische Eigenschaften haben können.

▸ Die **Lüftung**, die Sauerstoff zuführt. Ein Sauerstoffgehalt in der Atemluft von unter 16% bewirkt Müdigkeit und Konzentrationsschwäche.

▸ Der **Staub**, der auf den Menschen wirkt, indem er eingeatmet wird, mit Speisen in den Magen gelangt oder durch die Hautberührung aufgenommen wird.

3.1.2.3 Psychologische Arbeitsplatzgestaltung

Mit der psychologischen Gestaltung des Arbeitsplatzes soll dem arbeitenden Menschen eine angenehme Umwelt geschaffen werden. **Maßnahmen** können sein:

• **Farbgestaltung** des Arbeitsplatzes bzw. Arbeitsraumes, wobei warmen Farben eine aktivierende, stimulierende Wirkung zugeschrieben wird, während kalte Farben als beruhigend, distanzierend bezeichnet werden (*Grandjean*):

Farbe	Distanzwirkung	Temperaturwirkung	Psychische Stimmung
Blau	Entfernung, weitend	kalt	beruhigend
Grün	Entfernung	sehr kalt bis neutral	sehr beruhigend
Rot	Nähe	warm	sehr aufreizend
Orange	sehr nahe	sehr warm	anregend
Gelb	Nähe	sehr warm	anregend
Braun	sehr nahe, einengend	neutral	anregend
Violett	sehr nahe	kalt	agressiv, beunruhigend

Deshalb bieten sich als verwendbare **Farben** an *(Hettinger/Wobbe):*

Warme anregende Farben	Kühle und beruhigende Farben
▸ Bei leichter körperlicher Arbeit ▸ Bei monotonen reizarmen Tätigkeiten ▸ In großen Räumen mit wenig Tageslicht (z. B. mit Nordfenstern) ▸ Bei niedrigen Temperaturen ▸ Bei niedrigem Geräuschpegel	▸ Bei schwerer körperlicher Arbeit ▸ Bei betriebsamen, eher hektischen Tätigkeiten ▸ In kleinen Räumen mit viel Tageslicht (z. B. mit Südfenstern) ▸ Bei hohen Temperaturen ▸ Bei hohem Geräuschpegel

- Außerdem ist es möglich, den Arbeitsplatz bzw. Arbeitsraum mithilfe von **Musik** und **Pflanzen** angenehmer zu gestalten.

Es ist zweckmäßig, den arbeitenden Menschen die Möglichkeit zu bieten, an der Gestaltung ihrer Umwelt mitzuwirken.

3.1.2.4 SICHERHEITSTECHNISCHE ARBEITSPLATZGESTALTUNG

Durch die sicherheitstechnische Gestaltung des Arbeitsplatzes sollen Unfälle am Arbeitsplatz verhindert werden. Unter einem **Unfall** wird ein nicht beabsichtigtes, unerwartet eintretendes Ereignis verstanden, welches den üblichen Betriebsablauf stört oder unterbricht und eine Verletzung herbeiführt.

Die **Ursachen** eines Unfalles können sicherheitswidrige Zustände, sicherheitswidriges Verhalten, höhere Gewalt bzw. sicherheitswidrige Organisation sein.

Die sicherheitstechnische Arbeitsplatzgestaltung umfasst alle Maßnahmen, die Unfälle am Arbeitsplatz verhindern helfen. Dazu zählen z. B. bei den Betriebsmitteln:

- ▸ Betriebsmittelschutz
- ▸ Betriebsmittelüberwachung
- ▸ Brandschutz
- ▸ Explosionsschutz

- ▸ Schutz vor Gefahren der Elektrizität
- ▸ Allgemeiner Gefahrenschutz
- ▸ Verwendung von Schutzkleidung und Schutzausrüstung

Eine Vielzahl von **Vorschriften** ist für die Arbeitssicherheit und den Unfallschutz bedeutsam. Das Arbeitsschutzrecht enthält Normen, die dem Arbeitgeber öffentlich-rechtliche Pflichten auferlegen, um die von der Arbeit für den Arbeitnehmer ausgehenden Gefahren zu beseitigen oder zu mindern.

Zu unterscheiden sind:

- **Allgemeine Schutzvorschriften** für Arbeitnehmer bzw. Arbeitgeber, z.B.:

Arbeitssicherheitsgesetz (ArbSichG)	Es enthält Regelungen für Betriebsärzte, Sicherheitsingenieure und andere Fachkräfte für Arbeitssicherheit, die Arbeitgeber und Arbeitnehmer unterstützen sollen.
Arbeitsstättenverordnung (ArbStättVO)	Sie enthält Anforderungen an Werkstätte, Büros usw., die auf dem aktuellen sicherheitstechnischen, arbeitsmedizinischen, hygienischen und ergonomischen Erkenntnisstand beruhen.
Arbeitszeitgesetz (ArbZG)	Es dient dazu, die Sicherheit und den Gesundheitsschutz der Arbeitnehmer bei der Arbeitszeitgestaltung zu gewährleisten und die Rahmenbedingungen für flexible Arbeitszeiten zu verbessern sowie den Sonntag und die Feiertage zu schützen.
Gewerbeordnung (GewO)	Sie enthält Regelungen über den allgemeinen Betriebs- und Gefahrenschutz und dient dem Schutz des Lebens und der Gesundheit der Arbeitnehmer.

- **Spezielle Schutzvorschriften** für Gruppen von Arbeitnehmern, z.B.:

Jugendarbeitsschutzgestz	Es gilt für alle Beschäftigten unter 18 Jahren und regelt z. B. die Höchstarbeitszeit für Jugendliche, ihre Ruhepausen, ihren Urlaubsanspruch.
Mutterschutzgesetz	Es bezieht sich auf werdende und stillende Mütter und enthält z. B. Vorschriften über Beschäftigungsverbote und Einsatzverbote.
Allgemeines Gleichbehandlungsgesetz (AGG)	Es ist seit 08/2006 in Kraft und soll **Benachteiligungen** in Beschäftigung und Beruf wirksam begegnen, die auf Geschlecht, Rasse oder ethnischer Herkunft, Religion oder Weltanschauung, Alter, Behinderung und sexueller Identität beruhen – siehe S. 50.
Schwerbehindertenrecht	Das Schwerbehindertenrecht (im SGB IX) regelt den Schutz Schwerbehinderter und der ihnen gleichgestellten Personen – siehe S. 50 f.

Der Arbeitsschutz obliegt dem **Gewerbeaufsichtsamt** und den **Berufsgenossenschaften**.

Gemäß § 87 Abs. 1 Nr. 7 BetrVG hat der Betriebsrat ein **Mitbestimmungsrecht**, das sich auf die Maßnahmen des Arbeitgebers bezieht, mit denen Arbeitsunfälle und Berufskrankheiten verhindert sowie der Gesundheitsschutz im Rahmen der gesetzlichen Vorschriften und Unfallverhütungsvorschriften sichergestellt wird. Kommt keine Einigung zu Stande, entscheidet die **Einigungsstelle**, deren Spruch die Einigung ersetzt.

Ergänzend dazu können Arbeitgeber und Betriebsrat nach § 88 Nr. 1 BetrVG durch eine **Betriebsvereinbarung** zusätzliche Maßnahmen zur Unfallverhütung und zum Gesundheitsschutz vereinbaren.

27 >> **Seite 528**

3.2 Arbeitsplatz ausserhalb des Unternehmens

Der Arbeitsplatz befindet sich bei einer Reihe von Mitarbeitern bzw. Mitarbeitergruppen räumlich außerhalb des Unternehmens, d.h. nicht in dessen Räumlichkeiten bzw. auf dessen Gelände. Wie beim Arbeitsplatz innerhalb des Unternehmens gibt es auch hier:

- **Einzelarbeitsplätze** und **Gruppenarbeitsplätze**

- **Stationäre Arbeitsplätze**, z. B. als Heimarbeitsplätze oder als Telearbeitsplätze

- **Wechselnde Arbeitsplätze**, die auch **mobile Arbeitsplätze** genannt werden, z. B. für Außendienstler, Bauarbeiter, Monteure.

In jüngerer Zeit sind Bestrebungen festzustellen, Arbeitsplätze »nach außen« zu verlagern. Vielfach sollen dabei aber nicht *eigene* Arbeitsplätze außerhalb des Unternehmens geschaffen werden, sondern es erfolgt **Outsourcing**, d.h. Aufgaben, Funktionen, aber auch Unternehmens- oder Betriebsteile werden ausgelagert und anderen Arbeitgebern rechtlich übertragen.

Diese Vorgänge sind für die Personalwirtschaft bedeutsam. Hierbei geht es aber nicht mehr um den Einsatz eigener Arbeitnehmer bzw. arbeitnehmerähnlicher Personen, wie nachfolgend behandelt:

- **Heimarbeitsplatz**

- **Telearbeitsplatz**.

3.2.1 Heimarbeitsplatz

Heimarbeiter sind arbeitnehmerähnliche Personen, die ihre Arbeitsaufgaben in der eigenen Wohnung erledigen. Sie sind über das **Heimarbeitsgesetz** (HAG) abgesichert und erhalten z. B.:

▶ Verbindliches Mindestentgelt	▶ Zuschlag zur Vorsorge bei Krankheit
▶ Urlaubsentgelt sowie Urlaubsgeld	▶ Heimarbeitszuschlag zur Abgeltung entstandener Kosten
▶ Feiertagsgeld	

§ 29 HAG enthält **Kündigungsschutzbestimmungen.** Wenn die Heimarbeiter im Wesentlichen für ein Unternehmen arbeiten, gelten sie unter Umständen als **Arbeiter** bzw. **Angestellte** im Sinne des § 6 BetrVG. Mit der Heimarbeit können oftmals gerade auch Frauen mit jüngeren Kindern sowohl ihre beruflichen als auch familiären Interessen miteinander verbinden.

Mitunter wird **umgangssprachlich** von **Heimarbeit** geredet, wenn ein Mitarbeiter seine Aufgaben zu Hause erledigt, z. B. die Sekretärin eines Rechtsanwaltes. In diesem Falle handelt es sich aber um eine »reine« Arbeitnehmerin.

3.2.2 Telearbeitsplatz

Telearbeit kann auch Heimarbeit sein, muss aber nicht. Sie ist der Oberbegriff für dezentralisierte, durch Informations- und Kommunikationstechnologien unterstützte Arbeitsplätze bzw. Arbeitsformen, die vom Arbeitgeber räumlich entfernt liegen. Zu unterscheiden sind:

- Die **Tele-Heimarbeit**, die in der Wohnung des Mitarbeiters erfolgt. Dabei ist dieser über einen Computer mit dem Zentralrechner des Arbeitgebers vernetzt. Die Kommunikation mit dem Unternehmen beschränkt sich auf den Austausch von Unterlagen und Arbeitsergebnissen.

  Diese extreme, aber dennoch am weitesten verbreitete Form der Telearbeit weist mehrere **Nachteile** auf, insbesondere sind das die unbefriedigten individuellen **Kontaktbedürfnisse** der Mitarbeiter zu Kollegen und Vorgesetzten sowie die Gefahr des **Verlustes der beruflichen Identität**, da die berufliche Selbstverwirklichung nur in einem sozialen beruflichen Umfeld möglich ist.

- **Telecentern**, bei denen es sich um ausgelagerte kollektive Telearbeitsbüros handelt. Mit ihnen sollen der möglichen Isolation der Telearbeitnehmer entgegengewirkt und die Höhe der Investitionskosten für Telearbeitsplätze gering gehalten werden. Sie können sein:

  ▸ Von einem einzelnen Unternehmen betriebene **Satellitenbüros**
  ▸ Von mehreren Unternehmen gemeinsam genutzte **Nachbarschaftsbüros**.

- **Mobile Telearbeit**, die durch die heute vorhandenen mobilen Kommunikationsendgeräte wie Notebook oder Laptop möglich wird und an wechselnden Orten erfolgen kann, also nicht ortsgebunden ist.

Neben den genannten Telearbeitsformen werden in jüngerer Zeit weitere Konzepte entwickelt. So arbeiten beim **virtuellen Unternehmen** mehrere Mitarbeiter unter einem Firmennamen zusammen, obwohl sie an völlig unterschiedlichen Standorten residieren. Bei der **Offshore-Telearbeit** werden bestimmte Tätigkeiten – meist aus Kostengründen – über eine Datenleitung in Billiglohn-Länder transferiert.

Mit der Telearbeit wird ein erhebliches **Flexibilisierungspotenzial** geschaffen. Die Mitarbeiterproduktivität kann Studien zufolge um 10 bis 50 % gesteigert werden, wozu eine höhere Arbeitseffizienz durch konzentriertere Arbeit und bessere Auslastung der technischen Ressourcen beiträgt. Die Produktivitätssteigerung wird auch durch den Rückgang von Krankmeldungen bewirkt.

Den Arbeitnehmern ermöglicht die Telearbeit bei entsprechender Ausgestaltung **individuelle Autonomie** durch freie Arbeitsplatz- und Arbeitszeitgestaltung. Sie können ihre tägliche oder wöchentliche Arbeitszeit bedürfnisgerecht an den persönlichen Arbeitsrhythmus, ggf. sogar an den Biorhythmus anpassen *(Ruppert)*.

28 ⟩⟩ Seite 528

3.3 Arbeitsplatz im Ausland

Der Personaleinsatz der Mitarbeiter kann auch im Ausland erfolgen. Insbesondere Führungs- und Nachwuchskräfte kommen für eine **Entsendung ins Ausland** in Betracht. Deutsche Unternehmen verfügen über mehr als 25.000 Tochter- und Beteiligungsgesellschaften im Ausland, die über 2,5 Millionen Mitarbeiter beschäftigten und einen Jahresumsatz von fast 500 Mrd. € erzielten.

Um weiterhin im internationalen Wettbewerb zu bestehen, nehmen deutsche Unternehmen verstärkt **Direktinvestitionen** im Ausland vor, d.h. sie bauen eigene Fertigungsstätten mittels Kapitalanlagen im Ausland auf und aus, u. a. um Einfluss auf die Unternehmensführung der Fertigungsstätten zu erlangen.

Ziele des Auslandseinsatzes sind aus Sicht des Unternehmens:

- Sicherung der Unternehmensinteressen vor Ort
- Transfer von Fachwissen und Führungswissen
- Koordination und Kontrolle der Unternehmenseinheiten
- Führungskräfteentwicklung.

Als **Motive der Mitarbeiter** für einen Auslandseinsatz können genannt werden:

▸ Verbesserte Aufstiegschancen	▸ Persönlichkeitsentwicklung
▸ Größere berufliche Selbstständigkeit	▸ Qualifikationsverbesserung
▸ Herausfordernde neue Aufgabe	▸ Erwartetes höheres Entgelt
▸ Mehr Verantwortung	▸ Erwartungen an höheren Status

Die **Auslandsentlohnung** bringt eine Reihe von Problemen mit sich. Die **soziale Absicherung** erfolgt i.d.R. im Heimatland.

Durch das Wachstum grenzüberschreitender Direktinvestitionen gewinnt das **internationale Personalmanagement** zunehmend an Bedeutung. Damit müssen auch die Besonderheiten des Personaleinsatzes beachtet werden.

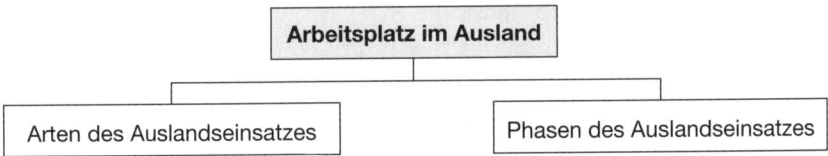

3.3.1 ARTEN DES AUSLANDSEINSATZES

Als Arten des Auslandseinsatzes sind zu unterscheiden:

- Die **Delegation**, bei der es sich um einen kurzfristigen Einsatz zwecks Erledigung eines Auftrages handelt. Die **Dauer** kann zwischen drei und zwölf Monaten liegen, der Mitarbeiter bleibt Angestellter des entsendenden Unternehmens und erhält seine Bezüge weiterhin von seinem Arbeitgeber.

- Die **befristete Versetzung**, bei welcher der Mitarbeiter von der Auslandsgesellschaft übernommen wird. Der bisher bestehende Arbeitsvertrag ruht und lebt bei der Rückkehr wieder auf. Die **Dauer** des Einsatzes liegt meist bei drei bis vier Jahren, wobei eine Option auf weitere vier Jahre oft üblich ist.

- Die **unbefristete Versetzung**, die denkbar ist, wenn kein geeigneter Nachfolger nach einer befristeten Versetzung im Ausland zur Verfügung steht, was eigentlich fast nur in Entwicklungsländern geschieht. Dann wird die befristete in eine unbefristete Versetzung umgewandelt. Der **ruhende Vertrag** zu Hause bleibt weiter bestehen und die Sozialleistungen werden aufrecht erhalten.

3.3.2 Phasen des Auslandseinsatzes

Es lassen sich vier Phasen des Auslandseinsatzes unterscheiden:

Auswahlphase	In ihr muss der geeignete Kandidat für den Auslandseinsatz gefunden werden. Meist wird er innerhalb des Unternehmens gesucht. **Auswahlkriterien** sind: ▸ Fachliche Qualifikation, die meist im Vordergrund steht ▸ Persönliche Qualifikation, die eigentlich die wichtigere ist Mit den in Betracht kommenden Kandidaten werden **Interviews** geführt. Zunehmend geschieht das auch mit deren (Ehe)partnern. **Assessment Center** können die Auswahl unterstützen.

Vorbereitungsphase	Sie schließt sich der Einführungsphase an. Darin wird der ausgewählte Kandidat auf seine neue Aufgabe, insbesondere aber auch auf sein neues Umfeld, vorbereitet. Die **interkulturelle Vorbereitung** ist unerlässlich, wird aber von den Unternehmen häufig vernachlässigt. Sie sollte umfassen: ▸ Informationen über Gastland, Lebensumstände, Aufgaben ▸ Vermittlung interkultureller Kompetenz ▸ Interaktionstraining ▸ Sprachliche Schulung, möglichst auch für den (Ehe)partner

Einsatzphase	In ihr sollte der Mitarbeiter von einem Paten im Heimatunternehmen betreut werden, ebenso aber auch von einem Paten im Gastland, der nicht zuletzt u. a. helfen soll, den zu erwartenden **Kulturschock** besser zu überwinden. Wichtig ist, dass ein guter Kontakt zum heimischen Unternehmen gesichert wird. Auch die **Familie** sollte am Einsatzort eine Betreuung erfahren, da ihre Situation i.d.R. nicht einfach ist.

Wiedereingliederungsphase	Sie schließt den Auslandseinsatz ab. In ihr kann es zu einem **zweiten Kulturschock** kommen. Die Wiedereingliederung muss beruflich wie auch sozial erfolgen.

29 Seite 528

4. ARBEITSZEIT

Die Arbeitszeit ist die Zeit vom Beginn bis zum Ende der Arbeit ohne die Ruhepausen (§ 2 Abs. 1 ArbZG). Ihre Gestaltung ist neben der Gestaltung des Arbeitsinhaltes und des Arbeitsortes die dritte Säule des Personaleinsatzes. In den letzten Jahren ist eine zunehmende **Flexibilisierung** und **Individualisierung** der Arbeitszeit festzustellen, die sich aus zwei Gründen weiter fortsetzen wird:

- Die Flexibilisierung der Arbeitszeit ist erforderlich, um die Wettbewerbsposition deutscher Unternehmen zu sichern und zu fördern.

- Die Mitarbeiter erwarten immer mehr, dass die Unternehmen ihnen flexible und individuelle Arbeitszeiten einräumen.

Die Arbeitszeit als Zeit, in der ein Arbeitnehmer verpflichtet ist, seine vertraglich geschuldete Leistung gegen Entgelt zu erbringen, ist gestaltbar bezüglich:

- Ihrer **Dauer** die den Umfang der Zeit darstellt, innerhalb derer ein Arbeitnehmer seine Leistung zu erbringen hat, z. B. acht Stunden pro Tag. Ihre Höchstdauer pro Arbeitstag ist im ArbZG geregelt – siehe S. 206, aber auch im JArbG und im MuSchG. Die Dauer der Arbeitszeit wird auch als **Chronometrie** bezeichnet.

- Ihrer **Lage**, die bezeichnet, in welchem Zeitrahmen dies zu geschehen hat, z. B. zwischen 8 und 17 Uhr. Das ArbZG bietet hierbei einen erheblichen Spielraum. Bezüglich der Lage der Arbeitszeit wird auch von **Chronologie** gesprochen.

Die Lage und Dauer der Arbeitszeit können in **Arbeitszeitkonzepten** einzeln oder gemeinsam variiert werden. Deren Ziel ist vielfach, die Arbeitszeit von der Betriebszeit abzukoppeln, um zu einer besseren Auslastung der Produktionsanlagen zu gelangen.

Dies geschieht, indem z. B. bei gleichbleibender Dauer der täglichen Arbeitszeit des einzelnen Arbeitnehmers die tägliche Betriebszeit durch Veränderung der Lage der Arbeitszeit erhöht wird, was durch Einführung eines Mehr-Schicht-Betriebes oder der Nutzung bisher nicht in Anspruch genommener Wochentage möglich ist.

Berthel stellt ein traditionelles bzw. konventionelles Arbeitszeitkonzept einem flexiblem Arbeitszeitkonzept gegenüber, wobei er auf *Fritz* zurückgreift:

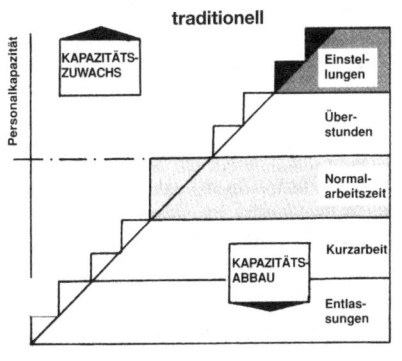
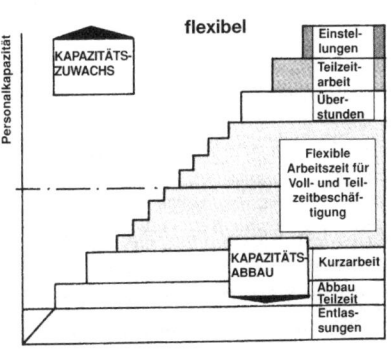

 Seite 529

Der Betriebsrat hat nach § 87 Abs. 1 Nr. 2 BetrVG ein **Mitbestimmungsrecht** über Beginn und Ende der täglichen Arbeitszeit einschließlich der Pausen im Sinne nicht vergüteter Ruhepausen sowie die Verteilung der Arbeitszeit auf die einzelnen Wochentage.

Kommt keine Einigung zu Stande, entscheidet die **Einigungsstelle**, deren Spruch die Einigung ersetzt. Im Gegensatz zur Lage der Arbeitszeit besteht bei der Dauer der Arbeitszeit kein Mitbestimmungsrecht.

Im Folgenden sollen dargestellt werden:

4.1 Traditionelle Gestaltungsformen

Zu den traditionellen Gestaltungsformen der Arbeitszeit zählen:

- **Mehrarbeit**
- **Schichtarbeit**
- **Kurzarbeit.**

4.1.1 Mehrarbeit

Als Mehrarbeit sollen die **Überstunden** verstanden werden, die ein Arbeitnehmer leistet. Sie sind dann gegeben, wenn der Arbeitgeber sie angeordnet oder geduldet bzw. Arbeit zugewiesen hat, die nur unter Überschreiten der betrieblichen Arbeitszeit geleistet werden kann.

Meist werden für geleistete Überstunden **Zuschläge** gezahlt. Sie sind gesetzlich nicht geregelt, Tarifverträge sehen i.d.R. aber vor, dass 25% der Grundvergütung als Überstundenzuschläge zu entgelten sind. Teilzeitbeschäftigte haben einen Anspruch auf Überstundenzuschläge erst, wenn die tariflich festgelegte Arbeitszeit überschritten wird, z. B. 38 Stunden pro Woche.

Mehrarbeit kann aber auch zusätzliche **Sonn-** und **Feiertagsarbeit** sein. Sie wird – wie der Umfang von Überstunden – durch das Arbeitszeitgesetz begrenzt.

Die Mehrarbeit bietet die Möglichkeit, die Kapazität des Unternehmens zu erhöhen, ohne dass zusätzliches Personal beschafft werden muss. Sie sollte nur zur Abdeckung eines **kurzfristigen Bedarfes** genutzt werden und nach Möglichkeit nicht der Normalfall sein. Hierfür gibt es gesundheitliche, soziale und arbeitsmarktbezogene Gründe.

Gemäß § 87 Abs. 1 BetrVG hat der Betriebsrat bei vorübergehender Verlängerung der betrieblichen Arbeitszeit ein **Mitbestimmungsrecht**, wenn ein kollektiver Tatbestand gegeben ist, also das ganze Unternehmen oder eine Gruppe von Arbeitnehmern betroffen sind, aber auch bei einem Arbeitnehmer, der aus betrieblichem Anlass Überstunden leistet.

In **Notfällen** darf der Arbeitgeber Überstunden einseitig anordnen. Dabei handelt es sich um Fälle, in denen »sofort gehandelt werden muss, um von dem Betrieb oder den Arbeitnehmern Schaden abzuwenden und in denen entweder der Betriebsrat nicht erreichbar ist oder keinen ordnungsgemäßen Beschluss fassen kann« *(Felser/Roos)*.

4.1.2 Schichtarbeit

Die Schichtarbeit wird auch als **Wechselschichtarbeit** bezeichnet und ist gesetzlich nicht definiert. Nach der Rechtsprechung des *BAG* liegt Schichtarbeit vor, wenn mindestens zwei Arbeitnehmer ein und dieselbe Arbeitsaufgabe erfüllen, indem sie sich regelmäßig nach einem feststehenden und für sie überschaubaren Plan ablösen, sodass der eine Arbeitnehmer arbeitet, während der andere arbeitsfreie Zeit hat, ohne dass der jeweils abgelöste Arbeitsplatz identisch sein muss.

Ziele der Schichtarbeit sind:

- Ermöglichung von Arbeiten, die werktags sowie gegebenenfalls auch sonntags und feiertags einen ununterbrochenen Fortgang erfordern.
- Bessere Auslastung kostenintensiver Anlagen bzw. Einrichtungen und Arbeitsplätze.

Die Schichtarbeit kann erfolgen:

- **Vollkontinuierlich**, also an jedem Tag rund um die Uhr, oder **teilkontinuierlich**, z. B. von Montag bis Freitag.
- **Zweischichtig**, z. B. als Früh- und Spätschicht, oder **dreischichtig** über 24 Stunden hinweg.

Für den Personaleinsatz müssen **Schichtpläne** erstellt werden, in denen die betrieblichen Erfordernisse, Gesichtspunkte des Gesundheitsschutzes und Wünsche der Mitarbeiter berücksichtigt werden sollten.

Der Betriebsrat hat bei der Einführung, Änderung und dem Abbau von Schichtarbeit ein **Mitbestimmungsrecht**, ebenso bei der Aufstellung und Änderung von Schichtplänen. Weiterhin stehen ihm nach § 80 Abs. 1 Nr. 1 BetrVG Überwachungspflichten in Bezug auf die Einhaltung arbeitswissenschaftlicher Erkenntnisse zu. Außerdem kann er diesbezüglich Verbesserungsvorschläge unterbreiten.

4.1.3 Kurzarbeit

Kurzarbeit ist die vorübergehende Herabsetzung der betriebsüblichen regelmäßigen Arbeitszeit für das gesamte Unternehmen bzw. für einzelne Abteilungen mit der Folge von Entgeltminderungen. Das Arbeitsverhältnis wird durch Kurzarbeit nicht beendet, sondern es werden lediglich die **Arbeits- und Entgeltzahlungspflichten** durch die Einführung der Kurzarbeit im gleichen Verhältnis **suspendiert.**

Das **Kurzarbeitsvolumen** kann unterschiedlich verteilt werden, z. B.:

- **Gleichmäßig** auf alle Wochentage, damit an Einzeltagen keine Arbeit ausfällt, sondern an jedem Tag ein gleiches Stundenvolumen geleistet wird.

- **Ungleichmäßig**, was zu einem völligen Ausfall der Arbeit an einzelnen Tagen oder in bestimmten Wochen führen kann.

Die Kurzarbeit bedarf einer besonderen **Rechtsgrundlage**, meist in Form eines Tarifvertrages oder einer Betriebsvereinbarung, sehr selten im Arbeitsvertrag. Sie kann nur mit Zustimmung des Betriebsrats eingeführt werden (§ 87 BetrVG).

Mitarbeitern von Unternehmen mit regelmäßiger Arbeitszeit zahlt die Bundesagentur für Arbeit aus Mitteln der Arbeitslosenversicherung ein **Kurzarbeitergeld,** wenn ein vorübergehender Ausfall der Arbeit gegeben und zu erwarten ist, dass den Arbeitnehmern dadurch die Arbeitsplätze erhalten bleiben. Seine Höhe beträgt je nach persönlicher Situation 60 % oder 67 % des Nettoarbeitsentgeltes. Es wird bis zu sechs Monate gewährt (§ 178 Abs. 1 SGB III).

Bei außergewöhnlichen Verhältnissen auf dem gesamten Arbeitsmarkt kann eine Ausdehnung bis auf 24 Monate erfolgen. Die Zahlung des Kurzarbeitergeldes ist an die Erfüllung der gesetzlich festgelegten **Voraussetzungen** gebunden (§§ 169 bis 182 SGB III). Im Wesentlichen sind das:

- Ein **erheblicher Arbeitsausfall** i.S.d. § 170 SGB III, der vorliegt, wenn er:

> ▸ Auf wirtschaftlichen Gründen oder einem unabwendbaren Ereignis beruht
>
> ▸ Vorübergehend sowie nicht vermeidbar ist
>
> ▸ Bei mindestens einem Drittel der Arbeitnehmer zu einem Entgeltausfall von jeweils mehr als zehn Prozent ihres monatlichen Bruttoentgeltes führt.

- Eine **schriftliche Anzeige** des Arbeitsausfalles bei der Agentur für Arbeit, die nicht nur vom Arbeitgeber sondern auch vom Betriebsrat erfolgen kann. Der Anzeige des Arbeitgebers muss eine **Stellungnahme des Betriebsrates** beigefügt werden.

Der Bezug von Kurzarbeitergeld berührt das kranken- und rentenversicherungspflichtige Beschäftigungsverhältnis nicht.

Vom Kurzarbeitergeld ist das Saison-Kurzarbeitergeld (ab 12/2006) als eine Leistung der Arbeitslosenversicherung zu unterscheiden, das im Baugewerbe aus wirtschaftlichen Gründen von 01/12 bis 31/03 gewährt wird.

31 ⟩⟩ Seite 529

4.2 FLEXIBLE GESTALTUNGSFORMEN

Als flexible Gestaltungsformen der Arbeitszeit sollen unterschieden werden:

- **Teilzeitarbeit**
- **Gleitende Arbeitszeit**
- **Jahresarbeitszeit**
- **Kapazitätsorientierte variable Arbeitszeit**
- **Vertrauensarbeitszeit.**

4.2.1 TEILZEITARBEIT

Teilzeitarbeit leistet ein Arbeitnehmer, dessen **regelmäßige Wochenarbeitszeit kürzer** ist als die eines vergleichbaren vollzeitbeschäftigten Arbeitnehmers. Ist eine regelmäßige Wochenarbeitszeit nicht vereinbart, so ist ein Arbeitnehmer teilzeitbeschäftigt, wenn seine regelmäßige Arbeitszeit im Durchschnitt eines bis zu einem Jahr reichenden Beschäftigungszeitraums unter der eines vergleichbaren vollzeitbeschäftigten Arbeitnehmers liegt (§ 2 Abs. 1 TzBfG). Auch teilzeitbeschäftigt ist, wer eine geringfügige Beschäftigung (§ 8 Abs. 1 Nr. 1 SGB IV) ausübt.

Die Gestaltung der Teilzeitarbeit ist in vielfältiger Weise möglich:

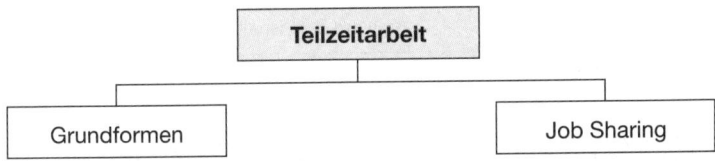

Ein Arbeitnehmer, dessen Arbeitsverhältnis länger als sechs Monate bestanden hat, hat einen **Anspruch auf Teilzeitarbeit**. Der Arbeitgeber muss der Verringerung der Arbeitszeit zustimmen, soweit betriebliche Gründe nicht entgegenstehen (§ 8 Abs. 1 und 4 TzBfG). Der Betriebsrat hat bei der Ausgestaltung von Teilzeitarbeit ein **Mitbestimmungsrecht**.

4.2.1.1 GRUNDFORMEN

Bei der Teilzeitarbeit gibt es folgende Grundformen:

- Die Teilzeitarbeit **mit starren Arbeitszeiten**, z. B. 5 Arbeitstage zu je 4 Stunden oder 3 Arbeitstage zu je 8 Stunden pro Woche.
- Die Teilzeitarbeit **mit flexiblen Arbeitszeiten**, wie sie in den nächsten Kapiteln als gleitende Arbeitszeit, Jahresarbeitszeit und kapazitätsorientierte variable Arbeitszeit beschrieben wird.

Mit dem Zweiten Gesetz für moderne Dienstleistungen am Arbeitsmarkt, das als »*Hartz II*« bekannt ist, wurde ab 04/2003 ein neuer **Niedriglohnsektor** geschaffen, der sich insbesondere auf Teilzeitarbeit bezieht:

Minijobs/Geringfügig Beschäftigte

| Minijobs (400 €-Jobs) | bis 400 Euro |

auch als Nebenjob wieder möglich

Arbeitnehmer:

• steuer- und abgabenfrei

Arbeitgeber:

Pauschalabgabe

30 %

15 % Rentenversicherung, 13 % Krankenversicherung, 2 % Steuer

Haushaltsnahe Minijobs

| Haushaltsnahe Minijobs | bis 400 Euro |

auch als Nebenjob wieder möglich

Arbeitnehmer:

• steuer- und abgabenfrei

Arbeitgeber:

Pauschalabgabe

12 %

davon 5 % Rentenversicherung, 5 % Krankenversicherung, 2 % Steuer

Erweiterter Niedriglohnsektor

| Erweiterter Niedriglohnsektor | 401 bis 800 Euro |

Gleitzone

Arbeitnehmer:

• Sozialbeiträge steigen stufenweise von ca. 10 % auf ca. 21 %
• Steuer wie bisher

Arbeitgeber:

Sozialbeiträge

21 %

Steuer wie bisher

4.2.1.2 JOB SHARING

Dem Job Sharing liegt eine **Teilung des Arbeitsplatzes** zu Grunde, d.h. ein Vollzeitarbeitsplatz wird in zwei (oder mehr) Teilzeitarbeitsplätze aufgeteilt. Beim Ausfall eines Arbeitnehmers ist der andere Arbeitnehmer zur Vertretung nur verpflichtet, wenn dies vertraglich vereinbart ist (§ 13 Abs. 1 TzBfG).

Das **Job Sharing im engeren Sinne** besteht darin, dass die betreffenden Arbeitnehmer den Arbeitsplatz in Abstimmung miteinander auf der Grundlage eines zuvor von ihnen selbst vereinbarten Arbeitszeitplanes während der betriebsüblichen Arbeitszeit ausfüllen.

Weitere **Formen** können das Job Splitting und das Job Pairing sein *(Linnenkohl)*:

- Das **Job Splitting** ist die meist vorkommende Form des Job Sharing. Dabei erfolgt eine zeitliche Aufteilung bei identischen Aufgabenprofilen der Partner. Es besteht kein Interaktions- und Kooperationsbedarf zwischen den Partnern, die unabhängig voneinander mit Arbeitsverträgen ausgestattet werden. Kündigt ein Arbeitnehmer, besteht das verbleibende Arbeitsverhältnis weiter fort. Der Arbeitgeber muss sich um Ersatz bemühen.

- Beim **Job Pairing** haben sich die Partner im Hinblick auf die Aufgabenerfüllung untereinander abzustimmen, sie tragen gemeinsam Verantwortung und treffen zusammen wesentliche Entscheidungen. Der Arbeitsvertrag wird mit den Partnern gemeinsam geschlossen und kann auch nur gemeinsam gekündigt werden.

Das Job Sharing unterstützt die Flexibilisierungs- und Individualisierungsinteressen des Personaleinsatzes erheblich. Der Betriebsrat hat bei der Einführung von Job sharing ein **Mitbestimmungsrecht**.

32 〉 Seite 529

4.2.2 Gleitende Arbeitszeit

Die gleitende Arbeitszeit kann als Gleitzeit ohne Zeitausgleich und mit Zeitausgleich genutzt werden als *(Schwerdtner)*:

- **Gleitzeit ohne Zeitausgleich**, bei der es zwei Formen gibt:

Grundform	Der Arbeitnehmer kann den **Beginn** seiner **Arbeitszeit** in einem vorgegebenem Zeitrahmen **einmalig** selbst **festlegen**. Die Dauer der täglichen Arbeitszeit ist vom Arbeitgeber vorgegeben.
Einfache gleitende Arbeitszeit	Sie unterscheidet sich von der Grundform dadurch, dass der **Arbeitsbeginn an jedem Tag** innerhalb des vorgegebenen Zeitrahmens vom Arbeitnehmer **bestimmt** werden kann. Die Dauer der täglichen Arbeitszeit bleibt vom Arbeitgeber bestimmt.

- Bei der **Gleitzeit mit Zeitausgleich** kann der Arbeitnehmer sowohl den Beginn als auch die Dauer seiner täglichen Arbeitszeit innerhalb eines vorgegebenen Zeitrahmens selbst festlegen. Die Zeit, in der er am Arbeitsplatz anwesend sein muss, wird **Kernzeit** genannt. Die Gleitzeit mit Zeitausgleich weist zwei Formen auf:

Beschränkte Gleitzeit	Der Arbeitnehmer muss bestehende Guthaben oder Schulden innerhalb eines vorgegebenen Ausgleichszeitraumes ausgleichen.

| **Unbeschränkte Gleitzeit** | Hier kann ein bestehendes Zeitguthaben oder eine Zeitschuld in den folgenden Ausgleichzeitraum übertragen werden. |

Inzwischen gibt es auch Konzepte der gleitenden Arbeitszeit mit Zeitausgleich, die auf eine zeitliche Fixierung einer Anwesenheitspflicht verzichten.

Die gleitende Arbeitszeit kann – je nach Form – zu einer erheblichen Flexibilisierung und Individualisierung der Arbeitszeit beitragen. Der Betriebsrat hat bei der Einführung, Änderung und dem Abbau von gleitender Arbeitszeit ein **Mitbestimmungsrecht**.

33 ⟩⟩ Seite 530

4.2.3 JAHRESARBEITSZEIT

Bei der Jahresarbeitszeit als zukunftsträchtigem Konzept wird von einem Mitarbeiter die im Laufe eines Kalenderjahres zu erbringende Arbeitszeit festgelegt, die über das Jahr hinweg von ihm erbrachte Arbeitszeit kann schwanken. Die Veränderungen orientieren sich an den Interessen des Unternehmens bzw. an den Interessen des Mitarbeiters. So ist es möglich, auf **saisonale Schwankungen** in geeigneter Weise zu reagieren oder besonderen **Freizeitwünschen** des Mitarbeiters gerecht zu werden.

In einigen **Tarifverträgen** wurde bereits eine flexible Jahresarbeitszeit vereinbart, z. B. in der Chemischen Industrie. Danach kann die regelmäßige tarifliche oder abweichend festgelegte wöchentliche Arbeitszeit auch im Durchschnitt eines Verteilungszeitraumes von bis zu 12 Monaten erreicht werden. Die regelmäßige tägliche Arbeitszeit darf bis zu 10 Stunden betragen.

Mit der Jahresarbeitszeit wird ein hohes Maß an **Flexibilisierung** und **Individualisierung** der Arbeitszeit möglich.

4.2.4 KAPAZITÄTSORIENTIERTE VARIABLE ARBEITSZEIT

Die kapazitätsorientierte variable Arbeitszeit (KAPOVAZ) wird auch **Arbeit auf Abruf** genannt. Sie ist ein Flexibilisierungsinstrument, mit deren Hilfe sowohl die Lage als auch die Dauer der Arbeitszeit an den Arbeitsanfall angepasst werden kann. Der Arbeitgeber spart damit die Personalkosten für Leerzeiten. Den Arbeitnehmern hingegen berücksichtigt es ihre Wünsche i.d.R. nicht.

Bei der Arbeit auf Abruf sind **gesetzliche Einschränkungen** zu beachten:

* Für ihre **Ankündigung** gilt, dass der Arbeitnehmer im Einzelfall zur Arbeitsleistung nur verpflichtet ist, wenn der Arbeitgeber ihm die Lage seiner Arbeitszeit jeweils mindestens vier Tage im Voraus mitgeteilt hat (§ 12 Abs. 2 TzBfG).

- Ist die **Frist** unterschritten, kann der Arbeitnehmer die Arbeitsleistung verweigern, ohne dass dies zu einer Verdienstminderung führt. Er kann aber auch, wenn er will, die Arbeitsleistung erbringen.

- Bei der **Berechnung** der Vier-Tagesfrist ist der Tag der Ankündigung nicht mitzuzählen. Zwischen Ankündigung und Arbeitstag müssen vier volle Kalendertage liegen. Ist der Tag vor dem Vier-Tageszeitraum ein Samstag, Sonntag oder Feiertag, muss die Mitteilung spätestens am Werktag vorher erfolgen.

Für die **tägliche Arbeitszeit** bei der Arbeit auf Abruf gilt, dass der Arbeitgeber gemäß § 12 Abs. 1 TzBfG verpflichtet ist, den Arbeitnehmer für jeweils mindestens drei aufeinander folgende Stunden zur Arbeitsleistung in Anspruch zu nehmen, sofern die tägliche Dauer der Arbeitszeit nicht vereinbart wurde. Daraus folgt, dass auch eine kürzere tägliche Arbeitsleistung als drei Stunden möglich ist, sofern dies zwischen Arbeitgeber und Arbeitnehmer geregelt ist.

Die **wöchentliche Arbeitszeit** hat, sofern es keine Vereinbarung darüber gibt, gemäß § 12 Abs. 1 TzBfG mindestens zehn Stunden zu betragen. Der Betriebsrat hat bei der Einführung und Änderung von Arbeit auf Abruf ein **Mitbestimmungsrecht**.

Seite 530

4.2.5 VERTRAUENSARBEITSZEIT

Die Vertrauensarbeitszeit gewinnt zunehmend an Bedeutung. Sie besteht aus:

- Dem **Verzicht** auf die (elektronische) **Zeiterfassung** und deren **Auswertung**.

- Einem Arbeitszeitsystem, das den Mitarbeitern bei der Erbringung ihrer vertraglich vereinbarten Arbeitszeit so weit wie möglich **Gestaltungsfreiheit** einräumt.

Mit dem Verzicht auf eine Zeiterfassung soll erreicht werden, dass die Mitarbeiter und Führungskräfte sich von ihrem Zeitverbrauchsdenken lösen und das Leistungsergebnis in den Mittelpunkt ihrer Betrachtungen stellen.

Voraussetzung für die Einführung der Vertrauensarbeitszeit ist der Aufbau einer Vertrauenskultur im Unternehmen und die Bereitschaft eines jeden Beschäftigten, Verantwortung zu übernehmen. Durch die Einführung der Vertrauensarbeitszeit wird der **Aufwand** zur Verwaltung der Arbeitszeit erheblich reduziert.

Die notwendige Abstimmung zwischen den einzelnen Mitarbeitern und mit dem Vorgesetzten fördert den Informations- und Kommunikationsprozess, was auch dem Betriebsklima zugute kommen kann. Bei der Einführung einer reinen Vertrauensarbeitszeit stößt man allerdings bezüglich gesetzlicher Regelungen (ArbZG) und der Verrechnung von Zuschlägen an **Grenzen**.

Seite 530

4.3 ARBEITSZEITRECHT

Die Arbeitszeit ist seit 1994 im **Arbeitszeitgesetz** (ArbZG) geregelt. Es dient dazu, die Sicherheit und den Gesundheitsschutz der Arbeitnehmer bei der Arbeitszeitgestaltung zu gewährleisten und die Rahmenbedingungen für flexible Arbeitszeiten zu verbessern sowie den Sonntag und die Feiertage zu schützen. Wichtige **Vorschriften** sind z. B.:

Arbeitszeit (§ 3 ArbZG)	Die werktägliche Arbeitszeit der Arbeitnehmer darf **8 Stunden** nicht überschreiten. Sie kann auf bis zu 10 Stunden nur verlängert werden, wenn innerhalb von 6 Kalendermonaten oder innerhalb von 24 Wochen im Durchschnitt 8 Stunden werktäglich nicht überschritten werden.
Ruhepausen (§ 4 ArbZG)	Die Arbeit ist durch im Voraus feststehende Ruhepausen von mindestens **30 Minuten** bei einer Arbeitszeit von mehr als 6 Stunden bis zu 9 Stunden und **45 Minuten** bei einer Arbeitszeit von mehr als 9 Stunden zu unterbrechen. Sie können in Zeitabschnitten von jeweils mindestens 15 Minuten aufgeteilt werden. Länger als 6 Stunden hintereinander ist eine Beschäftigung ohne Pause nicht zulässig.
Ruhezeit (§ 5 ArbZG)	Die Arbeitnehmer müssen nach Beendigung der täglichen Arbeitszeit grundsätzlich eine ununterbrochene Ruhezeit von mindestens **11 Stunden** haben.
Nachtarbeit (§ 6 ArbZG)	Die werktägliche Arbeitszeit der Nachtarbeitnehmer darf **8 Stunden** nicht überschreiten. Sie kann auf bis zu 10 Stunden nur verlängert werden, wenn innerhalb von einem Kalendermonat oder innerhalb von 4 Wochen im Durchschnitt 8 Stunden werktäglich nicht überschritten werden.
Sonn-/Feiertagsarbeit (§ 9 ArbZG)	Arbeitnehmer dürfen an Sonn- und gesetzlichen Feiertagen von 0 bis 24 Uhr grundsätzlich **nicht beschäftigt** werden. Sofern die Arbeiten nicht an Werktagen vorgenommen werden können, dürfen Arbeitnehmer an Sonn- und Feiertagen in bestimmten Einrichtungen beschäftigt werden sowie mit Produktionsarbeiten, wenn die infolge der Unterbrechung der Produktion zulässigen Arbeiten den Einsatz von mehr Arbeitnehmern als bei durchgehender Produktion erfordern. Mindestens **15 Sonntage** im Jahr müssen **beschäftigungsfrei** bleiben (§ 11 ArbZG).

In Tarifverträgen bzw. Betriebsvereinbarungen können teilweise abweichende Regelungen erfolgen (§§ 7, 12 ArbZG).

36 ⟩⟩ **Seite 531**

	KONTROLLFRAGEN	bear- beitet	Lösungs- hinweise	Lö- sung	
				+	–
01	Was versteht man unter Personaleinsatz?		173		
02	Unter welchen Aspekten kann der Personaleinsatz gesehen werden?		173		
03	Auf welche Weise können Anforderungen der Stelle und Fähigkeiten des Mitarbeiters abgeglichen werden?		173		
04	Wann bietet es sich an, die Anforderungen der Stelle als Grundlage für den Abgleich zu nehmen, und wann können die Fähigkeiten des Mitarbeiters der Ausgangspunkt sein?		173		
05	Worin besteht die quantitative Zuordnung beim Personaleinsatz?		173 f.		
06	Worauf bezieht sich die zeitliche Zuordnung des Personaleinsatzes?		174		
07	Beschreiben Sie die Stufen des Personaleinsatzes!		174		
08	Was versteht man unter Arbeit?		174		
09	Beschreiben Sie, was geistige bzw. muskelmäßige Arbeit ist!		174		
10	Worin unterscheiden sich statische und dynamische Muskelarbeit?		174 f.		
11	Was ist die Leistung?		175		
12	Durch welche Faktoren kann die Leistung bestimmt werden?		175 f.		
13	Beschreiben Sie die inneren Leistungsfaktoren!		175		
14	Geben Sie Beispiele für äußere Leistungsfaktoren!		176		
15	Inwieweit lässt sich die Arbeitsleistung prognostizieren?		176		
16	Worin liegen die Ziele des Personaleinsatzes?		176		
17	Welche Mitwirkungs-, Mitbestimmungs- und Beschwerderechte gibt es beim Personaleinsatz?		176		
18	Womit beginnt der Personaleinsatz?		176		
19	Welche Bedeutung hat der erste Eindruck beim neuen Mitarbeiter?		177		
20	Was sollte für den neuen Mitarbeiter am ersten Arbeitstag zur Verfügung gestellt werden?		177 f.		
21	Welche Aufgabe hat der Vorgesetzte am ersten Arbeitstag?		178		
22	Weshalb kommt es vielfach zu einem Praxis- oder Realitätsschock beim neuen Mitarbeiter?		178		
23	Wie sollte die Einarbeitung neuer Mitarbeiter erfolgen?		178		
24	Welche Regelungen sollten im Einarbeitungsplan erfolgen?		178		
25	Beschreiben Sie, welchen Negativ-Strategien sich ein neuer Mitarbeiter gegenübersehen kann!		178		
26	Welche Aufgabe hat ein Mentor bzw. ein Pate in Bezug auf den neuen Mitarbeiter?		179		
27	Welche Bedeutung hat das Feedback bei der Einarbeitung?		179		
28	Was ist bei der Einführung bereits im Unternehmen beschäftigter Mitarbeiter zu beachten?		179		
29	Welche Erwartungen haben Mitarbeiter hinsichtlich ihrer Arbeitsinhalte?		180		

30	Welche Gestaltungsmaßnahmen sind für die Arbeitsorganisation in den letzten Jahren immer bedeutsamer geworden?		180		
31	Worin unterscheiden sich horizontale und vertikale Arbeitsteilung?		180 f.		
32	Welche Arbeitsteilung wird häufig als Spezialisierung bezeichnet?		181		
33	Worin liegen die Vor- und Nachteile der Artteilung?		181		
34	Zu welchen Konzepten haben die Nachteile, die mit der Artteilung verbunden sind, geführt?		181		
35	Was versteht man unter der Aufgabenerweiterung?		181		
36	Beschreiben Sie, wie Job rotation erfolgt!		182		
37	Wie ist die Eignung von Job rotation zu beurteilen?		182		
38	Warum wird Job rotation trotz vieler Vorteile nur begrenzt genutzt?		182		
39	Was ist das Springer-Prinzip?		182		
40	Charakterisieren Sie das Job enlargement!		182 f.		
41	Worin sind die Vor- und Nachteile des Job enlargement zu sehen?		183		
42	Erläutern Sie, was unter Aufgabenbereicherung zu verstehen ist!		183		
43	Beschreiben Sie das Job enrichment!		183		
44	Wie ist das Job enrichment zu beurteilen?		184		
45	Was sind teilautonome Gruppen und welche Autonomiegrade können sie aufweisen?		184		
46	Welche Vorteile haben teilautonome Gruppen im Hinblick auf Mitarbeiter, Organisation und Fertigung, worin sind ihre Nachteile zu sehen?		184 f.		
47	Was ist der Arbeitsort?		185		
48	Inwieweit entspricht ein Arbeitsplatz einer Stelle?		185		
49	Was ist der Unterschied zwischen stationären und wechselnden Arbeitsplätzen?		186		
50	Worin unterscheiden sich Arbeitsplätze bei der Werkstatt-, Fließ- und Gruppenfertigung?		186		
51	Welchen Zielen soll die Arbeitsplatzgestaltung dienen?		186 f.		
52	Inwieweit bestehen Beteiligungsrechte des Betriebsrates bei der Gestaltung des Arbeitsplatzes?		187		
53	Was versteht man unter Anthropometrie?		187		
54	Worauf kann sich die Anpassung des Arbeitsplatzes und der Arbeitsmittel an den Menschen beziehen?		187 f.		
55	Was wird unter Physiologie verstanden?		188		
56	Erläutern Sie, welche Ziele mit der physiologischen Arbeitsplatzgestaltung verfolgt werden!		188 f.		
57	Durch welche Maßnahmen kann der Wirkungsgrad verbessert werden?		188		
58	Welchen Umgebungseinflüssen kann ein Mitarbeiter unterliegen?		189 f.		
59	Woraus setzt sich das Klima zusammen und wovon ist seine Auswirkung abhängig?		189		
60	Was ist Klimatisierung?		189		
61	Was wird unter Lärm verstanden und welche Faktoren sind für seine Wirkung bedeutsam?		189		

62	Welche Möglichkeiten des Lärmschutzes lassen sich nennen?		189		
63	Welchen Forderungen soll die Beleuchtung gerecht werden?		190		
64	Wozu dient die psychologische Arbeitsplatzgestaltung und welche Maßnahmen kann sie umfassen?		190 f.		
65	Welche Wirkungen haben warme bzw. kalte Farben und wo sollten sie verwendet werden?		191		
66	Welchen Zweck verfolgt die sicherheitstechnische Arbeitsplatzgestaltung?		191		
67	Was versteht man unter einem Unfall und welche Ursachen kann er haben?		191		
68	Geben Sie Beispiele für allgemeine und spezielle Schutzvorschriften!		192		
69	Welche Beteiligungsrechte hat der Betriebsrat bei der sicherheitstechnischen Arbeitsplatzgestaltung?		192		
70	Was versteht man unter Outsourcing?		193		
71	Was sind Heimarbeiter und worin sind sie durch das Heimarbeitsgesetz geschützt?		193		
72	Erläutern Sie, was unter Telearbeit verstanden wird und welche Formen unterschieden werden können!		193 f.		
73	Was unterscheidet das Satellitenbüro und Nachbarschaftsbüro?		194		
74	Was sind virtuelle Unternehmen, was ist Offshore-Telearbeit?		194		
75	Inwieweit lässt sich durch Telearbeit die Mitarbeiterproduktivität steigern?		194		
76	Was sind Ziele und Motive des Auslandseinsatzes von Mitarbeitern?		195		
77	Welche Arten des Auslandseinsatzes lassen sich unterscheiden?		195 f.		
78	Beschreiben Sie, in welchen Phasen der Auslandseinsatz erfolgt!		196		
79	In welchen Weisen kann die Arbeitszeit gestaltet werden?		197		
80	Weshalb wird in der Industrie häufig eine Abkopplung der Arbeitszeit von der Betriebszeit angestrebt?		197		
81	Worin unterscheiden sich traditionelle und flexible Arbeitszeitkonzepte?		197		
82	Welche Beteiligungsrechte hat der Betriebsrat bei der Gestaltung der Arbeitszeit?		198		
83	Was ist Mehrarbeit und in welchen Fällen ist sie für das Unternehmen zweckmäßig?		198		
84	Inwieweit müssen für Überstunden Zuschläge geleistet werden?		198		
85	Welche Beteiligungsrechte hat der Betriebsrat bei der Einführung von Mehrarbeit?		198 f.		
86	Wie ist die mitbestimmungsrechtliche Situation, wenn Überstunden in Notfällen angeordnet werden?		199		
87	Was versteht man unter Schichtarbeit und welche Ziele werden mit ihr verfolgt?		199		
88	Wie kann die Schichtarbeit organisiert sein?		199		
89	Welche Beteiligungsrechte hat der Betriebsrat bei Einführung, Änderung und Abbau von Schichtarbeit?		199		
90	Erläutern Sie, was unter Kurzarbeit verstanden werden kann!		199 f.		

91	Welche rechtlichen Voraussetzungen müssen erfüllt sein, um Kurzarbeit einführen zu können?		200		
92	An welche Voraussetzungen ist die Zahlung des Kurzarbeitergeldes gebunden?		200		
93	Was ist Teilzeitarbeit, und wie ist sie in ihren Grundformen gestaltbar?		201		
94	Was wird unter Job Sharing verstanden?		202 f.		
95	Welche Formen des Job Sharing können unterschieden werden?		203		
96	Welche Arten der Gleitzeitarbeit lassen sich unterscheiden?		203 f.		
97	Erläutern Sie das Konzept der Jahresarbeitszeit!		204		
98	Welche rechtlichen Regelungen sind bei der kapazitätsorientierten variablen Arbeitszeit zu beachten?		204 f.		
99	Aus welchen Komponenten besteht die Vertrauensarbeitszeit und worin besteht die Voraussetzung für ihre Einführung?		205		
100	Geben Sie einen Überblick über wichtige Regelungen des Arbeitszeitgesetzes!		206		

E. PERSONALFÜHRUNG

Führung ist ein Prozess, der darauf gerichtet ist, das Verhalten der Mitarbeiter eines Unternehmens zielorientiert zu beeinflussen. Dabei sind zu unterscheiden:

- Die **Unternehmensführung**, die sich auf die Festlegung der Organisationsziele und grundlegender Strategien bzw. Entscheidungen über die Kombination der betrieblichen Produktionsfaktoren bezieht und **sachbezogen** ist.

- Die **Personalführung**, mit deren Hilfe die Organisationsziele und grundlegenden Strategien bzw. Entscheidungen auf den einzelnen hierarchischen Ebenen durch Vorgesetzte umgesetzt werden. Sie ist **personenbezogen**.

Unternehmensführung und Personalführung werden meist als Bereiche angesehen, die nebeneinander stehen. Die Personalführung kann aber auch als Teil der Unternehmensführung in einem weiteren Sinne betrachtet werden:

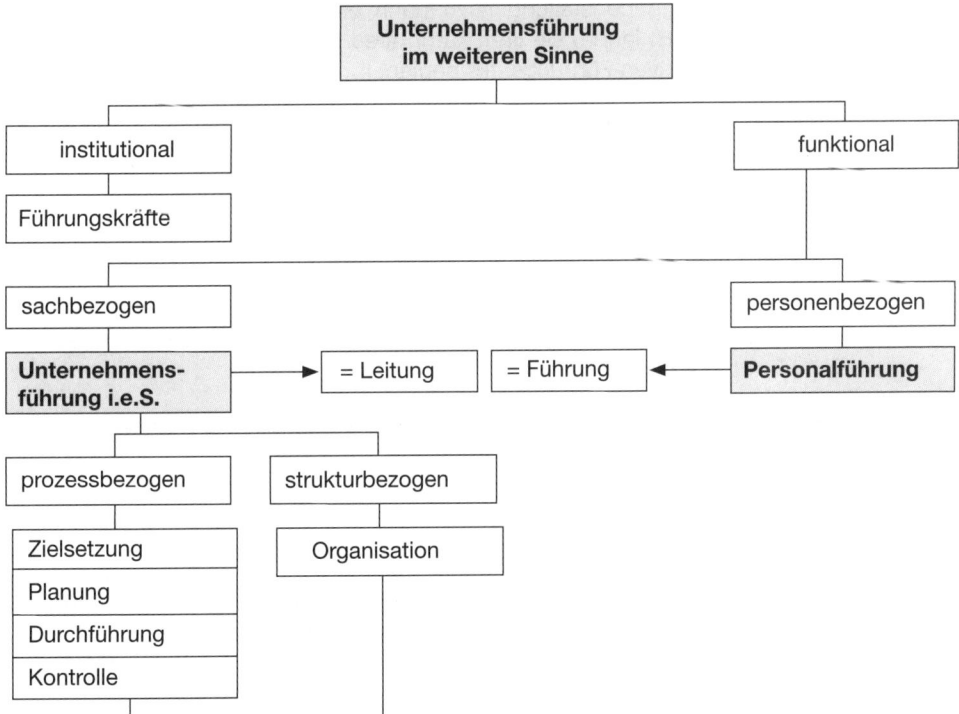

Entsprechend kann auch der inhaltliche Umfang der Personalführung unterschiedlich weit interpretiert werden. Danach gibt es zwei **Arten** der Personalführung:

- Die **interaktionelle Personalführung** als Personalführung i.e.S. Sie bezieht sich auf das direkte Zusammenwirken zwischen Personen bzw. Gruppen.

- Die **strukturelle Personalführung**, welche alle Führungsaspekte umfasst, die über das direkte Zusammenwirken zwischen Personen bzw. Gruppen hinausgehen.

Die Bedeutung der Personalführung ist in den vergangenen Jahren merklich größer geworden. *Marr/Stitzel* nennen mehrere Gründe für diese **Entwicklung**:

- Die Arbeitnehmer haben als Folge gesellschaftspolitischer Demokratisierungstendenzen ein höheres und kritischeres **Selbstbewusstsein** entwickelt.

- Arbeitnehmer haben durch bessere **Ausbildung** eine höhere Qualifikation, weshalb sie die formale Legitimation von Vorgesetzten eher infrage stellen.

- Vorgesetzte können Arbeitnehmer aufgrund veränderter sozialer Absicherung weniger durch formale **Sanktionsmacht** zu Leistungen veranlassen.

- Arbeitnehmer sind durch die Mechanisierung und Automatisierung verstärkten **Belastungen** ausgesetzt worden, die besondere Konflikte bewirken.

- Arbeitnehmer gelangen bei fortschreitender **Spezialisierung** zu Informationsvorsprüngen gegenüber ihren Vorgesetzten.

Die Personalführung hat nicht nur in ihrer **Bedeutung** eine Veränderung erfahren. Bei grundsätzlich gleichen Aufgabenstellungen ist auch ein Wandel in ihrer **Aufgabenerfüllung** festzustellen, z. B. indem sie vom autoritären Führungsstil abgerückt ist und sich verstärkt des kooperativen Führungsstils bedient.

Die Personalführung soll das Unternehmen in seinem Bestand sichern und den Arbeitskräften die Möglichkeit geben, sich zu erhalten und zu entfalten. *Goossens* nennt fünf wesentliche **Aufgaben** der Personalführung:

- **Planen und Disponieren**, wobei folgende Fragen zu beantworten sind:

  > ▸ *Warum wird die Arbeit gemacht?*   ▸ *Wer soll die Arbeit ausführen?*
  > ▸ *Wo muss die Arbeit geschehen?*   ▸ *Wie soll die Arbeit bewältigt werden?*
  > ▸ *Wann soll die Arbeit erfolgen?*

- **Aufträge erteilen**, wobei mehrere Grundsätze zu beachten sind, um sicherzustellen, dass Aufträge sachgerecht ausgeführt werden:

  > ▸ Personenbezogenheit   ▸ Umfangbezogene Angemessenheit
  > ▸ Klarheit und Vollständigkeit   ▸ Begründung von Änderungen

- **Kontrolle der Arbeit mit Anerkennung und Korrektur**, die nicht nur der Sicherstellung der Quantität und Qualität der Arbeitsleistung dient, sondern auch der Verbesserung der Arbeit und der Entfaltung der Fähigkeiten der einzelnen Arbeitskraft. Dabei gilt:

  > ▸ Richtig anerkennen und korrigieren   ▸ Korrekturen mit Verbesserungs-
  > ▸ Rechtzeitig anerkennen und korrigieren   überlegungen verbinden
  > ▸ Lob und Tadel vorsichtig gebrauchen

- **Sichern der Zusammenarbeit in der Gruppe**, um alle Kräfte auf ein gemeinsames Ziel auszurichten. Hilfreich sind:

  > ▸ Richtige Aufgabenteilung   ▸ Reibungslose Information

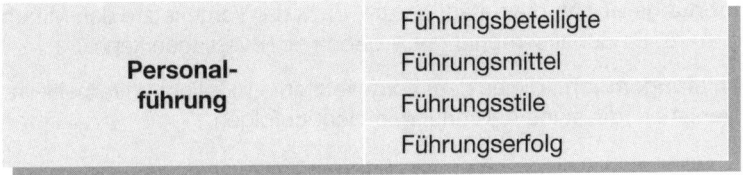

• **Pflege der Mitarbeiterbeziehungen**, worunter die methodische Behandlung von Problemen, die Vorgesetzte mit Mitarbeitern haben, und die Aussprache fallen.

Die Personalführung soll unter mehreren Gesichtspunkten dargestellt werden:

	Führungsbeteiligte
Personal-	Führungsmittel
führung	Führungsstile
	Führungserfolg

1. FÜHRUNGSBETEILIGTE

Die Personalführung besteht – wie gezeigt wurde – aus dem direkten Zusammenwirken zwischen Personen bzw. Gruppen, genauer gesagt zwischen Vorgesetzten und Mitarbeitern. Hierauf soll näher eingegangen werden:

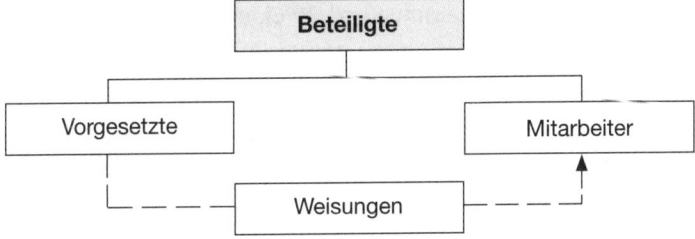

1.1 VORGESETZTE

Der Vorgesetzte ist der Träger der Personalführung für die ihm unterstellten Mitarbeiter. Er selbst kann einem Vorgesetzten als Mitarbeiter unterstellt sein. Die ihm unterstellten Mitarbeiter können ebenfalls wieder Vorgesetzte darstellen. Seine Aufgaben ergeben sich grundsätzlich aus den bereits beschriebenen Aufgaben der Personalführung. Sie beziehen sich auf zwei **Problemkreise**:

• Die Erreichung des Sachzieles durch die Mitarbeiter
• Die Motivation und den Gruppenerhalt der Mitarbeiter.

Zur Lösung dieser Probleme sollte der Vorgesetzte über **Autorität** verfügen, die sich darin äußert, dass er Weisungen zu erteilen vermag, die ausgeführt werden. Seine Autorität kann dabei auf mehreren **Machtgrundlagen** beruhen:

• Der **Legitimationsmacht**, die sich aus der hierarchischen Ordnung des Unternehmens ergibt. Die Mitarbeiter erkennen die formal gesetzte Ordnung an und sehen darin ihre Pflicht, dem Vorgesetzten zu gehorchen.

- Der **Referenzmacht**, die zu einer Identifikation der Mitarbeiter mit dem Vorgesetzten führt. Aufgrund der persönlichen Wertschätzung erscheint der Vorgesetzte den Mitarbeitern als Vorbild.

- Der **Expertenmacht**, die sich auf die fachliche Qualifikation des Vorgesetzten bezieht. Die Mitarbeiter erkennen einen Vorgesetzten an, von dem sie annehmen, dass er über Informationsvorteile verfügt.

- Der **Belohnungsmacht**, die darauf beruht, dass der Vorgesetzte den Mitarbeitern Belohnungen – z. B. Gehaltserhöhungen – geben oder versagen kann.

- Der **Bestrafungsmacht**, die es dem Vorgesetzten ermöglicht, Mitarbeiter mit Sanktionen zu versehen, die seine Anordnungen nicht befolgen.

Die **Persönlichkeit** des Vorgesetzten ist für eine erfolgreiche Personalführung von vorrangiger Bedeutung. Wenn seine Mitarbeiter ihn als sachkundig, sicher, gerecht, kontakt- und führungsfähig ansehen, verfügt er über eine solide Ausgangsbasis. Weitere **Merkmale** des Vorgesetzten werden auf S. 276 ff. beschrieben.

Grundsätzlich lassen sich folgende **Typen** von Vorgesetzten unterscheiden *(Rahn)*:

- **Strenge Führungskräfte** haben eine Neigung zu autoritärem Führungsverhalten. Sie erwarten, dass ihnen überall Respekt entgegengebracht wird.

- **Sachliche Führungskräfte** führen vorrangig mit Richtlinien, Rundschreiben, Anweisungen und Vorschriften. Formalismus und Bürokratie sind nicht selten.

- **Muntere Führungskräfte** können ihre Mitarbeiter anspornen und mitreißen, mögen kein übertriebenes Gleichmaß und sind oft schlechte Zuhörer.

- **Kritische Führungskräfte** prüfen mit einem gewissen Misstrauen alle Vorgänge auf Verbesserungsmöglichkeiten. Anderen halten sie gern einen Spiegel vor, sind aber vielfach selbst kritikanfällig.

- **Ehrgeizige Führungskräfte** betonen die Anforderungen des Leistungssystems mehr als die des menschlichen Bereiches. Fehler werden bestraft, Stress wird durch Dominanz und Machteinsatz bekämpft.

- **Humane Führungskräfte** haben Verständnis für ihre Mitarbeiter. Sie neigen zu kooperativem Führungsverhalten und verstehen es zu ermutigen. Auseinandersetzungen gehen sie aus dem Wege.

- **Hektische Führungskräfte** stehen ständig unter Termindruck und Anspannungen. Sie haben wenig Zeit für die Probleme ihrer Mitarbeiter, setzen sich aber voll für das Unternehmen ein.

- **Nachlässige Führungskräfte** überlassen die Mitarbeiter sich selbst und kümmern sich nicht um ihre Führungsaufgaben. Deshalb entstehen meist Autoritätsprobleme.

- **Souveräne Führungskräfte** haben keine Probleme mit der Autorität. Sie können präzise analysieren, erkennen schnell das Machbare und haben erhebliche Überzeugungskraft. Das geistige Potenzial der Mitarbeiter wird durch kooperatives Verhalten genutzt.

37 ⟫ Seite 531

1.2 MITARBEITER

Die Mitarbeiter, die vom Vorgesetzten zu führen sind, können als einzelne Personen oder als Personenmehrheiten in Form von Gruppen in Erscheinung treten:

- Die **Mitarbeiter als einzelne Personen** unterscheiden sich in mehrfacher Hinsicht. *Hambusch* nennt drei Kriterien:

Leistungsfähigkeit	Die Leistungsfähigkeit der Mitarbeiter bezieht sich auf die **körperlichen** und **geistigen Anlagen**. Der Vorgesetzte sollte bereits bei der Personalbeschaffung darauf achten, dass die ihm zu unterstellenden Mitarbeiter den gestellten Anforderungen gerecht werden. Sind die Mitarbeiter bei ihm tätig, muss er Sorge dafür tragen, dass möglichst keine Unter- oder Überforderung erfolgt.
Temperament	Das Temperament der Mitarbeiter kann sehr unterschiedlich sein. *Dirks* unterscheidet beispielsweise acht **Menschentypen**, die er als sachlich-selbstsicher, pflichtbewusst, unbekümmert, geltungsbedürftig, gutmütig, unzufrieden, pedantisch und schüchtern charakterisiert. Der Vorgesetzte kommt nicht umhin, die verschiedenen Temperamente bei der Personalführung zu berücksichtigen und sich jeweils geeignete Verhaltensmuster zu entwickeln.
Motive	Sie können ebenfalls von beträchtlicher Unterschiedlichkeit sein und sollten vom Vorgesetzten herausgefunden sowie analysiert werden. Der Vorgesetzte hat sie nach Möglichkeit bei der Personalführung zu berücksichtigen, um **Zufriedenheit** und **Motivation** der Mitarbeiter herbeizuführen, zu sichern oder zu steigern. Es lassen sich unterscheiden (*Hopfenbeck*): ▸ **Extrinsische Motive**, die sich nicht unmittelbar auf die Arbeitsaufgabe beziehen, sondern auf Folgen von ihr sowie Umwelteinflüsse darstellen, z. B. der Wunsch nach Geld, Sicherheit, Geltung, gutem Betriebsklima. ▸ **Intrinsische Motive**, die sich auf die Arbeit selbst beziehen, z. B. eine anspruchsvolle Tätigkeit, abwechslungsreiche Arbeit, Handlungsspielräume. Extrinsisch motivierte Mitarbeiter reagieren in stärkerem Maße auf externe Belohnungen als intrinsisch motivierte Mitarbeiter. Den **intrinsischen Motiven** wird eine größere Bedeutung unterstellt, was ihren Einfluss auf die Arbeitsleistung und das Arbeitsverhalten betrifft. Ihre Befriedigung hat deutlich anhaltendere Wirkung als die extrinsischen Motive, bei denen die Befriedigung rasch aktualisiert werden muss, z. B. durch Lohnerhöhung.

Weitere Merkmale von Mitarbeitern werden auf S. 279 f. dargestellt. Die Mitarbeiter lassen sich z. B. in folgende **Typen** einteilen *(Rahn)*:

Jugendliches Personal	Dazu rechnet im Sinne des Arbeitsrechts, wer das **14. Lebensjahr** vollendet und das **18. Lebensjahr** noch nicht überschritten hat. Zu diesen Mitarbeitern zählen insbesondere Auszubildende, Ungelernte, Volontäre und Praktikanten. Die Einflüsse der Pubertät sind bei der Führung zu berücksichtigen.
Älteres Personal	Von ihm wird gesprochen, wenn es **über fünfzig Jahre** alt ist. Mit zunehmendem Alter tritt weniger eine generelle Leistungsminderung als vielmehr ein Leistungswandel ein. Die Körperkräfte können nachlassen, aber Umsicht, Erfahrung, Geduld und Besonnenheit nehmen vielfach zu.
Weibliches Personal	Ihm öffnet sich die Arbeitswelt fast in allen Berufssparten. Ein während des ganzen Berufslebens der meisten Frauen bestehendes Problem bildet die **Doppelbelastung** in Beruf und Haushalt. Für weibliches Personal bestehen im Arbeitsleben besondere Schutzvorschriften, z. B. das Mutterschutzgesetz.
Männliches Personal	Es nimmt zu einem sehr hohen Prozentsatz die Führungspositionen in Wirtschaft und Verwaltung wahr. **Gleichberechtigung** und **Gleichbehandlung** von Frauen und Männern sind im Arbeitsleben dort zu realisieren, wo sie auf der Grundlage gleicher Bedingungen stattfinden können (*Richter*).
Behindertes Personal	Dazu zählen Rehabilitationsfälle, psychisch Kranke und Körperbehinderte. Auch Schwerbehinderte sind einzubeziehen – siehe näher S. 50 f. Diesen Personen sollte das notwendige **Verständnis** und **Einfühlungsvermögen** entgegengebracht werden.
Ausländisches Personal	Das sind abhängig **Beschäftigte ohne deutsche Staatsangehörigkeit**. Sie haben es im fremden Land nicht einfach, weil sie sich – weitab von der Heimat – mit neuen Bedingungen abfinden müssen.

- Die Mitarbeiter sind im Unternehmen aber nicht nur als einzelne Personen zu betrachten, sondern auch als Personenmehrheit in Form einer **Gruppe**. Darunter ist eine Reihe von Personen zu verstehen, die in einer bestimmten Zeitspanne häufig miteinander Umgang hat. Ihre Zahl ist so gering, dass jede Person mit einer anderen Person in Verbindung treten kann *(Homans)*. Es gibt:

Formelle Gruppen	Sie werden im Sinne **betrieblicher Zielerreichung** geplant. Somit steht die betriebliche Aufgabenstellung im Vordergrund und die Rangordnung in der Gruppe wird von außen bestimmt.
Informelle Gruppen	Sie bilden sich aus **menschlichen Gesichtspunkten** heraus aufgrund von Sympathiebeziehungen. Daraus ergibt sich die Rangordnung in der Gruppe. Die individuelle Befriedigung sozialer Bedürfnisse steht im Vordergrund.

In den Gruppen im Unternehmen befinden sich unterschiedliche **Gruppenmitglieder**, die anzuspornen, zu bremsen, zu fördern, zu ermutigen, zu integrieren bzw. wertzuschätzen sind. Zu den gruppenorientierten Führungsstilen zählen – siehe ausführlich *Rahn*:

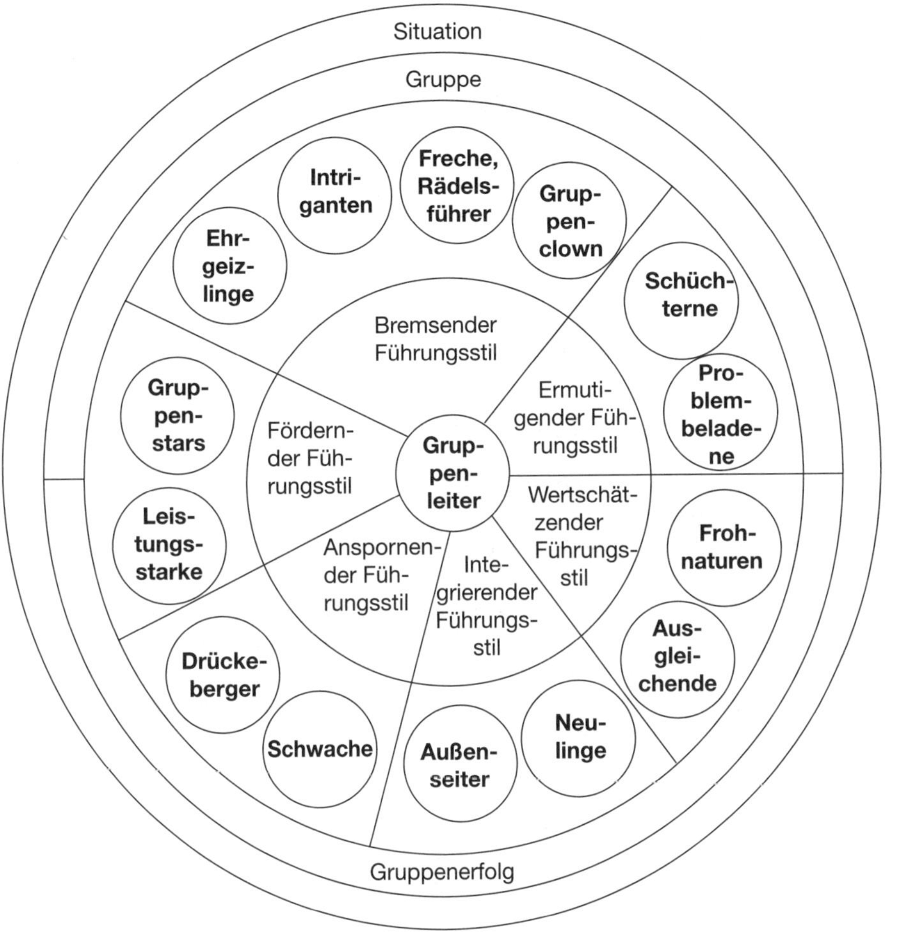

Situation

Gruppe

Intri-
ganten

Freche,
Rädels-
führer

Grup-
pen-
clown

Ehr-
geiz-
linge

Schüch-
terne

Bremsender
Führungsstil

Ermuti-
gender Füh-
rungsstil

Pro-
blem-
belade-
ne

Grup-
pen-
stars

Fördern-
der Füh-
rungsstil

Grup-
pen-
leiter

Leis-
tungs-
starke

Anspornen-
der Füh-
rungsstil

Inte-
grierender
Führungs-
stil

Wertschät-
zender
Führungs-
stil

Froh-
naturen

Drücke-
berger

Aus-
glei-
chende

Schwache

Außen-
seiter

Neu-
linge

Gruppenerfolg

Über die **Motivation von Mitarbeitern** gibt es eine Reihe von Untersuchungen und Auffassungen. Die wichtigsten Theorien wurden im Kapitel A. dargestellt als XY-Theorie, Bedürfnispyramide und Zwei-Faktoren-Theorie.

38 ⟩⟩ Seite 531

1.3 WEISUNGEN

Wenn als eine der wesentlichen Aufgaben der Personalführung dargestellt wurde, Aufträge zu erteilen, dann handelt es sich dabei **arbeitsrechtlich** um Weisungen.

Mit ihnen konkretisieren Vorgesetzte die Pflichten der Mitarbeiter, die mehr oder weniger
genau, unmittelbar oder mittelbar – z. B. durch die fachliche Umschreibung in Form eines Berufsbildes oder durch allgemeine Umschreibung – in einem Arbeitsvertrag verein-

bart sind. Die Weisungen müssen damit – von Notfällen abgesehen – innerhalb der durch den Arbeitsvertrag getroffenen Regelungen liegen.

Weisungen können in verschiedenen **Formen** erfolgen als:

- **Befehle**, wenn sie unpersönlich, ohne Namensnennung, ohne Begründung erfolgen und Einwendungen oder Widerspruch nicht zulassen. Sie sind z. B. in Notsituationen oder bei Arbeitsverweigerung vertretbar.

- **Aufträge**, wenn sie persönlich, mit Anrede, höflich, ruhig, sachlich erfolgen, das *»Was, Wann, Warum«* einer Arbeit erklären und Mitdenken, Vorschläge, Initiative der Mitarbeiter fördern. Sie stellen Veranlassungen zur Durchführung von Arbeiten dar. Das *»Wie«* ist nicht Gegenstand von Aufträgen, es wird als bekannt vorausgesetzt oder dem Mitarbeiter freigestellt.

- **Anweisungen**, wenn sie persönlich, mit Anrede, höflich, ruhig, sachlich erfolgen, jedoch nicht nur das *»Was, Wann, Warum«* klären, sondern auch das *»Wie«* der Arbeit bestimmen. Über die bloße Auftragserteilung hinaus wird also auch das Verfahren festgelegt. Anweisungen sind vor allem erforderlich, wenn Mitarbeiter die aufgetragenen Tätigkeiten noch nicht genau kennen.

Nicht jede Weisung ist zulässig, auch wenn sie sich innerhalb der arbeitsvertraglichen Pflichten bewegt. Die Weisung muss nämlich **billigem Ermessen** entsprechen, d.h. sie darf nicht willkürlich erfolgen und hat die Interessen des Mitarbeiters angemessen zu berücksichtigen. Letzteres bedeutet, dass sie sachlich begründet sein müssen und der Vorgesetzte diejenige von mehreren gleich praktikablen Maßnahmen zu wählen hat, die für den Mitarbeiter die geringste Belastung darstellt.

Es gibt Weisungen, die dem **Mitbestimmungsrecht** des Betriebsrates unterliegen, z. B. in Verbindung mit Versetzungen und Überstunden, und Weisungen, denen eine Mitbestimmung des Betriebsrates nicht zu Grunde liegt.

Weisungen können **unzulässig** oder **nur bedingt zulässig** sein bezüglich:

- Der **arbeitsvertraglichen Pflichten des Mitarbeiters**, denn der Mitarbeiter genießt **Vertrauensschutz**, z. B. wenn durch eine bestimmte, gleichbleibende Tätigkeit des Mitarbeiters über viele Jahre hinweg eine allgemeine Aufgabenbeschreibung im Arbeitsvertrag konkretisiert wurde und der Arbeitsvertrag keine Versetzungsklausel enthält.

- Des **Verhaltens des Mitarbeiters im Unternehmen**

Politische Überzeugung	Der Mitarbeiter darf an einer **maßvollen Bekundung** politischer Überzeugung nicht gehindert werden.
Meinungsfreiheit	Der Mitarbeiter darf in seinem Recht auf Meinungsfreiheit grundsätzlich nicht beschränkt werden, es sei denn mit der Meinungsäußerung wird die Erfüllung seiner Arbeitspflicht gefährdet bzw. ein berechtigtes betriebliches Interesse verletzt.

Äußere Erscheinungsform	Der Mitarbeiter darf seine äußere Erscheinungsform grundsätzlich selbst bestimmen, es sei denn, **allgemeine Vorschriften** (Unfallverhütung, Gesundheit, Hygiene) stehen dem entgegen, Arbeiten sind mit einer **Dienstkleidung** zu verrichten oder der Mitarbeiter steht in **Kundenkontakt** und die Geschäftsinteressen des Arbeitgebers werden aufgrund von Kundenerwartungen objektiv nachvollziehbar beeinträchtigt, wenn der Mitarbeiter sich nicht an – allerdings nur ganz allgemeine diesbezügliche – Regelungen hält.
Rauchen	Der Mitarbeiter darf zwar während der Arbeitszeit grundsätzlich nicht am Rauchen gehindert werden. Aber **hygienische Gründe** sowie bestimmte **Gefahren** (Explosion, Brände) können ein absolutes Rauchverbot nach sich ziehen. Zudem sieht der § 3a ArbStättV vor, dass der Arbeitgeber alle erforderlichen Maßnahmen zu treffen hat, um die nicht rauchenden Beschäftigten wirksam vor den Gesundheitsgefahren durch Tabakrauch zu schützen.
Alkohol	Der Mitarbeiter darf während der Arbeitszeit, nicht dagegen während der Pausen, am Genuss von Alkohol gehindert werden.

- Des **außerdienstlichen Verhaltens des Mitarbeiters**, wobei dem Mitarbeiter grundsätzlich keine diesbezüglichen Weisungen erteilt werden dürfen, es sei denn, er hat aufgrund seiner Position im Unternehmen – z. B. als leitender Angestellter – eine **erhöhte Verpflichtung**, die **Interessen des Unternehmens zu fördern**.

Eine Weisung, die durch den jeweiligen Arbeitsvertrag nicht gedeckt ist, gegen Gesetze oder die guten Sitten verstößt, muss vom Mitarbeiter nicht befolgt werden. Er hat in diesem Falle den Arbeitgeber jedoch deutlich auf die **Gründe** hinzuweisen, die ihn dazu bewegen, der Weisung nicht nachzukommen. Eine zulässigerweise nicht befolgte Weisung beeinträchtigt auch dann den Vergütungsanspruch des Mitarbeiters nicht, wenn er aufgrund dessen keine Arbeitsleistung erbracht hat.

Die Personalführung stößt dort an Grenzen der freien Gestaltung, wo rechtliche Vorschriften bestehen, die sich auf **Mitwirkungsmöglichkeiten der Arbeitnehmer** beziehen. Auf die Regelungen des BetrVG 1972 zur Mitbestimmung und Mitwirkung des Betriebsrates wurde in Kapitel A. bereits näher eingegangen.

2. FÜHRUNGSMITTEL

Führungsmittel sind **Führungsinstrumente**, die von einer Führungskraft unmittelbar eingesetzt werden können, um einen gewünschten Führungserfolg zu bewirken – siehe S. 275 ff. Welche der möglichen Führungsmittel genutzt werden, hängt z. B. ab von:

▸ Persönlichkeit der Führungskraft	▸ Jeweiliger Führungssituation
▸ Persönlichkeit der Mitarbeiter	▸ Erfolg der Mitarbeiter
▸ Verhalten der Mitarbeiter	▸ Misserfolg der Mitarbeiter

Der Führungskraft steht eine Vielzahl von Führungsmitteln zur Führung ihrer Mitarbeiter zur Verfügung. Die wesentlichen Führungsmittel lassen sich in folgender Weise gliedern:

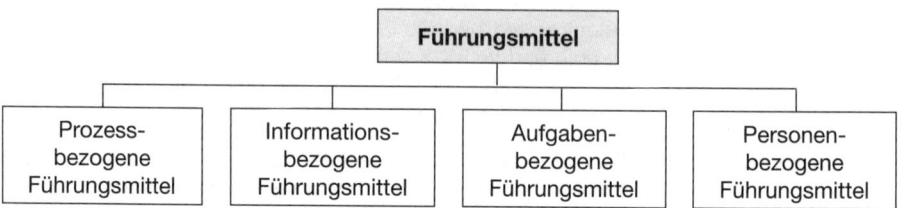

Während die Führungsmittel zeigen, *womit* geführt wird, geben die **Führungstechniken** Aufschluss darüber, *wie* geführt wird, d. h. auf welche Weise die Führungsmittel angewendet bzw. eingesetzt werden.

Sie beschreiben demnach grundsätzliche Verhaltens- und Verfahrensweisen, die zur Bewältigung der Führungsaufgaben anzuwenden sind. Führungstechniken werden auch als **Führungsprinzipien**, **Führungskonzeptionen**, **Managementkonzeptionen**, **Managementprinzipien** oder **Managementtechniken** bezeichnet.

Somit beschreiben die Führungstechniken das **Führungssystem** eines Unternehmens, das für jeden im Unternehmen tätigen Mitarbeiter verbindlich ist. Dagegen stellen die Führungsstile die vom jeweiligen Vorgesetzten – häufig innerhalb eines grundsätzlich geregelten Rahmens – praktizierte Art der Personalführung dar.

Der Vorgesetzte hat demnach die Möglichkeit, innerhalb einer vorgegebenen Führungstechnik z. B. mehr oder weniger kooperativ zu sein. Dabei handelt es sich um einen notwendigen Freiraum, der ihm zugestanden werden muss.

In den vergangenen Jahren wurde eine Vielzahl von Führungstechniken als **Management-by-Techniken** entwickelt, die teilweise recht allgemein gefasst waren und/oder lediglich Varianten der grundlegenden Führungstechniken darstellten. Die in Literatur und Praxis am meisten diskutierten Führungstechniken sind:

• Management by Objectives
• Management by Exception
• Management by Delegation.

Außerdem gibt es **führungsmittelbezogene Techniken**, z. B. als Informationstechniken und Kommunikationstechniken.

Wenn Führungsmittel, Führungstechniken und Führungsstile konzeptionell aufeinander abgestimmt werden, kann von **Führungsmodellen** gesprochen werden. Obgleich eine ganze Reihe davon entwickelt wurde, haben sie sich überwiegend in der betrieblichen Praxis **nicht durchgesetzt**, z. B. als Weg-Ziel-Modell von *Evans/House*, Kontingenzmodell von *Fiedler*, Motivationsmodell von *Neuberger*, Ordnungsmodell von *Reber*, St. Galler-Modell von *Ulrich*.

Nur das **Harzburger Modell** erlangte in der Vergangenheit größere praktische Bedeutung, die inzwischen aber auch nicht mehr gegeben ist – siehe S. 245 f.

2.1 Prozessbezogene Führungsmittel

Der Führungsprozess stellt die Abfolge der zweckgerichteten Beeinflussung des Verhaltens der Mitarbeiter durch Führungskräfte dar. Er hat einen **sachlichen Aspekt**, der die Unternehmensführung betrifft, und einen **personalen Aspekt**, der im Rahmen der Personalführung anzusprechen ist, denn von allen Phasen des Führungsprozesses ist das Personal unmittelbar betroffen, das den Prozess plant, ausführt, kontrolliert und steuert. Seine **Phasen** sind grundsätzlich:

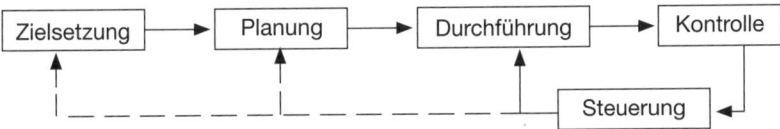

Die Zielsetzung und Planung haben für die Durchführung den Charakter von **Vorgaben**, deren Einhaltung durch die Kontrolle überprüft wird. Stimmen Soll-Werte und Ist-Werte nicht überein, sind Maßnahmen der **Steuerung** angezeigt. Sie beziehen sich vorrangig auf die Durchführung, können aber auch Veränderungen – z. B. unrealistischer – Zielsetzungen bzw. Planungsdaten zur Folge haben.

Die Führung erfolgt in mehreren **Führungs-** bzw. **Managementebenen**. Es gibt:

Top-Management = **Obere Führungs-ebene**	**Beispiele** Vorstand Geschäftsführer	Strategische Entscheidungen
Middle-Management = **Mittlere Führungs-ebene**	**Beispiele** Werksleiter Abteilungsdirektor Hauptabteilungsleiter Abteilungsleiter	Dispositive Entscheidungen / Anordnungen
Lower-Management = **Untere Führungs-ebene**	**Beispiele** Büroleiter Meister Gruppenleiter	Operative Entscheidungen

In Anlehnung an den Führungsprozess sind prozessbezogene Führungsmittel:

- **Ziele**
- **Pläne**
- **Kontrolle.**

2.1.1 ZIELE

Die Festlegung der Ziele erfolgt im Hinblick auf den Zustand, den das Unternehmen bzw. seine Mitarbeiter in der Zukunft erreichen wollen. Die Ziele sind dabei nach Inhalt, Ausmaß und Zeit vorzugeben bzw. zu vereinbaren, z. B.:

Inhalt	Ausmaß	Zeit
Steigerung des Umsatzes ...	... um 10 % ...	... im 4. Quartal 2007
Verringerung der Mitarbeiterzahl ...	... um 5 Schreibkräfte ...	... ab 01.12.2007
Auslastung des Drehautomaten ...	... mit maximaler Kapazität ...	... vom 01.10.2007 bis 30.12.2007

Mit der Festlegung von Zielen verpflichtet der Vorgesetzte den Mitarbeiter zur Erfüllung einer Arbeitsaufgabe. Damit es zu der gewünschten **Zielerreichung** kommt, sollte beachtet werden:

- Die Ziele sind **eindeutig** nach Inhalt, Ausmaß und Zeit zu formulieren. Damit erhält der Mitarbeiter eine klare Orientierung im Hinblick auf die von ihm vorzunehmenden Aktivitäten. Er weiß genau, was von ihm erwartet wird und kann vielfach selbst feststellen, inwieweit noch Anstrengungen zu unternehmen sind, um die Arbeitsaufgabe anforderungsgerecht zu bewältigen.

- Die Ziele sind so zu formulieren, dass sie **zur Leistung motivieren**. Dazu trägt nicht nur die eindeutige Zielformulierung bei, sondern auch die Erreichbarkeit der Ziele. Kann der Mitarbeiter von vornherein oder im Verlaufe seiner Aufgabenerfüllung erkennen, dass das festgelegte Ziel trotz größter Anstrengungen nicht erreichbar ist, führt dies zu Frustration und Demotivation.

- Die Ziele können durch die Unternehmensleitung bzw. durch die jeweiligen Vorgesetzten vorgegeben oder unter Mitwirkung der Mitarbeiter vereinbart werden. Grundsätzlich ist die Festlegung der Ziele »**von oben nach unten**« bzw. »**von unten nach oben**« möglich:

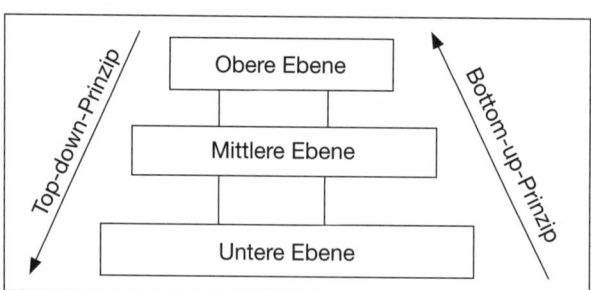

In der Praxis kommen häufig **Mischformen** zwischen dem Top-down-Prinzip und dem Bottom-up-Prinzip vor. Wird sowohl retrograd als auch progressiv verfahren, spricht man vom **Gegenstromverfahren**. Dabei stellen die Führungskräfte der oberen Ebene vorläufige Rahmenziele auf, aus denen Teilziele abgeleitet werden. Ausgehend von der unteren Ebene wird dann bis zur oberen Ebene hin eine Überprüfung der Zielvorgaben vorgenommen.

Möglichkeiten der **Partizipation** bei der Zielbildung durch Mitarbeiter sind:

> ▸ Der **Vorgesetzte gibt** die Ziele **vor**, die Mitarbeiter haben die Möglichkeit der Stellungnahme.
>
> ▸ Die **Mitarbeiter entwerfen** die **Ziele**, im gemeinsamen Gespräch mit dem Vorgesetzten werden sie festgesetzt.
>
> ▸ Der **Vorgesetzte** und die **Mitarbeiter formulieren unabhängig voneinander** die Ziele und stimmen sie anschließend ab.

Die Zielvereinbarung als partizipative Maßnahme führt zu einer besseren **Identifikation** der Mitarbeiter mit den festgelegten Zielen, da sie ihre eigenen Vorstellungen einbringen können.

In Unternehmen, die ihren Mitarbeitern ein Unternehmensleitbild erfolgreich vermitteln können, wird es weniger schwierig sein, einen Konsens zwischen Vorgesetzten und Mitarbeitern über die zu formulierenden Ziele zu erreichen als in Unternehmen, die hierüber nicht verfügen.

Die **Zielbildung** kann grundsätzlich durch interne und externe Interessengruppen beeinflusst werden. Sie umfasst folgende **Phasen**:

* Die **Zielsuche**, die das Vorgehen bei der Suche nach Zielideen beinhaltet, wobei häufig Kreativitätstechniken angewendet werden, z. B. das Brainstorming.

* Die **Zielabstimmung**, bei der insbesondere zu klären ist, in welcher Beziehung die zu formulierenden Ziele zu bestehenden Zielen stehen.

* Die **Zielformulierung**, die nach Inhalt, Ausmaß und Zeit zu erfolgen hat, insbesondere auch, um eine spätere Zielerreichung überprüfen zu können.

* Die **Zielverbindlichkeitserklärung**, die bewirken soll, dass die Ziele von allen am Führungsprozess Beteiligten als maßgeblich angesehen werden.

Im Folgenden sollen behandelt werden:

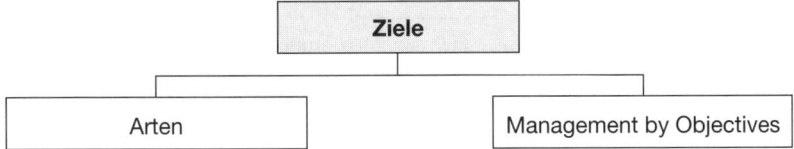

2.1.1.1 ARTEN

Es gibt eine große Zahl verschiedenartiger Ziele. Sie lassen sich systematisieren:

* Nach dem **Formalisierungsgrad** der Ziele

Formalziele	Sie beziehen sich auf die **Art und Weise** des **betrieblichen Handelns** und dienen der Ableitung von Verhaltensmaximen, z. B. Gewinn-, Umsatz-, Wachstums-, Macht- und soziale Ziele.

Sachziele	Sie dienen zur **Realisierung der Formalziele** und beziehen sich unmittelbar auf die Leistungserstellung. Dabei kann üblicherweise zwischen mehreren **Alternativen** gewählt werden. Als Formalziel ist z. B. ein Umsatz von 5 Millionen € für das kommende Jahr vorgebbar. Das Sachziel kann darin bestehen, eine Umsatzsteigerung bei der Produktgruppe A um 15 %, bei den Produktgruppen B und C um 8 % zu bewirken, damit der geforderte Gesamtumsatz erreicht wird.

- Nach der unterschiedlichen **Bedeutung** der Ziele

Hauptziele	Ihnen kommt eine besonders **große Bedeutung** zu, z. B. die Bearbeitungsgenauigkeit einer Maschine.
Nebenziele	Sie haben eine **geringere Bedeutung**, z.B. der Raumbedarf der Maschine.

- Nach der hierarchischen **Beziehung** der Ziele

Oberziele	Sie werden – meist relativ global – auf der oberen Hierarchieebene formuliert und können **Formalziele** sowie **Sachziele** sein.
Unterziele	Sie werden aus den Oberzielen abgeleitet und stellen als **Sachziele** konkrete Handlungsanweisungen dar.

Die Ableitung von Unterzielen ist erforderlich, weil die Mitarbeiter in den verschiedenen Hierarchieebenen aus den Oberzielen keine konkreten Handlungsweisungen erkennen können. Das kann z. B. wie folgt geschehen:

Oberziel: Umsatzsteigerung im nächsten Jahr um 10 Millionen €
    Adressat: Geschäftsführer

⇩

Unterziel: Umsatzsteigerung im nächsten Jahr um 15 % für Produktgruppe A	Umsatzsteigerung im nächsten Jahr um 8 % für Produktgruppe B	Umsatzsteigerung im nächsten Jahr um 8 % für Produktgruppe C
Adressat: Abteilungsleiter A	**Adressat:** Abteilungsleiter B	**Adressat:** Abteilungsleiter C

⇩   ⇩   ⇩

Unterziel: Erhöhung des Bekanntheitsgrades der Produktgruppe A durch Werbeaktion	Erhöhung der Zahl der Kundenkontakte des Außendienstes	Erhöhung der Preise bestimmter Produkte
Adressat: Sachbearbeiter X	**Adressat:** Sachbearbeiter Y	**Adressat:** Sachbearbeiter Z

- Nach dem unterschiedlichen **Inhalt** der Ziele

Monetäre Ziele	Sie lassen sich in Geld messen und sind z. B.: ▸ **Marktleistungsziele** als Umsatzsteigerung, Ertragssteigerung, Kostensenkung ▸ **Rentabilitätsziele** als Erhöhung von Gewinn, Umsatz-, Eigenkapital-, Gesamtkapitalrentabilität ▸ **Finanzwirtschaftliche Ziele** als Liquiditätsverbesserung, Kapitalstrukturveränderung, Kapitalkostensenkung
Nichtmonetäre Ziele	Sie sind nicht ohne weiteres in Geldeinheiten zu bestimmen als: ▸ **Ökonomische Ziele**, z. B. Marktanteilsvergrößerung, Qualitätsverbesserung, Serviceverbesserung ▸ **Soziale Ziele**, z. B. soziale Sicherheit, Arbeitszufriedenheit, soziale Integration ▸ **Macht-/Prestigeziele**, z. B. Unabhängigkeit, politischer Einfluss, gesellschaftlicher Einfluss

- Nach dem **Zusammenhang** der Ziele

Komplementäre Ziele	Maßnahmen zur Erreichung eines Zieles führen bei komplementären Zielen gleichzeitig zur Förderung oder Erreichung eines anderen Zieles. Eine Senkung der Kosten im Fertigungsbereich bringt z. B. bei gleichen Umsätzen auch eine Erhöhung des Gewinnes mit sich.	
Konkurrierende Ziele	Maßnahmen zur Erreichung eines Zieles bewirken bei konkurrierenden Zielen die Abnahme des Zielerreichungsgrades bei einem anderen Ziel. Wenn z. B. eine Lohnerhöhung angestrebt wird, kann das Ziel, Personalkosten zu senken, nicht erreicht werden.	
Indifferente Ziele	Die Erfüllung eines Zieles hat bei indifferenten Zielen keinerlei Einfluss auf den Zielerreichungsgrad eines anderen Zieles. Die Senkung der Kosten für einzelne Betriebsstoffe und die Verbesserung des Kantinenessens sind z. B. als völlig unabhängig voneinander zu sehen.	

Zielkonflikte machen es erforderlich, Prioritäten zu setzen. Konfliktfreie Zielhierarchien gibt es in der Praxis nicht.

• Nach der **Fristigkeit** der Ziele

Kurzfristige Ziele	Sie umfassen einen Zeitraum von **bis zu einem Jahr** und stellen die Grundlage für die kurzfristige bzw. operative Planung dar.
Mittelfristige Ziele	Sie gelten für einen Zeitraum von einem **bis zu vier oder fünf Jahren** und sind Ausgangspunkt für die mittelfristige bzw. taktische Planung.
Langfristige Ziele	Sie gehen **über vier oder fünf Jahre** hinaus und sind für die langfristige bzw. strategische Planung von Bedeutung.

Es kann schließlich auch noch zwischen **strategischen**, **taktischen** und **operativen Zielen** unterschieden werden.

2.1.1.2 Management by Objectives

Die **Führungstechnik**, die sich der Ziele als Führungsmittel bedient, ist das Management by Objectives. Es basiert nach überwiegender Auffassung auf der **Vereinbarung der Ziele** zwischen dem Vorgesetzten und den Mitarbeitern, weniger auf der Vorgabe der Ziele durch den Vorgesetzten.

Das Management by Objectives baut auf drei grundlegenden **Elementen** auf:

• Dem **Zielsystem**, das aus Ober- und Unterzielen besteht. Die Oberziele werden von der Unternehmensleitung festgelegt, die Unterziele aus den Oberzielen im Rahmen von Vereinbarungen zwischen dem jeweiligen Vorgesetzten und seinen Mitarbeitern abgeleitet. Dabei ist darauf zu achten, dass die Ziele zeitbezogen, eindeutig formuliert und operationalisierbar sind sowie Prioritäten enthalten.

• Der **Organisation**, die klar festgelegt werden und eindeutig abgegrenzte Verantwortungsbereiche enthalten muss. Dazu werden insbesondere **Stellenbeschreibungen** entwickelt und **Ausnahmeregelungen** festgelegt.

  Aus den Oberzielen werden Schlüsselergebnisse für jeden einzelnen Verantwortungsbereich abgeleitet, nach denen der Vorgesetzte beurteilt wird. Die Festlegung der Schlüsselergebnisse kann im Sinne des **Top-down-Prinzips** von »oben« ausgehen. Besser ist aber, wenn diese Zielplanung von den Mitarbeitern initiiert werden kann, also das **Bottom-up-Prinzip** angewendet wird.

• Dem **Kontrollsystem**, mit welchem die Soll-Werte (Ziele) mit den Ist-Werten (Ergebnissen) verglichen, Abweichungen ermittelt und analysiert werden. **Ursachen für Abweichungen** können z. B. unrealistische Zielvereinbarungen, unvorhersehbare Ereignisse oder mangelhafte Zielerfüllungen sein.

  Der Vorgesetzte ist verpflichtet, die Mitarbeiter in ihrer Zielerfüllung zu unterstützen. Er führt daher mit seinen Mitarbeitern auf der Grundlage der Kontrollergebnisse periodisch **Förder- und Beratungsgespräche**, in denen die Gründe für das Nicht-Erreichen der Zielvereinbarungen erörtert und Vorschläge unterbreitet werden, die eine Zielerfüllung erwarten lassen. Das Kontrollsystem ist außerdem die Grundlage für die **Leistungsbeurteilung** der Mitarbeiter.

Das Management by Objectives bezieht sich nicht auf einzelne Aktivitäten der Personalführung, sondern ist als **permanenter Prozess** zu sehen *(Ordione)*:

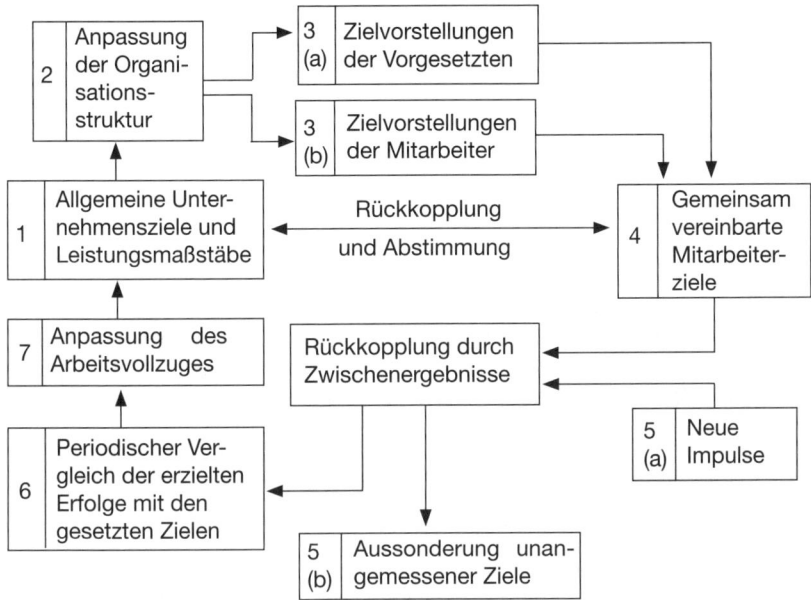

Voraussetzungen für die Einsetzbarkeit des Management sind:

- Delegation der Aufgaben an die Mitarbeiter
- Delegation der Kompetenz an die Mitarbeiter
- Delegation der Handlungsverantwortung an die Mitarbeiter
- Zielorientierte Organisation
- Gut organisiertes Planungs-, Informations- und Kontrollsystem
- Gute Ausbildung der Mitarbeiter.

Das Management by Objectives hat mehrere **Vorteile**:

- Der Vorgesetzte wird entlastet.
- Die Identifikation mit den Unternehmenszielen wird verbessert.
- Die Beurteilung der Mitarbeiter wird objektiver.
- Die Entlohnung der Mitarbeiter ist leistungsgerechter möglich.
- Die Effizienz von Planung und Organisation wird gesteigert.
- Die Mitarbeiter verfügen über Kompetenz und Handlungsverantwortung.
- Eigeninitiative, Leistungsmotivation und Verantwortungsbereitschaft der Mitarbeiter werden gefördert.

Als **Nachteile** des Management by Objectives sind zu nennen:

- Die Mitarbeiter können sich nicht mit Unternehmenszielen identifizieren.
- Die Mitarbeiter sehen sich ggf. einem überhöhten Leistungsdruck ausgesetzt.
- Die Abstimmung auf messbare Ziele kann qualitative Ziele zurückdrängen.
- Das Kontrollsystem kann überbetont werden.
- Die Abstimmung der Ziele über die Abteilungsgrenzen kann schwierig sein.

- Die Mitarbeiter (Typ X, siehe S. 32) können in ihrer Eigeninitiative, Leistungsmotivation und Verantwortungsbereitschaft gehemmt sein.

Das Management by Objectives ist eine umfassende, der modernen Führungstheorie entsprechende Führungstechnik, deren Einführung aber kostenintensiv ist.

 **39** >> Seite 532

2.1.2 PLÄNE

Pläne sind das Ergebnis der gegenwärtigen gedanklichen Vorwegnahme zukünftigen wirtschaftlichen Handelns. Ihr **Zweck** besteht darin, durch ein besseres Überschaubar-machen aller für das Handeln oder für eine Entscheidung wesentlichen Gegebenheiten zu einer höheren Handlungs- oder Entscheidungseffizienz zu gelangen (*Gälweiler*). Sie basieren auf:

- **Zielen** des Unternehmens, die mit ihrer Hilfe realisiert werden sollen

- **Informationen** der Vergangenheit, Gegenwart und Zukunft

- **Prognosen** als möglichst objektiven systematischen und logisch begründeten Aussa-gen über wahrscheinliche zukünftige Entwicklungen, Ereignisse, Tatbestände, Zustän-de und Verhaltensweisen. Sie werden erforderlich, weil das grundlegende Problem der Planung in der Ungewissheit besteht.

Bei der Planung gilt es, verschiedene **Grundsätze** zu beachten:

- Den Grundsatz der **Vollständigkeit**, der sich auf die Planungsbreite bezieht und fordert, dass nach Möglichkeit alle wichtigen unternehmensinternen und unternehmensexternen Gegebenheiten in die Planung einzubeziehen sind.

- Den Grundsatz der **Genauigkeit**, der eine dem Zweck der Planung entsprechende Ge-nauigkeit der Planung verlangt. Damit ist nicht generell die größtmögliche Genauigkeit anzustreben.

- Den Grundsatz der **Elastizität**, der fordert, dass die Planung sich auf erkennbare Ver-änderungen bei den unternehmensinternen oder unternehmensexternen Gegebenhei-ten anzupassen imstande ist. Dies kann z. B. erfolgen, indem:

  ▸ Planungsreserven berücksichtigt werden
  ▸ Alternativpläne entwickelt werden
  ▸ Laufende Planrevisionen durchgeführt werden
  ▸ Endgültige Entscheidungen spätestmöglich getroffen werden

- Den Grundsatz der **Wirtschaftlichkeit**, der sich auf den Planungsaufwand bezieht. Die-ser sollte in einem angemessenen Verhältnis zum Planungsertrag stehen. Der Grund-satz der Wirtschaftlichkeit steht damit den Grundsätzen der Vollständigkeit, Genauig-keit und Elastizität gegenüber.

Phasen der Planung sind:

Anregungs-phase	Sie umfasst die **Feststellung des Problems** und seine Klärung mithilfe einer **Ursachenanalyse**. Es gilt: ▸ Das Problem zu erkennen ▸ Die Ausgangssituation zu analysieren ▸ Die Unternehmensziele zu ermitteln ▸ Die Unternehmensziele zu beachten ▸ Die Entscheidungsaufgabe zu präzisieren ▸ Die Entscheidungsaufgabe festzulegen

⇩

Suchphase	Sie dient der **Vorbereitung der Entscheidung** und umfasst als **Maßnahmen**: ▸ Bestimmen der Entscheidungskriterien ▸ Suchen alternativer Lösungsmöglichkeiten ▸ Ausarbeiten alternativer Lösungsmöglichkeiten ▸ Ermitteln der Konsequenzen alternativer Lösungen ▸ Beurteilen der Konsequenzen alternativer Lösungen

⇩

Entscheidungs-phase	Sie baut auf den Erkenntnissen aus der Suchphase auf und stellt den **Abschluss der Planung** dar, indem erfolgen: ▸ Beurteilung der Lösungsalternativen ▸ Vornahme einer Rangordnung der Lösungsalternativen ▸ Auswahl der vorteilhaftesten Lösungsalternative

Es gibt verschiedene **Arten** von Plänen. Zu den wichtigsten Plänen zählen:

- Nach dem **Zeitbezug** der Pläne

Kurzfristige Pläne	Sie umfassen vielfach einen Zeitraum von **mehr als vier bis fünf Jahren** und sind relativ grobe bzw. wenig detaillierte Pläne, weil sie i.d.R. von erheblicher Ungewissheit geprägt sind.
Mittelfristige Pläne	Sie beziehen sich meist auf einen Zeitraum zwischen **einem Jahr und vier bis fünf Jahren**. Da die ihnen zu Grunde liegende Ungewissheit durch den kleineren Zeithorizont (etwas) geringer ist, können sie feiner und detaillierter erstellt werden.
Langfristige Pläne	Sie weisen einen Zeitraum von **bis zu einem Jahr** auf und sind i.d.R. relativ fein und detailliert erstellbar.

- Nach der **Ausrichtung** der Pläne

Strategische Pläne	Sie sind **langfristig** ausgerichtet, d. h. sie gehen über 4 bis 5 Jahre hinaus und werden für die obere Führungsebene erstellt, um Strategien formulieren zu können.

Taktische Pläne	Sie werden aus den strategischen Plänen abgeleitet und sind **mittelfristig** ausgelegt. Als Bindeglied zwischen den strategischen und operativen Plänen beziehen sie sich auf die mittlere Führungsebene.
Operative Pläne	Sie sind **kurzfristig** formuliert und umfassen einen Zeitraum von bis zu einem Jahr. Es handelt sich um konkrete Ziel- bzw. Maßnahmenpläne, mit denen die Vorgaben der taktischen Pläne insbesondere auf der unteren Führungsebene umgesetzt werden.

• Nach dem **Umfang** der Pläne

Teilpläne	Sie beziehen sich vor allem auf einzelne **Funktionsbereiche**, z. B. den Material-, Fertigungs-, Absatz-, Personal-, Finanzbereich.
Gesamtpläne	Sie werden für alle Bereiche des Unternehmens erstellt:
	▸ Im Rahmen **sukzessiver Planung**, wobei zunächst von einem Teilplan ausgegangen wird und dann alle weiteren Teilpläne daraus entwickelt werden. Sofern **kein Engpass** vorliegt, stellt der Absatzplan den Ausgangsplan dar. Bei Vorliegen eines Engpasses z. B. im Fertigungsbereich, ist vom Plan des Engpassbereiches auszugehen.
	▸ **Simultan**, indem der gesamte betriebliche Prozess in ein mathematisches Gleichungssystem gebracht und unter Beachtung von Nebenbedingungen optimiert wird.

• Nach der **Verbindlichkeit** der Pläne

Pläne mit Prognosecharakter	Ihre Aufgabe ist es, über die künftige Entwicklung zu informieren, die sich voraussichtlich ergeben wird. Pläne mit Prognosecharakter werden auch als **Erwartungspläne** bezeichnet.
Pläne mit Vorgabecharakter	Die in ihnen enthaltenen Daten sind von den Entscheidungsträgern einzuhalten, z. B. dürfen die vorgegebenen Auszahlungen nicht überschritten bzw. die vorgegebenen Einzahlungen nicht unterschritten werden. Sie sind **Vorgabepläne**.

Mit der Erstellung von Plänen werden die Mitarbeiter zur Erfüllung ihrer Arbeitsaufgaben verpflichtet, wenn die **Pläne als Vorgaben** dienen. Wichtig ist, dass die Pläne eindeutig, klar, anschaulich, transparent, übersichtlich und einleuchtend sind, wenn sie auf die Mitarbeiter motivierend wirken sollen.

Für die **Motivation** der Mitarbeiter ist es außerdem erforderlich, dass die Pläne:

• Im Hinblick auf ihre Einhaltung ohne weiteres **kontrollierbar** sind. Damit können die Mitarbeiter selbst feststellen, inwieweit sie noch Anstrengungen unternehmen müssen, um die Arbeitsaufgabe anforderungsgerecht zu erledigen.

• Zur Leistung **motivieren**, wozu nicht nur die oben genannten Anforderungen beitragen, sondern auch die Erreichbarkeit der Plandaten. Können die Mitarbeiter von vornherein oder im Verlaufe ihrer Aufgabenerfüllung erkennen, dass die festgelegten Plandaten trotz größter Anstrengungen nicht erreicht werden können, sind Frustration und Demotivation die Folge.

Auch die **Beteiligung** der Mitarbeiter an der Planung kann motivieren. Pläne, die zusammen mit den Mitarbeitern bzw. von »unten nach oben« erstellt werden, bieten eine größere Chance, dass sich die Mitarbeiter mit den Vorgaben **identifizieren**, als wenn die Planung ohne ihre Mitwirkung bzw. von »oben nach unten« erfolgte.

In der Praxis kommt es deshalb häufig zu **Mischformen** zwischen der Top-down-Planung und der Bottom-up-Planung. Beim Gegenstromverfahren, bei dem sowohl retrograd als auch progressiv geplant wird, stellen die Führungskräfte der oberen Ebene einen vorläufigen Rahmenplan auf, aus dem die vorläufigen Teilpläne abgeleitet werden. Ausgehend von der unteren Ebene wird dann bis hin zur oberen Ebene eine Überprüfung der Planungsvorgaben vorgenommen.

40 ❭❭ Seite 532

2.1.3 KONTROLLE

Die Kontrolle umfasst die Gewinnung, Verarbeitung und Verwertung von Informationen, die sich auf die Einhaltung vorgegebener Daten im Rahmen der Realisierung der Arbeitsaufgabe beziehen. Sie besteht aus:

- Der **Überwachung**, bei der die Ist-Werte erfasst und mit den in Zielen oder Plänen festgelegten Soll-Werten als Kontrollstandards verglichen werden. Dadurch ist feststellbar, inwieweit die vorgegebenen Daten erreicht wurden.

- Der **Untersuchung**, die sich der Überwachung anschließt. Mit ihr werden aufgetretene Soll-Ist-Abweichungen analysiert. Die auf diese Weise gewonnenen Erkenntnisse können zu Ziel- bzw. Planrevisionen oder Steuerungsmaßnahmen führen.

Damit ist zu erkennen, dass die Kontrolle nicht nur eine Feststellungs- und Vergleichsfunktion hat, sondern auch eine Aufklärungs- und Beeinflussungsfunktion. Sie vermittelt zudem Informationen, die für die Zukunft nützlich bzw. bedeutsam sind. Als **Arten** der Kontrolle lassen sich unterscheiden:

- Nach dem **Objekt** der Kontrolle

Ergebnis-kontrolle	Bei ihr wird geprüft, ob bzw. in welchem **Umfang** ein geplantes Ergebnis eingetreten ist, ohne dass festgestellt wird, wie dies erreicht wurde.
Verfahrens-kontrolle	Sie bezieht sich auf den Vergleich des für den **Arbeitsablauf** geplanten Arbeitsverfahrens mit dem tatsächlich angewendeten Arbeitsverfahren sowie auf das Arbeitsverhalten der Mitarbeiter.

• Nach dem **Träger** der Kontrolle

Selbst-kontrolle	Hier nimmt der für die Ausführung der Tätigkeit verantwortliche Mitarbeiter auch die Kontrolle vor. Das setzt entsprechendes Verantwortungsbewusstsein des Mitarbeiters voraus.
Fremd-kontrolle	Die Kontrolle wird durch nicht an der Ausführung der Tätigkeit beteiligte Mitarbeiter oder Einrichtungen vorgenommen. Sie vermeidet Selbsttäuschungen und dient der Objektivierung.

• Nach dem **Umfang** der Kontrolle

Gesamt-kontrolle	Dabei werden **alle** geplanten **Tätigkeiten** bestimmter Art kontrolliert, z. B. indem alle Einträge in der Urlaubskartei auf ihre Richtigkeit hin überprüft werden.
Stichproben-kontrolle	Sie bezieht sich lediglich auf **bestimmte**, meist zufällig ausgewählte Teile der geplanten **Tätigkeiten** bestimmter Art, z. B. indem lediglich einzelne Buchstabengruppen überprüft werden.

Die Kontrolle kann durch einen **Vorgesetzten** oder **automatisch** erfolgen. Sie ist weiterhin möglich als **strategische, taktische** oder **operative Kontrolle, Anfangskontrolle, mitlaufende Kontrolle** oder **Endkontrolle**.

Für die Führungskraft dient die Kontrolle dazu, ihre Mitarbeiter erfolgreich zu führen. Sie kann auf diese einwirken und geeignete Führungsmaßnahmen einleiten, wenn sie feststellt, dass vorgegebene Daten nicht erreicht wurden. Da die Kontrolle aber nicht das »Suchen nach Fehlern« sein sollte, sondern das »**Suchen nach positiven Leistungen**«, dient sie auch Führungsmitteln, wenn die Mitarbeiter ihre Aufgaben gut erfüllt haben, z. B. um Lob auszusprechen.

Für die Mitarbeiter bietet die Kontrolle die Möglichkeit zu erkennen, inwieweit sie ihre Leistungen anforderungsgerecht erbracht haben bzw. erbringen. Das setzt allerdings zwingend voraus, dass die Kontrolle zu **Rückmeldungen** an die Mitarbeiter führt. Das Feedback sollte zeitnah erfolgen.

Die Kontrolle kann die Mitarbeiter motivieren und zu Leistungen anreizen. Sie vermag aber auch, **Frustration** und **Demotivation** zu bewirken und die Mitarbeiter zu Bedenken oder Ablehnung gegen die Kontrolle zu veranlassen, z. B. wegen unvernünftiger Zielsetzung, mangelndem Vertrauen in die Objektivität, Furcht vor Konsequenzen oder Ablehnung der Kontrollperson. Eine kooperative Führung, insbesondere auch eine umfassende sachliche Information, können negativen Einstellungen der Mitarbeiter entgegenwirken.

Leistungsschwache Mitarbeiter sollten häufiger kontrolliert werden als leistungsstarke Mitarbeiter. Um Fehler frühzeitig zu erkennen, bieten sich für sie Zwischenkontrollen an, deren Ergebnisse besprochen werden sollten.

Leistungsstarke Mitarbeiter würden Zwischenkontrollen dagegen eher demotivieren, weshalb es sich empfiehlt, dass die Vorgesetzten bei ihnen lediglich End- bzw. Ergebniskontrollen vornehmen.

2.2 INFORMATIONSBEZOGENE FÜHRUNGSMITTEL

Ohne informationsbezogene Führungsmittel ist die Personalführung nicht denkbar. Hat diese Erkenntnis auch schon in der Vergangenheit gegolten, so ist sie heute und für die Zukunft noch bedeutsamer geworden. Es sollen unterschieden werden:

- **Information**
- **Kommunikation**.

2.2.1 INFORMATION

Information stellt **zweckorientiertes Wissen** dar, mit Bezug auf die Personalführung zweckorientiertes, personen- und arbeitsplatzbezogenes Wissen (*Dometsch/Schneble*). Sie ist aber auch die **Weitergabe** bzw. das **Mitteilen von Wissen** im Sinne des Informierens als zentrale Aufgabe der Personalführung.

Als Führungsmittel hat die Information **hohe Bedeutung**. Sie zu nutzen, ist der Führungskraft nicht nur nachdrücklich zu empfehlen, sie ist auch dazu verpflichtet. Beispielsweise hat sie den Mitarbeiter gründlich und mit dem notwendigen Verständnis in seine Aufgaben einzuweisen wie auch über alle Veränderungen zu informieren, die ihn selbst oder sein Arbeitsgebiet betreffen (§ 81 BetrVG).

Wenn die Mitarbeiter mitdenken, selbstständig handeln sowie andere Mitarbeiter beraten, unterstützen oder vertreten sollen, dann müssen sie selbst erst einmal hinreichend informiert sein. Dabei geht es nicht um möglichst viele Informationen, sondern um die für die Aufgabenerfüllung und das Aufgabenumfeld **notwendigen** bzw. **nützlichen Informationen**. Sie dienen dazu:

- Den Leistungsbeitrag des Mitarbeiters zu fördern
- Die Identifikation des Mitarbeiters mit dem Unternehmen zu stärken
- Eine Vertrauensbasis zu schaffen und zu erhalten
- Die Partnerschaft zu fördern.

Informationen können auf unterschiedlichen **Wegen** fließen. Beispiele sind das »Schwarze Brett«, die Werkszeitschrift, Schreiben und Aktennotizen, Berichte, Handbücher, das Gepräch mit dem Mitarbeiter.

2.2.1.1 ARTEN

Informationen lassen sich in vielfältiger Weise unterscheiden. Dazu zählen:

- Nach dem **Informationszustand**

Vollkommene Informationen	Bei ihnen sind alle Handlungsalternativen und Konsequenzen bekannt, z. B. in einem planwirtschaftlichen System.
Unvollkommene Informationen	Sie sind durch **Risiko** und **Unsicherheit** gekennzeichnet und typisch für ein marktwirtschaftliches System. Die Unternehmen verfügen im Wesentlichen über unvollkommene Informationen.

- Nach der **Zweckbeziehung**

- ► Führungsinformationen
- ► Materialinformationen
- ► Fertigungsinformationen
- ► Marketinginformationen
- ► Personalinformationen
- ► Rechnungsweseninformationen

- ► Kapitalinformationen
- ► Kosteninformationen
- ► Organisationsinformationen
- ► EDV-Informationen
- ► Finanzinformationen
- ► Controllinginformationen

- Nach der **Art der Personalinformationen**

Informationen *über* **Personal**	Sie können sich z. B. auf die Kenntnisse, Fähigkeiten, Einstellungen, Erwartungen, Einsätze der Mitarbeiter beziehen und sind in Bewerbungsunterlagen, Personalakten, Personalinformationssystemen u.a. enthalten.
	Ihre **Gewinnung** ist durch Befragungen, Beobachtungen, Tests, Dokumenten- und externe Analyse möglich. Für die Personalführung ist es besonders wichtig, die Ziele, Merkmale, sozialen Beziehungen und Leistungen des Personals zu kennen.
Informationen *an* **Personal**	Informationen gelangen als formelle und informelle Informationen an das Personal. **Formelle Informationen** sind klar, rechtzeitig, eindeutig, ausführlich, treffend, inhaltvoll und vollständig zu geben und können sein:
	► **Längsinformationen**, die von »oben nach unten« erfolgen und von weisungsberechtigten Vorgesetzten als Befehle, Aufträge, Anweisungen kommen.
	Nicht jede Weisung von Vorgesetzten ist zulässig – siehe S. 218 f.
	► **Querinformationen**, die ohne eine Weisungsbefugnis auf gleicher Ebene fließen, z.B. horizontal als Querkontakte zur Information bzw. Beratung zwischen Mitarbeitern.
	► **Diagonalinformationen**, die mit begrenzter Weisungsbefugnis verbunden sind und von einer Abteilung zu einer anderen Abteilung gelangen können.

Informationen von Personal	In der Personalführung ist es nicht nur wichtig, Informationen »von oben nach unten« zu geben, sondern ebenso durch die Mitarbeiter an die Vorgesetzten, also »von unten nach oben«.
	Diese **Aufwärtsinformationen** können formellen, häufig aber auch informellen Charakter haben und sich u.a. beziehen auf Störungen und Abweichungen, sowie Stimmungen und Meinungen.

2.2.1.2 INFORMATIONSTECHNIKEN

Informationstechniken beschreiben die Art und Weise, wie Informationen wirkungsvoll vom Sender an die Empfänger gebracht werden, in der Personalführung von Vorgesetzten zu den Mitarbeitern. Sie werden immer bedeutsamer, vor allem als:

• **Visualisierung**, mit der Informationen bildhaft dargestellt werden, um Aufmerksamkeit hervorzurufen, Orientierungshilfen zu geben, Wesentliches zu verdeutlichen, Behalten zu fördern und Stellungnahmen auszulösen.

Während **reines Hören** ohne Sehen lediglich zu einer Behaltensquote von 20 % führt, steigt diese auf 50 % an, wenn **Hören und Sehen** miteinander verbunden werden. Insofern ist die Visualisierung als Ergänzung der mündlichen oder schriftlichen Informationen eine unverzichtbare Grundlage im Informationsmanagement. So kommen auch die nachfolgend beschriebene Präsentation und Moderation ohne Visualisierung nicht aus.

Visualisierungsmittel können vor allem sein:

Tafel	Sie zählt zu den ältesten Visualisierungsmitteln und dient dazu, wesentliche **Informationen stichpunktartig** darzustellen. Traditionell ist die Tafel schwarz, inzwischen gibt es zunehmend auch weiße Tafeln, die mit speziellen Filzstiften beschriftet werden.
Flipchart	Dabei handelt es sich um einen dreibeinigen Ständer mit einem großen, beweglichen Papierblock. Er dient dazu, **stichpunktartige Informationen**, z. B. (über) Begriffe, Gliederungen, aber auch Struktur- und Ablaufbilder aufzunehmen.
Overhead-Projektor	Er ist ein besonders häufig eingesetztes Projektionsgerät für Darstellungen auf **Klarsichtfolien** im Format DIN A4. Mit ihm können z. B. Begriffe, Gliederungen, begrenzte Texte, Schaubilder, Diagramme übermittelt werden.
Pinnwand	Sie ist eine Platte aus Hartschaum, die über zwei Standbeine verfügt und durch einen Rahmen stabilisiert wird. Die Pinnwand eignet sich besonders zum **Entwickeln von Gedankengängen**, indem kartonierte Kärtchen mit Stecknadeln aufgeheftet bzw. auf angeheftetes Packpapier mit Filzstift geschrieben werden kann.

• Die **Präsentation** dient dazu, einem Teilnehmerkreis vorbereitete Inhalte oder Fakten vorzustellen. Dabei informiert der Präsentator, z. B. der Vorgesetzte, mündlich unter

Einsatz von Visualisierungsmitteln. Um den Erfolg der Präsentation sicherzustellen, bedarf sie einer sorgfältigen **Vorbereitung**:

- ▸ Festlegung der Informationsziele
- ▸ Bestimmung der Teilnehmer
- ▸ Festlegung der Visualisierungsmittel
- ▸ Bestimmung des Informationsortes
- ▸ Festlegung der methodischen Vorgehensweise

Der **Präsentationserfolg** hängt entscheidend von der Fähigkeit des Präsentators ab, die Teilnehmer persönlich und sachlich zu überzeugen.

- Die **Moderation** wird eingesetzt, um einen Teilnehmerkreis zu Ideen anzuregen. Ihre Nutzung erfolgt z. B. bei Qualitätszirkeln, Projektgruppensitzungen und Mitarbeiterbesprechungen. Der Moderator sollte ein Experte für die Methodik sein, nicht für den Inhalt der Gruppensitzung. Er sollte Vorbild sein, keine eigene Meinung äußern, Freiräume belassen und Betroffene zu Beteiligten machen.

41 ≫ Seite 533

2.2.2 KOMMUNIKATION

Die Kommunikation ist der Austausch von Informationen zwischen Menschen und/oder Maschinen. Der **Prozess** der Kommunikation wird bestimmt durch:

- ▸ Den **Kommunikator** als Informationsgeber bzw. Informationsnehmer
- ▸ Den **Kommunikanten** als Informationsgeber bzw. Informationsnehmer
- ▸ Die **Kommunikationskanäle**, z. B. gegenseitige Informationen akustischer Art
- ▸ Die **Kommunikationsinhalte**, z. B. Kapitalinformationen, Personalinformationen
- ▸ Die **Kommunikationsmittel**, z. B. Gespräche, Besprechungen, Konferenzen

Wie die Information zählt auch die Kommunikation zu den wichtigsten Führungsmitteln überhaupt. Ihr **erfolgreicher Einsatz** in der Personalführung hängt nicht nur von der Art und dem Inhalt der Kommunikation ab, sondern auch von der Autorität des Vorgesetzten sowie der Qualifikation und Engagement des Vorgesetzten wie auch der Mitarbeiter.

Ein Vorgesetzter, der keine hinreichende **Autorität** besitzt, wird sich schwertun, die Kommunikation erfolgreich einzusetzen. Gleiches gilt bei mangelnder **Qualifikation** und fehlendem **Engagement** von Vorgesetzten und Mitarbeitern. Es sollen behandelt werden:

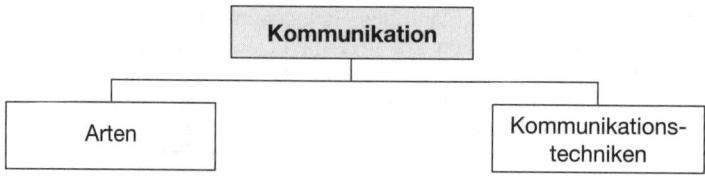

2.2.2.1 ARTEN

Als Arten der Kommunikation werden dargestellt:

* **Soziale Kommunikation**
* **Technische Kommunikation.**

2.2.2.1.1 SOZIALE KOMMUNIKATION

Die soziale Kommunikation ist eine **interpersonale Kommunikation**, also eine Kommunikation, die zwischen Personen erfolgt. Sie dient der gegenseitigen Information der Personen und wird auch **Interaktion** genannt. Als soziale Kommunikation gibt es die verbale Kommunikation, die sich vor allem auf die **Inhaltsebene** bezieht und die nonverbale Kommunikation, die auf der **Beziehungsebene** erfolgt.

Zur **verbalen Kommunikation** zählen:

* Das **Gespräch**, das auf zwei Personen beschränkt ist, wobei Gedanken und Informationen wechselseitig ausgetauscht werden. Es wird nicht nur mit Mitarbeitern geführt, sondern auch mit externen Teilnehmern, z. B. als Vorstellungsgespräch oder Verkaufsgespräch. Das **mitarbeiterbezogene Gespräch** kann sein:

Mitarbeiter-gespräch	Es ist ein Gespräch im Rahmen der **kooperativen Führung**, z. B. zur Einweisung, Information, Beratung des Mitarbeiters. Beide Partner sollten gut zuhören und einander ausreden lassen.
Konflikt-gespräch	Bei ihm hat die Führungskraft einen **Streit** zwischen Mitarbeitern ihrer Abteilung zu lösen. Auch **Beschwerden** der Mitarbeiter können Konfliktgespräche auslösen.
Beurteilungs-gespräch	Es wird nach einer schriftlichen **Personalbeurteilung** des Mitarbeiters geführt. Darin erhält er Erläuterungen zur Beurteilung und Gelegenheit zur Stellungnahme und Rechtfertigung.
Dienst-gespräch	Der Vorgesetzte führt es zur **Übermittlung** von Anweisungen, Aufträgen, Anordnungen bzw. Weisungen mit einem Mitarbeiter.
Kritik-gespräch	Mit ihm soll die Führungskraft falsches **Verhalten** des Mitarbeiters korrigieren und mangelhafte **Leistungen** ansprechen.
Beratungs-gespräch	Es erfolgt, wenn der Mitarbeiter nicht mit seiner Arbeit zurechtkommt und der Vorgesetzte die nötige **Unterstützung** geben muss.
Versetzungs-gespräch	Damit wird ein Mitarbeiter auf eine **anstehende Versetzung** vorbereitet, und es erfolgt eine Erörterung der Gründe für die Versetzung, die für ihn positiv oder negativ sein können.
Beförderungs-gespräch	Es ist zu führen, wenn geplant ist, dass ein Mitarbeiter in der **Hierarchie** des Unternehmens aufsteigen soll.

- Die **Besprechung** ist eine Form der Kommunikation, an der mehr als zwei Gesprächspartner teilnehmen, meist jedoch höchstens 15 Personen. Sie stellt ein bedeutsames Führungsmittel dar, das sein kann:

Mitarbeiterbesprechung	Sie wird zwischen dem Vorgesetzten als Gesprächsleiter und mehreren Mitarbeitern geführt und dient vor allem der Information, Meinungsbildung, Beratung. Die **Mitarbeiter** sind **gleichberechtigte Gesprächspartner.** Der Vorgesetzte will damit z. B. die Zusammengehörigkeit und den Bestand der Gruppe sichern.
Dienstbesprechung	Bei ihr tritt der Vorgesetzte mehreren Mitarbeitern in **Führungsfunktion** gegenüber, indem er vor allem entscheidet, anordnet, kontrolliert, Mängel klärt, Lob oder Tadel ausspricht. Er strebt z. B. an, die Gruppe zum Erreichen gesetzter Ziele zu bringen.
Expertenbesprechung	An ihr nehmen mehrere **Mitarbeiter beliebiger Ebenen** als Sachverständige für ihr Spezialgebiet teil. Sie beschäftigen sich z. B. mit der Analyse von Problemen und Entscheidungen.

- Die **Konferenz** ist eine Form der Kommunikation, bei der Personen zusammentreffen, die mehr oder weniger aktiv zu einer Zielerreichung beitragen. Sie wird vom Vorgesetzten als Vorsitzendem geleitet. Ihr **Verlauf** oder ihr **Ergebnis** kann von einem Schriftführer bzw. Protokollanten erfasst werden. Sie ist möglich als:

Problemlösungskonferenz	Im Rahmen der Problemlösungskonferenz diskutieren drei bis zwölf Teilnehmer, um gemeinsam ein Problem zu lösen, z. B. einen neuen Werbeslogan zu finden.
Verhandlungskonferenz	Dabei versuchen bis zu 20 Personen, Ergebnisse auszuhandeln, z. B. über die Budgets der Bereichsleiter. Die Verhandlungskonferenz wird auch **Konfrontationskonferenz** genannt.
Motivationskonferenz	Sie dient der **Überzeugung**, mitunter auch der Überredung, z. B. für einen Werbefeldzug.
Informationskonferenz	Bei ihr wird informiert bzw. Fragen werden beantwortet, z. B. bei einer Pressekonferenz.

Konferenzen werden traditionell räumlich am gleichen Ort in gemeinsamer Runde durchgeführt. Inzwischen gibt es aber auch **Tele-Konferenzen** als Formen der Telekommunikation, die über moderne Medien erfolgen, z. B. als Telefon- bzw. Videokonferenz. Bei **Computer-Konferenzen** werden Daten über Computerterminals ausgetauscht.

- Die **Versammlung** unterscheidet sich von der Konferenz dadurch, dass bei ihr eine unmittelbare Kommunikation zwischen allen Teilnehmern nicht möglich ist, da die **Teilnehmerzahl** erheblich **größer** ist, z. B. als Abteilungsversammlung, Betriebsversammlung, Hauptversammlung.

Die **nonverbale Kommunikation** vermittelt Informationen auf der Beziehungsebene und stellt ein Verhalten dar, das ohne Sprache menschliche Beziehungen gewollt oder ungewollt aufrechterhält oder steuert. Sie bedient sich dabei:

- Der **Körperbewegungen** als Gesten, Mienen, Haltungen und Handlungen
- Des **Sprachverhaltens** als Sprechpausen, Schweigen, nichtsprachliche Laute
- Der **Kleidung** und des **Schmuckes** als Mittel sozialer Kommunikation.

Die **Wahrnehmung** ist eine psychologische Funktion, die dem Menschen die Aufnahme und Verarbeitung von nonverbalen Informationen ermöglicht. Die Bedingungen dafür erforscht die Wahrnehmungspsychologie.

Die Wirksamkeit der sozialen Kommunikation wird durch Missverständnisse beeinflusst. Sie führen zu Informationsverlusten. **Störungen** der sozialen Kommunikation können z. B. auf dem unterschiedlichen Informationsstand der beteiligten Personen, persönlichen Differenzen zwischen den Partnern, Vorurteilen eines Partners gegenüber den anderen, verletzten Wertvorstellungen eines Gesprächspartners oder mangelhaftem Zuhören der beteiligten Personen beruhen.

Möglichkeiten zur **Verbesserung** der sozialen Kommunikation durch den Informationsgeber sind z. B. Dosierung der Informationsmenge, die Wiederholung der Information, empfängerorientierte Formulierungen. Der Informationsnehmer kann die soziale Kommunikation durch aktives Zuhören fördern.

2.2.2.1.2 TECHNISCHE KOMMUNIKATION

Die technische Kommunikation ist ein Austauschprozess zwischen einem nicht personalen Sender und Empfänger. Es gibt:

- Die **computerbezogene Kommunikation**, die mithilfe des Personalcomputers oder eines Großrechners möglich ist und heute weite Verbreitung gefunden hat.

- Die **sonstige technische Kommunikation**, die z. B. mit Telex, Telefax, ISDN-Dienste, MultiMedia, Internet oder E-Mail erfolgen kann.

42 ⟩ Seite 533

2.2.2.2 KOMMUNIKATIONSTECHNIKEN

Kommunikationstechniken beschreiben die **Art und Weise**, wie die Kommunikation wirkungsvoll gestaltet werden kann. Zu unterscheiden sind (*Crisand*):

- **Gesprächs-** bzw. **Besprechungstechniken**, für die zu empfehlen ist:

  - Gesprächspartner mit Namen ansprechen
  - Aktiv, partnerzentriert zuhören
  - Sachliche und emotionale Gesprächsebene trennen
  - Sachliche Aussagen des Gesprächspartners wiederholen
  - Emotionale Aussagen des Gesprächspartners wiederholen

- ▸ Eigene Meinung verdeutlichen
- ▸ Noch offene Pflichten des Gesprächspartners einfordern
- ▸ Verständnis zeigen
- ▸ Sich bei nicht hinnehmbaren Gegebenheiten entrüsten
- ▸ Gegenfragen stellen
- ▸ Druck auf Gesprächspartner vermeiden
- ▸ Durch Verschiebung der Problemlösung Zeit gewinnen
- ▸ Anreize für erwartetes Verhalten schaffen
- ▸ Mit früheren Aussagen konfrontieren
- ▸ Schwerpunkte setzen
- ▸ Auf die Wichtigkeit zu behandelnder Punkte hinweisen
- ▸ Gesprächspartner nicht überfordern
- ▸ Sprachlich auf den Gesprächspartner einstellen
- ▸ Bedürfnisse und Erwartungen des Gesprächspartners berücksichtigen
- ▸ Dem Gesprächspartner das Gesprächsziel klarmachen
- ▸ Gesprächsergebnis zusammenfassen

- **Verhandlungstechniken**, bei deren Einsatz beachtet werden sollte:

- ▸ Argumente/Vorstellungen nicht zu früh preisgeben
- ▸ Argumente/Vorstellungen nicht zu spät äußern
- ▸ Kernpunkte des Konfliktes ggf. umgehen bzw. verschieben
- ▸ Eigene Position massiv durchsetzen
- ▸ Eine gute Beziehung zu anderen Verhandlungspartnern schaffen
- ▸ Einen akzeptablen Kompromiss finden
- ▸ Partnerschaftlich nach einem befriedigenden Ergebnis suchen
- ▸ Fragen richtig verwenden, z. B. als Informationsfragen, Alternativfragen, Suggestivfragen, rhetorische Fragen, Gegenfragen, Fangfragen, Kontrollfragen oder Motivationsfragen.

- **Konferenztechniken**, die beinhalten:

- ▸ Keine Rede länger als 20 Minuten zulassen
- ▸ Konferenzinhalte optisch unterstützen
- ▸ Konferenzen durch Pausen/Bewegungsmöglichkeiten unterbrechen
- ▸ Diskussion auf die Zielsetzung ausrichten
- ▸ Nur Verständnisfragen zulassen/beantworten
- ▸ Konferenzleitung neutral ausrichten

2.3 AUFGABENBEZOGENE FÜHRUNGSMITTEL

Die Führungsmittel, die unmittelbar mit der Aufgabenerfüllung in Zusammenhang stehen, sind:

- **Kooperation**

• **Delegation**

• **Partizipation**.

Mit ihrer Hilfe lassen sich die Bedingungen gestalten, unter denen Arbeit zu leisten ist. Zu den **Arbeitsbedingungen** zählen aber auch die im Kapitel »Personaleinsatz« beschriebenen Elemente, die ebenfalls für die Personalführung bedeutsam sind:

Arbeitsinhalt	▸ Arbeitsteilung, Aufgabenerweiterung, Aufgabenbereicherung
Arbeitsort	▸ Innerhalb/außerhalb des Unternehmens, im Ausland, Arbeitsplatzgestaltung
Arbeitszeit	▸ Traditionelle/flexible Gestaltungsformen

2.3.1 KOOPERATION

Mit der Kooperation wird die **Zusammenarbeit** von zwei oder mehr Personen bezeichnet, die gemeinschaftlich eine Aufgabe erfüllen. Als Führungsmittel soll die Kooperation der möglichst reibungslosen Zusammenarbeit dienen von:

• **Vorgesetzten und Mitarbeitern**, wobei der Vorgesetzte die gemeinschaftliche Aufgabenerfüllung unterstützen sollte, indem er Kooperation anerkennt und honoriert, Wechselseitigkeit und Offenheit der Mitarbeiter fördert sowie Wettbewerbsnachteile für den Einzelnen ausschließt.

• **Zwischen Mitarbeitern**, bei dem das wechselseitige **Helfen** und **Unterstützen** der an der Aufgabenerfüllung beteiligten Personen bzw. Gruppen im Vordergrund steht.

Um die Kooperation erfolgreich als Führungsmittel einsetzen zu können, bedarf es eines partnerschaftlichen, von Vertrauen geprägten Verhältnisses zwischen dem Vorgesetzten und seinen Mitarbeitern sowie zwischen den Mitarbeitern.

2.3.2 DELEGATION

Die Delegation ist die Übertragung von klar umrissenen **Aufgaben**, zugehörigen **Kompetenzen** und der damit verbundenen **Verantwortung** auf hierarchisch nachgeordnete Organisationseinheiten, d. h. im Rahmen der Personalführung von Vorgesetzten auf Mitarbeiter.

In der Praxis gibt es vielfach noch erhebliche Möglichkeiten, Aufgaben auf die Mitarbeiter zu delegieren. Sie sollten ausgeschöpft werden, da die Delegation ein geeignetes Führungsmittel ist, um die **Motivation** der Mitarbeiter zu erhöhen.

Die Delegation hat aber auch ihre **Grenzen**. So lassen sich z. B. typische Führungsfunktionen nicht delegieren, ebenso Motivationsaufgaben im Hinblick auf unmittelbar unterstellte Mitarbeiter sowie die Erfolgskontrolle und Beurteilung dieser Mitarbeiter.

Es sollen behandelt werden:

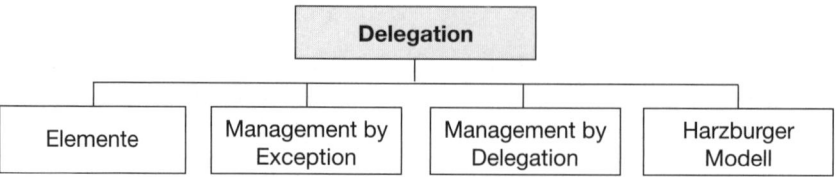

2.3.2.1 ELEMENTE

Die Delegation besteht aus drei Elementen, die zusammenwirken:

- Der **Aufgabe**, welche die auf Dauer durch Aktivitäten zu erfüllende Verhaltenserwartung darstellt (*Frese*). Mit ihr werden die Verrichtungen festgelegt, die der Erreichung eines bestimmten Zieles dienen.

- Der **Kompetenz**, welche die Befugnis einer Person ist, auf der Basis fachlicher Zuständigkeit geeignete Maßnahmen zur Erfüllung von Aufgaben zu ergreifen. Es gibt:

Sachbezogene Kompetenz	Sie ist die **fachliche Zuständigkeit**, z. B. aufgrund besonderer Fachkenntnisse und Fertigkeiten, über die ein Vorgesetzter oder Mitarbeiter verfügt, und bildet die Basis für die Befugnis, Maßnahmen im Sinne des Unternehmens ergreifen zu können.
Personen-bezogene Kompetenz	Mit ihr wird die **persönliche Zuständigkeit** für die Erfüllung der Aufgaben festgelegt. Für deren ordnungsgemäße Bewältigung trägt die befugte Person die Verantwortung. Ohne die Befugnis ist sie nicht verantwortlich zu machen.

Arten der Kompetenz bzw. Befugnis sind:

Entscheidungs-kompetenz	Sie ist die Befugnis, bestimmte **Entscheidungen** zu treffen, z. B. über den Kauf eines Geschäftswagens oder einer EDV-Anlage entscheiden.
Weisungs-kompetenz	Sie umfasst die Befugnis zur Bestimmung des **Verhaltens** von Aufgabenträgern anderer Stellen, z. B. Aufträge erteilen oder Anweisungen an Mitarbeiter geben.
Verpflichtungs-kompetenz	Sie ist die Befugnis gegenüber der **Umwelt** des Unternehmens, z. B. die Unterschriftsberechtigung des Prokuristen, der einen Vertrag für das Unternehmen abschließen darf.
Verfügungs-kompetenz	Sie klärt die Befugnis der Verfügung über **Sachen** und **Rechte**, z. B. kann ein Sachbearbeiter über einen Personalcomputer notwendige Informationen abrufen.
Informations-kompetenz	Sie ist die Befugnis, bestimmte **Daten** beziehen zu können, z. B. darf der Informatikleiter aus einer Datenbank, bestimmte Informationen beschaffen.

Antrags-kompetenz	Sie umfasst die Befugnis **handlungsinitiativ** tätig zu werden, z. B. kann der Betriebsrat verlangen, dass eine innerbetriebliche Stellenausschreibung erfolgt (§ 93 BetrVG).
Vertretungs-kompetenz	Sie ist die Befugnis der **Unternehmensleitung**, das Unternehmen nach außen zu vertreten oder das Recht zur **Stellvertretung** eines Kollegen.

- Der **Verantwortung**, die das persönliche Einstehen für die Folgen von Handlungen und Entscheidungen ist. Das Handeln und Entscheiden erfolgt durch Aktivitäten, aber auch dadurch, dass eine Person ein Tun unterlässt. Die Verantwortung bezieht sich auf erfolgreiches wie auch erfolgloses Handeln und kann sein:

Handlungsver-antwortung	Sie wird dem **Mitarbeiter** übertragen. Er hat die Verantwortung für die ordnungsgemäße Erfüllung der delegierten Aufgabe.
Führungsver-antwortung	Sie liegt beim **Vorgesetzten**, der die Folgen der Delegation zu tragen hat. Er muss seine Führungsaufgabe bei der Delegation in geeigneter Weise wahrnehmen.

Um eine Person verantwortlich machen zu können, ist es notwendig, die Verantwortung zu übertragen. Die **Übertragung** von Verantwortung führt beim Mitarbeiter zur Reduktion von Unsicherheit, weil der Vorgesetzte seinem Mitarbeiter mit dieser Maßnahme Vertrauen entgegenbringt. Sie kann aber auch zu psychischen Belastungen führen, wenn die Verantwortung objektiv nicht tragbar ist oder als subjektiv überhöht empfunden wird.

Aufgaben, Kompetenzen und Verantwortung sollten stets **gleich dimensioniert** sein. Eine Übertragung von Aufgaben ohne die entsprechende Übertragung von Kompetenzen und Verantwortung ist nicht zu befürworten.

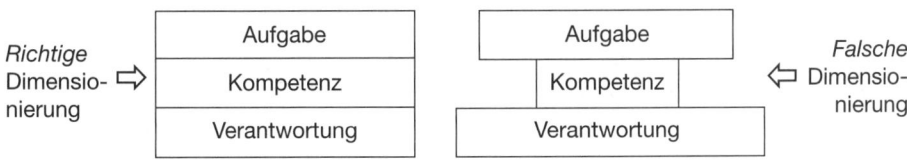

2.3.2.2 Management by Exception

Das Management by Exception ist eine **Führungstechnik**, bei welcher die Mitarbeiter innerhalb eines vorgegebenen Rahmens selbstständig entscheiden dürfen. Der **Rahmen** kann sich beziehen auf:

- Die Wichtigkeit eines Vorganges
- Die Unvorhersehbarkeit eines Vorganges
- Eine bestimmte Norm.

Liegt eine besondere Wichtigkeit in einem Vorgang und/oder weicht ein Vorgang von der gesetzten Norm ab, muss der Mitarbeiter den Vorgang seinem Vorgesetzten zur Entscheidung vorlegen, der in diesem Ausnahmefall in den Entscheidungsprozess eingreift. Damit ergibt sich grundsätzlich folgender **Ablauf**:

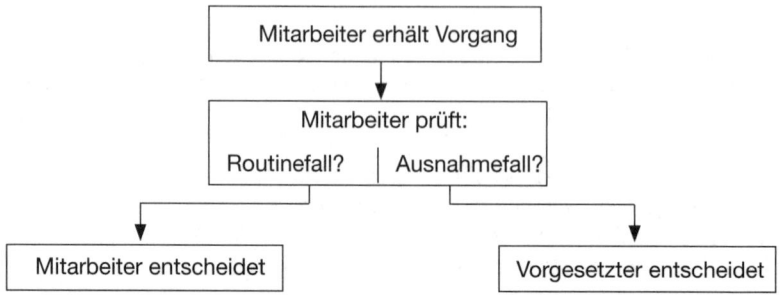

Durch das Management by Exception wird angestrebt, den Vorgesetzten von Routinearbeiten zu entlasten. Es soll außerdem der Systematisierung der Informationsflüsse und der Regelung der Zuständigkeiten im Unternehmen dienen. Um dies erreichen zu können, müssen mehrere **Voraussetzungen** erfüllt werden:

• Delegation der Aufgaben an die Mitarbeiter
• Festlegung des Ermessensspielraumes der Mitarbeiter
• Festlegung der Ausnahmeregelungen
• Schaffung eines geeigneten Informationssystems
• Festlegung der Art des Eingreifens durch den Vorgesetzten.

Die **Vorteile** des Management by Exception sind:

• Entlastung des Vorgesetzten von Routinearbeiten
• Selbstständiges Handeln der Mitarbeiter in einem bestimmten Rahmen
• Verbesserung der Organisation und Kommunikation im Unternehmen

Als **Nachteile** des Management by Exception können genannt werden:

• Begrenzte Anwendbarkeit auf Führungsprobleme
• Schwierigkeiten bei Festlegung der Toleranzbereiche möglich
• Demotivation der Mitarbeiter durch eine Beschränkung auf Routinearbeiten.

2.3.2.3 Management by Delegation

Das Management by Delegation ist eine **Führungstechnik**, bei welcher Kompetenzen und Handlungsverantwortungen soweit wie möglich auf die Mitarbeiter übertragen werden, die Entscheidungen treffen und realisieren.

Dadurch sollen Vorgesetzte entlastet und die Mitarbeiter in ihrer Eigeninitiative, Leistungsmotivation und Verantwortungsbereitschaft gefördert werden. Außerdem ist es mithilfe des Management by Delegation möglich, die Mitarbeiter damit vertraut zu machen, wie Entscheidungen eigenverantwortlich zu treffen sind.

Voraussetzungen für den wirkungsvollen Einsatz sind:

* Delegation der Aufgaben an die Mitarbeiter
* Delegation der Kompetenz an die Mitarbeiter
* Delegation der Handlungsverantwortung an die Mitarbeiter
* Ausschluss der Zurück- und Weiterdelegation durch die Mitarbeiter
* Festlegung von Ausnahmeregelungen
* Eingriff des Vorgesetzten bei Fehlern und ausnahmegeregelten Ereignissen
* Kein Eingriff des Vorgesetzten bei richtiger Handlungsweise der Mitarbeiter
* Übernahme der Führungsverantwortung durch den Vorgesetzten
* Schaffung eines geeigneten Informationssystems.

Die übertragenen Aufgaben sollten den Fähigkeiten der Mitarbeiter angemessen sein. Gleichartig wiederkehrenden Aufgaben ist der Vorzug vor Einzelaufgaben, vollständigen Aufgaben der Vorzug vor isolierten Teilaufgaben einzuräumen.

Die **Vorteile** des Management by Delegation sind:

* Entlastung des Vorgesetzten
* Möglichkeit schneller, sachgerechter Entscheidungen
* Die Mitarbeiter verfügen über Kompetenz und Handlungsverantwortung.
* Förderung der Eigeninitiative, Leistungsmotivation und Verantwortungsbereitschaft der Mitarbeiter.

Als **Nachteile** des Management by Delegation sind zu nennen:

* Delegation weniger interessanter Aufgaben möglich
* Festigung der Hierarchie möglich
* Zu geringe Mitarbeiterorientierung bei starker Aufgabenorientierung
* Vernachlässigung der horizontalen Hierarchiebeziehungen.

2.3.2.4 Harzburger Modell

Das Harzburger Modell ist das **bekannteste deutsche Führungsmodell**, das von *Höhn* entwickelt wurde, inzwischen jedoch stark an Bedeutung verloren hat. Es beinhaltet wichtige Elemente des Management by Delegation und des Management by Exception. Seine **Konzeption** beruht auf nachstehenden **Leitsätzen** *(Bisani)*:

> ▸ Entscheidungen sollen auf der Ebene getroffen werden, in die sie der Sache nach gehören.
> ▸ Entscheidungen sollen nicht einzelne Personen auf mittlerer oder oberer Hierarchie-Ebene fällen, sondern viele Mitarbeiter.
> ▸ Anstelle von Einzelaufträgen sollen festumrissene Aufgabenbereiche treten, innerhalb derer die Mitarbeiter selbstständig entscheiden können.
> ▸ Verantwortung soll sich nicht in der Führungsspitze konzentrieren, sondern auf die Stellen delegiert werden, die sich mit den Problemen befassen.
> ▸ Keine Aufgabenverteilung von oben nach unten, sondern von unten nach oben, wohin sachlich nicht treffbare Entscheidungen zu geben sind.

Das Harzburger Modell setzt eine klare, hierarchisch gegliederte **Führungsstruktur** voraus. Die Vorgesetzten müssen zur Delegation, die Mitarbeiter zur Übernahme von Verantwortung bereit sein. Bei den **Vorgesetzten** liegt die Führungsverantwortung, die **Mitarbeiter** tragen die Handlungsverantwortung. Sie haben auch die Pflicht zur Rückmeldung, insbesondere bei Abweichungen.

Vorteile des Harzburger Modells sind, dass Stellenbeschreibungen für Transparenz sorgen und die Eigeninitiative, Leistungsmotivation und Verantwortungsbereitschaft der Mitarbeiter gefördert werden. Als **Nachteil** erweist sich, dass das Modell versteckt autoritär, bürokratisch, statisch und wenig differenziert ist.

43 〉〉 Seite 534

2.3.3 Partizipation

Unter Partizipation ist die **Teilhabe** des Mitarbeiters oder einer Gruppe an Entscheidungen der Führungskraft zu verstehen. Dabei ist es dem Mitarbeiter möglich, seine Sachkenntnis einzubringen, die durch die ständige unmittelbare Beschäftigung mit seinem Aufgabengebiet detaillierter und fundierter sein kann als die Kenntnis des Vorgesetzten.

Die Partizipation fördert den Mitarbeiter und dient seiner Motivation. Insofern ist sie ein wichtiges Führungsmittel. Sie kann aber auch **Nachteile** aufweisen, z. B.:

• Zeitaufwändige, fruchtlose Diskussionen
• Einseitige Reduzierung des Leistungsniveaus
• Überforderung von Mitarbeitern.

Arten der Partizipation sind:

• Die »alltägliche« **Partizipation** als das freiwillige Beteiligen der Mitarbeiter am Führungsprozess. Dabei werden die Mitarbeiter zu Partnern des Vorgesetzten, der sie »mit ins Boot nimmt«. Dieses partizipative Verhalten des Vorgesetzten hat erhebliche motivierende Wirkung und sollte, sofern die Persönlichkeit der Mitarbeiter dies zulässt, möglichst angestrebt werden.

• Die Partizipation, die durch das **Betriebsverfassungsgesetz** als Mitwirkung festgelegt ist und als Mitbestimmung, die sich auf soziale Angelegenheiten, arbeitsplatzbezogene Angelegenheiten, personelle Angelegenheiten und wirtschaftliche Angelegenheiten bezieht – siehe Kapitel A.

Gesetzliche Regelungen zur Mitbestimmung enthalten außer dem Betriebsverfassungsgesetz (BetrVG) das Montan-Mitbestimmungsgesetz (Montan-MitbestG), das Montan-Mitbestimmungsergänzungsgesetz (Montan-MitbestErG) und das Mitbestimmungsgesetz (MitbestG).

• Das **betriebliche Vorschlagswesen** als Führungsmittel, das den Mitarbeitern den Anreiz von Anerkennung und Prämien vermittelt. Es ist eine Institution der organisierten Bewertung und Belohnung von Verbesserungsvorschlägen der Arbeitnehmer und dient dem **Ziel**, die Leistungen des Unternehmens ständig zu verbessern, indem möglichst viele Mitarbeiter im Unternehmen Ideen äußern, mitdenken und verantwortlich handeln.

Verbesserungsvorschläge sind freiwillige Mitarbeiterleistungen, die über deren Aufgabenbereiche hinausgehen und zur Weiterentwicklung eines bestehenden Zustandes im Unternehmen führen. Sie haben im Gegensatz zu den schutzfähigen Erfindungen nur **innerbetriebliches Gewicht**. Das heißt aber nicht, dass sie von untergeordneter Bedeutung sind, z. B. als folgende Ideen:

- Steuerung des Betriebsablaufes
- Vereinfachung von Arbeitsmethoden
- Vereinfachung von Arbeitsverfahren
- Verbesserung der Produkte

- Steigerung der Produktion
- Einsparung von Material/Arbeitszeit
- Verhütung von Unfällen
- Förderung der Zusammenarbeit

Bei Verbesserungsvorschlägen, die dem Arbeitgeber eine **monopolartige Stellung** bewirken, ist dieser gemäß § 20 Abs. 1, 9 ArbNErfG verpflichtet, dem Arbeitnehmer eine Vergütung zu gewähren, die einer Erfindungsvergütung entspricht.

Die Grundsätze der **Vergütung** und des **Verfahrens** für das Vorschlagswesen sind mitunter in Tarifverträgen geregelt. Ist das nicht der Fall, empfiehlt sich der Abschluss einer Betriebsvereinbarung. Der Betriebsrat hat nach § 87 Abs. 1 Nr. 12 BetrVG beim betrieblichen Vorschlagswesen ein **Mitbestimmungsrecht**, das sich aber nur auf seine Grundsätze bezieht, z. B. *(Schaub)*:

- Bestimmung des vorschlagsberechtigten Personenkreises
- Bestimmung des prämienberechtigten Personenkreises
- Einsetzen eines Prüfungsausschusses zur Bewertung der Vorschläge

Die **Kommission** für das Vorschlagswesen ist i. d. R. das zuständige Gremium für die Bewertung von Verbesserungsvorschlägen. Sie ist paritätisch besetzt, d.h. sie besteht zu einem gleichen Anteil aus Arbeitgeber- bzw. Arbeitnehmervertretern.

- Der **Qualitätszirkel**, der ebenfalls Partizipation ermöglicht. Er besteht aus einer kleinen Gruppe von Mitarbeitern eines Unternehmens. Sie umfasst meist fünf bis 15 Personen und versucht, die gemeinsam in ihrem Arbeitsbereich auftretenden Probleme kreativ zu lösen oder zu bewältigen.

Die Gruppe trifft sich **auf Dauer** regelmäßig und ist weitgehend nicht hierarchiegebunden. Voraussetzung für ihre Kreativität ist ein im Wesentlichen homogenes intellektuelles Niveau der Teilnehmer des Qualitätszirkels.

Merkmale des Qualitätszirkels sind:

- Der Leiter wird von der Gruppe gewählt
- Die Mitglieder treffen sich auf freiwilliger Basis
- Die Treffen erfolgen regelmäßig, um Probleme zu lösen
- Anstehende Entscheidungen werden in der Gruppe erarbeitet

Ziele des Qualitätszirkels können sein:

▸ Verbesserung der Produktivität im Arbeitsbereich
▸ Ausschalten von Fehlern in der Fertigung
▸ Sicherung der Qualität in der Fertigung
▸ Herausfinden neuer Einstellungen und Verhaltensweisen
▸ Entwicklung von mehr Selbstwertgefühl und Sozialkompetenz
▸ Verbesserung der gruppendynamischen Prozesse

Die von der Arbeitsgruppe eines Qualitätszirkels vorgelegten **Problemlösungsvorschläge** können an das betriebliche Vorschlagswesen oder an Vorgesetzte weitergegeben werden. Die verwertbaren Lösungsvorschläge werden i. d. R. nach Absprache mit der Unternehmensleitung von den Mitgliedern des Qualitätszirkels in ihrem Arbeitsbereich umgesetzt. Eine **Prämierung** ist möglich.

Mit der Partizipation soll auch das nicht unmittelbar durch die Arbeitsaufgabe angesprochene geistige Potenzial der Mitarbeiter aktiviert und gefördert werden. Sie dient der Motivation, wenn die Mitarbeiter das Gefühl bekommen, mit ihren Beiträgen im Unternehmen etwas (mit-)bewegen zu können.

44 ⟩⟩ Seite 534

2.4 PERSONENBEZOGENE FÜHRUNGSMITTEL

Die personenbezogenen Führungsmittel sind *direkt* auf den Mitarbeiter gerichtet. Wichtige personenbezogene Führungsmittel sind:

• **Personalbeurteilung**
• **Kritik**
• **Personalentlohnung**
• **Personalentwicklung**
• **Status**.

2.4.1 PERSONALBEURTEILUNG

Mit der Personalbeurteilung wird die persönliche Leistung des Mitarbeiters bewertet. Sie ist von der Stellenbewertung zu unterscheiden, bei welcher der Arbeitsplatz und seine Anforderungen einer Bewertung unterzogen werden. Die Personalbeurteilung kann mehreren **Aufgaben** dienen:

• Als **Führungsmittel**, denn mit ihr kann dem Mitarbeiter aufgezeigt werden, wo er leistungsmäßig steht. Zusammen mit dem Beurteilungsgespräch, das der Personalbeurteilung folgen sollte, ist ein wirksames Führungsmittel gegeben.

- Zur **Entgeltermittlung**, denn nur durch eine objektive Leistungsbeurteilung ist es möglich, die Mitarbeiter leistungsgerechter zu bezahlen. Die Personalbeurteilung ist damit eine der Grundlagen zur gerechten Vergütung der Mitarbeiter.

- Als **Entwicklungsbasis**, denn die regelmäßige Personalbeurteilung dient im Rahmen einer systematischen Personalentwicklung der Auswahl von förderungswürdigen Mitarbeitern, der Ermittlung der Fortbildungsziele und der Beurteilung der Ergebnisse der Personalentwicklung.

- Zum **Personaleinsatz**, denn die Personalbeurteilung ist für seine Optimierung unabdingbar bei der Besetzung von Stellen, der Beförderung von Mitarbeitern, der Versetzung von Personal und der Entscheidung über Freistellungen.

- Als **Motivator**, denn die regelmäßige Personalbeurteilung stellt einen Ansporn für ein bewusstes Leistungsverhalten vieler Mitarbeiter dar. Die Bedeutung der Beurteilung für die Entgeltbemessung kann diese Motivation noch verstärken.

Eine empirische **Untersuchung** des *Instituts für sozialwissenschaftliche Forschung e. V.* ergab nach *Gaugler* als wichtigste Aufgaben der Personalbeurteilung:

Beurteilungsaufgaben	Häufigkeit	
Personaleinsatz	66 %	
Führungsinstrument	62 %	
Entgeltermittlung	56 %	Mehrfach-
Entwicklungbasis	53 %	nennungen
Motivator	43 %	möglich

Auch aus der Sicht der **Mitarbeiter** sollte auf eine regelmäßige, objektivierte Personalbeurteilung nicht verzichtet werden, denn nur dadurch haben die Mitarbeiter einen hohen Grad an Sicherheit, dass sie gerecht beurteilt werden.

Die Personalbeurteilung verfolgt insbesondere folgende **Ziele**:

- Eine **Objektivierung der Personalarbeit**, insbesondere die objektive Vergleichbarkeit von Beurteilungsergebnissen. Ob dieses Ziel jedoch weitgehend erreicht wird, hängt von einer Vielzahl von Einflussfaktoren ab.

- Eine **Verbesserung der Führungsqualität**, die durch periodische und systematische Personalbeurteilung angestrebt wird, da sich die Führungskräfte und ihre Mitarbeiter aufgrund der Personalbeurteilung gezwungen sehen, sich mit den Führungsgegebenheiten auseinander zu setzen.

- Eine **Einheitlichkeit des Führungsverhaltens**, da ein einheitliches Beurteilungssystem erwarten lässt, dass das Führungsverhalten sich angleicht und damit an Schlagkraft gewinnt.

- Eine größere **Potenzialnutzung**, wobei die Belegschaft eines Unternehmens das gegebene Potenzial darstellt, das bestmöglichst auszunutzen ist.

- Eine **Steigerung der Leistung**, da Personalbeurteilungen ein Ansporn für die Beurteilten sind. Der Effekt einer Leistungssteigerung ist auf Dauer wesentlich von der richtigen Personalbeurteilung abhängig.

Die Realisierung dieser Ziele ist jedoch i. d. R. mit **Problemen** verbunden, z. B.:

* Der **Arbeitsbelastung**, die bei fundierten Personalbeurteilungen für die Beurteilung einen Zeitbedarf von durchschnittlich zwei Stunden und für das Beurteilungsgespräch von ungefähr einer Stunde pro Mitarbeiter erfordert, weshalb ein Vorgesetzter dadurch einer wesentlichen Arbeitsbelastung ausgesetzt wird.

* Einer **Konfliktauslösung**, die bei latenten Konflikten und unterdrückten Frustrationen durch Beurteilungen und Beurteilungsgespräche zu erheblichen Auseinandersetzungen führen kann.

* Der **Fehlerträchtigkeit**, die auch bei intensiver Schulung der Beurteiler bei Personalbeurteilungen nur gesenkt werden kann. Fehlerlose Beurteilungen sind nicht erreichbar. Auf die Beurteilungsfehler wird noch eingegangen – siehe S. 262 f.

Vor der Einführung eines Personalbeurteilungssystems ist es erforderlich, die Auswirkungen zu ermitteln und nach Lösungen zu suchen, mit denen **Probleme** vermieden bzw. minimiert werden können. Auch eine intensive Vorbereitung und Schulung der Beurteiler kann die Entstehung von Problemen vermindern.

Üblicherweise werden im Rahmen der Personalbeurteilung die **Mitarbeiter beurteilt**. Dies geschieht in den meisten Fällen durch die direkten Vorgesetzten, denn nur sie haben die Möglichkeit, das Arbeitsverhalten und die Arbeitsergebnisse ihrer Mitarbeiter umfassend einzuschätzen. Haben Mitarbeiter mehrere Vorgesetzte, empfiehlt sich eine gemeinsame Beurteilung aller Vorgesetzten.

Weniger bedeutsam sind in der Praxis andere **Arten** der Beurteilung:

* Die **Selbstbeurteilung**, bei welcher der einzelne Mitarbeiter sich selbst beurteilt. Sie ist zwar einfach durchführbar und erfordert keinen großen Arbeitsaufwand. In der Praxis wird sie aber eher skeptisch gesehen. Der Mitarbeiter hat bei der Beurteilung eher eine ausgeprägte Tendenz zur Milde. Außerdem gewichtet er bestimmte Kriterien stärker bzw. anders als der Vorgesetzte, z. B. die soziale und technische Kompetenz. Für den Vorgesetzten hingegen ist der Leistungserfolg bedeutsamer *(Esser)*.

* Die **Kollegenbeurteilung**, bei welcher der Mitarbeiter von hierarchisch gleich gestellten Kollegen beurteilt wird, die ein ähnliches Aufgabengebiet haben. Sie wird auch **Gleichgestelltenbeurteilung** genannt. Vorteilhaft ist, dass die Kollegen den Mitarbeiter unmittelbar beobachten und damit einschätzen können.

  Andererseits können **Widerstände** vom Beurteilten kommen, der Unkollegialität oder mangelnde Fähigkeit zur differenzierteren Beurteilung befürchtet. Aber auch Vorgesetzte neigen zu einer negativen Einschätzung, weil sie befürchten, dass die Beurteilung aufgrund von Freundschafts- bzw. Feindschaftsbeziehungen zu subjektiv ausfallen könnte *(Jeserich, Gerpott)*.

* Die **Vorgesetztenbeurteilung**, die sich auf das Führungsverhalten und die Zusammenarbeit der Führungskraft bezieht und durch die unterstellten Mitarbeiter erfolgt. Mit ihrer Hilfe sollen Schwächen aufgedeckt und beseitigt werden, indem es zu einem Dialog zwischen dem Vorgesetzten und seinen Mitarbeitern kommt. Der Vorgesetztenbeurteilung wird erhebliche Skepsis entgegen gebracht.

Vorgesetzte sehen nicht nur ihre Autorität sondern auch ihr Machtprivileg in Gefahr. Außerdem wird befürchtet, dass die Mitarbeiter mit dieser Aufgabe überfordert werden bzw. Missbrauch getrieben werden könnte.

- Die **360°-Beurteilung**, bei der neben der Selbstbeurteilung des Mitarbeiters auch eine Beurteilung durch Kollegen, unterstellte Mitarbeiter, Vorgesetzte und interne bzw. externe Kunden erfolgt. Mit dieser in den USA häufig, in Deutschland jedoch nur sehr begrenzt praktizierten Methode soll die Beurteilung ehrlicher, objektiver und verlässlicher sein als das Urteil eines einzelnen Beurteilenden.

Dies muss aber nicht als sicher gelten, z. B. weil innerbetriebliche Beurteiler bei der Beurteilung auch an ihre Karriere denken bzw. außerbetriebliche Beurteiler die Unternehmenleistungen als Grundlage für ihre Zufriedenheit sehen.

Personalbeurteilungen können mit und ohne **Kenntnis** der zu Beurteilenden durchgeführt werden. Dabei kann sich die Kenntnis darauf beziehen, ob die Durchführung der Personalbeurteilung bekannt ist oder nicht bzw. darauf, ob die Mitarbeiter Kenntnis von den Beurteilungsergebnissen erhalten oder nicht.

Da nach § 83 BetrVG der Arbeitnehmer ein Einsichtsrecht in seine **Personalakte** hat und jede Personalbeurteilung zu den einsichtsfähigen Unterlagen innerhalb der Personalakte gehört, kann das Ergebnis solcher Beurteilungsverfahren durch Einsicht in die Personalakte in Erfahrung gebracht werden.

Die Personalbeurteilung umfasst:

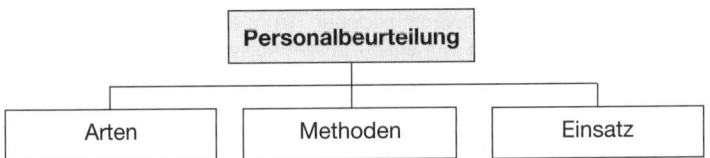

2.4.1.1 ARTEN

Die Arten der Personalbeurteilung sind nach mehreren Kriterien zu unterscheiden:

- Nach dem **Gegenstand** der Personalbeurteilung:

Leistungs-beurteilung	Bei ihr dient die in der Vergangenheit, oftmals in einem bestimmten Zeitraum erbrachte Leistung eines Mitarbeiters als Beurteilungsgegenstand. Sie ist **vergangenheitsbezogen** und stellt die überwiegend angewandte Personalbeurteilung dar.
Potenzial-beurteilung	Bei ihr stehen die Eignung von Mitarbeitern für bestimmte Aufgaben und die Möglichkeiten zur weiteren beruflichen Entwicklung im Mittelpunkt. Sie ist **zukunftsorientiert**, ihr Ausgangspunkt aber stets eine vergangenheitsbezogene Leistungsbeurteilung. Potenzialbeurteilungen werden weder regelmäßig noch für alle Mitarbeiter durchgeführt. Sie dienen vornehmlich für individuelle Ent-

wicklungsplanungen, Besetzungsentscheidungen und Freistellungs-überlegungen.

Sie erfolgen häufig unter Verwendung von **Testverfahren**.

- Nach der **Systematik** der Personalbeurteilung

Systematische Beurteilung	Das Beurteilungssystem ist durch Festlegung aller wesentlichen Merkmale der Beurteilung gegeben, z. B. des Beurteilungsverfahrens, der Beurteilungskriterien, des Beurteilungsmaßstabes. Man spricht dabei auch von einer **gebundenen Beurteilung**. Sie gewinnt in Deutschland zunehmend an Bedeutung.
Systemlose Beurteilung	Bei ihr bleibt dem Beurteiler die Wahl überlassen bezüglich des Beurteilungsmaßstabes, des Beurteilungsverfahrens und der Beurteilungskriterien. Sie wird auch als **freie Beurteilung** bezeichnet und kann ein individuelleres Bild geben als die gebundene Beurteilung.

- Nach der **Regelmäßigkeit** der Personalbeurteilung

Regelmäßige Beurteilung	Sie erfolgt in regelmäßigen **Zeitabständen**, die z. B. halbjährlich, jährlich, zweijährlich sein können. Mit ihr wissen Unternehmen und Mitarbeiter stets relativ aktuell, »wo der Mitarbeiter steht«, ob er unterfordert oder überfordert ist, bzw. ob Aufgabenveränderungen oder Maßnahmen der Personalentwicklung angezeigt sind.
Anlassbedingte Beurteilung	Sie kann aus verschiedenen Gründen notwendig werden. Deshalb ist sie nicht so einheitlich aufgebaut wie die regelmäßige Beurteilung, sondern an den jeweiligen **Anlass** angepasst, der z. B. ist: ▸ Ablauf einer Probezeit ▸ Versetzungen, Beförderungen, Disziplinarmaßnahmen ▸ Wunsch eines Zwischenzeugnisses ▸ Ausscheiden aus dem Unternehmen

- Nach den zur Beurteilung herangezogenen **Kriterien**

Quantitative Beurteilung	Bei ihr wird ausschließlich mit quantitativen Kriterien zur Leistungsbeurteilung gearbeitet. Benutzt wird dazu vornehmlich die Leistungsmenge der Mitarbeiter, z. B. die Zahl der bearbeiteten Vorgänge, die Höhe des erreichten Umsatzes oder der erreichte Leistungsgrad.
Qualitative Beurteilung	Sie wird mithilfe qualitativer Merkmale vorgenommen, z. B. Führungsverhalten, Auffassungsgabe, Zuverlässigkeit, Erscheinungsbild, Initiative, Kreativität.

- Nach dem Grad der **Differenzierung** der Beurteilungskriterien:

Summarische Beurteilung	Dabei wird die Leistung des Mitarbeiters als Gesamtleistung betrachtet, nicht hingegen einzelne Leistungskriterien.

| Analytische Beurteilung | Sie erfolgt anhand von einzelnen Kriterien. Das Gesamtergebnis ergibt sich durch Ermittlung einer Wertsumme über alle Beurteilungskriterien. In der betrieblichen Praxis wird überwiegend mit der analytischen Beurteilung gearbeitet. |

• Nach dem **Umfang** der Personalbeurteilung

| Einzel-beurteilung | Sie ergibt sich aus besonderen Anlässen, z. B. Versetzung, Beförderung oder aufgrund des Wunsches nach einem Zwischenzeugnis und bezieht sich auf einzelne Mitarbeiter. |
| Gesamt-beurteilung | Dabei werden alle Mitarbeiter des Unternehmens oder einer Organisationseinheit beurteilt, insbesondere beim Einsatz von Beurteilungssystemen. |

2.4.1.2 METHODEN

Die Beurteilungsmethoden für Mitarbeiter werden durch vier **Faktoren** bestimmt:

• **Beurteilungskriterien**
• **Kriteriengewichtung**
• **Beurteilungsmaßstab**
• **Verteilungsvorgabe**.

2.4.1.2.1 BEURTEILUNGSKRITERIEN

Die zur Personalbeurteilung verwandten Kriterien sind vielfältig. *Gaugler* zählt insgesamt 618 verschiedene Kriterien. Durchschnittlich werden in einem Beurteilungssystem erfahrungsgemäß 12 unterschiedliche Kriterien verwandt.

Die Vielzahl der möglichen Beurteilungskriterien macht es erforderlich, sie zu gruppieren. *Raschke* spricht dabei von **Hauptkriterien**, die gegliedert wie folgt sein können:

Gollnow	*Möhl/Winterfeldt*	*Nutzhorn*	*Raschke*
Arbeitsverhalten	Leistungsbild	Körperlicher Bereich	Arbeit
Verhalten gegenüber Kollegen und Vorgesetzten	Verhaltensbild	Geistiger Bereich	Körper
Führungsverhalten	Persönlichkeitsbild	Bereich des Willens	Geist
Geistige Anlagen		Bereich der Persönlichkeit	Charakter
Persönliches Auftreten			

In vielen Personalbeurteilungssystemen wird dennoch auf eine Gliederung in Hauptkriterien verzichtet, und es werden nur **Einzelkriterien** betrachtet. Nach der Gliederung und Kriteriendefinition von *Gollnow* ergibt sich:

- **Arbeitsverhalten**

Arbeitsplanung	Gedankliche Vorausschau der zukünftigen Arbeit und Bereitstellung der benötigten Mittel
Arbeitsqualität	Güte der Arbeitsdurchführung
Arbeitstempo	Zeitaufwand zur Bewältigung der Arbeit
Augenmaß	Richtigkeit der Einschätzung von Personen und Sachverhalten
Ausdauer	Beständigkeit bei der Arbeitsausführung
Belastbarkeit	Körperliche und geistige Ermüdung erkennen lassen
Entschlusskraft	Sich in angemessener Zeit entscheiden zu können
Fleiß	Kontinuität der Arbeitsdurchführung
Fachkenntnisse	Anwendung von Fachwissen auf die zu lösenden Aufgaben
Fehlerhaftigkeit	Verhältnis Fehler zu Arbeitsmenge
Initiative	Aus eigenem Antrieb tätig werden
Lernwillen	Bemühen, sich weiterzubilden
Pünktlichkeit	Vereinbarte Termine einhalten
Selbstständigkeit	Nach Anleitung ohne Rückfragen tätig werden
Verantwortungsbereitschaft	Die Konsequenzen der eigenen Handlung tragen
Zuverlässigkeit	Erfüllung von Zusagen

- **Verhalten gegenüber Kollegen und Vorgesetzten**

Agressivität	Erzeugen von Konfrontationen
Aufgeschlossenheit	Aktiv am Umweltgeschehen teilnehmen
Empfindlichkeit	Sensibilität in Bezug auf das eigene Selbstwertgefühl
Hilfsbereitschaft	Unterstützung der Mitmenschen
Mitteilungsbereitschaft	Information und Wissen weitergeben
Toleranz	Eigenschaften auch gelten lassen, wenn sie nicht der eigenen Überzeugung entsprechen
Zusammenarbeit	Bereitschaft zu gemeinsamen Aufgabenlösungen

• **Führungsverhalten**

Arbeitsanleitung	Den Mitarbeitern Aufgaben zuteilen, die angestrebten Ziele definieren und Hilfsmittel zur Zielerrichtung aufzeigen
Ausgeglichenheit	Gemütszustände nicht erkennen lassen
Delegation	Aufgabenübertragungen an Mitarbeiter vornehmen
Durchsetzungs-vermögen	Die Mitarbeiter zur Ausführung der Anordnungen bewegen
Kontrolle	Überwachung der Mitarbeiter
Motivations-fähigkeit	Mitarbeiter zur langfristigen Leistungssteigerung bewegen
Objektivität	Gleichheit der Mitarbeiterbehandlung

• **Geistige Anlagen**

Auffassungsgabe	Sachverhalte und Zusammenhänge schnell aufnehmen können
Gedächtnis	Merkfähigkeit
Kreativität	Neue, originelle Lösungen finden
Logik	Das Ziehen folgerichtiger Schlüsse

• **Persönliches Auftreten**

Ausdrucks-vermögen	Sich in angemessener Weise ausdrücken
Erscheinungsbild	Zustand der Kleidung und Körperpflege
Selbstbewusstsein	Sich ohne Überheblichkeit seines Wertes bewusst sein
Umgangsformen	Art des Auftretens

Nach einer Untersuchung von *Grunow* werden in der betrieblichen Personalbeurteilung die nachstehenden Kriterien am häufigsten benutzt:

Beurteilungskriterium	Häufigkeit (%)	Beurteilungskriterium	Häufigkeit (%)
Fachkenntnisse	80	Belastbarkeit	58
Fleiß/Arbeitseinsatz	74	Ausdrucksfähigkeit	54
Verhalten	72	Arbeitstempo	54
Zuverlässigkeit	64	Organisationsvermögen	48
Arbeitsqualität	62	Verantwortungsbereitschaft	45

2.4.1.2.2 KRITERIENGEWICHTUNG

Wird mit einem **analytischen Personalbeurteilungssystem** ein Gesamtergebnis ermittelt, stellt sich die Frage, ob alle Kriterien gleichgewichtig in dieses Gesamtergebnis eingehen sollen, oder ob bestimmten Kriterien ein größeres Gewicht gegeben werden soll. Eine unterschiedliche Gewichtung kann dabei mithilfe verschiedener **Gewichtungsarten** erfolgen. Zu nennen sind:

- **Gewichtungsfaktoren**, die jedem Beurteilungskriterium als Multiplikationsfaktor zugeordnet werden. Dadurch können Beurteilungskriterien z. B. mit doppeltem oder dreifachem Gewicht versehen werden.

- Der **Anteilsausweis**, bei dem durch die Benutzung von Prozentanteilen ebenfalls eine Gewichtung der Beurteilungskriterien erfolgen kann.

Die Gewichtung der Beurteilungskriterien weist auf *(Jury)*:

Vorteile	Nachteile
▸ Die Mitarbeiter werden ihr Leistungsverhalten nach den höher gewichteten Kriterien ausrichten. Das Verhalten wird damit steuerbar. ▸ Bei der Lohn- und Gehaltsfindung können diejenigen bevorzugt werden, die tatsächlich mehr zum Unternehmenserfolg beigetragen haben. ▸ Die Beurteilungsergebnisse können auf breitere Akzeptanz stoßen, wenn die Gewichtung den Wertvorstellungen der Mitarbeiter entspricht.	▸ Die Gewichtung ist wissenschaftlich kaum begründbar. ▸ Unterschiedliche Gewichtung kann zusätzlichen Konfliktstoff zwischen Beurteiler und Beurteiltem bieten. ▸ Bei Korrelation zwischen den Beurteilungskriterien kann die Gewichtung dazu führen, dass Kriterien zu stark in die Gesamtbeurteilung eingehen. ▸ Die Wirkung der Gewichtung kann absichtlich oder unbewusst aufgehoben werden, wenn höhergewichtete Kriterien durch Vorgesetzte strenger beurteilt werden als geringer gewichtete Kriterien.

Ein deutsches Großunternehmen benutzt z. B. als Kriteriengewichtung:

Kriterien für Führungsmitarbeiter	Gewichtung	Kriterien für Führungsmitarbeiter	Gewichtung
Qualität der Leistung	2	Führungsqualitäten	2
Berufliches Können	1	Dispositionsfähigkeit	1
Verantwortungsbewusstsein	1	Rationalisierungserfolge	1

Durch die Benutzung unterschiedlicher Kriterienkataloge für einzelne Mitarbeitergruppen lassen sich Gewichtungsunterschiede indirekt in ein Beurteilungssystem einfügen, z. B. für Fertigungsmitarbeiter, Büromitarbeiter, Vorgesetzte.

2.4.1.2.3 BEURTEILUNGSMASSSTAB

Sollen durch ein Personalbeurteilungssystem nicht nur die Ergebnisse vergleichbar sein, sondern auch der persönliche, subjektive **Einfluss der Beurteiler** auf das Beurteilungsergebnis möglichst klein gehalten werden, bedarf es eines vorgegebenen Beurteilungsmaßstabes.

Nur mit definierten **Graduierungen** ist es möglich, ein quantitatives Gesamturteil rechnerisch zu ermitteln. Zu unterscheiden sind:

- Das **Skalenverfahren**, bei dem für jedes Beurteilungskriterium eine Beurteilungsskala vorgegeben wird. Das kann eine allgemein gültige Beurteilungsskala für alle Kriterien sein. Es ist aber auch möglich, mit besonderen Skalen für jedes Kriterium zu arbeiten.

Der Beurteiler hat bei der Beurteilung einen der vorgegebenen Skalenwerte anzukreuzen und auf diese Weise seine Beurteilung zu dokumentieren. Dabei kann mit unterschiedlichen **Skalenarten** gearbeitet werden. Es gibt:

Skalenwert-beschreibung	Bei ihr werden für jeden Skalenwert textliche Beschreibungen vorgegeben, z. B.: <table><tr><td>Beurteilungskriterium</td><td>Fehlerhäufigkeiten</td></tr><tr><td>Beurteilungsskala</td><td>▸ Arbeitet ohne vermeidbare Fehler. ▸ Manchmal unterlaufen vermeidbare Fehler. ▸ Häufig vermeidbare Fehler verursacht.</td></tr></table>
Nominalskala	Bei ihr verzichtet man auf textliche Beschreibungen und gibt die Skalendefinition mit einzelnen **Begriffen** vor: ▸ Sehr gut / gut / zufriedenstellend / schlecht ▸ Stets / häufig / manchmal / selten / nie ▸ Hoch / mittel / schwach ▸ Überdurchschnittlich / durchschnittlich / unterdurchschnittlich
Nummerische Skala	Bei ihr werden unmittelbar **zifferndefinierte Beurteilungswerte** vorgegeben. Das können z. B. die Ziffern von 1 bis 10 sein. Dabei findet man sowohl auf- und absteigende Skalen in der betrieblichen Praxis vor. Die Skalenart erinnert an Schulnoten.
Grafische Skala	Bei ihr erfolgt eine grafische Darstellung, die in zwei Arten gestaltet sein kann: ▸ **Skalenstrahl** ▸ **Skalenscheibe**

Mehrere Skalenarten können kombiniert werden, wie ein **Beispiel** aus einem deutschen Großunternehmen zeigt:

Beurteilungskriterium: Leistungsqualität
5   Es wird sehr schnell gearbeitet. Alles geht sehr flott von der Hand. Stets wird die jeweils höchstmögliche Menge ohne Überhastung geschafft.
4   Es wird schnell gearbeitet. Die Arbeit geht flott von der Hand. Die jeweils mögliche Menge wird ohne Überhastung geschafft.
3   Es wird gleichmäßig, wenn auch nicht sehr schnell, gearbeitet. Mengenmäßig wird das geschafft, was man im Durchschnitt erwarten kann.
2   Es wird langsam gearbeitet und zu allem etwas mehr Zeit gebraucht, aber beständig bei der Sache geblieben. Die durchschnittliche Mengenleistung wird nicht ganz erbracht.
1   Es wird müde und lahm gearbeitet. Nichts kommt richtig vorwärts. Die zu erwartende Mengenleistung wird bei weitem nicht erbracht.

Es empfiehlt sich, nicht zu viele Stufen in einem Beurteilungsmaßstab vorzugeben. Die häufigste **Stufenzahl** sollte bei fünf Stufen liegen.

- Beim **Rangordnungsverfahren** werden für die einzelnen Beurteilungskriterien entsprechende Rangordnungen der Mitarbeiter gebildet. Das erfolgt, indem der zu beurteilende Mitarbeiter paarweise mit den anderen Mitarbeitern verglichen wird.

Beispiel:

Beurteilungskriterium	**Initiative**
Beurteilungsordnung	1. Schmidt ↖
	2. Mai
	3. Glock Beurteiler
	4. Zerb
	5. Müller

Zur praktischen Durchführung einer Personalbeurteilung nach dem Rangordnungsverfahren werden **Namensschilder** erstellt, die dann durch Paarvergleiche in eine Rangordnung sortiert werden. Durch die Rangplätze für die betrachteten Beurteilungskriterien kann ein Gesamturteil ermittelt werden.

- Bei der **Methode der kritischen Vorfälle** werden zur Beurteilung der Mitarbeiter in einem festgelegten Zeitraum alle Vorfälle gesammelt, die durch den zu beurteilenden Mitarbeiter verursacht oder beeinflusst wurden:

Negative Vorfälle	▸ Unpünktlichkeit ▸ Aggressivität	▸ Fehlerverursachungen
Positive Vorfälle	▸ Verhandlungserfolge ▸ Kostenminderung	▸ Selbstständigkeit

Die gesammelten Vorfälle können verschiedenartig eingesetzt werden:

- ▸ **Summarische Aufrechnung** positiver und negativer Vorfälle
- ▸ **Analytische Gliederung** zur Gewinnung von Beurteilungen gemäß vorgegebener Beurteilungskriterien
- ▸ Gewichtung der unterschiedlichen Vorfälle nach vorgegebenen Gewichtungsrichtlinien

Die Methode der kritischen Vorfälle wird bisher in der betrieblichen Praxis noch nicht als Einzelverfahren angewandt. Sie wird ausschließlich zusammen mit anderen Verfahren benutzt.

- Das **Vorgabevergleichsverfahren** kann angewendet werden, wenn jedem Mitarbeiter quantitative Ziele vorgegeben sind. Somit ist die Beurteilung der Mitarbeiter an der Erreichung der anzustrebenden Ziele möglich. Die Beurteilungsstufen sind dabei i. d. R. Prozentangaben für die Zielerreichung.

Ein Wert von 100 % bedeutet, dass das vorgegebene Ziel vollständig erreicht wurde. Entsprechend zeigen Werte unter 100 % ein Unterschreiten der vorgegebenen Ziele und Werte über 100 % eine Übererfüllung der anzustrebenden Ziele.

Wird mit einem analytischen Beurteilungsverfahren gearbeitet, kann das Vorgabevergleichsverfahren zu folgendem Ergebnis führen.

Beispiel:

Personalbeurteilung	Herr Scherf
Beurteilungskriterium	**Zielerreichung**
Leistungsqualität	110 %
Berufliches Können	105 %
Verantwortungsbereitschaft	90 %
Führungsqualität	100 %
Dispositionsfähigkeit	90 %
Rationalisierungserfolge	70 %
Gesamtergebnis	97 %

2.4.1.2.4 VERTEILUNGSVORGABE

Üblicherweise wird davon ausgegangen, dass sich bei der Beurteilung einer größeren Zahl von Mitarbeitern die Beurteilungsergebnisse entsprechend einer Normalverteilung verhalten. Um eine breite Mittelgruppe schart sich eine geringere Zahl besser und schlechter beurteilter Mitarbeiter.

Extrem schlecht oder extrem gut beurteilte Mitarbeiter werden bei einer **Normalverteilung** selten vorkommen:

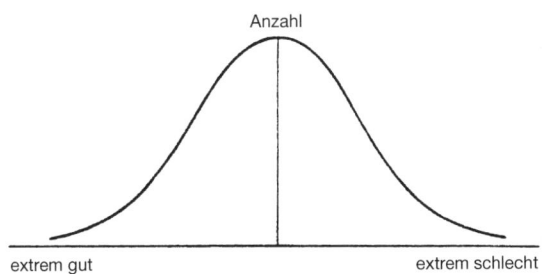

Von dieser Normalverteilung weichen mitunter die Mitarbeiterbeurteilungen einzelner Vorgesetzter (wesentlich) ab. Dabei lassen sich unterscheiden:

- **Nachsichtige Beurteiler**, die es vermeiden, über ihre Mitarbeiter etwas Negatives auszusagen. Sie heben die Beurteilung ihrer Mitarbeiter entweder absichtlich oder unbeabsichtigt an und kommen damit zu einer »schiefen« Beurteilungskurve.

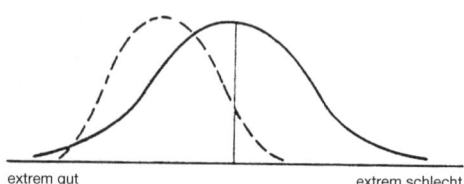

extrem gut   extrem schlecht

- **Strenge Beurteiler**, für die gute Leistungen das Normale sind. Eine »mittlere« Beurteilung ist das Beste, was sie glauben vergeben zu können. Ihre Verteilungskurve liegt deswegen fast ausschließlich im unterdurchschnittlichen Bereich.

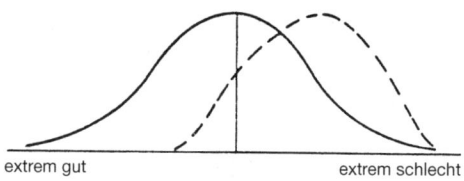

extrem gut   extrem schlecht

- **Vorsichtige Beurteiler**, die ihre Mitarbeiter möglichst durchschnittlich beurteilen, um damit keinem Mitarbeiter zu sehr weh zu tun. Dadurch kann ihr Ergebnis, glauben sie vielfach unberechtigterweise, nie besonders falsch sein.

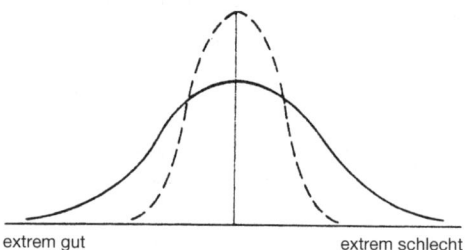

extrem gut   extrem schlecht

Um solche Verfälschungen des Beurteilungsergebnisses weitgehend auszuschließen, wird in einigen Personalbeurteilungssystemen die **Verteilung** der Beurteilungsergebnisse **vorgegeben**, sodass die Beurteiler weder zu nachsichtig, noch zu vorsichtig urteilen können. Das kann z. B. durch Vorgabe von Tabellenwerten erfolgen:

Beurteilungsergebnis	Prozentanteil	Mitarbeiteranteil bei einer Mitarbeiterzahl von			
		5	10	15	25
Sehr gut	7,5 %	0	1	1	2
Gut	25,0 %	1	2	4	6
Befriedigend	35,0 %	3	4	5	9
Ausreichend	25,0 %	1	2	4	6
Unzureichend	7,5 %	0	1	1	2

2.4.1.3 Einsatz

In Bezug auf die **Gestaltung** eines einheitlichen Systems der Personalbeurteilung gilt:

- Für **Personalbeurteilungen aus besonderen Anlässen** – z. B. Ablauf der Probezeit, Versetzung, Beförderung, Zeugniswunsch – ist es nicht notwendig und ggf. auch nicht möglich, mit einem einheitlichen Beurteilungssystem zu arbeiten.

- Dagegen erweist es sich für eine **regelmäßige Personalbeurteilung** als unumgänglich, ein einheitliches Beurteilungssystem einzusetzen, um die Durchführung zu vereinfachen und die Vergleichbarkeit der Ergebnisse zu ermöglichen.

Die regelmäßige Personalbeurteilung mit einem Beurteilungssystem erfordert:

- **Entwicklung**

- **Einsatzvorbereitung**

- **Durchführung.**

2.4.1.3.1 ENTWICKLUNG

Die **Verfügbarkeit** über ein geeignetes Personalbeurteilungssystem kann auf mehrere Arten erlangt werden:

- Entwicklung durch die Personalabteilung
- Auftragsentwicklung durch eine Unternehmensberatung
- Benutzung eines in der Literatur veröffentlichten Systems
- Übernahme von einem befreundeten Unternehmen.

Wird die **Eigenentwicklung** eines Personalbeurteilungssystems angestrebt, sind die nachstehenden Aufgaben auszuführen:

- Die **Systemwahl**, bei der zunächst die wesentlichen Merkmale des gewünschten Personalbeurteilungssystems zu bestimmen sind, z. B.:

  ▸ Einheitliche oder unterschiedliche Beurteilung verschiedener Personalgruppen
  ▸ Quantitative und /oder qualitative Beurteilung
  ▸ Summarisches oder analytisches Verfahren
  ▸ Leistungs- und/oder Potenzialbeurteilung

- Die **Kriteriendefinition**, bei welcher die Beurteilungskriterien und ihre Gewichtung festzulegen sind. Sie sollte eindeutig in der Umgangssprache erfolgen und wertfrei sein.

- Die **Maßstabvorgabe**, bei welcher die Art des Beurteilungsmaßstabes und – bei Skalierungsmaßstäben – die Skalierung zu bestimmen sind.

- Die **Formulargestaltung**, wobei das oder die Beurteilungsformulare so zu gestalten sind, dass sie problemlos von den Beurteilern eingesetzt werden können. Inhaltlich sollten sie neben Beurteilungskriterien und Maßstabsangaben folgende Daten aufweisen:

  ▸ Name und Vorname des Beurteilten ▸ Name und Stellung des Beurteilers
  ▸ Personal- und Arbeitsplatznummer ▸ Datum der Beurteilung
  ▸ Aufgaben- oder Tätigkeitsgebiet

Werden die Beurteilungen den Mitarbeitern zur Kenntnis gebracht, wird oftmals noch die Bestätigung der Kenntnisnahme durch den betreffenden Mitarbeiter auf dem Formular ausgewiesen.

Bei der **Ausarbeitung** eines Personalbeurteilungssystems sowie bei der **Einführung** eines solchen Systems ist arbeitsrechtlich zu beachten:

- Bei der Aufstellung und Änderung allgemeiner Beurteilungsgrundsätze hat der Betriebsrat ein **Mitbestimmungsrecht** gemäß § 94 Abs. 2 BetrVG. Er kann die Zustimmung verweigern. Kommt es zwischen Arbeitgeber und Betriebsrat über den Inhalt zu keiner Einigung, entscheidet die **Einigungsstelle**, deren Spruch die Einigung ersetzt.

- In **Tarifverträgen** können Regelungen über Leistungsbeurteilungen enthalten sein, die beachtet werden müssen.

Die Einführung eines Personalbeurteilungssystems kann auf der Grundlage einer **Betriebsvereinbarung** erfolgen.

2.4.1.3.2 Einsatzvorbereitung

Zur Vorbereitung der Benutzung eines eigenentwickelten oder anderweitig beschafften Personalbeurteilungssystems sollten geregelt werden:

- Die **Beurteilerschulung**, in welcher die Beurteiler über das einzuführende Personalbeurteilungssystem informiert werden, vor allem über Aufgaben, Ziele, Verfahren und Anwendung.

- Die **Bereitstellung von Hilfsmitteln** für die Durchführung der Personalbeurteilung, z. B. als Beurteilungsformulare, Arbeitsanweisungen, Beurteilungsunterlagen.

- Die **Einsatzterminierung**, mit welcher die Beginn- und Endtermine der Beurteilungsaktion festzulegen sind.

- Die **Mitarbeiterinformation**, welche die Mitarbeiter – möglichst motivierend – über die Beurteilungsaktion in Kenntnis zu setzen hat.

2.4.1.3.3 Durchführung

Die Personalbeurteilung sollte in zwei **Schritten** erfolgen:

- Die **Beurteilung**, die üblicherweise vom direkten Vorgesetzten vorgenommen wird. Um sie angemessen und unparteiisch durchführen zu können, sollte jeder Beurteiler darauf achten, **Beurteilungsfehler** zu vermeiden, z. B.:

Haloeffekt	Bei ihm schließt der Beurteiler von einem wesentlichen Merkmal des Beurteilten auf alle oder viele Kriterien.
Egozentriefehler	Dabei geht der Beurteiler von sich selbst aus, ohne die unterschiedliche Ausbildung oder Erfahrung des Beurteilten bei der Beurteilung zu berücksichtigen.

Belastungsfehler	Hier steigt die Zahl der Fehlbeurteilungen mit der Zahl der Beurteilungen in einem Arbeitsgang. Deswegen sollte immer nur eine kleine Zahl von Beurteilungen in einem Arbeitsgang vorgenommen werden.
Ideologiefehler	Dabei werden Mitarbeiter, welche die gleichen politischen und weltanschaulichen Vorstellungen haben wie der Beurteiler, bei der Beurteilung mitunter begünstigt.
Projektionsfehler	Hier werden eigene Stärken und Schwächen vom Beurteiler auf den Beurteilten projiziert.
Übernahmefehler	Es werden früher vorgenommene Beurteilungen übernommen, obwohl zwischenzeitlich positive oder negative Veränderungen eingetreten sind.

Nicht jede fehlerhafte Beurteilung ist aber dem Beurteiler anzulasten, es gibt auch fehlerhafte Beurteilungsverfahren und andere Einflussfaktoren.

• Der Beurteilung sollte sich das **Beurteilungsgespräch** des Beurteilers mit dem Beurteilten anschließen, das der Erläuterung der Schwachpunkte des Beurteilten und der Motivation zur Leistungsverbesserung dient.

Im Hinblick auf das Beurteilungsgespräch schlägt *Bröckermann* vor:

Vorbereitung des Beurteilungsgespräches

▸ Einladung
▸ Anregung einer Beurteilteneinschätzung
▸ Gesprächstermin
▸ Zeitrahmen
▸ Raum
▸ Gesprächsathmosphäre
▸ Vergegenwärtigung der Beurteilung

Durchführung des Beurteilungsgespräches

▸ Unter vier Augen
▸ Indirektes Gespräch
▸ Offene Kommunikation
▸ Aktive Kommunikation
▸ Konzentrierte Kommunikation
▸ Gezielte Kommunikation
▸ Verantwortliche Kommunikation
▸ Nicht immer sprechen
▸ Beruhigen und inspirieren
▸ Willen zum Zuhören zeigen
▸ Ablenkungen fernhalten
▸ Auf Gesprächspartner einstellen
▸ Geduld zeigen
▸ Selbstbeherrschung zeigen
▸ Fragen stellen
▸ Gesprächsaufteilung in:
  Ermunterung → Zielorientierung → Befund → Rückäußerungen → Vereinbarungen

Aufbereitung des Beurteilungsgespräches

▸ Festhalten der Ergebnisse
▸ Umsetzung eigener Zusagen
▸ Kontrolle der Zusagen des Beurteilten

Nach § 82 Abs. 2 BetrVG kann jeder Arbeitnehmer die **Erörterung seiner Beurteilung** verlangen. Dazu ist es dem Mitarbeiter möglich, ein Mitglied des Betriebsrates hinzuziehen.

Die Beurteilung der Mitarbeiter und das Beurteilungsgespräch haben eine wesentliche Bedeutung für die Mitarbeitermotivation und das Betriebsklima. Deswegen sollten sie von den Beurteilern mit großer Verantwortung durchgeführt werden.

46 ⟩⟩ Seite 535

2.4.2 Kritik

Kritik ist die sachbezogene Auseinandersetzung des Vorgesetzten mit den Leistungen des Mitarbeiters. Sie kann positiv oder negativ ausgerichtet sein:

- **Positive Kritik** dient dazu, gute Leistungen des Mitarbeiters zu würdigen und ihn zu weiteren Anstrengungen zu ermuntern. Sie ist möglich als:

Anerkennung	Sie ist die **schwächere Form** positiver Kritik und sollte einem gut arbeitenden Mitarbeiter oder einer so arbeitenden Gruppe nicht vorenthalten werden. Insbesondere Mitarbeiter, die eintönige Arbeiten ausführen, sind für eine Anerkennung empfänglich. Sie kann sich auf die **Leistung**, aber auch auf die **Person** beziehen.
Lob	Es bietet sich an, wenn eine besonders gute Leistung erbracht wurde. Das Lob bezieht sich lediglich auf die **Leistung**, nicht hingegen auf die Person. Es wird häufig im Rahmen eines Mitarbeitergespräches ausgesprochen, kann aber auch »öffentlich« erfolgen, also vor anderen Mitarbeitern oder sogar Kunden, z. B. wenn der »Mitarbeiter des Jahres« geehrt wird.

Anerkennung und Lob sollten zur rechten **Zeit** und am rechten **Ort** in angemessener Weise erfolgen. Jede Übertreibung ist schädlich, ebenso der zu häufige Gebrauch von Anerkennung und Lob. Mitunter werden in Verbindung mit positiver Kritik auch noch **Belohnungen** gewährt, z. B. Prämien, Sachgeschenke, Reisen.

- **Negative Kritik** erfolgt bei mangelhaften Leistungen des Mitarbeiters und dient dazu, den Mitarbeiter zu verstärkten Anstrengungen zu bewegen, die künftig bessere bzw. gute Leistungen bewirken. Die Kritik ist überwiegend **sachbezogen**, also auf die Arbeitsergebnisse ausgerichtet, deren Mängel genau zu beschreiben sind. Untersuchungen zufolge ist die Form der Kritik von Einfluss auf die Arbeitsleistung:

	Form der Kritik		
Veränderung der Leistung	ruhig, sachlich unter vier Augen	ruhig, sachlich vor anderen	scharf, ironisch vor anderen
Leistung verbessert bei	83 %	40 %	7 %
Leistung gleichbleibend bei	10 %	14 %	24 %
Leistung verschlechtert bei	7 %	46 %	69 %

Im Gegensatz zur Kritik ist der **Tadel** vorwiegend **personenbezogen**. Er bezieht sich auf die Einstellung des Mitarbeiters zur Arbeit und ist nur angebracht, wenn der Mitarbeiter in der Lage ist, sich anders zu verhalten, d.h. mangelnde Kenntnisse und Erfahrungen sollten nicht zu einem Tadel führen. Häufig ist negative Kritik mit **Sanktionen** oder der Inaussichtstellung von Sanktionen verbunden, z. B. dem Entzug von Status-symbolen, einer Versetzung, einer Abmahnung oder Kündigung.

Die Kritik stellt ein geeignetes Führungsmittel dar, das den Mitarbeiter darin bestärken kann, seine Leistungen bzw. sein Verhalten weiter so beizubehalten oder zu verändern. Der Mitarbeiter hat die Möglichkeit, aus der Kritik entsprechend Kraft zu schöpfen und zu lernen.

2.4.3 Personalentlohnung

Die Personalentlohnung ist ebenfalls ein Führungsmittel. Das Entgelt, das dem Mitarbeiter gewährt wird, soll nicht nur die Arbeitsleistung vergüten, sondern es hat auch die Aufgabe, dem Mitarbeiter als **Anreiz** zu dienen. Auch wenn als sicher gelten darf, dass dem Entgelt als Anreiz keine exklusive Bedeutung zukommt, so ist sein Stellenwert innerhalb aller Führungsmittel dennoch hoch anzusetzen (*Richter*). Auf die **Formen** des Entgeltes wird im Kapitel F. ausführlich eingegangen als:

Lohn	▸ Zeitlohn, Akkordlohn, Prämienlohn, Pensumlohn ▸ Prämien, Zulagen, Zuschläge, Gratifikationen ▸ Lohn ohne Leistung
Sonstige Entgeltteile	▸ Erfindervergütungen, Verbesserungsvorschlagsprämien ▸ Erfolgsbeteiligungen, Tantiemen, Provisionen

Beim Entgelt bezieht sich das Interesse der Mitarbeiter vielfach darauf, inwieweit das betriebliche Entlohnungssystem insgesamt und ihre persönliche Einordnung in dieses System so gerecht wie möglich ist.

2.4.4 Personalentwicklung

Die Personalentwicklung als Gesamtheit aller Maßnahmen zur Erhaltung und Verbesserung der Qualifikationen der Mitarbeiter stellt ein bedeutsames Führungsmittel dar. Sie wird ausführlich in Kapitel G dargestellt und kann umfassen:

Personal-bildung	▸ Ausbildung, Fortbildung ▸ Umschulung
Personal-förderung	▸ Fördergespräch, Laufbahnförderung ▸ Job enlargement, Job enrichment ▸ Coaching, Mentoring
Organisations-entwicklung	▸ Personalorientierter Ansatz ▸ Strukturorientierter Ansatz

Die Personalentwicklung stellt für alle Mitarbeiter einen **Anreiz** dar, die sich weiterentwickeln wollen. Sie bietet ihnen viele **Möglichkeiten**, z. B.:

- Ihre Kenntnisse, Fertigkeiten und Verhaltensweisen zu verbessern
- Ihre Handlungskompetenz zu fördern
- Ihr Potenzial besser zu nutzen
- Sich im Unternehmen und außerhalb verändern zu können
- Qualifizierte Aufgaben bewältigen zu können
- Hierarchisch aufsteigen zu können.

In der Zukunft wird sich die Bedeutung der Personalentwicklung als Führungsmittel weiter erheblich verstärken.

2.4.5 Status

Der Status eines Mitarbeiters ergibt sich aus seiner organisatorischen Positionierung, z. B. als Gruppenleiter, Abteilungsleiter, Prokurist, Projektleiter, Geschäftsführer. Die meisten Mitarbeiter sind bestrebt, einen möglichst hohen Status einzunehmen. Motive dafür sind u. a. Machtstreben, Geltungssucht, Profilierung, aber auch ein entsprechend hohes Einkommen, Wohlstand, finanzielle Unabhängigkeit.

Oft genügt es den Mitarbeitern nicht, nur einen bestimmten Status einzunehmen, sie wollen ihn sowohl unternehmensintern als auch unternehmensextern zudem ausweisen und nachhaltig deutlich machen. Dazu dienen Statussymbole als wahrnehmbare Zeichen. Häufig in Deutschland genutzte **Statussymbole** sind z. B.:

- **Firmentitel**, die zusätzlich zu Funktionsbezeichnungen wie Abteilungsleiter oder Bereichsleiter vergeben werden. Sie beinhalten keine Rechte und Kompetenzen. Vielfach vergebene Firmentitel sind z. B. Direktor, Obermeister.

- Die **Büroausstattung** kann ebenfalls als Statussymbol dienen, z. B. das Einzelbüro, die Fensterzahl, das Vorzimmer, die Exklusivität der Büromöbel, die verfügbaren Kommunikationsanlagen, die täglich frischen Blumen.

- **Benutzungsrechte** sind typische Statussymbole, die vielfach auch mit einem ökonomischen Nutzen einhergehen, z. B. das privat nutzbare Dienstfahrzeug, das Recht, im Casino zu essen, die Berechtigung, den Direktionsaufzug oder die kostenlose Autowäsche zu nutzen sowie auf dem Firmengelände zu parken.

- Die **Mitarbeiterausstattung**, die für die Leitungsfunktion unmittelbar zur Verfügung steht, wird häufig ebenfalls als Statussymbol gesehen, z. B. die Sekretärin, der Assistent, der Chauffeur.

- **Teilnahmen** und **Mitgliedschaften** sind eine weitere Form von Statussymbolen, z. B. die Teilnahme an einem Führungsseminar, die Einladung zur Party des Unternehmenschefs, die Teilnahme an einer Unternehmens-Incentivreise.

Statussymbole können ganz gezielt als Werkzeug zur Personalführung eingesetzt werden. In den USA ist das im wesentlich stärkeren Maße der Fall als in deutschen Unternehmen.

3. FÜHRUNGSSTILE

Ein Führungsstil ist die Art und Weise, in der ein Vorgesetzter die ihm unterstellten Mitarbeiter führt. Mit ihm wird ein von der konkreten Führungssituation unabhängiges Verhaltensmuster des Vorgesetzten beschrieben. Seine **Bestimmung** kann in zweifacher Weise erfolgen:

- Der individuelle Führungsstil kann festgelegt werden, den ein Vorgesetzter seinen Mitarbeitern gegenüber anwendet.

- Die grundsätzliche Entscheidung kann getroffen werden, wie Mitarbeiter zu integrieren und zur Zielerreichung einzusetzen sind.

Eckardstein/Schnellinger nennen drei **Dimensionen der Integration**, die Wechselwirkungen zueinander aufweisen:

- Die **Ausstattung** der Mitarbeiter mit Mitwirkungs- und Mitentscheidungsrechten bei Ziel- und Mittelentscheidungen.

- Die **Gestaltung** der Über- und Unterstellungsverhältnisse, vor allem des Weisungssystems im Unternehmen.

- Die **Teilhabe** der Mitarbeiter an Informationen über das Unternehmen, in dem sie beschäftigt sind.

Mit dem festgelegten Führungsstil sollen die Leistung und die Zufriedenheit der Mitarbeiter gefördert werden. Indessen gibt es aber **keinen optimalen Führungsstil** schlechthin, eine Aussage über die Vorteilhaftigkeit eines Führungsstiles ist nur für eine jeweils bestimmte Führungssituation möglich.

Der Führungsstil des Vorgesetzten kann unterschiedliche **Orientierungen** aufweisen. Dementsprechend werden unterschieden:

- Der **aufgabenorientierte Führungsstil**, bei dem die zu bewältigende Aufgabe im Mittelpunkt steht. *Bisani* beschreibt das Verhalten des Vorgesetzten:

  - ▸ Er tadelt mangelhafte Arbeit
  - ▸ Er regt langsam arbeitende Mitarbeiter an, sich mehr anzustrengen
  - ▸ Er legt besonderen Wert auf die Arbeitsmenge
  - ▸ Er herrscht mit eiserner Hand
  - ▸ Er achtet darauf, dass seine Mitarbeiter ihre Arbeitskraft voll einsetzen
  - ▸ Er stachelt Mitarbeiter durch Druck und Manipulation zu größeren Anstrengungen an
  - ▸ Er verlangt von leistungsschwachen Mitarbeitern, dass sie mehr aus sich herausholen

Untersuchungen von *Halpin/Winer* und *Pelz* zeigen, dass aufgabenorientiert führende Vorgesetzte

  - ▸ Von ihren Vorgesetzten meist positiver beurteilt werden als personenorientiert führende Vorgesetzte

> ▸ Von ihren Mitarbeitern eher positiv beurteilt werden, wenn sie Einfluss »nach oben« haben
>
> ▸ Von ihren Mitarbeitern weder ausgesprochen positiv noch negativ beurteilt werden, wenn sie keinen Einfluss »nach oben« haben

- Der **personenorientierte Führungsstil**, bei welchem die Mitarbeiter mit ihren Bedürfnissen und Erwartungen im Mittelpunkt stehen. *Bisani* umreißt das Verhalten des Vorgesetzten:

> ▸ Er achtet auf das Wohlergehen seiner Mitarbeiter
> ▸ Er bemüht sich um ein gutes Verhältnis zu seinen Unterstellten
> ▸ Er behandelt alle seine Unterstellten als Gleichberechtigte
> ▸ Er unterstützt seine Mitarbeiter bei dem, was sie tun oder tun müssen
> ▸ Er macht es seinen Mitarbeitern leicht, unbefangen und frei mit ihm zu reden
> ▸ Er setzt sich für seine Mitarbeiter ein

Ein Vorgesetzter, der personenorientiert führt, kann nicht ohne weiteres von einer hohen Zufriedenheit der Mitarbeiter ausgehen. Wichtig für deren Zufriedenheit sind auch sein Einfluss »nach oben« und seine Wertschätzung »von oben«, aufgrund derer er Interessen der Mitarbeiter durchzusetzen vermag.

Das Konzept des Führungsstiles weist vor allem drei **Probleme** auf:

- Die Leistung, die mithilfe des Führungsstiles erzielt werden soll, beinhaltet **mehrere Komponenten**, die nicht ohne weiteres zu einer einheitlichen Zielgröße zusammengefasst werden können.

- Der Führungsstil wird als Ursache angesehen, mit der eine bestimmte Wirkung – die Leistung der Mitarbeiter – erzielt wird. Dieses **Ursachen-Wirkungs-Verhältnis** muss nicht zutreffen, vielmehr kann es auch vorkommen, dass die – gute oder schlechte – Leistung bzw. ein bestimmtes Verhalten der Mitarbeiter den Vorgesetzten erst veranlasst, einen speziellen Führungsstil anzuwenden.

- Die **Führungssituation** wird als **gleichbleibend** angesehen. Tatsächlich können die Mitarbeiter jedoch im Zeitablauf unterschiedliche Erwartungen an den Vorgesetzten richten, ebenso ist es möglich, dass der Vorgesetzte seine Einstellung zu den einzelnen Mitarbeitern ändert.

Als Führungsstile sollen dargestellt werden:

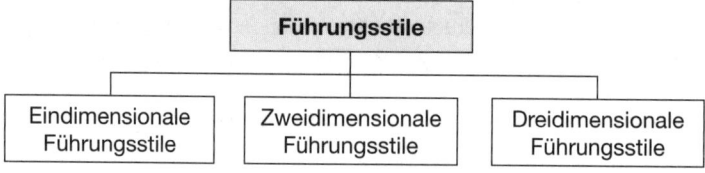

3.1 EINDIMENSIONALE FÜHRUNGSSTILE

Ein Führungsstil ist – in seiner Darstellung – eindimensional, wenn ein einzelnes Beurteilungskriterium betrachtet wird, das mehr oder weniger erfüllt ist. Dabei bilden die beiden Extreme der Beurteilung die Begrenzungen einer Geraden, z. B.:

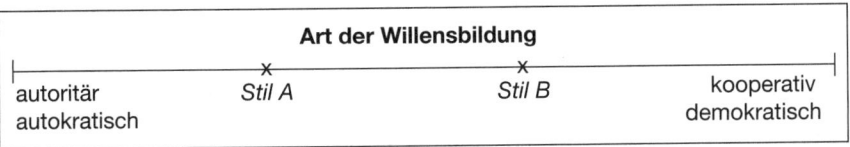

Eindimensionale Führungsstile sind:

- **Autoritärer Führungsstil**

- **Kooperativer Führungsstil**

- **Sonstige Führungsstile.**

3.1.1 AUTORITÄRER FÜHRUNGSSTIL

Beim autoritären Führungsstil werden die betrieblichen Aktivitäten vom Vorgesetzten gestaltet, ohne dass die Untergebenen beteiligt werden. Er setzt ein **Bildungsgefälle** zwischen Vorgesetzten und Untergebenen sowie eine **materielle Motivationsstruktur** der Mitarbeiter voraus.

Idealtypische **Merkmale** des autoritären Führungsstiles sind:

- Der **Vorgesetzte**, der die Untergebenen kraft seiner Legitimationsmacht führt, die er aus der hierarchischen Ordnung des Unternehmens ableitet. Er erwartet von seinen Untergebenen entsprechenden **Gehorsam**. Seine Entscheidungen trifft er ohne Begründung gegenüber den Untergebenen.

  Die Entscheidungen des Vorgesetzten haben den Charakter von **Anordnungen**, die von den Untergebenen bedingungslos ausgeführt werden müssen, andernfalls haben sie Sanktionen zu erwarten. Er geht davon aus, dass er – im Vergleich zu den Untergebenen – über die höhere Einsicht und den größeren Sachverstand verfügt, was allerdings nicht so sein muss.

  Der Vorgesetzte hat ein distanziertes Verhältnis zu den Untergebenen. Er informiert sie nur über Tatbestände, die sie notwendigerweise für die Aufgabenerfüllung wissen müssen. Er übt eine detaillierte Ausführungskontrolle aus. **Statussymbole** unterstützen die Machtstellung des Vorgesetzten.

Anforderungen an einen autoritär führenden Vorgesetzten sind nach *Stopp:*

▸ Hohe Selbstverantwortung	▸ Gute Entscheidungsfähigkeit
▸ Hohe Selbstkontrolle	▸ Durchsetzungsvermögen
▸ Weite Voraussicht	

- Die **Untergebenen**, welche als Befehlsempfänger angesehen werden, die Gehorsam zu leisten haben. Insbesondere wird vielfach von der Theorie X der XY-Theorie – siehe S. 32 – ausgegangen.

Die **Motivation** der Untergebenen ist bei diesem Führungsstil vielfach tatsächlich begrenzt, nicht etwa, weil die Theorie X zutreffen muss, sondern weil der Vorgesetzte sich sozial abgrenzt, tendenziell weniger interessante Arbeiten an die Untergebenen überträgt und Angst verbreitet.

Die Untergebenen entwickeln ein eher indifferentes Verhältnis zum Vorgesetzten wie auch zum Unternehmen. Informationen beschaffen sie sich wegen der vom Vorgesetzten errichteten Informationsschranken auf informalen Wegen.

Anforderungen an autoritär geführte Untergebene sind nach *Stopp*:

▸ Anerkennung des Vorgesetzten als alleinige Instanz
▸ Akzeptierung der Anordnungen des Vorgesetzten
▸ Ausführung der Anordnungen des Vorgesetzten
▸ Keine Geltendmachung von Kontrollrechten

Ein **Vorteil** des autoritären Führungsstils ist seine hohe Entscheidungsgeschwindigkeit. Er kann tendenziell bei Routinearbeiten erfolgreich sein. Seine **Nachteile** liegen in der mangelnden Motivation, Selbstständigkeit und Entwicklungsmöglichkeit der Untergebenen sowie in der Gefahr von Fehlentscheidungen durch den möglicherweise quantitativ und/oder qualitativ überforderten Vorgesetzten.

Der autoritäre Führungsstil kann in mehreren **Varianten** praktiziert werden, die sich immer mehr dem kooperativen Führungsstil nähern. *Tannenbaum/Schmidt* stellen das als **Kontinuum der Führungsstile** dar:

Autoritärer Führungsstil   **Kooperativer Führungsstil**

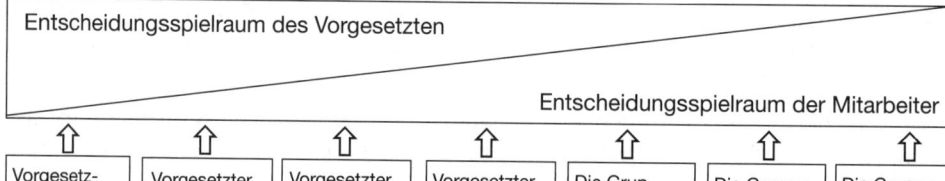

Entscheidungsspielraum des Vorgesetzten

Entscheidungsspielraum der Mitarbeiter

| Vorgesetzter entscheidet und ordnet an.

(Wie oben idealtypisch beschrieben)	Vorgesetzter entscheidet, er ist aber bestrebt, die Untergebenen von seinen Entscheidungen zu überzeugen, bevor er sie anordnet.	Vorgesetzter entscheidet, er gestattet jedoch Fragen zu seinen Entscheidungen, um durch Beantwortung deren Akzeptierung zu erreichen.	Vorgesetzter informiert seine Untergebenen über seine beabsichtigten Entscheidungen. Die Untergebenen haben die Möglichkeit, ihre Meinung zu äußern, bevor der Vorgesetzte die endgültige Entscheidung trifft.	Die Gruppe entwickelt Vorschläge. Aus der Zahl der gemeinsam gefundenen und akzeptierten möglichen Problemlösungen entscheidet sich der Vorgesetzte für die von ihm favorisierte Lösung.	Die Gruppe entscheidet, nachdem der Vorgesetzte zuvor das Problem aufgezeigt und die Grenzen des Entscheidungsspielraumes festgelegt hat.	Die Gruppe entscheidet. Der Vorgesetzte fungiert als Koordinator nach innen und nach außen.

3.1.2 KOOPERATIVER FÜHRUNGSSTIL

Beim kooperativen Führungsstil werden die betrieblichen Aktivitäten im Zusammenwirken des Vorgesetzten und der Mitarbeiter gestaltet. Dieser Führungsstil kann bei der Bewältigung kreativer Arbeitsinhalte verwendet werden und setzt ein **ähnliches Bildungsniveau** zwischen Vorgesetzten und Mitarbeitern sowie eine **immaterielle Motivationsstruktur** der Mitarbeiter voraus.

Idealtypische **Merkmale** des kooperativen Führungsstiles sind:

- Der **Vorgesetzte**, der die Mitarbeiter in den Entscheidungsprozess einbezieht, für den er die Verantwortung trägt. Er erwartet von seinen Mitarbeitern sachliche Unterstützung. Seine Entscheidungen trifft er unter Berücksichtigung der Überlegungen – ggf. auch Einwendungen – seiner Mitarbeiter.

  Der Vorgesetzte delegiert so viel wie möglich und schreibt so wenig wie nötig vor. Dabei erkennt er die Fähigkeiten der Mitarbeiter an und ist sich bewusst, dass er nicht alles wissen und überblicken kann. Die unvermeidliche Kontrolle nimmt er eher als **Erfolgskontrolle** vor. In einem bestimmten Rahmen ist auch **Selbstkontrolle** durch die Mitarbeiter möglich.

  Die Mitarbeiter werden umfassend informiert, nicht nur über Tatbestände, die notwendigerweise für die Aufgabenerfüllung bekannt sein müssen, sondern auch über sonstige betriebliche Gegebenheiten. Die Informationen dienen als Führungsmittel. **Statussymbole** benötigt der Vorgesetzte nicht.

  Anforderungen an einen kooperativ führenden Vorgesetzten sind *Stopp* zufolge:

▸ Aufgeschlossenheit	▸ Delegationswilligkeit
▸ Vertrauen in die Mitarbeiter	▸ Dienstaufsicht
▸ Verzicht auf persönliche Vorrechte	▸ Erfolgskontrolle
▸ Delegationsfähigkeit	

- Die **Mitarbeiter**, die als Partner angesehen werden, welche das »Tagesgeschäft« relativ selbstständig abzuwickeln vermögen. Bei der Einschätzung der Mitarbeiter wird meist von der Theorie Y der XY-Theorie – siehe S. 32 – ausgegangen. Aufgrund ihrer Beteiligung wird die **Motivation** der Mitarbeiter gesteigert, was verbesserte Leistungen nachsichzieht.

  Anforderungen an kooperativ geführte Mitarbeiter sind nach *Stopp*:

▸ Verantwortungswille	▸ Selbstkontrolle
▸ Verantwortungsfähigkeit	▸ Geltendmachen von Kontrollrechten

Die **Vorteile** des kooperativen Führungsstiles liegen vor allem in den sachgerechten Entscheidungen, der hohen Motivation der Mitarbeiter und der Entlastung der Vorgesetzten. Außerdem werden die Mitarbeiter in ihrer Entwicklung gefördert. Als **Nachteil** ist festzustellen, dass der kooperative Führungsstil die Entscheidungsgeschwindigkeit verlangsamen und verzögern kann.

Wie aus der Darstellung des Kontinuums der Führungsstile – Seite 270 – hervorgeht, hat der kooperative Führungsstil mehrere Varianten.

3.1.3 SONSTIGE FÜHRUNGSSTILE

Neben dem autoritären und dem kooperativen Führungsstil gibt es weitere eindimensionale Führungsstile, die aber geringere Bedeutung aufweisen, z. B.:

- Den **bürokratischen Führungsstil**, bei dem die Mitarbeiter als anonyme Faktoren angesehen werden und ihre Motivation durch – meist schriftliche – Anordnungen und Vorschriften bewirkt wird. Die Informationen fließen auf formellen Wegen, die Aufsicht und Kontrolle geschieht durch Berichte und schriftliche Überprüfungen.

- Den **patriarchalischen Führungsstil**, bei dem der Vorgesetzte die Mitarbeiter als »Kinder« behandelt und ihre Motivation durch Abhängigkeit bewirkt. Die Informationen fließen »wohlwollend« von oben, die Aufsicht und Kontrolle erfolgen nach Gefühl.

- Den **Laissez-Faire-Führungsstil**, bei dem die Mitarbeiter als isolierte Individuen betrachtet werden und ihre Motivation durch Freiheit bewirkt wird. Die Informationen fließen zufällig, die Mitarbeiter nehmen Selbstkontrolle vor. Eigentlich handelt es sich hierbei eher um einen »*Nicht*-Führungsstil«.

47 >> Seite 536

3.2 ZWEIDIMENSIONALER FÜHRUNGSSTIL

Ein Führungsstil ist – in seiner Darstellung – zweidimensional, wenn zwei **Beurteilungskriterien** betrachtet werden, wobei für jedes der Beurteilungskriterien eine Dimension vorhanden ist, auf der das einzelne Beurteilungskriterium unabhängig von dem oder den anderen Kriterien variiert. Grafisch sieht das wie folgt aus:

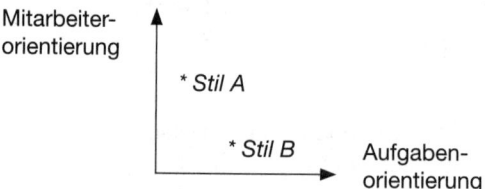

Exemplarisch soll das **Verhaltensgitter** von *Blake/Mouton* behandelt werden, das sich durch seine einfache und übersichtliche Darstellung auszeichnet. Es wird auch **Managerial Grid** genannt und ist Grundlage zahlreicher Management-Seminare, in denen Führungsverhalten trainiert wird.

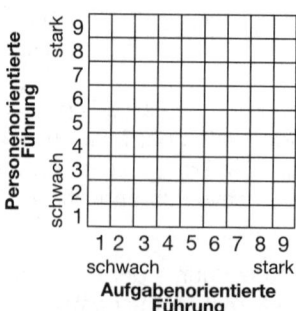

In der **Vertikalen** des Koordinatensystems wird das personenorientierte Führungsverhalten, in der **Horizontalen** das aufgabenorientierte Führungsverhalten dargestellt. Beide Variablen sind in jeweils neun Intensitätsgrade eingeteilt. Die Ziffer 9 bezeichnet die höchste, die Ziffer 1 die niedrigste Intensität.

Das Verhaltensgitter lässt 81 mögliche **Ausprägungen des Führungsstiles** zu, die eindeutig definierbar sind. Sie unterscheiden sich, wenn sie unmittelbar nebeneinander oder unter- bzw. übereinander liegen, nur unwesentlich. Es lassen sich fünf **typische Führungsstile** aus dem Verhaltensgitter ableiten:

- Der **1.1-Führungsstil**, der weder auf hohe Arbeitsleistung noch auf die Pflege zwischenmenschlicher Beziehungen gerichtet ist. Er ähnelt dem Laissez-Faire-Führungsstil und kann Apathie und Resignation zur Folge haben. **Konflikte** werden vermieden.

- Der **1.9-Führungsstil**, bei dem die zwischenmenschlichen Beziehungen eine spannungslose, freundliche Atmosphäre bewirken, die erbrachten Leistungen jedoch gering sind. **Konflikte** sind solange nicht zu erwarten als die Mitarbeiter nicht unter Leistungsdruck geraten.

- Der **5.5-Führungsstil**, der auf durchschnittliche Leistungen und durchschnittliche Zufriedenheit der Mitarbeiter gerichtet ist. Er ist konservativ und ermöglicht insgesamt ausreichende Leistungen. **Konflikte** werden möglichst beigelegt.

- Der **9.1-Führungsstil**, bei dem eine hohe Arbeitsleistung erwartet wird, ohne dass zwischenmenschliche Beziehungen gefördert werden. Er entspricht dem autoritären Führungsstil. **Konflikte** werden unterdrückt.

- Der **9.9-Führungsstil**, der auf eine hohe Arbeitsleistung und hohe Zufriedenheit der Mitarbeiter gerichtet ist. **Konflikte** werden gemeinsam gelöst.

Nach Darstellung des deutschen *Grid-Institutes* haben Befragungen von Führungskräften ergeben, dass die meisten Seminarteilnehmer den 9.9-Führungsstil für den zweckmäßigsten und erfolgreichsten halten. Indessen kann es **schwierig** sein, den 9.9-Führungsstil zu praktizieren. *Stopp* nennt Gründe dafür:

- Das Ausbildungsniveau der Mitarbeiter ist niedrig.
- Die Ausbildung der Führungskräfte in Führungsfragen ist mangelhaft.
- Die Identifikation des Mitarbeiters mit der Aufgabe ist gering.
- Das betriebliche Informationssystem ist mangelhaft.
- Das traditionelle Job-Denken bewirkt eine geringe Verantwortungsbereitschaft.
- Die Wertvorstellungen von Vorgesetzten und Mitarbeitern sind unterschiedlich.
- Die Hierarchie führt zu emotionaler Unverträglichkeit von Vorgesetzten und Mitarbeitern.

Deshalb sollte die Ausbildung der Vorgesetzten und Mitarbeiter verstärkt und Veränderungen des Bewusstseins herbeigeführt werden.

3.3 Dreidimensionaler Führungsstil

Als dreidimensionaler Führungsstil soll das **3-D-Konzept** von *Reddin* behandelt werden, das auf dem Verhaltensgitter aufbaut, aber eine situative Relativierung der beiden dort vorzufindenden Führungsdimensionen einschließt. Diese dritte Dimension, die sich auf das Umfeld der Führung bezieht, bezeichnet *Reddin* als **Effektivität**. Situative Elemente der Effektivität sind insbesondere das Organisationsklima, die Organisationsstruktur, die Arbeitsweise, die Aufgabenanforderungen, der nächst höhere Vorgesetzte, die Kollegen und die unterstellten Mitarbeiter.

Damit umfasst das 3-D-Konzept Aufgabenorientierung, Beziehungsorientierung und Effektivität als Dimensionen. Damit bestimmt sich der **Erfolg des Führungsverhaltens** nicht mehr allein durch den Vorgesetzten, sondern hängt ebenso von der Interaktion zu den Beteiligten und den organisatorischen Möglichkeiten ab *(Hentze/Kammel/Lindert)*.

Das 3-D-Konzept lässt sich darstellen:

3-D-Konzept

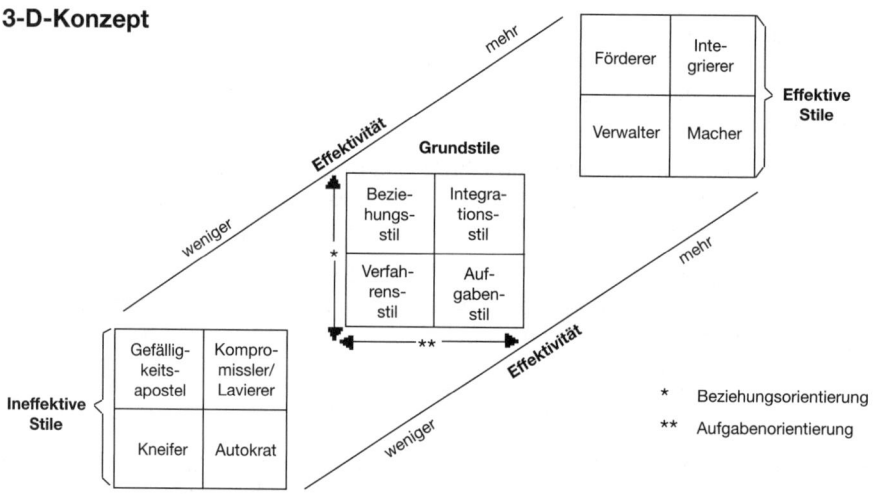

Wie die Abbildung zeigt, können die **Führungsstile** sein *(Rahn, Reddin)*:

- **Grundstile**

Beziehungsstil	Der Vorgesetzte betont gute zwischenmenschliche Beziehungen und berücksichtigt Mitarbeiterbedürfnisse.
Verfahrensstil	Der Vorgesetzte verlässt sich primär auf Verfahren, Methoden, Systeme und bevorzugt stabile Umweltsituationen.
Integrationsstil	Der Vorgesetzte strebt nach einer gleichgewichtigen Beachtung von Mensch und Aufgabe.
Aufgabenstil	Der Vorgesetzte betont Leistungsergebnisse und denkt dabei produktivitätsorientiert.

- **Ineffektive Stile**, die mit folgenden Verhaltensweisen zu verbinden sind:

Gefälligkeits-apostel	Der Vorgesetzte glaubt, dass zufriedene Mitarbeiter auch mehr leisten werden und vernachlässigt die Aufgabenerreichung.

Kneifer	Der Vorgesetzte beharrt auf Regeln und Vorschriften, wo die Situation flexible Anpassung erfordert.
Kompromissler	Der Vorgesetzte meidet die Konfrontation, zeigt entscheidungsscheues Verhalten und versucht, es allen Recht zu machen.
Autokrat	Der Vorgesetzte überfordert die Mitarbeiter und pocht auf seine Amtsautorität.

- **Effektive Stile**, bei denen als Verhaltensweisen gezeigt werden:

Förderer	Der Vorgesetzte delegiert, so viel und soweit es die Situation erlaubt und sieht in der Mitarbeiterentwicklung keinen Selbstzweck. Er erwartet langfristig eine bessere Aufgabenerfüllung.
Verwalter	Der Vorgesetzte beherrscht die Routineprozesse durch straffe Organisation und disziplinierte Regelbeachtung als »Bürokrat«.
Integrierer	Der Vorgesetzte entscheidet und führt kooperativ, motiviert und fördert seine Mitarbeiter zielorientiert.
Macher	Der Vorgesetzte setzt realistische und anspruchsvolle Ziele und überzeugt seine Mitarbeiter durch Expertenwissen.

Reddin zufolge gibt es nicht *den* einzig richtigen Führungsstil, sondern in verschiedenartigen Situationen wird ein entsprechend unterschiedliches Führungsverhalten erforderlich.

Nach *Wunderer/Grunwald* ist das 3-D-Konzept als Instrument der Veranschaulichung in Führungsseminaren noch besser geeignet als das Verhaltensgitter, da es auf situative Bedingungen der Führung hinweist.

48 >> Seite 536

4. FÜHRUNGSERFOLG

Der Führungserfolg ist das Ergebnis, das die Führungskraft in Erfüllung ihrer Führungsaufgabe erzielt. Er kann positiv oder negativ sein und weist auf:

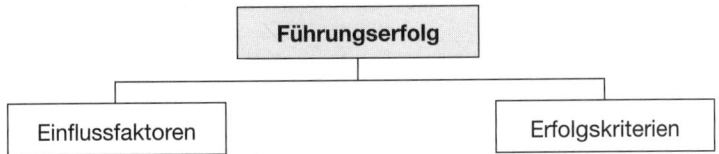

4.1 EINFLUSSFAKTOREN

Herausragende, den Führungserfolg beeinflussende Faktoren sind:

• **Vorgesetzte**

• **Mitarbeiter**

• **Führungssituation.**

4.1.1 VORGESETZTE

Dem Vorgesetzten als Führungskraft des Mitarbeiters kommt eine besondere Bedeutung für den Führungserfolg zu. Er ist aber nicht der einzige Einflussfaktor. Der Vorgesetzte weist führungsbezogen insbesondere mehrere **Merkmale** auf:

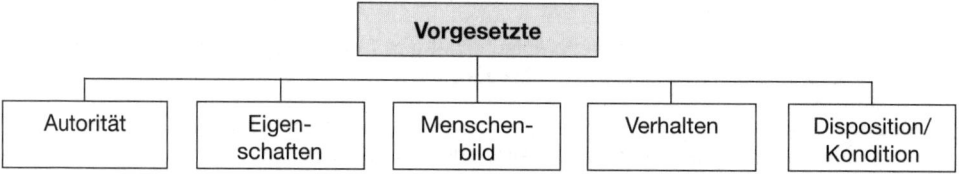

4.1.1.1 AUTORITÄT

Autorität ist durch Macht oder Können erworbenes **Ansehen**. Sie kann auch eine soziale Einflussbeziehung beschreiben, die sich als wechselseitiges Beziehungsverhältnis zwischen Personen zeigt. **Formen** der Autorität können sein:

• Die **formale Autorität**, die vorwiegend aus der Unternehmensverfassung und der Formalstruktur der Organisation abgeleitet wird. Sie erwächst kraft Amtes aus der Tätigkeit selbst heraus, wird aufgrund von Entscheidungs- bzw. Weisungsbefugnissen ausgeübt und stellt damit eine **positionale Autorität** dar.

• Die **personale Autorität**, die in den persönlichen Eigenschaften der Führungskraft begründet ist, z. B. in Ausstrahlungskraft, Reife, Wertschöpfungsverhalten, persönlicher Integrität, Erfahrung, Charisma, Zugänglichkeit. Sie begründet den Einfluss einer Person, auch wenn diese über keine formale Autorität verfügt.

• Die **funktionale Autorität** resultiert direkt aus der fachlichen Qualifikation der Führungskraft, d. h. sie betrifft das Wissen und Können einer Person auf einem bestimmten Gebiet. Sie wird deshalb auch als **Fachautorität**, **Expertenautorität** oder **Sachautorität** bezeichnet.

Im Hinblick auf den Führungserfolg sind vor allem die **personale** und die **funktionale Autorität** bedeutsam. Hat ein Vorgesetzter zwar gute Fachkenntnisse, ist aber menschlich nicht zugänglich, kann seine Autorität gefährdet sein. Dies gilt auch, wenn er zwar Ausstrahlung hat, ihm aber die fachliche Qualifikation fehlt.

4.1.1.2 EIGENSCHAFTEN

Vielfach werden auch die Eigenschaften als **Persönlichkeitsmerkmale** des Vorgesetzten für besonders erfolgsbestimmend angesehen. Sie sind als verhältnismäßig beständig anzusehen. Mit ihrer Hilfe kann ein Mensch von einem anderen unterschieden werden *(Vahle, Delhees)*. Zu ihnen zählen z. B.:

▸ Ausdrucksfähigkeit	▸ Intelligenz	▸ Überzeugungskraft
▸ Ausstrahlungskraft	▸ Niveau	▸ Vitalität
▸ Begabung	▸ Reife	▸ Temperament
▸ Belastbarkeit	▸ Selbstwertgefühl	▸ Triebfedern

Die **Eigenschaftstheorie** beschäftigt sich damit, wie stark der Führungserfolg von den Eigenschaften des Vorgesetzten abhängt. Sie geht davon aus, dass bestimmte Eigenschaften einen angestrebten Führungserfolg unmittelbar bewirken:

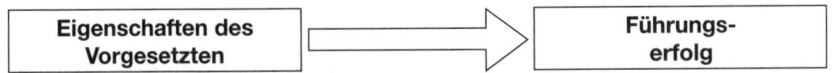

Den Zusammenhang so zu unterstellen, ist nicht haltbar. Deswegen hat die Eigenschaftstheorie in der Vergangenheit an Bedeutung verloren. Dennoch kann nicht bestritten werden, dass es Eigenschaften gibt, die in mehr oder weniger direkter Beziehung zum Führungserfolg gebracht werden können.

Als den Führungserfolg besonders **beeinflussende Eigenschaften** wurden in Studien ermittelt *(Klaus)*:

▸ Intelligenz	▸ Fleiß	▸ Selbstvertrauen
▸ Willensstärke	▸ Leistungsmotivation	▸ Soziale Aktivität

Diese und gegebenenfalls auch andere Eigenschaften können offenbar einen Beitrag zum Führungserfolg leisten. Der wissenschaftliche Nachweis, dass bestimmte Eigenschaften oder Eigenschaftsbündel zu unterschiedlichen Führungserfolgen führen, ist bisher jedoch nicht erbracht worden *(Ridder)*.

4.1.1.3 MENSCHENBILD

Der Vorgesetzte sollte ein **positives Menschenbild** haben, wie z. B. in der XY-Theorie als Y-Theorie beschrieben – siehe S. 32. Diese Einstellung erleichtert die Bewältigung seiner Führungsaufgaben, die u. a. darin besteht, den Mitarbeiter zum Erfolg zu führen. Ein **negatives Menschenbild** behindert die Erreichung des Führungserfolges.

Ein Phänomen liegt oft darin, dass der Vorgesetzte ein von ihm aufgenommenes als negativ empfundenes Menschenbild durch das Verhalten des Mitarbeiters als »**sich selbst bewahrheitende Prophezeiung**« bestätigt sieht, auch wenn dies objektiv nicht gerechtfertigt ist. Damit entfernt der Vorgesetzte sich von dem angestrebten Führungserfolg und setzt vielfach eine »**Negativspirale**« in Gang.

4.1.1.4 VERHALTEN

Beim **Verhaltensansatz** wird davon ausgegangen, dass das Verhalten des Vorgesetzten für den Führungserfolg maßgeblich ist. Dieses kommt in seinem **Führungsstil** zum Ausdruck, der z. B. kooperativ oder autoritär sein kann:

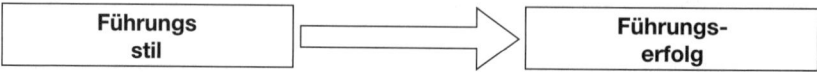

| Führungs stil | | Führungs- erfolg |

Es ist aber nicht möglich vom Führungsstil unmittelbar auf den Führungserfolg zu schließen. Welcher Führungsstil die Erreichung des Führungserfolges bewirkt oder zumindest fördert, ist wissenschaftlich nicht belegbar. Deshalb gibt es keine abgesicherte Handlungsempfehlung in Bezug auf den **optimalen Führungsstil.**

Unbeschadet dessen kann davon ausgegangen werden, dass der **kooperative** bzw. **personenorientierte Führungsstil** vielfach einen motivierenden und damit erfolgsfördernden Charakter hat, was aber nicht in jedem Falle gilt.

Ob ein kooperativer Führungsstil möglich oder ein autoritärer Führungsstil notwendig ist, hängt auch von der **Situation** sowie von dem **Mitarbeiter** ab, der gegebenenfalls sogar autoritär geführt werden möchte.

Mehrere Untersuchungen zeigen, dass die **Selbsteinschätzung** des praktizierten Führungsverhaltens durch Vorgesetzte teilweise erheblich von der **Fremdeinschätzung** durch ihre Mitarbeiter abweicht. Der beabsichtigte Führungsstil als Selbstbild unterscheidet sich von dem durch die Mitarbeiter wahrgenommenen Führungsverhalten als Fremdbild.

Es entsteht ein »**blinder Fleck**«, wie er bildlich mithilfe des **Johari-Fensters** ausgewiesen werden kann:

| | | **Verhalten mir selbst ...** | |
		bekannt	unbekannt
Verhalten anderen ...	bekannt	Öffentliche Person	Blinder Fleck
	unbekannt	Privat- person	Unbe- wusstes

Der blinde Fleck sollte durch systematische **Rückmeldung** überwunden werden.

4.1.1.5 DISPOSITION/KONDITION

Schließlich haben auch noch einen Einfluss auf den Führungserfolg:

- Die **Disposition** als Ausdruck der **geistigen** und **seelischen Verfassung** des Vorgesetzten, die abhängig von Funktionsstörungen des Organismus (Erkrankungen), biologischen Faktoren (z. B. Schlaf) und Schwankungen des menschlichen Biorhythmus *(Beyer)* ist.

- Die **Kondition** als Ausdruck der **körperlichen Verfassung** des Vorgesetzten, welche die gleichen Abhängigkeiten aufweist, wie sie zuvor genannt wurden.

Sowohl die Disposition als auch die Kondition haben Einfluss darauf, in welchem Umfang die erzielbare Leistung zur tatsächlichen Leistung wird.

4.1.2 MITARBEITER

In welcher Weise der Führungserfolg bewirkt werden kann, hängt auch von den Mitarbeitern ab, die geführt werden als:

- **Einzelne Mitarbeiter**, die nicht als Mitglieder von betrieblichen Gruppen angesehen werden können.

- **Mitglieder von Gruppen**, wobei führungsbezogen z. B. deren Größe, Altersstruktur, Integrationsgrad, Normen, Werte, Ziele, Tradition, Konflikte, Erwartungen, Vorurteile, Disziplin und Moral als **Gruppenmerkmale** zu beachten sind *(Stopp)*:

Die Mitarbeiter weisen, ähnlich den Vorgesetzten, folgende den Führungserfolg beeinflussende **Merkmale** auf:

- Die **Fähigkeiten** als Kenntnisse, Fertigkeiten und Erfahrungen, die vorhanden sein sollten, um die Arbeitsaufgabe sachgerecht erfüllen zu können.

- Die **Eigenschaften**, die recht unterschiedlich sein können, und eine entsprechend individuelle Führung erfordern. Voraussetzung dafür ist, dass der Vorgesetzte sich ein zutreffendes Bild über die Mitarbeiter macht.

- Die **Einstellung** zum Vorgesetzten, die mehr oder weniger positiv oder negativ sein kann und sich auf das Verhalten der Mitarbeiter auswirkt.

- Das **Verhalten**, das sich gleichermaßen unterscheidet wie auch die Wahrnehmung und Beurteilung des vom Vorgesetzten gezeigten Verhaltens, die sich im Mitarbeiterverhalten widerspiegeln *(Weiblar)*.

- Die **Disposition** und **Kondition**, welche die Erfüllung der Arbeitsaufgaben beeinflussen.

Mitarbeiter reagieren unterschiedlich auf gleichartiges Führungsverhalten. Mit einem bestimmten Führungsstil lassen sich manche Mitarbeiter mehr, andere dagegen weniger motivieren. Deshalb ist es notwendig zu wissen, durch welche **Persönlichkeitspräferenzen** sich Mitarbeiter auszeichnen, um sie wirkungsvoll führen zu können.

Wenn das wahrgenommene **Führungsangebot** des Vorgesetzten nicht mit den **Führungserwartungen** und **Führungswünschen** der Mitarbeiter übereinstimmt, kommt es zu Diskrepanzen und Unzufriedenheit über den Führungserfolg *(Bisani)*.

4.1.3 Führungssituation

Das Führungsverhalten des Vorgesetzten muss sich an der jeweiligen Situation ausrichten, die konkret gegeben ist. Nur wenn situationsgerecht geführt wird, kann ein hinreichender Führungserfolg eintreten. Zur Führungssituation zählen z. B.:

▶ Aufgabeninhalt	▶ Arbeitszeit	▶ Konjunkturlage
▶ Aufgabenstruktur	▶ Organisation	▶ Marktsituation
▶ Arbeitsplatz	▶ Arbeitsklima	▶ Organisation

Die wesentlichen Einflussfaktoren des Führungserfolges – Vorgesetzte, Mitarbeiter, Führungssituation – wirken somit in sehr unterschiedlicher Weise zusammen:

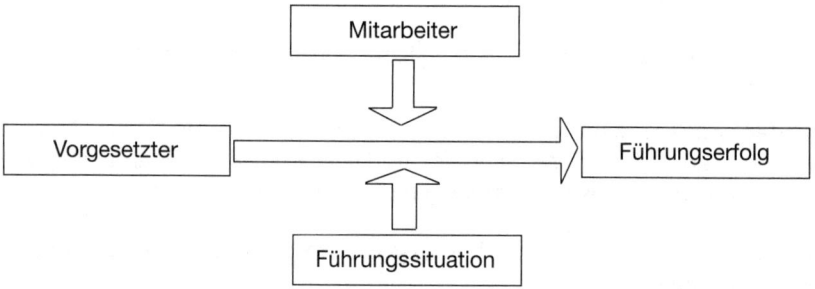

4.2 Erfolgskriterien

Als Erfolgskriterien lassen sich unterscheiden:

- **Effektivität der Führung**
- **Effizienz der Führung**.

4.2.1 Effektivität der Führung

Die Effektivität ist die Leistungswirksamkeit der Führung. Sie stellt die **wirtschaftliche Wirksamkeit** dar, die auf die Quantität und Qualität der erbrachten Leistung ausgerichtet ist.

Ausgangspunkt ihrer Bestimmung sind die Organisationsziele und der Erfüllungsgrad der unternehmerischen Sach- und Aufgabenziele. Als wirtschaftliche Leistungsgrößen kommen z. B. der Umsatz oder der Gewinn in Betracht. Den **Maßstab** der Bewertung bildet die quantitative und qualitative Leistung des Mitarbeiters. Je allgemeiner die Ziele formuliert sind, umso schwieriger wird die Messung der Effektivität.

Es ist fraglich, inwieweit sich im Hinblick auf den Führungsstil eindeutige Ergebnisse messen und zuordnen lassen. Aber selbst wenn die Effektivität hinreichend bestimmbar ist, sagt dies noch nichts über die Wirksamkeit eines Führungsstils insgesamt aus, denn ebenso wichtig ist die Führungseffizienz.

4.2.2 EFFIZIENZ DER FÜHRUNG

Die Effizienz der Führung bezieht sich auf die **soziale Wirksamkeit** des Führungsverhaltens. Sie bestimmt sich danach, wie die individuellen Ziele der Mitarbeiter erfüllt werden, was wesentlich durch das Führungsverhalten des Vorgesetzten bewirkt wird. Oft wird Effizienz mit **Arbeitszufriedenheit** gleichgesetzt *(Berthel)*.

Hinweise auf den effizienzbezogenen Führungserfolg können die jeweilige Ausprägungen geben, die z. B. folgende Tatbestände aufweisen:

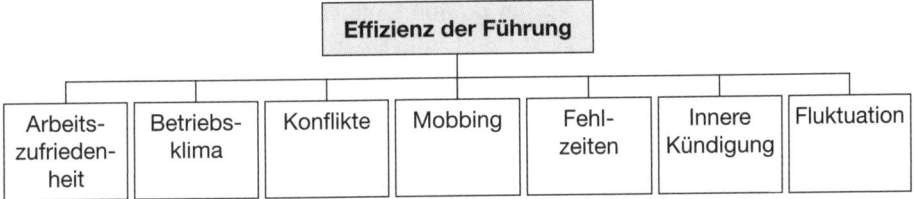

4.2.2.1 ARBEITSZUFRIEDENHEIT

Als Arbeitszufriedenheit soll der positive Eindruck bezeichnet werden, den der einzelne Mitarbeiter insgesamt aus der subjektiven Bewertung der eigenen Arbeit und der unmittelbar auf ihn wirkenden Arbeitsbedingungen gewinnt. Sie wird mitunter auch **Arbeitsklima** genannt.

Die **Messung der Arbeitszufriedenheit**, die genau jedoch nicht verlässlich möglich ist, soll offen legen, inwieweit die Bedürfnisse des jeweiligen Mitarbeiters durch die Führung befriedigt werden *(Büdenbender/Strutz)*. **Faktoren**, die sich **positiv** auf die Arbeitszufriedenheit **auswirken** können, sind:

• Herausfordernde Arbeitsaufgaben
• Erfolgserlebnisse bei der Arbeit bzw. am Arbeitsplatz
• Anwendbarkeit und Weiterentwicklung von Wissen und Können
• Angemessenes und gerechtes Anreizsystem
• Förderung von Selbstvertrauen, Selbstverantwortung, Eigeninitiative.

Es wird davon ausgegangen, dass eine als positiv beurteilte Arbeitszufriedenheit das **Erreichen der Leistungsziele** vorteilhaft beeinflusst. Ebenso werden Einflüsse auf Fehlzeiten, Fluktuation und Unfallhäufigkeit angenommen *(Büdenbender/Strutz)*.

4.2.2.2 BETRIEBSKLIMA

Das Betriebsklima ist ein Zustand der Unzufriedenheit oder Zufriedenheit bei der Mehrheit der Mitarbeiter, das in feststellbaren Merkmalen der betrieblichen Situation seine Ursache hat *(v. Rosenstiel)*, wobei die Qualität der **zwischenmenschlichen Beziehungen** und der **Zusammenarbeit** dabei besonders bedeutsam ist.

Als Betriebsklima werden damit objektive betriebliche Umstände von vielen oder allen Belegschaftsmitgliedern subjektiv wahrgenommen und bewertet. Sie erleben das Betriebsklima also – im Gegensatz zur Arbeitszufriedenheit – **kollektiv** in weitgehend übereinstimmender Auffassung als allgemeine Stimmungslage.

Die von den Mitarbeitern empfundene Qualität des Betriebsklimas und des Arbeitsklimas können sich unterscheiden, wie Studien belegen. Das bedeutet z. B., dass ein Mitarbeiter eine hohe Arbeitszufriedenheit verspüren kann, jedoch das Betriebsklima (eher) negativ bewertet.

Der **Führungsstil** des Vorgesetzten hat großen Einfluss auf das Betriebsklima, da die meisten motivierenden Mittel in seiner Hand liegen, z. B. *(Lukas)*:

- Die Zuordnung anspruchsvoller Arbeit
- Die Gewährung von Anerkennung
- Die Übertragung von Verantwortung
- Die Gestaltung des Verhältnisses zum Mitarbeiter.

Ebenso haben das dem Vorgesetzten innewohnende **Menschenbild** und seine tiefere **Einstellung** zu seinen Mitarbeitern, die sich in vielen kleinen Verhaltensäußerungen zeigt, erhebliche Auswirkungen auf das Betriebsklima *(v. Rosenstiel)*.

Die wichtigsten **Einflussgrößen** auf das Betriebsklima sind *(v. Rosenstiel)*:

▸ Arbeitsbedingungen	▸ Aus-/Weiterbildung
▸ Arbeitstätigkeit	▸ Aufstiegsmöglichkeiten
▸ Vorgesetztenverhalten	▸ Informationsbedingungen
▸ Ausführungsspielraum	▸ Kollegenbeziehungen
▸ Leistungsbeurteilung	▸ Organisation
▸ Arbeitsplatzsicherheit	▸ Bindung an Unternehmen
▸ Firmenstil	▸ Bezahlung
▸ Firmenimage	▸ Sozialleistungen

Ein als **positiv empfundenes Betriebsklima** wirkt sich vorteilhaft auf die von den Mitarbeitern zu erbringenden Leistungen aus. Es hat Einfluss auf ihre:

- Arbeitszufriedenheit, z. B. in der Beurteilung der Arbeitsbedingungen
- Leistungsbereitschaft, z. B. in der Einstellung zu Mehrleistung
- Identifikation, z. B. in der inneren Bindung an das Unternehmen.

Entsprechend gegensätzliche Wirkungen hat ein **negatives Betriebsklima**, das zudem noch weitere nachteilige Folgen auslösen kann, z. B. als Unruhe im menschlichen Beziehungsfeld, Fehlzeiten, innere Kündigung oder Fluktuation.

4.2.2.3 Konflikte

Konflikte entstehen, wenn nicht vereinbarte Bedürfnisse, Interessen und Werte von Menschen widersprüchlich auftreten, ohne dass dies gewollt ist *(Rischar)*. Sie sind im Unternehmen nur **begrenzt vermeidbar**, da sie sich trotz vorbeugender Maßnahmen nicht grundsätzlich ausschließen lassen. Ihre **Wirkungen** können sein:

- **Negativ**, indem sie zu Belastungen führen und als destruktiv, zerstörend bzw. unangenehm eingeschätzt werden.

- **Positiv**, weil sie neue Ansätze und Lösungen ermöglichen, z. B. durch Herbeiführung von Veränderungen, Bewirkung von Entwicklungen, Schaffung von Klärungen, Förderung der Kreativität, Freisetzung von Energie und Reduzierung von Spannungen (*Jung*).

Die Personalführung hat es mit **Mehrpersonenkonflikten** zu tun, die auch als **soziale Konflikte** bezeichnet werden. Bei den Konflikt beteiligten Personen bewirken Konflikte dabei **Veränderungen**, die bereits in der Anfangsphase auftreten und sich verdichten bzw. verstärken, je länger ein Konflikt andauert *(Berkel)*:

Verzerrung von Wahrnehmungen, Denken und Vorstellungen	▸ Noch stärkere Filterung und Verzerrung der an sich schon selektiven Wahrnehmungen und Einengung auf immer weniger Möglichkeiten ▸ Verstärktes Denken in Entweder-Oder-Kategorien, Pauschalisierungen und Verallgemeinerungen ▸ Gegenseitige Betrachtung nur noch in Schwarz-Weiß-Bildern

⇩

Verengung von Gefühlen, Empfindungen und Haltungen	▸ Überhöhte Empfindlichkeit und Reizbarkeit bezüglich der Person und des Verhaltens des Gegners ▸ Einseitigkeit der Einstellung zum Gegner und Verlust von Nuancen und Facetten ▸ Abkapselung der Parteien voneinander und Verlust der Fähigkeit, sich in den Gegner einzufühlen

⇩

Korrumpierung von Motiven, Zielen und Absichten	▸ Vertiefung des Wissens auf immer weniger Alternativen, um sich durchzusetzen ▸ Starre und unflexible Bindung der angestrebten Ziele an bestimmte Mittel ▸ Aufbrechen tiefsitzender primitiver Triebe in Zorn und Wut, die Hemmungen gegen Zerstörungslust und Neigung bzw. Gewalt mindern

⇩

Verarmung des Verhaltens und Handelns	▸ Stereotypes, unbewegliches und auf vorhersagbare Muster fixiertes Verhalten ▸ Ausrichtung des Handelns nicht auf das Ziel, sondern auf den Gegner, der besiegt oder ausgeschaltet werden soll ▸ Größere Ausrichtung des Handelns und Verhaltens auf die Konfliktspannung als auch die Problemlösung

Im Hinblick auf Mehrpersonenkonflikte gibt es drei **Einflussgrößen**:

* Beteiligte des Konfliktes
* Arten ihres Zusammenwirkens
* Institutionelle Rahmenbedingungen.

Die **Einflussgrößen** können entstehungsbezogenen, aber auch wirkungsbezogenen Charakter haben. Sie lassen sich darstellen *(Bisani)*:

Entstehungsbereich \ Beeinflusster Bereich	Individuum	Soziales Zusammenwirken	Institutioneller Rahmen
Individuum	Persönliche Vorurteile, Rivalität, Feindschaft, Abneigung	Anpassungsprobleme, soziale Vorurteile, von der Norm abweichendes Verhalten	Anpassungsprobleme an vorgegebene Ordnungen und Werthaltungen
Soziales Zusammenwirken	Spannung zwischen Verhaltensanforderung und Rollenkonflikte	Spannungen zwischen verschiedenen Interessengruppen	Spannungen zwischen Einzel- und Gruppenzielen sowie Betriebszielen und Verhaltensnormen
Institutioneller Rahmen	Konflikte bei Normen und Werthaltungen, Betriebszwänge, Autoritätsprobleme	Kommunikationsprobleme, Koordinationsschwierigkeiten	Kompetenzstreitigkeiten

Für die **Verhaltensweisen** der Beteiligten an einem Konflikt sind die von ihnen erlebte Konfliktstärke und die Konfliktsituation bedeutsam *(Bisani)*:

Erlebte Konfliktstärke \ Konfliktsituation	Konflikt nicht umgehbar — Interessenausgleich unmöglich	Konflikt umgehbar — Interessenausgleich unmöglich	Konflikt nicht umgehbar — Interessenausgleich möglich
sehr hoch	Machtprobe mit dem Versuch, seine eigene Vorstellung gegen Widerstand durchzusetzen	Bei geringem Anspruchsniveau Rückzug (z. B. Kündigung und damit Konfliktvermeidung)	Kompromisslösung, evtl. Teilung des Streitwertes
mittel	Entscheidung des Vorgesetzten, Urteil eines Dritten	Igelstellung, Isolation der Kontakte zum Konfliktpartner wird reduziert	Höhe der erlebten Motivstärke schlägt sich in Form und Zähigkeit der Verhandlungen nieder
sehr gering	Zufallsentscheidung, ggf. ad-hoc-Entscheidung eines gemeinsamen Vorgesetzten	Der Konflikt wird verdrängt und gedanklich nicht mehr wahrgenommen	Im Interesse einer weiteren Zusammenarbeit wird der Konflikt bewusst ausgeklammert

Der Vorgesetzte muss sich nicht nur für Konflikte, die ihn selbst (mit-)betreffen, sondern auch für Konflikte seiner Mitarbeiter verantwortlich fühlen und durch geeignetes **Konfliktmanagement** zu konstruktiven Konfliktlösungen beitragen. Dabei sollte er möglichst nicht seine Machtposition ausspielen.

Überdurchschnittlich viele bzw. heftige Konflikte lassen Führungsschwäche vermuten. Der Führungserfolg tritt nicht oder nicht im erwarteten Maße ein.

4.2.2.4 MOBBING

Eine ebenfalls konfliktäre Situation ist das Mobbing, das als systematische, sich über längere Zeit erstreckende **zielgerichtete Schikanen** anzusehen ist.

Leymann versteht darunter »eine konfliktbelastete Kommunikation am Arbeitsplatz unter Kollegen oder zwischen Vorgesetzten und Untergebenen, bei der die angegriffene Person unterlegen ist und von einer oder einigen Personen systematisch, oft und während längerer Zeit mit dem Ziel und/oder dem Effekt des Ausstoßes aus dem Arbeitsverhältnis direkt oder indirekt angegriffen wird und dies als Diskriminierung empfindet«.

Es lassen sich unterscheiden:

- **Horizontales Mobbing**, das auf der gleichen Hierarchieebene erfolgt, also unter Kollegen. Meist sind es mehrere Mobber, die gemeinsam aktiv werden. Es ist aber auch möglich, dass Mobber zwar als Einzelne auftreten, aber von still schweigenden Kollegen in ihrer Wirkung gefördert werden. Die Gemobbten symbolisieren das Feindbild einer Gruppe, sie werden als Sündenbock benutzt und als Ventil für Aggressionsabbau *(Kolodej)*.
- **Vertikales Mobbing**, das zwischen Personen unterschiedlicher Hierarchieebenen geschieht. Es kann dabei von oben nach unten oder aber von unten nach oben gehen. In der Praxis wird davon ausgegangen, dass die Beteiligungsrate von Vorgesetzten am Mobbing bei 40 bis 50 Prozent liegt.

Mobbing kann eine Vielzahl einzelner Handlungen umfassen. *Leymann* nennt 45 solcher **Handlungen**, die sich beziehen können auf:

- Angriffe auf Möglichkeiten, sich mitzuteilen
- Angriffe auf soziale Beziehungen
- Angriffe mit Auswirkungen auf das soziale Ansehen
- Angriffe auf die Qualität der Berufs- und Lebenssituation
- Angriffe auf die Gesundheit

Phasen des Mobbing sind typischerweise *(Leymann)*:

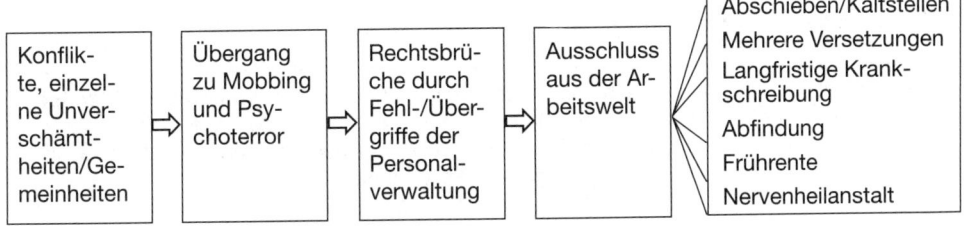

Das Vorhandensein von Mobbing im Unternehmen legt offen, dass es Mängel in der Personalführung gibt. In vielen Fällen stellen **Vorgesetzte** selbst die **Mobber** dar, zum Teil in Verbindung mit Kollegen des Gemobbten. Dieses Führungsverhalten ist nicht akzeptabel, ein langfristiger Führungserfolg wird sich nicht einstellen.

Mobben Vorgesetzte auch selbst nicht, kann es nicht hingenommen werden, wenn sie das Mobbing anderer in ihrem Führungsbereich nicht unterbinden. **Passivität** und **Dulden** solcher Aktivitäten sind ein Zeichen von Führungsschwäche. Das gilt auch für eine mangelnde Sensibilität in Bezug auf Führungssituationen und Probleme der Mitarbeiter, die Anzeichen von Mobbing (noch) nicht erkennen lassen.

49 ⟫ Seite 538

4.2.2.5 FEHLZEITEN

Fehlzeiten sind nicht einheitlich definiert. Was darunter zu verstehen ist, soll die folgende **Klassifizierung** zeigen, bei der unterschieden werden:

- **Fehlzeiten im weiteren Sinne**, die aufgrund von Regelungen in Gesetzen, Tarifverträgen, Betriebsvereinbarungen und Arbeitsverträgen als Ausfallzeiten anfallen. Sie sind **nicht** oder **nur begrenzt beeinflussbar** und kein unmittelbarer Gegenstand der Personalführung.

- **Fehlzeiten im engeren Sinne**, zu denen Krankheit, Kur und Unfall als Ereignisse beim Arbeitnehmer zählen.

Mit ihnen hat sich die Personalführung zu befassen. Sie werden auch als **Absentismus** bezeichnet, worunter »die Abwesenheit vom Arbeitsplatz aufgrund besonderer Einstellungen oder Motivationen ohne ein direktes Krankenbild, aber möglicherweise mit einer vorgeschobenen Krankheit« *(Salowsky)* zu verstehen ist.

Der Vorgesetzte hat Sorge dafür zu tragen, dass »echte« Krankheiten in geringst möglichem Umfang auftreten, soweit dies beeinflussbar ist, z. B. durch eine zweckdienliche Gestaltung des Arbeitsplatzes und der Arbeitsbedingungen sowie eine bestmögliche Verhinderung von Unfällen.

Es ist aber auch die Aufgabe der Vorgesetzten, insbesondere **motivationsbedingt »vorgeschobene« Fehlzeiten** zu minimieren, indem er Maßnahmen ergreift, mit denen die Arbeitszufriedenheit gefördert und das Betriebsklima verbessert wird.

Außer einer mangelhaften Motivation der Mitarbeiter gibt es noch andere **Einflussgrößen** für personenbedingte Abwesenheiten bzw. für deren Ausmaß. Das sind:

- **Persönliche Faktoren**, die bei den Mitarbeitern liegen. Dazu zählen z. B.:

Geschlecht	Die vielfach geäußerte Auffassung, dass **Frauen höhere Fehlzeiten** aufweisen, stimmt nur dann, wenn darin die Zeiten des Mutterschutzes eingerechnet werden. Bei den reinen Krankheitszeiten ist ihr Anteil zum Teil geringer als bei Männern.

Alter	**Jüngere Mitarbeiter** fehlen häufiger als ältere Mitarbeiter, aber mit jeweils kürzerer Dauer. Bei **älteren Mitarbeitern** sind die Häufigkeiten der Fehlzeiten geringer, aber die Anzahl der jeweiligen Fehltage höher.

Die Fehlzeiten wegen Arbeitsunfähigkeit im Hinblick auf Alter und Geschlecht zeigt folgende Abbildung:

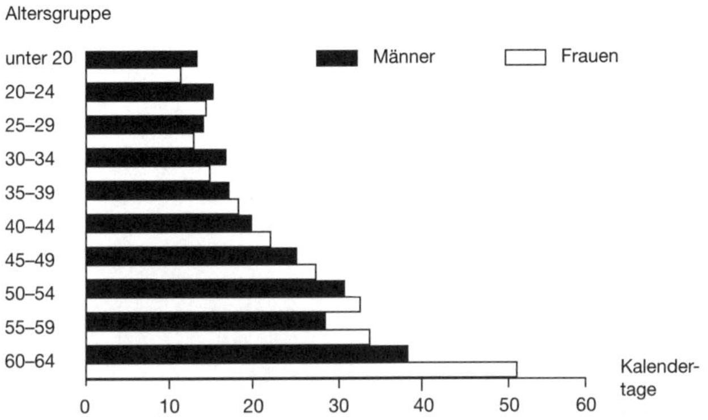

Altersgruppe

Berufliche Stellung	Die Fehlzeiten der **Angestellten** sind niedriger als die Fehlzeiten der **Arbeiter**. Die Unterschiede ergeben sich u. a. aus den unterschiedlichen körperlichen Belastungen sowie der unterschiedlichen Verantwortung und Autonomie bei der Aufgabenerfüllung.

• **Betriebliche Faktoren**, bei denen z. B. unterschieden werden können:

Unternehmensgröße	Je größer ein Unternehmen ist, umso größer sind tendenziell die Fehlzeiten, was wahrscheinlich in der **Anonymität** begründet ist, welche die Hemmschwelle für ein Fernbleiben verringert.
Arbeitsbedingungen	Sie sind in beträchtlichem Maße vom Vorgesetzten **beeinflussbar**, z. B. bei der Gestaltung des Arbeitsplatzes und der Arbeitszeit. Die Arbeitsbedingungen wirken auf die Zufriedenheit der Mitarbeiter und ihr Fehlzeitverhalten.

• **Außerbetriebliche Faktoren**, zu denen zu rechnen sind:

Konjunkturlage	In Zeiten der Hochkonjunktur ist der Krankenstand höher als in schwächeren Konjunkturphasen.
Jahreszeit	Die Fehlzeiten weichen jahreszeitlich deutlich voneinander ab, z. B. (*Dietrich/Vetter/Naji*): 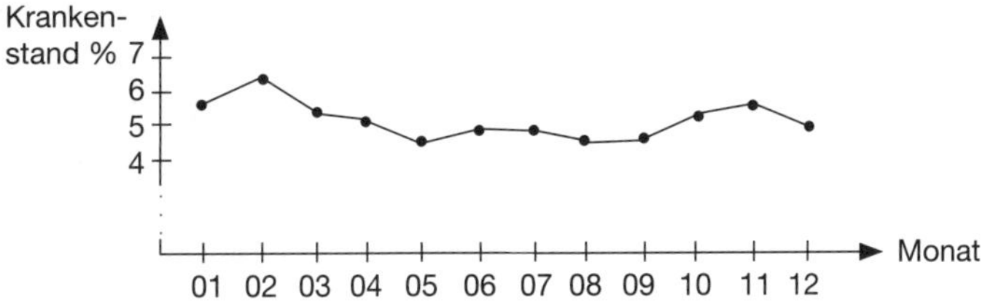

Wochentage	Auch hier sind deutliche Unterschiede bei den Fehlzeiten festzustellen (*Ballier*): 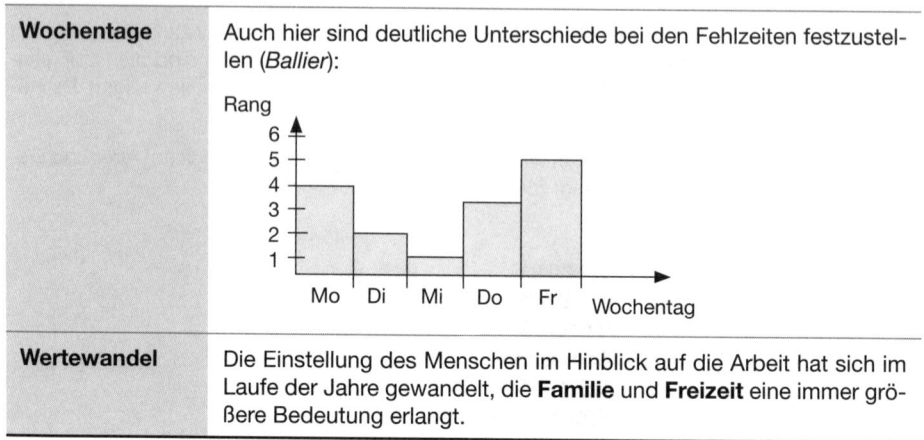
Wertewandel	Die Einstellung des Menschen im Hinblick auf die Arbeit hat sich im Laufe der Jahre gewandelt, die **Familie** und **Freizeit** eine immer größere Bedeutung erlangt.

4.2.2.6 INNERE KÜNDIGUNG

Im Gegensatz zur äußeren Kündigung stellt die innere Kündigung keine einmalige Handlung dar, sondern ein **zeitlich relativ stabiles Verhaltensmuster**, das durch eine ablehnende bis hin zu einer depressiv resignativen Grundhaltung der Arbeitssituation gegenüber gekennzeichnet ist *(Gessau)*.

Die innere Kündigung wird von Mitarbeitern ausgesprochen, die sich im Rahmen ihrer betrieblichen Tätigkeit frustriert und demotiviert fühlen. Sie hat eine bisweilen lang anhaltende **Distanzierung** gegenüber dem Unternehmen zur Folge. Im Gegensatz zum juristischen Akt der äußeren Kündigung vollzieht sich die innere Kündigung für Mitarbeiter oft unbewusst.

Die innere Kündigung beschreibt den »lautlosen Protest« von Menschen, die eine offene Konfliktaustragung in Form der äußeren Kündigung nicht oder noch nicht auf sich nehmen können oder wollen. **Gründe** dafür können vielfältig sein:

- **Probleme im persönlichen Bereich** der Mitarbeiter, z. B. übersteigertes Selbstbewusstsein, unrealistische berufliche Erwartungen, familiäre Probleme.

- **Probleme im betrieblichen Bereich**, z. B. durch ungünstige Arbeitsbedingungen, besondere Belastungen, unzureichende Arbeitsmittel oder aber durch Führungsschwächen und Führungsfehler des Vorgesetzten, wozu z. B. zählen:

▸ Eingriffe in den Aufgabenbereich	▸ Verletzendes Verhalten
▸ Autoritäres Verhalten	▸ Ungerechte Beurteilung
▸ Keine Einbeziehung der Mitarbeiter	▸ Unzureichende Leistungsanreize
▸ Mangelhafte Information	▸ Fehlentscheidungen
▸ Demotivierende Kontrolle	▸ Nichtbeachtung der Mitarbeiter
▸ Willkürliches Verhalten	▸ Unzureichende Kompetenzübertragung
▸ Kein Verständnis für Mitarbeiter	

Die innere Kündigung zeigt sich vor allem in **Veränderungen des Verhaltens** von Mitarbeitern, das sich in folgende Richtung entwickeln kann *(Raidt)*:

▸ Vermeidung von Konflikten	▸ Unausgeschöpfte Kompetenzen
▸ Typischer Ja-Sager	▸ Gelassene Hinnahmen von Eingriffen in Delegationsbereich
▸ Anschluss an die Mehrheit	
▸ Keine Vorschläge/Kritik	▸ Kein Karriere-Interesse (mehr)
▸ Verdeckter Konformismus	▸ Zurückhaltendes Auftreten
▸ Keine/nur positive Kommentierung von Chef-Entscheidungen	▸ Sehr angenehm im Umgang
	▸ Zunehmende Fehlzeiten

Die innere Kündigung kann zur äußeren Kündigung führen und damit zur **Fluktuation**.

Mit ihrer frustrierten und negativen Einstellung stecken innerlich kündigende Mitarbeiter ihr personelles Umfeld an. Erfolgsfaktoren für die Wettbewerbsfähigkeit der Unternehmen wie Kreativität, Innovation, Zeit, Kosten, Qualität, werden durch die innere Kündigung als Ausdruck der Leistungsverweigerung schwer belastet *(Krystek/Becherer/Deichelmann)*.

Deshalb muss der Vorgesetzte fehlerhaftes Führungsverhalten abstellen und Schritte einleiten, welche innerlich gekündigte Mitarbeiter wieder zu motivierten Mitarbeitern machen, was jedoch kein einfaches Unterfangen ist.

4.2.2.7 FLUKTUATION

Was unter Fluktuation zu verstehen ist, wird sehr unterschiedlich umrissen. So ist es z. B. möglich, als Fluktuation anzusehen:

- Jeden Personalabgang des Unternehmens
- Personalabgänge aufgrund beiderseitiger Vereinbarung oder Kündigung
- Personalabgänge als autonome Entscheidungen von Mitarbeitern.

Die letzte Fassung des Fluktuationsbegriffes soll die Grundlage der weiteren Betrachtung sein. Der Mitarbeiter scheidet **freiwillig** aus dem Unternehmen, um in einem anderen Unternehmen eine neue Tätigkeit aufzunehmen. Dabei sind für seine Entscheidung vor allem drei **Faktoren** bedeutsam *(Sabathil)*:

- Die individuelle Einschätzung der Arbeitsplatzsicherheit
- Die individuelle Einschätzung der Arbeitsmarktchancen
- Die Arbeitszufriedenheit als hauptsächlicher Faktor.

Ergänzend haben z. B. als Faktoren einen **Einfluss**:

▸ Geschlecht	▸ Monetäre Faktoren
▸ Lebensalter	▸ Ausbildungsniveau
▸ Familienstand	▸ Dauer der Betriebszugehörigkeit
▸ Technologische Faktoren	▸ Berufliche Stellung
▸ Soziale Faktoren	▸ Wirtschaftslage

Das **Fluktuationsverhalten** der Arbeitnehmer kann in **vier Typen** eingeteilt werden, wobei als Indikatoren die Identifikation mit der Arbeit und die Identifikation mit dem Unternehmen zu Grunde gelegt werden *(Krenz-Maes)*:

	Hohe Identifikation mit der Unternehmensorganisation	**Niedrige** Identifikation mit der Unternehmensorganisation
Hohe Identifikation mit der Arbeit und Arbeitsumfeld	Star*	Einsamer Wolf **
Niedrige Identifikation mit der Arbeit und Arbeitsumfeld	Unternehmensbürger***	Innerer Emigrant****

* Sein ganzes Bemühen gilt dem Unternehmen und seinen Kollegen. Er fehlt nur aus Krankheitsgründen.

** Er verlässt das Unternehmen, wenn er bessere aufgabenbezogene Möglichkeiten an einem anderen Ort sieht.

*** Wichtig ist ihm die Erfüllung von Rollen- und Verhaltenserwartungen, denen er sich ausgesetzt fühlt.

**** Er bleibt aus schlichtem Nutzenkalkül im Unternehmen.

Die durch die Fluktuation verursachten **Kosten** sind **erheblich**.

Abschließend sei darauf hingewiesen, dass eine überdurchschnittliche Fluktuation den Führungserfolg zwar negativ beurteilen lässt. Es wäre aber falsch anzunehmen, die Fluktuation wäre ausschließlich nachteilig für das Unternehmen, denn:

• Müssen Arbeitsplätze abgebaut werden, hilft die Fluktuation, soziale Härtefälle und Imageverluste zu vermeiden.

• Frei werdende Arbeitsplätze können mit leistungsfähigeren und/oder erfahreneren Mitarbeitern besetzt werden.

• Das Klima in der Arbeitsgruppe kann sich verbessern, wenn ein unmotivierter Mitarbeiter ausscheidet.

• Fluktuieren mehrere Mitarbeiter gleichzeitig, kann dies der Personalplanung größere Gestaltungsmöglichkeiten eröffnen.

Die Fluktuation sollte mithilfe eines geeigneten **Fluktuationsmanagements** beeinflusst werden, in deren Mittelpunkt die **Fluktuationsanalyse** steht.

	KONTROLLFRAGEN	bear- beitet	Lösungs- hinweise	Lö- sung	
				+	-
01	Was versteht man unter Führung?		211		
02	Worin unterscheiden sich Unternehmensführung und Personalführung?		211		
03	Was umfasst die Unternehmensführung im weiteren bzw. im engeren Sinne?		211		
04	Welche Arten der Personalführung lassen sich unterscheiden?		211		
05	Worauf beruht die veränderte Bedeutung der Personalführung?		212		
06	Worin bestehen die fünf grundlegenden Aufgaben der Personalführung?		212 f.		
07	Welche Aufgaben hat der Vorgesetzte?		213		
08	Beschreiben Sie die Machtgrundlagen des Vorgesetzten!		213 f.		
09	Welche Typen von Vorgesetzten können unterschieden werden?		214		
10	Nennen und erläutern Sie Kriterien, nach denen Mitarbeiter unterschieden werden können!		215		
11	Nennen und erläutern Sie die Arten von Motiven!		215		
12	Inwieweit sind Motive der Mitarbeiter bei der Personalführung bedeutsam?		215		
13	Welche Typen von Mitarbeitern lassen sich unterscheiden?		215 f.		
14	Was versteht man unter Gruppen und wie lassen sie sich unterscheiden?		216		
15	Welche gruppenorientierten Führungsstile lassen sich bei welchen unterschiedlichen Gruppenmitgliedern anwenden?		216 f.		
16	Wozu dienen Weisungen und wo liegen ihre Grenzen?		217 f.		
17	Erläutern Sie, in welchen Formen Weisungen erfolgen können!		218		
18	Geben Sie Beispiele für unzulässige bzw. bedingt zulässige Weisungen!		218 f.		
19	Was sind Führungsmittel?		219		
20	Wovon hängt es ab, welche Führungsmittel von der Führungskraft genutzt werden?		219		
21	Worin unterscheiden sich Führungsmittel und Führungstechniken?		220		
22	Wie werden Führungstechniken auch noch genannt?		220		
23	Was ist unter Führungsmodellen zu verstehen?		220		
24	Wie läuft ein Führungsprozess ab, wann sind dabei Maßnahmen der Steuerung erforderlich?		221		
25	Beschreiben Sie die Führungsebenen und die jeweiligen Tätigkeitsschwerpunkte!		221		
26	Was sind Ziele und welche Dimensionen umfassen sie?		222		
27	Was sollte beim zweckmäßigen Einsatz der Ziele als Führungsmittel beachtet werden?		222		

28	Was versteht man unter dem Top-down-Prinzip, Bottom-up-Prinzip und dem Gegenstromverfahren?		222		
29	Wie können Mitarbeiter bei der Zielbildung beteiligt werden?		223		
30	In welchen Phasen läuft ein Zielbildungsprozess ab?		223		
31	Erläutern Sie die Ziele mit unterschiedlichem Formalisierungsgrad und unterschiedlicher Bedeutung!		223 f.		
32	Welche Ziele lassen sich ihrer unterschiedlichen hierarchischen Beziehung nach unterscheiden?		224		
33	Was sind Ziele mit unterschiedlichem Inhalt und unterschiedlichem Zusammenhang!		225		
34	Welche Ziele werden im Hinblick auf ihre Fristigkeit unterschieden?		226		
35	Was versteht man unter Management bei Objectives und auf welchen Elementen basiert es?		226		
36	Welche Voraussetzungen gelten für die Einsetzbarkeit des Management by Objectives?		227		
37	Wie ist die Eignung des Management by Objectives zu beurteilen?		227 f.		
38	Was sind Pläne und worauf basieren sie?		228		
39	Beschreiben Sie die Grundsätze der Planung!		228		
40	In welchen Phasen läuft die Planung ab?		229		
41	Welche Pläne lassen sich nach dem Zeitbezug unterscheiden?		229		
42	Beschreiben Sie, welche Pläne nach unterschiedlicher Ausrichtung und unterschiedlichem Umfang unterschieden werden können!		229 f.		
43	Erläutern Sie, welche Pläne es nach ihrer unterschiedlichen Verbindlichkeit gibt!		230		
44	Welche Forderungen sind an Pläne im Hinblick auf die Motivation der Mitarbeiter zu stellen?		230 f.		
45	Was versteht man unter Kontrolle und woraus besteht sie?		231		
46	Welche Funktionen obliegen der Kontrolle?		231		
47	Welche Kontrollarten lassen sich hinsichtlich ihrer unterschiedlichen Objekte und Träger unterscheiden?		231		
48	Worin unterscheiden sich Gesamt- und Stichprobenkontrolle?		232		
49	Wie sollte die Kontrolle aus Motivationsgründen erfolgen?		232		
50	Aus welchen Gründen wird Kontrolle oftmals abgelehnt?		232		
51	Was versteht man unter Information und welche Bedeutung hat sie als Führungsmittel?		233		
52	Worin unterscheiden sich vollkommene und unvollkommene Informationen?		234		
53	Welche zweckbezogenen Informationen lassen sich unterscheiden?		234		
54	Wie werden Informationen über Personal gewonnen?		234		
55	Wie können Informationen an Personal übermittelt werden und in welchen Formen?		234		
56	Welche Bedeutung haben Informationen von Personal?		235		
57	Was versteht man unter Visualisierung und welchen Nutzen hat sie?		235		

58	Welche Visualisierungsmittel gibt es?		235		
59	Wie erfolgt die Präsentation?		235 f.		
60	Wozu dient die Moderation?		236		
61	Was ist Kommunikation?		236		
62	Wovon hängt der erfolgreiche Einsatz der Kommunikation ab?		236		
63	Was ist soziale Kommunikation?		237		
64	Worin unterscheiden sich verbale und nicht verbale Kommunikation?		237		
65	Worin unterscheiden sich Gespräch und Besprechung?		237 f.		
66	Beschreiben Sie die möglichen Arten von Gesprächen!		237		
67	Welche Arten von Besprechungen gibt es?		238		
68	Was versteht man unter einer Konferenz?		238		
69	Erläutern Sie, welche Arten von Konferenzen es gibt!		238		
70	Worin unterscheidet sich die Versammlung von der Konferenz?		238		
71	Welche Formen nicht verbaler Kommunikation können unterschieden werden?		238 f.		
72	Worauf können Kommunikationsstörungen beruhen und wie sind sie zu beseitigen?		239		
73	Nennen und beschreiben Sie die Kommunikationstechniken!		239 f.		
74	Was umfassen die Arbeitsbedingungen?		240 f.		
75	Was ist Kooperation?		241		
76	Was ist Delegation und aus welchen Elementen besteht sie?		241 f.		
77	Was versteht man unter der Aufgabe?		242		
78	Welche Arten von Kompetenz lassen sich unterscheiden?		242 f.		
79	Was ist unter Handlungsverantwortung und Führungsverantwortung zu verstehen?		243		
80	Wie sollten Aufgabe, Kompetenz und Verantwortung dimensioniert sein?		243		
81	Beschreiben Sie, was unter dem Management by Exception zu verstehen ist und wie seine Eignung zu beurteilen ist!		243 f.		
82	Erläutern Sie das Management by Delegation!		244		
83	Welche Voraussetzungen gelten für die Einsetzbarkeit des Management by Delegation und wie ist sie zu beurteilen?		245		
84	Beschreiben Sie das Harzburger Modell!		245 f.		
85	Was ist unter Partizipation zu verstehen?		246		
86	Welche Arten der Partizipation können grundlegend unterschieden werden?		246 f.		
87	Beschreiben Sie das betriebliche Vorschlagswesen als Maßnahme der Partizipation!		246 f.		
88	Inwieweit bestehen Beteiligungsrechte des Betriebsrates beim betrieblichen Vorschlagswesen?		247		
89	Was versteht man unter Qualitätszirkeln?		247		
90	Nennen Sie Ziele und Merkmale von Qualitätszirkeln!		247 f.		

91	Wozu dient die Personalbeurteilung?		248 f.		
92	Welche Ziele werden mit der Personalbeurteilung verfolgt?		249		
93	Worin sind Probleme bei der Personalbeurteilung zu sehen?		250		
94	Wer beurteilt bei der Personalbeurteilung üblicherweise wen?		250		
95	Wie ist die Selbstbeurteilung zu bewerten?		250		
96	Wie schätzen Sie die Vorteilhaftigkeit der Kollegenbeurteilung ein?		250		
97	Wie bewerten Sie die Eignung der Vorgesetztenbeurteilung?		250 f.		
98	Wie ist die Eignung der 360°-Beurteilung einzuschätzen?		251		
99	Wo liegen die Unterschiede bei der Leistungsbeurteilung und der Potenzialbeurteilung?		251 f.		
100	Worin unterscheiden sich systematische und systemlose Personalbeurteilung?		252		
101	Welche Arten der Personalbeurteilung lassen sich nach ihrer Regelmäßigkeit und Differenzierung unterscheiden?		252		
102	Erläutern Sie, was unter quantitativer und qualitativer Personalbeurteilung zu verstehen ist!		252		
103	Welche Arten der Personalbeurteilung gibt es nach ihrem Umfang?		253		
104	Durch welche Faktoren werden die Beurteilungsmethoden bestimmt?		253		
105	Geben Sie einen Überblick über die möglichen Beurteilungskriterien!		253 ff.		
106	Wie lässt sich die Gewichtung der Beurteilungskriterien durchführen und beurteilen?		256		
107	Beschreiben Sie das Skalenverfahren!		257 f.		
108	Welcher Skalenarten kann es sich bedienen?		257		
109	Wie wird beim Rangordnungsverfahren gearbeitet?		258		
110	Beschreiben Sie die Methode der kritischen Vorfälle!		258 f.		
111	Wann kann das Vorgabevergleichsverfahren angewendet werden?		259		
112	Erläutern Sie den Verlauf der Beurteilungskurven nachsichtiger, strenger und vorsichtiger Beurteiler!		260		
113	Welche Aufgaben müssen bei der Eigenentwicklung eines Personalbeurteilungssystems erledigt werden?		261 f.		
114	Was ist bei der Vorbereitung des Einsatzes von Personalbeurteilungssystemen zu berücksichtigen?		262		
115	Erläutern Sie, in welchen Schritten die Personalbeurteilung durchgeführt wird!		262 f.		
116	Welche Beurteilungsfehler können sich bei der Personalbeurteilung ergeben?		262		
117	Was sollte bei der Vorbereitung, Durchführung und Aufbereitung des Beurteilungsgespräches beachtet werden?		263		
118	Was versteht man unter Kritik?		264		
119	Wie kann positive bzw. negative Kritik erfolgen?		264		
120	Inwieweit ist die Personalentlohnung als Führungsmittel anzusehen?		265		
121	Wie ist die Personalentwicklung als Führungsmittel zu sehen?		265 f.		

122	Was wird unter dem Status verstanden?	266		
123	Inwieweit sind Statussymbole als Führungsmittel verwendbar und welche können sich dafür anbieten?	266		
124	Was versteht man unter dem Führungsstil?	267		
125	Inwieweit ist ein optimaler Führungsstil generell bestimmbar?	267		
126	Beschreiben Sie den aufgabenorientierten Führungsstil!	267		
127	Wie werden aufgabenorientiert führende Vorgesetzte nach Untersuchungen von *Halpin/Winer* und *Pelz* von ihren Mitarbeitern beurteilt?	267 f.		
128	Wodurch ist der personenorientierte Führungsstil gekennzeichnet?	268		
129	Welche Probleme weist das Konzept des Führungsstiles auf?	268		
130	Worin unterscheiden sich eindimensionale und mehrdimensionale Führungsstile?	268 ff.		
131	Beschreiben Sie den autoritären Führungsstil!	269		
132	Wie ist die Stellung des Vorgesetzten beim autoritären Führungsstil und welchen Anforderungen sollte er gerecht werden?	269		
133	Wie wird der Untergebene beim autoritären Führungsstil gesehen und welche Anforderungen sind an ihn zu stellen?	270		
134	Beurteilen Sie den autoritären Führungsstil!	270		
135	Beschreiben Sie das Kontinuum der Führungsstile!	270		
136	Was versteht man unter dem kooperativen Führungsstil?	271		
137	Nennen Sie Anforderungen, die an einen kooperativ führenden Vorgesetzten zu stellen sind!	271		
138	Welche Anforderungen muss ein kooperativ geführter Mitarbeiter erfüllen?	271		
139	Wie ist der kooperative Führungsstil zu beurteilen?	271		
140	Beschreiben Sie den bürokratischen und patriarchalischen Führungsstil!	272		
141	Warum könnte man den Laissez-faire-Führungsstil eher als »Nicht-Führungsstil« bezeichnen?	272		
142	Wodurch zeichnet sich ein zweidimensionaler Führungsstil aus und wie kann er dargestellt werden?	272		
143	Nennen Sie die fünf typischen Führungsstile, die aus dem Verhaltensgitter abgeleitet werden können!	273		
144	Weshalb kann es schwierig sein, den 9.9-Führungsstil zu praktizieren?	273		
145	Charakterisieren Sie das 3-D-Konzept von *Reddin*!	273 f.		
146	Nennen Sie die situativen Elemente der Effektivität!	274		
147	Welche Führungsstile werden als Grundstil unterschieden?	274		
148	Was sind ineffektive bzw. effektive Führungsstile?	274 f.		
149	Inwieweit gibt es den einzig richtigen Führungsstil?	275		
150	Was versteht man unter dem Führungserfolg?	275		
151	Welche Faktoren beeinflussen den Führungserfolg vorrangig?	276		
152	Welche Merkmale weist der Vorgesetzte führungsbezogen auf?	276		
153	Was ist Autorität und welche Formen können unterschieden werden?	276		

184	Welche Aufgaben hat der Vorgesetzte im Hinblick auf Mobbing?		286		
185	Was sind Fehlzeiten?		286		
186	Welche Maßnahmen kann der Vorgesetzte ergreifen, um Fehlzeiten zu minimieren?		286		
187	Welche Gründe gibt es für personenbedingte Abwesenheiten?		286		
188	Beschreiben Sie die persönlichen Faktoren, die auf Fehlzeiten einen Einfluss haben!		286 f.		
189	Welche betrieblichen Faktoren sind für Fehlzeiten von Bedeutung?		287		
190	Nennen Sie außerbetriebliche Faktoren, die einen Einfluss auf Fehlzeiten haben!		287 f.		
191	Was versteht man unter innerer Kündigung!		288		
192	Welche Gründe kann es für eine innere Kündigung geben?		288		
193	Nennen Sie Beispiele für Probleme im betrieblichen Bereich, die zu einer inneren Kündigung führen können!		288		
194	Welche Veränderungen im Verhalten eines Mitarbeiters sind feststellbar, der innerlich gekündigt hat?		289		
195	Welche Auswirkungen kann eine innere Kündigung im Umfeld des betreffenden Mitarbeiters haben?		289		
196	Welche Vorgänge lassen sich als Fluktuation bezeichnen?		289		
197	Auf welche Vorgänge sollte der Fluktuations-Begriff zweckmäßigerweise begrenzt werden?		289		
198	Welche Faktoren sind für einen Mitarbeiter bedeutsam, der eine Fluktuation erwägt?		289		
199	Beschreiben Sie die Typen, die nach ihrem Fluktuationsverhalten unterschieden werden können!		290		
200	Wie ist die Fluktuation aus Unternehmenssicht einzuschätzen?		290		

F. PERSONALENTLOHNUNG

Die Personalentlohnung umfasst alle Maßnahmen, die mit der Bereitstellung finanzieller Leistungen eines Unternehmens an bzw. für seine Arbeitnehmer zusammenhängen. Sie ist die Gegenleistung für die von den Arbeitnehmern erbrachten Arbeitsleistungen und kann in Form von geldlichen Leistungen und geldwerten Leistungen erfolgen.

Geldliche Leistungen sind z. B. Löhne, Zulagen, Zuschläge, Gratifikationen, Prämien, die Arbeitnehmern gezahlt werden. **Geldwerte Leistungen** können z. B. privat nutzbare Dienstfahrzeuge oder mietfreie Dienstwohnungen sein.

Die Personalentlohnung ist auch Gegenstand der **Personalführung.** Mit ihr soll nicht nur die Arbeitsleistung vergütet werden, sie hat auch die Aufgabe, dem Arbeitnehmer als Anreiz zu dienen. Wie hoch ihr motivierender Charakter ist, lässt sich nicht genau sagen. Auch wenn es als sicher gelten darf, dass dem Entgelt als Anreiz keine exklusive Bedeutung zukommt, so ist sein Stellenwert innerhalb des gesamten Potenzials an Führungsmitteln dennoch hoch anzusetzen *(Richter)*.

Im Bereich der Personalentlohnung gibt es eine Vielzahl von **Begriffen,** die sehr **unterschiedlich definiert** und einander **zugeordnet** werden. Um Unklarheiten zu begrenzen, sollen grundlegende Begriffe zunächst geklärt werden:

- Die **Entlohnung** als allgemeiner Begriff für alle Maßnahmen, die mit der Bereitstellung finanzieller Leistungen eines Unternehmens an bzw. für seine Arbeitnehmer zusammenhängen, kann gleichermaßen als **Vergütung** bezeichnet werden. Beide Begriffe entsprechen sich inhaltlich.

- Das **Entgelt** dient als Sammelbegriff für alle geldlichen und geldwerten Leistungen, die dem einzelnen Arbeitnehmer erbracht werden. Im Sinne dieses Sammelbegriffes kann auch hier von **Vergütung** gesprochen werden. Das Entgelt bzw. die Vergütung als Leistungsbegriff setzt sich zusammen aus:

  ▸ Dem **Lohn,** der aus dem Grundlohn und dem ergänzenden Lohn besteht
  ▸ Den **sonstigen Entgeltteilen,** die kein Lohn sind

Der Lohn schließt als Oberbegriff – wie zuvor beschrieben – auch das **Gehalt** ein. *Im engeren Sinne* wird er gegenüber dem Gehalt abgegrenzt. Danach erhalten **Arbeiter** einen Lohn und **Angestellte** ein Gehalt.

Nachfolgend sollen die Zusammenhänge verdeutlicht werden:

Entgelt = Vergütung			
Lohn		**Sonstige Entgeltteile**	
Grundlohn	**Ergänzender Lohn**	**Vergütung besonderer Mitarbeiterleistungen**	**Erfolgsabhängige Vergütung**
in Form der Lohnformen	als Ergänzung des Grundlohnes	▸ Erfindervergütungen	▸ Erfolgsbeteiligung
▸ Zeitlohn	▸ Prämien		▸ Leistungsabhängige Jahreszahlungen
▸ Akkordlohn	▸ Zuschläge/Zulagen		

▸ Prämienlohn ▸ Pensumlohn **Lohn ohne Leistung** ▸ Krankheit ▸ Kur/Heilverfahren ▸ Persönliche Verhinderung ▸ Urlaub ▸ Feiertage	▸ Gratifikationen ▸ Sonstige Zuwendungen	▸ Verbessungsvorschlagsprämien	▸ Tantiemen ▸ Provisionen ▸ Kapitalbeteiligung

- Die **Personalkosten** umfassen alle Leistungen des Unternehmens, die den Mitarbeitern direkt oder indirekt geldlich oder geldwert gewährt werden. Sie werden auch als **Arbeitskosten** bezeichnet und setzen sich aus dem Entgelt und weiteren Leistungen zusammen, z. B. den Pflichtbeiträgen zur Renten-, Kranken-, Arbeitslosen-, Pflege-, Unfallversicherung.

Die Personalkosten können dementsprechend unterschieden werden in:

Personalbasiskosten	Sie stehen in unmittelbarem Zusammenhang mit der Leistungserstellung.
Personalzusatzkosten	Sie gehen über die Kosten hinaus, die in unmittelbarem Zusammenhang mit der Leistungserstellung stehen und machen zurzeit im Durchschnitt über 80 % der Personalbasiskosten aus. Die Personalzusatzkosten müssen teilweise aufgrund gesetzlicher Vorschriften oder Vereinbarungen in Tarifverträgen gewährt werden, zum anderen Teil erfolgt ihre Gewährung freiwillig durch die Unternehmen.

Für die Personalbasiskosten und Personalzusatzkosten gibt es eine kaum zu überschauende Fülle gleicher oder ähnlicher Begriffe:

Personalbasiskosten	**Personalzusatzkosten**
▸ Direktvergütung/-entgelt ▸ Direkter Lohn ▸ Leistungsvergütung/-entgelt ▸ Leistungslohn ▸ Personalbasisaufwand ▸ Erster Lohn	▸ Indirekte Vergütung/Entgelt/Lohn ▸ Sozialvergütung/-entgelt/-lohn ▸ Soziallohn ▸ Personalzusatzaufwand ▸ Unsichtbarer Lohn/Entgelt ▸ Personal-/Lohnnebenkosten ▸ Sozialaufwand/-leistungen ▸ Neben-/Zusatzleistungen

Die Personalkosten entsprechen weder dem Lohn noch dem Entgelt. Sie gehen darüber hinaus, denn Personalzusatzkosten sind sowohl im Lohn bzw. Entgelt enthalten, fallen aber auch noch zusätzlich zum Lohn bzw. Entgelt an.

Die Trennung von Personalbasiskosten und Personalzusatzkosten wird in diesem Kapitel weiter beschäftigen, da sie die Voraussetzung dafür ist, die Diskussion über die **»zu hohen Personalkosten«** in Deutschland sachkundig führen und geeignete Maßnahmen ergreifen zu können.

Im Jahre 2005 sind Personalkosten in folgenden Höhen angefallen:

Land	€/Std.	Land	€/Std.	Land	€/Std.
Norwegen	29,45	Österreich	22,16	Spanien	17,25
Dänemark	28,33	Frankreich	21,38	Griechenland	11,11
Deutschland (West)	27,87	Großbritannien	20,47	Portugal	7,37
Finnland	25,98	Irland	19,47	Tschechien	5,04
Belgien	25,64	USA	19,27	Ungarn	4,88
Schweiz	25,56	Japan	17,90	Slowakei	4,06
Niederlande	25,45	Italien	17,71	Polen	3,80
Schweden	23,67	*Deutschland (Ost)*	17,37		

Das Entgelt kann bezüglich der **Zahl** zu vergütender **Arbeitskräfte** sein:

- Ein **Einzelentgelt**, das dem einzelnen Mitarbeiter aufgrund der von ihm erbrachten Leistungen gewährt wird.

- Ein **Gruppenentgelt**, das für die Gesamtleistung einer Arbeitsgruppe bezahlt wird, wie dies in jüngerer Zeit häufiger vorkommt, z. B. bei teilautonomen Gruppen. Dabei kann es zu **Verteilungskonflikten** kommen, wenn die Gruppenleistung den einzelnen Gruppenmitgliedern nicht zurechbar ist bzw. die Leistungsanteile der Gruppenmitglieder als gleich angenommen werden, einzelne oder mehrere Gruppenmitglieder dies jedoch anders beurteilen.

Geldliche Leistungen können erfolgen als:

- **Bruttoentgelte**, die meist üblich sind. Von ihnen ist auszugehen, wenn nur ein bestimmtes Entgelt ohne nähere Kennzeichnung vereinbart wurde. Der Arbeitnehmer erhält den um die Lohnsteuer und, sofern er sozialversicherungspflichtig ist, um den Arbeitnehmeranteil zur Sozialversicherung gekürzten Betrag als Nettoentgelt ausgezahlt.

- Bei Vereinbarung eines **Nettoentgeltes** muss der Arbeitgeber dem Arbeitnehmer den vereinbarten Betrag in voller Höhe auszahlen und außerdem die Lohnsteuer sowie ggf. den Arbeitnehmeranteil zur Sozialversicherung abführen.

Der Lohn ist in Euro zu berechnen und **bar** auszuzahlen. Durch eine Regelung im Tarifvertrag, einer Betriebsvereinbarung oder im Arbeitsvertrag kann jedoch die **Überweisung** auf das Konto des Arbeitnehmers »barzahlungsgleich« erfolgen.

Als **Naturallohn** geleistetes Entgelt kann zulässig sein, wenn es den Geldlohn ergänzt, z. B. in Form eines Deputates bei Brauereien, im Bergbau oder in der Landwirtschaft oder durch Stellung von Unterkunft und Verpflegung.

Der **Zahlungsort** i.S.d. Erfüllungsortes des Entgeltes ist nach § 269 BGB der Betriebssitz des Arbeitgebers, d.h. es besteht eine **Holschuld**. Üblicherweise werden über den Zahlungsort jedoch vertragliche Regelungen getroffen.

Zum **Zahlungszeitpunkt** i.S.d. Fälligkeit des Entgeltes regelt § 614 BGB, dass die Vergütung *nach* der Arbeit zu entrichten ist. Durch vertragliche Vereinbarungen kann der Zahlungszeitpunkt auch abweichend hiervon festgelegt werden, z. B. auf einen bestimmten Tag des Monats oder der Woche.

Im Hinblick auf Zeit, Ort und Art der Auszahlung des Entgeltes hat der Betriebsrat ein **Mitbestimmungsrecht** gemäß § 87 Abs. 1 Nr. 4 BetrVG, sofern gesetzliche oder tarifliche Regelungen nicht bestehen. Kommt keine Einigung zu Stande, entscheidet die **Einigungsstelle**, deren Spruch die Einigung ersetzt.

Im Rahmen der Personalentlohnung sollen nachfolgend behandelt werden:

	Grundlagen
Personal-entlohnung	Lohnfindung
	Entgelt
	Personalkosten

1. GRUNDLAGEN

Die Personalentlohnung ist ein konfliktträchtiger Bereich, da es den »**gerechten**« Lohn nicht gibt. Deshalb soll zunächst auf die Fragen der Lohnhöhe und Lohngerechtigkeit und sodann auf Rechtsgrundlagen eingegangen werden:

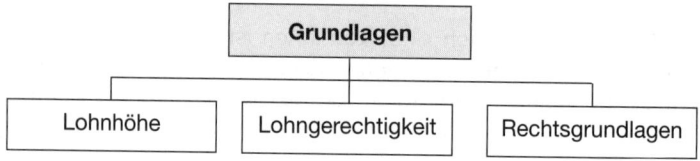

1.1 LOHNHÖHE

Die Lohnhöhe als der Betrag, der Arbeitnehmern für die von ihnen erbrachten Arbeitsleistungen entgolten wird, ist nach *Kosiol* unter zwei Aspekten zu sehen:

• Der **absoluten Lohnhöhe**, die sich im Vergleich zu anderen Unternehmen – z. B. der gleichen Branche – als Lohnniveau im Unternehmen ergibt. Sie lässt sich vom einzelnen Unternehmen nur in recht begrenztem Umfang gestalten.

  Die Tarifverträge bestimmen meist die absolute Lohnhöhe, jedoch nur ihre Untergrenze. In der Praxis liegt die tatsächliche Lohnhöhe vielfach über der tarifvertraglich vereinbarten Lohnhöhe, besonders in Zeiten guter Konjunktur, um Arbeitnehmer an das Unternehmen zu binden, oder bei Fachkräften.

• Der **relativen Lohnhöhe**, die sich aus der Differenzierung der Löhne innerhalb des Unternehmens ergibt. Um sie festzulegen, bedarf es zweier Entscheidungen, die sich beziehen auf:

Lohnsätze	Sie müssen nach Maßgabe der Schwierigkeitsgrade der verschiedenen Tätigkeiten ermittelt werden, was mithilfe der **Arbeitsbewertung** geschieht.
Lohnformen	Sie sind als **Zeitlöhne, Akkordlöhne, Prämienlöhne und Pensumlöhne** aufgabengerecht zu gestalten, wobei gegebenenfalls auch Zuschläge zu berücksichtigen sind.

Die Lohnhöhe soll den von den Arbeitnehmern erbrachten Leistungen entsprechen. *Kosiol* bezeichnet dies als **Prinzip der Äquivalenz von Lohn und Leistung.**

1.2 LOHNGERECHTIGKEIT

Die Personalentlohnung muss darauf angelegt sein, eine möglichst gerechte Verteilung der Löhne, aber natürlich auch der übrigen Teile des Entgeltes, zu gewährleisten. Indessen gibt es eine **absolute Lohngerechtigkeit** nicht. Objektive Maßstäbe zu ihrer Beurteilung fehlen, sie ist ein ethischer Wert.

Es kann lediglich versucht werden, eine **relative Lohngerechtigkeit** herbeizuführen. Sie ist das Ergebnis von Verhandlungen zwischen den Arbeitgebern und den Arbeitnehmern, die individuell von diesen oder von deren Organisationen geführt werden. Um die relative Lohnhöhe festlegen zu können, bedient man sich mehrerer »Teil«gerechtigkeiten, die es im Rahmen der Lohnfindung gibt:

- Der **Anforderungsgerechtigkeit**, bei welcher der Schwierigkeitsgrad der Arbeitsaufgaben im Rahmen der Arbeitsbewertung festgestellt und bei der Entlohnung berücksichtigt wird.

- Der **Qualifikationsgerechtigkeit**, bei der in Betracht gezogen wird, welche Qualifikationen, insbesondere auch Vielseitigkeiten, die Arbeitnehmer aufweisen.

- Der **Leistungsgerechtigkeit**, welche durch die Leistungsbewertung gefördert werden kann, die sich auf quantitative und qualitative Leistungen bezieht.

- Der **Marktgerechtigkeit**, die sich an den Gegebenheiten des Arbeitsmarktes orientiert, die besonders regional und konjunkturell unterschiedlich sein können.

- Der **Sozialgerechtigkeit**, bei der soziale Faktoren berücksichtigt werden, z. B. Lebensalter, Familienstand, Kinderzahl.

Wenn von Gerechtigkeit gesprochen wird, bezieht sich das auch auf die Gerechtigkeit, die den verschiedenen Gruppen zu Arbeitnehmern untereinander zuteil werden soll. Hier gibt es das **Gleichbehandlungsprinzip**, das die Gleichbehandlung sicherstellen soll, z. B. zwischen Vollzeit- und Teilzeitarbeitskräften. Im Übrigen ist seit 08/2006 das Allgemeine **Gleichbehandlungsgesetz** (AGG) zu beachten, z. B. im Hinblick auf Frauen und Männer.

1.3 RECHTSGRUNDLAGEN

Das **Grundgesetz** ist die Rechtsnorm, an der sich alle anderen deutschen Rechtsvorschriften ausrichten müssen. Zunehmende Bedeutung kommt dem **Europäischen**

Recht zu, welches das Deutsche Recht überlagert. Weitere bedeutsame Rechtsgrundlagen sind:

- **Gesetze**

- **Tarifverträge**

- **Betriebsvereinbarungen**

- **Arbeitsverträge.**

Als nicht »festgeschriebene« Rechtsgrundlage ist weiterhin die **betriebliche Übung** zu beachten, die dem Gewohnheitsrecht ähnlich ist. Die Rechtssprechung geht davon aus, dass finanzielle Leistungen eines Arbeitgebers nur bei der erstmaligen Gewährung wirklich freiwillig sind und bei mehrmaliger Gewährung ein **Rechtsanspruch** entsteht, es sei denn, dass der Arbeitgeber sich die Einmaligkeit und Freiwilligkeit vorbehalten hat *(Bröckermann)*.

1.3.1 Gesetze

Viele Gesetze enthalten die Personalentlohnung betreffende Regelungen, z. B. das Arbeitnehmererfindungsgesetz, Betriebsverfassungsgesetz, Bundesurlaubsgesetz, Bürgerliches Gesetzbuch, Entgeltfortzahlungsgesetz, Handelsgesetzbuch, Tarifvertragsgesetz, 5. Vermögensbildungsgesetz sowie die Gewerbeordnung und das Sozialgesetzbuch (SGB IX, Schwerbehindertenrecht).

1.3.2 Tarifverträge

Tarifverträge haben starke Auswirkungen auf die Personalentlohnung, z. B.:

- **Manteltarifverträge**, die z. B. Regelungen über allgemeine Entlohnungsbestimmungen, Zeitlohnarbeit, Akkordarbeit, Zuschläge, Einstufungen, Lohngarantien bei Versetzung und Lohnzahlungen im Krankheitsfall enthalten.

- Die **Lohn- und Gehaltstarifverträge**, die z. B. Lohn- und Gehaltsgruppen, Lohn- und Gehaltssätze, Ortsklassen und Leistungszulagen regeln.

Die einzelnen Lohngruppen sind in ihnen mit Prozentsätzen versehen, welche die Lohnrelationen der jeweiligen Lohngruppen zu einer ausgewählten Lohngruppe angeben. Diese Lohngruppe entspricht als Bezugslohngruppe 100 % und wird als **Ecklohngruppe** bezeichnet, der für diese Lohngruppe festgelegte Stundenlohnsatz als **Ecklohn.** Er ist für Arbeitsstellen in Orten einer bestimmten Größenklasse gültig. Für andere **Ortsklassen** erfolgt eine prozentuale Korrektur.

Weitere Ausführungen zu Tarifverträgen finden sich im Kapitel A.

1.3.3 Betriebsvereinbarungen

Betriebsvereinbarungen sind vertragliche Regelungen zwischen dem Betriebsrat und einem Arbeitgeber. Gemäß § 87 Abs. 1 Ziff. 6, 10 und 11 BetrVG hat der Betriebsrat ein **Mitbestimmungsrecht:**

- Bei der Einführung und Anwendung **technischer Einrichtungen**, die dazu bestimmt sind, das Verhalten der Leistung der Arbeitnehmer zu überwachen.

- Bei Fragen der betrieblichen **Lohngestaltung**, insbesondere der Aufstellung von Entlohnungsgrundsätzen und der Einführung bzw. Anwendung neuer Entlohnungsmethoden sowie deren Änderung.

- Bei der Festsetzung der **Akkord-** und **Prämiensätze** und vergleichbarer leistungsbezogener Entgelte einschließlich der Geldfaktoren.

Auf Betriebsvereinbarungen wurde in Kapitel A. näher eingegangen.

1.3.4 ARBEITSVERTRÄGE

Die Entlohnung ist nur dann arbeitsvertraglich wirksam regelbar:

- wenn Tarifverträge und Betriebsvereinbarungen nicht zur Anwendung kommen
- wenn Tarifverträge und Betriebsvereinbarungen sich sachlich nicht entgegenstehen
- wenn das Europäische Recht und gesetzliche Vorschriften beachtet werden.

Arbeitsverträge enthalten vielfach **Regelungen** zur Personalentlohnung, z. B.:

▸ Art des Entgeltes	▸ Schichtarbeit
▸ Höhe des Entgeltes	▸ Nachtarbeit
▸ Fälligkeit des Entgeltes	▸ Vergütung von Sonntagsarbeit
▸ Auszahlungsweise des Entgeltes	▸ Vergütung von Feiertagsarbeit
▸ Vergütung von Mehrarbeit	▸ Erfolgsbeteiligung

Arbeitsverträge wurden in Kapitel C. näher behandelt.

50 ⟫ Seite 538

2. LOHNFINDUNG

Den gerechten Lohn zu finden ist eine schwer zu lösende Aufgabe. Wie bereits dargestellt, gibt es für ihn keinen objektiven Gesamtmaßstab, sondern man muss sich der Gerechtigkeit nähern, indem wichtig erscheinende **Gestaltungskriterien** einzeln oder in Kombination miteinander, gegebenenfalls mit unterschiedlicher Gewichtung, der Lohnfindung zu Grunde gelegt werden.

Die Gestaltungskriterien können wirtschaftlicher und sozialer Natur sein. Auf der Grundlage wirtschaftlicher Gestaltungskriterien lassen sich folgende **Arten der Lohnfindung** unterscheiden:

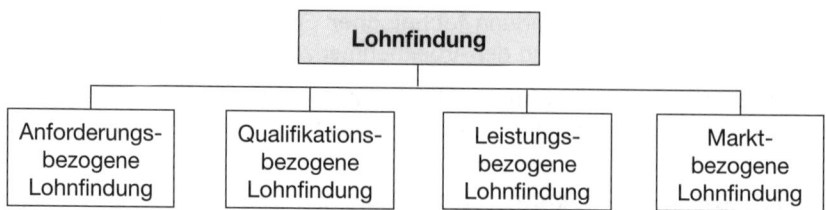

Durch die Verwendung der genannten Gestaltungskriterien ergibt sich eine idealtypische **»Lohnsäule«**, deren Basis der meist tarifvertraglich abgesicherte Mindestlohn ist, auf den die Arten der Lohnfindung aufgesetzt werden *(Schanz)*:

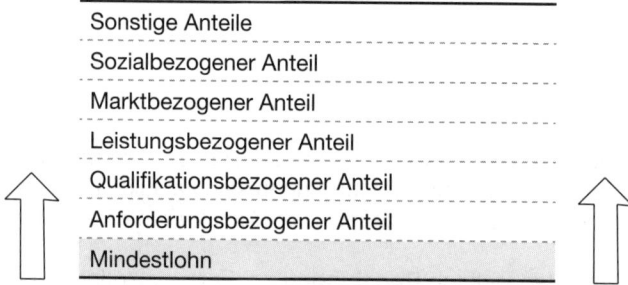

Vornehmlich für Führungskräfte und Vertriebsmitarbeiter erfolgt auch eine **Erfolgsorientierung**. Sie zählt nicht zur Lohnfindung, da sie nicht den Lohn, sondern die sonstigen Entgeltteile betrifft und im Rahmen der erfolgsabhängigen Vergütung erfolgt. Nach Angaben des *GEVA-Institutes* sind z. B. 59 % aller Geschäftsführer in Deutschland am Erfolg beteiligt und erhalten entsprechende Tantiemen, Prämien oder Provisionen.

2.1 ANFORDERUNGSBEZOGENE LOHNFINDUNG

Bei der anforderungsbezogenen Lohnfindung wird berücksichtigt, dass die von den Mitarbeitern zu verrichtenden Arbeitsaufgaben **unterschiedliche Schwierigkeitsgrade** aufweisen. Damit werden entsprechend unterschiedliche Anforderungen an die Mitarbeiter gestellt, die auch unterschiedlich zu entlohnen sind.

Es erfolgt also eine **Differenzierung des Lohnsatzes** als des Betrages, der für eine bestimmte Arbeitsleistung pro Zeit- oder Stückeinheit gezahlt wird. Beispielsweise erhält der Arbeiter 10 € pro Stunde, der Vorarbeiter, dessen Arbeitsaufgabe einen höheren Schwierigkeitsgrad aufweist, 12 € pro Stunde.

Die Ermittlung des Schwierigkeitsgrades erfolgt mithilfe der **Arbeitsbewertung**. Sie dient der Untersuchung von Arbeiten innerhalb des Unternehmens, um deren Verhältnis zueinander nach dem Arbeitsinhalt oder den Arbeitsanforderungen festzulegen. Die Arbeitsbewertung ist von der persönlichen Leistung des einzelnen Arbeitnehmers unabhängig.

Für die zu bewertenden Arbeiten wird ein bestimmtes Maß menschlicher Leistung zu Grunde gelegt, die **Normalleistung**. Darunter versteht *REFA* die menschliche Leistung, die von jedem hinreichend geeigneten Arbeitnehmer bei voller Übung und Einarbeitung ohne Gesundheitsschädigung auf die Dauer im Durchschnitt mindestens erreicht und erwartet werden kann, wenn er die in der Vorgabe enthaltenen Verteilzeiten und Erholungszeiten beachtet.

Das Ergebnis der Arbeitsbewertung ist keine absolute Lohnbestimmungsgröße, sondern ein **Zahlensymbol** für die Höhe der Arbeitsschwierigkeit. Es dient sowohl der Lohndifferenzierung als auch der Personalauswahl und dem Personaleinsatz.

Die Arbeitsbewertung kann als »sonstige Arbeitsbedingungen« tarifvertraglich geregelt werden (§ 77 Abs. 3 BetrVG). Der Betriebsrat hat bei der Durchführung der Arbeitsbewertung ein **Mitbestimmungsrecht**.

Die Grundlage für die Arbeitsbewertung ist die **qualitative Arbeitsanalyse**, die aus zwei Teilen besteht:

- In der **Arbeitsuntersuchung** erfolgt die Abgrenzung des zu bewertenden Gegenstandes. Zunächst muss geklärt werden, ob der Arbeitsgang oder der Arbeitsplatz bewertet werden soll. Ist dies geschehen, wird der Arbeitsablauf nach Art, Inhalt und Umfang der Teilarbeiten erfasst, um festzustellen, welche **Verrichtungen** im Einzelnen erforderlich sind.

  Es ist notwendig, die Untersuchung auch auf die Arbeitsgeräte und Betriebsmittel, die Arbeitsbedingungen und die Organisation des Arbeitsablaufes zu erstrecken. Schließlich sind Anleitung, Aufsicht und Kontrolle sowie Nachprüfung und Abnahme des Arbeitsergebnisses zu berücksichtigen. Danach müssen eine objektive Stellungnahme zu jeder einzelnen Anforderungsart gegeben sowie die Höhe und Dauer der Belastung festgestellt werden.

  Als **Methoden** der Untersuchung kommen Beobachtung, die Befragung und die Auswertung der Arbeitsplatzbeschreibung in Betracht. Häufig wird sowohl die Beobachtung als auch die Befragung angewendet, um ein vollständiges Bild von der Arbeit zu bekommen.

- Die Arbeitsuntersuchung mündet in eine **Arbeitsbeschreibung**. Sie kann nicht alle Einzelheiten enthalten, muss aber so viele Angaben umfassen, wie für eine sichere Bewertung erforderlich sind. Da sie als Grundlage der späteren Bewertung dient, ist sehr genau vorzugehen. Sie darf keine Vorbewertung darstellen. Nach *REFA* muss sie eindeutig, richtig, verständlich, ausführlich, sachlich und einheitlich sein.

  Der **Inhalt** der Arbeitsbeschreibung umfasst insbesondere die gestellte Arbeitsaufgabe, das gewünschte Arbeitsergebnis, den Arbeitsablauf und die verwendeten Mittel. Aufgrund aller Anforderungen an die Beschreibung ist die Verwendung eines Schemas oder Formulars in der betrieblichen Praxis unentbehrlich.

Die Informationen aus der qualitativen Arbeitsanalyse ermöglichen es, die Arbeitsbewertung vorzunehmen. Sie ist mithilfe verschiedener **Methoden** möglich:

- **Summarische Arbeitsbewertung**

- **Analytische Arbeitsbewertung**

- **Arbeitsplatzbewertung.**

2.1.1 SUMMARISCHE ARBEITSBEWERTUNG

Die summarische Arbeitsbewertung betrachtet den Gegenstand der Bewertung als geschlossene Einheit. Es erfolgt eine **Gesamteinschätzung**, die aber nicht ausschließt, dass auch besondere Bewertungsmerkmale berücksichtigt werden können.

Die Beanspruchung wird nicht durch eine systematische Analyse der *einzelnen* Anforderungsarten bestimmt, die Bewertungsmerkmale werden vielmehr in einer allgemeinen Betrachtungsweise beurteilt. Damit entscheidet die Gesamtvorstellung, die der Arbeitsbewerter von der Arbeit hat.

Verfahren der summarischen Arbeitsbewertung sind:

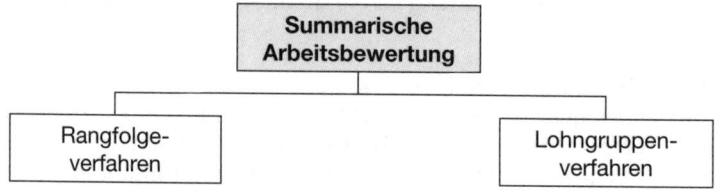

2.1.1.1 RANGFOLGEVERFAHREN

Die im Unternehmen anfallenden Arbeiten werden zunächst aufgelistet. Hierzu dienen die **Arbeitsbeschreibungen**.

Beispiel:

Arbeit A		Arbeit D
Arbeit B		Arbeit E
Arbeit C		

Danach werden diese Arbeiten nach Maßgabe der Arbeitsschwierigkeit in eine **Rangfolge** gebracht. Dies geschieht durch paarweise Gegenüberstellung oder gegenseitigen Vergleich.

Beispiel:

Gegenüberstellung   Schwierigkeitsgrad

A < C		
B > A	ergibt	Arbeit D
C > B	als	Arbeit C
D > C	Rang-	Arbeit B
E < A	folge	Arbeit A
		Arbeit E

Die **Vorteile** des Rangfolgeverfahrens liegen in:

- Einfacher Handhabbarkeit
- Kostengünstigkeit
- Leichter Verständlichkeit.

Demgegenüber weist das Rangfolgeverfahren mehrere **Nachteile** auf:

- Die Größe der Rangabstände ist unbekannt.
- Die Anforderungsarten sind nicht gewichtet.
- Die Bewertung ist sehr subjektiv.

Das Rangfolgeverfahren kann damit nur in kleinen Unternehmen eingesetzt werden, wenn Fehlurteile vermieden werden sollen.

2.1.1.2 LOHNGRUPPENVERFAHREN

Beim Lohngruppenverfahren oder **Katalogverfahren** werden mehrere Lohn- oder Gehaltsgruppen gebildet, die unterschiedliche Schwierigkeitsgrade darstellen. Diese werden durch inhaltliche Beschreibungen und Beispiele erläutert.

Das Lohngruppenverfahren findet häufig in Tarifverträgen Anwendung. Darin sind meist sechs bis zwölf Lohn- oder Gehaltsgruppen enthalten.

Beispiel: Auszug aus einem Lohnrahmenabkommen der Eisen-Metall und Elektroindustrie Nordrhein-Westfalen

Gruppe	Lohngruppen-Definition	Lohnschlüssel
1	Arbeiten einfacher Art, die ohne vorherige Arbeitskenntnisse nach kurzer Anweisung ausgeführt werden können und mit geringen körperlichen Belastungen verbunden sind.	75 %
2	Arbeiten, die ein Anlernen von 4 Wochen erfordern und mit geringen körperlichen Belastungen verbunden sind.	80 %
3	Arbeiten einfacher Art, die ohne vorherige Arbeitskenntnisse nach kurzer Anweisung ausgeführt werden können.	85 %
4	Arbeiten, die ein Anlernen von 4 Wochen erfordern.	90 %
5	Arbeiten, die ein Anlernen von 3 Monaten erfordern.	95 %
6	Arbeiten, die eine abgeschlossene Anlernausbildung in einem anerkannten Anlernberuf oder eine gleichzuwertende Ausbildung erfordern.	**100 %** *
7	Arbeiten, deren Ausführung ein Können voraussetzt, das erreicht wird durch eine entsprechende ordnungsgemäße Berufslehre (Facharbeiten). Arbeiten, deren Ausführung Fertigkeiten und Kenntnisse erfordern, die Facharbeiten gleichzusetzen sind.	108 %
8	Arbeiten schwieriger Art, deren Ausführung Fertigkeiten und Kenntnisse erfordern, die über jene der Gruppe 7 wegen der notwendigen mehrjährigen Erfahrungen hinausgehen.	118 %
9	Arbeiten hochwertiger Art, deren Ausführung an das Können, die Selbstständigkeit und die Verantwortung im Rahmen des gegebenen Arbeitsauftrages hohe Anforderungen stellen, die über die Gruppe 8 hinausgehen.	125 %
10	Arbeiten höchstwertiger Art, die hervorragendes Können mit zusätzlichen theoretischen Kenntnissen, selbstständige Arbeitsausführung und Dispositionsbefugnis im Rahmen des gegebenen Arbeitsauftrages bei besonders hoher Verantwortung erfordern.	130 %

* **Ecklohn** nach Tarifvertrag

Die zu bewertenden Arbeiten werden ihrem Schwierigkeitsgrad entsprechend in die zutreffenden Lohngruppen eingeordnet.

Das Lohngruppenverfahren weist folgende **Vorteile** auf:

* Einfache Handhabbarkeit
* Kostengünstigkeit
* Leichte Verständlichkeit.

Als **Nachteile** des Lohngruppenverfahrens können genannt werden:

* Gefahr der Schematisierung
* Mangelnde Berücksichtigung individueller Gegebenheiten
* Mangelnde Berücksichtigung technischer Entwicklungen.

2.1.2 ANALYTISCHE ARBEITSBEWERTUNG

Bei der analytischen Arbeitsbewertung wird – im Gegensatz zu der summarischen Arbeitsbewertung – nicht die Arbeitsschwierigkeit als Ganzes bewertet, sondern die Höhe der Beanspruchung für jede Anforderungsart einzeln ermittelt. Die **Gesamtbeanspruchung** ergibt sich damit aus den verschiedenen Einzelurteilen.

Als **Anforderungsarten** können unterschieden werden:

* Die Anforderungsarten nach dem **Genfer Schema:**

	Können	Belastung
Geistige Anforderungen	X	X
Körperliche Anforderungen	X	X
Verantwortung		X
Arbeitsbedingungen		X

Können und Belastung sind die Oberbegriffe, denen sich geistige und körperliche Anforderungen unterordnen, sodass sechs Anforderungsarten entstehen.

* Die Anforderungsarten nach *REFA*, die eine Erweiterung des Genfer Schemas durch Einbeziehung ergonomischer Gesichtspunkte darstellen:

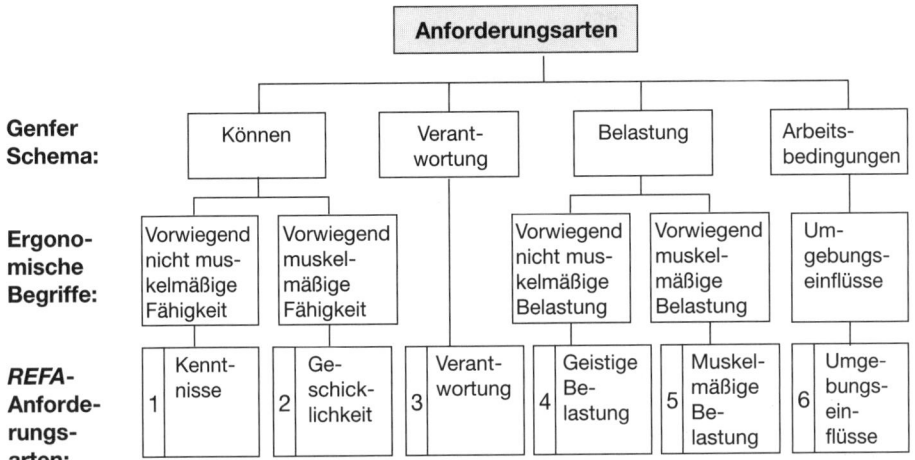

▸ Die **Kenntnisse** werden durch das geistige Können bestimmt, das auf Ausbildung und Erfahrung sowie auf Denkfähigkeit beruht, soweit diese zur Erfüllung der Arbeitsaufgabe benötigt werden.

▸ Die **Geschicklichkeit** wird durch Handfertigkeit und Körpergewandtheit bestimmt, soweit diese zur Erfüllung der Arbeitsaufgabe benötigt werden, aber auch durch Methodenfertigkeiten und Sozialfertigkeiten.

▸ Die **Verantwortung** wird durch die erforderliche Gewissenhaftigkeit und Zuverlässigkeit, die zur ordnungsgemäßen Erfüllung der Arbeitsaufgaben notwendig ist, die notwendige Sorgfalt und die aufzuwendende Umsicht bestimmt.

▸ Die **geistige Belastung** entsteht, wenn die Abläufe von Menschen beobachtet, überwacht oder gesteuert werden müssen und/oder eine geistige Tätigkeit im engeren Sinne ausgeführt werden muss.

▸ Die **muskelmäßige Belastung** ergibt sich durch dynamische Muskelarbeit, statische Muskelarbeit und einseitige Muskelarbeit.

▸ Die **Umgebungseinflüsse** führen unter bestimmten Bedingungen zu Erschwernissen, welche den Arbeitenden bei der Erfüllung seiner Arbeitsaufgabe behindern, belästigen oder gefährden können.

Als **Verfahren** der analytischen Arbeitsbewertung sind zu nennen:

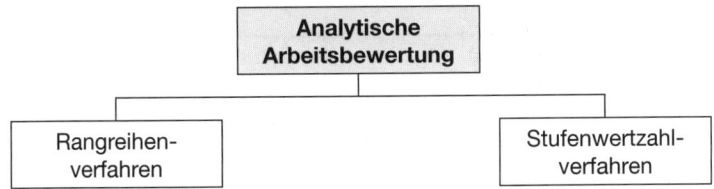

2.1.2.1 RANGREIHENVERFAHREN

Beim Rangreihenverfahren wird – gleich dem Rangfolgeverfahren – eine Einordnung von der einfachsten bis zur schwierigsten Verrichtung vorgenommen, allerdings **für jede Anforderungsart** getrennt. Die Stellung einer bestimmten Tätigkeit in der Rangreihe wird in Prozenten ausgedrückt. Die am niedrigsten bewertete Arbeitsverrichtung wird mit 0 %, die am höchsten bewertete mit 100 % angesetzt.

Ein Katalog mit Arbeitsbeispielen unterschiedlichen Schwierigkeitsgrades, z. B. *REFA*-Brückenbeispiele, ermöglicht üblicherweise die nicht immer leichte Einordnung. Das Rangreihenverfahren kann **Anwendung** finden als:

- **Rangreihenverfahren mit getrennter Gewichtung**, bei welchem die Einreihung der Anforderungsart und ihre Gewichtung getrennt durchgeführt werden, d.h. die Einreihung erfolgt zunächst von 0 % bis 100 %, und erst danach wird die Gewichtung der einzelnen Anforderungsart berücksichtigt.

  Der Gesamt-Arbeitswert ergibt sich, indem die Prozentzahl mit dem Gewichtungsfaktor multipliziert wird.

Beispiel:

Anforderungsart	Maximale Punktzahl	Bewertungsstufe					Gewichtung
		I	II	III	IV	V	
Können	30	0	6,25	12,50	18,75	25,00	1,2
Verantwortung	20	0	6,25	12,50	18,75	25,00	0,8
Belastung	25	0	6,25	12,50	18,75	25,00	1,0
Arbeitsbedingungen	25	0	6,25	12,50	18,75	25,00	1,0
Summe	100	0	25,00	50,00	75,00	100,00	

- **Rangreihenverfahren mit gebundener Gewichtung**, bei welchem der Gewichtungsfaktor bereits in der Wertzahl berücksichtigt ist. Damit ergibt sich, dass die Spanne der Einreihungswerte nicht mehr bis 100 (%) gehen muss. Die Multiplikation – wie bei der getrennten Gewichtung – entfällt hier, die Werte können direkt addiert werden um zum Gesamt-Arbeitswert zu gelangen.

Beispiel:

Anforderungsart	Maximale Punktzahl	Bewertungsstufe				
		I	II	III	IV	V
Können	30	0	7,50	15,00	22,50	30,00
Verantwortung	20	0	5,00	10,00	15,00	20,00
Belastung	25	0	6,25	12,50	18,75	25,00
Arbeitsbedingungen	25	0	6,25	12,50	18,75	25,00
Summe	100	0	25,00	50,00	75,00	100,00

Das Rangreihenverfahren weist im Vergleich zu den Verfahren der summarischen Arbeitsbewertung folgende **Vorteile** auf:

- Verbesserung der Genauigkeit
- Verbesserung der Objektivität.

Die **Nachteile** des Rangreihenverfahrens beziehen sich auf:

- Den großen Ermessensspielraum des Bewerters, der allerdings durch Arbeitsbeispiele vermindert werden kann.
- Die Gewichtung der einzelnen Anforderungsarten, die nicht einfach vorzunehmen ist, da wissenschaftlich-objektive Grundlagen fehlen.

Das Rangreihenverfahren eignet sich, wenn die zu bewertenden Arbeitsplätze vergleichbar und nicht zu umfangreich sind.

2.1.2.2 STUFENWERTZAHL-VERFAHREN

Beim Stufenwertzahl-Verfahren wird für jede einzelne Anforderungsart eine Punktwert-Reihe erstellt. Jede Bewertungsstufe der Punktwert-Reihe ist definiert und durch Arbeitsbeispiele erläutert.

Das in der Praxis häufig verwendete Stufenwertzahl-Verfahren kann auf zweifache Weise zur **Anwendung** kommen:

- Mit **getrennter Gewichtung**, wobei die Gewichtung der einzelnen Anforderungsarten mithilfe von Gewichtungsfaktoren erfolgt, die mit den jeweiligen Stufen-Wertzahlen zu multiplizieren sind. Die Summe der gewichteten Stufen-Wertzahlen ergibt die Gesamt-Wertzahl.

- Mit **gebundener Gewichtung**, bei der die Gewichtung, welche den einzelnen Anforderungsarten zuzumessen ist, durch die unterschiedliche Höhe der Wertzahlen für die jeweiligen Stufen realisiert wird. Die Gesamt-Wertzahl ergibt sich als Summe der erfassten Stufen-Wertzahlen.

Beispiel nach *Platt*:

Stufe	Beschreibung der Tätigkeit	Wertzahl
1	Die Tätigkeit erfordert **ausreichende** Kenntnisse in einer Fremdsprache. Dies bedeutet die Fähigkeit, einfachere fremdsprachliche Texte zu lesen, einfachen Schriftwechsel zu führen, allgemeine Auskünfte zu erteilen usw.	7
2	Die Tätigkeit erfordert **gute** Kenntnisse in einer Fremdsprache. Dies bedeutet die Fähigkeit, etwas schwierigeren Schriftwechsel zu führen, Texte mittlerer Schwierigkeit zu übersetzen, Fachliteratur und Publikationen der Unternehmensleitung und der Schwesterhäuser zu lesen und auszuwerten sowie das Sachgebiet betreffende Unterhaltungen zu führen.	28

| 3 | Die Tätigkeit erfordert **sehr gute** Beherrschung einer Fremdsprache. Dies bedeutet die Fähigkeit, schwierigere Texte zu übersetzen, schwierigen Schriftwechsel zu führen, Protokolle zu verfassen, Geschäfte für die Firma im Ausland zu tätigen bzw. Schwesterfirmen im dienstlichen Auftrag aufzusuchen. Wenn darüber hinaus ausreichende Kenntnisse einer weiteren Fremdsprache erforderlich sind, so wird gleichfalls nach dieser Stufe bewertet. | 49 |
| 4 | Die Tätigkeit erfordert die **hervorragende** Beherrschung einer Fremdsprache. Dies bedeutet die Fähigkeit, selbst schwierige fachtechnische Texte zu übersetzen und bei Diskussionen, Besprechungen, Vorträgen usw. als Dolmetscher zu fungieren. Daneben ist bei dieser Stufe die sehr gute Kenntnis einer weiteren Fremdsprache erforderlich. | 70 |

Es sind nur die Fremdsprachenkenntnisse zu bewerten, die zur Ausübung der Tätigkeit erforderlich sind.

Vorteile des Stufenwertzahl-Verfahrens sind:

- Die Gesamt-Wertzahl lässt sich leicht in Geldeinheiten umrechnen.

- Die Objektivität der Bewertung ist im Vergleich zu den übrigen Verfahren der Arbeitsbewertung am ehesten gewahrt.

Der **Nachteil** des Stufenwertzahl-Verfahrens liegt vor allem in seiner möglichen Unübersichtlichkeit.

51 ⟩⟩ **Seite 539**

2.1.3 ARBEITSPLATZBEWERTUNG

Die Stellen- oder Arbeitsplatzbewertung wird üblicherweise von einem Bewertungsausschuss auf der Grundlage von **Stellen-** oder **Arbeitsplatzbeschreibungen** vorgenommen. Er ist paritätisch mit Mitgliedern der Unternehmensleitung und des Betriebsrates besetzt.

Die Bewertung erfolgt mithilfe von vereinbarten Bewertungskriterien. Vornehmlich folgende **Kriteriengruppen** oder **Kriterien** werden dabei benutzt:

Kriteriengruppen	Beispiele für Kriterien	
Fachliche Anforderungen	▸ Ausbildungserfordernis ▸ Fortbildungsnotwendigkeiten	▸ Erforderliche besondere Fähigkeiten ▸ Notwendige Erfahrungen
Geistige Anforderungen	▸ Ausdauer ▸ Belastung ▸ Durchsetzungsvermögen ▸ Frustrationsverarbeitung	▸ Genauigkeit ▸ Konzentrationserfordernis ▸ Kreativität ▸ Stressbelastung

Körperliche Anforderungen	▸ Ausdauer ▸ Geschicklichkeit ▸ Gewandtheit	▸ Kraft ▸ Sehfähigkeit
Arbeitsbedingungen	▸ Arbeitplatzgestaltung ▸ Geruchsbelästigung ▸ Lärmbelastung	▸ Unfallgefahr ▸ Wetterabhängigkeit
Verantwortlichkeit	▸ Erledigungen ▸ Personen ▸ Sachen	▸ Termine ▸ Vorschriften

Die Kriteriengruppen oder auch die Kriterien können gewichtet werden, um ihre unterschiedliche Bedeutung in die Arbeitsplatzbewertung eingehen zu lassen. Die **Gewichtung** ist durchführbar mit der Vorgabe von Prozentangaben oder der Festlegung maximaler Bewertungseinheiten, z. B. in der nachstehenden Art:

	Prozentanteil	Maximale Bewertungseinheiten
Fachliche Anforderungen	30	10
Geistige Anforderungen	20	5
Körperliche Anforderungen	10	2
Arbeitsbedingungen	10	3
Verantwortlichkeit	30	10
Summe	**100**	**30**

Bezogen auf die Angaben der Stellen- oder Arbeitsplatzbeschreibung des betrachteten Arbeitsplatzes wird für jedes Kriterium oder für jede Kriteriengruppe die **Bewertung** durch den Ausschuss vorgenommen. Dabei ist auf eine strenge Gleichbewertung aller Arbeitsplätze zu achten.

Beispiel einer Arbeitsplatzbewertung für einen Arbeitsplatz »Disponent«

Arbeitsplatz: Disponent		
Kriteriengruppe	Maximale Bewertung	Arbeitsplatzbewertung
Fachliche Anforderungen	10	5
Geistige Anforderungen	5	3
Körperliche Anforderungen	2	0
Arbeitsbedingungen	3	1
Verantwortlichkeit	10	6
Arbeitsplatzbewertung	**30**	**15**

Die Arbeitsplatzbewertung ist, wie dargestellt, für alle Arbeitsplätze einheitlich möglich, also für Arbeiter, Angestellte und das Management. Für diese Mitarbeitergruppen kann aber auch mit unterschiedlichen Kriterien oder/und mit unterschiedlichen Gewichtungen von Kriterien gearbeitet werden.

2.2 QUALIFIKATIONSBEZOGENE LOHNFINDUNG

Die technologische und arbeitsorganisatorische Entwicklung der letzten Jahre hat dazu geführt, dass die anforderungsorientierte Lohnfindung, die über lange Zeit vorrangig war, an Bedeutung verloren hat. Die Unternehmen sind zunehmend darauf angewiesen, Mitarbeiter vorzuhalten, die den Veränderungen in den Unternehmen entsprechend **flexibel einsetzbar** und **entwicklungsfähig** sind.

Damit steht die **Qualifikation** der Mitarbeiter im Mittelpunkt. Nur sie kann den Bestand der Unternehmen im immer schwieriger werdenden Wettbewerb sichern.

Eine Entlohnung, die sich lediglich auf die Anforderungen in einem gegenwärtigen Zeitrahmen bezieht, wird den Erfordernissen der Zukunft nicht mehr hinreichend gerecht. Vielmehr muss die Qualifikation entgolten werden, nicht nur im Sinne der gegenwärtig genutzten, sondern auch diejenige, die für die **Zukunft** zur Verfügung stehen soll, um sie bedarfsweise abrufen zu können.

2.3 LEISTUNGSBEZOGENE LOHNFINDUNG

Bei der leistungsbezogenen Lohnfindung steht das **Arbeitsergebnis** im Mittelpunkt. Hat der Mitarbeiter quantitativ und/oder qualitativ viel geleistet, ist ein höherer Lohn gerechtfertigt als bei geringerer Leistung. Damit wird die **Lohngerechtigkeit** erheblich **gefördert**, der Mitarbeiter erhält einen echten Anreiz.

Die leistungsbezogene Lohndifferenzierung kann auf zwei **Wegen** erfolgen:

- Durch die Wahl einer **leistungsbezogenen Lohnform**, wobei sich der Akkordlohn, Prämienlohn oder Pensumlohn anbieten.

- Durch eine von der Lohnform unabhängige **Leistungsbeurteilung**. Die Lohnhöhe ausschließlich von einer Beurteilung des Mitarbeiters abhängig zu machen, erfolgt sehr selten. Dagegen wird häufig die **Kombination** von **Leistungsbeurteilung** und **Arbeitsplatzbewertung** genutzt.

Für den Mitarbeiter ergibt sich durch den eingenommenen Arbeitsplatz mit seiner Bewertung eine **Minimalentlohnung**, die i.d.R. mit dem tarifvertraglichen Lohn identisch ist. Über diesem Minimalentgelt ist dann noch ein Bereich für die Beurteilungsergebnisse vorgesehen, z. B. 20 %.

Eine besonders schlechte Beurteilung bei diesem Verfahren führt z.B. zu einem Lohn von 3.000 € im Monat. Erhält ein anderer Mitarbeiter mit gleicher Arbeitsplatzbewertung eine sehr gute Bewertung, so beläuft sich sein Monatslohn bei einem Beurteilungsbereich von 20 % auf 3.600 €.

Als **Lohngrenzwerte** ergeben sich bei einem Beurteilungsbereich von 20 %:

Lohngrenzwerte		
Arbeitsplatzbewertung Wertzahl	Minimale Lohnhöhe €/Monat	Maximale Lohnhöhe €/Monat
22	3.000	3.600
23	3.150	3.780
24	3.305	3.965
25	3.470	4.165
26	3.640	4.365

Die nachfolgend grafische Darstellung zeigt die **Zusammenhänge** zwischen Leistungs-beurteilung, Arbeitsplatzbewertung und Lohnhöhe:

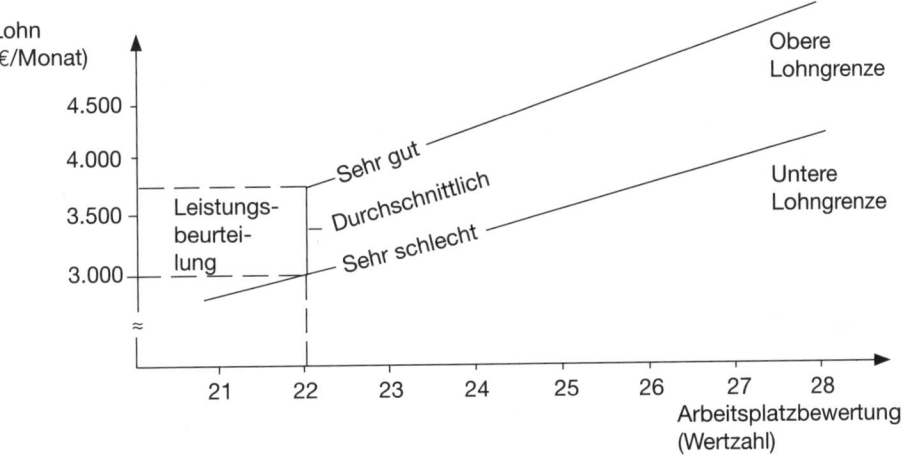

Leistungsabhängige Löhne werden zunehmend auch im Bürobereich verwendet.

2.4 MARKTBEZOGENE LOHNFINDUNG

Mitarbeiter beurteilen die Gerechtigkeit von Löhnen auch danach, ob sie marktgerecht sind. Dabei betrachten sie die absolute Höhe von Löhnen weniger stark als die **relative Höhe**, die andere Arbeitnehmer für gleiche Leistungen bekommen.

Gründe für auf dem Arbeitsmarkt unterschiedlich hohe Löhne sind z. B.:

• Konjunkturelle oder saisonale Schwankungen

• Regionale Unterschiede, die sich vor allem aus unterschiedlichen Nachfragesituatio-nen nach Arbeitskräften ergeben.

Nach einer **Untersuchung** der *Unternehmensberatung Kienbaum* bezüglich der Gehalts-struktur bei Sekretariats- und Bürokräften zeigten sich erhebliche Unterschiede (*Aus-zug*):

	75	80	85	90	95	100	105
München						106	
Frankfurt/Main, Düsseldorf, Köln						105	
Stuttgart						104	
Hamburg						103	
Ruhrgebiet (inkl. Dortmund)						100	
übrige Städte/West (> 250.000 Einw.)						100	
Städte/West (50.000 - 250.000 Einw.)					98		
Hannover, Bremen, Nürnberg					95		
Städte und Gemeinden/West (< 50.000 Einw.)				91			
Berlin				89			
Dresden, Leipzig, Halle		78					
übrige Städte und Gemeinden/Ost	75						

Index 100 = Bundesdurchschnitt

Die Höhe eines marktgerechten Lohnes wird in den genannten Orten fraglos recht unterschiedlich gesehen.

52 >> Seite 540

3. ENTGELT

Das den Mitarbeitern zu leistende Entgelt besteht vorrangig aus dem Lohn. Hinzu können »sonstige« Entgeltteile kommen, zu denen Erfindervergütungen und Prämien für Verbesserungsvorschläge sowie erfolgsabhängige Vergütungen zählen:

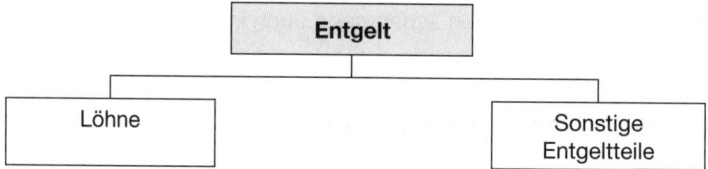

Der Betriebsrat hat ein **Mitbestimmungsrecht** gemäß § 87 Abs. 1 Nr. 10 BetrVG bezüglich der betrieblichen Lohngestaltung, insbesondere von Entlohnungsgrundsätzen, also den Verfahren, nach denen die Arbeitnehmer entlohnt werden, sofern eine gesetzliche oder tarifliche Regelung nicht besteht. Kommt es zu keiner Einigung, entscheidet die **Einigungsstelle**, deren Spruch die Einigung ersetzt. Die Höhe des Entgeltes unterliegt aber nicht dem Mitbestimmungsrecht des Betriebsrates.

3.1 LÖHNE

Die Löhne setzen sich aus den Grundlöhnen als meist tariflich abgesicherten Grundvergütungen und den ergänzenden Löhnen zusammen, durch welche die Grundlöhne in Form von Prämien, Pensumanteilen, Zuschlägen, Gratifikationen und sonstigen Zuwendungen des Arbeitgebers ergänzt werden. Die Löhne werden nicht nur bezahlt, wenn ihnen Leistungen des Arbeitgebers gegenüberstehen und sie erfahren eine besondere Sicherung gegenüber Dritten.

- **Grundlöhne**
- **Ergänzende Löhne**
- **Löhne ohne Leistung**
- **Sicherung der Löhne**.

3.1.1 Grundlöhne

Die Grundlöhne können in verschiedenen Formen vergütet werden, die als **Lohnformen** bezeichnet werden. Das sind:

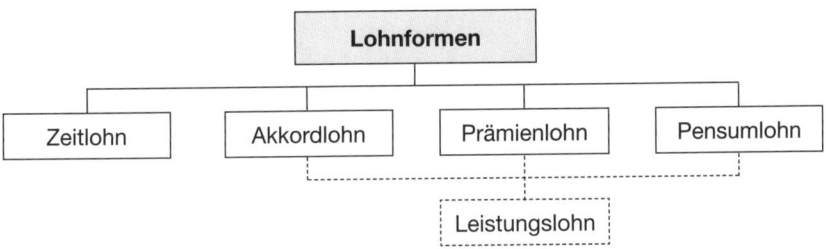

Diese Lohnformen entsprechen teilweise in vollem Umfang den Grundlöhnen, wie z. B. der reine Zeitlohn, **teilweise** enthalten sie konstruktionsbedingt bereits **Elemente der ergänzenden Löhne**. Sie sollen aus Gründen der Übersichtlichkeit dennoch geschlossen dargestellt werden, da sie alle zumindest zu erheblichem Teil einen Grundlohncharakter aufweisen.

Die Bestimmung der jeweils geeigneten Lohnform schließt sich der Festlegung der **Lohnsätze** für die verschiedenen Schwierigkeitsgrade an, die im Rahmen der **Arbeitsbewertung** ermittelt wurden. Innerhalb der gewählten Lohnformen ist zu entscheiden, ob eine **Einzelentlohnung** oder **Gruppenentlohnung** vorgenommen werden soll, d.h., ob die Leistung einer einzelnen Arbeitskraft oder einer Arbeitsgruppe für die Feststellung der Lohnhöhe zu Grunde gelegt wird.

3.1.1.1 Zeitlohn

Beim Zeitlohn erfolgt die Entlohnung nach der Dauer der geleisteten Arbeitszeit, d.h., es wird ein bestimmter **Lohnsatz pro Zeiteinheit** gezahlt. Entsprechend der zu Grunde liegenden Zeiteinheit kann der Zeitlohn Stundenlohn, Schichtlohn, Tageslohn, Wochenlohn, Dekadenlohn, Monatslohn oder Jahreslohn sein.

Für den Zeitlohn typisch sind der Stundenlohn und der Monatslohn:

- Im Zeitlohn entlohnte **Arbeiter** erhielten in der Vergangenheit überwiegend einen Stundenlohn. In jüngerer Zeit ist festzustellen, dass ihnen zunehmend ein Monatslohn gezahlt wird, dessen Höhe allerdings davon abhängig ist, wie viele Arbeitstage der einzelne Monat aufweist.

- Die **Angestellten** werden seit jeher im Monatslohn entgolten, der **Gehalt** genannt wird. Dabei erhalten sie stets einen gleich hohen Monatslohn, unabhängig davon, wie viele Arbeitstage der jeweilige Monat aufweist.

Obgleich beim Zeitlohn ein bestimmter Lohnsatz pro Zeiteinheit gezahlt wird und damit kein unmittelbarer Leistungsbezug geschaffen ist, bleibt die Leistung beim Zeitlohn nicht unberücksichtigt. Es besteht grundsätzlich ein **mittelbarer Leistungsbezug**, der sich in einer konkreten Leistungserwartung ausdrückt, welche sich an der Normalleistung des Arbeitnehmers orientiert. Dieser hat die notwendigen Anstrengungen zu unternehmen, die Normalleistung zu erreichen. Das gehört zu seinen arbeitsvertraglichen Pflichten.

Ein **unmittelbarer Leistungsbezug** ergibt sich jedoch auch beim Zeitlohn dann, wenn der Mitarbeiter die Höhe seiner Leistung nicht selbst bestimmen bzw. beeinflussen kann, so z. B. bei einer Taktzeit gebundenen Fließfertigung.

Der Zeitlohn kann sein:

- **Reiner Zeitlohn**

- **Zeitlohn mit Leistungszulage.**

3.1.1.1.1 Reiner Zeitlohn

Der reine Zeitlohn ist meistens ein Stundenlohn oder Monatslohn bzw. ein Gehalt, der keinerlei ergänzende Leistungsanreize aufweist. Es wird also lediglich ein bestimmter Lohnsatz pro Zeiteinheit gezahlt. Die Zeit ist damit der einzige Maßstab für die Leistung. Dem reinen Zeitlohn liegt eine ausschließlich **anforderungsorientierte Lohndifferenzierung** zu Grunde.

Der reine Zeitlohn findet **Anwendung** bei:

▸ Besonders qualitativer Arbeit	▸ Quantitativ schwer/nicht messbarer Arbeit
▸ Quantitativ schwer/nicht beeinflussbarer Arbeit	▸ Gefährlicher Arbeit
▸ Nicht vorherbestimmbarer Arbeit	▸ Schöpferisch-künstlerischer Arbeit
▸ Häufigen Änderungen der Arbeit	▸ Geistiger Arbeit
▸ Häufigem Unterbrechen der Arbeit	▸ Kontrollierender/steuernder Arbeit

Die **Ermittlung** des Zeitlohnes als Bruttolohn wird wie folgt vorgenommen:

$$\text{Zeitlohn} = \frac{\text{Lohnsatz}}{\text{je Zeiteinheit}} \cdot \frac{\text{Anzahl}}{\text{der Zeiteinheiten}}$$

Beispiel: Ein Arbeiter hat im Abrechnungszeitraum 40 Stunden gearbeitet. Der Lohnsatz beträgt 10,50 €/Std.

$$\text{Zeitlohn} = 10,50 \cdot 40 = \textbf{420,00 €}$$

Beträgt die Normalleistung – als Leistungsgrad von 100% - 10 Stück/Std. und wurden vom Arbeiter im Abrechnungszeitraum 380 Stück hergestellt, ergeben sich:

$$\text{Leistungsgrad} = \frac{380}{400} \cdot 100 = \textbf{95 \%} \qquad \text{Stückkosten} = \frac{420}{380} = \textbf{1,1053 €/Stück}$$

Während der **Lohnsatz pro Zeiteinheit** beim Zeitlohn konstant ist, verändern sich die **Lohnkosten pro Stück** proportional zum Leistungsgrad. Sie sinken mit steigendem Leistungsgrad und steigen bei sinkendem Leistungsgrad:

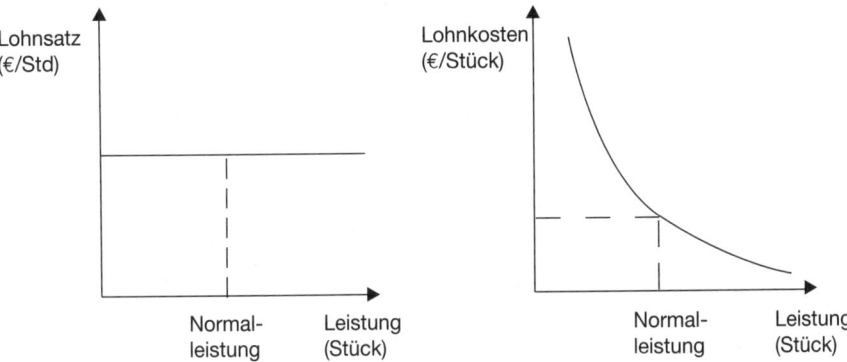

Der tarifvertraglich festgelegte Zeitlohn ist ein **Mindestlohn**. Er darf nicht unterschritten werden, wird häufig aber – insbesondere in Zeiten guter Konjunktur – übertroffen.

Die **Vorteile** des reinen Zeitlohnes können sein:

• Schonung der Menschen
• Schonung der Betriebsmittel
• Sicherung bzw. Erhöhung der Qualität
• Planbarkeit des Entgeltes
• Verminderte Stückkosten bei Mehrleistung
• Verringerung der Unfallgefahr
• Vereinfachung der Abrechnung.

Als **Nachteile** des reinen Zeitlohnes lassen sich nennen:

• Risiko einer Minderleistung
• Erhöhte Stückkosten bei Minderleistung
• Kein Anreiz zur Mehrleistung
• Unzufriedenheit leistungsstarker Mitarbeiter.

3.1.1.1.2 ZEITLOHN MIT LEISTUNGSZULAGE

Beim reinen Zeitlohn kann ein Leistungsanreiz nur dadurch geschaffen werden, dass der Lohnsatz differenziert wird, z. B. von 10,50 €/Stunde auf 11,80 €/Stunde angehoben wird. Dies wird in der Praxis vielfach nicht als praktikabel angesehen. So verbleibt in diesen Fällen nur die Möglichkeit einer **Leistungszulage**.

Der Zeitlohn mit Leistungszulage ist nicht ausschließlich ein Grundlohn. Mit der Leistungszulage enthält er auch ein Element des Zusatzlohnes. Seine **Ermittlung** als Bruttolohn erfolgt:

> Lohn = Zeitlohn + Leistungszulage

Der Zeitlohn mit Leistungszulage soll jedoch kein Leistungslohn – wie der Akkordlohn, Prämienlohn und Pensumlohn – sein. Während die Prämie des Prämienlohnes sich an objektiv messbaren Bezugsgrößen orientiert, gilt dies bei der Leistungszulage nicht. Sie wird vielfach als **Prämie** gewährt, z. B. als Qualitätsprämie, Mengenprämie, Pünktlichkeitsprämie, Anwesenheitsprämie, Ersparnisprämie.

Jung nennt weitere **Bemessungsgrundlagen** für Leistungszulagen:

▸ Ausdrucksfähigkeit	▸ Belastbarkeit	▸ Fachkenntnisse
▸ Auftreten	▸ Kostenverantwortung	▸ Erfahrungen
▸ Führungsverhalten	▸ Organisation	▸ Ordnung
▸ Sorgfalt	▸ Termintreue	▸ Planung
▸ Betriebszugehörigkeit	▸ Arbeitssicherheit	▸ Flexibilität

Leistungszulagen können **tarifvertraglich** festgelegt sein oder von den Unternehmen **freiwillig** gewährt werden. Bezüglich der freiwillig gewährten Leistungszulagen ist gemäß § 94 Abs. 2 BetrVG für die Aufstellung allgemeiner Beurteilungsgrundsätze die Zustimmung des Betriebsrates erforderlich.

Die **Lohnabrechnung** ist – wie beim reinen Zeitlohn – relativ einfach. Die Steigerung der Motivation ist aber nur begrenzt möglich, weil die Leistungszulage periodenbezogen gewährt wird und nicht zeitlich unmittelbar in Verbindung mit Leistungsveränderungen. Die der Leistungszulage zu Grunde liegenden **Leistungsbeurteilungen**, die halbjährlich oder jährlich erfolgen sollten, stellen zusätzliche Ansprüche an die Vorgesetzten.

53 ⟩⟩ **Seite 540**

3.1.1.2 AKKORDLOHN

Beim Akkordlohn wird die Arbeitskraft für die von ihr geleistete Arbeitsmenge entlohnt. Er weist damit einen **unmittelbaren Leistungsbezug** auf. Seine Verbreitung war in der Vergangenheit erheblich, hat sich in den letzten Jahren aber verringert und wird in der Zukunft weiter rückläufig sein. Der Grund liegt vor allem in der verstärkten Mechanisierung und Automatisierung der Fertigungsprozesse, die der Arbeitskraft zunehmend weniger bzw. keine Leistungsspielräume mehr zugestehen.

Voraussetzungen für die Anwendbarkeit des Akkordlohnes sind:

• Die **Akkordfähigkeit**, bei welcher der Ablauf der Arbeit im Voraus bekannt, gleichartig und regelmäßig wiederkehrend sowie leicht und genau messbar ist.

- Die **Akkordreife**, bei welcher der Arbeitsablauf ohne Mängel ist und nach Übung und Einarbeitung ausreichend beherrscht wird.

- Die **Beeinflussbarkeit** der Leistungsmengen, welche der Arbeitskraft unmittelbar hinreichend möglich sein muss.

Die übliche Form des Akkordlohnes ist der **Proportionalakkord**, bei welchem der Lohn sich proportional zu der Zeiteinsparung bzw. Leistungssteigerung verändert, die Lohnkosten pro Stück jedoch gleich bleiben.

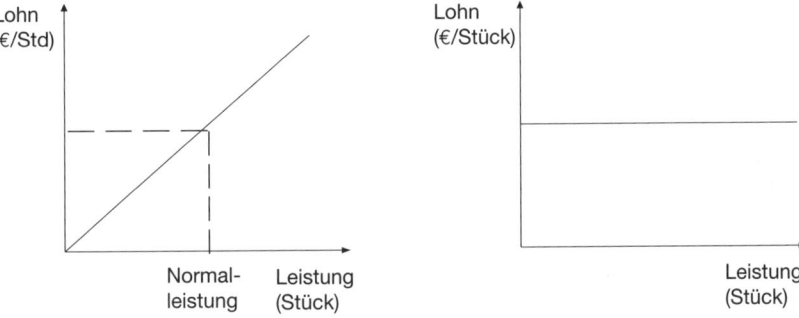

Der Akkordlohn besteht aus zwei **Teilen:**

- Dem **Mindestlohn**, der meist tariflich garantiert ist und dem vergleichbaren Zeitlohn bei Normalleistung entspricht.

- Dem **Akkordzuschlag**, der tariflich üblicherweise zwischen 15% und 25% des Mindestlohnes beträgt.

Der Mindestlohn und der Akkordzuschlag ergeben zusammen den **Akkordrichtsatz**, der tariflich vielfach dem Grundlohn entspricht:

> Akkordrichtsatz = Mindestlohn + Akkordzuschlag

Der Akkordrichtsatz ist der Lohn einer Arbeitskraft bei **Normalleistung**. Er liegt, durch den Akkordzuschlag bedingt, höher als der Zeitlohn für eine vergleichbare Arbeitsleistung. Die Festlegung des Mindestlohnes erfordert, dass im Rahmen der Arbeitsbewertung neben der **leistungsbezogenen Lohndifferenzierung** auch eine **anforderungsbezogene Lohndifferenzierung** erfolgen muss.

Die **Vorteile** des Akkordlohnes können sein:

- Leistungsgerechtigkeit der Entlohnung
- Anreiz der Arbeitskraft zu erhöhten Arbeitsleistungen
- Ausschluss des unternehmerischen Risikos für Minderleistungen
- Einfache Kostenrechnung durch konstante Lohnkosten pro Stück.

Als **Nachteile** des Akkordlohnes lassen sich nennen:

- Überanstrengung der Arbeitskräfte
- Überbelastung der Betriebsmittel

• Verminderung der Qualität
• Aufwändige Ermittlung der Daten
• Aufwändige Kontrolle der Daten
• Aufwändige Anpassung an den technischen Fortschritt
• Vorhalten qualifizierter Arbeitsstudienkräfte.

Der Akkordlohn kann gestaltet werden als:

• **Stück- und Zeitakkord**

• **Einzel- und Gruppenakkord.**

3.1.1.2.1 STÜCK- UND ZEITAKKORD

Der **Stückakkord** wird vielfach auch als **Geldakkord** bezeichnet. Bei ihm wird der Arbeitskraft ein Geldbetrag für die Erbringung einer bestimmten Arbeitsleistung vorgegeben, der als **Akkordsatz** bezeichnet wird:

$$\text{Akkord-} \atop \text{satz} = \frac{\text{Akkordrichtsatz}}{\text{Leistungseinheiten} \atop \text{bei Normalzeit}}$$

Für die Festlegung des Akkordsatzes ist es erforderlich, die Normalzeit für eine Leistungseinheit vorzugeben. Dies erfolgt in Form der **Vorgabezeit**, der aufgrund von Zeitaufnahmen ermittelten Soll-Zeit, die auf S. 326 ff. erläutert wird.

Beispiel: Der Zeitlohn beträgt 11,00 €/Std., der Akkordzuschlag 20 %. Die Vorgabezeit für ein gefertigtes Stück umfasst 10 Minuten. Der Akkordsatz beträgt als Stückakkord:

$$\text{Akkordsatz} = \frac{11 + 11 \cdot 0{,}20}{6} = \textbf{2,20 €/Stück}$$

Der **Akkordlohn** der Arbeitskraft ergibt sich:

$$\text{Akkord-} \atop \text{lohn} = \text{Leistungs-} \atop \text{menge} \cdot \text{Akkord-} \atop \text{satz}$$

Beispiel: Unter Verwendung der obigen Daten erhält ein Arbeiter, der durchschnittlich 8 Stück pro Stunde fertigt:

$$\text{Akkordlohn} = 8 \cdot 2{,}20 = \textbf{17,60 €/Std.}$$

Der Stückakkord weist folgende **Nachteile** auf:

• Die Zeitvorgabe ist unmittelbar nicht erkennbar.
• Tarifänderungen erfordern eine völlige Neuberechnung der Akkordvorgaben.

Diese Nachteile vermeidet der **Zeitakkord**, bei welchem der Arbeitskraft für jedes von ihr hergestellte Stück eine im Voraus festgesetzte gleichbleibende Zahl von Zeiteinheiten gutgeschrieben wird, welche der Vorgabezeit entspricht. Die Umrechnung in Geldeinheiten erfolgt erst am Ende der Abrechnungsperiode:

$$\boxed{\text{Akkord-lohn} \quad = \quad \text{Leistungs-menge} \quad \cdot \quad \text{Vorgabe-zeit} \quad \cdot \quad \text{Minuten-faktor}}$$

wobei:

$$\boxed{\text{Minuten-faktor} \quad = \quad \frac{\text{Akkordrichtsatz}}{60}}$$

Beispiel: Der tarifliche Mindestlohn beträgt 10,00 €, der Akkordzuschlag 25 %. Die Vorgabezeit pro gefertigtes Stück ist 20 Minuten, pro Stunde werden 6 Stück gefertigt.

$$\text{Minutenfaktor} = \frac{10 + 10 \cdot 0,25}{60} = \mathbf{0,208}$$

$$\text{Akkordlohn} \quad = 6 \cdot 20 \cdot 0,208 \quad = \mathbf{24,96} \ \textbf{/Std.}$$

Der Zeitakkord weist gegenüber dem Stückakkord zwei **Vorteile** auf, weshalb er die heute in der Praxis vorrangig verwendete Form des Akkordes ist:

- Die Zeitvorgabe ist unmittelbar erkennbar.
- Tariferhöhungen erfordern lediglich die Korrektur des Minutenfaktors.

54 ⟩⟩ **Seite 541**

3.1.1.2.2 EINZEL- UND GRUPPENAKKORD

Beim **Einzelakkord** wird die Arbeitsleistung der einzelnen Arbeitskraft erfasst und entlohnt. Er ist die überwiegend verwendete Form der Akkordentlohnung.

Der **Gruppenakkord** ist die gemeinsame Entlohnung mehrerer Arbeitskräfte. Um zum Lohn der einzelnen einer Arbeitsgruppe angehörenden Arbeitskraft zu gelangen, sind folgende beiden **Schritte** erforderlich:

$$\boxed{\text{Feststellung des Lohnes der Gruppe}}$$
$$\Downarrow$$
$$\boxed{\text{Aufteilung des Lohnes auf die Gruppenmitglieder}}$$

Die **Feststellung** des Lohnes der Gruppe ist einfach. Sie erfolgt wie beim Einzelakkord. Schwieriger ist die gerechte **Aufteilung** des Lohnes auf die Gruppenmitglieder. Sie wird zweckmäßigerweise mithilfe von Äquivalenzziffern, z. B. in Form der Tariflöhne, durchgeführt.

Voraussetzungen für eine Entlohnung im Gruppenakkord sind nach *Rosenstiel*:

- Die Arbeitsgruppe muss klein und stabil sein.
- Die Mitglieder müssen ähnliche Arbeiten verrichten.

- Die Mitglieder dürfen keine großen Leistungsunterschiede zeigen.
- Die Entlohnungsform muss einfach und transparent sein.
- Die Entlohnungsform muss für jedes Mitglieder nachkontrollierbar sein.

Die **Vorteile** des Gruppenakkordes bestehen in folgenden Punkten:

- Die Mitglieder kontrollieren sich gegenseitig.
- Schwächere Mitglieder werden zu größerer Leistung angeregt.
- Die Arbeitsteilung kann optimal gestaltet werden.
- Kooperatives Verhalten der Mitarbeiter wird gefördert.

Als **Nachteile** des Gruppenakkordes können genannt werden:

- Größere Gruppen führen zur Unübersichtlichkeit.
- Leistungsstarke Mitglieder werden unzufrieden.

Bei der Einführung neuer Entlohnungsmethoden, die regeln, wie die Entlohnungsgrundsätze ausgestaltet werden sollen, sowie deren Änderung hat der Betriebsrat gemäß § 87 Abs. 1 Nr. 10 BetrVG ein **Mitbestimmungsrecht**, sofern eine gesetzliche oder tarifliche Regelung nicht besteht, z. B. bei *(Schoof)*:

- Arbeitsvorgabe als Einzelakkord oder Gruppenakkord
- Einführung und Ausgestaltung von Verfahren zur Ermittlung von Vorgabezeiten.

Wenn keine Einigkeit zwischen dem Arbeitgeber und dem Betriebsrat erzielt werden kann, entscheidet die **Einigungsstelle**, deren Spruch die Einigung ersetzt.

55 >> Seite 541

3.1.1.2.3 Vorgabezeiten

Beim Einsatz des Akkordlohnes ist es erforderlich, die Zeiten zu ermitteln, in denen die Arbeitskraft in der Lage sein kann, bestimmte Leistungen zu erbringen. Dabei muss die **Normalleistung** zu Grunde gelegt werden.

Zur Darstellung der Vorgabezeiten, die auf die Arbeitskraft bezogene Auftragszeiten sind, erscheint es zweckmäßig, zunächst zu zeigen, welche Ablaufarten der Arbeitskraft unterschieden werden. Schließlich soll erläutert werden, wie die Vorgabezeiten zu ermitteln sind.

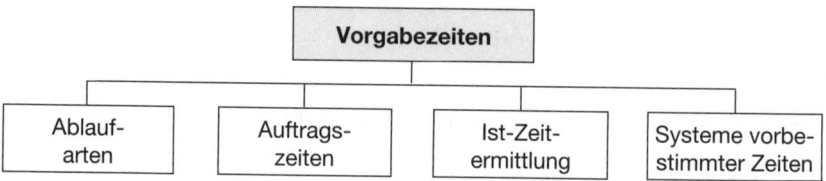

3.1.1.2.3.1 ABLAUFARTEN

Ausgangspunkt jeder Zeitermittlung ist die **Analyse** der betreffenden Tätigkeiten. Der Arbeitsablauf wird in verschiedene Abschnitte aufgeteilt, die dann durch Zeitarten beschrieben werden und Grundlagen zur Erlangung anderer für den Leistungsprozess interessanter Informationen sind, z. B. der Vorgabezeiten.

Zur Ermittlung der Vorgabezeiten der Arbeitskräfte sind lediglich die **menschenbezogenen Ablaufarten** bedeutsam. *REFA* unterscheidet:

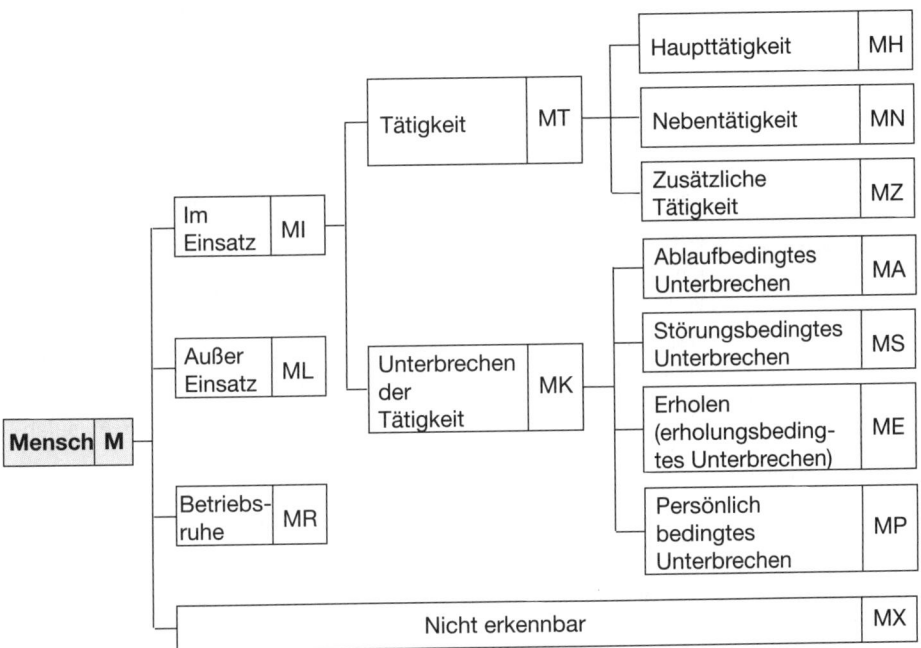

Dabei gelten:

Im Einsatz	Der Mensch führt Arbeitsaufgaben innerhalb der festgelegten Arbeitszeit aus. In einfachster Unterscheidung können das sein: ▸ **Rüsten**, bei dem das Arbeitssystem auf die Erfüllung der Arbeitsaufgabe vorbereitet und – wenn notwendig – auch wieder in den ursprünglichen Zustand zurückversetzt wird. ▸ **Beispiele:** Bohrer einspannen, Zeichnung lesen, Probelauf durchführen, Bohrer ausspannen, Bohrer zur Werkzeugrückgabe bringen. ▸ **Ausführen** als die Realisierung der Arbeitsaufgabe. **Beispiele:** Bohren, Fräsen, Hobeln, Feilen von Werkstücken entsprechend dem Arbeitsauftrag.
Außer Einsatz	Der Mensch steht zur Erfüllung der Arbeitsaufgaben innerhalb der festgesetzten Arbeitszeit über längere Zeit nicht zur Verfügung oder

	der Betrieb kann ihn über längere Zeit nicht einsetzen.
	Beispiel: Mitarbeiter ist erkrankt bzw. in Urlaub, zu wenig Aufträge.
Betriebsruhe	Der Mensch kann die Arbeitsaufgaben nicht erfüllen, da im Betrieb oder in einzelnen Betriebsteilen nicht gearbeitet wird.
	Beispiele: Gesetzliche Feiertage, tariflich festgelegte Pausen, Sonntage.
Haupttätigkeit	Der Mensch übt eine planmäßige Tätigkeit aus, die unmittelbar zur Erfüllung der Arbeitsaufgabe dient.
	Beispiele: Bohren, Fräsen von Werkstücken nach Arbeitsauftrag.
Nebentätigkeit	Der Mensch übt eine planmäßige Tätigkeit aus, die mittelbar zur Erfüllung der Arbeitsaufgabe dient.
	Beispiele: Planmäßiges Holen eines Werkstückes, Bohrer einspannen, Zeichnung lesen, Bohrer zur Werkzeugrückgabe bringen.
Zusätzliche Tätigkeit	Der Mensch führt eine Tätigkeit durch, deren Ablauf oder Vorkommen nicht vorherbestimmt werden kann, z. B. wegen organisatorischer, technischer oder Informationsmängel.
	Beispiele: Behebung einer Störung, Nacharbeiten, Rückfragen bezüglich der Arbeitspapiere, besondere Wartungsarbeiten.
Ablaufbedingtes Unterbrechen	Der Mensch wartet planmäßig auf die Beendigung von Ablaufabschnitten des Betriebsmittels oder Arbeitsgegenstandes.
	Beispiele: Erreichen der Arbeitstemperatur abwarten, Farbe trocknen lassen, Warten auf Beendigung eines automatischen Dreh-, Fräs- oder Hobelvorganges.
Störungsbedingtes Unterbrechen	Die Tätigkeit wird wegen technischer, organisatorischer oder Informationsmängel kurzfristig unplanmäßig unterbrochen.
	Beispiele: Warten auf die Zeichnung, Warten während einer Reparatur, Warten auf Werkzeug.
Erholen	Der Mensch unterbricht die Tätigkeit zwecks Abbau der aus dieser Tätigkeit resultierenden Arbeitsermüdung.
	Beispiele: Ausruhen nach Heben einer schweren Last, Ausruhen nach starker Konzentration.
Persönlich bedingtes Unterbrechen	Der Mensch unterbricht seine Tätigkeit kurzfristig aus Gründen, die nicht arbeitsablaufbedingt, sondern persönlicher Natur sind.
	Beispiele: Zigaretten holen, Privatgespräche mit Kollegen, privates Telefonieren, verspäteter Arbeitsbeginn.

3.1.1.2.3.2 Auftragszeiten

Auftragszeiten, die auf die Arbeitskraft bezogen sind, stellen **Vorgabezeiten** dar. Dabei handelt es sich nach *REFA* um Soll-Zeiten, die für Arbeitsabläufe angesetzt werden, welche vom Menschen ausgeführt werden. Sie sind die Grundlage für die Entlohnung nach Leistungsmenge. *REFA* unterscheidet:

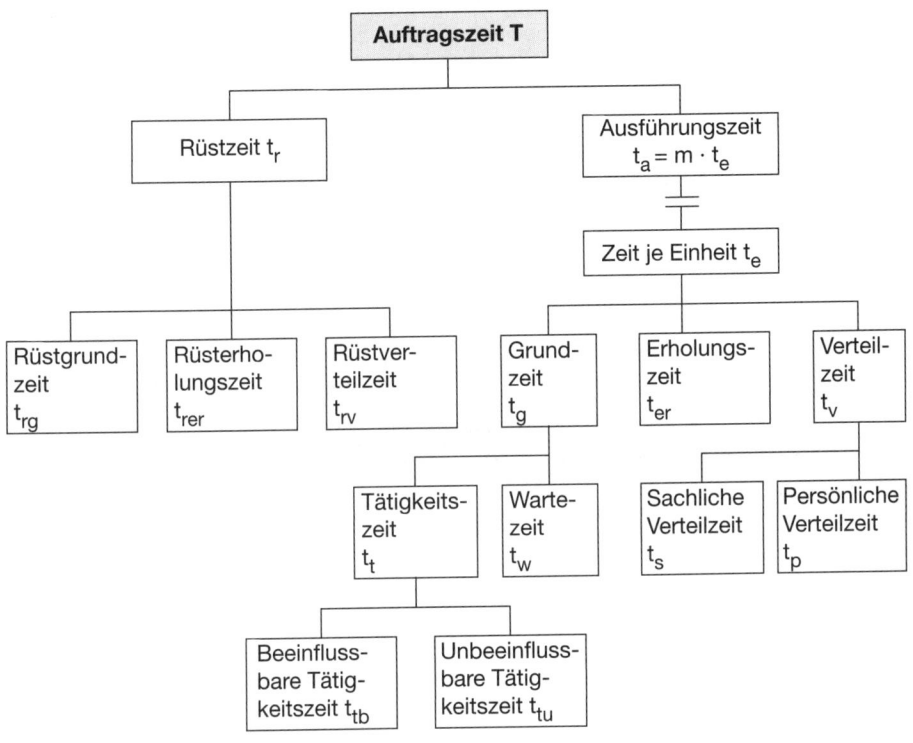

Dabei gelten:

Rüstgrundzeit	Sie ist die Zeit, während der ein Betriebsmittel vom Menschen gerüstet wird.
Rüsterholungszeit	Sie ist die Zeit, die beim Rüsten notwendig ist, um die Ermüdung abzubauen, die durch das Rüsten eingetreten ist.
Rüstverteilzeit	Sie ist die Zeit, die beim Rüsten zusätzlich unplanmäßig durch den Menschen entsteht.
Grundzeit	Sie ist die Zeit, die zum Ausführen einer Mengeneinheit durch den Menschen erforderlich ist und umfasst:

Zeitarten	Ablaufarten
▸ Tätigkeitszeit	▸ Haupttätigkeit ▸ Nebentätigkeit
▸ Wartezeit	▸ Ablaufbedingtes Unterbrechen

Erholungszeit	Sie ist die Zeit, die für das Erholen des Menschen erforderlich ist und sich auf eine Mengeneinheit bezieht.

Die **Länge** der Erholungszeit orientiert sich an den Anforderungen, die an den Menschen gestellt werden. Der Erholungszeit können auch »erholungswirksame Zeiten«, die während der Arbeitszeit ablaufbedingt oder störbedingt anfallen, zugerechnet werden. Sie kann als prozentualer **Erholungszuschlag** zur Grundzeit angegeben werden.

Wichtig ist, dass dem Arbeiter seine Erholungszeit bekannt ist, damit er sich darauf einstellen kann.

Verteilzeit

Sie ist die Zeit, die zusätzlich zur planmäßigen Ausführung eines Ablaufes durch den Menschen erforderlich ist und sich auf eine Mengeneinheit bezieht. Die Verteilzeit wird häufig als prozentualer **Zuschlag** zur Grundzeit angegeben und enthält:

Zeitarten	Ablaufarten
▸ Sachliche Verteilzeit	▸ Zusätzliche Tätigkeit ▸ Störungsbedingtes Unterbrechen
▸ Persönliche Verteilzeit	▸ Persönlich bedingtes Unterbrechen

56 〉〉 Seite 542

3.1.1.2.3.3 IST-ZEITERMITTLUNG

Die Ist-Zeitermittlung dient dazu, die Dauer eines Arbeitsvorganges festzustellen. Sie kann erfolgen als:

- **Zeitschätzung**, die das einfachste, aber auch ungenaueste Verfahren der Ist-Zeitermittlung darstellt. Sie kann angewendet werden, wenn andere Verfahren nicht anwendbar sind bzw. der Aufwand einer genaueren Zeitermittlung nicht vertretbar ist.

  Voraussetzungen für die Anwendung dieses Verfahrens sind die Erfahrung und Übung der Arbeitsstudienfachkraft sowie die genaue Kenntnis des Arbeitsablaufes durch die Arbeitsstudienfachkraft.

  Die Schätzung der Arbeitszeit sollte nicht als Ganzes erfolgen, sondern einzelne Teilvorgänge sind getrennt zu schätzen und zum Schluss zusammenzufassen. Damit wird eine genauest mögliche Schätzung gefördert.

- *REFA*-**Zeitaufnahme**, mit der die auf den Menschen bezogene Zeit erfasst wird. Sie ist zweckmäßig, wenn der Ablauf auch zukünftig hinsichtlich Arbeitsverfahren, Arbeitsmethode und Arbeitsbedingungen in gleicher Weise wiederholt wird. Damit gelangt man über die Messung und Auswertung der Ist-Zeiten zu Soll-Zeiten. **Aspekte** der Zeitaufnahme sind:

Durchführung

Bei ihr sind verschiedene Vorschriften zu beachten, z. B.:

- ▸ Betriebliche Regelungen
- ▸ Tarifvertragliche Regelungen
- ▸ Unterrichtung des beobachteten Mitarbeiters
- ▸ Information des Vorgesetzten des Beobachteten

▸ Information des Betriebsrates
▸ Urkundencharakter des Zeitaufnahmebogens.

Die zu sammelnden Informationen werden im *REFA*-**Zeitaufnahmebogen** dokumentiert.

Zeitaufnahmegeräte

Der Arbeitsstudienkraft stehen zur Verfügung:

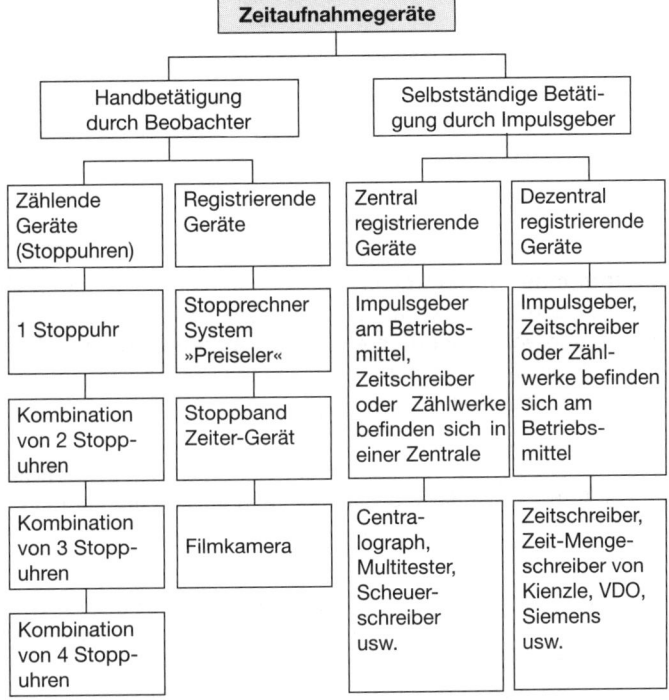

Forderungen an Zeitaufnahmegeräte sind:

▸ Zweckmäßige Gestaltung/Anbringung der Bedienungselemente
▸ Schnelle, sichere und genaue Registriermöglichkeit
▸ Ausreichende Ganggenauigkeit
▸ Vertretbare Anschaffungs- und Betriebskosten

Leistungsgrad

Er kann bei der einzelnen Arbeitskraft unterschiedlich sein. So benötigt eine Arbeitskraft für die Ausführung eines Arbeitsvorganges bei Höchstleistung 5 Minuten, eine andere 10 Minuten.

Daher ist es erforderlich, den Leistungsgrad einer Ist-Zeit festzustellen, um die Ist-Zeit auf eine bestimmte **Bezugsleistung** umrechnen zu können:

$$\text{Leistungs-} \atop \text{grad} = \frac{\text{(Beobachtete) Ist-Leistung}}{\text{(Vorgestellte) Bezugsleistung}} \cdot 100$$

Entsprechend kann der **Leistungsfaktor** angegeben werden:

$$\text{Leistungs-} \atop \text{faktor} = \frac{\text{(Beobachtete) Ist-Leistung}}{\text{(Vorgestellte) Bezugsleistung}}$$

Als **Bezugsleistung** wird die einer Soll-Zeit zu Grunde liegende Leistung bezeichnet. Im Allgemeinen erhält die Bezugsleistung den Leistungsgrad 100 %.

Beispiel: Die gemessene Ist-Zeit beträgt 5,0 Min/Stück. Der Leistungsgrad wird mit 120 % beurteilt. Die Sollzeit (Bezugszeit) beträgt:

$$\text{Soll-Zeit} = \frac{120}{100} \cdot 5{,}0 = \textbf{6,0 Min/Stück}$$

Die **Höhe des Leistungsgrades** hängt von zwei Faktoren ab:

- Der **Intensität**, die durch die Bewegungsgeschwindigkeit sowie durch die körperliche und geistige Anspannung des arbeitenden Menschen bestimmt wird.

- Der **Wirksamkeit**, die ein Ausdruck für die Beherrschung des Arbeitsvorganges durch die Arbeitskraft ist.

- Die **Multimomentaufnahme** ist ein weiteres Verfahren der Ist-Zeitermittlung. Sie stellt ein Stichprobenverfahren dar, das Aussagen über die prozentuale Häufigkeit bzw. über die Dauer von vorwiegend unregelmäßig auftretenden Vorgängen oder Größen beliebiger Art für eine frei wählbare Genauigkeit bei einer statistischen Sicherheit von 95 % gibt. Ihr **Einsatzgebiet** liegt im:

Zählen von Häufigkeiten	Beim **Multimoment-Häufigkeitszählverfahren** werden Ereignisse an zufällig bestimmten Zeitpunkten mit dem Ziel gemessen, eine Auskunft über die absoluten oder prozentualen Häufigkeiten von Vorgängen zu erhalten.
Messen von Zeiten	Beim **Multimoment-Zeitmessverfahren** werden – unter zufallsbestimmter Festlegung der Zeitmesspunkte – Zeitwerte ermittelt.

Während die **Zeitaufnahme** vor allem aus dem Gliedern des zu untersuchenden Ablaufes in aufeinander folgende Ablaufabschnitte sowie dem fortlaufenden Messen der Zeiten für die einzelnen Ablaufabschnitte besteht, sind wesentliche Merkmale der **Multimomentaufnahme** das Gliedern des zu untersuchenden Ablaufes in Ablaufarten sowie das stichprobenmäßige Erfassen der vorliegenden Ablaufarten zum Zeitpunkt der Beobachtung.

Die Multimomentaufnahme läuft grundsätzlich in folgenden **Schritten** ab:

1	Festlegung der Beobachtungsmerkmale

⇩

2	Festlegung der Zahl der Notierungen

⇩

3	Festlegung der Rundgänge

⇩

4	Festlegung der Startzeitpunkte der Rundgänge

⇩

5	Festlegung der Rundgangwege

⇩

6	Festlegung der Beobachtungsstandpunkte

⇩

7	Beobachtungen

⇩

8	Schriftliche Fixierung

⇩

9	Auswertung

3.1.1.2.3.4 SYSTEME VORBESTIMMTER ZEITEN

Die Systeme vorbestimmter Zeiten gehen von dem Gedanken aus, dass manuelle Tätigkeiten, die vom Menschen beeinflussbar sind, systematisch ermittelt werden können. Dabei wird grundsätzlich in zwei **Schritten** vorgegangen:

Bewegungs-ablauf-Analyse	Mit ihrer Hilfe werden die in einem Ablaufabschnitt enthaltenen **Bewegungselemente** ermittelt, z.B. Hinlangen, Bringen, Greifen, Loslassen, Vorrichten, Fügen.

⇩

Zeiteinheiten-Zuordnung	Sie erfolgt in Bezug auf die festgestellten Bewegungselemente unter Verwendung von **Bewegungszeittabellen**.

Es gibt eine Vielzahl von **Verfahren**, die den Systemen vorbestimmter Zeiten zugerechnet werden können. Zu nennen sind:

• Das **Work-Factor-Verfahren**, bei dem acht Standardelemente als Grundbewegungen mit ihren Unterelementen zur Beschreibung manueller Arbeit verwendet werden. Diese **Grundbewegungen** sind:

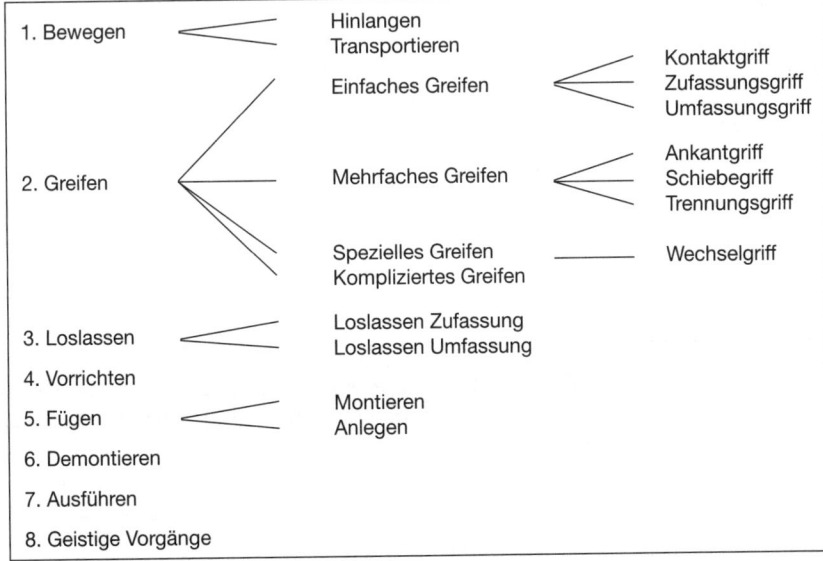

Für diese Bewegungsarten finden sich in den **Bewegungszeittabellen** die jeweiligen Zeiten, wobei als Einflussgrößen das bewegte Körperteil, der zurückgelegte Weg, das zu transportierende Gewicht und der zu überwindende Widerstand berücksichtigt werden können.

Außerdem ist die Form der erforderlichen **Bewegungsbeherrschung** für die Festlegung der Zeiten von Bedeutung. Sie wird ausgedrückt durch die Richtungskontrolle (→ Steuern), Sorgfalt (→ Präzision, Vorsicht), Richtungsänderung (→ Umweg) und ein bestimmtes Ziel.

- Das **Methods-Time-Measurement-Verfahren**. Bei ihm wird die manuelle Arbeit ebenfalls in Grundbewegungen zerlegt, denen bestimmte Normalzeitwerte zugewiesen werden. Sie sind durch die Natur der Grundbewegung und die Einflüsse bestimmt, unter denen die Grundbewegungen ausgeführt werden.

Grundbewegungen des MTM-Verfahrens sind:

	Grundbewegung	Einflussfaktoren
Hand-Arm-Bewegungen	Hinlangen	Bewegungslänge, Bewegungsfall, Typ des Bewegungsverlaufes, Richtungsänderung des Bewegungsverlaufes
	Bringen	Bewegungslänge, Bewegungsfall, Typ des Bewegungsverlaufs, Kraftaufwand
	Drehen	Drehwinkel, Kraftaufwand
	Drücken	
	Greifen	
	Handhabung	Passungsklasse, Symmetriebedingungen, Handhabungen
	Anfügen	
Blickfunktionen	Trennen	
	Blickverschieben	
	Prüfen	
Körper-, Bein-, Fußbewegungen	Fußbewegungen	
	Beinbewegungen	
	Seitenschritt	
	Körperdrehung	
	Gehen	

Im Gegensatz zum WF-Verfahren gibt es bei einigen Grundbewegungen des MTM-Verfahrens qualitative, allgemein definierte Einflussgrößen, die von der Arbeitsstudienfachkraft zu beurteilen sind.

3.1.1.3 PRÄMIENLOHN

Der Akkordlohn kann zunehmend weniger eingesetzt werden, weil die verstärkte Mechanisierung und Automatisierung der Fertigungsprozesse die Leistungsspielräume der Arbeitskräfte begrenzen bzw. aufheben. Außerdem lassen sich qualitativ ausgerichtete Mehrleistungen mithilfe des Akkordlohnes nicht berücksichtigen. An die Stelle des Akkordlohnes kann der Prämienlohn treten.

Der Prämienlohn besteht aus zwei **Teilen**, einem leistungsunabhängigen und einem leistungsabhängigen Teil:

Prämienlohn	
Grundlohn	Prämie

Mit dem Grundlohn wird der Lohn **anforderungsbezogen**, mit der Prämie **leistungsbezogen differenziert**. Soweit ausschließlich die Mengenleistung der Arbeitskraft leistungsgerecht entlohnt werden soll, ist dem Akkordlohn und dem Prämienlohn gemeinsam, dass bei beiden ein Mindestlohn garantiert wird.

Der Prämienlohn ist kein reiner Grundlohn, sondern enthält in Form der Prämie ein Element, das eigentlich dem **ergänzenden Lohn** zuzurechnen ist. Er findet **Anwendung**, wenn das Arbeitsergebnis vom Arbeitnehmer (noch) beeinflussbar ist, die Ermittlung genauer Akkordvorgaben aber z. B. wegen zu kleiner Auftragsgrößen unwirtschaftlich bzw. wegen fehlender Arbeitsstudienfachkräfte nicht möglich ist.

Die **Vorteile** des Prämienlohnes liegen:

- Im Leistungsanreiz für die Arbeitskräfte
- In der Möglichkeit, quantitative *und* qualitative Merkmale zu berücksichtigen
- In der Möglichkeit, einzelne Merkmale miteinander zu kombinieren.

Als **Nachteile** des Prämienlohnes können genannt werden:

- Der mit der Abrechnung verbundene erhöhte Aufwand
- Die i.d.R. vorhandene Lohnbegrenzung nach oben.

3.1.1.3.1 GRUNDLOHN

Der Grundlohn ist meist ein **Zeitlohn**, der insbesondere in Form des Tariflohnes verwendet wird. Er stellt den leistungsunabhängigen Teil des Prämienlohnes dar. Auf ihn wird die Prämie als leistungsabhängiger Teil des Prämienlohnes gesetzt. Bei unterschiedlicher Leistung einer Arbeitskraft innerhalb eines bestimmten Zeitraumes stellt sich der Prämienlohn somit wie folgt dar:

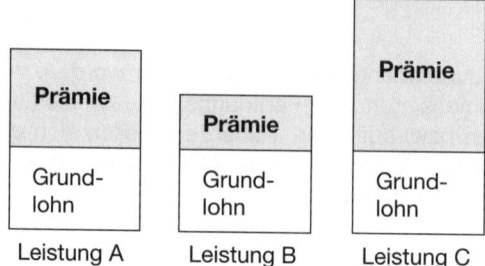

Der Grundlohn kann aber auch ein **Stücklohn** sein.

3.1.1.3.2 PRÄMIE

Die Prämie ist der **leistungsbezogene Teil** des Prämienlohnes. Sie wird planmäßig und zusätzlich gewährt. Die Mehrleistung muss objektiv feststellbar sein. Sie wird für jede Abrechnungsperiode neu erfasst, weshalb die Höhe der dem Mitarbeiter jeweils entgoltenen Prämie schwanken kann.

Bei der **Gestaltung** des Prämienlohnes wird in drei **Schritten** vorgegangen *(Schettgen)*:

*   Zunächst wird der **prämienpflichtige Einflussbereich** festgelegt. Dies geschieht, indem der Anfangspunkt und der Endpunkt der Prämie in Abhängigkeit von der minimal und maximal zu erreichenden Leistungskennzahl abgesteckt werden. Die Prämienzahlung beginnt z. B. bei 60 gefertigten Teilen und endet bei 80 Teilen.

*   Danach erfolgt die Bestimmung der **Prämienspannweite**. Sie stellt das prozentuale Verhältnis der höchstmöglichen Prämie zum Grundlohn dar.

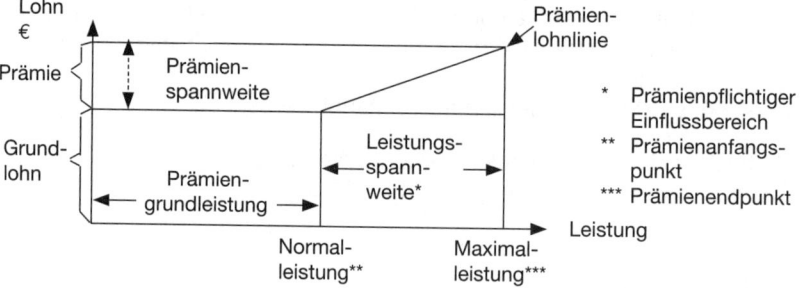

*   Schließlich wird der **Verlauf der Prämienlohnlinie** bestimmt. Durch seine Festlegung kann die Arbeitskraft in ihrem Leistungsverhalten grundsätzlich beeinflusst werden. Typische **Prämienverläufe** sind:

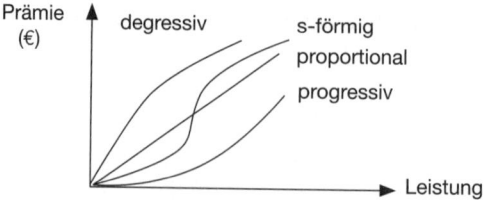

Gründe für die Wahl des jeweiligen Prämienverlaufes können sein:

Degressiver Prämienverlauf	Dieser Prämienverlauf ist in der Praxis **am häufigsten** vorzufinden. Mit ihm wird angestrebt, dass möglichst viele Arbeitskräfte in den Bereich höherer Prämien kommen, wobei der Leistungsanreiz ab einer bestimmten Leistung geringer werden soll.
	Anders als beim Akkord erfolgt hier eine Aufteilung des Nutzens der Mehrleistung zwischen der Arbeitskraft und dem Unternehmen. Der Lohn steigt bei Mehrleistung an, die Lohnkosten pro Stück sinken.
Progressiver Prämienverlauf	Er dient dazu, die Arbeitskräfte zu **maximaler Leistung** anzuregen. Der Grund kann darin liegen, dass höchstmögliche Maschinenauslastungen oder Qualitätsziele erreicht werden sollen.
S-förmiger Prämienverlauf	Bei ihm soll jede Arbeitskraft in den Genuss von Prämien kommen, die vorzugsweise im Bereich des **Wendepunktes** der Kurve liegen. Wesentlich darunter oder darüber liegende Leistungen sind nicht erwünscht.
Proportionaler Prämienverlauf	Er dient ausschließlich dazu, die **Mehrleistungen** der Arbeitskräfte zu entgelten. Maßnahmen zur Steuerung der Leistung sind nicht beabsichtigt. Mit dem proportionalen Prämienverlauf nähert sich der Prämienlohn im quantitativen Bereich dem Akkordlohn an.

Nach der Art ihrer **Zurechnung** ist es möglich, als Prämien zu unterscheiden:

- Die **Einzelprämie**, die einer einzelnen Arbeitskraft aufgrund ihrer individuellen Leistung gezahlt wird.

- Die **Gruppenprämie**, die mehreren Arbeitskräften für eine von ihnen erbrachten Leistung gemeinsam gewährt wird. Sie hat in den letzten Jahren an Bedeutung gewonnen, vor allem wegen organisatorischer Veränderungen, die z. B. in Richtung Teamarbeit, teilautonome Arbeitsgruppen gingen.

  Die **Verteilung** der Gruppenprämie auf die einzelnen Gruppenmitglieder kann absolut gleich, relativ gleich unter Berücksichtigung der Lohngruppen der einzelnen Arbeitskräfte oder nach einem Verteilungsschlüssel erfolgen, der auf Konsensbildung bzw. Leistungsbeurteilung beruht (Eyer).

Die Gewährung der **Prämie** ist für unterschiedliche Leistungen möglich, z. B. als:

- **Mengenleistungsprämie**, die auch **Quantitätsprämie** genannt wird. Sie wird genutzt, wenn Akkordlohn nicht gezahlt werden soll oder kann, z. B. Vorgabezeiten nicht oder nur sehr aufwändig zu ermitteln sind. Mit ihr wird die quantitative Leistung entgolten, die über der Normalleistung liegt.

- **Nutzungsprämie**, die auch als **Nutzungsgradprämie** bezeichnet wird. Mit ihr soll eine möglichst optimale Ausnutzung der Betriebsmittel erreicht werden, z. B. durch Minimierung von Leerlaufzeiten, Rüstzeiten und Reparaturzeiten.

- **Qualitätsprämie**, die der Steigerung der Fertigungsqualität dient und Ausschüsse, Nacharbeiten sowie Minderqualitäten minimieren bzw. ausschließen soll. Dieses Anliegen hat sich in den letzten Jahren als **immer bedeutsamer** erwiesen, was auch durch die Entwicklung des Total Quality Managements deutlich wird. Qualitätsprämien weisen vielfach einen **progressiven Prämienverlauf** auf.

- **Ersparnisprämie**, die sich auf die materiellen Produktionsfaktoren bezieht. Sie soll dazu beitragen, Rohstoffe einzusparen, den Verbrauch an Hilfs- und Betriebsstoffen zu vermindern, den Energieverbrauch zu senken und die Instandhaltungskosten geringstmöglich zu halten. Es kann sich ein **degressiver Prämienverlauf** anbieten, um Qualitätsminderungen zu vermeiden.

Weitere Prämien sind z. B. Termineinhalteprämien, Unfallverhütungsprämien, Umsatzprämien und Anwesenheitsprämien.

Die dargestellten Prämien werden vielfach nicht lediglich als einzelne Prämien getrennt konzipiert, sondern miteinander **kombiniert**. Dabei ist zu empfehlen, möglichst nicht mehr als zwei oder drei Prämien miteinander zu verbinden.

Der Betriebsrat hat bei der Festsetzung der Prämiensätze gemäß § 7 Abs. 1 Nr. 10 BetrVG ein **Mitbestimmungsrecht**, sofern eine gesetzliche oder tarifliche Regelung nicht besteht. Kommt keine Einigung zu Stande, entscheidet die **Einigungsstelle**, deren Spruch die Einigung ersetzt.

57 》 Seite 542

3.1.1.4 Pensumlohn

Der Pensumlohn stellt eine **Weiterentwicklung** der traditionellen Lohnformen dar. Wie der Akkordlohn und der Prämienlohn ist auch er ein Leistungslohn. Von beiden Lohnformen unterscheidet er sich grundlegend dadurch, dass er sich auf **künftig erwartete Leistungen** bezieht, nicht auf in der Vergangenheit erbrachte Leistungen. Ähnlich dem Prämienlohn besteht er aus zwei **Teilen:**

- Dem **Grundlohn**, der anforderungsbezogen differenziert wird.

- Dem **Pensumanteil**, dessen Differenzierung leistungsbezogen erfolgt. Er bezieht sich meistens auf eine Mengenleistung, kann aber auch qualitativ ausgeprägt sein. Unter Mengenbezug ist der Pensumanteil das für die kommende Periode **festgelegte Arbeitsvolumen**, das vielfach unter Verwendung von Zeitstudien ermittelt wird. Die geplante Periode beträgt meist zwei bis drei Monate.

> Pensumlohn = Grundlohn + Pensumanteil

Der Pensumlohn ist damit kein reiner Grundlohn. Er enthält in Form des Pensumanteils ein Element, das eigentlich dem **ergänzenden Lohn** zuzurechnen ist.

Abweichungen von der erwarteten Leistung führen nicht unmittelbar zu einer Veränderung der Lohnhöhe. Gegebenenfalls gleichen sie sich im Verlaufe der Planperiode wieder aus, sodass dies für die Höhe des zu zahlenden Lohnes auch künftig keine Bedeutung hat. Liegt ein solcher Ausgleich nicht vor und ergibt sich z. B. eine Minderleistung über die gesamte Periode hinweg, wirkt sich das lohnbezogen frühestens in der **Folge-periode** aus.

Je länger der Anpassungszeitraum bei Leistungsänderungen ist, um so mehr nimmt der Pensumlohn den Charakter eines **Zeitlohnes** oder **Festlohnes** an.

Der Pensumlohn hat in der Vergangenheit lange Zeit keine große Bedeutung gehabt. Erst in **jüngerer Zeit** ist er durch die vielfältigen technologischen Veränderungen im Ferti-gungsbereich bedeutsamer geworden. Beispielsweise hat die Volkswagen AG ein Lohn-system eingeführt, das dem Pensumlohn entspricht.

Jung nennt **Vorteile** des Pensumlohnes:

- Kein Leistungsdruck durch garantierten Lohn
- Weniger Unstimmigkeiten über Vorgabezeiten
- Einfache Lohnabrechnung ohne Lohnscheine
- Keine Leistungszurückhaltung aus kollegialen Gründen
- Keine permanente Motivation zur Ergebnissteigerung.

Als **Nachteile** sieht er:

- Kein direkter Leistungsanreiz
- Produktivität einer Gruppe von Führungskraft abhängig
- EDV-gestütztes Fertigungssteuerungssystem erforderlich
- Starke Betreuung und Motivation der Mitarbeiter notwendig
- Schulung der Vorgesetzten in Mitarbeiterführung unerlässlich.

Arten des Pensumlohnes sind insbesondere:

- **Vertragslohn**

- **Measured Day Work**

- **Programmlohn**.

3.1.1.4.1 VERTRAGSLOHN

Der Vertragslohn, der auch als **Kontraktlohn** bezeichnet wird, findet vor allem in der Ein-zelfertigung und Kleinserienfertigung seinen Einsatz. Er weist folgende **Merkmale** auf *(Berthel)*:

Merkmale	Vorteile	Nachteile
Lohn wird für einen be-grenzten Zeitraum im Vo-raus zwischen Vorgesetz-tem und Mitarbeiter indivi-duell festgesetzt. Für die-sen garantierten Lohn ver-pflichtet sich der Mitarbei-	**Mitarbeiter:** Über längere Perioden gesi-cherter Verdienst; Lohnga-rantie für noch zu liefernde Leistung.	**Mitarbeiter:** Hat kein unmittelbares Leis-tungs-Verdienst-Erlebnis wie bei echtem Akkordlohn.

ter zu einer entsprechenden Leistung. Intensive Vorarbeiten zur Ermittlung und Pflege der Sollzeiten sind erforderlich sowie regelmäßige Erfassung der Zeitgrade zum Überprüfen der Vertragsleistung.	**Unternehmen:** Gegenüber Akkordlohn vereinfachte Lohnabrechnung; durch Daten gesicherte Leistungsaufzeichnung. Bei Bedarf Leistungsgespräch zwischen Vorgesetztem und Mitarbeiter.	**Unternehmen:** Zusätzliche Leistungsüberwachung durch Vorgesetzten. Bei Leistungsabfall ist Verdienstkürzung durch Vertragsregel erschwert. Zusätzliche Ausbildung des Vorgesetzten erforderlich

3.1.1.4.2 Measured Day Work

Der Measured Day Work-Lohn ist ein Festlohn mit geplanter Tagesleistung. Er wird auch **normiertes Entgelt** genannt. Seine **Merkmale** sind *(Berthel)*:

Merkmale	Vorteile	Nachteile
Fester Lohn für eine bestimmte Zeiteinheit. DV-gestütztes Fertigungsregelungs-System mit schneller Rückmeldung der Soll-Ist-Daten als Führungshilfe für motivierende qualifizierte Vorgesetzte mit 15 bis 25 Mitarbeitern. **Voraussetzung:** Reichliches Angebot an Arbeitskräften	**Mitarbeiter:** Garantierter Lohn. **Unternehmen:** Einfache Lohnabrechnung. Lohnungebundene Richtzeiten sind ohne tarifpolitische Zugeständnisse leichter zu ermitteln. Zeiten können daher zwanglos jeder Methodenänderung angepasst werden.	**Mitarbeiter:** Kein unmittelbarer Leistungsanreiz. **Unternehmen:** Produktivität hängt wesentlich vom Führungspersonal ab. Zusätzlicher Aufwand für intensive Schulung und Auswahl von Vorgesetzten sowie für Bilden neuer Echt-Zeiten (keine Akkord-Verrechnungszeiten mehr) und für engmaschige Fertigungsregelung über EDV.

3.1.1.4.3 Programmlohn

Der Programmlohn ist ein ergebnisbezogener Lohn, der auftragsweise festgelegt wird. Seine **Merkmale** sind *(Berthel)*:

Merkmale	Vorteile	Nachteile
Fester Lohn für eine bestimmte Zeiteinheit bei Erfüllung einer festumrissenen Arbeitsaufgabe (Programm). Mehrleistung gegenüber Programm ist nicht erwünscht und wird nicht vergütet. Wird Programm aus von Mitarbeitern zu vertretenden Gründen nicht erfüllt, erfolgt Lohnminderung nach gemeinsamer Bespre-	**Mitarbeiter:** Gesicherter Verdienst bei Programmerfüllung. **Unternehmen:** Methoden- und Verfahrensänderungen leicht durchführbar. Die wöchentliche Programmerstellung lässt Engpässe schnell erkennen. Leistungsmotivierung durch Vorgesetzte nicht erforderlich,	**Mitarbeiter:** Verdienstrisiko bei Nichterfüllung des Programmes. **Unternehmen:** Aufwand für Ermittlung und Pflege der notwendigen Sollzeiten sowie für Kontrolle der Programmerfüllung. Bei Nichterfüllung des Programmes sind Ergebnisgespräche mit den Mitarbei-

| chung zwischen Betriebsleitung, Mitarbeitern und Betriebsrat. | da Mitarbeiter eine bestimmte Leistungsverpflichtung übernommen haben. | tern und dem Betriebsrat zu führen. |

3.1.2 ERGÄNZENDE LÖHNE

Den Arbeitskräften werden i.d.R. nicht nur Grundlöhne bezahlt. So enthalten z. B. der **Prämienlohn** und der **Pensumlohn** konstruktionsbedingt bereits **Elemente ergänzender Löhne**. Außerdem bieten die Unternehmen **Zusatz- und Sozialleistungen**, die in unmittelbarer Verbindung mit erbrachten Arbeitsleistungen stehen oder unabhängig davon sind.

Typische über den Grundlohn hinaus gewährte **Leistungen** der Unternehmen sind:

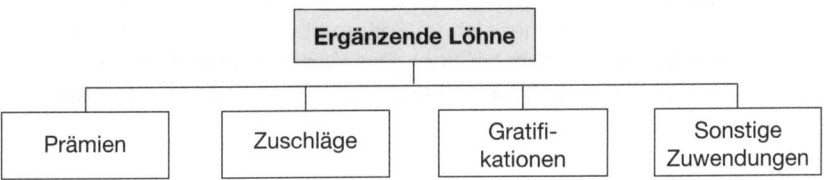

Den ergänzenden Löhnen wird mitunter auch das 13. Monatsgehalt zugerechnet. Es stellt aber keine Prämie, keinen Zuschlag und auch keine Gratifikation dar, sondern ist ein **unmittelbarer Bestandteil des Lohnes**, der lediglich aufgespeichert wurde.

Die Zuordnung zum Lohn ist für den Arbeitnehmer insofern bedeutsam, als er bei einer **Kündigung** des Arbeitsverhältnisses einen **anteiligen Anspruch** auf das 13. Monatsgehalt hat, sofern nichts anderes vereinbart ist. Scheidet er z. B. zum 30. September aus und wird das 13. Monatsgehalt vertragsgemäß im Dezember ausbezahlt, hat er Anspruch auf 9/12 des 13. Monatsgehaltes.

Bei der Gewährung von Treueprämien, Anwesenheitsprämien und Gratifikationen hat der Betriebsrat ein **Mitbestimmungsrecht** gemäß § 87 Abs. 1 Nr. 10 BetrVG im Hinblick darauf, nach welchen Grundsätzen diese Leistungen auf die Arbeitnehmer verteilt werden sollen, nicht hingegen in Bezug auf die Fragen, ob und in welchem Umfang freiwillige Leistungen gewährt werden.

Können sich Arbeitgeber und Betriebsrat über die Verteilungsgrundsätze nicht einigen, kann die **Einigungsstelle** angerufen werden.

3.1.2.1 PRÄMIEN

Prämien sind besondere Vergütungen, die neben dem Grundlohn gezahlt werden. Sie können gewährt werden für:

- Eine längere Zugehörigkeit im Unternehmen
- Bestimmte persönliche Leistungen bzw. Arbeitserfolge.

Bestimmte Arbeitserfolge werden durch die Prämien beim **Prämienlohn** berücksichtigt, wie bereits beschrieben. Weitere Prämien ohne Bezug zum Prämienlohn stellen Varianten der **Gratifikationen** als Prämien für Dienstjubiläen sowie Geschäftsjubiläen und Jahresabschlussprämien dar – siehe S. 344 ff.

Eine Prämie ist auch die **Anwesenheitsprämie**. Sie wird zwar dem Interesse des Arbeitgebers gerecht, die Fehltage der Arbeitnehmer so gering wie möglich zu halten, birgt aber die Gefahr, dass Arbeitnehmer trotz Erkrankung arbeiten und sich – gegebenenfalls auch andere – damit gesundheitlich gefährden oder schädigen sowie vermeidbare Folgekosten bewirken.

Auch ist zu fragen, warum etwas Selbstverständliches, die Anwesenheit am Arbeitsplatz ohne berechtigte Verhinderungsgründe, besonders entgolten werden soll. Insofern ist die Anwesenheitsprämie sehr **umstritten**.

Arbeitsvertraglich kann geregelt werden, dass der Arbeitgeber eine Prämie nur dann zu zahlen hat, wenn der Arbeitnehmer sich im Zeitpunkt der Prämienabrechnung in einem **ungekündigten Arbeitsverhältnis** befindet. Des Weiteren können **Rückzahlungsklauseln** vereinbart werden, wie auch bei den noch zu behandelnden Gratifikationen.

3.1.2.2 ZUSCHLÄGE

Zuschläge sind über die Grundvergütung hinausgehende Vergütungsteile. Sie werden zum Teil auch als **Zulagen** bezeichnet und dienen folgenden Zwecken:

- Vergütung besonderer Leistungen des Arbeitnehmers
- Ausgleich ungünstiger Arbeitsumstände
- Berücksichtigung sozialer Verhältnisse des Arbeitnehmers.

Der **Rechtsanspruch** auf die Gewährung von Zuschlägen kann durch Gesetze, Tarifverträge, Betriebsvereinbarungen bzw. Arbeitsverträge, aber auch durch das Erfordernis der Einhaltung des **Gleichbehandlungsgrundsatzes** begründet sein.

Soweit **Gesetze** die Gewährung von Zuschlägen vorsehen, kann das Unternehmen sich der Leistung nicht entziehen. Zuschläge, die in **Tarifverträgen** und **Betriebsvereinbarungen** freiwillig vereinbart wurden, sind ebenfalls vertragsgemäß zu gewähren. Sie können aber gegebenenfalls durch Austritt aus dem Arbeitgeberverband bzw. durch Kündigung der Betriebsvereinbarung für die Zukunft verändert oder aufgehoben werden.

In **Arbeitsverträgen** vereinbarte Zuschläge sind einseitig nicht widerrufbar, wenn sie vorbehaltlos gewährt wurden. In diesen Fällen bedarf es einer Änderungskündigung oder Änderungsvereinbarung.

Der Betriebsrat hat ein **Mitbestimmungsrecht** bei der Gestaltung der Zuschläge, soweit ihre Gestaltung nicht ohnehin gesetzlich oder tarifvertraglich geregelt ist.

Entsprechend der **Zwecksetzung** der Zuschläge sollen unterschieden werden:

- **Zuschläge für besondere Leistungen**
- **Zuschläge für ungünstige Arbeitsumstände**

- **Zuschläge aus sozialen Gründen.**

3.1.2.2.1 ZUSCHLÄGE FÜR BESONDERE LEISTUNGEN

Zuschläge für besondere Leistungen sind vor allem:

- **Leistungszuschläge**, die auch als **Leistungszulagen** bezeichnet werden. Sie werden für besonders gute Arbeitsleistungen gewährt, die damit anerkannt werden sollen. Vielfach erfolgt der Vorbehalt des jederzeitigen Widerrufs.

- **Überstundenzuschläge**, für die auch **Überstundenzulagen** und **Überstundengelder** genannt werden. Sie fallen an, wenn Mehrarbeit geleistet wird, d.h. die regelmäßige betriebliche Arbeitszeit überschritten wird, die im Tarifvertrag bzw. in Ermangelung dessen in einem Arbeitsvertrag festgelegt ist.

  Überstunden sind dann gegeben, wenn der Arbeitgeber sie angeordnet oder geduldet bzw. Arbeit zugewiesen hat, die nur unter Überschreiten der betrieblichen Arbeitszeit geleistet werden kann.

  Überstundenzuschläge sind **gesetzlich** nicht geregelt. Meist sind Tarifverträge die Rechtsgrundlage dafür. Sie sehen i.d.R. vor, dass 25 % der Grundvergütung als Überstundenzuschläge zu entgelten sind. Findet ein Tarifvertrag für das Arbeitsverhältnis keine Anwendung, ist eine Regelung im Arbeitsvertrag möglich.

  Für **Teilzeitbeschäftigte** gilt, dass sie einen Anspruch auf Überstundenzuschläge erst haben, wenn die tariflich festgelegte Arbeitszeit überschritten wird, z. B. 38 Stunden pro Woche.

- **Funktionszulagen** werden für die Wahrnehmung bestimmter Funktionen im Unternehmen gewährt. Beispielsweise wird einem Mitarbeiter die Führung einer Gruppe übertragen oder er wird in Ergänzung zu seinen »normalen« Aufgaben als EDV-Beauftragter der Abteilung eingesetzt.

3.1.2.2.2 ZUSCHLÄGE FÜR UNGÜNSTIGE ARBEITSUMSTÄNDE

Als Zuschläge für ungünstige Arbeitsumstände kommen in Betracht:

- **Zuschläge aufgrund ungünstiger Arbeitszeiten**, dies sind Sonntagszuschläge, Feiertagszuschläge, Schichtzuschläge und Nacht(arbeits)zuschläge*.

  Eine gesetzliche Regelung für diese Zuschläge gibt es nicht. Das Arbeitszeitgesetz überlässt es den Tarifparteien, geeignete Regelungen in Tarifverträgen zu treffen. Soweit Tarifverträge für das Unternehmen nicht anzuwenden sind, können Regelungen in Betriebsvereinbarungen oder in Arbeitsverträgen erfolgen.

- **Zuschläge für sonstige ungünstige Arbeitsumstände.** Darunter fallen:

  ▶ **Erschwerniszulagen**, die sich z. B. aufgrund von Lärm, Kälte, Hitze und besonderen psychischen Belastungen ergeben.

---

* Nachtarbeit ist jede Zeit, die mehr als zwei Stunden der Nachtzeit umfasst, welche gemäß § 2 Abs. 3 AZG von 23 Uhr bis 6 Uhr dauert.

▸ **Gefahrenzulagen** bei gefährlichen Arbeitsstoffen bzw. Arbeitsverrichtungen, z. B. bei Montagearbeiten im 30. Stock eines Hochhauses.

▸ **Schmutzzulagen**, welche Widrigkeiten entgelten sollen, die mit unvermeidbarer Schmutzentwicklung am Arbeitsplatz entstehen.

Wie bei den Zulagen aufgrund ungünstiger Arbeitszeiten gibt es auch hier **keine gesetzlichen Vorschriften** für die Gewährung der Zulagen, sodass Regelungen in Tarifverträgen, Betriebsvereinbarungen oder Arbeitsverträgen zu treffen sind.

3.1.2.2.3 Zuschläge aus sozialen Gründen

Während die Zuschläge für besondere Leistungen und für ungünstige Arbeitsumstände einen unmittelbaren Bezug zu der von der Arbeitskraft zu verrichtenden Arbeit haben, gilt dies für die Zuschläge aus sozialen Gründen nicht. Sie werden auch als **Sozialzulagen** bezeichnet und **ohne** jeglichen **Leistungsbezug** gewährt, z. B. als Ortszuschläge, Kinderzuschläge, Trennungszulagen, Alterszuschläge oder Wohnzuschläge.

Mit **Ortszuschlägen** sollen die unterschiedlichen Lebenshaltungskosten an den Wohnorten ausgeglichen werden. Die **Kinderzuschläge** dienen der Förderung und Unterstützung der Familie. Für Arbeitskräfte, deren Familien an einem anderen Ort leben, der nicht täglich erreichbar ist, bietet sich – vielfach zeitlich begrenzt – die Zahlung von **Trennungszulagen** an.

Rechtsgrundlagen können – wie zuvor – Tarifverträge, Betriebsvereinbarungen und Arbeitsverträge sein. Gesetzliche Regelungen gibt es nur für den Öffentlichen Dienst.

3.1.2.3 Gratifikationen

Gratifikationen sind Vergütungen, die aus **bestimmten Anlässen** über die Grundvergütung der Arbeitnehmer hinaus gewährt werden. Sie dienen:

• Als **Belohnung** für in der Vergangenheit erbrachte Dienste.
• Als **Ansporn** für zukünftig zu leistende Dienste.

Der **Rechtsanspruch** auf die Gewährung von Gratifikationen kann durch Tarifverträge, Betriebsvereinbarungen oder Arbeitsverträge begründet sein, aber auch durch betriebliche Übung. Davon ist auszugehen, wenn der Arbeitgeber eine Gratifikation drei Mal vorbehaltlos gewährt.

Bei betrieblicher Übung erwerben die Arbeitnehmer einen Anspruch auf künftige Zahlungen. Er kann durch einen **Vorbehalt** ausgeschlossen werden, der dem Arbeitnehmer zu erklären ist, z.B. als »jederzeit widerruflich«, »ohne Anerkennung einer Rechtspflicht«, »ohne Rechtsanspruch«.

Die Gewährung von Gratifikationen kann wegen ihres Belohnungs- *und* Ansporncharakters davon abhängig gemacht werden, dass der Arbeitnehmer dem Unternehmen im

Auszahlungszeitpunkt angehört, nicht gekündigt hat bzw. innerhalb angemessener Frist das Arbeitsverhältnis nicht kündigt.

Kündigt ein Arbeitnehmer und tritt der oben beschriebene Vorbehalt ein, muss der Arbeitnehmer die Gratifikation **zurückzahlen**, es sei denn, dass der Gratifikationsbetrag »relativ gering« und die Frist, die das Arbeitsverhältnis bei Zahlung der Gratifikation noch hätte andauern müssen, »relativ lang« ist. Die Rückzahlung der Gratifikation hat – im Gegensatz zur Zulage – nicht zeitbezogen anteilig zu erfolgen, sondern **in voller Höhe.**

Bei der Gewährung von Gratifikationen ist der **Gleichbehandlungsgrundsatz** zu beachten. Ihre **Höhe** kann vereinbart werden. Es ist aber auch möglich, dass sie sich an der Übung orientiert. Die am häufigsten vorzufindenden Gratifikationen sind:

- **Weihnachtsgratifikation**

- **Urlaubsgratifikation**

- **Jubiläumsgratifikation**.

Schaub unterscheidet von den genannten Gratifikationen noch die **Jahresabschlussgratifikation**, wofür die Rechtsgrundsätze für die Gratifikationen gelten, die jedoch eine **Erfolgsbeteiligung** darstellt, welche sich auf den Erfolg des Unternehmens, eines Betriebes oder einer Abteilung beziehen kann, ohne dass die Zahlung von der persönlichen Erwirtschaftung des Erfolges abhängig ist.

3.1.2.3.1 WEIHNACHTSGRATIFIKATION

Die Weihnachtsgratifikation wird vielfach auch als **Weihnachtsgeld** bezeichnet. Sie kann auf einer vertraglichen Vereinbarung in Form eines Tarifvertrages, einer Betriebsvereinbarung oder eines Arbeitsvertrages beruhen oder ohne Rechtsanspruch als freiwillige Zusatz-, Neben- oder Sozialleistung erfolgen.

Soll die **betriebliche Übung** nicht wirksam werden, empfiehlt es sich aus Gründen der Vorsicht, jede Gratifikationszahlung unter Vorbehalt vorzunehmen. Es ist aber auch möglich, den Vorbehalt in eine Betriebsvereinbarung einzubringen.

In den meisten Fällen wird die Gewährung von Weihnachtsgratifikationen – wie oben beschrieben – vom **Bestehen des Arbeitsverhältnisses** im Auszahlungszeitpunkt abhängig gemacht. Scheidet ein Arbeitnehmer nach der Auszahlung der Weihnachtsgratifikation aus und gibt es eine Bindungsfrist, muss er die Weihnachtsgratifikation grundsätzlich zurückzahlen, wenn er innerhalb dieser Frist liegt. Allerdings gilt bei **arbeitsvertraglicher Vereinbarung** nach *BAG*, dass:

- Bis rund 100 € Gratifikation keine zeitliche Bindung des Arbeitnehmers gibt

- Bei weniger als einem Monatslohn eine Bindung bis 31.03. möglich ist

- Ab der Höhe eines Monatslohnes eine Bindung bis zum nächstzulässigen Kündigungstermin vorgenommen werden darf.

3.1.2.3.2 URLAUBSGRATIFIKATION

Die Urlaubsgratifikation ist die Vergütung, die zusätzlich zu der für die Dauer des Urlaubes gezahlten Grundvergütung gezahlt wird. Häufig wird sie auch als **Urlaubsgeld** bezeichnet. Mit ihr soll insbesondere der Arbeitnehmer mit »Normal«einkommen unterstützt werden, einen Urlaub mit seiner Familie außerhalb seines Wohnortes machen zu können.

Wenngleich die Zielrichtung der Arbeitnehmer mit unterem bis mittlerem Einkommen ist, so ist die Urlaubsgratifikation aus Gründen der Gleichbehandlung **allen Mitarbeitern** zu gewähren. Ihre **Rechtsgrundlage** ist üblicherweise der Tarifvertrag. Ist er für das Unternehmen nicht anzuwenden, kann eine Betriebsvereinbarung geschlossen werden, oder es erfolgt eine Regelung im Arbeitsvertrag.

3.1.2.3.3 JUBILÄUMSGRATIFIKATION

Die Jubiläumsgratifikation ist eine Sondervergütung, deren Anlass sein kann:

- Das **Dienstjubiläum** eines Mitarbeiters
- Das **Jubiläum eines Unternehmens** oder Betriebes.

Mit der Jubiläumsgratifikation soll die dem Unternehmen erbrachte **Treue honoriert** werden. Deshalb hat ein Arbeitnehmer auch keinen Anspruch auf ihre anteilige Zahlung, wenn er vor dem Jubiläum aus dem Unternehmen ausscheidet.

Die Jubiläumsgratifikation wird **freiwillig** gewährt, der Arbeitgeber kann sich dazu jedoch in einer Betriebsvereinbarung oder im Arbeitsvertrag dazu verpflichten. Es ist auch eine Regelung im Tarifvertrag möglich. Von **betrieblicher Übung** kann ausgegangen werden, wenn Zahlungen über mehrere Jahre hinweg vorbehaltlos aus Anlass von Dienstjubiläen geleistet wurden.

Anstelle einer Jubiläumsgratifikation ist es einem Unternehmen auch möglich, zusätzliche Urlaubstage zu gewähren oder den Mitarbeitern entsprechende Sachzuwendungen zukommen zu lassen.

3.1.2.1.4 SONSTIGE ZUWENDUNGEN

Arbeitnehmern kann theoretisch eine Fülle weiterer Zuwendungen gewährt werden, wie der Kasten auf S. 359 zeigt. In der Praxis sind die Zuwendungen **in den letzten Jahren** aber deutlich **begrenzt** worden. Auf einige Zuwendungen, die auch heute noch vorkommen können, sei hingewiesen.

Wenn dies im Rahmen »sonstiger« Zuwendungen geschieht, ist das darin begründet, dass sie den oben beschriebenen Arten der Zusatzlöhne **nicht immer eindeutig** zuzuordnen sind, z. B. als folgende geldliche und geldwerte Leistungen:

▸ Mietzuschüsse	▸ Nutzung einer Werkswohnung
▸ Verpflegungszuschüsse	▸ Private Nutzung des Dienstwagens

| ▸ Fahrtkostenzuschüsse | ▸ Verbilligte Arbeitgeberdarlehen |
| ▸ Beihilfen bei Krankheit, Tod | ▸ Vermögenswirksame Leistungen |

58 ⟩⟩ Seite 543

3.1.2.4 FLEXIBILISIERUNG

Prämien, Zuschläge, Gratifikationen und sonstige Zuwendungen sind in vielen Unternehmen über lange Zeit relativ unflexibel gehandhabt worden. Sie wurden allen Mitarbeitern oder speziellen Mitarbeitergruppen, z. B. leitenden Mitarbeitern gewährt, ohne dass dabei Präferenzen individuell berücksichtigt wurden.

Das kann daran liegen, dass die Unternehmen solche Differenzierungen nicht vornehmen wollten, ist aber auch daraus begründbar, dass rechtliche Regelungen dies unmöglich machten oder zumindest erschwerten.

In jüngerer Zeit gibt es aber Konzepte, die eine Flexibilisierung und Individualisierung ermöglichen, als **Cafeteria-Systeme**. Sie beziehen sich zwar schwerpunktmäßig auf die Lohn ergänzenden Leistungen, können aber auch die Löhne selbst und die erfolgsbezogenen Entgeltteile einschließen. Sie sollen:

• Die Mitarbeiter motivieren
• Die Mitarbeiter an das Unternehmen binden
• Die Attraktivität des Unternehmens am Arbeitsmarkt erhöhen.

Cafeteria-Systeme sind alle Vergütungsregelungen, bei denen es den Mitarbeitern überlassen ist, unter der Prämisse der **Kostenneutralität** zwischen inhaltlich und zeitlich verschiedenen Entgeltbestandteilen innerhalb eines bestimmten Budgets auszuwählen, wie dies bei der Menü-Auswahl in einer Cafeteria möglich ist *(Wagner/Grawart)*. Die Entlohnung erfolgt somit entsprechend der **individuellen Bedürfnisstruktur** der Mitarbeiter.

Merkmale der Cafeteria-Systeme sind:

• Das **Wahlangebot** für die Mitarbeiter mit mindestens zwei Alternativen
• Das **Wahlbudget**, an das die Mitarbeiter gebunden sind
• Die periodische **Wahlmöglichkeit**, z. B. jeweils für ein bis fünf Jahre.

Das Wahlangebot, das möglichst umfangreich sein sollte, ermöglicht es, gezielt auf die Mitarbeitererwartungen eingehen zu können, die z. B. allein schon altersbedingt sehr unterschiedlich sein können, wie zu sehen ist:

Paket I für Mittfünfziger	Paket II für 40-45-jährige Führungskraft	Paket III für 30-35-jährigen Nachwuchsmanager
▸ Höhere Altersversorgung ▸ Lebensversicherung ▸ Aktien ▸ Frühpensionierung	▸ Pkw-Programm ▸ Arbeitgeberdarlehen ▸ Bargeld ▸ Zusatzurlaub	▸ Pkw-Programm ▸ Langzeiturlaub ▸ MBA-Angebot ▸ Aktien

Die Cafeteria-Systeme werden im Wesentlichen von **Fach- und Führungskräften** der mittleren und oberen Ebene genutzt. Bei Tarifarbeitnehmern sind die meisten Leistungen durch Tarifverträge festgelegt, ihr Anteil der gewinn- oder leistungsabhängig zu vergebenden Entgeltbestandteile ist im Übrigen sehr gering, sodass sie i.d.R. nicht in Betracht kommen.

3.1.3 LÖHNE OHNE LEISTUNG

Arbeitnehmer erhalten nicht nur Löhne für die von ihnen erbrachten Leistungen, sondern werden auch für Zeiträume bezahlt, in denen sie keine Leistungen erbringen. Diese Lohnanteile müssen aufgrund von Regelungen in Gesetzen, Tarifverträgen, Betriebsvereinbarungen und Arbeitsverträgen gezahlt werden.

Als Löhne ohne Leistung sollen näher behandelt werden:

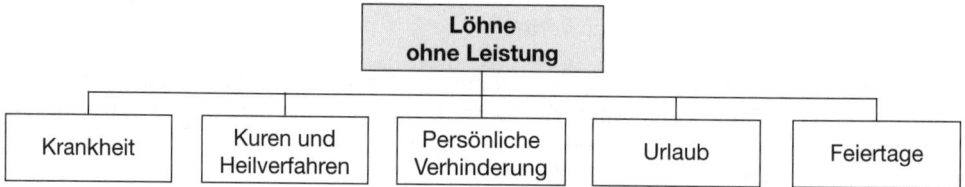

Löhne ohne Leistung werden aber auch in weiteren Fällen gezahlt, z. B.:

* Der Arbeitgeber weist dem Arbeitnehmer keine Arbeit zu, obgleich der Arbeitnehmer seine Arbeitsleistung anbietet, z. B. weil der Arbeitnehmer gekündigt hat. Dabei handelt es sich, rechtlich gesehen, um einen **Annahmeverzug**. Der Lohn muss gezahlt werden, wobei unbedeutend ist, ob der Arbeitgeber den Annahmeverzug verschuldet hat.

* Die Arbeitsleistung ist nicht vollziehbar (§ 275 BGB). Die **Unmöglichkeit** kann objektiver Natur (niemand kann sie vollziehen) oder subjektiver Natur (ein bestimmter Arbeitnehmer kann sie nicht vollziehen) sein und zu Beginn des Arbeitsverhältnisses (ursprünglich) vorhanden oder später eingetreten (nachträglich) sein. Bei Verschulden hat der Arbeitgeber den Lohn zu zahlen.

* **Werdende Mütter** können während der letzten sechs Wochen vor der Entbindung und dürfen acht Wochen nach der Geburt nicht beschäftigt werden. Krankenversicherte Frauen erhalten während dieser Zeit **Mutterschaftsgeld**, das dem Arbeitsentgelt entspricht. Falls sie kein Mutterschaftsgeld bekommen, hat der Arbeitgeber den **durchschnittlichen Lohn weiter zu zahlen**, der in den letzten drei Wochen oder drei Monaten vor Beginn des Eintrittes der Schwangerschaft angefallen ist.

* **Betriebsräte** werden nach § 37 BetrVG von ihrer beruflichen Tätigkeit ohne Minderung des Arbeitsentgeltes zeitweise befreit, soweit dies für die Erfüllung ihrer Aufgaben erforderlich ist. Zum Teil können sie vollständig von ihrer beruflichen Tätigkeit freigestellt werden (§ 38 BetrVG).

Schließlich können Löhne ohne Leistung bei **bezahlten Pausen, Betriebsversammlungen, Abteilungsversammlungen** und **Kurzarbeit** anfallen.

3.1.3.1 KRANKHEIT

Wenn eine Krankheit den Arbeitnehmer hindert, seine Arbeit zu erbringen, oder Arbeit nur unter der Gefahr fortgesetzt werden kann, dass der Gesundungszustand sich in naher Zukunft verschlechtert, liegt **Arbeitsunfähigkeit** vor. Dem Arbeitnehmer steht ein **Entgeltfortzahlungsanspruch** für die Dauer von bis zu sechs Wochen zu, sofern ihn kein Verschulden trifft (§ 3 Abs. 3 EntgeltFZG).

Ein **Verschulden** ist dann gegeben, wenn der Arbeitnehmer sich besonders leichtfertig verhält oder vorsätzliches Verhalten vorliegt, z. B. bei Arbeitsunfähigkeit infolge einer Schlägerei, eines Unfalles aufgrund von Alkoholmissbrauch, eines Sportunfalles in einer gefährlichen Sportart.

Die **Höhe der Entgeltfortzahlung** beträgt gesetzlich 100 % des dem Arbeitnehmer bei der für ihn maßgebenden regelmäßigen Arbeitszeit zustehenden Arbeitsentgeltes, auch bei Arbeitsunfähigkeit aufgrund eines Arbeitsunfalles oder einer Berufskrankheit (§ 4 EntgeltFZG).

Kann ein Arbeitnehmer einem Dritten gegenüber **Schadensersatz** wegen Verdienstausfalles beanspruchen, der ihm durch die Arbeitsunfähigkeit entstanden ist, geht dieser Anspruch auf den Entgelt fortzahlenden Arbeitgeber über (§ 6 EntgeltFZG).

3.1.3.2 KUREN UND HEILVERFAHREN

Kuren und Heilverfahren sind im EntgeltFZG als »Maßnahmen der medizinischen Vorsorge und Rehabilitation« geregelt. Für sie gelten die Vorschriften der §§ 3, 4, 6, 7, 8 EntgeltFZG entsprechend, d.h. die im vorangegangenen Abschnitt zur Krankheit getroffenen Aussagen haben auch hier entsprechende Gültigkeit.

Für eine im Anschluss an ein Heilverfahren angezeigte **Schonzeit** besteht nur dann ein Entgeltfortzahlungsanspruch, wenn der Arbeitnehmer arbeitsunfähig ist. Auf Verlangen des Arbeitnehmers muss ihm für die sich an das Heilverfahren anschließende Zeit aber **Urlaub** gewährt werden (§ 7 Abs. 1 Satz 2 BUrlG).

Schaub weist darauf hin, dass in einem Tarifvertrag oder einer Betriebsvereinbarung eine bezahlte Freistellung während der Schonzeit vereinbart werden kann, die nicht auf den Urlaub angerechnet wird.

3.1.3.3 PERSÖNLICHE VERHINDERUNG

Bei persönlicher Verhinderung hat der Arbeitnehmer aus mehreren Gründen einen Anspruch auf Entgeltfortzahlung. Er geht aus § 616 BGB hervor, der regelt, dass der Arbeitnehmer den Anspruch auf seine Vergütung nicht verliert, wenn er »für eine verhältnismäßig nicht erhebliche Zeit durch einen in seiner Person liegenden Grund ohne sein Verschulden an der Dienstleistung gehindert wird«.

Eine Konkretisierung des BGB erfolgt in Tarifverträgen, Betriebsvereinbarungen bzw. Arbeitsverträgen, wodurch Unsicherheiten bei der Auslegung des BGB abgebaut werden. Ein **Anspruch auf Entgeltfortzahlung** besteht z. B. bei:

- Geburt, Sterbefall, Begräbnis in der Familie
- Eigener Hochzeit
- Silberner oder goldener Hochzeit der Eltern
- Arztbesuch, der außerhalb der Arbeitszeit nicht möglich ist
- Gerichtlicher Ladung als Zeuge oder Beisitzer
- Musterung
- Gesellenprüfung
- Schwerwiegender Erkrankung naher Angehöriger
- Erkrankung eines Kindes unter acht Jahren
- Prüfungen im Rahmen der Aus- und Weiterbildung
- Stellensuche
- Ausübung öffentlicher Ehrenämter
- Behördengänge.

3.1.3.4 URLAUB

Der Urlaub kann Erholungsurlaub, Erziehungsurlaub und Bildungsurlaub sein. Wenn allgemein von Urlaub gesprochen wird, ist i.d.R. der **Erholungsurlaub** gemeint. Er dient der Erholung von der geleisteten Arbeit und der Wiederauffrischung der Kräfte für die spätere Fortsetzung der Arbeit *(Büdenbender/Strutz)*.

Der Erholungsurlaub ist zunächst gesetzlich geregelt. Danach hat jeder volljährige Arbeitnehmer in jedem Kalenderjahr Anspruch auf einen bezahlten Erholungsurlaub, der mindestens **24 Werktage** beträgt. Werktage sind alle Kalendertage mit Ausnahme der Sonn- und Feiertage. Der volle **Urlaubsanspruch** wird erstmalig nach sechsmonatigem Bestehen des Arbeitsverhältnisses erworben (§§ 1,3,4 BUrlG). § 11 BUrlG regelt die **Höhe des Urlaubsentgeltes,** das vor Antritt des Urlaubes auszuzahlen ist:

- Das Urlaubsentgelt bemisst sich nach dem **durchschnittlichen Arbeitsverdienst,** das der Arbeitnehmer in den letzten dreizehn Wochen vor dem Beginn des Urlaubes erhalten hat, mit Ausnahme des zusätzlich für Überstunden gezahlten Arbeitsverdienstes. Es ist für einen Werktag zu ermitteln und stellt das Entgelt für jeden Urlaubstag dar.

- Bei **Verdiensterhöhungen** nicht nur vorübergehender Natur, die während des Berechnungszeitraumes oder des Urlaubes eintreten, ist von dem erhöhten Verdienst auszugehen. **Verdienstkürzungen,** die im Berechnungszeitraum infolge von Kurzarbeit, Arbeitsausfällen oder unverschuldeter Arbeitsversäumnis eintreten, bleiben für die Berechnung des Urlaubsentgeltes außer Betracht.

- Zum Arbeitsentgelt gehörende **Sachbezüge,** die während des Urlaubs nicht weitergewährt werden, sind für die Dauer des Urlaubs angemessen in **bar abzugelten.**

Die im Bundesurlaubsgesetz zu findenden Mindestregelungen werden in Tarifverträgen konkretisiert und ausgeweitet. Außerdem können Vereinbarungen in Betriebsvereinbarungen und Arbeitsverträgen getroffen werden. Schließlich kann zum Urlaubslohn, wie beschrieben, noch eine Urlaubsgratifikation treten.

3.1.3.5 FEIERTAGE

Die Arbeitnehmer erhalten gemäß § 2 EntgeltFG für die Arbeitszeit, die infolge gesetzlicher Feiertage ausfällt, vom Arbeitgeber das Arbeitsentgelt, das sie ohne den Arbeitsausfall bekommen hätten.

Arbeitnehmer, die am letzten Arbeitstag vor oder am ersten Arbeitstag nach Feiertagen **unentschuldigt** der Arbeit fernbleiben, haben keinen Anspruch auf Bezahlung dieser Feiertage.

59 ⟩ Seite 543

3.1.4 SICHERUNG DER LÖHNE

Der Lohn soll grundsätzlich dem Mitarbeiter zufließen, der einen entsprechenden Anspruch gegenüber dem Arbeitgeber hat. Zur Sicherung des Lohnes hat der Gesetzgeber mehrere **Regelungen** getroffen:

- Die **Pfändung** der Lohnforderung, die der Mitarbeiter gegenüber dem Arbeitgeber hat, ist einem Gläubiger des Mitarbeiters zwar möglich, wenn er einen vollstreckbaren Titel gegen den Arbeitnehmer als Schuldner hat, hierfür gibt es aber zwei **Beschränkungen**:

  ▸ Ein Teil des (Netto-)lohnes darf nicht gepfändet werden. Dieser pfändungsfreie Betrag ist der **Lohnpfändungstabelle** zu entnehmen.

  ▸ Ebenso dürfen in vollem Umfang ihrer Beträge Reisespesen, Auslösungsgelder, Gefahrenzulagen, Schmutzzulagen, Erschwerniszulagen, zusätzliches Urlaubsgeld nicht gepfändet werden.

- Die **Aufrechnung** der Lohnforderung, die der Mitarbeiter gegenüber dem Arbeitgeber hat, ist dem Arbeitgeber nur dann möglich, wenn die Forderung des Arbeitgebers **fällig** und auch eine **Geldforderung** ist, z. B. als Schadensersatzforderung. Die Aufrechnung kann im Übrigen durch Tarifvertrag, Betriebsvereinbarung oder Arbeitsvertrag ausgeschlossen sein.

- Das **Abtretungsverbot**, das eine Abtretung des Mitarbeiters gegenüber einem Gläubiger bezüglich des nicht pfändbaren Teiles des Lohnes nichtig macht, z. B. die Abtretung des gesamten Monatsgehaltes.

- Das **Insolvenzausfallgeld**, das von der Agentur für Arbeit auf Antrag des Mitarbeiters als Ausgleich von Ansprüchen auf rückständigen Lohn für die der Eröffnung des Insolvenzverfahrens vorausgegangenen letzten **drei Monate** des Arbeitsverhältnisses gezahlt wird. Dies gilt auch für den Fall, dass der Insolvenzantrag »mangels Masse« abgelehnt wurde.

3.2 Sonstige Entgeltteile

Neben dem Grundlohn als meist tariflichen Mindestlohn und dem ergänzenden Lohn, der z. B. Prämien, Zuschläge und Gratifikationen umfasst, können weitere Entgeltteile treten. Das sind:

Entgelt = Vergütung			
Grundlohn	**Ergänzender Lohn**	**Vergütung besonderer Mitarbeiterleistungen**	**Erfolgsabhängige Vergütung**

▸ Zeitlohn
▸ Akkordlohn
▸ Prämienlohn
▸ Pensumlohn
	▸ Prämien
	▸ Zuschläge
	▸ Gratifikationen
		▸ Erfinder-
		  vergütungen
		▸ Verbesserungsvor-
		  schlagsprämien
			▸ Jahreszahlungen
			▸ Tantiemen
			▸ Provisionen
			▸ Kapitalbeteiligungen

3.2.1 Vergütung besonderer Mitarbeiterleistungen

Die Mitarbeiter erhalten ihre Löhne grundsätzlich für die Verrichtung der ihnen übertragenen Aufgaben. Mitunter erbringen sie aber auch **Leistungen**, die **über ihre Aufgaben hinausgehen**, z. B. machen Mitarbeiter Erfindungen oder schlagen (insbesondere technische) Verbesserungen vor. Sie gilt es ebenfalls zu entgelten, was geschehen kann in Form von:

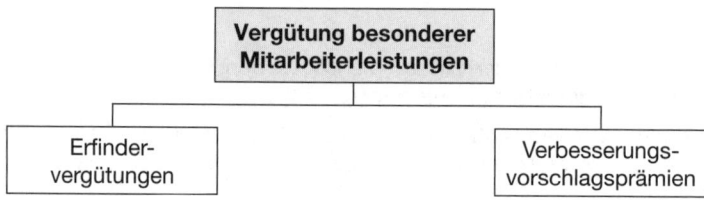

Soweit nicht bereits bei den Prämien bzw. Zuschlägen oder bei der erfolgsabhängigen Vergütung berücksichtigt, können hier gegebenenfalls auch **Leistungsprämien** zugerechnet werden.

3.2.1.1 Erfindervergütungen

Erfindervergütungen können Bestandteil des dem Arbeitnehmer zu leistenden Entgeltes sein. **Erfindungen** von Arbeitnehmern und ihre Vergütung sind im Arbeitnehmererfindungsgesetz (ArbnErfG) geregelt. Es unterscheidet:

• **Diensterfindungen**, welche während der Dauer des Arbeitsverhältnisses gemachte Erfindungen darstellen, die entweder aus der dem Arbeitnehmer im Unternehmen obliegenden Tätigkeit entstanden sind oder maßgeblich auf den Erfahrungen oder Arbeiten des Unternehmens beruhen (§ 4 Abs. 2 ArbnErfG).

Der Arbeitnehmer hat eine Diensterfindung unverzüglich dem Arbeitgeber schriftlich zu melden. Der Arbeitgeber kann sie unbeschränkt oder beschränkt in Anspruch nehmen.

Im Falle der **Inanspruchnahme** hat er dies dem Arbeitnehmer gegenüber spätestens innerhalb von vier Monaten nach Eingang der Meldung schriftlich zu erklären. Mit dem Zugang der Erklärung der unbeschränkten Inanspruchnahme gehen alle Rechte an der Diensterfindung auf den Arbeitgeber über (§§ 5,6,7 ArbnErfG).

Der Arbeitnehmer hat gegenüber dem Arbeitgeber einen **Anspruch auf angemessene Vergütung**, sobald der Arbeitgeber die Diensterfindung in Anspruch genommen hat. Für die **Bemessung** der Vergütung, über die es Richtlinien des Bundesministers für Arbeit gibt, sind insbesondere maßgebend (§ 9 ArbnErfG):

- ▸ Die wirtschaftliche Verwertbarkeit der Diensterfindung

- ▸ Die Aufgaben und Stellung des Arbeitnehmers im Unternehmen

- ▸ Der Anteil des Unternehmens am Zustandekommen der Diensterfindung

Der Arbeitgeber ist verpflichtet, eine patentfähige Diensterfindung zur Erteilung eines **Patentes** anzumelden, sofern der **Gebrauchsmusterschutz** nicht zweckdienlicher erscheint. Soweit der Arbeitgeber die Erfindung nicht in Anspruch nimmt oder sie freigibt, kann der Arbeitnehmer über sie verfügen.

- **Freie Erfindungen** sind alle Erfindungen, die nicht zu den Diensterfindungen zählen. Sie stehen dem Arbeitnehmer zu, er hat sie dem Arbeitgeber aber unverzüglich schriftlich anzuzeigen, es sei denn, dass sie offensichtlich im Arbeitsbereich des Unternehmens nicht verwertbar sind.

Vor anderweitiger Verwertung hat der Arbeitnehmer dem Arbeitgeber zumindest ein **Mitbenutzungsrecht** zu angemessenen Bedingungen anzubieten (§ 19 ArbnErfG). Bei Inanspruchnahme kommt es zu einem **Lizenzvertrag**. Die hieraus erwachsenden Zahlungen des Arbeitgebers sind kein Entgelt.

3.2.1.2 Verbesserungsvorschlagsprämien

Verbesserungsvorschläge sind besondere Mitarbeiterleistungen, die zur Weiterentwicklung eines bestehenden Zustandes im Unternehmen führen. Sie haben im Gegensatz zu den schutzfähigen Erfindungen nur **innerbetriebliches Gewicht**. Das heißt aber nicht, dass sie von untergeordneter Bedeutung sind, z. B. als Verbesserung des Betriebsablaufes, Vereinfachung von Arbeitsmethoden, Veränderung von Arbeitsverfahren, Verbesserungen der Produkte, Einsparung von Material/ Arbeitszeit oder Verhütung von Unfällen.

In modernen Unternehmen wird das Verbesserungsvorschlagswesen gefördert, und es erfolgt eine **Prämierung** geeigneter Vorschläge, die Bestandteil des Entgeltes ist. Bei Verbesserungsvorschlägen, die den Arbeitgeber eine monopolartige Stellung erwerben lassen, ist dieser gemäß § 20 ArbNErfG verpflichtet, dem Arbeitnehmer eine Vergütung zu gewähren, die einer Erfindungsvergütung entspricht.

Die Grundsätze der **Vergütung** und des **Verfahrens** für das Vorschlagswesen sind mitunter in Tarifverträgen geregelt. Ist das nicht der Fall, empfiehlt sich der Abschluss von Betriebsvereinbarungen. Der Betriebsrat hat ein **Mitbestimmungsrecht** (§ 87 Abs. 1 Nr. 12 BetrVG).

3.2.2 Erfolgsabhängige Vergütung

Bei der erfolgsabhängigen Vergütung geht es um die **Erfolgsbeteiligung**, die ein Unternehmen seinen Mitarbeitern in Form materieller Leistungen gewährt. Sie erfolgt **freiwillig** aufgrund von Regelungen, die in einer Betriebsvereinbarung oder in den Arbeitsverträgen getroffen wurden.

Im Gegensatz zu den bisher behandelten Entgeltteilen, die in Verbindung mit den von den einzelnen Mitarbeitern, gegebenenfalls auch von Gruppen, unmittelbar erbrachten Leistungen standen, bezieht sich die Erfolgsbeteiligung grundsätzlich auf den **Erfolg**, den das **Unternehmen** als Gesamtheit **erwirtschaftet** hat.

Im Hinblick auf die erfolgsabhängige Vergütung sind zu betrachten:

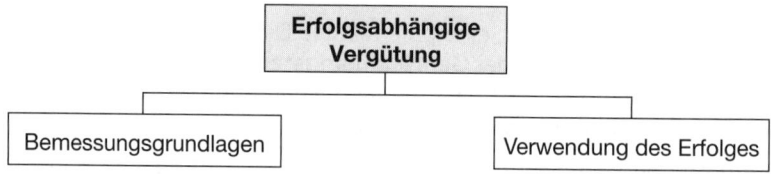

3.2.2.1 Bemessungsgrundlagen

In der Praxis gibt es eine Vielzahl von Konzepten, die sich unterschiedlichster Bemessungsgrundlagen bedienen. Grundsätzlich können sich die Bemessungsgrundlagen auf folgende **Beteiligungsformen** beziehen:

* **Leistungsbeteiligung**

* **Ertragsbeteiligung**

* **Gewinnbeteiligung**.

3.2.2.1.1 Leistungsbeteiligung

Der Leistungsbeteiligung liegt grundsätzlich die Leistung zu Grunde, die von den Mitarbeitern des Unternehmens insgesamt erbracht wurde. Sie kann sich aber auch auf Abteilungen oder Gruppen beziehen, nicht jedoch auf einzelne Mitarbeiter.

Die Mitarbeiter werden am Erfolg beteiligt, wenn eine vereinbarte **Normalleistung erreicht** oder **überschritten** wird. Die Leistungsbeteiligung kann sein:

* Eine **Produktionsbeteiligung**, deren Grundlage die Produktionsmenge ist. Die angestrebte Produktionssteigerung muss nicht auf einer Mehrleistung beruhen, sondern kann auch durch technischen Fortschritt bewirkt werden. Auch besteht die Gefahr, dass die Quantität durch schnelleres Arbeiten zu Lasten der Qualität erhöht wird.

* Eine **Produktivitätsbeteiligung**, die darauf beruht, wie sich das Verhältnis von produzierter Menge zu den Kosten entwickelt hat. Hiermit lässt sich das Verständnis von Kosten- und Leistungszusammenhängen bei den Mitarbeitern positiv beeinflussen.

- Eine **Kostenersparnisbeteiligung**, der ausschließlich die Kosten zu Grunde liegen. Sie kann auf eine Erhöhung der Produktionsmenge bzw. auf eine Senkung der Kosten abzielen und bedarf einer qualifizierten Kostenrechnung.

Schanz verweist darauf, dass die Leistungsbeteiligung weder die Gewinnsituation noch die Markteinflüsse berücksichtigt, was als Mangel anzusehen ist.

3.2.2.1.2 ERTRAGSBETEILIGUNG

Die Ertragsbeteiligung berücksichtigt die Einflüsse des Absatzmarktes. Die Mitarbeiter werden am Ertrag beteiligt, wenn eine bestimmte **Ertragsgröße erreicht** oder **über-schritten** ist. Möglichkeiten der Ertragsbeteiligung sind:

- Die **Umsatzbeteiligung**, deren Grundlage der erzielte Umsatz darstellt. Sie birgt die Gefahr, dass »reines Umsatzdenken« zu Lasten der Berücksichtigung von Kosten und Gewinnen gefördert wird.

  Wenn der Umsatz um die außerordentlichen Erträge bereinigt wird, ergibt sich der **Rohertrag**, der ebenfalls als Beteiligungsgrundlage dienen kann.

- Die **Nettoertragsbeteiligung**, bei der vom Rohertrag die betrieblichen Aufwendungen sowie die kalkulatorischen Kosten abgezogen werden, um zum Nettoertrag zu gelangen.

- Die **Wertschöpfungsbeteiligung**, der die Höhe der Wertschöpfung zu Grunde liegt. Sie ergibt sich aus der Differenz zwischen dem Rohertrag und den Kosten der Vorleistungen anderer Wirtschaftseinheiten. Die Beteiligung der Mitarbeiter bemisst sich aufgrund eines Normwertes, der sich aus dem Verhältnis zwischen dem Bruttoertrag und der Wertschöpfung ergibt *(Schneider/Zander)*.

Die Ertragsbeteiligung hat in der Praxis **keine** sehr große **Bedeutung**, weil Zahlungen auch zu leisten sind, wenn keine Gewinne erwirtschaftet werden.

3.2.2.1.3 GEWINNBETEILIGUNG

Die Gewinnbeteiligung ist die in den Unternehmen **am häufigsten** verbreitete Form der Erfolgsbeteiligung. **Arten** der Gewinnbeteiligung sind:

- Die **Ausschüttungsgewinnbeteiligung**, bei der bei Aktiengesellschaften die ausgeschüttete Dividende als Bemessungsgrundlage herangezogen wird.

- Die **Substanzgewinnbeteiligung**, deren Bemessungsgrundlage der Substanzwert ist. Die Mitarbeiter können hier sowohl an der positiven als auch negativen Substanzveränderung des Eigenkapitals beteiligt werden.

- Die **Bilanzgewinnbeteiligung**, die auf der Grundlage des Handelsbilanz- bzw. des Steuerbilanzgewinnes möglich ist. Da sich bei der Aufstellung der Steuerbilanz weniger Gestaltungsspielräume bieten als bei der Gewinnermittlung im Rahmen der Handelsbilanz, und der **Steuerbilanzgewinn** vom Finanzamt auf seine Richtigkeit hin geprüft wird, genießt die Steuerbilanz bei den Mitarbeitern mehr Vertrauen als die Handelsbilanz.

Der Substanzgewinnbeteiligung und der Ausschüttungsgewinnbeteiligung kommt in der Praxis geringe Bedeutung zu. Dagegen wird die Bilanzgewinnbeteiligung gerne genutzt, da sie nur dann Leistungen erfordert, wenn tatsächlich auch Gewinn erzielt wurde. Auch ist sie einfach konstruiert und überschaubar.

3.2.2.2 Verwendung

Nachdem die Form der Erfolgsbeteiligung festgelegt wurde, ist zu klären, wie der **Beteiligungsbetrag** auf die Mitarbeiter aufgeteilt bzw. verwendet werden soll. Grundsätzlich sollten alle Mitarbeiter an der Erfolgsbeteiligung partizipieren. In Abhängigkeit von den Beteiligungszielen kann die **Verteilung** erfolgen *(Schanz)*:

- Nach dem **Gleichheitsprinzip**, aufgrund dessen eine Gleichverteilung nach Köpfen erfolgt. Sie widerspricht allerdings dem Leistungsprinzip und gibt den Mitarbeitern nur geringen Anreiz.

- Nach dem **Leistungsprinzip**, wobei sich der Beteiligungsanteil i.d.R. an der Höhe seines Einkommens orientiert. Der Beteiligungsbetrag ist häufig jedoch schwer zu ermitteln.

- Nach dem **Sozialprinzip**, bei dem soziale Merkmale der Mitarbeiter bei der Ermittlung des Beteiligungsanteils berücksichtigt werden, z. B. Beschäftigungsdauer, Alter, Familienstand.

Die **Verwendung** der Erfolgsbeteiligung kann in zweifacher Weise erfolgen:

- **Ausbezahlen der Erfolgsanteile**

- **Einbehalten der Erfolgsanteile.**

3.2.2.2.1 Ausbezahlen der Erfolgsanteile

Das Ausbezahlen der Erfolgsanteile an die Mitarbeiter ist möglich als:

- **Leistungsabhängige Jahreszahlungen**, die allen Mitarbeitern oder lediglich besonders qualifizierten Mitarbeitern zusätzlich zum Lohn gewährt werden können. Sie sind meist **Gewinnbeteiligungen**, die sich am Bilanzgewinn orientieren. Ihre Höhe richtet sich nach den getroffenen Vereinbarungen.

  Mitarbeiter, die im Verlaufe des Geschäftsjahres aus dem Unternehmen ausscheiden, haben i.d.R. einen anteiligen Anspruch auf ihren Erfolgsanteil.

- **Tantiemen**, die leistungsabhängige Jahreszahlungen darstellen – wie oben beschrieben – jedoch nur Vorständen, Geschäftsführern, Aufsichtsratsmitgliedern und leitenden Angestellten zugute kommen.

- **Provisionen**, die meist prozentuale Vergütungen darstellen, deren Bemessungsgrundlagen erbrachte Umsätze bzw. vermittelte oder abgeschlossene Geschäfte sind. Dementsprechend lassen sie sich in **Umsatzprovisionen**, **Vermittlungsprovisionen** und **Abschlussprovisionen** unterteilen. Häufig werden sie zusätzlich zu einer festen Grundvergütung gezahlt.

3.2.2.2.2 EINBEHALTEN DER ERFOLGSANTEILE

Das Einbehalten der Erfolgsanteile zu dem Zwecke, sie im Unternehmen anzulegen, geschieht in einer nicht geringen Anzahl von Unternehmen. Die **Mitarbeiter** werden damit **am Kapital** des Unternehmens **beteiligt**. Dies kann wie folgt geschehen:

Kapitalbeteiligung durch Einbehalten und Anlegen der Erfolgsanteile	
Eigenkapitalbeteiligung	**Fremdkapitalbeteiligung**
▸ Beteiligung als Gesellschafter von Personengesellschaften ▸ Beteiligung als Gesellschafter von Kapitalgesellschaften	▸ Mitarbeiterdarlehen ▸ Mitarbeiterschuldverschreibung

Bei der Eigenkapitalbeteiligung werden die Mitarbeiter zu Miteigentümern des Unternehmens, bei der Fremdkapitalbeteiligung zu Gläubigern des Unternehmens.

Die **Kapitalbeteiligung** der Mitarbeiter kann erfolgen:

- **Direkt**, indem sie als einzelne Personen kapitalbeteiligt werden.

- **Indirekt**, indem die Beteiligung über einen zwischen die Mitarbeiter und das Unternehmen geschalteten Beteiligungspool erfolgt.

Das 5. Vermögensbildungsgesetz fördert die Kapitalbeteiligung der Arbeitnehmer an ihrem Unternehmen.

4. PERSONALKOSTEN

Die Personalkosten stehen in den letzten Jahren immer stärker im Mittelpunkt der **öffentlichen Diskussion**, wenn es um den Standort »Deutschland« geht. Sie liegen weltweit im Spitzenbereich – siehe Seite 301.

Um sie einschätzen zu können, müssen sie zunächst, ihrem Bezug zu der **Leistungserstellung** entsprechend, zerlegt werden in:

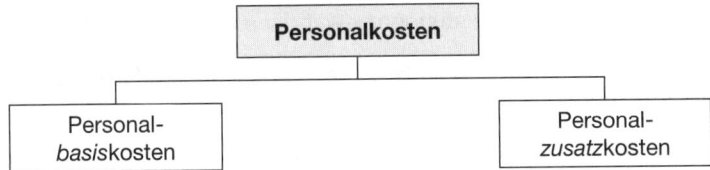

4.1 PERSONALBASISKOSTEN

Die Personalbasiskosten umfassen den Teil der Personalkosten, der **in unmittelbarem Zusammenhang mit der Leistungserstellung** der Mitarbeiter steht. Sie werden – inhaltlich nicht immer deckungsgleich – mit unterschiedlichen Begriffen belegt, siehe S. 300.

Die *Deutsche Gesellschaft für Personalführung e.V. (DGFP)* hat sich des Problems angenommen, wie die Basisleistungen und Zusatzleistungen für das Personal aufgeteilt werden können und woraus sie sich zusammensetzen. Sie schlägt ein für die Praxis **nützliches Konzept** vor, das bei einzelnen Zuordnungen zu Basis- bzw. Zusatzleistungen jedoch nicht frei von Kritik ist.

In Anlehnung an die *DGFP* ergeben sich die Personalbasiskosten, indem von dem an alle Mitarbeiter insgesamt geleisteten Entgelt diejenigen Teile abgesetzt werden, die nicht mit der Leistungserstellung in unmittelbarem Zusammenhang stehen:

> Entgelt
> – Löhne ohne Leistung
> – Zusatzlöhne, soweit ohne Leistungsbezug
> – Ausbildungsvergütungen, soweit ohne Leistungsbezug
>
> = **Löhne für geleistete Arbeitszeit**
>
> – Löhne für geleistete Arbeitszeit in sozialen Einrichtungen
> – Löhne für geleistete Arbeitszeit der Mitarbeiter in der Aus- und Fortbildung
>
> = **Personalbasiskosten**

Ob es zweckdienlich ist, die Löhne der Mitarbeiter in der **Aus- und Fortbildung** von den Personalbasiskosten abzusetzen und damit den Personalzusatzkosten zuzurechnen, kann bezweifelt werden.

4.2 Personalzusatzkosten

Die Personalzusatzkosten stellen den Teil der Personalkosten dar, der über die Personalkosten hinausgeht, welche in unmittelbarem Zusammenhang mit der Leistungserstellung stehen. Sie beziehen sich auf Zusatz- bzw. Sozialleistungen und werden – inhaltlich nicht immer deckungsgleich – unterschiedlich bezeichnet, siehe Seite 300.

Da die **Personalzusatzkosten** heute rund 80 % der Personalbasiskosten ausmachen und allgemein festgestellt wird, dass sie **viel zu hoch** sind, stellt sich die Frage, warum die ihnen zu Grunde liegenden Leistungen gewährt werden. Dafür gibt es drei **Gründe**:

• Sie sind **gesetzlich bedingt**, z. B. indem Lohn in bestimmten Fällen auch ohne Arbeit zu zahlen ist oder bei den Sozialabgaben.

• Sie können **tariflich bedingt** sein, z. B. in Bezug auf Familienzulagen, Urlaubsgeld, Gratifikationen, Kontoführungsgebühren.

• Sie können **freiwillig gewährt** werden, z. B. als *(Hoppe)*:

Abschlussgratifikation	Betriebssport	Gesundheitsvorsorge	Sprachkurse
Abschlussprämie	Betriebsunterricht	Gratifikationen	Sterbegeld
Anwesenheitsprämie	Darlehen	Hausstandszulage	Stipendien
Arbeitskleidung	Deputate	Jubiläumsgaben	Unterstützungskasse
Arbeitsschutzkleidung	Dienstwagen/Privat-	Jubilarfeiern	Urlaub, zusätzlicher
Baudarlehen	nutzung	Kaffeeküche	Urlaubsgeld
Baukostenzuschuss	Eheschließungsbei-	Kantine	Vermögensbildung
Beihilfen	hilfen	Kindergeld	Weihnachtsfeier
Belegschaftsverkauf	Eigenheimbau, werk-	Krankengeldzuschuss	Weihnachtsgeld
Belegschaftsverpfle-	gefördert	Krankenversicherung	Weiterbildungsbei-
gung	Erholungskuren	Kulturveranstaltungen	hilfe
Beratung von	Essengeld	Kunstausstellungen	Werkbücherei
Betriebsangehörigen	Fahrgeldzuschuss	Kurzpausen, bezahlt	Werksarzt
Betriebliche Altersver-	Familienfürsorge	Mietbeihilfe	Werksfürsorge
sorgung	Familienzuschlag	Naturalien	Werksport
Betriebsausflüge	Familienjubiläen	Notstandsbeihilfe	Werkunterricht
Betriebsfeste	Freizeitgestaltung	Schwangerschaftshilfe	Werkzeitschrift
Betriebskrankenkasse	Geschäftsjubiläum	Sozialbetreuer	Wohnbaudarlehen
Betriebspension	Gesundheitsfürsorge	Sozialhilfe	Wohngeldzuschuss

Während sich **gesetzliche Personalzusatzkosten** vom Unternehmen überhaupt nicht beeinflussen lassen, kann das etwas einfacher bei den **tariflichen Personalzusatzkosten** sein, nämlich dann, wenn der Arbeitgeber sich der Bindung an den Tarifvertrag entziehen kann. Bei den **freiwilligen Personalzusatzkosten** besteht theoretisch völlige Gestaltungsfreiheit, praktisch ist das jedoch nicht (immer) der Fall, weil das Unternehmen von den Arbeitskräften im Hinblick auf die von ihm gebotenen Leistungen in seiner Attraktivität eingeschätzt wird.

Büdenbender/Selke nennen **Ziele**, die mit der Gewährung von Zusatz- bzw. Sozialleistungen verbunden sein können:

- Erhaltung und Steigerung der Leistungsfähigkeit der Mitarbeiter
- Erhaltung und Steigerung der Leistungsmotivation
- Erhaltung von Mitarbeitern und Vermeidung von Fluktuation
- Beschaffung von Mitarbeitern
- Anerkennung von Leistungen
- Förderung der Selbstverantwortung der Mitarbeiter
- Förderung der Persönlichkeitsbildung der Mitarbeiter
- Förderung des Betriebsklimas
- Schaffung von menschenwürdigen Arbeitsbedingungen
- Für- und Vorsorge für das Wohl der Mitarbeiter und ihrer Familienangehörigen
- Verbesserung des sozialen Images und der Akzeptanz des Unternehmens.

Die Zusatz- und Sozialleistungen können in unterschiedlichen **Formen** gewährt werden. Sie sind möglich als:

- **Geldliche Leistungen**, die z. B. als Fahrtkostenzuschuss, Gratifikation, Sterbegeld, Trennungsgeld, Umzugskostenübernahme, Urlaubsgeld bereitgestellt werden können.

- **Sachmittelversorgung**, die eine unentgeltliche Versorgung mit Sachmitteln darstellt und sich auf Arbeitsschutzkleidung, Betriebsverpflegung, Deputate wie Haustrunk,

Geschenke (aus Anlass von Jubiläen, Geburtstagen, besonderen Leistungen) beziehen kann.

- **Sachmittelverbilligung** für die Belegschaftsangehörigen, z. B. als Belegschaftsrabatt für Erzeugnisse, Zuschüsse für verbilligte Betriebsverpflegung, verbilligter Bezug von Energie, Einkaufsmöglichkeiten mit verbilligten Preisen.

- **Sachmittelnutzung**, die unentgeltlich oder gering bezahlt gewährt wird, z. B. Betriebswohnungen, Berufskleidung, Private Nutzung von Dienstwagen, Werkbücherei, Werkzeugausleihe, Sporteinrichtungen.

- **Dienstleistungen**, die z. B. bereitgestellt werden als Beratung für Do-it-yourself-Aktivitäten, Betriebsarzt, Sanitätsdienst, Darlehensgewährung, Renten-, Versicherungs- und Steuerberatung.

Die *DGFP* hat eine die Personalzusatzkosten umfassende **Systematik** erarbeitet, die folgende Grundstruktur aufweist:

- ▸ Löhne/Gehälter für bezahlte Ausfallzeiten
- ▸ Löhne/Gehälter ohne Stundenbezug bzw. ohne Leistungsbezug
- ▸ Soziale Abgaben
- ▸ Altersversorgung und Unterstützung
- ▸ Sonstige Aufwandsarten
- ▸ Soziale Einrichtungen
- ▸ Bildungsaufwand für Mitarbeiter

Der Ansatz des **Bildungsaufwandes** beim Personalzusatzaufwand erscheint – wie schon dargelegt – weniger sachgerecht, da der größte Teil der Aus- und Fortbildungsmaßnahmen in unmittelbarem betrieblichen Interesse liegt.

Der Lohn ohne Leistung als »Löhne/Gehälter für bezahlte Ausfallzeiten« ist bereits bei den Löhnen behandelt worden – siehe S. 348 ff., ebenso die nicht leistungsbezogenen ergänzenden Löhne als »Löhne/Gehälter ohne Stundenbezug bzw. ohne Leistungsbezug« in Form von Prämien, Zuschlägen/Zulagen, Gratifikationen, die zu den Personalzusatzkosten zählen, soweit sie **nicht in unmittelbarem Bezug** zu der Leistung des Arbeitnehmers stehen – siehe Seite 341 ff.

4.2.1 SOZIALE ABGABEN

Soziale Abgaben muss der Arbeitgeber für die **Sozialversicherung** leisten, die eine gesetzliche Zwangsversicherung ist, mit der eine Mindestversicherung garantiert wird. Die Leistungen der Sozialversicherung dienen in erster Linie der sozialen Sicherung des Arbeitnehmers beim Ausfall der Arbeitsvergütung infolge von Krankheit, Arbeitsunfall, Alter und Arbeitslosigkeit. Als Sozialversicherung gibt es:

- Die **Krankenversicherung**, bei der alle Arbeiter pflichtversichert sind sowie alle Angestellten, wenn sie ein bestimmtes Entgelt nicht überschreiten. Sie ist durch vier **Strukturpinzipien** gekennzeichnet:

Sachleistungs-prinzip	Dadurch ist geregelt, dass jeder Versicherte grundsätzlich ohne besondere Zahlungsverpflichtungen die im Krankheitsfall erforderlichen Leistungen als **Naturalleistungen** enthält.
Solidaritäts-prinzip	Es besagt, dass die Beiträge, die der Versicherte für seinen Krankenversicherungsschutz zu entrichten hat, sich nach dem versicherten Arbeitsentgelt bis zu einer bestimmten **Beitragsbemessungsgrenze** richten.
Selbstverwaltungsprinzip	Die Krankenversicherung ist kraft Gesetz **eigenständigen Verwaltungsträgern** in der Rechtsform von Körperschaften des öffentlichen Rechts übertragen. Damit ist die Selbstverwaltung durch die Arbeitnehmer und Arbeitgeber unter Rechtsaufsicht des Staates gewährleistet.
Prinzip der gegliederten Krankenversicherung	Es besteht **kein einheitlicher Versicherungsträger**. Die Krankenversicherung ist in verschiedene Kassenarten mit regionaler, berufsständiger, branchenspezifischer Ausrichtung gegliedert.

Ihre Leistungen umfassen Unfall und Krankheit, Schwangerschaft und Entbindung, Tod, Gesundheitsvorsorge und Krankengeld. Sie gelten nicht nur für den Versicherungsnehmer, sondern auch für seine **Familienangehörigen**, sofern sie kein eigenes Einkommen als Arbeitnehmer haben.

Die Beiträge zur Krankenversicherung wurden von Arbeitgebern und Arbeitnehmern bis 06/2005 je zur Hälfte aufgebracht. Seit 07/2005 haben Arbeitnehmer zusätzlich einen alleinigen Beitrag von 0,9 %-Punkten zu tragen.

- Die **Pflegeversicherung**, die es seit 1995 gibt. Ihre Träger sind die Pflegekassen, deren Aufgaben von den Krankenkassen wahrgenommen werden. Versicherungspflicht besteht für alle Mitglieder der gesetzlichen Krankenversicherung und privat Versicherte. **Leistungen** sind häusliche Pflege, teilstationäre Pflege und stationäre Pflege.

Die **Beiträge** zur Pflegeversicherung werden von Arbeitgebern und Arbeitnehmern je zur Hälfte aufgebracht. (**Ausnahmen:** Kinderlose über 23 Jahre zahlen seit 01/2005 einen Zuschlag von 0,25 % und Arbeitnehmer im Bundesland Sachsen zahlen 1,35 %, die Arbeitgeber 0,35 %).

- Die **Rentenversicherung**, die Erwerbsunfähigkeit, Berufsunfähigkeit, Alter und Tod abdeckt. Sie ist eine lohn- und beitragsbezogene Versicherung. Die Renten orientieren sich an dem erzielten Entgelt und den darauf entrichteten Beiträgen zur Rentenversicherung. **Leistungen** sind:

Versicherten-rente	Sie hat eine **Lohnersatzfunktion** und tritt bei Erreichen der Rentenaltersgrenze bzw. bei Eintritt von Invalidität, Berufs- und Erwerbsfähigkeit an die Stelle des nicht mehr bezogenen Entgeltes.
Hinterbliebenen-rente	Sie hat eine **Unterhaltsersatzfunktion** und tritt an die Stelle des bisher von der verstorbenen Person erbrachten Unterhaltes.

Die **Beiträge** zur Rentenversicherung werden von Arbeitgebern und Arbeitnehmern je zur Hälfte aufgebracht.

- Die **Arbeitslosenversicherung**, die ebenfalls eine Pflichtversicherung für alle Arbeitnehmer ist. Bei Arbeitslosigkeit hat der Versicherte Anspruch auf Arbeitslosengeld. Die

Beiträge zur Arbeitslosenversicherung werden von Arbeitgebern und Arbeitnehmern je zur Hälfte getragen.

Von Arbeitslosigkeit betroffene Arbeitnehmer müssen sich **unmittelbar nach der Kündigung** oder **drei Monate vor Ablauf eines befristeten Arbeitsvertrages** bei der zuständigen Agentur für Arbeit melden. Geschieht dies nicht rechtzeitig, kann das Arbeitslosengeld gekürzt werden.

Seit **2005** wird das Arbeitslosengeld in zwei Stufen gezahlt:

Arbeitslosengeld I	Es bleibt eine über die Versicherungsbeiträge finanzierte Leistung, die seit **02/2006** für maximal 12 Monate (über 55-Jährige maximal 18 Monate) in Höhe von 60 % bzw. 67 % (für Arbeitslose mit Kind) gewährt wird.
	Das Arbeitslosengeld steht allen Arbeitnehmern zu, die mindestens 360 Kalendertage innerhalb der letzten zwei Jahre pflichtversichert waren und sich persönlich arbeitslos gemeldet haben.
	Personen, die **bis Ende 01/2006** arbeitslos wurden, erhalten nach Beschäftigungsdauer und Alter gestaffelt maximal 12 Monate (unter 45-Jährige) bis 32 Monate (ab 57-Jährige) Arbeitslosengeld in obiger Höhe.
Arbeitslosengeld II	Es dient der Sicherung des Lebensunterhaltes und wird im Anschluss an das Arbeitslosengeld I gewährt. Seine Zahlung erfolgt auch an erwerbsfähige Sozialhilfeempfänger. Die Höhe des Arbeitslosengeldes II liegt bei 345 €/Monat; seit 07/2006 einheitlich für neue und alte Bundesländer.
	Für Arbeitslose, die zuvor Arbeitslosengeld I bezogen haben, gibt es bis zu zwei Jahre einen **Zuschlag zum Arbeitslosengeld II.** Er beträgt 160 €/Monat (Alleinstehende) bzw. 320 €/Monat (Ehe-/Partner) sowie 60 €/Monat (pro Kind), wird aber nach einem Jahr halbiert.
	Eigenes Einkommen und **Vermögen** wird auf die Zuwendungen des Arbeitslosengeldes II angerechnet, wobei verschiedene Vermögensteile unberücksichtigt bleiben.

- Die **Unfallversicherung**, zu deren Aufgaben die Verhütung von Arbeitsunfällen sowie Hilfe für die Verletzten und gegebenenfalls für die Hinterbliebenen nach Eintritt des Unfalles gehört. Sie tritt bei Arbeitsunfällen, Wegeunfällen und Berufskrankheiten ein. Ihre Leistungen sind Heilbehandlungen, Berufshilfe, Verletztenrente, Sterbegeld und Hinterbliebenenrente.

Der Unfallversicherung unterliegen alle Arbeitnehmer. Ihre Träger sind die **Berufsgenossenschaften**. Die Beiträge zur Unfallversicherung sind ausschließlich vom Arbeitgeber zu tragen.

Neben den sozialen Abgaben für die Sozialversicherung hat der Arbeitgeber eine **Ausgleichsabgabe für unbesetzte Schwerbehindertenpflichtplätze** zu leisten – siehe S. 51. Diese Beschäftigungspflicht ist eine öffentlich-rechtliche Verpflichtung gegenüber dem Staat, gibt aber den Schwerbehinderten keinen individuellen Einstellungsanspruch.

4.2.2 PERSONALBETREUUNG

Als Personalbetreuung sollen alle Maßnahmen zusammengefasst werden, die das Unternehmen **über** das vereinbarte **Entgelt** hinaus seinen Mitarbeitern gewährt.

Damit zählt die Bereitstellung der Grundlöhne, ergänzenden Löhne, von Vergütungen für besondere Mitarbeiterleistungen und von Erfolgsbeteiligungen **nicht** zu der Personalbetreuung, wobei die den ergänzenden Löhnen zuzurechnenden Gratifikationen eine **Ausnahme** bilden. Sie können als Zuwendungen des Arbeitgebers aus besonderen Anlässen häufig auch als Leistungen der Personalbetreuung angesehen werden.

Die Leistungen der Personalbetreuung werden vom Unternehmen **überwiegend freiwillig** gewährt. Sie können sich auch auf ehemalige Mitarbeiter sowie Angehörige von Mitarbeitern beziehen.

Die **Personalbildung**, die von der *DGFP* dem Personalzusatzaufwand zugerechnet wird, ist keine Personalbetreuung, sondern eine zwingende existenzielle Aufgabe des Unternehmens. Ihre Zuordnung zu den Personalzusatzkosten erscheint – wie bereits dargelegt – nicht zweckdienlich.

Die Personalbetreuung ist auf zwei **Arten** möglich:

- Als **Sozialmaßnahmen**, die direkte Übertragungen von Sozialleistungen an die Mitarbeiter umfassen.

- Als **Sozialeinrichtungen**, die indirekte Übertragungen von Sozialleistungen an die Mitarbeiter bewirken, d.h. die Leistungen werden vorgehalten und die Mitarbeiter können sie nützen oder auch nicht.

Der Betriebsrat hat ein **Mitbestimmungsrecht** gemäß § 87 Abs. 1 Nr. 8 BetrVG bei der Form, Ausgestaltung und Verwaltung von Sozialeinrichtungen, deren Wirkungskreis auf den Betrieb, das Unternehmen oder den Konzern beschränkt ist, sofern eine gesetzliche oder tarifliche Regelung nicht besteht. Kommt es zu keiner Einigung, entscheidet gemäß § 87 Abs. 2 BetrVG die **Einigungsstelle**, deren Spruch die Einigung ersetzt.

Ob der Arbeitgeber eine Sozialeinrichtung errichtet, entscheidet er selbst. Der Betriebsrat kann gemäß § 80 Abs. 1 Nr. 2 BetrVG dazu aber **Anregungen** geben bzw. **Anträge** dazu stellen.

Neben diesen allgemein als Sozialleistungen anerkannten Formen der Personalbetreuung können **weitere Leistungen des Unternehmens** für die Mitarbeiter der Personalbetreuung zugerechnet werden. Dazu gehören:

- Gewährung von **Statussymbolen** als sichtbare Zeichen sozialer Stellung
- Vergabe von **Titeln**, z. B. Direktor, Oberingenieur, Obermeister
- Übermittlung von **Information** über wichtige Angelegenheiten
- **Beratung** der Mitarbeiter, z. B. in Renten-, Versicherungs-, Steuerfragen
- **Betreuung** im »Tagesgeschäft«, z. B. bei Anregungen, Beschwerden.

Die Personalbetreuung ist grundsätzlich auf alle Mitarbeiter ausgerichtet, kann sich in begründeten Fällen aber auch lediglich auf einzelne Mitarbeiter beziehen, z. B. bei Titeln, privat nutzbaren Dienstwagen, Statussymbolen.

Als **Schwerpunkte** der Personalbetreuung sollen behandelt werden:

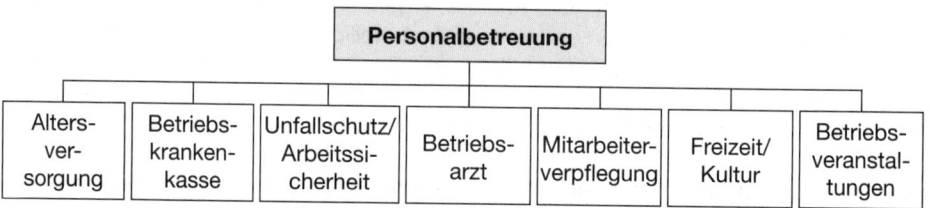

Diese Maßnahmen der Personalbetreuung finden sich in der *DGFP*-Systematik unter gleichen oder ähnlichen Bezeichnungen als »Altersversorgung und Unterstützung« sowie »Soziale Einrichtungen«.

Außerdem können Kosten bzw. Aufwendungen auch noch für folgende **soziale Einrichtungen** entstehen:

* Den **Betriebsrat** bezüglich seiner Wahl und Tätigkeit
* Die **Vertrauensperson** der Schwerbehinderten gemäß SGB IX
* **Sozialbetreuung**, z. B. Kindertagesstätten, Betreuung bei Krankheit, Sucht
* **Beratungsstellen**, z. B. für Sozialversicherung, Wohnung, Steuern, Kredite.

Der Betriebsrat hat nach § 87 BetrVG ein **Mitbestimmungsrecht** bei:

* Der Form, Ausgestaltung und Verwaltung von **Sozialeinrichtungen**, deren Wirkungsbereich auf den Betriebsrat, das Unternehmen oder den Konzern beschränkt ist (§ 87 Abs. 1 Nr. 8 BetrVG).

* Regelungen über die Verhütung von **Arbeitsunfällen** und **Berufskrankheiten** sowie über den Gesundheitsschutz (§ 87 Abs. 1 Nr. 7 BetrVG).

* Der Zuweisung und Kündigung von **Wohnräumen**, die den Arbeitnehmern mit Rücksicht auf das Bestehen eines Arbeitsverhältnisses vermietet werden (§ 87 Abs. 1 Nr. 9 BetrVG).

Die Errichtung von Sozialeinrichtungen kann durch **Betriebsvereinbarungen** geregelt werden (§ 88 Abs. 2 BetrVG).

In zunehmendem Umfang erfolgt eine **Dokumentation** der in der Personalbetreuung erbrachten Sozialleistungen. Sie geschieht in Sozialrechnungen, Wertschöpfungsrechnungen und Sozialberichten – siehe S. 487.

Diese Sozialdokumentationen werden breit gestreut. Sie ergänzen den Geschäftsbericht, werden mitunter an die Mitarbeiter verteilt und den Medien zur Verfügung gestellt. In vielen Unternehmen stellen sie einen wichtigen Teil der Imagepflege dar, also der Public Relations. Dieser Teil der Imagepflege der Unternehmen wird auch als **Human Relations** bezeichnet.

4.2.2.1 ALTERSVERSORGUNG

Die Altersversorgung der Mitarbeiter kann vorgenommen werden durch:

- **Pensionszusagen**, die auch als **Ruhegeldverpflichtungen** oder **Direktzusagen** bezeichnet werden. Dabei ist das Unternehmen unmittelbarer Träger der Versorgungsleistung, wozu es steuerrechtlich wirksame Pensionsrückstellungen in die Bilanz einstellt. Für die Mitarbeiter besteht bei einer Pensionszusage ein verbindlicher Versorgungsanspruch gegenüber ihrem Arbeitgeber.

- **Pensionskassen**, die in Form von Versicherungsvereinen auf Gegenseitigkeit betrieben werden. Sie können von einem oder gemeinsam von mehreren Unternehmen gegründet und getragen werden. Die Mitarbeiter erwerben dort ebenfalls einen verbindlichen Versorgungsanspruch. Dabei sind Eigenleistungen der Berechtigten zulässig.

- **Unterstützungskassen**, die neben Versorgungsleistungen im Altersfall auch Hilfe in Notfällen gewähren. Wesentlich für die Mitarbeiter ist, dass sie keinen Rechtsanspruch auf Versorgungsleistungen haben. Die Zuwendungen einer Unterstützungskasse erfolgen auf freiwilliger Basis.

- **Direktversicherungen**, bei denen private Lebensversicherungen die Träger der Versorgungsleistungen sind. Der Arbeitgeber zahlt dabei die Versicherungsbeiträge entweder vollständig oder zum Teil.

Durch das »Gesetz zur Verbesserung der betrieblichen Altersversorgung« (BetrAVG) wurden die Bedingungen wesentlich verbessert. Für die Altersversorgung der Angestellten und Arbeiter im öffentlichen Dienst gibt es **Versorgungskassen**.

Als **Gründe** für die betriebliche Altersversorgung nennen *Grätz/Mennecke*:

▸ Minderung der Fluktuation	▸ Verbesserung der materiellen Lage der Mitarbeiter
▸ Werbung neuer Arbeitskräfte	
▸ Verbesserung des Betriebsklimas	▸ Reduzierung der Steuerlast
▸ Erhöhung der Mitarbeiterleistung	▸ Vermögenswirksame Leistungen

4.2.2.2 BETRIEBSKRANKENKASSEN

Jedes Unternehmen kann mit Genehmigung der Aufsichtsbehörde eine Betriebskrankenkasse errichten, wenn es die im 5. Buch des Sozialgesetzbuches genannten Voraussetzungen erfüllt. Betriebskrankenkassen weisen mehrere positive **Merkmale** auf:

- Die Nähe zu den Versicherten ermöglicht einen arbeitsnahen Service.
- Der bürokratische Aufwand ist wegen dieser Nähe relativ gering.
- Die Kenntnis der Arbeitsbedingungen ermöglicht wirksame Leistungen.
- Die Beitragssätze sind i.d.R. relativ gering.
- Die Mitarbeiter identifizieren sich mit ihrer Betriebskrankenkasse.
- Die Gefahr, die Kasse »auszunutzen«, verringert sich damit.

Die **Risiken**, die ein Arbeitgeber mit der Errichtung einer Betriebskrankenkasse eingeht, liegen in der Verpflichtung, eventuelle Deckungslücken zu schließen und in der geringen Risikostreuung.

4.2.2.3 ARBEITSSICHERHEIT/UNFALLSCHUTZ

Auf Arbeitssicherheit und Unfallschutz ist im Rahmen des Personaleinsatzes zu achten. Das geschieht in Verbindung mit der Arbeitsplatzgestaltung und der Arbeitszeitgestaltung, wobei besonders schutzwürdige Personen besonders zu berücksichtigen sind.

Das **Arbeitsschutzrecht** enthält Normen, die dem Arbeitgeber öffentlich-rechtliche Pflichten auferlegen, um die von der Arbeit für den Arbeitnehmer ausgehenden Gefahren zu beseitigen oder zu mindern. Zu unterscheiden sind folgende Vorschriften – siehe S. 50 f.:

Allgemeine Schutz-vorschriften	**Beispiele:**
	▸ Arbeitssicherheitsgesetz (ArbSichG)
	▸ Arbeitstättenverordnung (ArbStättVO)
	▸ Arbeitszeitgesetz (ArbZG)
	▸ Gewerbeordnung (GewO)
Spezielle Schutz-vorschriften	**Beispiele:**
	▸ Jugendarbeitsschutzgesetz (JArbSchG)
	▸ Mutterschutzgesetz (MuSchG)
	▸ Allgemeines Gleichbehandlungsgesetz (AGG)
	▸ Sozialgesetzbuch (SGB)

Der Arbeitsschutz obliegt dem **Gewerbeaufsichtsamt** und den **Berufsgenossenschaften**.

4.2.2.4 BETRIEBSARZT

Die Gesundheit der Mitarbeiter hat eine große Bedeutung in ökonomischer, psychologischer und sozialer Hinsicht. Der betriebliche medizinische Dienst weist einen umfangreichen Katalog an **Aufgaben** auf:

• Durchführung von Einstellungsuntersuchungen
• Erste Hilfe-Leistungen
• Regelmäßige Vorbeugungsuntersuchungen der Beschäftigten
• Arbeitsmedizinische Beratung
• Arbeitsschutzkontrolle und Unfallverhütung
• Werkshygieneuntersuchungen
• Mitwirkung bei Rehabilitationsmaßnahmen.

Der Einsatz eines hauptamtlichen oder teilzeitlichen **Betriebsarztes** und die Einrichtung einer **Sanitätsstelle** sind wesentlich von der Unternehmensgröße abhängig. Selbstverständlich wird das Ergebnis einer Wirtschaftlichkeitsuntersuchung nicht allein maßgeblich für das betriebliche Gesundheitswesen sein können, auf das nicht verzichtet werden sollte.

Rechtsgrundlage für Betriebsärzte sind (§§ 2, 3, 4 ArbSichG).

4.2.2.5 WOHNUNGSWESEN

Dabei wird Hilfestellung bei der Befriedigung der Wohnbedürfnisse geleistet, z. B. in folgenden **Formen**:

- Erstellung und Vergabe von Werkswohnungen an Mitarbeiter
- Gewährung von Mietzuschüssen
- Hilfe bei der Wohnungssuche durch Kostenübernahme und Suchanzeigen
- Gewährung zinsverbilligter Darlehen oder Bürgschaften für Wohnungseigentum
- Bereitstellung von Arbeiterunterkünften und Internaten für Montage- und Bauarbeiter, Gastarbeiter und Auszubildende.

Die in der Vergangenheit erhebliche Bedeutung der **Werkswohnungen** ist **rückgängig**, denn viele Unternehmen haben in den vergangenen Jahren keine Wohnungen mehr gebaut oder vorhandene Werkswohnungen verkauft, z. B. wegen:

- Zu hohem Verwaltungsaufwand
- Überproportional steigender Kosten der Werterhaltung
- Verstärkter Einflussnahme des Betriebsrates.

Die Notwendigkeit der Betreuung von Mitarbeitern im Hinblick auf Wohnungen hängt wesentlich vom Standort des Unternehmens ab. Für viele Standorte sind Werkswohnungen nicht mehr erforderlich, an anderen Standorten können ohne sie keine Facharbeiter und Büromitarbeiter angeworben werden.

4.2.2.6 MITARBEITERVERPFLEGUNG

Die Versorgung der Mitarbeiter während ihrer Anwesenheit im Unternehmen erfolgt üblicherweise auf zwei **Arten**:

- Bereitstellung von **Getränken und Imbissen** durch Verkaufsstellen, Kioske, Automaten usw. Die Abgabepreise sind oftmals Selbstkostenpreise, wobei die Kosten der erforderlichen Mitarbeiter als Verkäuferinnen oder Automatenfüller häufig vom Unternehmen übernommen werden. Zunehmend werden aber Kioske auch verpachtet und Automaten von spezialisierten Firmen versorgt.

- Bereitstellung von **Mittagessen**. Kantine und Küche haben wesentliche Bedeutung für das Betriebsklima. Deswegen wird mit verschiedenen Maßnahmen versucht, das Mittagessen populär zu machen oder zu erhalten, z. B. durch Bildung eines mitbestimmenden Küchen- oder Kantinenausschusses, Zuschüsse zu den Küchen- oder Kantinenkosten, Abwechslung und Auswahlmöglichkeiten bei den Mahlzeiten.

Besitzt ein Unternehmen keine eigene Kantine, so kann es seine Mitarbeiter dennoch auf diesem Gebiet betreuen. Möglichkeiten sind die Vergabe von Essengutscheinen für nahe gelegene Gaststätten, vertragliche Vereinbarungen mit Gaststätten für die Belegschaftsmitglieder oder Einrichtung einer Gemeinschaftskantine mit benachbarten Unternehmen.

Zur Einnahme von Essen, Imbissen und Getränken für Gäste und Kunden sind vielfach auch ein **Casino**, eine **Cafeteria** oder **Gästezimmer** eingerichtet. Leitende Mitarbeiter dürfen solche Einrichtungen regelmäßig benutzen.

4.2.2.7 Freizeit/Kultur

Es gibt Unternehmen, die Freizeitaktivitäten ihrer Mitarbeiter fördern, andere tun es nicht, weil sie der Auffassung sind, für die außerbetriebliche Freizeitgestaltung nicht »zuständig« zu sein. Als **Förderungsmaßnahmen** bieten sich an:

- Unterstützung von Gruppen- oder Vereinsbildungen
- Unterstützung von Freizeit- und kulturellen Veranstaltungen.

Es ist auch möglich, dass Unternehmen kulturelle und Freizeitveranstaltungen selbst durchführen oder betriebliche Einrichtungen dafür zur Verfügung stellen. Manche Unternehmen verfügen auch über **eigene Freizeit- und Erholungseinrichtungen**, die von den Mitarbeitern genutzt werden können bzw. haben vertragliche Vereinbarungen mit solchen Einrichtungen, die eine für die Mitarbeiter kostengünstige Nutzung erlauben.

4.2.2.8 Betriebsveranstaltungen

Mit Betriebsveranstaltungen werden häufig mehrere **Ziele** angestrebt:

▸ Förderung des Betriebsklimas	▸ Motivation der Mitarbeiter
▸ Stärkung der Zusammengehörigkeit	▸ Dank für geleistete Arbeit
▸ Abbau hierarchischer Schranken	

Als **Formen** von Betriebsveranstaltungen können vor allem genannt werden:

- **Betriebsfeste** als Sommerfeste, Weihnachts-, Jahresabschlussfeiern. Sachzuwendungen dazu sind bis zu einem bestimmten Betrag lohnsteuerfrei.

- **Betriebsausflüge** als Bahnfahrten, Busreisen und Wanderungen mit anschließendem gemütlichen Beisammensein der Belegschaftsmitglieder.

- **Jubilarfeiern** zur Ehrung von Mitarbeitern mit langer Betriebszugehörigkeit, z. B. 25, 40 und 50 Jahre.

- **Freisprechungen** als Veranstaltungen zur Entlassung der Auszubildenden aus dem Ausbildungsverhältnis, auch mit deren Angehörigen.

Weitere Betriebsveranstaltungen erfolgen aus **besonderen Anlässen**, z. B. Unternehmensjubiläum, Grundsteinlegung und Richtfest, Eröffnung von Filialen und Werken, Ehrung besonders verdienter Mitarbeiter, Geburtstagen von Mitgliedern der Geschäftsleitung.

Da die **Kosten** von Betriebsveranstaltungen erheblich sind, wurden sie in jüngerer Zeit vielfach erheblich eingeschränkt.

60 ⟩⟩ Seite 544

KONTROLLFRAGEN		bear-beitet	Lösungs-hinweise	Lö-sung	
				+	-
01	Was versteht man unter Personalentlohnung?		299		
02	In welchen Formen kann die Personalentlohnung erfolgen?		299		
03	Was ist unter dem Entgelt, Lohn und Gehalt zu verstehen?		299		
04	Geben Sie einen Überblick über die Arten des Entgeltes!		299 f.		
05	Was sind Personalkosten und welche Arten lassen sich unterscheiden?		300		
06	Welche Probleme können sich beim Gruppenentgelt ergeben?		301		
07	Worin unterscheiden sich Brutto- und Nettoentgelt?		301		
08	Inwieweit ist die Gewährung eines Naturallohnes zulässig?		301		
09	Welcher Zahlungsort und welcher Zeitpunkt sind für das Entgelt maßgeblich?		301 f.		
10	Worin unterscheiden sich die absolute und relative Lohnhöhe?		302		
11	Worüber müssen Entscheidungen getroffen werden, wenn die relative Lohnhöhe festgelegt werden soll?		302 f.		
12	Inwieweit kann man von Lohngerechtigkeit sprechen?		303		
13	Was sind Teilgerechtigkeiten, die helfen sollen, die relative Lohnhöhe festzulegen?		303		
14	Was ist unter dem Gleichbehandlungsprinzip zu verstehen?		303		
15	Geben Sie Beispiele für Gesetze, die lohnbezogene Regelungen enthalten!		304		
16	Welche Tarifverträge sind lohnbezogen zu unterscheiden?		304		
17	Was versteht man bei Tarifverträgen unter dem Ecklohn und den Ortsklassen?		304		
18	Inwiefern hat der Betriebsrat bei der Entlohnung ein Mitbestimmungsrecht?		304 f.		
19	In welchen Fällen kann die Entlohnung wirksam in Arbeitsverträgen geregelt sein?		305		
20	Welche Regelungen können Arbeitsverträge im Hinblick auf die Entlohnung enthalten?		305		
21	Wie erfolgt die anforderungsbezogene Lohnfindung?		306		
22	Wozu dient die Arbeitsbewertung?		306		
23	Erläutern Sie, was eine Normalleistung ist!		306 f.		
24	Beschreiben Sie, woraus die qualitative Arbeitsanalyse besteht!		307		
25	Wodurch ist die summarische Arbeitsbewertung gekennzeichnet und welche Verfahren gibt es?		308		
26	Beschreiben Sie die Vorgehensweise beim Rangfolgeverfahren!		308		
27	Wie ist die Eignung des Rangfolgeverfahrens zu beurteilen?		308 f.		
28	Wie wird beim Lohngruppenverfahren vorgegangen und wie ist es zu beurteilen?		309 f.		

29	Worin unterscheidet sich die analytische von der summarischen Arbeitsbewertung?		310		
30	Welche Anforderungsarten unterscheiden das Genfer Schema und das Schema von REFA?		310 f.		
31	Welche Verfahren analytischer Arbeitsbewertung gibt es?		311		
32	Wie wird das Rangreihenverfahren eingesetzt und in seiner Eignung beurteilt?		312 f.		
33	Auf welche Weisen kann das Stufenwertzahl-Verfahren durchgeführt werden und wie ist seine Eignung zu werten?		313 f.		
34	Erläutern Sie, wie die Arbeitsplatzbewertung erfolgt!		314 f.		
35	Weshalb hat die qualifikationsbezogene Lohnfindung in den letzten Jahren an Bedeutung gewonnen?		316		
36	Wozu dient die leistungsbezogene Lohnfindung und auf welchen Wegen ist sie möglich?		316 f.		
37	Was versteht man unter marktbezogener Lohnfindung?		317		
38	Woraus setzen sich Löhne meist zusammen und welche Lohnformen lassen sich unterscheiden?		318 f.		
39	Was kann unter dem Grundlohn verstanden werden?		319		
40	Beschreiben Sie den Zeitlohn und die für ihn typischen Lohnarten!		319 f.		
41	Welche Anwendungsgebiete gibt es für den reinen Zeitlohn?		320		
42	Erläutern Sie, wie der reine Zeitlohn ermittelt wird!		320		
43	Wie ist die Eignung des reinen Zeitlohnes zu beurteilen?		321		
44	Wie kann die Leistungszulage beim Zeitlohn aussehen?		321 f.		
45	Weshalb hat sich die Verbreitung des Akkordlohnes in den letzten Jahren verringert?		322		
46	Unter welchen Voraussetzungen kann im Akkord entlohnt werden?		322 f.		
47	Aus welchen Teilen besteht der Akkordlohn?		323		
48	Wie ist die Eignung des Akkordlohnes zu beurteilen?		323 f.		
49	Worin unterscheiden sich Stück- und Zeitakkord?		324		
50	Was versteht man unter dem Akkordsatz, Akkordrichtsatz, Minutenfaktor?		324 f.		
51	Worin liegen die Vorteile des Zeitakkordes gegenüber dem Stückakkord?		325		
52	In welchen Schritten erfolgt die Entlohnung im Gruppenakkord?		325		
53	Worin sind die Voraussetzungen, die Vorteile und Nachteile des Gruppenakkords zu sehen?		325 f.		
54	Inwieweit hat der Betriebsrat beim Akkordlohn ein Mitbestimmungsrecht?		326		
55	Nennen und erläutern Sie, aus welchen Elementen sich die menschenbezogenen Ablaufarten zusammensetzen!		327 f.		
56	Geben Sie einen Überblick, woraus die Auftragszeiten bestehen!		328 ff.		
57	Erläutern Sie, wie bei der Zeitschätzung vorgegangen wird!		330		
58	Beschreiben Sie die REFA-Zeitaufnahme!		330 ff.		

59	Was versteht man unter dem Leistungsgrad und dem Leistungsfaktor?	331		
60	Von welchen Faktoren hängt die Höhe des Leistungsgrades ab?	332		
61	Was ist die Multimomentaufnahme und wie wird bei ihr vorgegangen?	332 f.		
62	In welchen Schritten wird bei Systemen vorbestimmter Zeiten grundsätzlich vorgegangen?	333		
63	Worin unterscheiden sich das Work-Factor-Verfahren und das Methods-Time-Measurement-Verfahren?	333 f.		
64	Aus welchen Teilen besteht der Prämienlohn?	335		
65	Wie ist die Eignung des Prämienlohnes zu beurteilen?	335		
66	In welchen Schritten kann der Prämienlohn gestaltet werden?	336		
67	Welche Gründe gibt es für die Wahl verschiedener Prämienverläufe?	337		
68	Wie kann eine Gruppenprämie auf die Gruppenmitglieder verteilt werden?	337		
69	Nennen und erläutern Sie, welche Prämien beim Prämienlohn gewährt werden können!	337 f.		
70	Was versteht man unter dem Pensumlohn und aus welchen Teilen besteht er?	338		
71	Wie ist die Eignung des Pensumlohnes zu beurteilen?	339		
72	Erläutern Sie, welche Arten des Pensumlohnes unterschieden werden können und wie sie zu beurteilen sind!	339 ff.		
73	Nennen Sie die typischen ergänzenden Löhne!	341		
74	Inwieweit ist das 13. Monatsgehalt ein ergänzender Lohn?	341		
75	Was versteht man unter Prämien?	341		
76	Wie ist die Anwesenheitsprämie einzuschätzen?	342		
77	Wozu dienen Zuschläge und welche gibt es ihrer Zwecksetzung entsprechend?	342		
78	Inwieweit kann ein Unternehmen es vermeiden, Zuschläge zu zahlen?	342		
79	Wofür werden Leistungszuschläge gewährt?	343		
80	Was versteht man unter Überstunden und wer kann Überstundenzuschläge in welcher Höhe erhalten?	343		
81	Wofür gibt es Funktionszulagen?	343		
82	Welche Zuschläge aufgrund ungünstiger Arbeitszeiten können unterschieden werden?	343		
83	Nennen Sie Zuschläge, die für sonstige ungünstige Arbeitsumstände gewährt werden können!	343 f.		
84	Welche Zuschläge gibt es aus sozialen Gründen?	344		
85	Was sind Gratifikationen und welchen Zwecken dienen sie?	344		
86	Worauf kann ein Rechtsanspruch auf die Gewährung von Gratifikationen begründet werden?	344		
87	Inwieweit können Einschränkungen für die Gewährung von Gratifikationen gemacht werden?	344		
88	Was sind die am häufigsten vorzufindenden Gratifikationen?	345		
89	Wie kann bewirkt werden, dass die betriebliche Übung bei der Weihnachtsgratifikation nicht wirksam wird?	345		

90	Inwieweit kann die Gewährung einer Weihnachtsgratifikation vom Bestehen des Arbeitsverhältnisses abhängig gemacht werden?	345		
91	Wozu soll die Urlaubsgratifikation dienen?	346		
92	Worauf kann die Jubiläumsgratifikation sich beziehen?	346		
93	Was versteht man unter Cafeteria-Systemen und wozu dienen sie?	347		
94	Durch welche Merkmale sind Cafeteria-Systeme gekennzeichnet?	347		
95	Geben Sie einen Überblick über Löhne, die ohne Leistung bezahlt werden!	348		
96	Wie ist der Entgeltfortzahlungsanspruch bei Arbeitsunfähigkeit des Arbeitnehmers gesetzlich bzw. tariflich geregelt?	349		
97	Besteht für eine an ein Heilverfahren angezeigte Schonzeit ein Entgeltfortzahlungsanspruch?	349		
98	In welchen Fällen persönlicher Verhinderung hat der Arbeitnehmer einen Anspruch auf Entgeltfortzahlung?	350		
99	Wie ist der Urlaubsanspruch des Arbeitnehmers gesetzlich geregelt?	350		
100	In welcher Höhe erhält der Arbeitnehmer Urlaubsentgelt und wann ist es auszuzahlen?	350		
101	Wie ist die Entgeltfortzahlung an Feiertagen gesetzlich geregelt?	351		
102	Welche Regelungen zur Sicherung der Arbeitslöhne können unterschieden werden?	351		
103	Welche Beschränkungen gibt es bei der Pfändung von Lohnforderungen?	351		
104	Inwieweit kann eine Aufrechnung von Lohnfortzahlungen ausgeschlossen werden?	351		
105	Welche grundsätzliche Regelung gilt für das Insolvenzausfallgeld?	351		
106	Welche Erfindungen werden im ArbnErfG unterschieden?	352 f.		
107	Welche Regelungen gelten für Diensterfindungen?	353		
108	Was versteht man unter Verbesserungsvorschlägen?	353		
109	Wo können die Vergütung und das Verfahren für das Vorschlagswesen geregelt sein?	353		
110	Welche Bemessungsgrundlagen gibt es für erfolgsabhängige Vergütungen?	354		
111	Erläutern Sie, in welchen Formen eine Leistungsbeteiligung erfolgen kann!	354 f.		
112	Beschreiben Sie die Möglichkeiten der Ertragsbeteiligung!	355		
113	Welche Arten der Gewinnbeteiligung können unterschieden werden?	355		
114	Nach welchen Prinzipien kann die Verteilung der erfolgsabhängigen Vergütungen geschehen?	356		
115	Auf welche Weisen kann die Verwendung der erfolgsabhängigen Vergütungen erfolgen?	356		
116	Wie ist das Ausbezahlen der Erfolgsanteile möglich?	356		
117	In welchen Formen kann eine Kapitalbeteiligung der Mitarbeiter erfolgen?	357		
118	Nach welchem Schema lassen sich die Personalbasiskosten ermitteln?	358		

119	Welchen Anteil machen die Personalzusatzkosten von den Personalbasiskosten aus?	358		
120	Welche Ziele verfolgen Unternehmen mit der Gewährung von Zusatz- und Sozialleistungen?	359		
121	In welchen Formen können Zusatz- und Sozialleistungen gewährt werden?	359 f.		
122	Wie ist das DGFP-Konzept der Personalkosten bzw. Personalaufwendungen strukturell aufgebaut?	360		
123	Welche Kritik lässt sich an dem DGFP-Konzept üben?	360		
124	Was sind nicht leistungsbezogene ergänzende Löhne?	360		
125	Geben Sie einen Überblick über die sozialen Abgaben!	360 ff.		
126	Inwieweit werden die sozialen Abgaben von Arbeitgebern und Arbeitnehmer getragen?	361 ff.		
127	Welche Leistungen bieten die Sozialversicherungen?	361 ff.		
128	Was versteht man unter Personalbetreuung?	363		
129	Welche Arten der Personalbetreuung lassen sich unterscheiden?	363		
130	Welche über Sozialleistungen hinausgehende Leistungen lassen sich der Personalbetreuung zurechnen?	363		
131	Wo liegen die Schwerpunkte der Personalbetreuung?	364		
132	Inwieweit hat der Betriebsrat ein Mitbestimmungsrecht bei Sozialleistungen?	364		
133	Wie kann die Dokumentation der in der Personalbetreuung erbrachten Sozialleistungen erfolgen?	364		
134	Welche Gründe lassen sich für eine betriebliche Altersversorgung nennen und auf welche Arten kann sie erfolgen?	365		
135	Durch welche positiven Merkmale sind Betriebskrankenkassen gekennzeichnet?	365		
136	Geben Sie einen Überblick über das Arbeitsschutzrecht!	366		
137	Was sind typische Aufgaben des Betriebsarztes?	366		
138	In welchen Formen unterstützen Unternehmen ihre Mitarbeiter bei der Befriedigung ihrer Wohnbedürfnisse?	367		
139	Auf welche Arten kann die Versorgung der Mitarbeiter während ihrer Arbeitsanwesenheit erfolgen?	367		
140	Welche Fördermaßnahmen bieten sich im Freizeit- bzw. Kulturbereich an?	368		

G. PERSONALENTWICKLUNG

Die Personalentwicklung umfasst alle Maßnahmen zur Erhaltung und Verbesserung der Qualifikation von Mitarbeitern. Nach ihrem Umfang kann sie unterschiedlich gesehen werden:

- *Im engeren Sinne* ist sie die **Personalbildung** oder **berufliche Bildung**, zu der gemäß § 1 Abs. 1-4 BBiG zählen:

Ausbildung	Sie ist eine berufliche **Erstausbildung**, die neben einer breit angelegten beruflichen Grundausbildung dem Erwerb beruflicher Kenntnisse, Fertigkeiten und Erfahrungen dient.
Fortbildung	Sie hat zur Aufgabe, die beruflichen **Kenntnisse** und **Fertigkeiten** an die betrieblichen Erfordernisse **anzupassen** bzw. zu **erweitern**.
Umschulung	Sie ist eine **Zweitausbildung** zum Zwecke der beruflichen Neuorientierung, die arbeitsmarktbedingte Gründe haben oder aufgrund eines Unfalles, einer Krankheit oder einer Berufskrankheit notwendig werden kann.

Während die Ausbildung i.d.R. eine **kontinuierliche Maßnahme** zur Personalentwicklung ist, die mit vollzeitlich oder teilzeitlich beschäftigten hauptamtlichen Mitarbeitern durchgeführt wird, handelt es sich bei der Fortbildung und vielfach auch bei der Umschulung um eher **unregelmäßig durchgeführte Maßnahmen**, die von wechselnden Mitarbeitern betreut werden.

- *Im weiteren Sinne* zählt zur Personalentwicklung auch die **Personalförderung**, die sich auf Arbeitsplätze bzw. Positionen und Arbeitsinhalte bezieht als Fördergespräch, Job enlargement, Job enrichment, Laufbahnförderung, Coaching und Mentoring.

- *Im weitesten Sinne* wird der Personalentwicklung mitunter noch die **Organisationsentwicklung** zugerechnet, die eine Form des geplanten Wandels ist – siehe ausführlich *Olfert*. Sie bewirkt einen organisationsweiten Veränderungsprozess und dient der Steigerung der Leistungsfähigkeit der Organisation sowie der Humanisierung der Arbeit.

Die **Beziehung von Personalentwicklung** und **Organisationsentwicklung** wird unterschiedlich gesehen. So kann die Personalentwicklung sein:

- ▶ Die **Voraussetzung** von Organisationsentwicklung. Die Personalentwicklung als Organisationsentwicklung betont die Bedeutung, der Wissen und Können bei der Lösung komplexer Probleme zukommt.
- ▶ Das **Ergebnis** von Organisationsentwicklung. Bei der Personalentwicklung durch Organisationsentwicklung wird die lernende Auseinandersetzung mit Problemen und dem daraus resultierenden Lernertrag betont (*Becker*).

Die Personalentwicklung kann demnach umfassen:

Personalbildung	Personalförderung	Organisationsentwicklung
Basisaufgabe der Personalentwicklung	Zusatzaufgabe der Personalentwicklung	Gestaltung des organisatorischen Wandels
⇩	⇩	⇩
immer Teil der Personalentwicklung	*oft* Teil der Personalentwicklung	*mitunter* Teil der Personalentwicklung
Personalentwicklung im engen Sinne		
Personalentwicklung im weiteren Sinne		
Personalentwicklung im weitesten Sinne		

Ziele der Personalentwicklung sind (*Mayer*):

- **Ziele aus Sicht des Unternehmens**

> ▸ Langfristige Sicherung von Fach- und Führungskräften
> ▸ Auswahl der qualifizierten Mitarbeiter aus dem vorhandenen Angebot
> ▸ Richtige Platzierung der Mitarbeiter an den ihnen entsprechenden Arbeitsplätzen
> ▸ Erhaltung und Förderung der Qualifikation der Mitarbeiter
> ▸ Anpassung an die Erfordernisse der Technologie und Marktverhältnisse
> ▸ Ermittlung von Nachwuchskräften
> ▸ Ermittlung des Führungspotenzials
> ▸ Förderung der Fach-, Management-, Sozialkompetenz des Nachwuchses
> ▸ Vorbereitung für höherwertige Tätigkeiten
> ▸ Vermittlung zusätzlicher Qualifikation zwecks höherer Flexibilität
> ▸ Gewinnung von Nachwuchskräften aus den eigenen Reihen
> ▸ Rechtzeitige Nachfolgeregelungen
> ▸ Diagnose und Änderung von Fehlbesetzungen
> ▸ Verbesserung des Leistungsverhaltens der Mitarbeiter
> ▸ Verbesserung der innerbetrieblichen Kooperation und Kommunikation
> ▸ Senkung der Fluktuation

- **Ziele aus Sicht der Mitarbeiter**

> ▸ Erhalt und Verbesserung einer selbst bestimmten Lebensführung
> ▸ Anpassung der persönlichen Qualifikation an die Arbeitsplatzerfordernisse
> ▸ Optimierung der Qualifikation in der Fach-, Führungs- und Sozialkompetenz
> ▸ Aktivierung bisher nicht genutzter persönlicher Kenntnisse und Fähigkeiten
> ▸ Verbesserung der Selbstentfaltung durch Übernahme qualifizierterer Aufgaben
> ▸ Aneignung karrierebezogener Voraussetzungen für den beruflichen Aufstieg
> ▸ Verbesserung der Verwendungs- und Laufbahnmöglichkeiten
> ▸ Sicherung der Existenzgrundlage bei technischem und sozialem Wandel

▸ Optimierung von Einkommen, Position und Prestige

▸ Erhöhung der individuellen Mobilität am Arbeitsmarkt

▸ Übernahme höherer Verantwortung

- **Ziele aus Sicht der Vorgesetzten**

▸ Vorleben und Verdeutlichung der Unternehmensziele

▸ Ermittlung und richtiger Einsatz von Mitarbeiterpotenzialen, z. B. fachlichen Fähigkeiten, Selbstorganisationsfähigkeit, sozialen Fähigkeiten zur Kommunikation von Informationen, Moderation

▸ Partizipation am Unternehmensgeschehen

▸ Verantwortungsfähigkeit und Kreativität

Unter der Voraussetzung, dass ein entsprechendes Personalpotenzial vorhanden ist, wird die **Personalentwicklung** vielfach gegenüber der Personalbeschaffung von außerhalb des Unternehmens bevorzugt, um über qualifizierte Mitarbeiter verfügen zu können. Dafür sprechen mehrere **Gründe**:

- Verbesserung der Mitarbeitermotivation durch die Aufstiegsmöglichkeiten
- Geringeres Auswahlrisiko durch umfassendere Bewerberinformationen
- Einfachere Personalbeschaffung und Personalauswahl
- Bessere Ausschöpfung des Personalpotenzials
- Verminderung der Fluktuation
- Verkürzung der Einarbeitungszeiten
- Oftmals geringere Kosten der Arbeitsplatzbesetzung.

Gegen die Bevorzugung von bereits im Unternehmen tätigen Mitarbeitern bei der Arbeitsplatzbesetzung und der gegebenenfalls daraus resultierenden Personalentwicklung spricht die Gefahr einer »Inzucht« innerhalb des Unternehmens.

1. Personalbildung

Die Personalbildung ist die Basisaufgabe der Personalentwicklung. Sie hat in den letzten Jahren an Bedeutung gewonnen. *Mayer* nennt als **Gründe** hierfür:

- Den raschen wirtschaftlichen und technologischen **Wandel**, der zu immer schneller entstehenden Technologien und Produktionsverfahren führt, die andere und neue Anforderungen an die Mitarbeiter stellen.

- Die mit dem Wandel verbundene Notwendigkeit, immer **mehr Entscheidungen** in immer kürzeren Zeiteinheiten treffen zu müssen, für die immer mehr Informationen in immer weniger Zeit zu verarbeiten sind.

- Die Notwendigkeit der **Selbstkoordination** der Mitarbeiter, die selbst auf unteren Hierarchieebenen erforderlich ist, um entsprechend schnell und flexibel reagieren zu können.

- Das Erfordernis, die **Flexibilität** zu steigern, sowohl bei Vorgesetzten als auch bei Mitarbeitern, um auf eintretende Veränderungen rasch und wirksam reagieren zu können.

- Die Steigerung der **Innovationsbereitschaft**, die unerlässlich ist. Die Auseinandersetzung mit neuen Verfahren, Produkten und Dienstleistungen erfordert verschärftes **Problembewusstsein** und **Kreativität**.

- Eine erhöhte Bereitschaft, **Konflikte** auszutragen, denn alles Neue verursacht Widerstand. Mängel, Meinungs- und Einstellungsverschiedenheiten müssen erkannt, an- und ausgesprochen sowie gemeinsamen behoben werden.

Ziel der Personalbildung ist vor allem, **Handlungskompetenz** zu vermitteln:

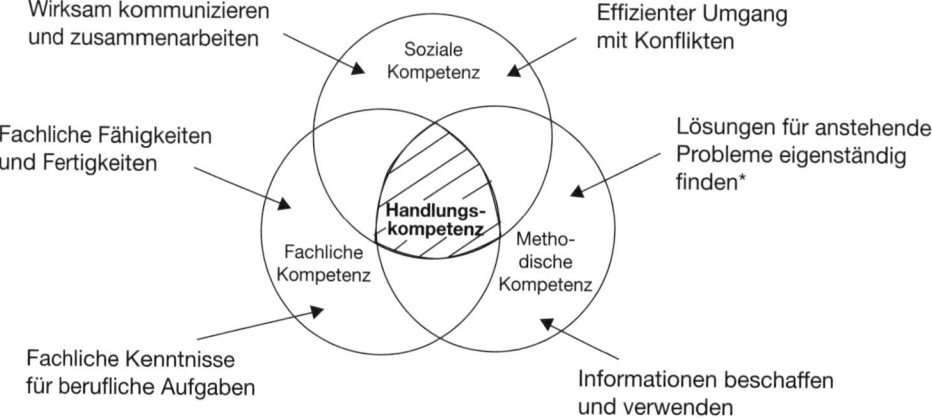

Träger der Personalbildung sind:

- Die **Unternehmensleitung**, die Grundsatzentscheidungen zu treffen hat, nicht zuletzt auch, weil Bildungsmaßnahmen erhebliche Kosten verursachen.

- Die **Personalabteilung**, die mit der Abwicklung der Personalbildung konkret befasst ist. In größeren Unternehmen ist die Personalbildung einem speziellen **Personalentwicklungsbeauftragten** bzw. einer **Personalentwicklungsabteilung** übertragbar. Beide sind meist der Personalleitung unterstellt.

- Die **Vorgesetzten**, denen bei der Personalbildung die zentrale Aufgabe bei ihrer Initiierung, Durchführung und Kontrolle zukommt.

- Schließlich sollen auch die **Mitarbeiter** sich aktiv mit ihrer Bildung auseinander setzen und Qualifizierungen eigenständig anstreben.

Der **Betriebsrat** ist kein Träger der Personalbildung, aber dennoch ein wichtiger Beteiligter. Er verfügt im Hinblick auf die Personalbildung über verschiedene **Mitwirkungsrechte**. Nach § 92 Abs. 1 BetrVG hat er ein **Informationsrecht**. Außerdem stehen ihm nach §§ 96, 97 BetrVG zu:

---

* Das ist möglich durch:
  - ▶ Strukturierendes Denken (Information klassifizieren)
  - ▶ Kontextuelles Denken (Zusammenhänge/Interdependenzen verstehen)
  - ▶ Kreatives Denken (Informationen neu kombinieren)
  - ▶ Logisches Denken (Logische Schlussfolgerungen ziehen)
  - ▶ Analytisches Denken (Systematische Annäherung an Fragestellung)

- Ein **Beratungsrecht**, das sich nach § 97 BetrVG darauf bezieht, *ob* als Maßnahmen die Errichtung und Ausstattung betrieblicher Bildungseinrichtungen, Einführung betrieblicher Bildungsmaßnahmen oder die Teilnahme an außerbetrieblichen Bildungsmaßnahmen ergriffen werden. Der Arbeitgeber hat im Übrigen auf Verlangen des Betriebsrates mit diesem Fragen der Bildung gemäß § 96 Abs. 1 BetrVG zu beraten.

- Ein **Vorschlagsrecht** zu Fragen der Bildung, das in § 96 Abs. 1 BetrVG begründet ist.

Bei der Frage, *wie* die Durchführung von Maßnahmen der betrieblichen Bildung zu geschehen hat, gesteht § 98 Abs. 1 BetrVG dem Betriebsrat ein **Mitbestimmungsrecht** zu. Er kann Vorschläge bezüglich der Auswahl der Teilnehmer machen, die an einer Bildungsmaßnahme teilnehmen sollen (§ 98 Abs. 3 BetrVG). Kommt es zu keiner Einigung, entscheidet gemäß § 98 Abs. 4 BetrVG die **Einigungsstelle**, deren Spruch die Einigung ersetzt.

Maßnahmen der Personalentwicklung für **leitende Angestellte** unterliegen diesen Mitwirkungsrechten des Betriebsrates nicht.

1.1 ARTEN

Arten der Personalbildung sind:

- **Ausbildung**

- **Fortbildung**

- **Umschulung**.

Die Fortbildung wird vielfach auch als **Weiterbildung** bezeichnet.

1.1.1 AUSBILDUNG

Die berufliche Erstbildung in einem Unternehmen wird üblicherweise als Ausbildung bezeichnet. Während die Teilnehmer früher »Lehrlinge« genannt wurden, hat sich in den vergangenen Jahren der Ausdruck des Gesetzes »Auszubildender« oder dessen Abkürzung »Azubi« durchgesetzt.

Die Ausbildung erfolgt in der Bundesrepublik Deutschland üblicherweise im Rahmen des **Dualen Systems**, das umfasst:

- Die Betriebliche Ausbildung
- Den begleitenden Berufsschulbesuch.

Vereinzelt wird der berufspraktische Teil der Ausbildung auch in **überbetrieblichen Lehrwerkstätten** durchgeführt. Sie werden von unterschiedlichen Institutionen eingerichtet und getragen, insbesondere mehreren Unternehmen aber auch Innungen, Kammern, Gewerkschaften.

Für die betriebliche Ausbildung sind verschiedene Gesichtspunkte zu betrachten:

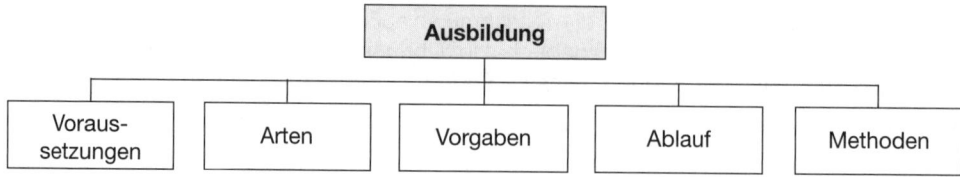

1.1.1.1 VORAUSSETZUNGEN

Die Möglichkeit eines Unternehmens, in einem oder mehreren Ausbildungsberufen ausbilden zu dürfen, ist von mehreren Voraussetzungen abhängig:

- Der **Unternehmenseignung**, wobei die generelle Eignung eines Unternehmens als Ausbildungsstätte § 22 des Berufsbildungsgesetzes (BBiG) regelt.

  Danach dürfen Auszubildende nur eingestellt werden, wenn das Unternehmen nach Art und Einrichtung für die Berufsausbildung geeignet ist und die Zahl der Auszubildenden in einem angemessenen Verhältnis zur Zahl der Ausbildungsplätze oder zur Zahl der beschäftigten Fachkräfte steht, es sei denn, dass andernfalls die Berufsausbildung nicht gefährdet wird.

- Den **Ausbildungsanforderungen**, die sich auf die persönliche und fachliche Eignung der Ausbilder beziehen und in § 20 BBiG geregelt sind:

Persönliche Eignung	Sie umfasst Forderungen wie persönliche Autorität, Integrität und die Eignung als Vorbild.
Fachliche Eignung	Sie liegt vor, wenn ein Ausbilder sowohl berufliche als auch berufs- und arbeitspädagogische Kenntnisse besitzt. Die fachliche Eignung wird nachgewiesen durch: ▸ Vollendung des **24. Lebensjahres** ▸ **Abschlussprüfung** in einer dem Ausbildungsberuf entsprechenden Fachrichtung oder einer abgelegten Fach-, Fachhoch- oder Hochschulprüfung mit angemessener Berufspraxis oder einer Zuerkennung der fachlichen Eignung ▸ **Nachweis** der berufs- und arbeitspädagogischen Kenntnisse gemäß der Ausbildereignungsverordnung. Von 08/2003 bis 07/2008 wird die Voraussetzung der Ausbildereignungsprüfung jedoch ausgesetzt.

- Der **Eignung der Auszubildenden**, welche die Gewähr geben müssen, dass sie die körperlichen, geistigen und charakterlichen Voraussetzungen zu einem erfolgreichen Abschluss der Ausbildungsmaßnahme aufweisen.

Auch das Jugendarbeitsschutzgesetz (JArbSchG) ist für die Ausbildung maßgebend.

1.1.1.2 Arten

Bei der betrieblichen Ausbildung können drei Arten von Ausbildungsberufen unterschieden werden, deren Ausgestaltung in **Ausbildungsordnungen** festgelegt ist:

- **Ausbildungsberufe ohne Spezialisierung** besitzen ein einheitliches Berufsbild ohne Differenzierungen für alle Auszubildenden, z. B. Industriekaufmann/frau.

- **Ausbildungsberufe mit Spezialisierung** sind ebenfalls durch einen einheitlichen Ausbildungsberuf gekennzeichnet. Es erfolgt in ihrem Verlauf aber eine Spezialisierung nach Fachrichtungen oder Schwerpunkten.

Beispiel:

Kraftfahrzeugmechaniker		⇨ Ausbildungsberuf
Kfz-Instandhaltung	Motorinstandsetzung	⇨ Fachrichtung

- In **Stufenausbildungsberufen** ist die Ausbildung in zwei oder drei Stufen gegliedert, die jeweils mit einem anerkannten Abschluss enden. Das bedeutet, dass bereits mit dem Abschluss der ersten Stufe eine volle Berufstätigkeit in einem qualifizierten Beruf ausgeübt werden kann.

  In einer zweiten, manchmal auch einer dritten Stufe, wird daraufhin zu einer besonders qualifizierten Berufstätigkeit ausgebildet. Die Ausbildung muss dabei zeitlich nicht unbedingt unmittelbar weitergeführt werden. Dies kann auch zu einem späteren Zeitpunkt erfolgen.

Beispiel:

Nachrichtengerätemechaniker			⇨ 1. Stufe *Abschlussprüfung*
⇩	⇩	⇩	
Kleingeräteelektroniker	Installationselektroniker	Funkelektroniker	⇨ 2. Stufe *Abschlussprüfung*

Stufenausbildungsberufe setzen sich zunehmend durch.

1.1.1.3 Vorgaben

Neben den Voraussetzungen für Ausbildungsunternehmen, Ausbilder und Auszubildende gibt es eine Reihe von Vorgaben für die betriebliche Ausbildung:

- Das **Ausbildungsberufsbild**, in dem die Ausbildungsinhalte festgelegt sind, die in jedem Fall als Kenntnisse und Fertigkeiten vermittelt werden müssen.

- Die **Ausbildungsordnungen**, die es für jedes anerkannte Ausbildungsberufsbild gibt. Nach dem BBiG enthalten sie nachstehende Mindestinhalte:

▸ Bezeichnung des Ausbildungsberufes   ▸ Sachliche und zeitliche Gliederung

▸ Ausbildungsdauer   ▸ Prüfungsanforderungen
▸ Kenntnisse und Fertigkeiten

- Den **Ausbildungsrahmenplan**, der ausführlich den Inhalt und Umfang der einzelnen Lehrstoffe eines Ausbildungsberufsbildes ausweist. In ihm erfolgt auch eine zeitliche Gestaltung der Ausbildung. Der Ausbildungsrahmenplan ist die Basis für die betriebliche Ausbildungsplanung.

- Die **Prüfungsordnung** für die Abschlussprüfung, die Regelungen zur Zulassung zur Prüfung, zur Gliederung der Prüfung, zum Bewertungsmaßstab, zum Prüfungszeugnis, zu Wiederholungsprüfungen und zu Verstößen gegen die Prüfungsordnung enthält.

Diese genannten Vorgaben sind die Basis für die **Ausbildungsplanung**.

1.1.1.4 Ablauf

Der Ablauf der Ausbildung umfasst die folgenden **Phasen**:

- **Planung**

- **Durchführung**

- **Kontrolle**.

1.1.1.4.1 Planung

Die Ausbildungsplanung erfolgt auf der Grundlage betrieblicher **Ausbildungspläne**. Sie sind aus mehreren **Gründen** zu erstellen:

- Zur Ergänzung der gesetzlichen Ausbildungsrahmenpläne um zusätzliche **Ausbildungsinhalte**. Es darf jedoch keine Verminderung der geforderten und prüfungsrelevanten Kenntnisse und Fertigkeiten vorgenommen werden.

- Zur **zeitlichen Anpassung** an betriebliche und berufsschulische Gegebenheiten, z.B. eine verkürzte Ausbildungsdauer, Urlaubszeit und Betriebsferien, Blockunterricht in der Berufsschule, externe Ausbildungsmaßnahmen, Gegebenheiten der Fachabteilungen.

- Zur **Planung des Durchlaufes in den Fachabteilungen**, in welchen die betriebspraktischen Ausbildungsinhalte erworben werden sollen, wobei die Zuordnung von Lerninhalten und Fachabteilungen, die Dauer des Fachabteilungsbesuches, die Reihenfolge des Besuches der Fachabteilungen und der Zeitplan für den Aufenthalt in den Fachabteilungen festzulegen sind.

- Zur **Planung des innerbetrieblichen Unterrichtes**, der die theoretische Stoffvermittlung der Berufsschule vielfach ergänzt.

Das Ergebnis der Ausbildungsplanung kann in zwei **Formen** ausgearbeitet werden:

- Der **Einzelausbildungsplan** für jeden Auszubildenden

Ausbildungsplan für Most, Karlheinz											
Monat	01	02	03	04	05	06	07	08	09	10	11	12
1. Jahr	Verkauf				Werbung		Url.	Buchhaltung				
2. Jahr	Kostenrechnung				EDV		Url.	Versand		Verwaltung		
3. Jahr	Personal		Materialwirtschaft I				Url.	Materialwirtschaft II				

- Der **Gesamtausbildungsplan** für alle Auszubildenden

Ausbildungsplan Bürokaufmann/frau	Ausbildungsdauer: 3 Jahre
Fachabteilungen	Monate
Buchhaltung	5
EDV	2
Kostenrechnung	4
Materialwirtschaft I	4
Materialwirtschaft II	5
Personal	2
Verkauf	4
Versand	3
Verwaltung	2
Werbung	2
Urlaub	3
Summe	36

Nur bei einer genauen Ausbildungsplanung lassen sich Mehrfachtätigkeiten und Leerlauf in der Ausbildung vermeiden.

1.1.1.4.2 DURCHFÜHRUNG

Für die Verwirklichung der Ausbildung gibt es mehrere **Formen**, die sich in der Abwicklung und in der Zuordnung der Ausbildungsinhalte unterscheiden:

- Betriebspraktische Unterweisung in den Fachabteilungen
- Begleitender Berufsschulbesuch
- Betrieblicher Ergänzungsunterricht.

Die nachstehenden **Formen des Berufsschulbesuches** sind gebräuchlich:

- Der **Wochentageunterricht** ist die in Deutschland am meisten eingesetzte Form. Sie sieht einen regelmäßigen Berufsschulbesuch an einem oder zwei festgelegten Tagen in der Woche vor.

- Beim **Blockunterricht** wechseln Zeitblöcke von mehreren Wochen oder Monaten mit betrieblichen Zeitblöcken ab:

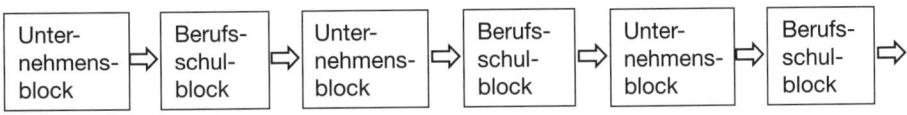

Häufig sind sowohl beim Wochentageunterricht als auch beim Blockunterricht die Ausbildungsinhalte der Unterweisung in den Fachabteilungen und der Berufsschulunterricht inhaltlich nicht aufeinander abgestimmt. Das »**Prinzip der didaktischen Koordination**« soll diesen Mangel beheben.

Unterweisung	Berufsschule	Unterweisung	Berufsschule
Buchhaltung		*Verkauf*	

Eine weitere Gestaltungsform der Ausbildung ist die Vorschaltung eines **Berufsgrundbildungsjahres** vor die Ausbildung. Es wird unternehmensunabhängig in schulischer Form durchgeführt und ermöglicht es, die Ausbildungszeit gemäß der Anrechnungsverordnung zu verkürzen.

1.1.1.4.3 Kontrolle

Die Kontrolle, inwieweit die Ausbildung erfolgreich war, erfolgt für den betriebspraktischen Teil durch die **Abschlussprüfung**. Darin soll festgestellt werden, ob der Auszubildende über die notwendigen Kenntnisse und Fertigkeiten verfügt, um den Anforderungen einer entsprechenden beruflichen Tätigkeit gewachsen zu sein.

Der Abschlussprüfung geht üblicherweise nach etwa 15 Monaten der Ausbildungszeit eine **Zwischenprüfung** voraus, mit der die im ersten Jahr vermittelten Kenntnisse und Fertigkeiten überprüft werden. Die Teilnahme an ihr sowie die Vorlage der erforderlichen **Berichtshefte** als Ausbildungsnachweise zählen zu den Voraussetzungen für die Zulassung zur Abschlussprüfung.

1.1.1.5 Methoden

Im dualen System teilt sich die Ausbildung – wie erläutert – in die im Unternehmen stattfindende berufspraktische Ausbildung und in die in der Berufsschule durchgeführte theoretische Ausbildung. Dazu kommt mitunter noch betrieblicher Ergänzungsunterricht. Das Unternehmen kann damit zwei **Tätigkeitsfelder** aufweisen:

- Die **betriebspraktische Ausbildung**, die in den Fachabteilungen erfolgt. Dafür ist es notwendig, geeignete Abteilungen und Ausbilder sowie exemplarische Ausbildungsinhalte festzulegen. Grundsätzlich stehen ihr mehrere Methoden offen, die sie anwenden kann. Besondere Schwerpunkte sind jedoch planmäßige Unterweisung, Lehrgespräch, Übertragung von Sonderaufgaben, programmierte Unterweisung – siehe ausführlich S. 396 ff.

Die Grundausbildung und die Ausbildung in speziellen Fertigkeiten erfolgt – zumindest bei Großunternehmen – vielfach in besonderen Einrichtungen als:

Lehrwerk-stätten	Sie können auch **Lehrstätten** oder **Lehrecken** sein, in denen Lehrmeister oder Lehrgesellen als Ausbilder wirken. Dort ist die Vermittlung von Fertigkeiten besonders effizient möglich.

Übungsfirmen	Sie stellen **Nachbildungen realer Unternehmen** dar und verfügen typischerweise über 10 bis 30 kaufmännische Arbeitsplätze. Mit ihnen lassen sich betriebswirtschaftliche Vorgänge besser überschauen.
Übungsbüros	In ihnen werden im Gegensatz zu den Übungsfirmen nur **einzelne Teilbereiche** kaufmännischer Aufgabenerledigung simuliert und die theoretische Ausbildung damit ergänzt.

Die Ausbildung in den Fachabteilungen sollte nicht vollkommen durch besondere Ausbildungseinrichtungen ersetzt, sondern nur ergänzt werden, um den Auszubildenden die Teilnahme in den betrieblichen Arbeitsprozess zu ermöglichen.

- Der **betriebliche Ergänzungsunterricht,** der in vielen größeren Unternehmen regelmäßig in kleinen und mittleren Unternehmen gelegentlich oder fallweise erfolgt. Für seine Gestaltung stehen verschiedene Methoden zur Verfügung, z. B. die Vorlesungsmethode, das Rollenspiel, die Fallmethode, das Planspiel – siehe S. 401 ff.

Die Ausbildung geschieht in verstärktem Umfang in **Gruppenarbeit,** d. h. Aufgaben werden von einer Gruppe gelöst. Dabei ist wichtig, dass das erarbeitete Ergebnis eine gemeinsame Leistung aller Gruppenmitglieder ist. Es sollte durch Zusammenarbeit im **Team** erarbeitet worden sein. Die Gruppenergebnisse werden häufig vom Gruppensprecher im Plenum vorgetragen und unter Leitung des Ausbilders diskutiert.

Bei der Gruppenarbeit empfiehlt sich eine Gruppenstärke von drei bis sechs Auszubildenden. Jede Gruppe sollte einen eigenen Arbeitsraum oder zumindest eine schallgeschützte Ecke zur Durchführung ihrer Aufgaben besitzen. Für die Gruppenarbeit sprechen nach *Kaiser* mehrere **Vorteile:**

- Zeitersparnis durch Zusammenarbeit und Arbeitsteilung
- Erlernen und Training von kooperativem Verhalten
- Korrektur falscher oder extremer Meinungen
- Aktivierung aller Teilnehmer durch Abbau von Hemmungen
- Hoher Lernerfolg durch Engagement
- Identifikation mit der Gruppenleistung
- Hinleitung zum selbstständigen Arbeiten

61 ≫ Seite 544

1.1.2 Fortbildung

Die Fortbildung dient dazu, die durch Ausbildung bzw. berufliche Tätigkeit erworbenen **Kenntnisse** und **Fertigkeiten** zu erhalten, zu erweitern und der technischen Entwicklung anzupassen. Sie schließt auch die Entwicklung des **Arbeits-** und **Sozialverhaltens** mit ein. Zielbezogene **Arten** der Fortbildung sind:

- Die **Erhaltungsfortbildung,** mit der Kenntnis- und/oder Fertigkeitsverluste ausgeglichen werden sollen, die durch fehlende Ausübung des Berufes oder von Berufsteilen entstanden sind. Beispielsweise bietet sie sich für eine Sekretärin an, die über mehrere Jahre nicht oder in anderer Weise beschäftigt war.

- Die **Erweiterungsfortbildung**, womit der Erwerb zusätzlicher beruflicher Kenntnisse und/oder Fertigkeiten angestrebt wird, ohne dass die betriebliche Aufgabenstellung dies gegenwärtig oder absehbar unmittelbar erfordert. Beispielsweise erlernt ein Übersetzer eine zusätzliche Fremdsprache.

- Die **Anpassungsfortbildung**, die der Angleichung der Kenntnisse und/oder Fertigkeiten an veränderte Anforderungen am Arbeitsplatz dient, ohne dass eine Höherqualifizierung erfolgt. **Gründe** hierfür können sein:

  ▸ Der **organisatorische** und/oder **technologische Wandel**, z. B. müssen einem Sachbearbeiter, der zukünftig mit der EDV arbeiten soll, entsprechende Kenntnisse vermittelt werden.

  ▸ Ein **neu zugewiesener Arbeitsplatz**, der gleichwertige Anforderungen stellt wie der bisher eingenommene Arbeitsplatz im oder außerhalb des Unternehmens, aber andere Aufgaben umfasst.

  Damit wird die horizontale Mobilität von Mitarbeitern verbessert.

- Die **Aufstiegsfortbildung**, bei der Kenntnisse und/oder Fertigkeiten vermittelt werden, die zur Bewältigung von höherwertigen Aufgaben bzw. zur Einnahme von höheren betrieblichen Positionen befähigen. Damit wird die **vertikale Mobilität** der Arbeitnehmer erhöht.

Hier geht es in besonderer Weise auch darum, **Führungswissen** zu vermitteln, **Führungsverhalten** zu trainieren und mit für Führungskräfte wichtigen Besonderheiten des Unternehmens vertraut zu machen. Die Fortbildung kann sich dabei auch auf bestimmte Denk- und Verhaltensweisen beziehen, die das Unternehmen von seinen Führungskräften erwartet.

Die **Schwerpunkte** der Fortbildung liegen bei der Anpassungs- und Aufstiegsfortbildung. Die Fortbildung erfolgt in zwei **Schritten**:

1	Bedarfsermittlung
⇩	
2	Bedarfsdeckung

1.1.2.1 Bedarfsermittlung

Um die Fortbildung in geeigneter Weise bewerkstelligen zu können, muss zunächst der **Fortbildungsbedarf** genau ermittelt werden. Geschieht dies nicht, besteht die Gefahr, dass Kosten verursacht werden, denen nicht der entsprechende Nutzen bzw. Erfolg gegenübersteht. Die Bedarfsermittlung geschieht in folgender Weise:

1	Ermittlung der Anforderungen
⇩	
2	Ermittlung der Mitarbeiterqualifikation
⇩	
3	Ermittlung der Mitarbeiterinteressen
⇩	
4	Feststellung des Fortbildungsbedarfes

1.1.2.1.1 ERMITTLUNG DER ANFORDERUNGEN

Zunächst sind die Anforderungen zu ermitteln, die an einen Mitarbeiter aus Sicht des Unternehmens bzw. der Organisation für die Bewältigung einer Arbeitsaufgabe zu stellen sind. Als **Anforderungsmerkmale** kommen z. B. in Betracht (*Meier*):

- Fachwissen/-können
- Qualität der Arbeit
- Einteilung der Arbeit
- Selbstständigkeit/ Entscheidungsfähigkeit
- Belastbarkeit
- Initiative
- Informationsverhalten

- Konfliktbewältigung
- Verhandlungsgeschick/ Überzeugungskraft
- Strategisches Handeln
- Kostenbewusstsein
- Ertragsbewusstsein
- Risikobewusstes Handeln

- Unternehmerische Initiative
- Planen/Organisieren
- Ziele setzen
- Delegieren
- Motivieren
- Mitarbeiter fördern

Anhand dieser Anforderungsmerkmale lassen sich **Anforderungsprofile** erstellen, z. B. für einen Industriemeister (*Meier*):

Anforderungen		gering	mittel	hoch
Arbeitsleistung	Fachwissen und -können	○	○	◉
	Qualität der Arbeit	○	◉	○
	Einteilung der Arbeit	○	◉	○
Arbeitsverhalten	Selbstständigkeit	○	○	◉
	Belastbarkeit	○	○	◉
	Flexibilität	○	○	◉
	Initiative	○	○	◉
Zusammenarbeit	Kooperationsverhalten	○	○	◉
	Informationsverhalten	○	○	◉
	Konfliktbewältigung	○	◉	○
	Verhandlungsgeschick	◉	○	○
Unternehmerisches Handeln	Strategisches Handeln	◉	○	○
	Kostenbewusstsein	○	◉	○
	Ertragsbewusstsein	◉	○	○
	Risikobewusstes Handeln	◉	○	○
	Unternehmerische Initiative	◉	○	○
Führungsverhalten	Planen und Organisieren	○	○	◉
	Ziele setzen	○	◉	○
	Delegieren	○	○	◉
	Motivieren	○	◉	○
	Mitarbeiter fördern	○	○	◉

Allgemein werden die Anforderungen sich in der Zukunft erheblich verändern. Während in der Vergangenheit eher umfangreiches Fachwissen und langjährige Erfahrungen von Bedeutung waren, werden es zukünftig verstärkt Anforderungen wie Kooperationsfähigkeit, Teamgeist, Kommunikationsbereitschaft sein. *Comelli* sieht folgende Entwicklung der Anforderungsprofile:

Fachkompetenz
⇩
Fachkompetenz und Methodenkompetenz
⇩
Fachkompetenz und Methodenkompetenz und Sozialkompetenz
⇩
Fachkompetenz und Methodenkompetenz und Sozialkompetenz und Selbstkontrollkompetenz

Für die Ermittlung der Anforderungen und die Feststellung des Fortbildungsbedarfes gilt es, zwei **Fälle** zu unterscheiden:

- Die **Arbeitsaufgabe** des einzelnen Mitarbeiters unterliegt zukünftig keinen **Veränderungen**. In diesem Falle kann die gegebenenfalls vorhandene Stellenbeschreibung die Grundlage zur Ermittlung der Anforderungen darstellen.

- Die **Arbeitsaufgabe** des einzelnen Mitarbeiters erfährt in der Zukunft eine **Veränderung**. Sie kann sein:

  ▸ Eine **horizontale Veränderung** in Form einer Versetzung, wobei der Mitarbeiter ein anderes Aufgabengebiet auf gleicher Ebene zugewiesen erhält.

  ▸ Eine **vertikale Veränderung** im Sinne einer Beförderung, bei der neue Aufgaben in einer höheren Position zu übernehmen sind.

  ▸ Eine **technisch** bzw. **organisatorisch bedingte Veränderung**, wobei der Mitarbeiter weiter die gleiche Arbeitsaufgabe unter geänderten Bedingungen erledigt.

Bei der horizontalen und vertikalen Veränderung ist es möglich, dass bereits eine **Stellenbeschreibung** oder ein **Anforderungsprofil** für den neuen Arbeitsbereich vorliegt. Wenn nicht, wäre eine Erstellung notwendig, was auch für die technisch bzw. organisatorisch bedingte Veränderung gilt, die erst noch erfasst werden muss.

1.1.2.1.2 ERMITTLUNG DER MITARBEITERQUALIFIKATION

Der zweite Schritt, um zum Fortbildungsbedarf zu gelangen, ist die Ermittlung der Fähigkeiten des einzelnen Mitarbeiters. Dazu kann ein **Fähigkeitsprofil** erstellt werden, das auch als **Qualifikationsprofil** oder **Eignungsprofil** bezeichnet wird:

Das Fähigkeitsprofil, das ein Industriemeister aufweist, kann wie folgt aussehen:

Fähgkeiten		gering	mittel	hoch
Arbeitsleistung	Fachwissen und -können			
	Qualität der Arbeit			
	Einteilung der Arbeit			
Arbeitsverhalten	Selbstständigkeit			
	Belastbarkeit			
	Flexibilität			
	Initiative			
Zusammenarbeit	Kooperationsverhalten			
	Informationsverhalten			
	Konfliktbewältigung			
	Verhandlungsgeschick			
Unternehmerisches Handeln	Strategisches Handeln			
	Kostenbewusstsein			
	Ertragsbewusstsein			
	Risikobewusstes Handeln			
	Unternehmerische Initiative			
Führungsverhalten	Planen und Organisieren			
	Ziele setzen			
	Delegieren			
	Motivieren			
	Mitarbeiter fördern			

Als **Quellen** für die Erstellung eines Fähigkeitsprofils kommen in Betracht:

Leistungs-beurteilung	Sie wird auch als **Qualifikationsbeurteilung** bezeichnet und ist die im Abschnitt »Personalführung« beschriebene Personalbeurteilung. Sie gibt lediglich Aufschluss über die in Verbindung mit der **bisherigen Arbeitsaufgabe** gezeigten Fähigkeiten, ist also für eine künftig veränderte Arbeitsaufgabe nur bedingt nutzbar.
Potenzial-beurteilung	Sie wird bei **zukünftig veränderten Arbeitsaufgaben** nötig, wobei unter Potenzial das Leistungsvermögen bzw. die Fähigkeiten des einzelnen Mitarbeiters verstanden werden sollen, die bei entsprechender Entwicklung zur Entfaltung gebracht werden können. Mit der Potenzialbeurteilung wird angestrebt, die **vorhandenen**, aber brachliegenden sowie noch nicht erkannten oder noch nicht ausgebildeten **Fähigkeiten festzustellen.**
Personalakte	In ihr werden alle **schriftlichen Informationen** über betriebliche und – bei berechtigtem Interesse – persönliche Gegebenheiten eines Arbeitnehmers gesammelt, z. B. Bewerbungsunterlagen, Versetzungen, Beförderungen, Beurteilungen sowie sonstige Unterlagen, die Informationen über Qualifikation und Leistungen des Mitarbeiters enthalten – siehe S. 466 ff.

Personal-stammkartei/ -stammdatei	Sie wird als Kartei per Hand, als Datei per EDV geführt und ist auf einen **bestimmten Zweck** zugeschnitten. Als Zusammenfassung der Personalakte enthält sie neben Grunddaten alle Veränderungsmeldungen – siehe Kapitel I., S. 468 ff.
Personal-entwicklungs-datei/-entwicklungskartei	Sie ist eine wichtige Grundlage für die Fortbildung, da sie nicht nur alle Mitarbeiter enthält, für die ein **Fortbildungsbedarf** festgestellt wurde, sondern auch Mitarbeiter, die einen solchen Bedarf selbst angemeldet haben. Sie enthält zudem **Fähigkeitsprofile**, auch Interessen und Neigungen der Mitarbeiter finden sich dort.
Personal-informations-system	Es dient der **Speicherung** und **Auswertung von Personaldaten** – siehe Kapitel I., S. 472 ff. Dazu zählen auch die bei der Personalentwicklungsdatei genannten Informationen, die für die Gestaltung der Fortbildung bedeutsam sind.
Mitarbeiter-befragung	Sie kann **mündlich** oder **schriftlich** erfolgen und dient dazu, aufgabenbezogene **Informationen** über Erwartungen, Einstellungen und Bedürfnisse der Mitarbeiter zu sammeln.
Vorgesetzten-befragung	Sie erfolgt üblicherweise **schriftlich** und bezieht sich meist auf die **Einschätzung der Potenziale** von den Mitarbeitern, die dem Vorgesetzten unterstellt sind.
Tests	Sie können in verschiedenen Formen durchgeführt werden. Verbreitet ist das **Assessment Center**, das eine Mitarbeiterbeurteilung aufgrund verschiedener praxisbezogener Leistungssituationen ermöglicht – siehe S. 153 f.

1.1.2.1.3 Ermittlung der Mitarbeiterinteressen

Im Rahmen der Ermittlung des Fortbildungsbedarfes wurden mit der Feststellung der Anforderungen an die Mitarbeiter die Unternehmensinteressen formuliert. Obgleich dies fraglos berechtigtermaßen geschah, ist es unbedingt erforderlich, bei der Fortbildung auch die **Mitarbeiterinteressen** zu berücksichtigen. Die erfolgreiche Weiterentwicklung der Mitarbeiter ist gefährdet, wenn Fortbildungsmaßnahmen gegen den Willen der Mitarbeiter realisiert werden. Das führt zu schwindender Motivation, Kreativität und Einsatzbereitschaft.

Wichtig ist es, die Bereitschaft der Mitarbeiter sicherzustellen, **freiwillig** an Fortbildungsmaßnahmen teilzunehmen und die Ausrichtung der Fortbildung an ihren Interessen und Neigungen, Zielen und Bedürfnissen zu orientieren, die mithilfe von Mitarbeitergesprächen, aber auch Assessement Centern individuell herausgefunden werden können.

1.1.2.1.4 Feststellung des Fortbildungsbedarfes

Der Fortbildungsbedarf kann festgestellt werden, indem die Anforderungen den Mitarbeiterqualifikationen gegenübergestellt werden. Dies geschieht, sofern vorhanden, unter Verwendung des Anforderungs- und Fähigkeitsprofils. Dabei können sich zwei Arten von **Lücken** ergeben:

- **Fähigkeitslücken**, wenn die Anforderungen höher sind als die Fähigkeiten. Sie lassen eine Überforderung der Mitarbeiter erkennen und sollten Anlass für Fortbildungsmaßnahmen sein.

- **Anforderungslücken**, die sich ergeben, wenn die Qualifikationen höher sind als die Anforderungen. Sie zeigen eine Unterforderung der Mitarbeiter und sollten deshalb zur Einleitung von Personalförderungsmaßnahmen führen.

Anforderungs-/Fähigkeitsprofil		gering	mittel	hoch
Arbeitsleistung	Fachwissen und -können			
	Qualität der Arbeit			
	Einteilung der Arbeit			
Arbeitsverhalten	Selbstständigkeit			
	Belastbarkeit			
	Flexibilität			
	Initiative			
Zusammenarbeit	Kooperationsverhalten			
	Informationsverhalten			
	Konfliktbewältigung			
	Verhandlungsgeschick			
Unternehmerisches Handeln	Strategisches Handeln			
	Kostenbewusstsein			
	Ertragsbewusstsein			
	Risikobewusstes Handeln			
	Unternehmerische Initiative			
Führungsverhalten	Planen und Organisieren			
	Ziele setzen			
	Delegieren			
	Motivieren			
	Mitarbeiter fördern			

_____ Anforderungen .... Fähigkeiten

Für das vorstehende **Beispiel** des Industriemeisters ergeben sich aufgrund des Anforderungs- bzw. Fähigkeitsprofils:

- **Fähigkeitslücken** und damit ein Fortbildungsbedarf bei Selbstständigkeit, Planen und Organisieren, Ziele setzen, Delegieren, Motivieren, Mitarbeiter fördern.

- **Anforderungslücken**, die zu einem Förderungsbedarf führen, bei Verhandlungsgeschick und Strategischem Handeln

1.1.2.2 Bedarfsdeckung

Der ermittelte Fortbildungsbedarf ist in geeigneter Weise zu decken. Die Bedarfsdeckung kann durch interne oder externe Fortbildung erfolgen:

- Bei der **internen Fortbildung** wird die jeweilige Maßnahme durch das Unternehmen selbst entwickelt, geplant und durchgeführt. Sie kann räumlich innerhalb oder außerhalb des Unternehmens sowie mit unternehmenseigenen oder unternehmensfremden Trainern erfolgen.

Vorteile interner Fortbildung liegen darin, dass die Fortbildungsinhalte sich unmittelbar an den betrieblichen Erfordernissen orientieren können und ein Transfer erleichtert wird. Auch Kostenvorteile sind möglich. Die Gestaltung interner Fortbildungen erfolgt in mehreren **Schritten**:

Formulierung der Lernziele	Lernziele beschreiben angestrebte Lernergebnisse. Nach ihrer Operationalität lassen sie sich in **Richtlernziele, Groblernziele** und **Feinlernziele** unterteilen. Sie können nach dem angesprochenen Persönlichkeitsbereich sein: ▸ **Kognitive Lernziele** (Wissen, intellektuelle Fähigkeiten) ▸ **Affektive Lernziele** (Interessen, Werthaltungen, Einstellungen) ▸ **Psychomotorische Lernziele** (motorische Fähigkeiten)

⇩

Bestimmung der Zielgruppe	Die Fortbildung soll allen Mitarbeitern offen stehen. Für bestimmte Problemstellungen kommen jedoch nur bestimmte Mitarbeitergruppen in Betracht. Auch bei ihnen ist **Chancengleichheit** zu gewährleisten. Welche Mitarbeiter ausgewählt werden, sollte nach objektiven Maßstäben **nachvollziehbar** sein. Zu achten ist auf die **Homogenität** der Gruppe, z. B. als: ▸ Gleichheit von beruflicher Stellung/Bildungsniveau ▸ Gemeinsamer Bildungsbedarf ▸ Gleicher Grad der Lernbereitschaft ▸ Gleiche berufliche/betriebliche Vorkenntnisse/Erfahrungen

⇩

Festlegung der Lerninhalte	Die Lerninhalte werden auf der Grundlage der formulierten Lernziele **festgelegt** und **strukturiert**. Sie können auf Kenntnisse, Fertigkeiten und Verhaltensweisen gerichtet sein.

⇩

Bestimmung von Zeit und Ort	Eng mit den festgelegten Lerninhalten ist das benötigte **Zeitvolumen** zu bestimmen, aber auch die konkreten **Anfangs-, Pausen-** und **Endzeiten**. Dabei sollte u.a. berücksichtigt werden, dass die physiologische Leistungsbereitschaft zwischen 7 und 11 Uhr am höchsten ist und in den Mittagsstunden drastisch absinkt, um dann zwischen 15 und 18 Uhr wieder anzusteigen. Bei der Bestimmung des **Ortes** geht es nicht nur um die Frage, wo (innerhalb/außerhalb des Unternehmens, in welchem Gebäude) die Fortbildung erfolgen soll, sondern auch darum, inwieweit sich bestimmte Orte (Räume) in besonderer Weise eignen, z. B. wegen ihrer Lage, Akustik, Belüftung, Beleuchtung, Technik.

⇩

Festlegung der Lernmethoden	Sie können **aktive Methoden**, bei denen der Lernende in die Vermittlung der Lerninhalte unmittelbar einbezogen wird, oder **passive Methoden** bzw. auf einen **einzelnen Lernenden** oder eine **Gruppe** von Lernenden gerichtet sein. Es gibt eine Vielzahl bewährter Lernmethoden – siehe S. 395 ff., die sich unterscheiden lassen als: ▸ Arbeitsplatzbezogene Methoden ▸ Nicht arbeitsplatzbezogene Methoden

⇩

Bestimmung der Lehrmedien	Mithilfe der Medien werden die Lehrinhalte an die Lernenden übermittelt. *Mentzel* unterscheidet: ▸ **Visuelle (optische) Medien** wie Tafeln, Flip-Charts, Lehrbücher, Arbeitsblätter, Modelle, Schaubilder, Landkarten, Diaprojektoren, Tageslicht-/Overhead-Projektoren, Filme. ▸ **Akustische (auditive) Medien** wie Schallplatten, Kassetten, Tonbandgeräte, Tonbandlehranlagen (Sprachlabor), Diktiergeräte, drahtlose, transportable Mikrofonanlagen. ▸ **Audio-visuelle Medien** wie Tonbildschauen, Tonfilme, Videorecorder, Fernsehen, Personalcomputer.
	Bei der Planung der Medien ist auf ihren unterschiedlichen Wirkungsgrad zu achten. Der **Lernerfolg** ist in Abhängigkeit von den eingesetzten Medien: 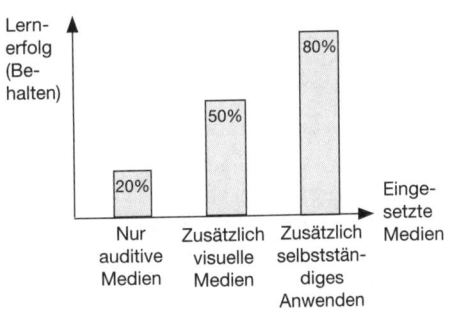

Ergänzend zu diesen Aktivitäten sind gegebenenfalls noch **Arbeitsunterlagen** zu erstellen, z. B. Begleitmaterial, Aufgaben, Fälle, Test- und Fragebögen.

Beim Einsatz **unternehmensexterner Trainer** ist es erforderlich, diese auszuwählen und zu instruieren. Das Verfahren ist dem ähnlich, was nachfolgend für die externe Fortbildung beschrieben wird.

• Bei der **externen Fortbildung** wird die Maßnahme durch einen eigenständigen Bildungsträger oder Trainer entwickelt, geplant und durchgeführt. Der Ort der Durchführung kann im Unternehmen oder außerhalb liegen.

Von **Vorteil** ist, dass die Teilnehmer sich unternehmensübergreifend austauschen können, keinen betrieblichen Zwängen unterliegen, Betriebsblindheit nicht aufkommt und Professionalität geboten wird. Dafür sind die Gruppen eher heterogen und die Kosten oftmals relativ hoch.

Bröckermann schlägt einen **Fragenkatalog zur Auswahl externer Bildungsträger** vor:

- ▸ Wer ist Anbieter der externen Qualifizierungsmaßnahme, die ins Auge gefasst wird?
  - Welche Erfahrungen gibt es mit dem Anbieter?
  - Über welche Räumlichkeiten und Einrichtungen verfügt er?
  - Welche Kapazitäten hat er?
  - Welche Referenzen kann er vorweisen?

- ▸ Welche Lernziele werden mit den angebotenen Qualifizierungsmaßnahmen verfolgt?
  - Existieren eindeutige Lernziele?
  - Ermöglicht die Qualifizierung eine Lösung der anstehenden Probleme?

- ▸ Welche Zielgruppe wird angesprochen, mit welchem Teilnehmerkreis muss man rechnen?
  - Welche Vorbildung und Berufserfahrung wird vorausgesetzt?
  - Wie setzt sich der Teilnehmerkreis zusammen?
  - Welche Teilnehmerzahl ist geplant?

- ▸ Kommt der Anbieter zu einem Kontaktbesuch um sich Betriebskenntnisse zu verschaffen?

- ▸ Wann findet die Veranstaltung statt und wie lange dauert sie?
  - Ist der Termin vertretbar?
  - Ist die Dauer stimmig?

- ▸ Was kann von den eingesetzten Referenten erwartet werden?
  - Wer sind die Referenten?
  - Verfügen sie über praktische Berufserfahrung?
  - Verfügen sie über Branchenkenntnisse?
  - Verfügen sie über genügend Einfühlungsvermögen?
  - Verfügen sie über ausreichende pädagogische Erfahrung?

- ▸ Welche Lernmethoden und Medien werden eingesetzt?

- ▸ Welche Kontrollmaßnahmen sind vorgesehen?
  - Wird überprüft, ob die Teilnehmer die Lernziele erreichen?
  - Ist eine Dozentenbeurteilung vorgesehen?

- ▸ Kann ein Repräsentant des Unternehmens probeweise teilnehmen?

- ▸ Welche Kosten entstehen?
  - Welche Gebühren und Honorare?
  - Werden die wichtigsten Modalitäten schriftlich festgelegt?
  - Welche Kosten entstehen über die Gebühren und Honorare hinaus?
  - Wie verhalten sich die Kosten zum erwarteten Nutzen?
  - Gibt es Alternativen?

- ▸ Welche zusätzlichen betrieblichen Leistungen sind über die Kosten hinaus erforderlich?
  - Informationen aus dem Betrieb?
  - Betriebliche Betreuer oder Hilfsreferent?
  - Organisationsaufwand?
  - Sachleistungen?

- ▸ Welche Möglichkeiten zu einer Fortsetzung bestehen?
  - Gibt es Folgeveranstaltungen?
  - Ist ein Erfahrungsaustausch vorgesehen?

63 ⟩⟩ Seite 545

1.1.3 UMSCHULUNG

Die Umschulung umfasst Maßnahmen zur Verbesserung der Qualifikation von Beschäftigten sowie nicht in Arbeitsverhältnissen stehenden Personen, z.B. wegen einer Berufskrankheit. Mit ihr soll der Übergang in einen anderen Beruf ermöglicht und die berufliche Beweglichkeit verbessert werden.

Gründe für die Umschulung können z. B. sein:

Einsatz neuer Technologien	Umschulung eines kaufmännischen Sachbearbeiters zum EDV-Sachbearbeiter.
Berufsstrukturelle Veränderungen	Umschulung eines Bäckers zum »Betriebswirt des Handwerks«
Altersbedingte Umorientierung	Umschulung eines 45-jährigen Elektromechanikers zum Elektroniker
Unfall-/krankheitsbedingte Veränderung	Umschulung eines Mitarbeiters mit Stauballergie durch berufliche Rehabilitation.
Fehlbedarf im ausgeübten Beruf	Umschulung eines Finanzbuchhalters zum Programmierer.

Gesetzliche Grundlagen bilden das Berufsbildungsgesetz (BBiG), das Sozialgesetzbuch (SGB) und die Handwerkerordnung (HWO). Die Umschulung kann durchgeführt werden als:

- **Betriebliche Umschulung**, bei der Mitarbeiter, z.B. für einen betrieblichen Bedarf oder zur Abwendung von Entlassungen geschult werden können.

- **Überbetriebliche Umschulung**, die in privaten, gewerkschaftlich orientierten oder der öffentlichen Hand verbundenen Bildungszentren sowie in beruflichen Rehabilitationszentren erfolgen kann, z. B. in Berufsförderungswerken.

Es ist möglich, die Umschulung auf nur wenige Monate zu beschränken. Sie kann aber auch eine verkürzte Ausbildungszeit umfassen und in einem anerkannten Ausbildungsberuf mit einem anerkannten Berufsabschluss bei der zuständigen Stelle abschließen, z.B. einer Industrie- und Handelskammer oder Handwerkskammer.

Die Umschulung braucht keine Vollzeitmaßnahme zu sein, sondern kann »off the job«, also z. B. als Teilzeitschulung erfolgen, während in der Restzeit weiterhin die Arbeitsplatzaufgaben ausgeführt werden.

1.2 METHODEN

Die Methoden, derer sich die Berufsbildung bedienen kann, sind:

- **Aktive Methoden**, bei denen der Lernende in die Vermittlung der Lerninhalte unmittelbar einbezogen wird, oder **passive Methoden**, mit denen das Wissen an den Lernenden »herangetragen« wird.

- Die **Einzelbildung**, die sich auf einen einzelnen Lernenden bezieht, auf den der Trainer sich individuell einstellen kann, oder **Gruppenbildung**, bei der das Wissen mehreren Teilnehmern gleichzeitig vermittelt wird.

Außerdem lassen sich unterscheiden und werden im Folgenden behandelt:

- **Bildung am Arbeitsplatz**
- **Bildung außerhalb des Arbeitsplatzes**
- **Multimedia.**

1.2.1 Bildung am Arbeitsplatz

Die Bildung am Arbeitsplatz erfolgt unmittelbar im Bereich des Arbeitsplatzes. Sie wird auch als **Training-on-the-job** bezeichnet und hat den **Vorteil**, dass sie relativ kostenneutral ist und in einem realen Umfeld mit dem betrieblichen Leistungsprozess mitläuft. Andererseits hat sie sich diesem Leistungsprozess unterzuordnen, was das Lernen behindern kann.

Zu den Maßnahmen der Bildung am Arbeitsplatz zählen (*Hentze, Jung, Meier, Mentzel, Olfert*):

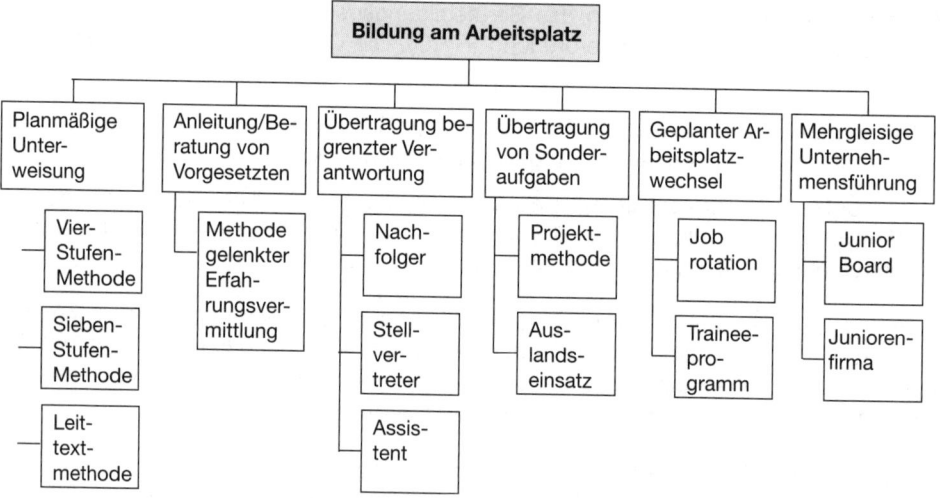

1.2.1.1 Planmässige Unterweisung

REFA versteht unter der **Arbeitsunterweisung** organisiertes Lehren und Lernen, wobei dem Lernenden auf methodische Weise Kenntnisse, Fertigkeiten und Verantwortungsbewusstsein vermittelt werden, die er für die Erfüllung von Arbeitsaufgaben benötigt. Sie bietet sich bei Neueinstellungen, Versetzungen, Änderungen im Arbeitsablauf, bei der Einführung neuer Technologien, Materialien und Produkte sowie bei der Beseitigung von Missständen an, wie z. B. Ausschuss, umständlicher Arbeitsweise, Qualitätsproblemen.

Die planmäßige Unterweisung hat besondere Bedeutung im Bereich der Ausbildung. Sie erfolgt als **Vier-Stufen-Methode** und umfasst:

1	Die **Vorbereitung** der Unterweisung, die sich beispielsweise darauf bezieht, den Unterweisungsplatz zu ordnen, den Anfangskontakt herzustellen, das Groblernziel zu nennen, Zielbewusstsein zu vermitteln, Vorkenntnisse festzustellen, Unfallbelehrung vorzunehmen, Unterweisungsmittel zu erläutern.

⇩

2	Das **Vormachen** und die **Erläuterung** des Unterweisungsvorgangs erfolgen durch den Unterweisenden mithilfe pädagogischer Prinzipien. Der Lernende beobachtet den Vorgang, der in kleinen Lernschritten zu vollziehen ist.

⇩

3	Der **Unterwiesene vollzieht den Vorgang selbst nach** und **erklärt sein Vorgehen**. Der Unterweisende nimmt eventuelle Korrekturen vor. Die Stufen 2 und 3 ergänzen sich dadurch, dass die Unterweisungsvorgänge in kleinen Lernschritten vollzogen werden.

⇩

4	Sämtliche Lernschritte werden vom zu Unterweisenden selbstständig vollzogen. Das **Üben** soll seine Lernsicherheit erhöhen. Der Unterweisende nimmt eine abschließende **Lernerfolgskontrolle** vor, die Zusatzfragen hinsichtlich der Lernziele mitsichbringen.

Die **Vorteile** liegen bei der Vier-Stufen-Methode in der Praxisnähe, den relativ niedrigen Kosten und der anpassbaren Lerngeschwindigkeit.

Neben der Vier-Stufen-Methode gibt es auch eine **Sieben-Stufen-Methode**. Bei ihr erfolgt eine stärkere Differenzierung der Unterweisungsschritte, ansonsten ist sie der Vier-Stufen-Methode ähnlich.

Seit den 70er-Jahren gibt es die **Leittextmethode**, mit deren Hilfe Auszubildende so angeleitet werden sollen, dass sie möglichst viel selbstständig lernen. Die Auszubildenden erhalten dabei schriftliche Anweisungen in Form von **Leittexten**, aufgrund derer sie einen Vorgang, ein Projekt oder einen Auftrag selbstständig erledigen können. Der Ausbilder ist fachlicher Berater und Ansprechpartner. Er schließt die verbleibenden Wissens- und Fertigkeitslücken.

1.2.1.2 Anleitung/Beratung durch Vorgesetzten

Die Anleitung bzw. Beratung durch den Vorgesetzten ist – wie die planmäßige Unterweisung – nur dann eine Grundform der Bildung am Arbeitsplatz, wenn ihr ein systematisch geplanter, kontrollierter und auf ein Lernziel ausgerichteter Lernprozess zu Grunde liegt. Sie dient der **gelenkten Erfahrungsvermittlung** und kann sechs **Stufen** umfassen (*Schönfeld*):

1	Auswahl der Arbeitsplätze, an denen fehlende Fähigkeiten zu vermitteln sind

⇩

2	Auswahl für die Anleitung/Beratung geeigneter Vorgesetzter bzw. Ausbilder

	⇩
3	Festlegung der Lernziele und Lerninhalte in Lernprogrammen

⇩

| 4 | Aufstellung eines Bildungszeitplanes |

⇩

| 5 | Beurteilungen über Auszubildenden in festgelegten Zeitabschnitten |

⇩

| 6 | Einreichung detaillierter Vorschläge für weitere Maßnahmen |

Die **Vorteile** dieser Methode sind in den relativ geringen Kosten zu sehen, da der Fortzubildende produktive Leistungen erbringt, sowie in der schrittweisen Übernahme von Verantwortung. **Nachteile** können die begrenzte pädagogische Qualifikation des Vorgesetzten bzw. Ausbilders und der ständig während Zeitdruck sein.

1.2.1.3 Übertragung begrenzter Verantwortung

Begrenzte Verantwortung kann auf unterschiedliche Weise übertragen werden. Der fortzubildende Mitarbeiter wird dabei eingesetzt als:

- **Nachfolger**, der die Aufgaben des Stelleninhabers später übernehmen soll

- **Stellvertreter**, der Aufgaben bei Verhinderung des Stelleninhabers erledigt

- **Assistent**, der für eine bestimmte Zeit einem Stelleninhaber zuarbeitet.

Solche Maßnahmen bieten sich vor allem im Bereich der **Führungskräfte** bzw. **Führungsnachwuchskräfte** an. Für ihren Erfolg ist wichtig, dass sowohl der Stelleninhaber als auch der Nachfolger, Stellvertreter oder Assistent an der Maßnahme interessiert sind. Als **Vorteil** ist die schrittweise Hinführung zur Übernahme immer qualifizierterer Aufgaben anzusehen. Stellvertreterregelungen werden gerade bei Unternehmen immer bedeutsamer, die Hierarchiestufen abbauen.

1.2.1.4 Übertragung von Sonderaufgaben

Mit der Übertragung von Sonderaufgaben sollen Mitarbeiter in die Lage versetzt werden, über das Aufgabenfeld ihres Arbeitsplatzes hinaus tätig zu werden. Um dem Entwicklungscharakter der Maßnahme gerecht zu werden, müssen die Sonderaufgaben eine Herausforderung für die Mitarbeiter darstellen, die sie selbstständig, allein und eigenverantwortlich zu bewältigen haben.

Sonderaufgaben können sich beziehen auf (*Hentze*):

- **Querschnittsaufgaben**, die Probleme aus mehreren Bereichen umfassen.

- **Auslandseinsätze**, die fachliche und soziale Qualifikationen vermitteln sollen.

- Teilnahme an **Projektgruppen**, die der Kommunikation und Kooperation dienen sollen, gegebenenfalls auch die Leitung von Projektgruppen.

Projekte sind zeitlich befristete, einmalige Aufgaben, die zusätzlich zu den routinemäßigen Tätigkeiten erfüllt werden. Typisch ist vielfach, dass Mitarbeiter aus unterschiedlichen Funktionsbereichen, hierarchischen Ebenen und mit unterschiedlichen Fähigkeiten zusammenarbeiten.

Die Projektarbeit wird in Zukunft **immer bedeutsamer**, da sie in besonderer Weise dazu beiträgt, die fachlichen, methodischen und vor allem die sozialen Kompetenzen unter Beachtung der Förderung unternehmerischen Denkens und Handelns durch die Teambildung zu verbessern (*Schlichting/Fröhlich*).

Die **Wirksamkeit** der Projektarbeit liegt darin, dass arbeitsnah reale Lernprozesse initiiert werden, die aufgrund der Selbststeuerung in den Teams zielgerichtet und effizient ablaufen können. Außerdem können die Projektteilnehmer unter Erfahrungslernen und aktiver Teilnahme als Teammitglieder alle persönlichen Qualifikationen erleben und ihre Zielsetzungen eigenverantwortlich erreichen.

Aus Unternehmenssicht kommt aber noch ein Zusatznutzen in Form eines **Inhouse-consulting-Ansatzes** hinzu, da die Projektthemen oftmals tatsächliche, drängende Probleme darstellen, für die entweder zurzeit keine Bearbeitungskapazitäten zur Verfügung stehen oder die aufgrund organisationsübergreifender Ausrichtung zwischen den Organisationseinheiten liegen.

Mit der Projektarbeit ist i.d.R. eine gesteigerte **Motivation** der Teilnehmer verbunden, insbesondere weil:

- ▸ Die **realen Probleme** für sie eine Herausforderung und Chance zugleich darstellen, bei denen sie zeigen können und dürfen, wozu sie fähig sind,

- ▸ Ein hohes Maß an **individuellen Entwicklungsmöglichkeiten** geboten wird, ohne dass dafür ein hierarchischer Aufstieg vorausgesetzt würde.

Die Übertragung von Sonderaufgaben eignet sich insbesondere im Bereich der Führungskräfte bzw. Führungsnachwuchskräfte. Von **Vorteil** ist, dass die Mitarbeiter zur Lösung neuer Problemstellungen gezwungen sind.

1.2.1.5 Geplanter Arbeitsplatzwechsel

Ein geplanter Arbeitsplatzwechsel ist in zweifacher Weise üblich:

- Als **Job rotation**, das zunächst eine Maßnahme des Personaleinsatzes darstellt – siehe ausführlich Kapitel D. Unter dem Blickwinkel der Personalbildung dient Job rotation dazu, dem Mitarbeiter zusätzliche Qualifikationen zu vermitteln. Dies geschieht sowohl in fachlicher Hinsicht, da die Arbeitsaufgaben wechseln, als auch in sozialer Hinsicht, weil der Mitarbeiter mit neuen Vorgesetzten und Kollegen umzugehen lernt.

Die **Vorteile** des Job rotation liegen in dem verbesserten Einblick in das Unternehmensgeschehen und dem besseren Durchblick bei Problemlösungen. **Nachteile** sind, dass Vorgesetzte aus der Angst, gute Mitarbeiter zu verlieren, die Maßnahme unterlaufen sowie die Gefahr von Arbeitsstockungen in Zeiten der Einarbeitung.

Das Job rotation wird eher im Bereich der Führungskräfte bzw. des Führungskräftenachwuchses angewandt, ist aber für alle Mitarbeiter möglich.

- Geplante Arbeitsplatzwechsel erfolgen auch bei **Traineeprogrammen**. Sie stellen berufs- und unternehmensspezifische Startprogramme vorwiegend für Hochschulabsolventen dar, die zeitlich begrenzt sind und meist in verschiedenen betrieblichen Ausbildungsstationen durchgeführt werden. Ihre **Ziele** sind:

  - ▸ **Kurzfristig** das Kennenlernen von funktionsbezogenen Zusammenhängen, Arbeitstechniken, der Organisationsstruktur, Firmenphilosophie und Mitarbeiter
  - ▸ **Mittel- und langfristig** die Förderung der fachlichen und persönlichen Flexibilität der Mitarbeiter, die Kenntnis des Fach- und Führungspotenzials der Trainees und die Schaffung neuer Personalressourcen

Arten von Traineeprogrammen sind (*Ferring/Thom*):

▸ **Ressort übergreifende Traineeprogramme im »klassischen« Sinne**

4 Monate	4 Monate	4 Monate	4 Monate	
Beschaffung	Produktion	Absatz	Finanzen	**16 Monate**

▸ **Ressort übergreifende Traineeprogramme mit Fachausbildungsphase**

3 Monate	3 Monate	3 Monate	7 Monate	
Beschaffung	Produktion	Absatz	**Individuelle Fachausbildung**	**16 Monate**

▸ **Ressort begrenzte Traineeprogramme mit Vertiefungsphase**

10 Monate				6 Monate		
Personal-planung	Personal-beschaf-fung	Personal-verwal-tung	als **Grund-ausbil-dung**	Personal-entwick-lung	als **Vertie-fung**	**16 Monate**

Die Dauer von Traineeprogrammen umfasst sechs bis 24 Monate. Das on-the-job-Training wird durch ein off-the-job-Training ergänzt. Als **Vorteile** der Traineeprogramme treten hervor, dass die Trainees sich in unterschiedlichsten Problemstellungen und Bereichen bewähren müssen und dadurch unternehmensübergreifende Kenntnisse und Erfahrungen sammeln können.

1.2.1.6 Mehrgleisige Unternehmensführung

Die mehrgleisige Unternehmensführung wird auch **Multiple Management** genannt. Ihr Einsatz kann auf zweifache Weise erfolgen:

- Bei dem ursprünglichen Konzept bilden Führungsnachwuchskräfte aus verschiedenen Ressorts einen »Junior-Vorstand«, den **Junior Board**. Er arbeitet parallel zur eigentlichen Unternehmensleitung, dem **Senior Board**. Dem Junior Board werden aktuelle, reale Entscheidungs- und Führungsprobleme durch den Senior Board zur Bearbeitung vorgelegt, wobei alle zur Problemlösung erforderlichen Informationen bereitgestellt werden.

Der Junior Board beschäftigt sich neben seiner eigentlichen Tätigkeit mit diesen Problemstellungen, erarbeitet Lösungen und reicht sie an den Senior Board zur Diskussion und Entscheidung zurück.

- Die **Juniorenfirma** als Variante des Konzeptes der mehrgleisigen Unternehmensführung wird im Rahmen der Ausbildung eingesetzt. Damit haben die Auszubildenden die Möglichkeit, realitätsnah das erworbene Wissen anzuwenden, die betrieblichen Zusammenhänge besser zu erkennen und ihre Persönlichkeit weiterzuentwickeln.

  Die Juniorfirma kommt der **Lehrwerkstatt** nahe. Denn der Geschäftsbetrieb ist – wie dort – vom Unternehmen abgekoppelt. Er liegt in der Verantwortung der Auszubildenden, die selbstständig arbeiten und entscheiden.

Beide Arten der mehrgleisigen Unternehmensführung sind für die Personalentwicklung **hilfreich**. Allerdings werden sie in der Praxis nur vereinzelt genutzt.

64 ⟩⟩ Seite 545

1.2.2 BILDUNG AUSSERHALB DES ARBEITSPLATZES

Die Bildung außerhalb des Arbeitsplatzes wird auch **Training-off-the-job** genannt. Sie muss sich, im Gegensatz zur Bildung am Arbeitsplatz, nicht den Zwängen des Leistungsprozesses unterordnen, sondern kann den Bildungserfordernissen entsprechend gestaltet werden, was als **Vorteil** anzusehen ist. Andererseits kann die Bildung außerhalb des Arbeitsplatzes aber in die **Gefahr** geraten, sich den praktischen Problemstellungen zu entfernen. Auch ist es möglich, dass bei ihr **Transferprobleme** entstehen.

Zu den Bildungsmaßnahmen außerhalb des Arbeitsplatzes können gerechnet werden (*Hentze, Jung, Meier, Mentzel*):

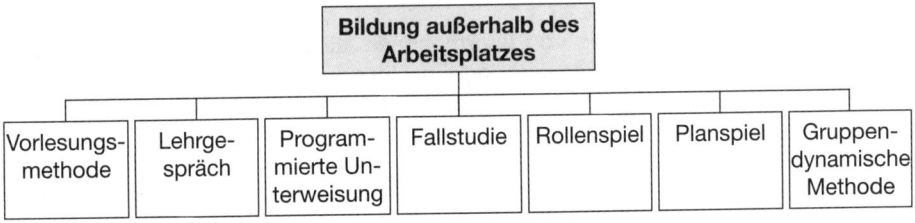

Als weitere Methoden werden mitunter genannt:

- **Förderkreise** und **Erfahrungsaustauschgruppen**.

- **Sachverständigenbefragungen** als bisher eher selten angewandte Methode. Dabei werden qualifizierte Fachleute in eine Fortbildungsveranstaltung eingeladen, in der sie ein Kurzreferat halten, aufgrund dessen die Teilnehmer den Sachverständigen zur aufgezeigten Problematik befragen können.

- **Fernunterricht** bzw. **Fernlehrgänge** als Sonderformen der Fortbildung.

1.2.2.1 Vorlesungsmethode

Die Vorlesungsmethode wird bei Vorlesungen, Vorträgen und Referaten angewandt. Sie ermöglicht es, einer nicht begrenzten Zuhörerzahl ein relativ großes Wissensgebiet systematisch, zeitgünstig und kostengünstig zu vermitteln. **Referate** und **Vorträge** konzentrieren sich auf die Wiedergabe von Wissen, **Vorlesungen** beziehen zusätzlich eigene Einschätzungen des Vortragenden mit ein.

Bei der Vorlesungsmethode bestimmt der Vortragende den Lerninhalt und die Lerngeschwindigkeit. Die Zuhörer haben keinen Einfluss darauf, sie verhalten sich **passiv**. Diese Passivität und die Notwendigkeit, dem Vortrag konzentriert zu folgen, führen zu Ermüdungserscheinungen, die durch den **Einsatz visueller Medien**, z. B. Folien, erheblich gemildert bzw. verzögert werden können. Auch die Bereitschaft des Vortragenden auf **Zwischenfragen** zu reagieren, fördert die Aufmerksamkeit der Teilnehmer.

Die Vorlesungsmethode hat trotz der genannten Probleme in der Praxis nach wie vor ihre Bedeutung. Sie sollte nach Möglichkeit aber mit aktiven Methoden angereichert bzw. kombiniert werden.

1.2.2.2 Lehrgespräch

Das Lehrgespräch, das auch **Lehrkonferenz** oder **Lehrdialog** genannt wird, kann eingesetzt werden, wenn der bzw. die Teilnehmer über das zu vermittelnde Thema bereits ein **Vorwissen** besitzen. Es eignet sich besonders für:

- Logisch entwickelbare Lehrstoffe
- Die Umsetzung praktischer Tätigkeiten in gesichertes Wissen
- Die Abrundung und Ergänzung vorhandener Kenntnisse
- Das Erkennen und Verstehen von Zusammenhängen
- Die Motivation der Auszubildenden.

Zur ausschließlichen Vermittlung von Informationen ist das Lehrgespräch ungeeignet. Es sollte für die **vertiefende Unterweisung** Einzelner und auch von Gruppen eingesetzt werden. Dabei ist es empfehlenswert, die Gruppenstärke von zehn Auszubildenden nicht zu überschreiten.

Mit dem Lehrgespräch steht eine **aktive Methode** zur Verfügung, derer sich die Praxis häufig bedient. Der Lehrende steuert das Gespräch gezielt in die geplante Richtung und vermittelt dabei den Lehrinhalt. Er stellt themenbezogen gezielte Fragen, gibt Denkanstöße, analysiert und diskutiert die Antworten, um schließlich selbst kurz vorzutragen, wenn dies zweckdienlich ist:

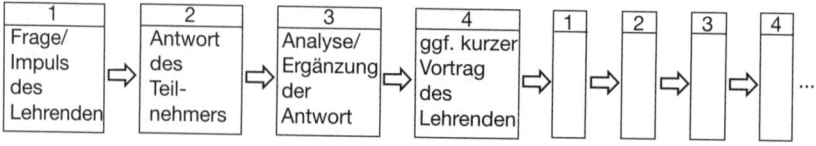

Das Lehrgespräch erfordert vom Lehrenden eine hohe Qualifikation und Sicherheit. Es ist recht zeitaufwändig, ermöglicht aber einen **guten Lernerfolg**. Neben ihm als Lehrkonferenz werden auch noch die **Problemlösungskonferenz** und die **Ideenkonferenz** unterschieden.

1.2.2.3 PROGRAMMIERTE UNTERWEISUNG

Die programmierte Unterweisung ist eine **aktive Methode**, die im Selbststudium vorgenommen werden kann. Sie ist möglich auf der Grundlage eines Buches oder Computerprogrammes. Mit dieser Methode kann Sachwissen systematisch vermittelt, eingeübt und vertieft werden. Der **Lernprozess** umfasst die Phasen:

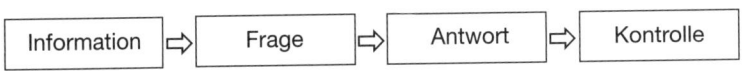

Er ist in einzelne Lernschritte aufgeteilt, die in vorgegebener Reihenfolge durchlaufen werden müssen. **Falsche Antworten** bewirken, dass der Lernende:

- In die der Frage zu Grunde liegenden Information **zurückgeführt** wird, wenn das Unterweisungsprogramm linear aufgebaut ist.

- Auf einen Weg geführt wird, der ergänzende bzw. weitergehende **erklärende Informationen** enthält, um die Frage daraufhin richtig beantworten zu können.

Die **Vorteile** der programmierten Unterweisung liegen in der freien Gestaltbarkeit von Lerngeschwindigkeit und Lernzeitpunkt(en) sowie einem raschen »feedback« für den Lernenden.

1.2.2.4 FALLSTUDIE

Die Fallstudie dient dazu, betriebliche Problemsituationen so realitätsnah wie möglich zu simulieren, um sie sodann von einzelnen Mitarbeitern oder in Gruppen analysieren und lösen zu lassen.

Zu unterscheiden sind:

- Die **Case-Problem-Method** als einfachste und älteste Art der Fallstudie. Bei ihr geht es um eine kurze und vereinfacht dargestellte betriebliche Situation, die so konstruiert ist, dass nur eine Lösung möglich ist.

- Die **Incident-Method**, die auch als **Vorfallmethode** oder **Ereignismethode** bezeichnet wird. Bei ihr wird einer Gruppe ein Vorfall aus dem Unternehmen vorgelegt, die ihn bearbeiten soll. Dabei müssen die für die Lösung des Falles erforderlichen Daten erst noch ermittelt werden, was der Situation in der Praxis entspricht, die auch keine vollständigen Informationen verfügbar hat.

- Die **In-Basket-Exercise-Method**, bei der anhand eines realitätsnahen Falles gelernt werden soll, schnelle, effektive und richtige Entscheidungen zu treffen.

  Sie ist auch als **Postkorbmethode** bekannt, weil von einer Person unter Zeitdruck die Posteingänge an einem bestimmten Arbeitsplatz zu bearbeiten sind. Dabei ist jeweils zu entscheiden, wie vorzugehen ist, und ob eine Selbstbearbeitung oder Delegation der Vorfälle an Mitarbeiter zu erfolgen hat.

- Die **Case-Study-Method**, die als klassische Harvard-Methode gilt. Fallstudien dieser Art müssen auf einer Begebenheit aus der Praxis beruhen. Typisch ist, dass alle sich anbietenden Lösungsansätze ermittelt werden, eine Entscheidung aber nicht gefällt wird.

Die Fallstudie fördert das analytische Denken, die Entscheidungsfähigkeit, das kooperative Handeln und die aktive Mitarbeit der damit befassten Mitarbeiter. Ihre Vorbereitung ist aber aufwändig und das zu ihrer Bearbeitung erforderliche Wissen mitunter erheblich.

1.2.2.5 Rollenspiel

Das Rollenspiel ist eine Simulationsmethode der **Verhaltensschulung** bei Konfliktsituationen, Verhandlungsführung und Mitarbeiterführung. Es ermöglicht das Reagieren auf konkrete Probleme, nicht durch deren Diskussion, sondern durch problemlösendes Denken und Handeln. Die Teilnehmer schlüpfen in die **Rollen der Kontrahenten**. Damit wird das Verständnis für Standpunkte geweckt, die von den Eigenen abweichen.

Das Rollenspiel läuft typischerweise in drei **Phasen** ab:

Ein-führungs-phase	Die Mitwirkenden werden über das Ziel des Rollenspiels und ihre Rollen informiert. Außerdem wird die Bereitschaft zum Rollenspiel geweckt.
⇩	
Durch-führungs-phase	Die Teilnehmer schlüpfen in die Rollen der anderen Personen und stellen diese nach ihren Vorstellungen dar. Dabei werden **neue Verhaltensweisen** durch Wahrnehmung erlernt und unmittelbar angewendet. Die Teilnehmer haben die Chance, die Konsequenzen ihres Verhaltens zu erfahren und zu bewerten.
⇩	
Auswer-tungs-phase	Das Rollenspiel wird hinsichtlich seines Verlaufes, des Rollenverhaltens der Mitwirkenden, der abgelaufenen Informationen sowie der emotionalen Wirkungen und Lerneffekte auf die Teilnehmer diskutiert.

Das Rollenspiel ist zeitaufwändig. Es erfordert umfassende Vorbereitungen und stellt hohe Anforderungen an den Trainer.

1.2.2.6 Planspiel

Das Planspiel ist eine Variante der Fallmethode und bedient sich – wie das Rollenspiel – der **Simulation**. Es wird i.d.R. computergestützt durchgeführt. Seine Teilnehmer werden Mitarbeiter von im Wettbewerb stehenden **fiktiven Unternehmen** und verantworten betriebliche Funktionen. Sie entscheiden selbstständig, diskutieren über Aktionen und Konsequenzen, handeln aber ohne reales Risiko.

Zu Beginn des Planspieles müssen von der Spielleitung die Spielregeln bekannt gegeben werden. Das Planspiel läuft dann über **mehrere Perioden**, die z. B. Quartale, Halbjahre oder Jahre darstellen. In jeder Periode werden Entscheidungen getroffen, die von den Spielern oder der Spielleitung dokumentiert werden, z. B. die Senkung der Verkaufspreise oder die Erweiterung der Fertigungskapazitäten.

Nach Ablauf der einzelnen Perioden erhalten die Mitspieler **Informationen**, wie sich ihre und die Entscheidungen der konkurrierenden Unternehmen auf die Lage ihres Unternehmens ausgewirkt haben. Sie fließen in die Entscheidungen für künftige Perioden mit ein. Im Verlaufe des Spieles können sich verschiedene **Daten** für die Unternehmen verändern, z. B. die Rohstoffpreise oder die Konjunktur, worauf die Spieler in geeigneter Weise zu reagieren haben.

Das Planspiel lässt Handlungen unmittelbar erkennbar werden und hilft, »praktische« Erfahrungen zu gewinnen. Die Teilnehmer müssen komplexe Situationen analysieren und innerhalb begrenzter Zeitvorgaben geeignete Lösungsvorschläge entwickeln. Die **Realität** lässt sich allerdings nur begrenzt durch das Computerprogramm abbilden. Auch die Spieler verhalten sich nicht immer realitätskonform, da ihr Handeln keine realen Konsequenzen zur Folge hat.

1.2.2.7 GRUPPENDYNAMISCHE METHODE

Mithilfe der gruppendynamischen Methode soll die **soziale Wahrnehmungsfähigkeit** verbessert werden. Den meist sechs bis zwölf Teilnehmern an Gruppensitzungen sollen dabei **Erkenntnisse** vermittelt werden, insbesondere über:

- Ihr eigenes Verhalten und wie es auf die Gruppe wirkt
- Das Verhalten der anderen Gruppenmitglieder und seine Wirkung.

Der **Trainer** hat die Aufgabe, den Gruppenmitgliedern zu helfen, die angestrebten Ziele zu erreichen. Er übernimmt aber nicht die Rolle eines Führers, d.h. er trifft auch keine Festlegungen, welche die Gruppensitzung betreffen, z. B. über Verfahrensregeln oder zu behandelnde Themenkreise. Damit wird bewusst ein »**Machtvakuum**« herbeigeführt. Dieses Vakuum und das Fehlen eines konkreten Zieles soll die Teilnehmer in eine Situation bringen, die sie verunsichert und frustriert.

In der **Diskussion**, die von den Teilnehmern geführt wird, stehen somit i. d. R. zunächst Führungsrivalitäten und Auseinandersetzungen um die Tagesordnung im Mittelpunkt. Für die Diskussion gilt das **Hier-und-Jetzt-Prinzip**, d.h. dass:

- Zu einem aktuellen Thema gearbeitet wird, nämlich dem der Gruppe selbst

- Alle Aussagen und Beiträge der Teilnehmer durch die Gegenwartsbezogenheit auf ihre Richtigkeit hin überprüft und eventuelle Wahrnehmungsverzerrungen damit sofort erkannt und richtig gestellt werden können.

Die Gruppe gibt dem jeweils diskutierenden Teilnehmer ein **unmittelbares Feedback** über die Auswirkungen seines Diskussionsbeitrages. Er erfährt, wie die Gruppe auf sein Verhalten reagiert, welche Emotionen er bei anderen auslöst und letztlich, wie er selbst auf Kritik reagiert.

Der Trainer muss **Spannungen** zwischen den Teilnehmern **aufdecken** und deren Konfliktkapazitäten ansteuern. Bleibt er unterhalb dieser Grenze, gibt es keinen Fortschritt, überschreitet er sie, fühlen sich die Teilnehmer schnell überfordert. Die Teilnehmer sollen damit in die Lage versetzt werden, ihre Verhaltensweisen so zu verändern, dass sie beim Umgang mit Konfliktsituationen eine grundsätzliche Sicherheit erlangen.

Die bekannteste gruppendynamische Methode ist das **Sensitivitätstraining**. Es ist aber auch die umstrittenste Methode, weil sie durch die angestrebte Offenheit der Teilnehmer sehr an die Grenze des psychologisch Vertretbaren herankommt.

Neuere Entwicklungen, welche die gruppendynamische Methode für die betriebliche Anwendung verbessern sollen, weisen folgende **Merkmale** auf:

- Die **Rolle des Trainers** wird mehr in den Vordergrund gerückt, damit die anfängliche Unsicherheit und Unstrukturiertheit nicht zur ersten Hürde wird.

- Der Trainer macht **Vorgaben** zur Thematik und zum Vorgehen.

- Der **Praxisbezug** wird bei Problemen aus dem betrieblichen Bereich erheblich verstärkt, was die Aufgabe des Hier-und-Jetzt-Prinzips erfordert.

1.2.3 MULTIMEDIA

Der technologische Wandel des Unternehmensfeldes erfordert künftig andere, neue Zugangsweisen und Abläufe von Arbeits-, Fertigungs- und Lernprozessen. Die Personalbildung muss diesen Herausforderungen gerecht werden und sich den **neuen Informations- und Kommunikationstechnologien** öffnen. Bisher setzen eher größere Unternehmen Multimedia in der Personalbildung ein.

Der Begriff **Multimedia** wird sehr unterschiedlich gefasst. Hier sollen in Anlehnung an *Kremer* die Kombination von Informations- und Kommunikationstechnologien und die Bündelung von Text, Sprache und Bild – also vieler Medien – in einem System als Multimedia verstanden werden.

Es gibt verschiedene **Möglichkeiten**, multimediales Lernen zu realisieren:

- Das **CBT** ist eine spezielle autodidaktische Form des multimedialen Lernens. Dabei handelt es sich um eine Lernmethode, bei der eine oder mehrere Personen durch die Arbeit mit Lernprogrammen beliebige Inhalte lernen. In die Lern-Software können grundsätzlich alle bekannten **Medien integriert** sein.

Der Lernende kann durch die Eingabe das Lernprogramm bearbeiten und wird über den Bildschirm z. B. an Praxisfälle und deren Lösungsmöglichkeiten herangeführt. Bisher war CBT vor allem auf die **Vermittlung kognitiver Lernziele** begrenzt, es wird künftig aber auch vermehrt **affektive Lernziele** vermitteln können.

Ein **Vorteil** des CBT besteht darin, dass der Lernende die Möglichkeit besitzt, den Lernweg selbst zu steuern und bestimmte Lernschritte zu überspringen bzw. beliebig oft zu wiederholen. Da Lernen in der Zukunft ein fester Bestandteil der täglichen Arbeit ist, liegt ein weiterer Vorteil von CBT darin, dass es **direkt am Arbeitsplatz** verfügbar gemacht werden kann.

Probleme ergeben sich bei den interaktiven Lernprogrammen oft im qualitativen Bereich. Tatsächliche Möglichkeiten der Differenzierung von Lernwegen sind vielfach nur zu einem Bruchteil ausschöpfbar, weil der Lernprozess vorstrukturiert und ein Methodenwechsel unmöglich ist (*Fackinger*).

CBT kann nach Auffassung vieler Personalentwickler nicht als Lösung für alle Bildungsprobleme und als voller Ersatz für personale Bildung angesehen werden, denn ohne Trainer und den sozialen Kontakt zu anderen Lernenden ist Personalbildung nicht sinnvoll.

*   Das **Tele-Learning** stellt die nächste Generation multimedialen Lernens dar, bei der über Personalcomputer und Video in virtuellen Klassenräumen gelernt wird. Es wird auch **Distance-Learning** oder **Online-Learning** genannt.

Die Lernenden sind dabei mit Tutoren vernetzt und können in Bild und Ton miteinander kommunizieren, sich bei Fragen an den Tutor wenden und Daten über das Netz schicken. Dadurch kann der Lernende selbst gesteuert in Eigenregie lernen und bei Bedarf jederzeit mit dem Tutor Verbindung aufnehmen, um qualifiziertes Feedback zu erhalten. Des Weiteren besteht mithilfe von Application Sharing die Möglichkeit einer gemeinsamen Bearbeitung von Anwendungen und eines Reviews der Arbeitsschritte.

In der Praxis wird von einer Steigerung der Akzeptanz und Effizienz besonders bei komplexen Lerninhalten ausgegangen. Die **Bildungskosten** lassen sich durch das Tele-Learning im Vergleich zu klassischen Seminaren **senken**.

Die Methoden von Tele-Learning und CBT können in **Tele-Lernzentren** vereint werden. Sie ermöglichen sowohl eine Bündelung der Hardware- und Softwarekosten als auch eine leichte und intensive Betreuung der Lernenden, bei denen auch soziale Kontakte möglich sind. Andererseits fallen hier aber Reisekosten und Kosten für den Arbeitsausfall wie bei klassischen Seminaren an.

65 〉〉 Seite 545

1.3 KONTROLLE

Die Kontrolle der Personalbildung ist unerlässlich. Wenn man bedenkt, dass die Aufwendungen der Deutschen Wirtschaft allein für die Fortbildung inzwischen bei rund 100 Mrd. € liegen, ist der **Legitimationsdruck** nachvollziehbar, der auf den Bildungsabteilungen der Unternehmen ruht.

Die Unternehmen müssen daher die Bildungsmaßnahmen nicht nur sorgsam planen, professionell durchführen oder vollziehen lassen, sie sind auch darauf angewiesen, eine **bestmögliche Kontrolle** vorzunehmen, die umfasst:

*   **Ökonomische Kontrolle**

*   **Erfolgskontrolle.**

1.3.1 ÖKONOMISCHE KONTROLLE

Die ökonomische Kontrolle ist eine **quantitative Kontrolle**, d.h. sie bezieht sich auf Kosten und Erträge. Mit ihr wird die immaterielle Investition »Personalbildung«, die zunächst Kosten verursacht und zu späteren Zeitpunkten zu Erträgen führen soll, unter wirtschaftlichem Blickwinkel betrachtet.

Das **Problem** der ökonomischen Kontrolle ist, dass der Zusammenhang zwischen den Kosten bzw. Investitionen und dem Nutzen der Bildungsmaßnahmen sehr schwierig zu ermitteln ist. Außerdem wird bei der ökonomischen Kontrolle die Qualität der Bildungsmaßnahmen außer Acht gelassen. Es besteht im Übrigen die Gefahr einer zu kurzfristigen Beurteilung, da Fern- und Nebenwirkungen unberücksichtigt bleiben. Es gibt:

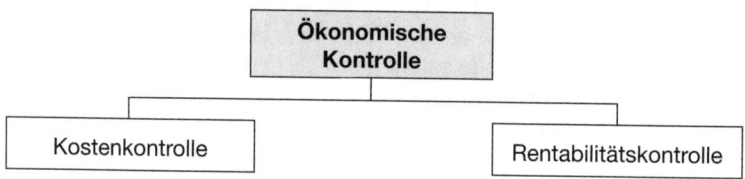

1.3.1.1 KOSTENKONTROLLE

Die Kostenkontrolle ist darauf ausgerichtet festzustellen, inwieweit die Personalbildung dem **Wirtschaftlichkeitsprinzip** genügt. Dies geschieht durch den Vergleich von Sollkosten und Istkosten:

$$\text{Wirtschaftlichkeit} \ = \ \frac{\text{Sollkosten}}{\text{Istkosten}}$$

Die Wirtschaftlichkeit ist umso höher, je größer der Wert des Quotienten ist.

Um die Kostenkontrolle wirksam vornehmen zu können, sind die mit der Personalbildung verbundenen Kosten als **Kostenarten** vollständig zu planen, zu erfassen und zu kontrollieren. Dazu zählen insbesondere (*Mentzel*):

Kosten externer Bildungsmaßnahmen	▸ Gebühren für Veranstaltungen ▸ Reisekosten ▸ Kosten für Unterkunft und Verpflegung ▸ Kosten für ausgefallene bezahlte Arbeitszeit der Teilnehmer ▸ Kosten für Minderleistungen als Opportunitätskosten* ▸ Anteilige Verwaltungskosten der Personal-/Bildungsabteilung
Kosten interner Bildungsmaßnahmen am Arbeitsplatz	▸ Kosten für Unterweisung/Unterrichtung durch Vorgesetzten ▸ Kosten für ausgefallene Arbeitszeit der Teilnehmer ▸ Kosten für Minderleistungen ▸ Anteilige Verwaltungskosten der Personal-/Bildungsabteilung

---

* Sie können entstehen, wenn dem Unternehmen z.B. durch die Bildungsmaßnahme ein Produktionsausfall entstehen würde.

Kosten interner Bildungsmaßnahmen außerhalb des Arbeitsplatzes	▸ Honorare und Reisespesen externer Referenten ▸ Anteilige Gehälter interner Referenten ▸ Raumkosten ▸ Kosten für Lehrmittel ▸ Auslagen und Spesen ▸ Kosten für ausgefallene Arbeitszeit der Seminarteilnehmer ▸ Kosten für Minderleistungen als Opportunitätskosten ▸ Anteilige Verwaltungskosten der Personal-/Bildungsabteilung

Die **Kosten für die ausgefallene Arbeitszeit** der Bildungsteilnehmer sind zwar erheblich, werden von den Unternehmen meist aber nicht erfasst. Die insgesamt erhobenen Kosten sind den verursachenden **Kostenstellen** zuzurechnen, d.h. den jeweiligen Abteilungen. Stehen alternative Bildungsmaßnahmen zur Auswahl, müssen **Kostenvergleichsrechnungen** vorgenommen werden.

Vielfach erfolgt in den Unternehmen eine **Budgetierung** der Bildungskosten.

1.3.1.2 RENTABILITÄTSKONTROLLE

Die Rentabilität ist das Verhältnis des Periodenerfolges als Differenz von Ertrag und Aufwand zu anderen Größen. Für die Personalbildung wird die Berechnung der Rentabilität vielfach in folgender Weise vorgeschlagen:

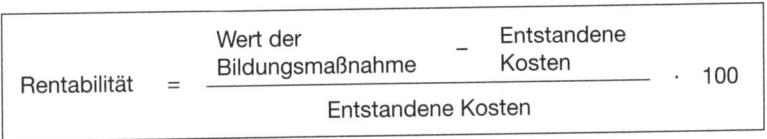

$$\text{Rentabilität} = \frac{\text{Wert der Bildungsmaßnahme} - \text{Entstandene Kosten}}{\text{Entstandene Kosten}} \cdot 100$$

Theoretisch ist diese Vorgehensweise im Vergleich zur Kostenkontrolle ein Fortschritt. Praktisch hingegen kommt man damit kaum weiter, weil der **Wert der Bildungsmaßnahmen** insgesamt, aber auch lediglich bezogen auf die jeweilige Einzelmaßnahme nur **schwer** bzw. überhaupt **nicht ermittelbar** ist. Das gilt umso mehr, je höher der Bildungsteilnehmer hierarchisch angesiedelt ist.

1.3.2 ERFOLGSKONTROLLE

Mit der Erfolgskontrolle soll festgestellt werden, inwieweit die Bildungsmaßnahme für das Unternehmen einen **greifbaren** zielorientierten **Effekt** gehabt hat. Sie ist häufig ähnlich schwierig wie die ökonomische Kontrolle und kann erfolgen als:

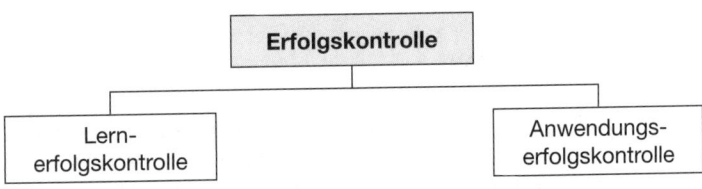

1.3.2.1 LERNERFOLGSKONTROLLE

Die Kontrolle des Lernerfolges erfolgt auf der Grundlage der vorgegebenen **Lernziele**. Sie zu erreichen, ist Aufgabe der Bildungsmaßnahme. Inwieweit das insgesamt gelungen ist, zeigt die Kontrolle des Lernerfolges, die **nach Abschluss der Bildungsmaßnahme** erfolgt. Sie ist möglich mithilfe von Befragungen, Prüfungen oder Tests.

Der Lernerfolg lässt sich aber auch im **Verlaufe des Lernprozesses** überprüfen, indem festgestellt wird, inwieweit Teillernziele bewältigt wurden. Diese Vorgehensweise bietet sich vor allem bei Bildungsmaßnahmen an, die über einen längeren Zeitraum stattfinden bzw. bei denen Wissenselemente aufeinander aufbauen.

Lernerfolgskontrollen im Verlaufe der Bildungsmaßnahmen helfen den Teilnehmern zur Selbsteinschätzung und Anregung sowie den Trainern bzw. Referenten, die sich unter Berücksichtigung der Ergebnisse pädagogisch und/oder inhaltlich besser auf die Teilnehmer einstellen können. So wird der Gesamterfolg der Bildungsmaßnahme gefördert.

1.3.2.2 ANWENDUNGSERFOLGSKONTROLLE

Auch bei gutem Lernerfolg eines Teilnehmers muss das Unternehmen noch nicht den **Nutzen** von der Bildungsmaßnahme erlangen, den es erwartet, z. B. weil:

- Die Lerninhalte nicht den vereinbarten Lernzielen entsprechen.
- Die Lernziele zwar behandelt, aber zu theoretisch wurden.
- Der Teilnehmer keine Chance erhält, die Lerninhalte umzusetzen.
- Der Teilnehmer zu wenig Übung für die Umsetzung hat, unsicher ist.
- Der Teilnehmer grundlegende Transferprobleme hat.
- Die Lerninhalte nicht den Erfordernissen des Arbeitsplatzes entsprechen.

Die Anwendungskontrolle kann am **Arbeitsplatz** mithilfe von Befragungen, Beobachtungen oder Mitarbeiterbeurteilungen geschehen. Dabei ist zu beachten, dass eine Kontrolle, die unmittelbar nach oder recht zeitnah zu der Bildungsmaßnahme geschieht, nicht unbedingt zutreffende Ergebnisse bringen muss. Jeder Mitarbeiter setzt die erworbenen Fähigkeiten unterschiedlich schnell um. So gibt es »Langsame« und auch »Spätzünder«. Mitunter erfolgt die Umsetzung (erst) in Verbindung mit einem bestimmten Ereignis, z. B. Umstellungsmaßnahmen im Unternehmen bzw. Impulsen durch Vorgesetzte, Kollegen oder Mitarbeiter.

2. PERSONALFÖRDERUNG

Während die Personalbildung die Aufgabe hat, die Qualifikation der Mitarbeiter durch Ausbildung, Fortbildung oder Umschulung zu verbessern, werden die Mitarbeiter durch die Personalförderung in ihrer persönlichen Entwicklung im Unternehmen unterstützt. Sie bezieht sich insbesondere auf die Veränderungen bei den **Arbeitsplätzen** bzw. **Positionen** und in den **Arbeitsinhalten** als:

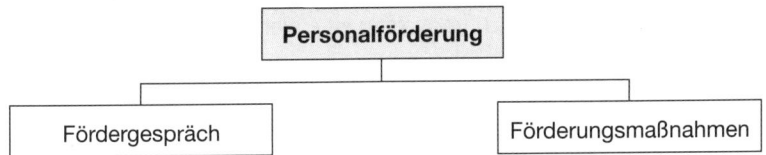

2.1 FÖRDERGESPRÄCH

Das Fördergespräch sollte der **Ausgangspunkt** jeder Personalförderung sein. Es kann in Verbindung mit dem Beurteilungsgespräch geführt werden. Im Gegensatz zu diesem ist es jedoch nicht vergangenheitsbezogen, sondern auf die **Zukunft** gerichtet. Mit dem Fördergespräch sollen:

- Die Förderungs**erwartungen** des Mitarbeiters erkundet werden,
- Die Förderungs**möglichkeiten** für den Mitarbeiter aufgezeigt werden,
- Die Förderungs**maßnahmen** vereinbart werden.

Inwieweit der Vorgesetzte einen Mitarbeiter fördern kann, hängt zunächst von dessen **Selbsteinschätzung** ab. Deshalb darf am Anfang eines solchen Gesprächs nicht die Einschätzung des Vorgesetzten über den Mitarbeiter stehen. Der Mitarbeiter soll vielmehr die Möglichkeit bekommen, die Förderungserwartungen aus seiner Sicht darzulegen und zu begründen.

Auf die Diskussion der Förderungserwartungen hat der Vorgesetzte sich gut vorzubereiten. Das heißt auch, dass er (im Wesentlichen) richtig vorhersehen sollte, zu welchen Aussagen der Mitarbeiter gelangen wird. Der Vorgesetzte muss sich aber auch darauf einrichten, dass er über die in Betracht kommenden Förderungsmöglichkeiten umfassend und schlüssig informieren kann.

Gegenstand der Diskussion sollten also **Fakten** sein. Je stärker sachliche Gesichtspunkte in den Mittelpunkt des Gespräches treten, umso unproblematischer kann es werden. Das Ergebnis des Förderungsgespräches stellt die **Vereinbarung konkreter Förderungsmaßnahmen** dar.

2.2 FÖRDERUNGSMASSNAHMEN

Als Förderungsmaßnahmen können unterschieden werden:

- **Coaching**
- **Mentoring**
- **Job enlargement**
- **Job enrichment**
- **Laufbahnplanung.**

Job enlargement und Job enrichment wurden bereits im Rahmen des Kapitels »D. Personaleinsatz« behandelt, worauf zu verweisen ist – siehe S. 182 f.

2.2.1 COACHING

Das Coaching wird sehr unterschiedlich beschrieben. **Grundrichtungen** sind:

- Das **Coaching nach amerikanischer Auffassung** als ursprüngliche Form. Dabei fungiert der Vorgesetzte als Coach seiner Mitarbeiter. In Form von »Hilfe zur Selbsthilfe« gibt er ihnen Hilfestellung zur besseren Bewältigung ihrer täglichen Aufgaben. Coaching ist damit ein Service für die Mitarbeiter zur Erhöhung ihres (beruflichen) Reifegrades.

  Es baut auf Vertrauen und partnerschaftlicher Beziehung zwischen dem Vorgesetzten und dem Mitarbeiter. Wichtigste Mittel sind die **Delegation** von Verantwortung und ehrliches **Feedback**. Letztlich stellt das Coaching eine Art des kooperativen Führungsstils dar.

  Der Vorgesetzte nimmt eine komplexe, auf den jeweiligen Mitarbeiter zugeschnittene Betreuungsfunktion, Beratungsfunktion, Trainingsfunktion und Anleitungsfunktion wahr, die der **Leistungsoptimierung** des Mitarbeiters dient und ihn koordinierter sowie erfolgreicher in seinem Arbeitsfeld agieren lässt. Dabei können neben arbeits- und karrierebezogenen Fragen auch private und persönliche Belange des Mitarbeiters in das Betreuungskonzept einbezogen werden.

- Das **Coaching nach deutscher Auffassung** stellt eine Betreuung von Führungskräften dar, die von einem außenstehenden Berater durchgeführt wird. Sie kann für einzelne Führungskräfte, aber auch Gruppen bzw. Teams erfolgen. Dabei wird direkt an der Persönlichkeit der zu beratenden Führungskraft unter Verwendung psychologischer Methoden gearbeitet.

Conzelmann nennt **Anlässe** für das Coaching:

▸ Aufgabenbezogene Qualifizierung	▸ Private und berufliche Zielsetzung
▸ Lebensgestaltung	▸ Harmonisierung von Familie/Beruf
▸ Abbau innerer Blockaden	▸ Bewältigung neuer Life-style-Situationen
▸ Mentales Auftanken	▸ Entwicklung von Profil und Charisma
▸ Kompetenzentwicklung	▸ Angewöhnung neuer Verhaltensweisen
▸ Konfliktbewältigung	▸ Erhalten von Feedback
▸ Zeitmanagement	▸ Lebensplanung
	▸ Karriereplanung

Hauptinstrument des Coaching ist das **Gespräch**. Darin werden Sachfragen, Reaktionen im sozialen Umfeld, das Verhalten, die Gefühle und Einstellungen der Führungskraft, Ziele, Strategien, Konflikte und Widerstände erläutert. Es kommt somit alles zur Sprache, was mit den Aufgaben der Führungskraft, mit ihrer Person und Performance, ihrem Selbstbild und ihrem Selbstmanagement zusammenhängt.

Der Coach fungiert hierbei als »**sozialer Spiegel**« der Führungskraft. Dabei stehen die verborgenen Gedanken, die tabuisierten Gefühle, das Erörtern der schwer fassbaren

Überlegungen genauso im Mittelpunkt wie das gemeinsame Reflektieren von Handlungsalternativen, das Durchspielen des schlimmsten Falles, das Herausarbeiten eines abgewogenen Standpunktes oder das positive Selbstprogrammieren, um auf eine anstehende Bewährungssituation möglichst gut vorbereitet zu sein.

2.2.2 MENTORING

Wie beim Coaching gibt es auch beim Mentoring keine einheitliche Begriffsbildung. Teilweise werden Übereinstimmungen zum Coaching gesehen. Während das Coaching (nach deutscher Auffassung) auf die Führungskräfte ausgerichtet ist, deren Persönlichkeit und Karriere im Mittelpunkt steht, dient das Mentoring der **Anleitung und Beratung neuer Mitarbeiter** unter Einsatz regelmäßiger Gespräche zum Finden von Rollen, Normen, Werten und Verhalten.

Probleme und **Konflikte** sind bei neuen Mitarbeitern vorprogrammiert, so z. B. Über- oder Unterforderung, Angst vor Misserfolgen, Isolation, Frustration, latente Arbeitsunzufriedenheit, Beeinträchtigung des Selbstbewusstseins, Praxisschock. Als **Mentoren** kommen Kollegen, Vorgesetzte, hierarchiehöhere Mitarbeiter, Experten oder Mitarbeiter der Personalabteilung in Betracht. Sie können grundlegende Informationen vermitteln und hilfreich sein. Die Mentoren schlüpfen in die Rolle des Ratgebers, Freundes, Ausbilders und Vorbildes.

Mit dem Mentoring lassen sich gegebenenfalls frühzeitige Kündigungen vermeiden, wie sie ansonsten häufig vorkommen. Es ist bekannt, dass rund 40 % der Kündigungen innerhalb der ersten zwölf Monate erfolgen, und die meisten davon bereits in den ersten Tagen erwogen werden, die ein neuer Mitarbeiter im Unternehmen ist.

2.2.3 LAUFBAHNPLANUNG

Im Rahmen der **individuellen Laufbahnplanung** sind zu unterscheiden:

- **Potenzialorientierte Laufbahnpläne,** in denen die berufliche Entwicklung eines Mitarbeiters für eine begrenzte Zeit dargestellt wird, ohne dass es sich dabei um starre Regelungen handelt. Die Laufbahnplanung wird in Abstimmung mit dem betreffenden Mitarbeiter vorgenommen, womit dessen persönliche Vorstellungen und Wünsche mit den Interessen des Unternehmens in Übereinstimmung gebracht werden.

  Laufbahnpläne beinhalten den derzeitigen und voraussichtlich erreichbaren Entwicklungsstand, den dafür vorgesehenen Zeitraum und die notwendigen Weiterbildungsmaßnahmen. Außerdem werden die regelmäßig zu erstellenden Beurteilungen im Laufbahnplan festgehalten.

- **Positionsorientierte Laufbahnpläne,** aufgrund derer verhindert werden soll, dass qualifizierte Stellen zeitweilig unbesetzt bleiben. Die positionsorientierte Laufbahnplanung zielt also auf die Entwicklung von Fach- und Führungskräften ab, die eine schon vorher bekannte, fest definierte Position einnehmen sollen.

  Sie sind aufgrund der langen Beschaffungs- und Einarbeitungszeiten für hochqualifiziertes Personal notwendig. Da die zu besetzenden Positionen bestimmte Fähigkeiten und Kenntnisse verlangen, beinhaltet die Laufbahnplanung hier gleichzeitig die **Förderung** und die **Bereitstellung** des Personals.

In positionsorientierten Laufbahnplänen wird die künftige Verwendung und die Abfolge des Einsatzes – soweit möglich – im Voraus festgelegt. Entscheidend sind auch hier die persönlichen Fähigkeiten und Neigungen der Mitarbeiter. Ihr Ergebnis sind **Nachfolgepläne**, die als erweiterte Stellenpläne verstanden werden können, in denen neben den derzeitigen Stelleninhabern auch ihre Vertreter und mögliche Nachfolger festgehalten sind. Durch Zusätze kann das Potenzial eines jeden Mitarbeiters verdeutlicht werden.

Da Führungspositionen nur begrenzt vorhanden sind, entwickelte die Praxis im Laufe der Zeit neue Laufbahnstrukturen, die **Fachlaufbahnen**. Durch sie können vor allem Spezialisten und Fachkräfte gefördert werden. In der Literatur werden sie auch als **Parallelhierarchien** bezeichnet, weil sie neben den traditionellen Führungslaufbahnen bestehen. *Domsch* unterscheidet:

- Die **Spezialistenlaufbahnen**, die ein Positionsgefüge für hochqualifizierte Spezialisten darstellen. Sie sehen Rangstufen parallel zu verschiedenen Leistungsebenen vor, die mit zutreffenden Bezeichnungen und entsprechenden Anreizen eine Gleichwertigkeit zur Führungslaufbahn vermitteln.

- Die **Projektlaufbahnen**, die es dort gibt, wo überwiegend projektbezogen, teamorientiert und bereichsübergreifend gearbeitet wird. Die Projektpositionen können sowohl fachlich spezifiziert als auch managementorientiert sein. Aufgrund der zeitlichen Begrenzung von Projektaufgaben ist bereits zu Beginn der spätere Einsatz der Mitarbeiter zu planen.

  Die **Aufstiegsmöglichkeiten** im Projektbereich sind jedoch auf wenige Ebenen **begrenzt**, sodass die Motivation der Mitarbeiter stark fachlich ausgerichtet sein muss und dementsprechend schwieriger ist.

- Die **Gremienlaufbahnen**, die an bereits im Unternehmen bestehende Gremien anknüpfen. Sie sollen durch die Einbindung in die Laufbahnplanung fest in die Personalentwicklung integriert werden. Da die Praxis den Gremienlaufbahnen eher zurückhaltend gegenübersteht, liegen noch keine umfangreichen Erfahrungen vor, es sind aber Anlehnungen an die Erfahrungswerte mit den Projektlaufbahnen zu erkennen.

3. ORGANISATIONSENTWICKLUNG

Für die Organisationsentwicklung gibt es weit über 50 Begriffe, die sich teilweise deutlich voneinander unterscheiden. Ebenso, und auch damit zusammenhängend, werden die Beziehungen zwischen der Personalentwicklung und der Organisationsentwicklung unterschiedlich gesehen. Insbesondere besteht keine Klarheit darüber, ob die Organisationsentwicklung der Personalentwicklung über-, unter- oder nebengeordnet ist.

Die Organisationsentwicklung ist ein längerfristig angelegter Prozess von Veränderungen der Unternehmen als Organisationen und der in ihnen tätigen Menschen, der auf dem Lernen aller Betroffenen durch direkte Einwirkung und praktische Erfahrung beruht (*Jung, French/Bell/Thom, Olfert*). Seine **Ziele** sind:

* Die Erhöhung der Leistungsfähigkeit der Organisation
* Die Verbesserung der Arbeitssituation der Mitarbeiter.

Die **Leistungsfähigkeit** der Organisation lässt sich aus personalwirtschaftlicher Sicht steigern, indem die Flexibilität und Innovationsbereitschaft der Mitarbeiter vergrößert und die Lernfähigkeit des Systems gefördert wird. Zur Verbesserung der **Arbeitssituation** der Mitarbeiter tragen größere Entfaltungs- und Entwicklungsmöglichkeiten, Handlungs- und Entscheidungsspielräume sowie die Möglichkeit bei, an Beratungs- und Entscheidungsprozessen mitzuwirken (*Jung*).

Als **Ansätze** der Organisationsentwicklung können unterschieden werden:

* Der **personalorientierte Ansatz**, bei dem die Veränderungsstrategien vorwiegend auf die Mitarbeiter abzielen. Er wählt die Beeinflussung der Personen als ersten Schritt. Dabei werden vor allem **gruppendynamische Methoden** eingesetzt, die z. B. dienen sollen:

  ▸ Der Entwicklung von Verhaltensdispositionen zur Persönlichkeitsentwicklung
  ▸ Der Steigerung der Sensitivität für das eigene Wirken auf andere
  ▸ Dem Erwerb neuer Fähigkeiten zur Zielsetzung, Planung, Problemlösung
  ▸ Der Steigerung der Kommunikationsfähigkeit

* Der **strukturelle Ansatz**, der dadurch gekennzeichnet ist, dass die Veränderungsstrategien schwerpunktmäßig auf die Organisation gerichtet sind. Es wird zunächst auf die Organisationsstruktur eingewirkt. Die Ausrichtung ist:

  ▸ Zentralisierung
  ▸ Dezentralisierung
  ▸ Kommunikation
  ▸ Standardisierung

Diese Faktoren können verhaltenssteuernd wirken. Der strukturelle Ansatz soll damit Impulse für Verhaltensveränderungen der Organisationsmitglieder geben und bestehende Verhaltensweisen stärken, soweit sie im Interesse der Organisation liegen.

Vielfach wird in der Praxis bei Veränderungsmaßnahmen sowohl bei der Person als auch bei der Organisation angesetzt. Zur Organisationsentwicklung siehe ausführlich *Olfert*.

	KONTROLLFRAGEN	bear-beitet	Lösungs-hinweise	Lö-sung	
				+	−
01	Was versteht man unter Personalentwicklung?		375		
02	Welche Maßnahmen umfassen die Personalbildung und Personalförderung?		375		
03	Wie stehen Personalentwicklung und Organisationsentwicklung zueinander?		375		
04	Grenzen Sie die Personalentwicklung im engen, weiteren und weitesten Sinne ab!		376		
05	Erläutern Sie, welche Ziele mit der Personalentwicklung verfolgt werden!		376		
06	Welche Gründe gibt es für die in den letzten Jahren stark angewachsene Bedeutung der Personalbildung?		377 f.		
07	Worin ist das Ziel der Personalbildung zu sehen?		378		
08	Geben Sie Beispiele für die Sozial-, Fach- und Methodenkompetenz!		378		
09	Beschreiben Sie die Träger der Personalbildung!		378		
10	Inwieweit hat der Betriebsrat bei der Personalbildung Mitwirkungsrechte bzw. Mitbestimmungsrechte?		378 f.		
11	Was wird unter der Ausbildung verstanden?		379		
12	Was ist das Duale System?		379		
13	Von welchen Voraussetzungen ist es abhängig, dass ein Unternehmen ausbilden darf?		380		
14	Was versteht man unter der persönlichen und fachlichen Eignung der Ausbilder?		380		
15	Welche Arten der Ausbildung lassen sich unterscheiden?		381		
16	Erläutern Sie, welche Vorgaben es für die Ausbildung gibt und was sie beinhalten!		381 f.		
17	Aus welchen Gründen sind betriebliche Ausbildungspläne zu erstellen?		382		
18	Beschreiben Sie die Formen der Ausbildungspläne!		382 f.		
19	Wie kann der Berufsschulbesuch zeitlich geregelt sein?		383 f.		
20	Was versteht man unter didaktischer Koordination?		384		
21	Erläutern Sie, wie die Kontrolle der Ausbildung erfolgt!		384		
22	Was sind Lehrwerkstätten, Übungsfirmen und Übungsbüros?		384 f.		
23	Wie kann der betriebliche Ergänzungsunterricht durchgeführt werden?		385		
24	Was versteht man unter Fortbildung?		385		
25	Erläutern Sie, welche Arten der Fortbildung sich unterscheiden lassen!		385 f.		
26	In welchen Schritten geschieht die Ermittlung des Fortbildungsbedarfes?		386 f.		
27	Was sind Anforderungsprofile und inwiefern werden sie sich in der Zukunft verändern?		387		
28	Wie können die Anforderungen einer Aufgabe ermittelt werden?		388		

29	Auf welchen Informationsquellen kann die Ermittlung des Fähigkeitsprofils eines Mitarbeiters basieren?	389 f.		
30	Weshalb sollten die Mitarbeiterinteressen bei der Ermittlung des Fortbildungsbedarfes berücksichtigt werden?	390		
31	Wie erfolgt die Feststellung des Fortbildungsbedarfes?	390 f.		
32	Was sind Fähigkeits- und Anforderungslücken?	391		
33	Worin sind die Vorteile interner Fortbildung zu sehen?	392		
34	In welchen Schritten sollte die Gestaltung interner Fortbildungsmaßnahmen erfolgen?	392 f.		
35	Welche Arten von Lernzielen lassen sich unterscheiden?	392		
36	Wodurch wird die Homogenität einer Gruppe gefördert?	392		
37	Worauf können die Lerninhalte gerichtet sein?	392		
38	Welche Festlegungen sind zu Zeit und Ort von Fortbildungsmaßnahme zu treffen?	392		
39	Worin unterscheiden sich aktive und passive Lernmethoden?	393		
40	Welche Lehrmedien können unterschieden werden?	393		
41	Worin liegt der Vorteil der externen Fortbildung?	393		
42	Welche Überlegungen sollten bei der Auswahl externer Bildungsträger angestellt werden?	394		
43	Was versteht man unter der Umschulung und worin kann ihre Notwendigkeit begründet sein?	395		
44	Welche Arten der Umschulung lassen sich unterscheiden?	395		
45	Welcher Methoden kann die Berufsbildung sich bedienen?	395 f.		
46	Wie ist die Eignung der Bildung am Arbeitsplatz zu beurteilen?	396		
47	Welche Maßnahmen zählen zum Training-on-the-job?	396		
48	Was versteht man unter der Arbeitsunterweisung?	396		
49	Wie wird bei der Vier-Stufen-Methode vorgegangen und worin liegen ihre Vorteile?	397		
50	Beschreiben Sie die Leittextmethode!	397		
51	In welchen Stufen kann die Anleitung bzw. Beratung durch Vorgesetzte erfolgen?	397 f.		
52	Auf welche Arten kann begrenzte Verantwortung auf Mitarbeiter übertragen werden und wie sind sie zu beurteilen?	398		
53	Welcher Zweck wird mit der Übertragung von Sonderaufgaben verfolgt und worauf können sich diese beziehen?	398		
54	Was versteht man unter dem Inhouse-consulting-Ansatz?	399		
55	Was versteht man unter Job rotation und wie ist es zu beurteilen?	399		
56	Wozu dienen Traineeprogramme?	400		
57	Welche Arten von Traineeprogrammen lassen sich unterscheiden?	400		
58	Wozu dient die mehrgleisige Unternehmensführung und wie kann sie erfolgen?	400 f.		
59	Wie ist die Eignung der Bildung außerhalb des Arbeitsplatzes zu beurteilen?	401		

60	Charakterisieren Sie die Vorlesungsmethode!		402		
61	Wofür eignet sich das Lehrgespräch und wie wird es durchgeführt?		402		
62	In welchen Phasen erfolgt der Lernprozess bei der programmierten Unterweisung?		403		
63	Worin sind die Vorteile der programmierten Unterweisung zu sehen?		403		
64	Wozu dient die Fallstudie und welche Arten gibt es?		403 f.		
65	Wie ist die Fallstudie zu beurteilen?		404		
66	Was versteht man unter dem Rollenspiel und in welchen Phasen läuft es ab?		404		
67	Wie kann das Rollenspiel beurteilt werden?		404		
68	Beschreiben Sie, wie bei Planspielen vorgegangen wird und wie sie zu beurteilen sind!		404 f.		
69	Wie wird bei der gruppendynamischen Methode vorgegangen?		405		
70	Was ist das Hier- und Jetzt-Prinzip?		405		
71	Welche neueren Entwicklungen gibt es bei gruppendynamischen Methoden?		406		
72	Was versteht man unter Multimedia?		406		
73	Inwieweit kann Multimedia in der Personalbildung verwendet werden?		406		
74	Beschreiben Sie CBT und seine Eignung!		406 f.		
75	Erläutern Sie, wie das Tele-Learning funktioniert!		407		
76	Weshalb ist die Kontrolle der Personalbildung unerlässlich?		407		
77	Worauf bezieht sich die ökonomische Kontrolle?		408		
78	Welche Kostenarten stehen bei der Kostenkontrolle im Vordergrund?		408 f.		
79	Welchen Nutzen bringt die Rentabilitätskontrolle?		409		
80	Wozu dient die Erfolgskontrolle?		409		
81	Wie kann die Lernerfolgskontrolle vorgenommen werden?		410		
82	Weshalb ist es notwendig, eine Anwendungserfolgskontrolle durchzuführen?		410		
83	Worauf bezieht sich die Personalförderung?		410		
84	Wozu dient das Fördergespräch?		411		
85	Wie sollte das Fördergespräch ablaufen?		411		
86	Beschreiben Sie, was unter Coaching zu verstehen ist!		412		
87	Welche Aufgaben hat der Coach nach deutscher Auffassung?		412		
88	Nennen Sie Anlässe für das Coaching?		412		
89	Worin ist das Hauptinstrument des Coaching zu sehen?		412		
90	Was versteht man unter Mentoring?		413		
91	Wer kann als Mentor eingesetzt werden?		413		
92	Beschreiben Sie, was unter potenzialorientierten Laufbahnplänen zu verstehen ist!		413		
93	Was sind positionsorientierte Laufbahnpläne?		413 f.		
94	Wie entsteht ein Nachfolgeplan?		414		

95	Weshalb wurden in den letzten Jahren verstärkt Fachlaufbahnen entwickelt?		414		
96	Welche Arten von Fachlaufbahnen können unterschieden werden?		414		
97	Was versteht man unter Organisationsentwicklung?		414		
98	Welche Ziele werden mit der Organisationsentwicklung verfolgt?		415		
99	Erläutern Sie, was unter dem personalorientierten Ansatz zu verstehen ist!		415		
100	Wodurch ist der strukturelle Ansatz gekennzeichnet?		415		

H. PERSONALFREISTELLUNG

Die Personalfreistellung umfasst alle Maßnahmen, mit denen eine personelle **Überdeckung** in quantitativer, qualitativer, örtlicher und zeitlicher Hinsicht abgebaut wird. Sie kann aus verschiedenen **Gründen** notwendig werden:

- **Marktbezogenen Gründen**, z. B. rückläufiger Konjunktur, Änderungen des Kundenverhaltens, saisonalen Schwankungen.

- **Unternehmensbezogenen Gründen**, z. B. Mechanisierung, Automatisierung im Zuge des technologischen Wandels, Reorganisation.

- **Mitarbeiterbezogenen Gründen**, z. B. mangelhaften Leistungen, Arbeitsverweigerung, Störung des Betriebsfriedens.

Als Personalfreistellung sollen behandelt werden:

Personal-freistellung	Interne Personalfreistellung
	Externe Personalfreistellung

1. INTERNE PERSONALFREISTELLUNG

Bei der internen Personalfreistellung wird ein **Personalabbau** im Unternehmen **vermieden**, indem bestehende Arbeitsverhältnisse kapazitativ an den geringeren Leistungsbedarf angepasst werden. Bevor der Arbeitgeber einen Abbau des Personals vornimmt, muss er alle für die Vertragsparteien zumutbaren und rechtlich zulässigen Möglichkeiten ausschöpfen, die Entlassungen vermeiden. Es gibt:

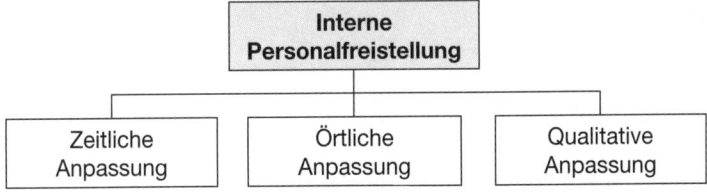

Die Vermeidung eines Personalabbaus durch die interne Personalfreistellung entspricht zwar im Vergleich zur externen Personalfreistellung eher den Interessen der Mitarbeiter, aber auch sie ist für die Mitarbeiter vielfach nicht problemlos. Deshalb bietet es sich an, vor einer internen Personalfreisetzung noch zu prüfen, ob es dazu nicht schmerzfrei(er)e **Alternativen** gibt. Das könnten sein:

- **Arbeitserhaltende** und **arbeitsbeschaffende Maßnahmen**, mit denen der Eintritt von Personalüberhängen hinausgezögert, verlangsamt oder durch flankierende Produktionsmaßnahmen ausgeglichen wird als (*RKW*):

- ▸ Ausdehnung der Lagerhaltung bei kurzfristigen Absatzschwankungen
- ▸ Vorziehen von Reparatur- und Instandhaltungsarbeiten
- ▸ Veränderung der Arbeitsgestaltung bzw. Arbeitsorganisation
- ▸ Rücknahme von Fremdaufträgen
- ▸ Aufschub von Rationalisierungsinvestitionen
- ▸ Produktdiversifizierung

- Eine **sanfte Reduzierung** des Personalbestandes, die relativ konfliktfrei möglich ist, wobei sich als Maßnahmen anbieten:

- ▸ Beendigung von befristeten Arbeitsverträgen
- ▸ Aufhebung von Arbeitnehmerüberlassungsverträgen
- ▸ Angebot von Aufhebungsverträgen (i.d.R. mit Abfindungen)
- ▸ Vorzeitige Pensionierung

Keine Maßnahme der internen Personalfreistellung, aber die Vermeidung einer externen Personalfreistellung, ist schließlich die **Einstellungsbeschränkung** oder der **Einstellungsstopp**, bei denen durch Fluktuation frei werdende Stellen nur begrenzt bzw. überhaupt nicht wieder besetzt werden.

67 ⟫ Seite 546

1.1 ZEITLICHE ANPASSUNG

Die zeitliche Anpassung an einen verminderten Personalbedarf erfolgt, indem das verringerte Arbeitsvolumen in zeitlich veränderter Weise verteilt wird. Welche Maßnahmen ergriffen werden sollen, hängt davon ab, ob notwendig ist:

- **Vorübergehende Anpassung**

- **Längerzeitige Anpassung**.

1.1.1 VORÜBERGEHENDE ANPASSUNG

Als **Maßnahmen** nur vorübergehender Natur bieten sich an:

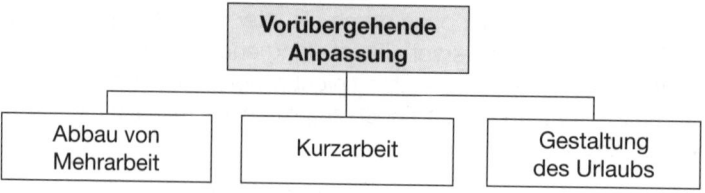

1.1.1.1 Abbau von Mehrarbeit

Die Mehrarbeit wurde als traditionelle Gestaltungsform der Arbeitszeit grundlegend bereits im Kapitel D. als **Überstunden** sowie **zusätzliche Sonn- und Feiertagsarbeit** dargestellt – siehe S. 198 f.

Überstunden bieten mit fast zwei Milliarden Stunden im Jahr ein riesiges Abbaupotenzial. Dabei geht es aber nicht nur um ein **quantitatives Problem**, sondern auch um ein **qualitatives Problem**. Wenn weniger Arbeit auf eine bestehende Zahl von Arbeitnehmern verteilt werden soll, müssen diese in der Lage sein, die ihnen übertragenen Aufgaben qualitativ zu bewältigen, was Schwierigkeiten bereiten kann.

Der **Abbau von Überstunden** ist arbeitsrechtlich **relativ problemlos**. Während der Betriebsrat bei der Einführung von Mehrarbeit nach § 87 Abs. 1 Nr. 2 BetrVG ein Mitbestimmungsrecht hat, ist es nicht gegeben, wenn die Mehrarbeit auf die betriebsübliche Arbeitszeit zurückgeführt wird. Ihm steht in diesem Falle lediglich ein **Recht auf Information und Beratung** gemäß § 92 BetrVG zu.

Für das **Unternehmen** kommt es beim Abbau von Mehrarbeit zu einer überproportionalen Kosteneinsparung. Wegen der geringeren Belastung der Mitarbeiter können die Fehlzeiten sinken. Die **Mitarbeiter** haben mehr Freizeit, aber auch ein geringeres Entgelt, weshalb Motivationsprobleme möglich sind. Wenn Mitarbeiter mit dem aus der Mehrarbeit zusätzlich erzielten Entgelt fest gerechnet haben, kann es zur Fluktuation kommen.

1.1.1.2 Kurzarbeit

Die Kurzarbeit wurde als traditionelle Gestaltungsform der Arbeitszeit bereits in Kapitel D. behandelt – siehe S. 199 f. Als Maßnahme der internen Personalfreisetzung hat sie aus Sicht des **Unternehmens** drei **Vorteile**:

- Die personelle Kapazität ist kurzfristig anpassbar.
- Der Bestand an eingearbeiteten Mitarbeitern bleibt erhalten.
- Die Personalkosten werden erheblich gesenkt.

Mitarbeitern von Unternehmen mit regelmäßiger Arbeitszeit zahlt die Bundesagentur für Arbeit aus Mitteln der Arbeitslosenversicherung unter bestimmten Voraussetzungen ein **Kurzarbeitergeld**, wodurch sie nur begrenzte finanzielle Einbußen haben. Die Kurzarbeit bedarf – wie bereits dargestellt – einer besonderen **Rechtsgrundlage** und der Zustimmung des Betriebsrates (§ 87 BetrVG).

Im Baugewerbe gibt es ab 12/2006 die Saison-Kurzarbeit – siehe S. 200.

1.1.1.3 Gestaltung des Urlaubs

Die Gestaltung des Urlaubs in Bezug auf seine **Lage** und **Dauer** kann eine Anpassung der Beschäftigung bewirken, ohne dass es zu einer Veränderung des Arbeitsvolumens der Mitarbeiter kommt, sondern nur zu einer **Verschiebung der Leistungserbringung**. Grundsätzlich sind möglich:

- Die **individuelle Urlaubsgestaltung**, die vom Unternehmen beeinflusst werden kann.

Bei der **Terminierung des Urlaubs** ist zu beachten, dass die Urlaubsfestlegung zwar durch den Arbeitgeber erfolgt, er hat aber die Wünsche des Arbeitnehmers zu berücksichtigen (§ 7 Abs. 1 BUrlG), soweit dringende betriebliche Erfordernisse dies zulassen oder andere Arbeitnehmer wegen ihrer sozialen Situation nicht Vorrang beanspruchen können.

Ein **Vorziehen** oder **Verschieben** des Urlaubes kann – unter Beachtung rechtlicher Einschränkungen – mit den betreffenden Mitarbeitern ausgehandelt werden, u. U. in Verbindung mit Anreizen für ein gewünschtes Verhalten, z. B. zusätzlichen Urlaubstagen, einem erhöhten Urlaubsgeld. Möglich ist auch, **unbezahlten Urlaub** und **Sabbaticals** als längerzeitige Unterbrechung der Beschäftigung ohne Unterbrechung bzw. Aufhebung des Arbeitsverhältnisses zu gewähren.

- Die **kollektive Urlaubsgestaltung**, die als **Betriebsferien** erfolgen kann. Ihre Einführung, zeitliche Verlegung und gegebenenfalls Ausweitung bedarf des Abschlusses einer **Betriebsvereinbarung**.

Der Betriebsrat hat gemäß § 87 Abs. 1 Nr. 5 BetrVG **Mitbestimmungsrechte** bei der Aufstellung allgemeiner Urlaubsgrundsätze und des Urlaubsplanes sowie der Festsetzung der zeitlichen Lage des Urlaubes für einzelne Arbeitnehmer, wenn Arbeitgeber und die beteiligten Arbeitnehmer sich nicht einigen.

1.1.2 Längerzeitige Anpassung

Bei einem länger andauernden Beschäftigungsproblem kann eine Vielzahl von Regelungen getroffen werden. Grundlegende **Maßnahmen** sind:

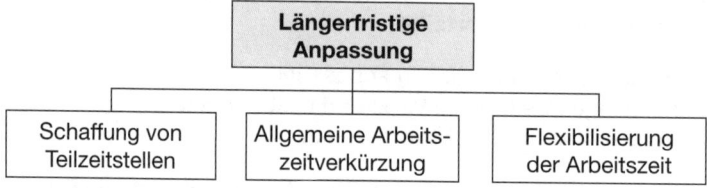

1.1.2.1 Schaffung von Teilzeitstellen

Die Teilzeitarbeit wurde als flexible Gestaltungsform der Arbeitszeit bereits dargestellt – siehe Kapitel D., S. 201 ff. Im Rahmen der internen Personalfreistellung geht es um die Umwandlung eines Vollzeitvertrages in einen Teilzeitvertrag, die grundsätzlich nicht einseitig durch den Arbeitgeber bewirkt werden.

Sie bedarf der **Einigung** beider Vertragspartner, die nur dann nicht erforderlich ist, wenn dringende betriebliche Gründe vorliegen und keine weniger belastende Änderung möglich ist. Kommt eine erforderliche Einigung nicht zu Stande, ist die Umwandlung nur durch eine **Änderungskündigung** möglich.

Andererseits hat der Arbeitnehmer, dessen Arbeitsvertrag länger als sechs Monate bestanden hat, einen **Anspruch auf Teilzeitarbeit**. Der Arbeitgeber muss der Verringerung der Arbeitszeit zustimmen, soweit betriebliche Gründe nicht entgegenstehen (§ 8 Abs. 1 und 4 TzBfG).

Die arbeitgeberseitige Umwandlung von Vollzeitstellen in Teilzeitstellen eignet sich grundsätzlich, den angestrebten Beschäftigungseffekt zu erbringen. Sie ist aber vielfach schwer zu realisieren, da die Mitarbeiter i.d.R. mit einer um die Zeitreduzierung verbundenen Entgeltminderung rechnen müssen.

Die Reduzierung der Arbeitszeit als quantitative Maßnahme, wie sie beschrieben wurde, kann zu **qualitativen Problemen** führen.

Der Betriebsrat hat im Hinblick auf die Schaffung von Teilzeitstellen **kein Mitbestimmungsrecht**, solange die Umwandlung zwischen dem Arbeitgeber und dem Arbeitnehmer einvernehmlich vereinbart wird. Unabhängig davon darf er aber gemäß § 87 Abs. 1 Nr. 2 BetrVG **mitbestimmen**, wenn es um die zeitliche Ausgestaltung von Teilarbeitsplätzen geht.

1.1.2.2 Allgemeine Arbeitszeitverkürzung

Während die Umwandlung von Vollzeitstellen in Teilzeitstellen auf einzelvertraglichen Regelungen beruht, wird eine allgemeine Arbeitszeitverkürzung grundsätzlich auf der Basis von **Tarifverträgen** vorgenommen. Sie kann sich auf die jährliche, wöchentliche oder tägliche Arbeitszeit beziehen.

Bekannte **Beispiele** für Beschäftigung sichernde allgemeine Arbeitszeitverkürzungen sind die Ruhrkohle AG und die Volkswagen AG, bei welcher die wöchentliche Arbeitszeit um 20 % auf 28,8 Stunden pro Woche gesenkt wurde, wodurch 20 % zur Entlassung anstehender Arbeitnehmer weiter beschäftigt werden konnten.

Das zentrale **Problem** bei der allgemeinen Arbeitszeitverkürzung ist die eintretende Reduzierung des Entgeltes der betroffenen Arbeitnehmer. Da der Betriebsrat gemäß § 87 Abs. 1 Nr. 2 BetrVG ein **Mitbestimmungsrecht** hat, kann er diese Maßnahme verhindern. Er wird dies grundsätzlich auch tun, wenn das Unternehmen nicht einen Ausgleich anbietet, z. B. in Form eines Lohnausgleiches wie bei der Volkswagen AG mit 13 % bzw. durch Beschäftigungsgarantien.

Eine **Betriebsvereinbarung** über eine allgemeine Arbeitszeitverkürzung ist auch möglich, kann aber nur geschlossen werden, wenn der maßgebliche Tarifvertrag eine diesbezügliche **Öffnungsklausel** enthält.

1.1.2.3 Flexibilisierung der Arbeitszeit

Auch die Flexibilisierung der Arbeitszeit kann dazu dienen, einem verminderten Leistungsbedarf personell gerecht zu werden. Sie ist für Voll- und Teilzeitbeschäftigte möglich. Die flexible Arbeitszeit wurde als moderne Gestaltungsform der Arbeitszeit in Kapitel D. dargestellt als:

▸ Teilzeitarbeit

▸ Gleitende Arbeitszeit

▸ Jahresarbeitszeit

▸ Kapazitätsorientierte variable Arbeitszeit

▸ Vertrauensarbeitszeit

Die Teilzeitarbeit wurde als Maßnahme der internen Personalfreistellung zuvor behandelt. Die **gleitende Arbeitszeit** und die **Vertrauensarbeitszeit** haben für die interne Personalfreistellung keine Bedeutung, da sie mitarbeiterorientiert sind und **nicht kapazitätsorientiert**.

Innerhalb bestimmter Zeiträume mit unterschiedlich hohem Stundenvolumen **gestaltbar**, jedoch über einen definierten Ausgleichszeitraum gleichbleibend zeigen sich die **Jahresarbeitszeit** und die **kapazitätsorientierte variable Arbeitszeit**. Sie sind deshalb für die interne Personalfreistellung von Bedeutung.

Bei der Flexibilisierung der Arbeitszeit sind die Regelungen des **Arbeitszeitgesetzes** zu beachten, z. B. die Begrenzung auf den Acht-Stunden-Tag bzw. unter Wahrung eines entsprechenden Zeitausgleiches auf den Zehn-Stunden-Tag. Der Betriebsrat hat gemäß § 87 Abs. 1 Nr. 2 und 3 BetrVG ein **Mitbestimmungsrecht**. Die Flexibilisierung sollte in einer Betriebsvereinbarung geregelt werden.

1.2 ÖRTLICHE ANPASSUNG

Die örtliche Anpassung ist eine häufig praktizierte Maßnahme der internen Personalfreisetzung. Dabei erfolgt ein **Ausgleich personeller Kapazitäten** sowohl innerhalb als auch – in der Mehrzahl der Fälle – zwischen Unternehmensbereichen, z. B. Abteilungen. Mitarbeiter werden aus einem Bereich mit Überkapazität einem anderen Bereich mit Personalbedarf zur Verfügung gestellt, wobei erfolgt:

- **Versetzung**

- **Umsetzung**.

1.2.1 VERSETZUNG

Die Versetzung und die Möglichkeiten, sie durchzuführen, wurden bereits in Kapitel C. behandelt – siehe S. 109 f. Bei ihr ist nicht nur das quantitative Problem zu lösen, sondern auch das **qualitative Problem**. Es ist also nicht nur die freizusetzende Anzahl von Mitarbeitern mit der Anzahl anderweitig gesuchter Mitarbeiter zu vergleichen. Vielmehr müssen auch die **Fähigkeitsprofile** mit den **Anforderungsprofilen** der zu besetzenden Stellen (erheblich) übereinstimmen.

Die Versetzung ist das am häufigsten genutzte Instrument der internen Personalfreistellung. Sie ist aber nur dann **wirkungsvoll**, wenn die Stellen zu versetzender Mitarbeiter nicht wiederbesetzt werden müssen, und die Versetzung von den Mitarbeitern akzeptiert wird, also nicht zu Frustration und Demotivation führt.

Der Betriebsrat hat bei der Versetzung ein **Mitbestimmungsrecht** gemäß § 99 BetrVG.

1.2.2 Umsetzung

Die Umsetzung ist betriebsverfassungsrechtlich in den Tatbestand der Versetzung eingeschlossen. Sie ist dann gegeben, wenn die **Versetzung innerhalb eines Arbeitsbereiches** erfolgt. Die Umsetzung wird demnach innerhalb des bisherigen fachlichen oder räumlichen Tätigkeitsbereiches vorgenommen (*Limbach, Bopp/Gross*). Als Maßnahme der internen Personalfreisetzung ist sie in gleicher Weise einzuschätzen wie die Versetzung.

1.3 Qualitative Anpassung

Die qualitative Anpassung dient vorrangig der Fortbildung bzw. Umschulung von Freistellung gefährdeten Mitarbeitern. Sie soll deren Beschäftigungsflexibilität erhöhen, um sie an anderen Arbeitsplätzen einsetzen zu können, und umfasst:

- **Fortbildung**
- **Beschäftigungspläne**
- **Beschäftigungsgesellschaften**.

1.3.1 Fortbildung

Die Fortbildung dient der **Qualifizierung** der Mitarbeiter – siehe ausführlich Kapitel G., S. 385 ff. Sie wird in den Unternehmen erfahrungsgemäß besonders gefördert, wenn es ihnen gut geht. Verschlechtert sich die Lage der Unternehmen, ist die Fortbildung ein Bereich, an dem vielfach zuerst eingespart wird.

Wenn jedoch in wirtschaftlich verschlechterten Situationen über Personalfreisetzungen nachgedacht wird, sollte die Fortbildung als **antizyklische Maßnahme** in Erwägung gezogen werden, um an sich engagierte und qualifizierte Mitarbeiter nicht zu verlieren. Es ist auch möglich, dass sie zur Abwendung einer Entlassung gegebenenfalls arbeitsrechtlich sogar eingefordert werden kann.

Fortbildungsaktivitäten können dabei nach Möglichkeit in Zeiten der Unterbeschäftigung erfolgen, z. B. in Kurzarbeit bedingten Ruhepausen. Unter bestimmten Voraussetzungen gewährt die Bundesagentur für Arbeit für Maßnahmen der Fortbildung **finanzielle Unterstützung** (§§ 77 ff. SGB III), wodurch die Unternehmen entlastet werden.

Der Betriebsrat hat gemäß § 98 Abs. 1 BetrVG bei der Durchführung betrieblicher Bildungsmaßnahmen ein **Mitbestimmungsrecht**.

1.3.2 Beschäftigungspläne

Beschäftigungspläne haben die Qualifizierung, Weiterbeschäftigung und Umschulung **innerhalb** des freisetzenden Unternehmens zum Gegenstand. Dafür werden öffentliche und betriebliche Mittel eingesetzt.

1.3.3 Beschäftigungsgesellschaften

Den Beschäftigungsgesellschaften stellen sich die gleichen Aufgaben wie den Beschäftigungsplänen. Im Gegensatz zu ihnen geschieht die Qualifizierung, Weiterbeschäftigung und Umschulung jedoch in neu zu schaffenden, rechtlich selbstständigen Gesellschaften (*Drumm*).

Für das Unternehmen ergeben sich sowohl bei Beschäftigungsplänen als auch bei Beschäftigungsgesellschaften **Kostenvorteile**, z. B. im Vergleich zu Sozialplanzahlungen, und **Imagevorteile**. Die Motivation der betroffenen Mitarbeiter kann gefördert werden. Es ist aber auch möglich, dass die Mitarbeiter sich nur vorübergehend »aufbewahrt« fühlen.

Die **Erfahrungen**, die mit seit Mitte der 80er-Jahre praktizierten Beschäftigungsplänen und Beschäftigungsgesellschaften gemacht wurden, sind vielfach **positiv**.

68 >> Seite 547

2. Externe Personalfreistellung

Bei der externen Personalfreistellung kommt es zu einem **Personalabbau** im Unternehmen, d.h. Mitarbeiter scheiden aus dem Unternehmen aus durch:

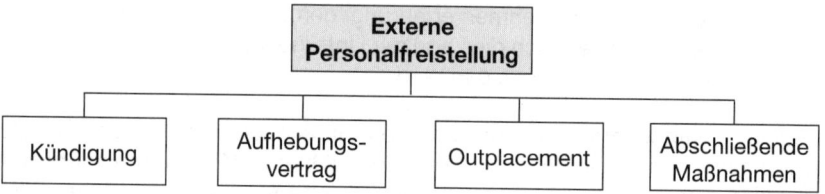

2.1 Kündigung

Die Kündigung ist eine **einseitige empfangsbedürftige Willenserklärung**:

- **Einseitig** bedeutet, dass jeder der beiden Vertragspartner seinen Willen unabhängig vom anderen Vertragspartner erklären kann. Somit sind zu unterscheiden:

Arbeitnehmerkündigung	Der Arbeitnehmer gibt die Willenserklärung dem Arbeitgeber gegenüber ab. Dabei muss er lediglich die gesetzlich bzw. tarifvertraglich oder einzelvertraglich vereinbarte **Kündigungsfrist** beachten.
Arbeitgeberkündigung	Bei ihr wird auch von **Entlassung** gesprochen. Für die Arbeitgeberkündigung gelten **erheblich strengere Voraussetzungen** als für die Arbeitnehmerkündigung, da der Arbeitnehmer durch die Kündigung in seiner individuellen und sozialen Sphäre stark getroffen und gegebenenfalls sogar arbeitslos wird.

Die Willenserklärung muss **eindeutig** und **zweifelsfrei** sein. Sie darf an **keine Bedingung** geknüpft werden, deren Eintritt ungewiss ist. Wenngleich die Angabe eines **Kündigungsgrundes** in dem der Kündigung vorangehenden Anhörungsverfahren des Betriebsrates gemäß § 102 Abs. 1 BetrVG erfolgen muss, ist sie bei der Kündigung grundsätzlich **nicht notwendig.**

Die Kündigung muss durch den **Arbeitgeber** selbst oder einen von ihm **bevollmächtigten Vertreter** erfolgen. Bei Prokuristen, deren Prokura im Handelsregister eingetragen und vom Registergericht bekannt gemacht wurde, sowie Personalleitern, die regelmäßig zu Kündigungen bevollmächtigt sind, ist es nicht erforderlich, der Kündigung eine Vollmachtsurkunde beizufügen. Wird durch Sachbearbeiter der Personalabteilung gekündigt, besteht hingegen diese Notwendigkeit.

Die Arbeitgeber seitige Kündigung sollte das **letzte Mittel** sein, das erst genutzt wird, wenn alle Möglichkeiten der internen Personalfreistellung ausgeschöpft sind.

- **Empfangsbedürftig** heißt, dass die Willenserklärung dem anderen Vertragspartner zugegangen sein muss. Erst dann ist sie wirksam (§ 139 BGB). Es gibt:

Zugang unter Anwesenden	Die Kündigungserklärung geht in dem Moment zu, in dem das **Kündigungsschreiben** dem Anwesenden **ausgehändigt** wird.
Zugang unter Abwesenden	Der Zugang der Kündigungserklärung erfolgt in dem Moment, in dem das Kündigungsschreiben in den **Machtbereich** des Empfängers gelangt. Der Zugang ist möglich: ▸ Durch **Einwurf in den Briefkasten** des Gekündigten. Als maßgeblicher Zeitpunkt des Zuganges gilt der Zeitpunkt, in dem normalerweise mit dem Leeren des Briefkastens gerechnet werden kann (*BAG*). ▸ Durch **persönliche Übergabe**, wobei es empfehlenswert ist, sich vom Gekündigten eine Quittung bzw. Empfangsbestätigung unterschreiben zu lassen. ▸ Durch **Boten**, der das Kündigungsschreiben in den Briefkasten werfen oder persönlich übergeben kann. Dazu gilt, was oben dargestellt wurde. ▸ Durch **Einschreiben**, das aber erst zugeht, wenn es dem Empfänger tatsächlich ausgehändigt wird. Es ist **nicht empfehlenswert**, da nicht das Kündigungsschreiben bei Abwesenheit hinterlassen wird, sondern nur ein Benachrichtigungszettel. ▸ Durch **Gerichtsvollzieher**, der das Kündigungsschreiben dem Gekündigten i.d.R. übergibt. Es ist denkbar, dass der Gekündigte den **Zugang** der Kündigung **vereitelt** oder **verzögert**. In diesem Fall muss er sich so behandeln lassen, als sei die Kündigungserklärung rechtzeitig zugegangen, wenn er sich nicht nach Treu und Glauben auf die Verspätung des Zuganges berufen kann. Gleiches gilt aus Gründen, die der Gekündigte zu vertreten hat.

Die Kündigung bedarf seit 05/2000 der **Schriftform** (§ 623 BGB). Sie muss den **Kündigungswillen klar** und **eindeutig** zum Ausdruck bringen, wenngleich das Wort »Kündigung« nicht zwingend zu verwenden ist.

Als **Arten** der Kündigung können unterschieden werden:

- **Änderungskündigung**
- **Ordentliche Kündigung**
- **Außerordentliche Kündigung.**

Die **Änderungskündigung** verfolgt vorrangig den Zweck, nach Möglichkeit eine **interne Personalfreistellung** zu bewirken. Gelingt dies nicht, kann sie als Beendigungskündigung zu einer **externen Personalfreistellung** führen. Sie ist also sowohl intern als auch extern ausgerichtet, weshalb sie hier behandelt wird.

2.1.1 ÄNDERUNGSKÜNDIGUNG

Eine Änderungskündigung liegt dann vor, wenn der Arbeitgeber das Arbeitsverhältnis kündigt und in Verbindung mit der Kündigung die Fortsetzung des Arbeitsverhältnisses zu geänderten Arbeitsbedingungen anbietet. Sie hat nach BAG **Vorrang** vor der auf die Beendigung des Arbeitsverhältnisses gerichteten Kündigung.

Mithilfe einer Änderungskündigung sollen **Arbeitsbedingungen** verändert werden, sofern sie nicht veränderbar sind durch:

- Weisung
- Einvernehmlich geschlossene Änderungsvereinbarung
- Ein im Arbeitsvertrag enthaltenes Widerrufsrecht.

Von der Änderungskündigung ist die **Teilkündigung** zu unterscheiden, die zwar auch auf die Veränderung einzelner Bestimmungen bzw. Bedingungen des Arbeitsvertrages gerichtet ist, jedoch nicht auf die Beendigung des Arbeitsverhältnisses, wenn der Arbeitnehmer das geänderte Vertragsangebot nicht annimmt. Die Teilkündigung ist **grundsätzlich unzulässig.** Sie ist nur möglich, wenn Arbeitgeber und Arbeitnehmer zulässigerweise eine entsprechende Teilkündigungsklausel im Arbeitsvertrag vereinbart haben (*BAG*).

Als Änderungskündigung sollen behandelt werden:

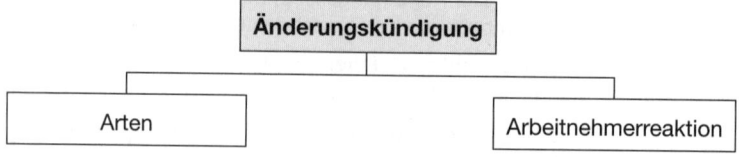

2.1.1.1 ARTEN

Die Änderungskündigung kann sein:

- Eine **ordentliche Änderungskündigung**, die aus personenbedingten, verhaltensbedingten oder betriebsbedingten Gründen in Betracht kommt:

Personen-bedingte Kündigung	Sie ist z. B. möglich, wenn der Arbeitnehmer die dem Arbeitsvertrag entsprechende **Arbeitsleistung** wegen Krankheit oder altersbedingt nachlassender Leistungsfähigkeit **nicht mehr erbringen kann**.
Verhaltens-bedingte Kündigung	Möglicher Grund kann z. B. ein **gestörter Betriebsablauf** sein, der aus persönlichen Abneigungen zusammenarbeitender Arbeitnehmer resultiert und nur durch die Zuweisung anderer Arbeitsplätze behoben werden kann oder eine **schuldhafte Schlechtleistung**. Im Regelfall muss der verhaltensbedingten Kündigung eine **Abmahnung** vorausgehen.
Betriebs-bedingte Kündigung	Hier liegt ein dringender betrieblicher Grund vor, der eine Weiterbeschäftigung betroffener Arbeitnehmer zu den bisherigen Bedingungen unmöglich macht. Dem *BAG* zufolge ist die Änderungskündigung nur **rechtmäßig**, wenn eine **akute Gefährdung** der Arbeitsplätze oder sogar der Existenz des Unternehmens besteht. Die Änderungskündigung kann sich vor allem beziehen auf: ▸ Minderung des Entgelts ▸ Korrektur einer unzutreffenden Eingruppierung ▸ Nachträgliche Befristung unbefristeter Arbeitsverhältnisse ▸ Änderung der Arbeitszeit ▸ Streichung außertariflicher Zulagen

- Eine **außerordentliche Änderungskündigung**, die kurzfristig erfolgt, d. h. vor Ablauf der Kündigungsfrist. **Voraussetzung** dafür ist die unabweisbare Notwendigkeit der sofortigen Änderung der Arbeitsbedingungen. Außerdem müssen die bisherigen Arbeitsbedingungen unzumutbar und die neuen Arbeitsbedingungen dem Arbeitnehmer zumutbar sein. Die außerordentliche Änderungskündigung kommt in der Praxis relativ selten vor.

- Eine **Massenänderungskündigung** als eine Vielzahl von Änderungskündigungen mit gleichlautenden Inhalten. Sie ist **ordentlich** und **außerordentlich** möglich. Während sie Arbeitgeber seitig grundsätzlich als zulässig gilt, wird sie in den meisten Fällen als unzulässig angesehen, wenn sie von Arbeitnehmern erfolgt (*Barth, Hanau/Adomeit*).

2.1.1.2 ARBEITNEHMERREAKTION

Der Arbeitnehmer hat drei **Möglichkeiten**, auf eine Änderungskündigung des Arbeitgebers **zu reagieren**:

- Er kann das **Angebot** des Arbeitnehmers **vorbehaltlos annehmen**, indem er dies erklärt oder zu den geänderten Arbeitsbedingungen nach Ablauf der Kündigungsfrist ohne weitere Äußerung weiterarbeitet. Aus diesem Verhalten muss sich aber der Wille des Arbeitnehmers zur Annahme der neuen Arbeitsbedingungen ableiten lassen (*Hönsch/Natzel, Berkowsky*).

- Er kann das **Angebot** des Arbeitgebers **ablehnen**. Damit wird die Änderungskündigung zur **Beendigungskündigung**. Der Arbeitnehmer scheidet zunächst mit Ablauf der Kündigungsfrist aus dem Unternehmen aus, kann aber innerhalb von drei Wochen die **Sozialwidrigkeit der Änderungskündigung** vor dem Arbeitsgericht geltend machen. Je nach der gerichtlichen Entscheidung behält oder verliert der Arbeitnehmer seinen Arbeitsplatz.

- Er kann das **Angebot** des Arbeitgebers gemäß § 2 Satz 1 KSchG **unter** dem **Vorbehalt annehmen**, dass die Änderung der Arbeitsbedingungen nicht sozial ungerechtfertigt ist.

Dies muss bei der **ordentlichen Änderungskündigung** innerhalb der Kündigungsfrist, spätestens jedoch innerhalb von drei Wochen nach Zugang der Kündigung geschehen. Bei der **außerordentlichen Änderungskündigung** hat der Arbeitnehmer seinen Vorbehalt unverzüglich zu erklären, nach herrschender Meinung sind das ein bis zwei, höchstens aber drei Tage (*Hümmerich/Kallweit/Spirolke*).

Um den Vorbehalt geltend zu machen, ist es erforderlich, dass der Arbeitnehmer gemäß § 4 Satz 2 KSchG innerhalb von drei Wochen nach Erhalt der Kündigung eine **Kündigungs- bzw. Änderungsschutzklage** vor dem Arbeitsgericht erhebt. Versäumt er dies, gilt das Änderungsangebot als vorbehaltlos angenommen.

Während des Änderungsschutzprozesses ist der Arbeitnehmer nach *BAG* verpflichtet, zu den geänderten Arbeitsbedingungen weiterzuarbeiten. Für den Arbeitgeber gibt es keine Verpflichtung, den Arbeitnehmer bis zur Entscheidung des Änderungsschutzprozesses zu den alten Arbeitsbedingungen weiterzubeschäftigen (*Mäschle*).

Der Betriebsrat hat bei einer Änderungskündigung ein **Mitbestimmungsrecht**. Bei einer Versetzung oder Umgruppierung liegen die §§ 99 und 102 BetrVG zu Grunde, bei einer Veränderung sozialer Angelegenheiten ist das § 87 Abs. 1 BetrVG.

69 〉〉 Seite 547

2.1.2 Ordentliche Kündigung

Bei der ordentlichen Kündigung wird das Arbeitsverhältnis nicht sofort mit dem Wirksamwerden der Kündigung aufgelöst, sondern erst nach Ablauf einer Kündigungsfrist und oft zu bestimmten Zeitpunkten. Es sollen behandelt werden:

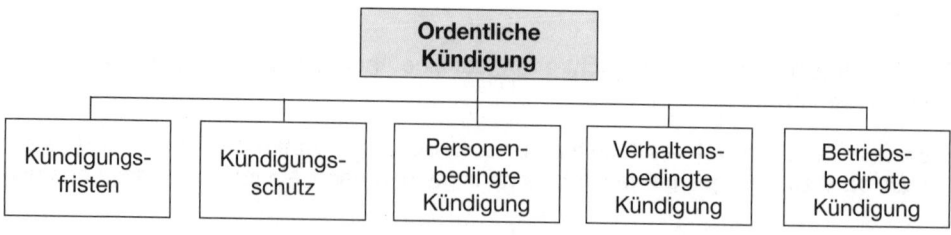

2.1.2.1 Kündigungsfristen

Die Kündigungsfrist ist die Mindestfrist, die zwischen dem Zugang der Kündigungserklärung und dem Zeitpunkt liegen muss, zu dem das Arbeitsverhältnis enden soll. Ihre Einhaltung ist die **Voraussetzung** für die **Wirksamkeit** der ordentlichen Kündigung. Sie kann sein:

- Die **gesetzliche Kündigungsfrist**, die in § 622 BGB geregelt ist, sofern keine besonderen gesetzlichen Bestimmungen zu beachten sind, z. B. das Sozialgesetzbuch (§§ 85 ff. SGB IX).

Die **Grundkündigungsfrist** beträgt sowohl für den Arbeitgeber als auch den Arbeitnehmer vier Wochen zum 15. oder zum Ende eines Kalendermonats. Für den Arbeitgeber verlängert sich die Kündigungsfrist mit zunehmender Dauer des Arbeitsverhältnisses, der Arbeitnehmer braucht – auch bei längerer Beschäftigungsdauer – lediglich die Grundkündigungsfrist einzuhalten:

Dauer des Arbeits-verhältnisses	Kündigungsfrist für Arbeitgeber	Kündigungsfrist für Arbeitnehmer
bis 2 Jahre	4 Wochen zum 15. oder zum Ende eines Kalendermonats	4 Wochen
ab 2 Jahre	1 Monat zum Ende eines Kalendermonats	
ab 5 Jahre	2 Monate zum Ende eines Kalendermonats	zum 15. oder
ab 8 Jahre	3 Monate zum Ende eines Kalendermonats	zum Ende
ab 10 Jahre	4 Monate zum Ende eines Kalendermonats	eines
ab 12 Jahre	5 Monate zum Ende eines Kalendermonats	
ab 15 Jahre	6 Monate zum Ende eines Kalendermonats	Kalendermonats
ab 20 Jahre	7 Monate zum Ende eines Kalendermonats	

Für die **Berechnung der Dauer** des Beschäftigungsverhältnisses bleiben die Zeiten vor Vollendung des 25. Lebensjahres unberücksichtigt.

Abweichend von den obigen Ausführungen gilt:

- Während einer **Probezeit** bis zu längstens sechs Monaten kann die Kündigungsfrist zum Zwecke der **Erprobung** bis zu zwei Wochen verkürzt werden (§ 622 Abs. 3 BGB).

- Bei einem **Aushilfsarbeitsverhältnis** von **nicht länger als drei Monaten** können die gesetzlichen Kündigungsfristen unterschritten werden, d. h. kürzere Kündigungsfristen bzw. die jederzeitige Kündigung ohne Frist sind im **Arbeitsvertrag** vereinbart (§ 622 Abs. 5 Nr. 1 BGB).

  Dauert das **Aushilfsarbeitsverhältnis länger als drei Monate**, gelten die gesetzlichen Kündigungsfristen, sofern nichts anderes vereinbart worden ist.

- Für **Auszubildende**, die ihre Berufsausbildung aufgeben oder sich für eine andere Berufstätigkeit ausbilden lassen wollen, ist nach der Probezeit eine Kündigungsfrist von vier Wochen (§ 15 Abs. 2 BBiG) verbindlich.

  Innerhalb der ein bis viermonatigen **Probezeit** kann das Ausbildungsverhältnis jederzeit ohne Einhaltung einer Frist gekündigt werden (§§ 13, 15 Abs. 1 BBiG).

> ▶ Die Kündigungsfrist für ein auf **mehr als fünf Jahre oder Lebenszeit abgeschlossenes Arbeitsverhältnis** beträgt für Arbeitnehmer sechs Monate, wobei die Kündigung erst nach Ablauf von fünf Jahren möglich ist (§ 624 Satz 1, 2 BGB). Der Arbeitgeber ist an die von ihm vereinbarte längere Laufzeit gebunden.

• Die **tarifvertragliche Kündigungsfrist**, die gemäß § 622 Abs. 4 BGB abweichend von den gesetzlichen Kündigungsfristen länger oder kürzer festgelegt werden kann. Sie gilt für tarifgebundene Arbeitgeber und Arbeitnehmer, ist aber auch für nicht tarifgebundene Arbeitgeber und Arbeitnehmer maßgeblich, wenn die Geltung vertraglich vereinbart wurde.

• Die **arbeitsvertragliche Kündigungsfrist**, deren Vereinbarung zulässig ist, wenn die gesetzliche Kündigungsfrist damit verlängert wird. Hier darf die Kündigungsfrist für den Arbeitnehmer nicht länger sein als für den Arbeitgeber (§ 622 Abs. 6 BGB).

Bei **Aushilfsarbeitsverhältnissen** bis maximal drei Monate muss die übliche gesetzlich geregelte Kündigungsfrist nicht eingehalten werden, weil sie hier keine Anwendung findet. Dementsprechend darf sie kürzer sein als diese Frist – siehe oben.

Kleinunternehmen mit bis zu 20 Arbeitnehmern dürfen zwar keine kürzere als die vierwöchige Kündigungsfrist vereinbaren, aber die gemäß § 622 Abs. 1 BGB festgelegten Kündigungstermine müssen nicht beachtet werden.

Nach § 187 Abs. 1 BGB ist der Tag, an dem die Kündigung zugeht, nicht mit in die Kündigungsfrist einzurechnen. Erfolgt der **Zugang der Kündigung** verspätet, wird sie erst zum nächstmöglichen Kündigungstermin wirksam.

70 ≫ Seite 547

2.1.2.2 Kündigungsschutz

Arbeitnehmer sollen in bestimmten Fällen vor einer Kündigung durch den Arbeitgeber geschützt werden. Zu unterscheiden sind:

• **Allgemeiner Kündigungsschutz**

• **Besonderer Kündigungsschutz**.

2.1.2.2.1 Allgemeiner Kündigungsschutz

Der allgemeine Kündigungsschutz ist im Kündigungsschutzgesetz (KSchG) geregelt und auf den Schutz der Arbeitnehmer gerichtet. Er gilt unter zwei **Voraussetzungen**:

• Das **Arbeitsverhältnis** zwischen dem Arbeitgeber und dem Arbeitnehmer hat ohne Unterbrechung **länger als sechs Monate** bestanden (§ 1 Abs. 1 KSchG).

• Der kündigende **Arbeitgeber** hat nach der bis 12/2003 gültigen Regelung regelmäßig **mehr als fünf vollzeitig Beschäftigte**. Mit dem Gesetz zu Reformen am Arbeitsmarkt ist diese Grenze seit **01/2004 auf zehn vollzeitig beschäftigte Mitarbeiter** angehoben worden.

Die vor 01/2004 beschäftigten »**Alt-Mitarbeiter**« behalten allerdings einen Bestandsschutz. Das bedeutet, sie behalten unter Zugrundelegung der bisherigen Anwendungsschwelle ihren Kündigungsschutz, so lange der Arbeitgeber mehr als fünf Arbeitnehmer beschäftigt.

Für Mitarbeiter, die in Betrieben mit in der Regel zehn oder weniger Beschäftigten arbeiten und ihr Arbeitsverhältnis **ab 01/2004** begonnen haben, gelten die allgemeinen Regelungen des Kündigungsschutzgesetzes demnach nicht (§ 23 Abs. 1 KSchG).

Teilzeitbeschäftigte mit einer regelmäßigen wöchentlichen Arbeitszeit von nicht mehr als 20 Stunden werden dabei nach § 23 Abs. 1 KSchG mit 0,5 berücksichtigt, Arbeitnehmer mit nicht mehr als 30 Stunden mit 0,75.

Eine ordentliche Kündigung ist nach § 1 KSchG nur wirksam, wenn eine soziale **Rechtfertigung** vorliegt. Das Kündigungsschutzgesetz nennt dafür (*Böckly*):

- **Positive Gründe**, die bei der Erklärung der Kündigung vorliegen und in der Zukunft bedeutsam sein müssen. § 1 Abs. 2 KSchG unterscheidet personenbezogene, verhaltensbezogene und betriebsbezogene Gründe.

  Auf sie wird näher bei den jeweiligen Arten der Kündigung eingegangen – siehe Seite 438 ff.

- **Negative Gründe**, die bei der Kündigung nicht vorliegen dürfen. Sie stellen die zweite Voraussetzung für eine sozial gerechtfertigte Kündigung dar und sind:

Sozialwidrige Auswahl	Sie ist bei einer **betriebsbedingten Kündigung** gegeben, wenn soziale Gesichtspunkte bei der Auswahl des zu Kündigenden nicht oder nicht ausreichend berücksichtigt wurden (§ 1 Abs. 3 KSchG).

Um eine objektiv zutreffende Sozialauswahl zu bewirken, sollte in **drei Schritten** vorgegangen werden:

Ermittlung der in Betracht kommenden vergleichbaren Arbeitnehmer, wobei gilt:

- Vergleichbar sind austauschbare Arbeitnehmer
- Austauschbarkeit bei gleichwertigen Tätigkeiten gegeben
- Keine Austauschbarkeit bei längerer Einarbeitungszeit
- Nur bedingte Vergleichbarkeit über tariflicher Eingruppierung
- Vergleich nur auf gleicher Hierarchieebene

Auswahl unter den vergleichbaren Arbeitnehmern nach sozialen Kriterien, zu denen zählen (§ 1 Abs. 3 KSchG):

Unsozial ist die **Auswahl** bei betriebsbedingter Kündigung, wenn

► Dauer der Betriebszugehörigkeit	► Unterhaltspflichten
► Lebensalter	► Schwerbehinderung

nicht oder nicht ausreichend bei der Auswahl der Arbeitnehmer berücksichtigt wurden. Seit 2004 sind diese Kriterien im § 1 Abs. 3 KSchG festgeschrieben.

⇩

Beurteilung der Sozialauswahl eventuell entgegenstehender betriebsnotwendiger Bedürfnisse als:

▸ Arbeitnehmer, deren Weiterbeschäftigung im **berechtigten betrieblichen Interesse** liegt, insbesondere wegen ihrer Kenntnisse, Fähigkeiten und Leistungen oder zur Sicherung einer ausgewogenen Personalstruktur des Betriebes, sind nicht in die Sozialauswahl einzubeziehen (§ 1 Abs. 3 KSchG).

▸ **Betriebstechnische Bedürfnisse**, die in der Aufrechterhaltung des technichen Arbeitsablaufes bestehen und die Weiterbeschäftigung bestimmter Arbeitnehmer notwendig machen, ggf. auch mit höherer Qualifikation.

▸ **Wirtschaftliche Bedürfnisse**, die darin liegen, im Interesse einer erforderlichen Verbesserung der Ertragslage leistungsstärkere oder schlechter vergütete Arbeitnehmer weiterzubeschäftigen.

▸ **Sonstige berechtigte betriebliche Bedürfnisse**, die sich auf die Aufrechterhaltung eines geordneten Betriebsablaufes beziehen.

Verstoß gegen Auswahlrichtlinien	Sie sind in § 95 BetrVG geregelt und legen bei größeren Unternehmen vielfach in Form von **Betriebsvereinbarungen** die Auswahlverfahren für betriebsbedingte Kündigungen fest. Der Arbeitgeber verhält sich sozialwidrig, wenn er gegen eine Auswahlrichtlinie verstößt.
Weiterbeschäftigungsmöglichkeit	Die weitere Beschäftigung des zur Kündigung anstehenden Arbeitnehmers könnte erfolgen: ▸ Auf einem **freien Arbeitsplatz** im Unternehmen, je nach Arbeitsvertrag gegebenenfalls auch innerhalb des Konzerns. ▸ Auf einem **freien Arbeitsplatz**, wie oben, **nach zumutbarer Umschulung oder Fortbildung**, wenn die Weiterbeschäftigung daraufhin möglich und der Arbeitnehmer damit einverstanden ist. ▸ Auf einem **freien Arbeitsplatz**, wie oben, **zu geänderten Arbeitsbedingungen**, wenn kein gleichwertiger Arbeitsplatz angeboten werden kann. Bei Ablehnung durch den Arbeitnehmer muss der Arbeitgeber eine Überlegungsfrist von einer Woche einräumen. Wird die Ablehnung aufrecht erhalten, darf der Arbeitgeber das Arbeitsverhältnis kündigen.

Ist das Kündigungsschutzgesetz anwendbar und die **Kündigung sozial nicht gerechtfertigt**, muss der Arbeitnehmer innerhalb von drei Wochen nach Zugang der Kündigungserklärung beim Arbeitsgericht eine **Kündigungsschutzklage** erheben.

Im Falle einer betriebsbedingten Kündigung gibt es für Arbeitgeber und Arbeitnehmer aber auch die Möglichkeit einer einfachen und kostengünstigen außergerichtlichen Klärung der Beendigung des Arbeitsverhältnisses. Kündigt der Arbeitgeber betriebsbedingt, kann der Arbeitnehmer zwischen der Kündigungsschutzklage oder einer **Abfindung** in Höhe eines halben Monatsverdienstes je Beschäftigungsjahr wählen.

Der Abfindungsanspruch setzt voraus, dass der Arbeitgeber im Kündigungsschreiben die Kündigung auf betriebsbedingte Gründe stützt und den Arbeitnehmer darauf hinweist, dass er die im Gesetz vorgesehene Abfindung beanspruchen kann, wenn er die dreiwöchige Frist für die Erhebung der Kündigungsschutzklage verstreichen lässt.

2.1.2.2.2 BESONDERER KÜNDIGUNGSSCHUTZ

Der besondere Kündigungsschutz gilt für **besonders schutzwürdige Arbeitnehmergruppen**, für welche die arbeitgeberseitige Kündigung auf unterschiedliche Weise erschwert wird. Er bezieht sich vor allem auf:

- **Mitglieder der Betriebsverfassungsorgane** sowie **Vertrauensleute der Schwerbehinderten**, die während ihrer Amtszeit und für die Dauer eines Jahres danach nicht ordentlich gekündigt werden dürfen.

- **Schwerbehinderte** und ihnen **Gleichgestellte** dürfen ordentlich gekündigt werden, aber nur nach vorheriger Zustimmung des Integrationsamtes (§ 85 SGB IX). Die Kündigungsfrist beträgt mindestens vier Wochen.

- **Wehr- und Zivildienstleistende** dürfen während der Ableistung des Grundwehrdienstes bzw. des Zivildienstes nicht ordentlich gekündigt werden (§ 2 Abs. 1 ArbPlSchG, § 78 Abs. 1 ZDG), jedoch vor bzw. nach der Ableistung, sofern die Kündigung mit dieser Dienstverpflichtung nicht in Zusammenhang steht.

- **Schwangere Frauen** und **Frauen bis vier Monate nach der Entbindung** dürfen nicht ordentlich gekündigt werden, wenn dem Arbeitgeber zurzeit der Kündigung die Schwangerschaft oder Entbindung bekannt war oder innerhalb zweier Wochen nach Zugang der Kündigung mitgeteilt wird. In besonderen Fällen ist ausnahmsweise eine Kündigung möglich, wenn die für den Gesundheitsschutz zuständige oberste Landesbehörde zustimmt.

- **Personen in Erziehungsurlaub** darf nach § 18 Abs. 1 BErzG nicht ordentlich gekündigt werden. Dies gilt während der Elternzeit sowie ab dem Zeitpunkt, an dem die Elternzeit verlangt wird, höchstens jedoch acht Wochen vor ihrem Beginn. In besonderen Fällen ist ausnahmsweise eine Kündigung möglich, wenn die für den Gesundheitsschutz zuständige oberste Landesbehörde zustimmt.

Bevor der Arbeitgeber kündigt, hat er den **Betriebsrat** gemäß § 102 Abs. 1 BetrVG zu **hören**. Erfolgt diese Anhörung nicht, ist die ordentliche Kündigung unwirksam.

Der Arbeitgeber muss dem Betriebsrat die **Gründe** für die Kündigung **umfassend und ausführlich darlegen**, damit dieser ohne eigene Nachforschung zu der beabsichtigten Kündigung angemessen und zweckentsprechend Stellung beziehen kann (*Welslau*).

Der Betriebsrat hat die Möglichkeit gemäß § 102 Abs. 2 und 3 BetrVG, innerhalb einer Woche Stellung zu beziehen. Er kann **Bedenken** äußern, oder er kann **Widerspruch** einlegen, falls konkrete Tatsachen vorliegen, welche die Widerspruchsgründe nach § 102

Abs. 3 Nr. 1 bis 5 BetrVG ausfüllen. Gibt der Betriebsrat innerhalb der **Wochenfrist** keine Stellungnahme ab, gilt die Zustimmung als erteilt (§ 102 Abs. 2 Satz 2 BetrVG).

Nach Ablauf der Wochenfrist darf der Arbeitgeber die **Kündigung** aussprechen, **unabhängig von der Stellungnahme des Betriebsrates**. Ein Widerspruch des Betriebsrates ist aber insofern von Bedeutung, als der Arbeitnehmer nach § 102 Abs. 5 BetrVG nach dem **Einspruch** und der **Einreichung einer Kündigungsschutzklage** bis zum Abschluss des Rechtsstreites einen Anspruch auf Weiterbeschäftigung hat, sofern nicht Tatbestände des § 102 Abs. 5 Satz 2 Nr. 1-3 BetrVG vorliegen.

2.1.2.3 Personenbedingte Kündigung

Grundlage für eine personenbedingte Kündigung ist, dass der **Arbeitnehmer** seinen **arbeitsvertraglichen Leistungen nicht nachkommt**, weil er aufgrund objektiver, nicht steuerbarer Umstände nicht mehr oder nur unzureichend dazu in der Lage ist. Der Arbeitnehmer will, kann aber seine Leistungspflicht nicht erfüllen. Es liegt also **kein schuldhaftes Verhalten** vor (*Karl, Mäschle/Rosenfelder*).

Um personenbedingt kündigen zu können, reicht es nicht aus, dass ein Grund dafür vorliegt. Es muss auch eine **Beeinträchtigung der Interessen des Arbeitgebers** gegeben sein. Nach *BAG* ist eine sorgfältige Abwägung der betrieblichen Interessen und des arbeitnehmerseitigen Interesses am Fortbestand des Arbeitsverhältnisses vorzunehmen. Zu unterscheiden sind:

- **Krankheitsbedingte Fehlzeiten** als häufigster Grund für eine personenbedingte Kündigung, die jedoch nur eng begrenzt möglich ist. Deshalb unterscheidet die Rechtsprechung vier **Fallgruppen**:

  ▸ Kündigung wegen Kurzerkrankungen
  ▸ Kündigung wegen langanhaltender Krankheit
  ▸ Kündigung wegen krankheitsbedingter Leistungsunfähigkeit
  ▸ Kündigung wegen erheblicher Leistungsminderung.

Zur **sozialen Rechtfertigung** einer Kündigung sind erforderlich (*BAG*):

▸ Eine auf objektive Tatsachen gestützte **negative Gesundheitsprognose**, die im Zeitpunkt des Zuganges der Kündigung vorliegen muss und die Besorgnis weiterer Erkrankungen rechtfertigt.

▸ Die entstandenen und prognostizierten Fehlzeiten müssen die **betrieblichen Interessen** erheblich beeinträchtigen, z. B. durch wesentliche Störungen im Arbeitsablauf, notwendig werdende Überstunden anderer Arbeitnehmer oder hohe bereits gezahlte und künftig zu erwartende Lohnfortzahlungskosten.

▸ Die auf den Einzelfall bezogene Interessenabwägung muss ergeben, dass die erhebliche **Beeinträchtigung** dem Arbeitgeber **nicht zumutbar** ist.

- Die **mangelnde Eignung** des Arbeitnehmers ist ein weiterer bedeutsamer Kündigungsgrund. Dadurch ist der Arbeitnehmer nicht mehr oder nur schlecht in der Lage, seine arbeitsvertraglichen Leistungspflichten zu erfüllen. Die mangelnde Eignung kann sein (*Berkowsky*):

▸ **Mangelnde objektive Eignung**, bei der dem Arbeitnehmer persönliche Eignungsvoraussetzungen fehlen oder »verloren gegangen« sind, z. B. die Arbeitserlaubnis eines ausländischen Arbeitnehmers, das Gesundheitszeugnis eines Kochs, die Fahrerlaubnis eines Kraftfahrers.

▸ **Mangelnde subjektive Eignung**, die in einem Eignungsmangel begründet ist, der unmittelbar in der Person des Arbeitnehmers liegt. Dabei geht es um veränderte köperliche oder geistige Fähigkeiten, die zu einer verminderten Leistung führen. Sie können alters- oder krankheitsbedingt sein.

Rechtlich umstritten ist, ob der Kündigung eine **Abmahnung** wegen der verminderten Leistung vorausgehen soll.

Wichtig ist, dass bei einer personenbedingten Kündigung jeder **Einzelfall sorgfältig geprüft** und **rechtlich abgewogen** wird.

2.1.2.4 Verhaltensbedingte Kündigung

Die verhaltensbedingte Kündigung bietet sich an, wenn der Arbeitnehmer durch **bewusstes, steuerbares Verhalten** seine arbeitsvertraglichen Pflichten verletzt, wodurch der betriebliche Ablauf gestört bzw. die wirtschaftlichen Interessen des Arbeitgebers beeinträchtigt werden (*Busemann*). **Gründe** können z. B. sein:

▸ Arbeitsverweigerung
▸ Unentschuldigtes Fehlen
▸ Eigenmächtige Urlaubsnahme
▸ Urlaubsüberschreitungen
▸ Unpünktlichkeit
▸ Verstöße gegen die betriebliche Ordnung

▸ Tätlichkeiten
▸ Beleidigungen
▸ Unterschlagungen
▸ Gering- und Schlechtleistungen
▸ Verstöße gegen Treuepflichten
▸ Verstöße gegen Verschwiegenheitsverpflichtungen

Bei einer Pflichtverletzung, die den **Leistungsbereich** betrifft, ist der Arbeitnehmer i. d. R. vor dem Ausspruch einer verhaltensbedingten Kündigung abzumahnen. Im **Vertrauensbereich** ist eine vorherige Abmahnung i.d.R. nicht erforderlich.

Die **Abmahnung** hat schriftlich zu erfolgen und folgenden **Anforderungen** zu genügen:

• Das pflichtwidrige Verhalten ist unter der Angabe des Datums, gegebenenfalls einschließlich der Uhrzeit und der Aufzeichnung entsprechender Beweismittel festzustellen, z. B. mit Urkunden oder Zeugen. Damit wird die **Dokumentationsfunktion** der Abmahnung wahrgenommen.

• Der Arbeitnehmer ist darauf **hinzuweisen**, dass sein Verhalten eine **arbeitsrechtliche Pflichtverletzung** darstellt und aufzufordern, sich **in Zukunft vertragsgemäß** zu verhalten. Hierbei handelt es sich um die **Hinweisfunktion** der Abmahnung.

• Dem Arbeitnehmer sind konkrete **Sanktionen** für den Fall erneuter, gleichartiger Pflichtverletzungen anzudrohen, z. B. Versetzung oder Kündigung. Der Arbeitgeber wird damit der **Warnfunktion** der Abmahnung gerecht.

Beispiel:

> *Sehr geehrter Herr Lehmann,*
>
> *nach unserer Feststellung erschienen Sie im letzten Monat fünf Mal verspätet an Ihrer Arbeitsstelle, und zwar am 03.06.06 um 8:35 Uhr, am 11.06.06 um 8:15 Uhr, am 14.06.06 um 8:50 Uhr, am 18.06.06 um 8:20 Uhr und am 28.06.06 um 9:20 Uhr.*
>
> *Wir dürfen Sie darauf hinweisen, dass Sie zum pünktlichen Dienstbeginn verpflichtet sind und wir Verspätungen nicht dulden. Deshalb bitten wir Sie dringend, Ihre arbeitsvertragliche Pflicht uneingeschränkt ordnungsgemäß zu erfüllen.*
>
> *Im Wiederholungsfall müssen Sie mit einer Kündigung des Arbeitsverhältnisses rechnen.*
>
> *Mit freundlichen Grüßen*

Bei der Abmahnung ist im Übrigen zu beachten (*Böckly*):

- Die Abmahnung hat **zeitnah** zu erfolgen, d. h. sie sollte nicht später als etwa 14 Tage nach dem Vorfall geschehen.

- Dem Arbeitnehmer muss nach Erteilung einer Abmahnung die **Gelegenheit** gegeben werden, **sich zu bessern**.

- Die Abmahnung darf kein **Unwerturteil** über den Arbeitnehmer enthalten, aber dennoch die Schwere des Fehlverhaltens beschreiben.

- Eine Abmahnung und eine Kündigung im Hinblick auf den **gleichen Vorgang** schließen sich aus.

- Die Abmahnung verliert im **Zeitablauf** an kündigungsrechtlicher Bedeutung, wenn der Arbeitnehmer sich nichts mehr zu Schulden kommen lässt.

- Eine Kündigung wird **erschwert**, wenn der Arbeitnehmer mit Recht davon ausgeht, dass der **Arbeitgeber** wieder mit ihm **zufrieden** ist.

- Eine Abmahnung ist **entbehrlich**, wenn die Vertragswidrigkeit so schwer wiegt, dass sie billigerweise vor der **Kündigung nicht zu erwarten** ist.

- Eine Abmahnung ist **entbehrlich**, wenn sie im Hinblick auf die Einsichts- und Handlungsfähigkeit des Arbeitnehmers **keinen Erfolg** verspricht.

- Die Abmahnung ist in die **Personalakte** aufzunehmen, ebenso als Beweismittel etwaige Stellungnahmen von Vorgesetzten und Arbeitskollegen.

- Der Arbeitnehmer kann eine **Gegenerklärung** abgeben (§ 83 Abs. 2 BetrVG) und in die Personalakte aufnehmen lassen.

- Der Arbeitnehmer kann auf **Widerruf** der Abmahnung und ihre Entfernung aus der Personalakte klagen.

Um eine verhaltensbedingte Kündigung aussprechen zu können, verlangen die Arbeitsgerichte vielfach mindestens **zwei bis drei Abmahnungen** im Hinblick auf gleichartige Pflichtverletzungen.

71 >> Seite 548

2.1.2.5 BETRIEBSBEDINGTE KÜNDIGUNG

Betriebsbedingt ist eine Kündigung, wenn **dringende betriebliche Erfordernisse** einer **Weiterbeschäftigung** des Arbeitnehmers **entgegenstehen**. Sie ist **sozial ungerechtfertigt**, wenn der Arbeitgeber gemäß § 1 Abs. 3 Satz 1 BetrVG soziale Gesichtspunkte bei der Auswahl des Arbeitnehmers nicht berücksichtigt hat – siehe oben.

Nur wenn die **Weiterbeschäftigung** bestimmter Arbeitnehmer aufgrund betriebstechnischer, wirtschaftlicher oder sonstiger berechtigter Bedürfnisse **unbedingt erforderlich** ist, kann der Arbeitgeber diese Arbeitnehmer von der Sozialauswahl ausschließen (§ 1 Abs. 3 Satz 2 BetrVG).

Gründe für eine betriebsbedingte Kündigung können sein:

- **Innerbetriebliche Gründe**, z. B. Rationalisierungsmaßnahmen, Umstellung oder Einschränkung der Produktion. Sie unterliegen als Folge unternehmerischer Entscheidungen, die auch riskante und Fehlentscheidungen sein können, grundsätzlich **keiner arbeitsrechtlichen Kontrolle**. Das gilt aber nicht für offensichtlich unsachliche, unvernünftige und willkürliche Entscheidungen.

- **Außerbetriebliche Gründe**, z. B. Umsatzrückgang, Rohstoffmangel, Absatzschwierigkeiten. Im Gegensatz zu den innerbetrieblichen Gründen sind sie der **arbeitsgerichtlichen Kontrolle** unterworfen.

Die innerbetrieblichen und/oder außerbetrieblichen Gründe müssen zum **Wegfall des bzw. der Arbeitsplätze** führen bzw. das **Bedürfnis für die Weiterbeschäftigung** des oder der gekündigten Arbeitnehmer entfallen lassen. Außerdem bedarf die betriebliche Kündigung der **Dringlichkeit**, was bedeutet, dass die Kündigung unvermeidbar sein muss, also keine anderweitigen die Kündigung vermeidenden Maßnahmen ergriffen werden können.

Betriebliche Gründe können dazu führen, dass nicht nur einzelne Arbeitnehmer von einer Kündigung betroffen sind, sondern **mehrere oder viele Arbeitnehmer**. Dabei können unterschieden werden:

- **Massenentlassung**

- **Betriebsänderung**.

2.1.2.5.1 MASSENENTLASSUNG

Eine Massenentlassung liegt vor, wenn folgende Bedingungen gegeben sind (§ 17 Abs. 1 KSchG):

Anzahl der regelmäßig Beschäftigten	Entlassungen von Arbeitnehmern innerhalb von 30 Kalendertagen
21 bis 59 60 bis 499 500 und mehr	mehr als 5 mindestens 10 % oder mehr als 25 mindestens 30

Bei einer Massenentlassung besteht ein besonderer **Kündigungsschutz**.

Folgende Schritte sind bei einer **Massenentlassung** einzuhalten:

Unterrichtung des Betriebs- rates	Sie hat nach § 92 BetrVG zu erfolgen. Danach hat der Arbeitgeber den Betriebsrat über die **Personalplanung** und die sich daraus ergebenden Maßnahmen rechtzeitig und umfassend zu unterrichten. Nach § 17 Abs. 2 Satz 1 KSchG muss eine **schriftliche Information** des Betriebsrates erfolgen, und zwar im Hinblick auf: ▸ Gründe für die geplanten Entlassungen ▸ Zahl und Berufsgruppen der betroffenen Arbeitnehmer ▸ Zahl und Berufsgruppen der i.d.R. beschäftigten Arbeitnehmer ▸ Zeitraum der Entlassungen ▸ Auswahlkriterien ▸ Kriterien für die Berechnung etwaiger Abfindungen

⇩

Mitwirkung des Betriebs- rates	Der Betriebsrat soll eine **Stellungnahme** zur Massenentlassung abgeben. Macht er dies nicht, ist ein **Nachweis** ausreichend, dass er fristgerecht unterrichtet wurde, der auch die Information über den Stand der Beratungen zu enthalten hat. Damit kann der Betriebsrat die Massenentlassung durch eine ausstehende Stellungnahme **nicht verzögern**.

⇩

Anzeigen der Massen- entlassung	Zwei Anzeigen sind notwendig: ▸ Die **Anzeige an den Präsidenten der zuständigen Regionaldirektion** (früher Landesarbeitsamt), wenn erkennbare Veränderungen des Betriebes innerhalb der nächsten 12 Monate voraussichtlich zu Massenentlassung(en) führen werden. Die **Stellungnahme des Betriebsrates** ist beizufügen bzw. der oben angesprochene **Nachweis**. ▸ Die **Anzeige an die Agentur für Arbeit** gemäß § 17 Abs. 1 KSchG, die zwei Wochen nach der Mitteilung an den Betriebsrat erfolgen soll und als Angaben enthalten muss: - Name des Arbeitgebers - Sitz und Art des Betriebes - Zahl der i.d.R. beschäftigten Arbeitnehmer - Zahl der zu entlassenden Arbeitnehmer - Gründe für die Entlassungen - Zeitraum der Entlassungen Die **Stellungnahme des Betriebsrates** ist beizufügen bzw. der oben angesprochene **Nachweis**.
Anhörung von Arbeitgeber und Betriebsrat	Der Arbeitgeber und der Betriebsrat werden vom **Massenentlassungsausschuss** der Agentur für Arbeit angehört (§ 20 Abs. 3 KSchG), der daraufhin unter Abwägung der Interessen vom Arbeitgeber, Arbeitnehmer, Öffentlichkeit und Arbeitsmarkt entscheidet.

⇩

Durchführung der Entlassungen	Die anzeigepflichtigen Massenentlassungen werden i.d.R. **nach Ablauf eines Monats** nach dem Eingang der Anzeige an die Agentur für Arbeit wirksam. Ausgesprochen können sie jedoch bereits vor der Anzeige sowie vor dem Ablauf dieser Sperrfrist werden.
	Die **Sperrfrist gilt nicht**, wenn die Agentur für Arbeit ihre Zustimmung dazu erteilt. Sie kann auch rückwirkend erfolgen (§ 18 Abs. 1 KSchG). Die Agentur für Arbeit kann in Einzelfällen die **Sperrfrist** aber auch auf **zwei Monate** ausdehnen (§ 18 Abs. 2 KSchG).

2.1.2.5.2 Betriebsänderung

Die betriebsbedingte Kündigung wird aufgrund einer Betriebsänderung ausgesprochen, die häufig Massenentlassungen zur Folge hat. Als **Merkmale** für Betriebsänderung gelten (§ 111 Satz 2 BetrVG):

- **Einschränkung** und **Stilllegung** des gesamten Betriebes oder von wesentlichen Betriebsteilen

- **Verlegung** des ganzen Betriebes oder von wesentlichen Betriebsteilen

- **Zusammenschluss** mit anderen Betrieben

- **Grundlegende Änderungen** der Betriebsorganisation, des Betriebszwecks oder der Betriebsanlagen

- **Einführung** von grundlegend neuen Arbeitsmethoden und Fertigungsverfahren.

Der **Betriebsrat** ist über geplante Betriebsänderungen, die wesentliche Nachteile für die Belegschaft oder erhebliche Teile davon zur Folge haben können, rechtzeitig und umfassend zu **unterrichten**, und die geplanten Betriebsänderungen sind mit dem Betriebsrat zu **beraten** (§ 111 Satz 1 BetrVG).

Zum **Ausgleich** und der **Milderung der Nachteile**, die den Arbeitnehmern durch die Betriebsänderung entstehen, gibt es:

- Den **Interessenausgleich** als schriftliche Vereinbarung zwischen Arbeitgeber und Betriebsrat, die sich darauf bezieht, ob, wann und wie die Betriebsänderung durchgeführt werden soll (*BAG*). Er unterliegt keiner Mitbestimmung des Betriebsrates, d. h. der Arbeitgeber kann ihn anstreben oder auch nicht:

  ▸ Bleiben die **Einigungsbemühungen ergebnislos**, ist der Arbeitgeber in seiner Handlungsweise frei. Sowohl der Arbeitgeber als auch der Betriebsrat kann daraufhin:

    - Den Präsidenten der **zuständigen Regionaldirektion** (früher Landesarbeitsamt) um Vermittlung ersuchen (§ 112 Abs. 2 Satz 1 BetrVG).
    - Die **Einigungsstelle** anrufen (§ 112 Abs. 2 Satz 2 BetrVG), die versuchen kann, eine Einigung zu Stande zu bringen. Ihr Spruch ist aber **nicht verbindlich**.

  ▸ **Unterlässt** der Arbeitgeber es, Verhandlungen zum Interessenausgleich aufzunehmen, oder **weicht er** vom Interessenausgleich ohne zwingenden Grund **ab**, muss ein **Nachteilsausgleich** erfolgen.

> Arbeitnehmer, die infolge der Abweichung entlassen werden, können den Arbeitgeber auf die **Zahlung von Abfindungen** verklagen. Erleiden sie andere wirtschaftliche **Nachteile**, hat der Arbeitgeber diese Nachteile bis zu einem Zeitraum von 12 Monaten **auszugleichen** (§ 113 Abs. 1 und 2 BetrVG).

• Den **Sozialplan**, der die wirtschaftlichen Nachteile, die Arbeitnehmern durch die Betriebsänderung entstehen, ausgleichen bzw. mildern soll. Bei seiner Aufstellung müssen die sozialen Interessen der Arbeitnehmer und die wirtschaftlichen Belange des Arbeitgebers berücksichtigt werden.

Der Sozialplan muss erstellt werden, wenn die Merkmale der Betriebsänderung gegeben sind – siehe oben – und ein Betriebsrat existiert. Es gibt aber zwei **Fälle**, in denen die Erstellung eines Sozialplanes **nicht erzwingbar** ist:

▸ Die **Anzahl der Entlassungen** liegt unterhalb folgender Größen:

Anzahl der regelmäßig Beschäftigten	Entlassungen
21 bis 59 Arbeitnehmer	20 %, aber mindestens 6 Arbeitnehmer
60 bis 249 Arbeitnehmer	20 %, aber mindestens 37 Arbeitnehmer
250 bis 499 Arbeitnehmer	15 %, aber mindestens 60 Arbeitnehmer
500 und mehr Arbeitnehmer	10 %, aber mindestens 60 Arbeitnehmer

▸ Der Betrieb besteht maximal **vier Jahre** seit seiner Gründung.

Der Betriebsrat hat ein **Mitbestimmungsrecht** bei der Erstellung des Sozialplanes. Kommt es zu keiner Einigung mit dem Arbeitgeber, entscheidet auf Antrag einer der beiden Parteien die **Einigungsstelle** über die Aufstellung des Sozialplanes; sie ersetzt so die Einigung zwischen dem Arbeitgeber und dem Betriebsrat (§ 112 Abs. 4 BetrVG).

Der **Inhalt** eines Sozialplanes ist gesetzlich nicht geregelt. Damit kann er auf die Bedürfnisse des Unternehmens und seiner Arbeitnehmer ausgerichtet werden. Wichtige **Regelungstatbestände** eines Sozialplanes sind z. B. der Geltungsbereich (anspruchsberechtigte Arbeitnehmer), der Lohnausgleich bei Versetzungen, Abfindungen bei Verlust des Arbeitsplatzes, Zuschläge zur Abfindung besonderer Belastungen.

72 ⟩⟩ Seite 549

2.1.3 Ausserordentliche Kündigung

Durch die außerordentliche Kündigung wird das Arbeitsverhältnis i.d.R. mit **sofortiger Wirkung** zum Zeitpunkt des Zuganges der Willenserklärung beendet. Da sie die schwerwiegendste Maßnahme der Personalfreistellung ist, darf sie lediglich als letztes **unabwendbares Mittel** genutzt werden.

Sie ist nur **zulässig**, wenn Tatsachen vorliegen, aufgrund derer dem Kündigenden unter Berücksichtigung aller Umstände des Einzelfalles und unter Abwägung der Interessen beider Vertragsteile die **Fortsetzung des Arbeitsverhältnisses** bis zum Ablauf der Kündigungsfrist oder bis zur vereinbarten Beendigung nicht zugemutet werden kann (§ 626 Abs. 1 BGB).

Die im Gesetz angesprochenen Tatsachen werden auch als »**wichtige Gründe**« bezeichnet. Das können z. B. Straftaten gegen den Arbeitgeber, schwerwiegende rechtswidrige und schuldhafte Leistungsverstöße, schwere Störungen des Betriebsfriedens oder schwere Wettbewerbsverstöße sein.

Liegen die wichtigen Gründe im **Leistungsbereich**, geht die Rechtsprechung davon aus, dass der außerordentlichen Kündigung eine Abmahnung vorangeht. Dies gilt nicht für wichtige Gründe im **Vertrauensbereich**, soweit eine Wiederherstellung des Vertrauens durch eine Abmahnung nicht erwartet werden kann.

Weiß der Arbeitgeber noch nicht endgültig, ob tatsächlich ein wichtiger Grund vorliegt, hat er also nur einen Verdacht, ist eine **Verdachtskündigung** möglich, die aber an strenge **Voraussetzungen** geknüpft ist (*Böckly*):

- Ein schwerwiegender, nicht auszuräumender dringender Verdacht muss bestehen, der das notwendige **Vertrauen** in den Arbeitnehmer **zerstört** hat.

- Der Verdacht muss **konkretisiert** und objektiv **durch** bestimmte **Tatsachen begründet** sein.

- Eine **hohe Wahrscheinlichkeit** muss dafür existieren, dass der zu Kündigende die Straftat oder die erhebliche Pflichtverletzung begangen hat.

- Der Arbeitgeber hat vorab seiner **Aufklärungspflicht** und **Anhörungspflicht** zu genügen, indem er den Arbeitnehmer zu dem Verdacht anhört.

Die außerordentliche Kündigung muss gemäß § 626 Abs. 2 BGB innerhalb von **zwei Wochen** nach Bekanntwerden der maßgeblichen Tatsachen erfolgen, ansonsten ist sie rechtsunwirksam. Der Tag der sicheren Kenntniserlangung zählt dabei nicht mit. Der Kündigende ist verpflichtet, dem Arbeitnehmer den **Kündigungsgrund** unverzüglich schriftlich **mitzuteilen**.

In den meisten Fällen endet das Arbeitsverhältnis – wie beschrieben – sofort zum Zeitpunkt des Zuganges der außerordentlichen Kündigung. Aus sozialen Gründen kann aber auch eine **Auslauffrist** festgelegt werden, z. B. bei langjährig Beschäftigten, was jedoch relativ selten geschieht.

Bei der außerordentlichen Kündigung ist eine Beteiligung des **Betriebsrates** anders geregelt als bei der ordentlichen Kündigung. Er ist vor der beabsichtigten außerordentlichen Kündigung zu **hören**. Eine ohne Anhörung des Betriebsrates ausgesprochene Kündigung ist unwirksam (§ 102 Abs. 1 BetrVG). Der Arbeitgeber hat ihm die **Gründe** für die Kündigung **mitzuteilen**.

Der Betriebsrat kann daraufhin **schweigen**. In diesem Fall muss nach § 102 Abs. 2 BetrVG eine Frist von drei Tagen eingehalten werden, bevor der Arbeitgeber kündigen darf. Das Schweigen darf, anders als bei der ordentlichen Kündigung, jedoch **nicht als Zustimmung** gewertet werden.

Hat der Betriebsrat gegen die außerordentliche Kündigung **Bedenken**, muss er sie innerhalb von drei Tagen schriftlich und unter Angabe von Gründen mitteilen. Ein **Widerspruchsrecht** hat der Betriebsrat **nicht**. Der Arbeitgeber kann auch gegen die Bedenken des Betriebsrates außerordentlich kündigen.

2.2 AUFHEBUNGSVERTRAG

Bei einem Aufhebungsvertrag einigen sich Arbeitgeber und Arbeitnehmer, das bestehende Arbeitsverhältnis zu einem bestimmten in der Zukunft liegenden Zeitpunkt zu beenden. Der Aufhebungsvertrag regelt somit die **einvernehmliche Auflösung** des Arbeitsverhältnisses. Er bedarf der **Schriftform** (§ 623 BGB).

Der Aufhebungsvertrag kann geschlossen werden, ohne dass **gesetzliche Schutzvorschriften** zu berücksichtigen sind. Der Betriebsrat ist nicht zu beteiligen.

Das **Angebot** eines Aufhebungsvertrages kommt meist vom Arbeitgeber. Es ist häufig mit dem Angebot einer **Abfindung** verbunden, um den Arbeitnehmer zur Annahme des Angebotes zu bewegen. Inwieweit der Arbeitgeber bzw. der Arbeitnehmer gegebene **Interessen** bei der Abfassung des Aufhebungsvertrages durchsetzen kann, hängt vor allem von der Dringlichkeit des Abschlusses und den Bewegungsgründen ab, die dem angestrebten Abschluss zu Grunde liegen.

Es sollen betrachtet werden:

- **Arten**

- **Hinweis- und Aufklärungspflichten**

- **Inhalt**

- **Anfechtung**.

2.2.1 ARTEN

Als Arten von Aufhebungsverträgen können unterschieden werden:

- Der **Aufhebungsvertrag im klassischen Sinne**, in dem – wie oben beschrieben – die einvernehmliche Auflösung des Arbeitsverhältnisses vereinbart wird, ohne dass ihm eine Kündigung vorausgeht. Er stellt also eine **Alternative zur Kündigung** dar und wird im Folgenden dementsprechend näher behandelt.

- Der **Abwicklungsvertrag** als ein Aufhebungsvertrag, dem eine **Kündigung vorausgegangen** ist, durch die das Arbeitsverhältnis endete. In ihm werden daraufhin lediglich die Modalitäten der Beendigung geregelt. Dies kann geschehen:

▸ **Außergerichtlich**, also einvernehmlich zwischen Arbeitgeber und Arbeitnehmer nach der Kündigung, meist um dem Arbeitnehmer Nachteile beim Bezug von Arbeitslosengeld zu ersparen.

▸ **Gerichtlich**, indem der Abwicklungsvertrag im Rahmen eines **Prozessvergleiches** bzw. eines **arbeitsgerichtlichen Vergleiches** geschlossen wird. Vorangegangen ist dem Vergleich eine aus einer Kündigung resultierende Kündigungsschutzklage.

Weiterhin gibt es noch den **bedingten Aufhebungsvertrag**. Es ist zwar grundsätzlich unzulässig, den Aufhebungsvertrag unter einer Bedingung zu schließen, z. B. unter der Voraussetzung, dass der Arbeitnehmer nicht rechtzeitig aus dem Urlaub zurückkehrt (*BAG*). Dennoch ermöglicht die Rechtsprechung, die Beendigung von einem zukünftigen, ungewissen Ereignis abhängig zu machen (*Schaub*).

Dabei müssen die vereinbarten Bedingungen dem **wohlverstandenen Interesse des Arbeitnehmers** dienen oder durch besondere **sachliche Gründe** gerechtfertigt sein (*Bengelsdorf*). Der bedingte Aufhebungsvertrag ist unwirksam, wenn durch ihn zwingende Vorschriften des Kündigungsschutzes umgangen werden (*Kotthaus*).

2.2.2 Hinweis- und Aufklärungspflichten

Grundsätzlich ist vom **Arbeitnehmer** zu erwarten, dass er sich selbst über die rechtlichen Folgen **informiert**, die mit dem Abschluss des Aufhebungsvertrages verbunden sind. Es wird davon ausgegangen, dass ein Arbeitnehmer, der den Auflösungsvertrag wünscht oder das Auflösungsangebot nach einer Bedenkzeit annimmt, die Folgen seines Entschlusses überdacht und erforderlichenfalls geeignete Informationen eingeholt hat.

Andernfalls kann es sein, dass der **Arbeitgeber** bestimmte Hinweis- und Aufklärungspflichten hat:

• Dies **trifft nicht zu**, wenn der Arbeitnehmer selbst die Aufhebung des Arbeitsverhältnisses initiiert, aber auch wenn er von einem Rechtsanwalt oder einem Gewerkschaftsmitglied vertreten wird.

• Ist dies **nicht der Fall**, muss der Arbeitgeber **aufklären** über (*Weslau*):

▸ Den **Verlust eines Sonderkündigungsschutzes**, wenn der Arbeitnehmer sich erkennbar im Irrtum befindet.

▸ **Nachteilige Folgen bei der betrieblichen Altersversorgung**, wenn der Arbeitnehmer darauf vertrauen darf, dass der Arbeitgeber seine Interessen wahrt und ihn vor unbedachten nachteiligen Folgen bewahren will.

▸ Über **sozialrechtliche Nachteile**, wobei keine umfassende Unterrichtung über **Sperrzeiten und Ruhezeiten** des Arbeitslosengeldes erforderlich und auf die Informationsmöglichkeiten bei der Agentur für Arbeit hinzuweisen ist.

Gibt der Arbeitgeber **nicht** die erforderlichen oder **falsche Auskünfte**, kann der Arbeitnehmer **Schadensersatz** von ihm fordern. Am Bestand des Aufhebungsvertrages ändert sich aber nichts.

2.2.3 Inhalt

Arbeitgeber und Arbeitnehmer sind in der inhaltlichen Gestaltung des Aufhebungsvertrages frei. Die Regelung folgender **Tatbestände** kann sich, je nach den Gegebenheiten des Einzelfalles, vielfach anbieten:

Beendigungszeitpunkt	Wird er **nicht festgelegt**, endet das Arbeitsverhältnis sofort. Er sollte **so gewählt** werden, dass der Arbeitnehmer sich eine neue Stelle suchen kann sowie unter Berücksichtigung sozial- und steuerrechtlicher Folgen festgelegt werden.
Beendigungsgrund	Er sollte angegeben werden, wenn eine **Abfindung** gezahlt wird. Bei arbeitgeberseitiger Veranlassung der Auflösung kann der **Steuerfreibetrag** in Anspruch genommen sowie ohne Sperrzeit das **Arbeitslosengeld** bezogen werden.
Freistellung/ Urlaub	Es kann eine **Freistellung** des Arbeitnehmers **unter Fortzahlung des Lohnes** vereinbart werden, wobei ein noch bestehender Urlaubsanspruch dabei anzurechnen wäre (*Bährle*).
Betriebliche Altersversorgung	Ihre Behandlung ist wichtig. Der Arbeitnehmer darf sich **nur bei einer verfallbaren oder geringfügig unverfallbaren Anwartschaft abfinden** lassen, ansonsten ist die Abfindungsklausel unwirksam (*Bleistein*).
Nachträgliches Wettbewerbsverbot	Es kann sein, dass der Arbeitgeber ein bestehendes **Wettbewerbsverbot ändern** oder ein Wettbewerbsverbot überhaupt erst **vereinbaren** will. Bei einem erstmaligen Wettbewerbsverbot darf die **Karenzentschädigung** von mindestens 50 % des zuletzt bezogenen Entgeltes nicht in die Abfindung eingerechnet werden, um dieser Zahlung ggf. zu entgehen (*Welslau*).
Erledigungsklausel	Auch die Erledigung aller gegenseitigen Ansprüche aus dem Arbeitsverhältnis und seiner Beendigung kann vereinbart werden. Mit dem **Zeitpunkt der Unterzeichnung** enden die Ansprüche (*Weber/Ehrich/Hoß*).
Abfindung	Der **Arbeitgeber** ist **dazu nicht verpflichtet**, bietet sie jedoch in nahezu allen Fällen an, wenn er Initiator des Arbeitsvertrages ist. Dagegen ist sie kein Vertragsinhalt, wenn der Arbeitnehmer den Aufhebungsvertrag anstrebt, z. B. um rasch eine neue Stelle antreten zu können oder einer drohenden Kündigung wegen vertragswidrigen Verhaltens zu entgehen (*Bährle*). Die **Höhe der Abfindung** wird häufig unter Ansatz eines halben bis eines Monatslohnes pro Beschäftigungsjahr berechnet. Es wird aber auch der Höchstbetrag einer gerichtlichen Auflösung des Arbeitsverhältnisses gemäß § 10 KSchG als Maßstab herangezogen.
Salvatorische Klausel	Sie kann den **Abschluss** des Aufhebungsvertrages bilden. Darin lässt sich bestimmen, dass bei **Nichtigkeit eines Vertragsteiles** nicht die Nichtigkeit des gesamten Vertrages eintritt. Es ist zu empfehlen zu vereinbaren, dass **anstelle** der **unwirksamen Bestimmung** eine **wirksame Regelung** zu treffen ist.

Weitere Regelungen im Aufhebungsvertrag können die Rückgabe des Dienstwagens, die Rückzahlung von Darlehen bzw. Vorschüssen, die Werkswohnung, Gratifikationen und Tantiemen, arbeitnehmerbezogene Versicherungen, Diensterfindungen und Geschäfts- bzw. Betriebsgeheimnisse betreffen.

2.2.4 Anfechtung

Der Arbeitnehmer kann den Auflösungsvertrag nach § 119 ff. BGB anfechten, wenn folgende **Tatbestände** vorliegen:

- Er hat sich bei Abschluss des Vertrages **geirrt**
- Er wurde **arglistig getäuscht**
- Seine Willenserklärung erfolgte wegen **widerrechtlicher Drohung**.

In der Praxis ist i.d.R. lediglich die widerrechtliche Drohung mit ordentlicher oder außerordentlicher Kündigung bedeutsam. Sie ist nach *BAG* aber nur gegeben und führt zur Nichtigkeit des Aufhebungsvertrages, wenn ein verständiger Arbeitgeber die Kündigung nicht ernsthaft in Erwägung ziehen konnte (*Kast/Pietrzyk*).

Die Anfechtung nach § 119 BGB mit der Begründung, dass der Arbeitnehmer sich über den **Inhalt** des Auflösungsvertrages **geirrt** habe, kann zu dessen Nichtigkeit führen. Wird wegen **Irrtums** angefochten, z. B. im Hinblick auf das Bestehen einer Schwangerschaft, den Verlust der Rechte aus dem MuSchG oder das Bestehen einer Schwerbehinderung bringt das keinen Erfolg (*BAG*).

74 〉 Seite 550

2.3 Outplacement

Beim Outplacement erfolgt die **Trennung des Unternehmens** von einem oder mehreren **Mitarbeitern**. Sie kann aus betrieblichen Gründen erfolgen, z. B. bei Umstrukturierungen, oder auch aus persönlichen Gründen, z. B. bei Unstimmigkeiten mit Vorgesetzten bzw. nicht (mehr) bewältigten Aufgaben.

Das Unternehmen setzt den oder die Mitarbeiter frei, bietet ihm oder ihnen jedoch **auf eigene Kosten** eine **Beratung** und **Unterstützung** bei der Suche nach einem **neuen Arbeitsplatz**, welcher der Qualifikation und den Bedürfnissen des bzw. der Stellen suchenden Mitarbeiter entspricht. Es sollen bewirkt werden:

- Die psychische Verarbeitung des Arbeitsplatzverlustes
- Die Formulierung beruflicher Ziele
- Eine bestmögliche Bewerbung.

Für das Unternehmen stehen **soziale Motive** im Vordergrund, indem den Betroffenen bei der Verarbeitung der Trennung auf psycho-emotionaler Ebene unter Einbeziehung ihres sozialen Umfeldes und bei der erfolgreichen Neupositionierung im Arbeitsmarkt geholfen wird.

Aber auch **wirtschaftliche Motive** können bedeutsam sein, z. B. die Vermeidung von Rechtsstreitigkeiten, Kosteneinsparung durch verkürzte Restlaufzeiten von Arbeitsverträgen, Einsparung nicht mehr benötigter Führungspositionen oder Korrektur fehlbesetzter Positionen.

Das Outplacement kann in verschiedener Weise erfolgen:

- **Arten**

- **Ablauf**

- **Einsatz.**

2.3.1 ARTEN

Als Arten des Outplacement lassen sich unterscheiden:

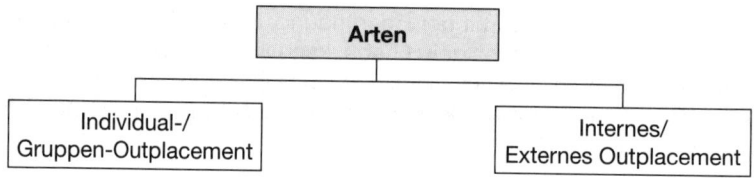

2.3.1.1 INDIVIDUAL-/GRUPPEN-OUTPLACEMENT

Das **Individual-Outplacement** ist jeweils auf einen einzelnen Mitarbeiter ausgerichtet, der i.d.R. eine Führungskraft ist. Die Firma *Rundstedt & Partner GmbH* hat seine typischen **Merkmale** statistisch ermittelt:

Alter:	43 Jahre	**Bisheriges Gehalt:**	ø 85.350 €
Geschlecht:	männlich	**Neues Gehalt:**	ø 86.450 €
Beratungsdauer:	5 Monate		

Im Unternehmen können mehrere Mitarbeiter nebeneinander ein Individual-Outplacement erhalten. Das Individual-Outplacement ist die **klassische Art** bzw. Form des Outplacements. Sie wird auch als **Einzel-Outplacement** bezeichnet.

Das **Gruppen-Outplacement** erfolgt für mehrere Mitarbeiter gleichzeitig. Es bietet sich vor allem für tarifliche Mitarbeiter an, z. B. bei der Veränderung oder Auflösung größerer Organisationseinheiten. Für Mitarbeiter, denen es schwer fällt, sich von anderen Stellensuchenden zu differenzieren und zielgerecht zu präsentieren, ist das Gruppen-Outplacement vorteilhaft (*Sattelberger*).

Der **Nutzen** des Outplacement zeigt sich nach einer Studie des *COPLAN*-Institutes darin, dass Teilnehmer **häufiger** zu **Vorstellungsgesprächen** eingeladen wurden und **eher eine Stelle** fanden als Nichtteilnehmer. Allerdings war auch eine erhebliche **Abhängigkeit** des Erfolges **von persönlichen Merkmalen** wie Qualifikation und Alter sowie von der Verhaltensweise der Betroffenen gegeben (*Haari*).

Als Mischform von Individual- und Gruppen-Outplacement gibt es noch die **Gruppenberatung**, die durch Einzelgespräche ergänzt wird. Bei ihr sollen allgemeine Bewertungstechniken vermittelt und auf individuelle Bedürfnisse des Einzelnen eingegangen werden (*Hartmann*).

2.3.1.2 INTERNES/EXTERNES OUTPLACEMENT

Beim **internen Outplacement** ist der Outplacement-Berater ein **Mitarbeiter des Unternehmens**. Die Zweckmäßigkeit dieses Ansatzes wird unterschiedlich gesehen. *Stroebe* begrenzt seine Aufgabenstellung deutlich auf Fragen der Koordination und Kommunikation, *Wegmann* sieht eine externe Beteiligung nur dann als notwendig an, wenn sensible Stellen im Unternehmen betroffen sind.

Das **externe Outplacement** geschieht durch **spezialisierte Berater bzw. Beratungsunternehmen**, deren Zahl sich in den vergangenen Jahren erheblich gesteigert hat. Grundlage ist ein **Beratungsvertrag**. Welcher Berater für das Outplacement in Betracht kommen sollte, hängt insbesondere ab von:

- Dem **Beraterprofil**, wobei der Berater über Branchenkenntnisse, Arbeitsmarktkenntnisse, psychologisches Basiswissen, pädagogisches Wissen, langjährige Berufserfahrung, Führungserfahrungen und Freistellungserfahrungen verfügen sollte.

- Dem **Beraterkonzept**, dem als Aufgaben zu Grunde liegen können:

  > ▸ Die organisatorische Vorbereitung von Freistellungen
  > ▸ Die Beratung bei Aufhebungsverträgen
  > ▸ Die Beratung bei Sozialplänen
  > ▸ Die Schulung von Vorgesetzten zur Führung von Trennungsgesprächen
  > ▸ Die Beratung und Betreuung des ausscheidenden Mitarbeiters
  > ▸ Die Wiedereinführung des Mitarbeiters in den Arbeitsmarkt

- Den **Beratungskosten**, die nach Art und Höhe unterschiedlich sein können, z. B.:

Kosten für Einzelberatung		Kosten für Gruppenberatung	
Führungskraft	**Tarifmitarbeiter**	**Tagessatz**	**Teilnehmersatz**
1,5 bis 2 % vom Jahreseinkommen	2.000 bis 12.500 €	1.200 bis 6.000 € pro Berater	750 bis 6.000 €
ggf. zuzüglich 2.000 bis 2.500 € Sachkostenpauschale	ggf. zuzüglich 2.000 bis 2.500 € Sachkostenpauschale	ohne zusätzliche Kosten	ggf. zuzüglich Sachkosten

Der Berater übernimmt **keine Arbeitsvermittlung**, er leistet lediglich »Hilfe zur Selbsthilfe«.

2.3.2 Ablauf

Der Beratungsprozess läuft beim **Individual-Outplacement** grundsätzlich in folgender Weise ab (*Grawert*):

1. Phase	**Analyse und Entscheidungsfindung**
	▸ Bewältigung des Trennungserlebnisses ▸ Erarbeitung eines Stärken-Schwächen-Profils ▸ Erarbeitung der beruflichen Zielsetzung

⇩

2. Phase	**Aufbau einer Marketingsstrategie**
	▸ Entwicklung einer Bewerbungsstrategie ▸ Erarbeitung aussagekräftiger Bewerbungsunterlagen

⇩

3. Phase	**Durchführung und Abschluss der Bewerbungskampagne**
	▸ Bewerbung auf verschiedenen Bewerbungswegen ▸ Vorstellungsgespräche planen, trainieren und durchführen ▸ Begleitung in den neuen Berufsstart

Der Outplacememt-Berater sollte den betreffenden Kandidaten bis zu dessen voller Integration unterstützend begleiten.

2.3.3 Einsatz

Im Vergleich zu anderen europäischen Staaten ist die Einsatzhäufigkeit des Outplacement in Deutschland relativ gering, obgleich es eine Reihe von positiven Wirkungen für das freisetzende Unternehmen aufweist.

Vorteile für das Outplacement betreibende **Unternehmen** sind z. B.:

• Vermeidung arbeitsrechtlicher Schritte durch freigesetzte Mitarbeiter
• Demonstration sozialer Verantwortung durch das Unternehmen
• Aufrechterhaltung des guten Rufes in der Öffentlichkeit
• Verkürzung des Trennungsprozesses
• Korrigierbarkeit von Fehlbesetzungen.

Für den **Mitarbeiter** ergeben sich z. B. folgende **Vorteile**:

• Bessere psychische Bewältigung der Trennung
• Finanzielle Absicherung freigesetzter Mitarbeiter

- Verstärkung des Selbstwertgefühls durch Einbeziehung in den Ablauf
- Realistische Einschätzung von Stärken und Schwächen
- Erkennung neuer Chancen und Entwicklungsmöglichkeiten
- Verkürzung der Übergangsphase.

Der Einsatz des Outplacement ist aber nur dann erfolgreich, wenn das freisetzende Unternehmen sich damit in vollem Umfang identifiziert und nicht nur sein Gewissen beruhigt. Ebenso muss vom Betroffenen erwartet werden, dass er die Maßnahme will, von ihr überzeugt und bereit ist, sich uneingeschränkt einzubringen.

75 >> Seite 550

2.4 ABSCHLIESSENDE MASSNAHMEN

Mit der externen Personalfreistellung scheidet der Arbeitnehmer aus dem Unternehmen aus. In vielen Fällen wird er eine neue Tätigkeit in einem anderen Unternehmen aufnehmen. Sie kann mit diesem Unternehmen bereits vereinbart sein. Es ist aber auch möglich, dass noch kein neuer Arbeitsplatz zur Verfügung steht, z. B. weil der Arbeitgeber gekündigt hat und die Stellensuche noch andauert.

Abschließende Maßnahmen des Arbeitgebers können bzw. müssen sein:

- Die **Beurlaubung** des Arbeitnehmers, dem **zum Zwecke** der **Bewerbung** »angemessene« Freizeit zu gewähren ist. Dabei sind zu unterscheiden:

Unbefristetes Arbeitsverhältnis	Der Anspruch entsteht, wenn das Ende des Arbeitsverhältnisses absehbar ist, z. B. eine Kündigung bereits erfolgt ist oder ein Aufhebungsvertrag geschlossen wurde.
Befristetes Arbeitsverhältnis	Der Arbeitnehmer ist zu beurlauben, wenn der vorgesehene Beendigungszeitpunkt so nah ist, dass der übliche Kündigungstermin bereits verstrichen wäre.

- Wenn die Personalfreistellung durch den Mitarbeiter initiiert wurde, empfiehlt es sich, ein **Abgangsinterview** zu führen, das folgenden Zwecken dient:

  ▸ Die tatsächlichen Kündigungsgründe festzustellen
  ▸ Betriebliche Schwachstellen aufzudecken
  ▸ Aversionen gegenüber dem Unternehmen abzubauen
  ▸ Dank und Verabschiedung vorzubereiten

- Geht die Initiative zur Personalfreistellung vom Unternehmen aus, empfiehlt sich ein **Entlassungsgespräch**, das vom Vorgesetzten oder einem Mitarbeiter der Personalabteilung zu führen wäre. Es dient der Aufarbeitung der eingetretenen Situation und der Hilfestellung im Hinblick auf die künftige berufliche Perspektive sowie dem Austausch, wie das Arbeitsverhältnis abschließend abgewickelt wird.

- Es ist ein **Arbeitszeugnis** für den Arbeitnehmer zu erstellen. Darauf hat er Anspruch. Ausführungen zum Arbeitszeugnis finden sich im Kapitel C., S. 140 ff.

- Die **Arbeitspapiere** werden dem Arbeitnehmer ausgehändigt. Dies geschieht i.d.R., nachdem mithilfe eines Laufzettels festgestellt wurde, dass im Unternehmen keine Forderungen mehr an den Arbeitnehmer bestehen, insbesondere mögliches Firmeneigentum zurückzugeben ist.

Die Rückgabe von Firmeneigentum sowie die Übergabe der Arbeitspapiere wird häufig in einer **Ausgleichsquittung** festgehalten.

76 》 Seite 551

KONTROLLFRAGEN	bear-beitet	Lösungs-hinweise	Lö-sung	
			+	−
01 Was versteht man unter Personalfreistellung?		421		
02 Aus welchen Gründen können Personalfreistellungen im Unternehmen notwendig werden?		421		
03 Nennen Sie arbeitserhaltende und arbeitsbeschaffende Maßnahmen als Alternativen zur internen Personalfreistellung!		421 f.		
04 Wie könnte eine sanfte Reduzierung des Personalbestandes als Alternative der internen Personalfreistellung geschehen?		422		
05 Was verstehen Sie unter Mehrarbeit?		423		
06 Worin sind die arbeitgeber- und arbeitnehmerseitigen Vorteile und Nachteile beim Abbau von Überstunden zu sehen?		423		
07 Erläutern Sie was unter Kurzarbeit zu verstehen ist!		423		
08 Wie ist die Kurzarbeit aus Sicht des Unternehmens und der Arbeitnehmer zu beurteilen?		423		
09 Was ist die Voraussetzung für ein Unternehmen, Kurzarbeit einzuführen?		423		
10 Welche betrieblichen Auswirkungen hat eine veränderte Gestaltung des Urlaubs?		423		
11 Worin unterscheiden sich die individuelle und kollektive Gestaltung des Urlaubs?		423 f.		
12 Inwieweit hat der Betriebsrat bei der Gestaltung des Urlaubes Beteiligungsrechte?		424		
13 Wie kann die Umwandlung eines Vollzeitvertrages in einen Teilzeitvertrag bewirkt werden?		424		
14 Wie ist die Machbarkeit der Umwandlung von Vollzeitstellen in Teilzeitstellen zu beurteilen?		425		
15 Inwieweit hat der Betriebsrat Beteiligungsrechte dabei?		425		
16 Wie kann eine allgemeine Arbeitszeitverkürzung beurteilt werden?		425		
17 Stellen Sie mögliche Beteiligungsrechte des Betriebsrates bei der allgemeinen Arbeitszeitverkürzung dar!		425		
18 Mithilfe welcher Maßnahmen kann eine Flexibilisierung der Arbeitszeit erfolgen und was ist dabei zu beachten?		426		
19 Wie kann die örtliche Personalanpassung geschehen?		426		
20 Worin bestehen die Probleme bei der Versetzung als Maßnahme der internen Personalfreistellung?		426		
21 Inwieweit hat der Betriebsrat Beteiligungsrechte bei der Versetzung?		426		
22 Welchen Unterschied gibt es zwischen Versetzung und Umsetzung?		427		
23 Wie kann eine qualitative Anpassung erfolgen?		427		
24 Beschreiben Sie die Fortbildung als Maßnahme der internen Personalfreistellung!		427		
25 Inwieweit hat der Betriebsrat Beteiligungsrechte bei der Fortbildung?		427		

54	Welche positiven Gründe für eine Kündigung müssen bzw. welche negativen Gründe dürfen nicht vorliegen?	435		
55	Wie wird festgestellt, ob eine Auswahl sozialwidrig ist?	435		
56	Wie kann die Weiterbeschäftigung des zur Kündigung anstehenden Arbeitnehmers erfolgen?	436		
57	Erläutern Sie, auf welche Personengruppen sich der besondere Kündigungsschutz bezieht!	437		
58	Wie ist der Betriebsrat bei einer ordentlichen Kündigung zu beteiligen?	437		
59	Welche Möglichkeiten hat der Betriebsrat bei einer ordentlichen Kündigung Stellung zu beziehen?	437 f.		
60	Wann darf der Arbeitgeber die ordentliche Kündigung aussprechen?	438		
61	Was ist eine personenbezogene Kündigung und worin kann ihre Begründung liegen?	438		
62	Unter welchen Voraussetzungen darf personenbezogen gekündigt werden?	438		
63	Worin liegen die Erfordernisse zur sozialen Rechtfertigung der Kündigung bei krankheitsbedingten Fehlzeiten?	438		
64	Beschreiben Sie, wie die mangelnde Eignung des Arbeitnehmers als personenbedingten Kündigungsgrund aussehen kann!	438 f.		
65	Welche Gründe kann es für eine verhaltensbedingte Kündigung geben?	439		
66	Inwieweit ist es erforderlich, vor einer verhaltensbedingten Kündigung (mindestens) eine Abmahnung vorzunehmen?	439		
67	Was ist vom Arbeitgeber zu beachten, wenn er erfolgreich abmahnen will?	439 f.		
68	Was ist unter der betriebsbedingten Kündigung zu verstehen?	441		
69	Wann ist die betriebsbedingte Kündigung sozial ungerechtfertigt?	441		
70	Welche Gründe kann es für eine betriebsbedingte Kündigung geben?	441		
71	Welche Erfordernisse gibt es für die betriebsbedingte Kündigung, wenn sie erfolgreich sein soll?	441		
72	Worum handelt es sich bei einer Massenentlassung?	441		
73	Beschreiben Sie die Schritte, in denen die Massenentlassung durchzuführen ist!	442 f.		
74	Wann werden anzeigepflichtige Massenentlassungen i.d.R. wirksam?	443		
75	Inwieweit kann die Agentur für Arbeit eine Sperrfrist verändern?	443		
76	Was gilt als Betriebsänderung und inwieweit ist der Betriebsrat dabei zu beteiligen?	443		
77	Wozu dient der Interessenausgleich?	443		
78	Wann muss ein Nachteilsausgleich geschlossen werden?	443 f.		
79	Welchen Zweck wird mit dem Sozialplan verfolgt?	444		
80	Inwieweit ist der Betriebsrat beim Sozialplan zu beteiligen?	444		
81	Was kann unter der außerordentlichen Kündigung verstanden werden und welche Voraussetzungen gibt es für sie?	444 f.		
82	Welche Gründe gibt es für die außerordentliche Kündigung?	445		

83	Inwieweit bedarf es vor der außerordentlichen Kündigung einer Abmahnung?		445		
84	Was ist eine Verdachtskündigung und unter welchen Voraussetzungen ist sie zulässig?		445		
85	Wann muss die außerordentliche Kündigung erfolgen?		445		
86	Welche Bedeutung hat die Auslauffrist?		445		
87	Wie ist der Betriebsrat bei der außerordentlichen Kündigung zu beteiligen?		445 f.		
88	Was versteht man unter einem Aufhebungsvertrag und welche Arten lassen sich unterscheiden?		446 f.		
89	Inwieweit sind bedingte Aufhebungsverträge rechtlich zulässig?		447		
90	Erläutern Sie, inwieweit der Arbeitgeber Hinweis- und Aufklärungspflichten hat!		447		
91	Welche Folge(n) haben falsche Auskünfte des Arbeitgebers?		447		
92	Beschreiben Sie, welche Regelungen im Auflösungsvertrag getroffen werden können!		448		
93	Aus welchen Gründen kann der Arbeitnehmer den Aufhebungsvertrag anfechten?		449		
94	Was geschieht beim Outplacement und wozu dient es für den betroffenen Arbeitnehmer?		449		
95	Welche Gründe gibt es für Unternehmen, Outplacement anzubieten?		449 f.		
96	Erläutern Sie, welche Arten von Outplacement unterschieden werden können!		450 f.		
97	Nach welchen Kriterien sollten externe Outplacement-Berater ausgewählt werden?		451		
98	Wie läuft der Prozess des Outplacement grundsätzlich ab?		452		
99	Worin sind die Vorteile des Outplacement für das Unternehmen und für die Mitarbeiter zu sehen?		452 f.		
100	Erläutern Sie, welche abschließenden Maßnahmen bei der externen Personalfreistellung erfolgen!		453 f.		

I. PERSONALVERWALTUNG

Die Personalverwaltung stellt die Gesamtheit aller **administrativen, routinemäßigen Tätigkeiten** im Bereich der Personalwirtschaft dar. Sie wird von der Personalabteilung wahrgenommen, die jedoch auch **Gestaltungsaufgaben** hat. Während früher die Verwaltungsaufgaben für die Personalabteilung stark im Vordergrund standen, hat sich das Verhältnis inzwischen gewandelt.

Die Personalabteilung ist, je nach Aufgabenstellung, allein oder aber im Zusammenwirken mit den Fachabteilungen gestaltend tätig. Es gibt jedoch auch Gestaltungsaufgaben, die ausschließlich den Fachabteilungen zufallen. Die Verwaltungsaufgaben stellen sich der Personalabteilung im Wesentlichen allein.

Die Personalverwaltung durch die Personalabteilung ist aus verschiedenen **Gründen** erforderlich:

- **Internen Gründen**, z. B. Anforderungen und Wünsche der Mitarbeiter, Unterstützung der Personalleitung, Unterstützung für die Führungskräfte.
- **Externen Gründen**, z. B. gesetzlichen und behördlichen Veranlassungen, Erfordernissen aufgrund von Tarifverträgen und Betriebsvereinbarungen, Erfordernissen aufgrund geschlossener Arbeitsverträge, Anforderungen durch Verbände, Sozialversicherungsträger.

Durch gesetzliche, tarifvertragliche und andere Vorgaben ist die Personalverwaltung nur in eingeschränktem Umfang gestaltbar. Sie dient mehreren **Zwecken**:

- Der **Information**, die sich sowohl auf einzelne Mitarbeiter als auch auf Gruppen bzw. die gesamte Belegschaft bezieht. Sie muss aktuell sein, d. h. den letztmöglichen Stand aufweisen.
- Der **Abwicklung** personalbezogener Vorgänge, die in all ihren administrativen Erfordernissen durchzuführen ist, z. B. bei Einstellung, Versetzung, Beförderung und Austritt von Mitarbeitern.
- Der **Abrechnung**, in deren Mittelpunkt die Entgeltabrechnung steht, des Weiteren z. B. aber auch die Abrechnung von Reisekosten, gewährten Darlehen, Werksverkäufen, privaten Telefongesprächen.
- Der **Meldung**, die sein kann:

Externe Meldung	▸ Meldung an Agentur für Arbeit ▸ Lohnnachweis für die Berufsgenossenschaften ▸ IHK-Meldung	▸ Lohnsteueranmeldung beim Finanzamt ▸ Entgeltnachweis an die Sozialversicherungen
Interne Meldungen	▸ Ablauf der Probezeit ▸ Versetzungsmeldung ▸ Meldung von Sonderzahlungen	▸ Geburtstagsmeldung ▸ Jubiläumsmeldung ▸ Schwerbeschädigtenverzeichnis

- Der **Überwachung**, die bei einer Reihe von Vorgängen und Gegebenheiten zu erfolgen hat, z. B. Fluktuation, Krankenstand, Arbeitszeit, Überstunden, Urlaub.

Die von der Personalverwaltung anzustrebenden **Ziele** leiten sich direkt von den Zielen der Personalwirtschaft, aber auch von den Zielen des Unternehmens ab:

- Die **Aktualität**, wonach die Ergebnisse der Personalverwaltung **zeitnah** sein und **kurzfristig** vorliegen müssen, z. B. um zu ermöglichen, das Personalwesen zu überwachen, erforderliche Aktionen zu erkennen, Maßnahmen so schnell zu ergreifen, dass sie noch wirksam sind.

- Die **Transparenz**, die sich auf einzelne Mitarbeiter, Gruppen und die Gesamtheit der Belegschaft beziehen kann. Sie kann Strukturen und ihre Veränderungen, z. B. als Altersaufbau, Bewegungen und ihre Auswirkungen, z. B. als Fluktuation, Entwicklungen und ihre Einflüsse, z. B. als Lohnkostenanstieg zum Gegenstand haben.

- Die **Fehlerfreiheit**, die von besonderer Wichtigkeit ist, denn hinter jeder Akte und jedem Vorgang steht ein Mensch, für den das Unternehmen zur Fürsorge verpflichtet ist und in der Verantwortung steht.

- Die **Aussagekraft**, durch die sich die Ergebnisse der Personalwirtschaft auszeichnen sollten, was geschehen kann durch hinreichende Detaillierung der Ergebnisse, Angabe von Vergleichswerten wie Soll- oder Vorjahreswerte, Fortschreibung bisheriger Ergebnisse.

- Die **Wirtschaftlichkeit**, die für die Personalverwaltung gegeben sein muss, z. B. durch Nutzung geeigneter Methoden und Techniken sowie der EDV.

Die **Vertraulichkeit** der Personaldaten ist **kein Ziel**, sondern ein zwingendes Erfordernis der Personalverwaltung. Sie wird als **Datenschutz** noch behandelt.

Als Personalverwaltung sollen behandelt werden:

Personal-verwaltung	Aufgaben
	Durchführung
	Instrumente
	Personalinformationssysteme
	Personalrechnungswesen
	Datenschutz

1. AUFGABEN

Die Aufgaben der Personalverwaltung sind vielfältiger Art. Zu ihnen zählen:

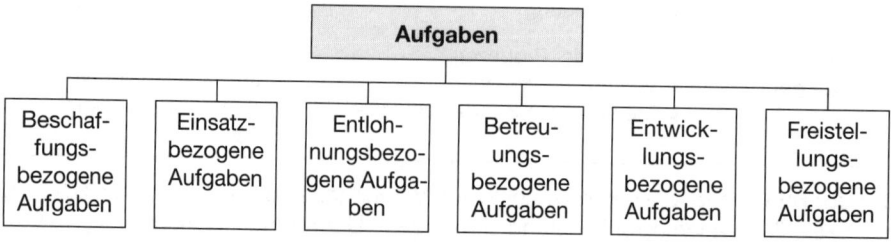

Aufgaben					
Beschaffungsbezogene Aufgaben	Einsatzbezogene Aufgaben	Entlohnungsbezogene Aufgaben	Betreuungsbezogene Aufgaben	Entwicklungsbezogene Aufgaben	Freistellungsbezogene Aufgaben

1.1 BESCHAFFUNGSBEZOGENE AUFGABEN

Die Personalbeschaffung beginnt mit der **Personalplanung**. Aufgabe der Personalverwaltung ist es, die hierfür notwendigen Daten bereitzustellen als:

- Daten für die Personalbestandsplanung
- Daten für die Personalbedarfsplanung
- Daten für die Personalbeschaffungsplanung

Weitere beschaffungsbezogene **Aufgaben** der Personalverwaltung sind z. B.:

- Schreiben/Aushang innerbetrieblicher Stellenausschreibungen
- Abwickelnde Tätigkeiten für Stellenanzeigen
- Entgegennahme der Bewerbungsunterlagen
- Entgegennahme des Personalfragebogens
- Weiterleitung der Bewerbungsunterlagen an die Fachabteilung
- Korrespondenz mit Bewerbern
- Korrespondenz mit Betriebsrat (z. B. für Zustimmung)
- Ausfertigung des Arbeitsvertrages
- Ausfertigung des Werkausweises
- Entgegennahme von Lohnsteuerkarte/Sozialversicherungsheft
- Entgegennahme der Urlaubsbescheinigung
- Bereitstellung von Unternehmensinformationen/Einführungsschriften
- Information über Arbeits-/Betriebsordnung
- Information über Sicherheitsvorschriften/Unfallverhütungsvorschriften
- Ausfertigung einer Änderungsvereinbarung bzw. -kündigung
- Abrechnung der Vorstellungskosten
- Anlage von Stammdaten eines neuen Mitarbeiters
- Meldung des neuen Mitarbeiters bei Sozialversicherungsträgern.

1.2 EINSATZBEZOGENE AUFGABEN

Grundlage des Personaleinsatzes ist die **Personaleinsatzplanung**, für welche die Personalverwaltung die erforderlichen Daten verfügbar machen muss. Weitere einsatzbezogene Aufgaben können z. B. sein:

- Abwicklung des Eintrittes neuer Mitarbeiter
- Terminierung der Einarbeitung
- Planung/Abwicklung der Einführungsveranstaltung
- Ggf. Bereitstellung eines Mentors
- Abwicklung von Mehrarbeit/Kurzarbeit/Schichtarbeit
- Abwicklung von Teilzeitarbeit/gleitender Arbeit
- Erfassung/Kontrolle der entgeltbezogenen Daten
- Abwicklung der Probezeit
- Abwicklung von Versetzungen/Beförderungen
- Abwicklung von Maßnahmen der Arbeitsplatzgestaltung
- Abwicklung des Auslandseinsatzes.

1.3 ENTLOHNUNGSBEZOGENE AUFGABEN

Der Personalentlohnung liegt die **Personalkostenplanung** zu Grunde. Die für sie erforderlichen Daten sind von der Personalverwaltung vorzuhalten. Außerdem obliegen der Personalverwaltung z. B. die folgenden **Aufgaben**, die teilweise im Rahmen des Personalrechnungswesens noch näher dargestellt werden:

* Ermittlung der Bruttoentgelte
* Ermittlung der Nettoentgelte
* Abrechnung der ermittelten Entgelte für den Berechtigten
* Auszahlung der ermittelten Entgelte an den Berechtigten
* Vornahme der Lohnsteueranmeldung beim Finanzamt
* Abführung der Sozialversicherungsbeiträge
* Abwicklung von Lohnerhöhungen/Höhergruppierungen.

1.4 BETREUUNGSBEZOGENE AUFGABEN

Die Personalbetreuung bedarf einer Vielzahl von Verwaltungstätigkeiten. Ihre **Aufgaben** sind z. B.:

* Abwicklung der Informationen (Aushänge, Rundschreiben u. a.)
* Abwicklung der Kommunikation (Einladungen, Terminierungen u. a.)
* Abwicklung von Arbeitsschutz/Unfallverhütung
* Abwicklung des Werksarzteinsatzes
* Abwicklung der Altersversorgung
* Abwicklung der Betriebskrankenkasse
* Abwicklung der Kantine/Verkaufsstellen
* Abwicklung von Freizeit-/Kultur-/Betriebsveranstaltungen
* Erstellen von Dokumenten/Bescheinigungen
* Entgegennahme von Anregungen/Beschwerden
* Abwicklung der Personalbeurteilung.

1.5 ENTWICKLUNGSBEZOGENE AUFGABEN

Die **Personalentwicklungsplanung** ist Ausgangspunkt der Personalentwicklung. Hierfür sind von der Personalverwaltung die erforderlichen Daten bereitzuhalten. Weitere entwicklungsbezogene Aufgaben sind z. B.:

* Führung einer Personalentwicklungskartei/-datei
* Sammlung von Fortbildungsangeboten
* Versorgung der Führungskräfte/Mitarbeiter mit Fortbildungsangeboten
* Anmeldung zu Fortbildungsveranstaltungen
* Abrechnung von Fortbildungsaktivitäten
* Abwicklung der Umschulung
* Abwicklung von Personalförderungsmaßnahmen.

1.6 FREISTELLUNGSBEZOGENE AUFGABEN

Hier sind die für die **Personalfreistellungsplanung** erforderlichen Daten verfügbar zu machen. Außerdem sind z. B. von der Personalverwaltung abzuwickeln:

- Abwicklung der Kurzarbeit
- Abwicklung von Versetzungen
- Abwickung von Arbeitszeitverminderungen
- Abwicklung der Einführung von Teilzeitarbeit
- Ausfertigung von Abmahnungen
- Ausfertigung von Kündigungsschreiben
- Bestätigung von Arbeitnehmerkündigungen
- Korrespondenz/Kommunikation mit dem Betriebsrat
- Ausfertigung von Aufhebungsverträgen
- Ausfertigung von Arbeitszeugnissen
- Bearbeitung/Bereitstellung der Arbeitspapiere.

2. DURCHFÜHRUNG

Die Durchführung der Aufgaben, die sich der Personalverwaltung stellen, kann auf **unterschiedliche Weise** erfolgen:

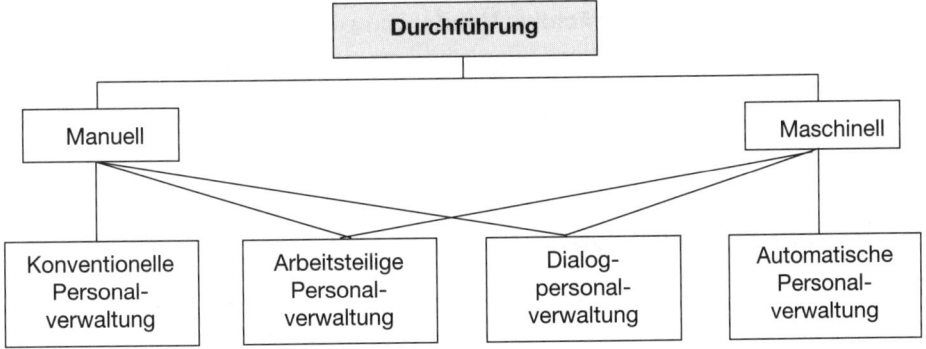

2.1 KONVENTIONELLE PERSONALVERWALTUNG

Die Personalverwaltung ohne den Einsatz eines Computers wird als konventionelle Personalverwaltung bezeichnet. Bei ihr erfolgt die Führung von Personaldaten in verschiedenen **Datenbeständen**, die Personalakten, Personalkarteien oder Lohnkontoblätter sein können.

Die konventionelle Personalverwaltung gibt es überwiegend in kleinen Unternehmen. Sie weist folgende **Eigenschaften** auf:

- Erheblicher Personalaufwand ist erforderlich.
- Aktuelle Arbeitsergebnisse sind nicht in jedem Fall zu erreichen.
- Die manuelle Bearbeitung ist fehlerträchtig.

2.2 ARBEITSTEILIGE PERSONALVERWALTUNG

Die arbeitsteilige Personalverwaltung zeichnet sich dadurch aus, dass eine **Arbeitsteilung** zwischen den **Mitarbeitern** der Personalabteilung und dem **Computer** erfolgt, der die Massendatenverarbeitung sowie die Speicherung und Selektion der Personaldaten übernimmt. Ihr Einsatz erfolgt vor allem bezüglich:

- Personaldatenverwaltung
- Melde- und Statistikaufgaben
- Lohn- und Gehaltsabrechnung.

Die Personaldaten werden für die Verarbeitung mit dem Computer in **Personaldateien** gespeichert, die als Personalstammdatei, Arbeitsplatzstammkartei und Entgeltabrechnungsdatei zur Verfügung stehen. Die Mitarbeiter der Personalabteilung können als **Unterlagen** auf die Personalliste und Personalabrechnungsliste sowie Auswertungslisten zurückgreifen.

Die arbeitsteilige Personalverwaltung hat mehrere **Eigenschaften**:

- **Aktualität** und **Transparanz** der Daten werden nur teilweise erreicht

- **Zeitaufwändige** und **fehlerträchtige Übertragung** der Daten zum Computer

- Die Mehrzahl der Bearbeitungsvorgänge bedarf **mehrtägiger Verarbeitung**

- Der **Übergang** von der konventionellen auf die arbeitsteilige Datenverarbeitung ist zeit- und kostenintensiv sowie fehleranfällig.

2.3 PERSONALVERWALTUNG IM DIALOG

Die arbeitsteilige Personalverwaltung ist zunehmend von der Personalverwaltung im Dialog ersetzt worden. Durch den Einsatz von Personalcomputern oder Großrechnern mit Terminals war dieser Übergang problemlos möglich.

Die Personalverwaltung im Dialog geschieht in folgender Weise:

Der **Personalsachbearbeiter** gibt über die Tastatur Daten und Anweisungen in den Computer ein.
⇩
Der **Computer** antwortet über den Bildschirm und gibt die daraus resultierenden Ergebnisse aus.
⇩
Fehlerhafte Eingaben werden sofort angezeigt und können vom Sachbearbeiter korrigiert werden, bevor eine Weiterverarbeitung erfolgt.

Durch die Benutzung der Dialogdatenverarbeitung ergeben sich mehrere **Vorteile**:

- Anzeige des aktuellen Standes der gespeicherten Daten
- Gleichzeitige Benutzung der Daten von mehreren Stellen
- Verminderung von Arbeitsfehlern
- Einsparung von Formularen und Listen
- Verbesserung der Sachbearbeitung
- Entlastung der Sachbearbeiter von Routinetätigkeiten
- Schnelle und integrierte Ausführbarkeit aller Arbeiten der Personalverwaltung
- Verknüpfbarkeit mehrerer Suchkriterien.

Diesen Vorteilen stehen aber auch **Nachteile** gegenüber, vor allem:

- Höhere Komplexität des EDV-Systems
- Höhere Kosten.

Voraussetzung für die Dialogdatenverarbeitung ist i.d.R. eine Personaldatenbank. Sie ist ein Softwaresystem, mit dem die Personaldaten archiviert und verwaltet sowie nach unterschiedlichen Kriterien für beliebige Auswertungen unmittelbar zur Verfügung gestellt werden können.

Die Personaldatenbank wird auch **Personalinformationssystem** bezeichnet. Darauf wird noch näher eingegangen – siehe S. 472 ff.

Mit Ausnahme der Personalakte bedarf es beim Einsatz der Dialogdatenverarbeitung für die Personalverwaltung keiner weiteren Unterlagen, denn alle erforderlichen Informationen können am Terminal sofort und aktuell abgerufen werden.

2.4 Automatische Personalverwaltung

Eine automatische Personalverwaltung ist heute und verstärkt in der Zukunft für Aufgaben der **gruppen- und gesamtheitsbezogenen Personalverwaltung** möglich, nicht hingegen bei der individuellen Personalverwaltung. Machbar sind:

- Programmabläufe in definierten, regelmäßigen zeitlichen Abständen
- Erarbeitung der Ergebnisse ohne menschliche Hilfe
- Zustellung der Ergebnisse an die Empfänger ohne Einsatz von Mitarbeitern.

Viele Aufgaben der **Information, Abrechnung** und **Meldung** werden in zunehmendem Umfang automatisch abgewickelt. Aber auch bei **Berichts- und Kontrollaufgaben** ist die Automatisierung möglich. Dies geschieht in der Weise, dass zu festgelegten Zeitpunkten die jeweilige Aufgabe automatisch durchgeführt wird, jedoch nur bei bemerkenswerten Abweichungen ein Hinweis für den zuständigen Mitarbeiter in Form einer Abweichungsmeldung erfolgt.

3. INSTRUMENTE

Um die Aufgaben der Personalverwaltung bewältigen zu können, stehen mehrere die **Abwicklung vereinfachende** Instrumente zur Verfügung. Sie sind für die Personalarbeit unerlässlich und arbeitserleichternd. Es sollen beschrieben werden:

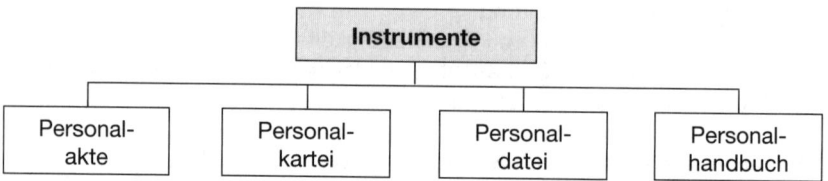

Weitere Instrumente bzw. Hilfsmittel der Personalverwaltung, die bereits dargestellt wurden, sind vor allem – siehe Kapitel »Personalplanung«.

> ▸ Stellenplan – siehe S. 74 f.   ▸ Stellenbeschreibung – siehe S. 82 f.
>
> ▸ Stellenbesetzungsplan – siehe S. 75 f.   ▸ Anforderungsprofil – sieh S. 84 f.
>
> ▸ Nachfolgeplan – siehe S. 93 f.   ▸ Fähigkeitsprofil – siehe S. 72 f.

Auch die **Personalstatistik** kann dazu gerechnet werden. Auf sie wird nachfolgend im Rahmen des Personalrechnungswesens eingegangen.

Die Personalverwaltung bedient sich sowohl aus Gründen der Wirtschaftlichkeit als auch der Rechtssicherheit häufig **standardisierter Formulare, Vordrucke** und **Musterbriefe.**

3.1 PERSONALAKTE

Die Personalakte ist das **zentrale Hilfsmittel** der Personalverwaltung. Zu ihrer Führung ist das Unternehmen zwar nicht verpflichtet, die Ordnungsmäßigkeit der Personalarbeit erfordert ihre Einrichtung jedoch. Läge ein solch umfassendes Informationsinstrument über die Mitarbeiter nicht vor, könnte die Personalverwaltung weder externen Anforderungen hinreichend gerecht werden noch das Personal unternehmensintern in geeigneter Weise verwalten und betreuen.

Die **Personalabteilung** ist dafür zuständig, die Personalakte zu führen. Sie hat die **Pflicht**, alle einschlägigen Unterlagen über einen Mitarbeiter in die Personalakte **aufzunehmen**. Dokumente, die nicht in einem sachlichen Zusammenhang mit dem Arbeitsverhältnis stehen, sind von der Aufnahme ausgeschlossen.

Bei der Frage, welche Unterlagen in die Personalakte aufgenommen werden dürfen und bei welchen Unterlagen dies nicht der Fall ist, müssen die berechtigten **Interessen** von Arbeitgeber und Arbeitnehmer abgewogen werden. Je nach **Umfang** der Personalakte lassen sich unterscheiden:

• Die **einfache Personalakte**, die lediglich Unterlagen enthält, für die dem Arbeitgeber eine Aufbewahrungspflicht obliegt.

- Die **qualifizierte Personalakte**, in der auch weitere mitarbeiterbezogene Unterlagen aufgenommen werden, die das Arbeitsverhältnis betreffen.

Trotz anderer technischer Möglichkeiten, die genutzt werden könnten, wird in den Unternehmen nach wie vor die Personalakte in **Papierform** geführt.

Die Personalakte erfüllt nur dann ihren Zweck, wenn sie **aktuell** ist, ihr Inhalt der **Wahrheit** entspricht und ihre **Vollständigkeit** gegeben ist. Der Arbeitgeber darf der Personalakte undokumentiert keine Unterlagen entnehmen. Aus Gründen der Übersichtlichkeit und wirtschaftlichen Verwertbarkeit empfiehlt es sich, diese in verschiedene Sachgebiete aufzuteilen.

Gliederung und **Inhalt** der Personalakte haben in der Praxis vielfach folgendes Aussehen (*Jung*):

Persönliche Unterlagen	▸ Personalfragebogen (evtl. mit Lichtbild) ▸ Bewerbungsschreiben ▸ Zeugnisse über den Bildungs- und beruflichen Werdegang ▸ Polizeiliches Führungszeugnis ▸ Ärztliches Zeugnis ▸ Persönliche Veränderungen, z. B. Heirat, Wohnungswechsel
Vertragliche Vereinbarungen	▸ Einstellungsschreiben mit vereinbartem Lohn/Gehalt ▸ Original des Anstellungsvertrages (Arbeitsvertrag) ▸ Zusätzliche Vereinbarungen, z. B. über Zusatzleistungen (Deputate, Dividende) ▸ Gewährung statusabhängiger Leistungen (Einrichtung des Arbeitszimmers) ▸ Benutzung bestimmter betrieblicher Einrichtungen ▸ Änderung der Bezüge oder der Tätigkeit ▸ Zusätzliche Vereinbarungen zum Arbeitsvertrag, z. B. Konkurrenzklausel
Unterlagen zur Tätigkeit	▸ Versetzungen　　　　　▸ Tätigkeitsbereiche ▸ Abordnungen　　　　　▸ Beurteilungen ▸ Beförderungen　　　　▸ Fortbildungsmaßnahmen ▸ Disziplinarmaßnahmen
Unterlagen zu Bezügen	▸ Grundentgelt　　　　　▸ Lohnsteuer ▸ Prämien/Zulagen　　　▸ Sozialversicherung ▸ Vorschüsse　　　　　　▸ Krankenversicherung ▸ Darlehen und Beihilfen　▸ Sonstige Versicherung
Unterlagen zu Abwesenheiten	▸ Krankheitstage ▸ Urlaubstage
Allgemeiner Schriftverkehr	Jeder Schriftverkehr, soweit er nicht zu den obigen Ordnungsmerkmalen im direkten oder indirekten Zusammenhang steht, z. B. Agentur für Arbeit, Sozialversicherungsträger, Bundeswehr.

Es empfiehlt sich, der Personalakte ein **Inhaltsverzeichnis** voranzustellen. Auch sollten die eingestellten Unterlagen **seitenmäßig nummeriert** werden. Damit sind die Unterlagen nicht nur rasch auffindbar, eine mögliche undokumentierte Entfernung von Unterlagen lässt sich auch erkennen.

Die Personalakte muss nicht als eine Akte geführt werden, sie darf auch **Nebenakten** umfassen, sofern deren Führung in der Hauptakte dokumentiert ist. Es ist nicht zulässig, Geheimakten zu führen, deren Existenz dem Arbeitnehmer nicht bekannt sind.

Der **Arbeitnehmer** hat folgende **Rechte**:

- In die Personalakte einzusehen (§ 83 Abs. 1 BetrVG).
- Erklärungen zum Inhalt der Personalakte zu erhalten (§ 83 Abs. 2 BetrVG).
- Erklärungen zum Inhalt der Personalakte abzugeben (§ 83 Abs. 2 BetrVG).
- Die Entfernung unrichtiger Angaben klageweise zu fordern (BAG).

Der Arbeitnehmer darf nach § 83 BetrVG bei der Einsicht in die Personalakte ein Mitglied des Betriebsrates hinzuziehen.

Die Personalakte kann ausnahmsweise auch **Unterlagen** enthalten, die **nicht einsehbar** sind, z. B. in denen Informationen über andere Mitarbeiter enthalten sind oder Unterlagen, die der Vorbereitung einer Beurteilung oder Entscheidung dienen.

Durch die Personalakte stehen dem Personalsachbearbeiter **sämtliche Unterlagen** eines Mitarbeiters **an einem Ort** gesammelt und **strukturiert** zur Verfügung. Er muss sie nicht erst zusammentragen, um einen bestimmten Sachstand festzustellen bzw. Entscheidungen zu treffen.

Der Arbeitgeber ist verpflichtet, die Personalakte **vertraulich** zu behandeln und sie vor einer Einsichtnahme durch Dritte zu schützen. Die Sachbearbeiter von Personalakten sind aufgrund ihrer dienstlichen Schweigepflicht und der Vertraulichkeit der Personalakte zur Geheimhaltung verpflichtet (*Kammerer*).

Die Personalakte kann auch auf **Mikrofilm** geführt werden. Dazu ist es notwendig, die Belege der Personalakte zu verfilmen. Mithilfe von Mikrofilmlesegeräten und Rückvergrößerungsgeräten können die Personalbelege eingesehen oder in Kopie wiedererlangt werden.

Von der Personalakte muss die **Sachakte** unterschieden werden, bei der Daten bzw. Unterlagen nicht unmittelbar einem Mitarbeiter zuzuordnen sind, z. B. Überlegungen in Verbindung mit der Personalplanung (*Bergauer*).

77 〉〉 Seite 551

3.2 PERSONALKARTEI

Die Personalakte umfasst viele Unterlagen und Informationen. Dieser Vorzug macht sie andererseits aber für die tägliche Arbeit unhandlich. Es empfiehlt sich, **wichtige Daten** konzentriert in eine Personalkartei aufzunehmen, z. B.:

- Persönliche Daten des Mitarbeiters
- Informationen über seine Ausbildung
- Informationen über seine Tätigkeit

- Informationen über seine Fähigkeiten
- Informationen über seine Entwicklung im Unternehmen
- Informationen über seine Fortbildung
- Informationen über Fehlzeiten.

Die Personalkartei ist eine **Sammlung von Daten**, die über einen einheitlichen Aufbau verfügt (*Pape*). Sie wird neben der Personalakte für jeden Mitarbeiter angelegt und stellt die bedeutsamste **Arbeitshilfe** des Personalsachbearbeiters dar, die ihm als eine Vielzahl von **Karteikarten** im Format DIN A 4 oder DIN A 5 unmittelbar an seinem Arbeitsplatz zur Verfügung steht, z. B. als:

- **Flachsichtkartei**, die nach Abteilungen und dem Stellenplan gegliedert ist, wodurch der Sachbearbeiter einen Überblick über die Mitarbeiter der Abteilung gewinnt. Wird sie **mit Sichtstreifen** versehen, sind die Personaldaten leicht miteinander vergleichbar und trotz häufiger Änderungen lange nutzbar.

- **Randlochkartei**, die gleiche Informationen enthält wie die Flachsichtkartei, aber **zusätzlich** eine Markierung aufweist, die es dem Sachbearbeiter erleichtert, die gewünschte Karte aus der Vielzahl der Karten herauszufinden.

- Die **Reiterkartei**, welche diesen Vorteil auch aufweist, da am oberen Rand der Karte eine **zusätzliche Markierung** angebracht ist.

Da der Umfang interessierender Daten nicht gering ist, kann es sich anbieten, die **Personalkartei** zu **unterteilen**, d. h. Karteikarten zu führen als (*Hentze*):

- **Personalstammkartei** mit den grundlegenden Daten aus der Personalakte des Mitarbeiters sowie Informationen über sein Arbeitsgebiet, seine Bildung und seine berufliche Entwicklung.

- **Spezialkarteien**, die ergänzende personenbezogene Daten enthalten, z. B.:

▸ Fluktuationskartei	▸ Nachwuchskartei
▸ Fehlzeitenkartei	▸ Sozialleistungskartei
▸ Ausbildungskartei	▸ Lohn-/Gehaltskartei
▸ Beurteilungskartei	

Wichtig ist bei der Personalkartei, wie auch schon bei der Personalakte, dass eine fortlaufende **Aktualisierung** erfolgt. Dabei gilt:

- Bei einer **konventionellen Personalverwaltung** muss die Personalkartei vom Personalsachbearbeiter selbst aktualisiert werden.

- Wird mit **EDV** gearbeitet, jedoch ohne **Datensichtgeräte**, erfolgt die Erstellung der Personalkarte häufig durch Ausdruck der Personaldatei, in welcher der Änderungsdienst erfolgte.

Als **Nachteil** der Personalkartei ist anzusehen, dass sie – wie auch die Personalakte – ein **manuelles Instrument** darstellt und die **Aktualisierung** großer Datenmengen aus diesem Grunde sehr **aufwändig** und **fehlerträchtig** ist.

Dagegen bietet die Personalkartei mehrere **Vorteile**:

* Sie ist leichter handhabbar als die Personalakte.
* Der Personalsachbearbeiter verfügt rasch über die wichtigsten Daten.
* Das Sortieren, Umordnen und Auswerten ist leicht möglich.
* Die Daten der Mitarbeiter sind gut vergleichbar.

Erfolgt die Personalverwaltung im Dialog, besteht für die Personalkartei keine Notwendigkeit, denn Personaldatensätze können in geeigneter Form am Bildschirm abgerufen, gelesen und bei Bedarf auch ausgedruckt werden.

3.3 Personaldatei

Die Personalkartei ist inzwischen vielfach von der Personaldatei abgelöst worden, bei welcher die Daten der Mitarbeiter nicht auf Karteikarten erfasst sind wie zuvor, sondern EDV-mäßig gespeichert werden. Wie bei der Personalkartei lassen sich mehrere **Arten** von Personaldateien unterscheiden. Besonders bedeutsam sind:

* Die **Personalstammdatei**, welche das Verzeichnis der für alle Personalaktivitäten erforderlichen Daten der Mitarbeiter ist. Sortier- und Suchbegriff ist i.d.R. die Personalnummer. Weitere Suchbegriffe können Nachname, Kostenstelle, Arbeitsplatznummer sein.

  Durch Speicherung der Arbeitsplatznummer oder der Adresse des zugehörigen Arbeitsplatzstammsatzes können die Mitarbeiter ihrem Arbeitsplatz einfach zugeordnet werden.

* Die **Arbeitsplatzstammdatei**, in der für jeden Arbeitsplatz alle relevanten Informationen verzeichnet sind. Sie dient vorrangig der Personalplanung, Personalbeschaffung, Personalbeurteilung.

  Durch Speicherung der Personalnummer oder der Adresse des zugehörigen Personalstammsatzes kann jeder Arbeitsplatz dem zugehörigen Mitarbeiter zugeordnet werden.

* Die **Führungsdatei**, in der Daten über die Gesamtheit der Belegschaft oder von Gruppen gespeichert werden können, die jederzeit abrufbar sind, insbesondere um **statistische Auswertungen** vorzunehmen. Daten sind z. B.:

▸ Personalkosten	▸ Personalveränderungen
▸ Belegschaftszahlen	▸ Entgeltrechnungsergebnisse
▸ Überstunden	▸ Aus- und Fortbildung
▸ Fluktuation	

Vornehmlich bei Einsatz eines **Personalinformationssystems** kann es außer den genannten Dateien zusätzlich die **Tätigkeitsdatei** und die **Fähigkeitsdatei** geben. Es ist aber auch möglich, diese Dateien als Teil der Personalstammdatei und der Arbeitsplatzstammdatei zu organisieren.

Personaldateien werden häufig aus betriebspraktischen Erwägungen im Hinblick auf logisch zusammengehörende Datensätze aufgespalten. Das **Dateisplitting** kann sich beziehen auf:

- **Aktivdateien**, die gegenwärtig tätige Mitarbeiter erfassen, und **Altdateien**, die ehemalige Mitarbeiter beinhalten.

- **Arbeiterdateien** und **Angestelltendateien**, wenn die Entgeltrechnung nicht in einem Programmpaket erfolgt, sondern von verschiedenen Stellen.

- **Aktuelldateien** und **Historydateien**, wenn veraltete Personaldaten weiter gespeichert und von neuen Daten abgegrenzt werden sollen. Oft werden Daten aktiver Mitarbeiter, die älter als drei bis fünf Jahre sind, nicht mehr in der Personalstammdatei berücksichtigt, sondern in der Historydatei.

Die **Fortschreibung** und **Aktualisierung** der Personaldaten erfolgt durch die Datenverwaltung als:

- Anpassung bei individuellen Veränderungen
- Erweiterung um zusätzliche Daten bei Bedarf
- Ergänzung durch neue Personalstammsätze
- Nachtragung kollektiver Änderungen.

Personaldateien sind wesentlicher Bestandteil von **Personalinformationssystemen**.

78 ➢ Seite 551

3.4 PERSONALHANDBUCH

Die Personalarbeit ist ein komplexer Aufgabenbereich, der insbesondere dann um so schwerer überschaubar ist, je größer die Unternehmen sind und je mehr dezentralisierte Bereiche sie umfassen. Es ist nicht nur aus Gründen der Mitarbeitermotivation, sondern auch aus rechtlichen Erwägungen erforderlich, ein **einheitlich geschlossenes Personalkonzept** im Unternehmen verfügbar zu haben, das dann auch in entsprechender Weise realisiert wird.

Das Personalhandbuch hat die **Aufgaben**:

- Die Dokumentation betriebsinterner **Richtlinien** und **Regelungen**, die das Personal betreffen.

- Die Abgrenzung des **Handlungsspielraumes** der Personalabteilung, der durch Gesetze, Tarifverträge, Betriebsvereinbarungen, Arbeitsverträge, Rechtsprechung, Entscheidungen der Unternehmensleitung, Beteiligungserfordernisse des Betriebsrates eingeschränkt wird.

- Die **Arbeitsanweisung** für die in der Personalabteilung tätigen Mitarbeiter.

- Die Darstellung der **Entscheidungsgrundlage** bzw. Revisionsbasis für die Personalabteilung (*Jung*).

- Die Vermittlung von **Informationen** über die Organisationskultur des Unternehmens (*Kastner*).

Im Personalhandbuch sollten auch **außergewöhnliche Entscheidungen** aufgenommen werden, um eine Basis für Präzedenzfälle zu schaffen und dadurch mehr Gerechtigkeit walten zu lassen. Mit seiner Hilfe kann die **Personalarbeit** qualitativ **verbessert** und **wirtschaftlicher** gestaltet werden. Es ist auch geeignet, als Grundlage für die Einarbeitung neuer Mitarbeiter in der Personalabteilung sowie im Rahmen der Fortbildung genutzt zu werden.

Der **Inhalt** des Personalhandbuches kann sich z. B. beziehen auf:

▸ Personalpolitik	▸ Personalentlohnung
▸ Aufbau/Funktion der Personalabteilung	▸ Personalentwicklung
▸ Anstellungsbedingungen	▸ Soziales/Dienstleistungen
▸ Personalbeschaffung	▸ Beendigung des Arbeitsverhältnisses

Das Personalhandbuch sollte im Zusammenwirken der Unternehmensleitung, aller Führungskräfte sowie der Organisations- und Personalabteilung erstellt werden (*Prollius*). Dabei gilt es, als **Prinzipien** einzuhalten:

- Übersichtliche Gliederung
- Klare, eindeutige Formulierungen
- Einheitliches System der Beschreibungen
- Einheitliche Fachbegriffe
- Keine Überschneidungen und Wiederholungen
- Herausgabe zentral durch Organisations- oder Personalabteilung
- Ständige Aktualisierung durch Änderungsdienst bzw. Ergänzung
- Eindeutige Festlegung des Empfängerkreises
- Erfüllung der Erfordernisse eines Nachschlagewerkes.

Mit dem Personalhandbuch wird die Stellung der Personalabteilung gestärkt, die Transparenz erhöht und Entscheidungen schneller, gerechter und wirtschaftlicher möglich. Sein Erstellungsaufwand, Änderungsaufwand und Aktualisierungsaufwand ist indessen erheblich.

79 ⟩⟩ **Seite 551**

4. PERSONALINFORMATIONSSYSTEME

Seit geraumer Zeit erfolgt die Lohn- und Gehaltsabrechnung in den Unternehmen überwiegend mittels EDV. Die zu diesem Zwecke genutzten Systeme sind allerdings noch weit von dem entfernt, was unter Personalinformationssystemen zu verstehen ist. *Domsch* versteht als **Personal**- (und Arbeitsplatz)**informationssystem**:

- Ein System der geordneten Erfassung, Speicherung, Transformation und Ausgabe von für die Personalarbeit bedeutsamen Informationen

- über das Personal und die Tätigkeitsbereiche bzw. die Arbeitsplätze

- mithilfe organisatorischer und methodischer Mittel einschließlich der EDV

- unter Berücksichtigung des Bundesdatenschutzgesetzes, des Betriebsverfassungsgesetzes und anderer zutreffender Gesetze, Verordnungen, Tarifverträge und Betriebsvereinbarungen

- zur Versorgung der betrieblichen und überbetrieblichen Nutzer des Systems mit denjenigen Informationen

- zur Wahrnehmung ihrer Planungs-, Entscheidungs-, Durchführungs- und Kontrollaufgaben.

Die grundlegenden **Ziele**, die mit der Nutzung von Personalinformationssystemen verfolgt werden, sind:

- Die **Vereinfachung** und **Rationalisierung** der Tätigkeiten der Personalabteilung, z. B. durch Massenverarbeitung von Personaldaten

- Die **Steigerung** der Verarbeitungsqualitäten der Informationen trotz der zunehmenden Datenmengen

- **Schnellere, bessere** und **umfangreichere Personalinformationen**, die Zeitnähe und fundierte Entscheidungen ermöglichen

- **Mitarbeiterfreundlichere Entscheidungen**, z. B. durch Optimierung des Einsatzes der Mitarbeiter und sichere Arbeitsplätze.

Personalverantwortliche werden in der Zukunft immer mehr zu Experten für Arbeitsorganisation und Arbeitsverrichtung, wozu sie das Optimierungspotenzial eines effizienten Personalinformationssystems benötigen. **Personalinformationen** müssen schneller, aussagefähiger und flexibler für die Steuerung und Kontrolle zur Verfügung stehen.

Bezüglich der Personalinformationssysteme sollen betrachtet werden:

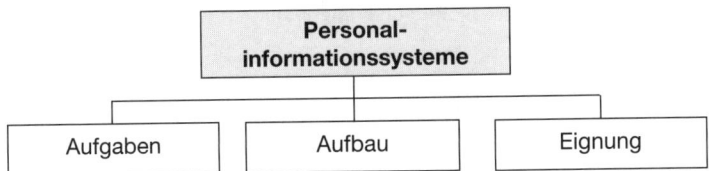

4.1 AUFGABEN

Die Aufgaben der Personalinformationssysteme lassen sich unterteilen in:

- **Administrative Aufgaben**, die durch die Massenverarbeitung von Daten, hohe Formalisierbarkeit und periodisches Wiederkehren von Routinedurchläufen gekennzeichnet sind. Zu ihnen zählen:

Personaldaten-verwaltung	Sie besteht in der **Erlangung, Aufnahme, Sammlung und Bearbeitung von Personalinformationen**, die benötigt werden für: ‣ Interne Stellen, z. B. zur Lohn- und Gehaltsabrechnung ‣ Externe Stellen, z. B. die Agentur für Arbeit oder Integrationsamt
Lohn- und Gehalts-abrechnung	Sie wird schon lange Zeit mithilfe der EDV erledigt, wenngleich in der Vergangenheit noch nicht von einem Personalinformationssystem gesprochen werden konnte.
Personal-statistik	Sie ermöglicht, zurückliegende **Entwicklungen** in Unternehmen zu **untersuchen** und auf dieser Basis für künftige **Planungen** eine **Entscheidungshilfe** zu bieten.

- **Dispositive Aufgaben**, die auf den Erfolg des Unternehmens erheblichen Einfluss haben. Dazu lassen sich rechnen:

Personal-planung	Mit ihrer Hilfe soll erreicht werden, die Mitarbeiter qualitativ und quantitativ örtlich und zeitlich in geeigneter Weise einzusetzen.
Personal-controlling	Es umfasst neben der Personalplanung die Kontrolle und Steuerung sowie Informationsversorgung des personalwirtschaftlichen Prozesses.
Personal-betreuung	Sie ist wichtig, um die Mitarbeiter zu **motivieren** und zu **fördern**, z. B. auf der Grundlage der Personalplanung. Die Personalbetreuung kann als Dienstleistungsfunktion gesehen werden.

4.2 AUFBAU

Personalinformationssysteme bestehen meist aus vier Datenbanken, die miteinander verknüpft werden. Dabei handelt es sich um:

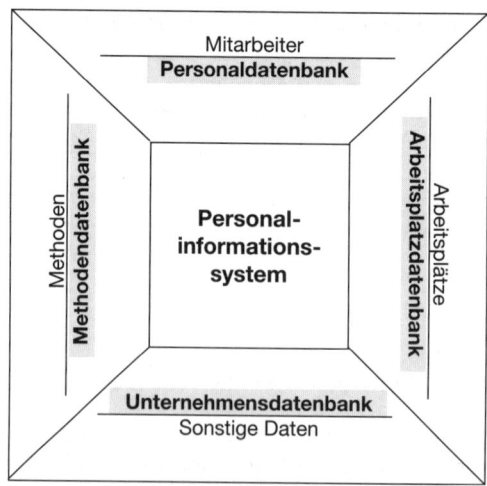

Die einzelnen Datenbanken enthalten:

Personal-datenbank	In ihr werden alle Informationen über die **Mitarbeiter** abgelegt, z.B.: ▸ Qualifikation ▸ Fähigkeiten ▸ Fertigkeiten ▸ Spezifische Abrechnungsdaten ▸ Persönliche Verwaltungsdaten
Arbeitsplatz-datenbank	Sie dient der Speicherung aller Informationen über die **Arbeitsplätze bzw. Stellen**, z. B.: ▸ Arbeitsplatz/stellenbezogene Daten ▸ Arbeitsplatz/stellenrelevante Daten ▸ Merkmale des Arbeitsplatzes/der Stelle ▸ Daten über geplante Arbeitsplätze/Stellen
Methoden-datenbank	Sie hat die Aufgabe, alle notwendigen Informationen möglichst aussagekräftig bereitzustellen über **Methoden** in Form von: ▸ Programmen ▸ Verarbeitungsmethoden ▸ Auswertungsmethoden
Unternehmens-datenbank	Sie kann die genannten Datenbanken ergänzen und alle für die Personalarbeit erforderlichen **Unternehmensdaten** aufnehmen.

Neben der notwendigen **Software** wird auch geeignete **Hardware** benötigt, die als Großrechner oder Personalcomputer zur Verfügung stehen kann. In der Vergangenheit wurde der Einsatz von **Großrechnern** als zweckmäßig angesehen, wenn lediglich Massendaten zu verarbeiten waren (*Bellgardt*).

Stehen dispositive Aufgaben im Vordergrund, empfiehlt sich der Einsatz von **Personalcomputern** (*Domsch/Schneble*). Die heutigen Netzwerktechnologien ermöglichen eine **Kombination** von Großrechner und Personalcomputer.

4.3 EIGNUNG

Als **Vorteile** von Personalinformationssystemen lassen sich nennen:

- Vereinfachung administrativer Aufgaben
- Schnelle und sichere Bereitstellung von Personalinformationen
- Hohe Qualität der Personalinformationen
- Verbesserte Personalplanung
- Sichere Arbeitsplätze möglich
- Steigerung der Motivation der Mitarbeiter durch besseren bzw. qualifikationsgerechten Personaleinsatz.

Ein **Nachteil** bzw. **Problem** sind die hohen Investitionskosten. Ansonsten gilt:

- Nachteile bzw. Grenzen der Nutzung von Personalinformationssystemen sind bei ihrer Nutzung für **administrative Aufgaben** nicht bedeutsam.

- Beim Einsatz für **dispositive Aufgaben** gibt es dagegen mehrere Nachteile bzw. Grenzen (*Oechsler/Strohmeier*):

> ▸ Die mangelnde **Kenntnis** der Zukunft, die mithilfe von Hochrechnungen und Prognosen überwunden werden soll.
>
> ▸ Die **Komplexität** der Personalinformationssysteme, die in die gesamte Unternehmensplanung eingebettet sind.
>
> ▸ Die **Planungsprobleme**, die quantitativ mehr oder weniger lösbar sein können, aber den einzelnen Mitarbeiter mit seinen individuellen sozialen Merkmalen unberücksichtigt lassen.
>
> ▸ Die **Akzeptanzgrenzen**, die sich aus der Anonymisierung der Planung und der Angst vor dem »gläsernen Mitarbeiter« ergeben.
>
> ▸ Die Verweigerung der **Entscheidungsunterstützung**, wenn die Ergebnisse des Personalinformationssystems konträr zur Meinung von Personalverantwortlichen steht.

Grenzen der Nutzung von Personalinformationssystemen können sich auch aus **rechtlichen Gründen** ergeben:

- § 9 BDSG verlangt vom Unternehmen, die **Datensicherung** mittelbar und unmittelbar auf die Interessen der Betroffenen auszudehnen. Durch geeignete Maßnahmen sollen Mitarbeiter vor dem Missbrauch gespeicherter Daten geschützt werden.

- Die personenbezogene Datenverarbeitung unterliegt nach § 87 Abs. 1 Nr. 6 BetrVG der **Mitwirkung** bzw. **Mitbestimmung** durch den Betriebsrat, also auch die Einführung eines Personalinformationssystems.

5. Personalrechnungswesen

Mithilfe des Personalrechnungswesens soll die Personalarbeit und deren Auswirkungen in quantifizierter Form dokumentiert werden. Es hat die **Aufgabe**, die erforderlichen **Informationen bereitzustellen**, die benötigt werden:

- **Intern** vor allem von den personalverantwortlichen Entscheidungsträgern und dem Betriebsrat

- **Extern** z. B. von Ämtern wie dem Finanzamt, Agentur für Arbeit sowie Verbänden und Gewerkschaften.

Außerdem ermöglicht das Personalrechnungswesen vergangenheitsbezogen eine Kontrolle der Zielerreichung und zukunftsbezogen die Erstellung von Prognosen und Planmengen. Es nimmt damit die Dokumentation, Information, Kontrolle und Disposition als **Funktionen** wahr.

Teilbereiche des Personalrechnungswesens sind:

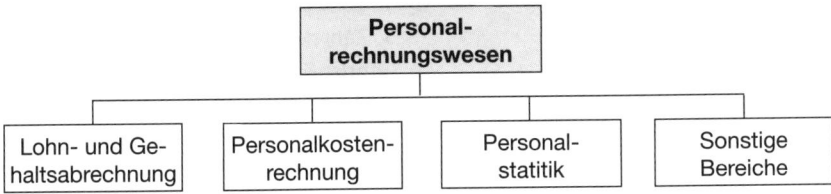

5.1 LOHN- UND GEHALTSRECHNUNG

Die Lohn- und Gehaltsrechnung umfasst die Ermittlung des Entgeltes sowie alle weiterführenden Maßnahmen bis zu seiner Auszahlung an die Mitarbeiter. Sie wird deshalb auch als **Entgeltrechnung** bezeichnet und überwiegend mithilfe der **EDV** durchgeführt, wofür es mehrere **Gründe** gibt:

- Typische Massendatenverarbeitung mit hoher Personalintensität
- Erfordernis der kurzfristigen Ergebniserarbeitung
- Erhebliche Bedeutung der Verarbeitungsfehler.

Von **großen** und **mittleren Unternehmen** wird die Lohn- und Gehaltsrechnung meist im eigenen Rechenzentrum ausgeführt. **Kleinunternehmen** können sie mithilfe des Personalcomputers abwickeln. Es gibt auch **Service-Rechenzentren**, die dies übernehmen.

Die Entgeltrechnung ist von hoher Komplexität. Das ist durch mehrere **Einflussfaktoren** bedingt:

- Unterschiedlichen Entgeltformen wie Lohn, Gehalt, Provision usw.
- Verschiedenartigen Entgeltsystemen wie Zeit-, Akkord-, Prämienlohn
- Vielfältigen Rechtsvorschriften wie Gesetze, Tarifverträge usw.
- Häufigen Änderungserfordernissen, z. B. Steuerrechtsänderungen.

Die Entgeltrechnung erfolgt in mehreren **Schritten**, die sind:

- **Bruttorechnung**

- **Nettorechnung**

- **Zahlungsrechnung**

- **Auswertungsrechnung**.

5.1.1 BRUTTORECHNUNG

Mithilfe der Bruttorechnung wird das **Bruttoentgelt** eines Arbeitnehmers für eine Periode ermittelt. Es besteht aus:

- Dem **Bruttolohn**, der für Arbeiter auf der Grundlage der Lohnscheine ermittelt wird, die alle für die Feststellung und Zuordnung notwendigen Daten enthalten, z.B.:

- ▸ Bezeichnung der Lohnart
- ▸ Art der Tätigkeit
- ▸ Name des Arbeiters
- ▸ Personalnummer des Arbeiters
- ▸ Lohngruppe
- ▸ Lohn pro Stunde oder Einheit
- ▸ Zahl der geleisteten Stunden oder Einheiten

Beim **Zeitlohn** wird dabei der Lohnsatz mit der Anwesenheitszeit multipliziert und ggf. eine Leistungszulage hinzugerechnet, beim **Akkordlohn** erfolgt die Multiplikation der Leistungsmenge mit dem Akkordsatz bzw. mit der Vorgabezeit und dem Minutenfaktor, beim **Prämienlohn** wird der Grundlohn durch Multiplikation des Lohnsatzes mit der Anwesenheitszeit und durch Hinzurechnung der Prämienbestandteile ermittelt.

- Dem **Bruttogehalt**, das auf der Grundlage der **Datenstammsätze** ermittelt wird. Eine besondere Berechnung ist nicht notwendig, da es über einen längeren Zeitraum gleichbleibend ist. Diese Verfahrensweise gilt auch für **Zeitlohnempfänger** mit **Monatslohn**.

- Der **Provision**, die besonders Mitarbeitern des Außendienstes zusteht. Ihre Ermittlung geschieht aus Umsätzen oder Auftragseingängen.

Weiterhin können **Sonderzuwendungen** in das Bruttoentgelt eingehen, die zusätzlich zu dem im Arbeitsvertrag festgelegten Entgelt gezahlt werden, z. B. als Weihnachtsgratifikation oder Urlaubsgeld.

5.1.2 NETTORECHNUNG

Die Nettorechnung dient dazu, das **Nettoentgelt** des Arbeitnehmers zu ermitteln. Vom Bruttoentgelt werden die gesetzlichen Abzüge subtrahiert:

	Bruttoentgelt
–	Lohnsteuer
–	Solidaritätszuschlag
–	Kirchensteuer
–	Rentenversicherungsbeitrag
–	Krankenversicherungsbeitrag
–	Pflegeversicherungsbeitrag
–	Arbeitslosenversicherungsbeitrag
=	**Nettoentgelt**

Die für die Berechnung der Abzüge erforderlichen Daten sind bei EDV-mäßiger Abrechnung in der **Personalstammdatei** gespeichert, z. B. als Steuerklasse, Familienstand, Steuerfreibetrag, Versicherungsnummer, Krankenkasse, Rentenversicherung.

Zur Errechnung des Nettoentgeltes sind gesetzliche **Vorschriften und Bestimmungen** zu berücksichtigen. Da es in diesem Bereich häufig zu Änderungen kommt, müssen die Programme der Nettorechnung häufig angepasst werden.

5.1.3 ZAHLUNGSRECHNUNG

Die Zahlungsrechnung erfolgt, um festzustellen, welcher Betrag dem Arbeitnehmer auszuzahlen ist. Er muss nicht mit dem Nettoentgelt übereinstimmen. Der Grund könnten persönliche **Erstattungen** oder **Zuwendungen** sein, z. B. Kindergeld oder Reisekostenerstattung, oder persönliche **Abzüge**, z. B. vermögenswirksame Leistungen, Lohnpfändungen, Darlehensrückzahlungen oder Vorschussverrechnungen:

	Nettoentgelt
+	Persönliche Erstattungen/Zuwendungen
−	Persönliche Abzüge
=	**Auszahlungsbetrag**

Für jeden Mitarbeiter ist eine **Entgeltabrechnung** zu erstellen. In ihr sind alle Abrechnungsdaten der Brutto-, Netto- und Zahlungsrechnung auszuweisen. Um die Zahlung zu bewirken, muss ein **Zahlungsbeleg** ausgestellt werden. Neben den Beträgen der betrachteten Periode können auch die aufgelaufenen Summen des Kalenderjahres ausgedruckt werden. Damit ist es möglich, die Entgeltabrechnung auch als **Verdienstbescheinigung** zu verwenden.

Für das Unternehmen und die Lohnsteuerprüfung ist ein **Lohnkonto** auszudrucken. In ihm sind nach der Lohnsteuerdurchführungsverordnung je Abrechnungszeitraum folgende Daten auszuweisen:

- Geleistete Stunden
- Bruttoentgelt
- Lohn- und Kirchensteuerdaten
- Sozialversicherungsdaten
- Abzugswerte und Zuzahlungen
- Nettoverdienst
- Zahlbetrag

Neben der Auszahlung des ggf. korrigierten Nettoentgeltes an den einzelnen Mitarbeiter müssen **weitere Zahlungen** geleistet werden, und zwar an:

- Das **Finanzamt**, bei dem die **Lohnsteueranmeldung** erfolgt, in der sowohl die Lohnsteuer als auch der Solidaritätszuschlag und die Kirchensteuer auszuweisen sind, die abgeführt werden. Für die Zahlung ist monatlich ein entsprechender Zahlungsbeleg zu erstellen und **jährlich Lohnsteuerbescheinigungen** für jeden Arbeitnehmer anzufertigen. Die Meldungen an das Finanzamt sind grundsätzlich elektronisch zu übermitteln, in Härtefällen können sie wie bisher auch in Papierform erfolgen.

- Die zuständigen **Sozialversicherungsträger**, wobei nicht nur der dem Arbeitnehmer einbehaltene Betrag der Sozialversicherungsbeiträge abzuführen sind, sondern auch der **Arbeitgeberanteil** der Sozialversicherungsbeiträge. Die Unfallversicherung hat der Arbeitgeber allein zu entrichten.

  Gemäß der **Datenübermittlungsverordnung (DÜVO)** können die Abrechnungsergebnisse für die Sozialversicherungen auch papierlos an ihre Träger mitgeteilt werden.

Außerdem müssen für die **Sozialversicherungen** erstellt werden:

> ▸ **Beitragsnachweise** für jede Krankenkasse auf unterschiedlichen Formularen
> ▸ **Zahlungsbelege** zur Abführung der Sozialversicherungsbeiträge
> ▸ **Entgeltnachweise** für jeden Mitarbeiter zum Jahresende

5.1.4 AUSWERTUNGSRECHNUNG

Während die Zahlungsrechnung für unternehmensexterne Erfordernisse erstellt wurde, dient die Auswertungsrechnung dazu, Informationen anderen **Bereichen des Unternehmens** verfügbar zu machen, insbesondere:

- Der **Buchhaltung**, welche die Ergebnisse der Entgeltrechnung zu verarbeiten hat, denn die Lohn- und Gehaltsrechnung ist lediglich eine Nebenbuchhaltung von ihr. Dazu werden die Endsummen der Entgeltrechnung verbucht.

- Der **Kostenrechnung**, welche die Personalkosten benötigt, um diese in Kostenarten umzusetzen und auf Kostenstellen zu verteilen. Für die Leiter der Kostenstellen sind die Ergebnisse auszuwerten, damit sie die Kostenentwicklung in ihren Verantwortungsbereichen verfolgen können.

- Dem **Controlling**, das sich auch auf den Personalbereich erstreckt.

Daneben kann es noch weitere Erfordernisse zur Auswertung der Entgeltrechnungsergebnisse geben.

5.2 PERSONALKOSTENRECHNUNG

Die Personalkostenrechnung stellt einen besonders wichtigen Bereich der Personalarbeit dar. Da die Personalkosten einen der größten Aufgabenblöcke in den Unternehmen darstellt, ist eine ständige Kontrolle und kontinuierliche Analyse der Personalkosten unerlässlich.

Weil das betriebliche Rechnungswesen die Personalkosten lediglich als eine von vielen Kostenarten behandelt, gibt es die **Notwendigkeit**, eine personalbezogene Kostenrechnung vorzunehmen. Sie umfasst:

- **Personalkostenverrechnung**

- **Personalkostenplanung**

- **Personalkostenkontrolle**.

5.2.1 Personalkostenverrechnung

Der Verrechnung der Personalkosten geht ihre Erfassung und detaillierte Aufspaltung voraus, um zunächst die einzelnen Personalkostenarten im Rahmen der **Kostenartenrechnung** festzustellen. Hierfür sollte ein **Kostenartenplan** zur Verfügung stehen, der die Personalkostenarten differenziert und somit eine Grundlage für die Verrechnung der Personalkosten auf die Kostenstellen und Kostenträger darstellt.

Die Personalkostenverrechnung umfasst:

- Die **Verrechnung** der Personalkosten auf die **Kostenstellen**, die im Rahmen der Kostenstellenrechnung erfolgt. Sie ist teilweise direkt möglich, zum Teil aber auch nur pauschal, z. B. bei allgemeinen sozialen Leistungen. Um die Personalkosten hinreichend vergleichen und kontrollieren zu können, müssen die Kostenstellen **klar abgegrenzt** sein und **eindeutigen Verantwortungen** unterstehen.

- Die **Verrechnung** der Personalkosten **auf Kostenträger** sollte ebenfalls vorgenommen werden, wobei Kostenträger nach personalen Leistungen unterteilt sein sollten, z. B. funktionsbezogen in Personalbeschaffung, Personalentwicklung, Personalfreisetzung usw. Die Kostenträger müssen dabei ermöglichen, dass die für sie erbrachten Leistungen ohne weiteres **messbar** und **beurteilbar** sind. Weiterhin sollten sie **kostenrelevant** sein.

Einzelkosten lassen sich verursachungsgerecht direkt verrechnen. **Gemeinkosten**, die für mehrere Kostenträger zugleich anfallen, müssen mithilfe von Verrechnungssätzen verrechnet werden.

5.2.2 Personalkostenplanung

Die Planung der Personalkosten setzt das Vorhandensein grundlegender **Informationen** voraus. Das sind insbesondere:

- Der **zukünftige Personalbestand**, der vom Unternehmen festgelegt werden kann, also beeinflussbar ist.

- Die **zukünftige Entgeltentwicklung**, die durch tarifliche Regelungen und andere Veränderungen bestimmt wird, z. B. konjunkturelle und Arbeitsmarktentwicklungen.

Bei der Planung der Personalkosten können **bisherige Pläne fortgeschrieben** werden, oder es erfolgt eine **völlige Neuerstellung** ohne Rückgriff auf die Vergangenheit. Welche Alternative gewählt werden sollte, hängt von der Situation des Unternehmens ab. Ein planerischer Neubeginn ist erheblich kostenintensiver als eine Planfortschreibung, die ihrerseits aber Fehler der Vergangenheit weiter transportieren kann.

In die Planung der Personalkosten sind **sämtliche** personalwirtschaftlichen **Aktivitäten** bzw. **Funktionsbereiche** einzubeziehen.

5.2.3 Personalkostenkontrolle

Die Kontrolle der Personalkosten ist notwendig, um Fehlentwicklungen zu unterbinden. Die Personalkosten müssen genau erfasst und analysiert werden. Dies sollte in einem **permanenten Prozess** erfolgen.

Mithilfe eines kontinuierlichen **Soll-Ist-Vergleiches** der Personalkosten ist eine Kontrolle der Wirtschaftlichkeit und die Lenkung der Personalkosten möglich (*Seiler*). Neben der Analyse der **Kostenhöhe** und deren Entwicklung ist zu empfehlen, auch den durch die Personalmaßnahmen bewirkten **Nutzen** zu analysieren und den **Erfolg** zu messen (*Betram*).

Die Personalkostenkontrolle ist – zusammen mit der Personalkostenplanung – ein Teil des **Personalkostencontrolling**.

5.3 Personalstatistik

Die Personalstatistik ist ein wichtiges Instrument der Personalarbeit. Insbesondere im Rahmen des **Personalcontrolling** können die von ihr ermittelten Kennzahlen zur Information, Steuerung und Kontrolle dienen. Die ihr zu Grunde liegenden Daten können gewonnen werden aus:

- **Unternehmensinternen Quellen**, z. B. die Lohn- und Gehaltsabrechnung, Buchhaltung und Kostenrechnung sowie Personalakten, Personalkarteien, Personaldateien.

- **Unternehmensexternen Quellen**, z. B. Veröffentlichung von Forschungsinstituten, Verbänden, statistischen Ämtern, der Bundesagentur für Arbeit.

Die Personalstatistik bezieht sich häufig auf **Kennzahlen**, vor allem der (*RKW, Schulte*):

- **Personalstruktur**
- **Personalbewegungen**
- **Arbeitszeiten**
- **Personalkosten**.

Mithilfe der Personalstatistik werden **Kennzahlen** der Vergangenheit nicht nur ermittelt und häufig auch Entwicklungen **grafisch dargestellt** – siehe ausführlich *Ziegenbein*. Die Personalstatistik dient auch dazu, **Prognosen** erstellen zu können und künftige **Planungen** zu fundieren.

5.3.1 Personalstruktur

Die Personalstruktur beschreibt die **Zusammensetzung des Personals**. Sie kann in vielfältiger Weise ermittelt werden, z. B. nach (*RKW*):

- Befristetem/unbefristetem Arbeitsverhältnis
- Vollzeit-/Teilzeitarbeitsverhältnis
- Arbeitnehmer/Auszubildender/ Praktikant
- Beruf, z. B. Ingenieur, Maurer, Elektriker
- Geschlecht
- Persönlichem Alter
- Dienstalter/-zeit

- Staatsangehörigkeit
- Entgeltform, z. B. Zeit-, Akkord-, Prämienlohn
- Kostenstelle/Kostenträger
- Stellung im Unternehmen, z. B.oberer/mittlerer/unterer Führungsebene
- Funktionsgruppe, z. B. Sekretärin, Filialleiter, Disponent

Strukturbezogene Kennzahlen sind z. B.:

Arbeiterquote (in %)	$\dfrac{\text{Zahl der Arbeiter}}{\text{Gesamter Personalbestand}} \cdot 100$
Angestelltenquote (in %)	$\dfrac{\text{Zahl der Angestellten}}{\text{Gesamter Personalbestand}} \cdot 100$
Führungskräftequote (in %)	$\dfrac{\text{Zahl der Führungskräfte}}{\text{Gesamter Personalbestand}} \cdot 100$
Frauenquote (in %)	$\dfrac{\text{Zahl der Frauen}}{\text{Gesamter Personalbestand}} \cdot 100$
Schwerbehindertenquote (in %)	$\dfrac{\text{Zahl der Schwerbehinderten}}{\text{Gesamter Personalbestand}} \cdot 100$
Ausländerquote (in %)	$\dfrac{\text{Zahl der Ausländer}}{\text{Gesamter Personalbestand}} \cdot 100$
Quote älterer Arbeitnehmer (in %)	$\dfrac{\text{Zahl älterer Arbeitnehmer}}{\text{Gesamter Personalbestand}} \cdot 100$
Qualifikationsquote (in %)	$\dfrac{\text{Zahl der Mitarbeiter bestimmter Qualifikation}}{\text{Gesamter Personalbestand}} \cdot 100$
Durchschnittliche Altersquote (in %)	$\dfrac{\text{Summe der Mitarbeiter-Lebensalter}}{\text{Gesamter Personalbestand}} \cdot 100$
Durchschnittliche Betriebszugehörigkeitsquote (in %)	$\dfrac{\text{Summe der Dauer der Betriebszugehörigkeiten}}{\text{Gesamter Personalbestand}} \cdot 100$

Der **Detaillierungsgrad** von Strukturstatistiken sollte von ihrem Verwendungszweck bestimmt werden.

5.3.2 PERSONALBEWEGUNGEN

Die Personalbewegungen können sich auf den Eintritt und den Austritt von Mitarbeitern sowie innerbetriebliche Veränderungen beziehen. Es gibt:

- Kennzahlen, die sich auf die **externe Personalbeschaffung** beziehen, z. B.:

Vorstellungs-quote (in %)	$\dfrac{\text{Zahl der Vorstellungen}}{\text{Zahl der Bewerbungen}} \cdot 100$
Einstellungs-quote (in %)	$\dfrac{\text{Zahl der Einstellungen}}{\text{Zahl der Bewerbungen}} \cdot 100$
Quote der Bedarfsdeckung (in %)	$\dfrac{\text{Gedeckter Bedarf einer Periode}}{\text{Geplanter Bedarf einer Periode}} \cdot 100$
Verbleibquote (in %)	$\dfrac{\text{Zahl im Jahr x eingestellter und noch vorhandener Mitarbeiter}}{\text{Zahl im Jahr x eingestellter Mitarbeiter}} \cdot 100$

- Kennzahlen der **externen Personalfreistellung**, z. B.:

Fluktuations-quote nach *BDA* (in %)	$\dfrac{\text{Zahl der Abgänge}}{\text{Durchschnittlicher Personalbestand}} \cdot 100$
Fluktuations-quote nach *Schlüter* (in %)	$\dfrac{\text{Zahl der Abgänge}}{\text{Personalbestand zu Beginn + Zugänge}} \cdot 100$
Fluktuations-quote nach *ZVEI* (in %)	$\dfrac{\text{Ersetzte Abgänge}}{\text{Durchschnittlicher Personalbestand}}$ wobei: $\text{Ersetzte Abgänge} = \dfrac{\text{Zugänge + Abgänge – absolute Differenz zwischen Zugängen und Abgängen}}{2}$

- Kennzahlen, die es für **interne Personalbewegungen** gibt, z. B.:

Quote interner Stellenbesetzung (in %)	$\dfrac{\text{Zahl der internen Besetzungen}}{\text{Gesamtzahl der Stellenbesetzungen}} \cdot 100$
Versetzungsquote (in %)	$\dfrac{\text{Zahl der Abgänge durch Versetzung}}{\text{Durchschnittlicher Personalbestand}} \cdot 100$

5.3.3 ARBEITSZEITEN

Die Arbeitszeiten sind zwar tarif- bzw. arbeitsvertraglich vereinbart und sollten damit bekannt sein. Tatsächlich gibt es aber oftmals **Unterschiede** zwischen den vertraglich geregelten und den tatsächlich effektiv geleisteten Arbeitszeiten. Dafür gibt es vor allem zwei **Gründe:**

- Bezahlte oder unbezahlte **Ausfallzeiten**
- Von Mitarbeitern geleistete **Überstunden.**

Arbeits- bzw. fehlzeitbezogene Kennzahlen sind z.B.:

Fehlzeitenquote (in %)	$\dfrac{\text{Fehlzeiten (in Std. oder Tagen)}}{\text{Soll-Arbeitszeit (in Std. oder Tagen)}} \cdot 100$
Krankheitsausfallquote (in %)	$\dfrac{\text{Krankheitsausfall (in Std. oder Tagen)}}{\text{Soll-Arbeitszeit (in Std. oder Tagen)}} \cdot 100$
Krankenquote (in %)	$\dfrac{\text{Zahl der Erkrankten}}{\text{Durchschnittlicher Personalbestand}} \cdot 100$
Überstundenquote (in %)	$\dfrac{\text{Zahl der Überstunden}}{\text{Soll-Arbeitszeit (in Std.)}} \cdot 100$
Quote der effektiven Arbeitszeit (in %)	$\dfrac{\text{Ist-Arbeitszeit (in Std. oder Tagen)}}{\text{Soll-Arbeitszeit (in Std. oder Tagen)}} \cdot 100$

Sowohl die Ausfallzeiten als auch die Überstunden sollten im Hinblick auf mögliche **Ursachen** analysiert werden.

5.3.4 Personalkosten

Die Personalkosten sind inzwischen vielfach der **größte Kostenblock** in den Unternehmen. Deshalb sollte ihnen besondere Beobachtung geschenkt werden.

Kennzahlen, die es bezüglich der Pesonalkosten gibt, sind z. B.:

Personalkostenquote (in %)	$\dfrac{\text{Personalkosten}}{\text{Gesamtkosten}} \cdot 100$
Personal*basis*kostenquote (in %)	$\dfrac{\text{Personalbasiskosten}}{\text{Gesamtkosten}} \cdot 100$
Personal-*zusatz*kostenquote (in %)	$\dfrac{\text{Personalzusatzkosten}}{\text{Gesamtkosten}} \cdot 100$
Personalkosten je Mitarbeiter (in €)	$\dfrac{\text{Gesamte Personalkosten}}{\text{Zahl der Mitarbeiter}} \cdot 100$
Personalkosten je Stunde (in €)	$\dfrac{\text{Gesamte Personalkosten}}{\text{Zahl geleisteter Arbeitsstunden}}$
Personalintensität (in %)	$\dfrac{\text{Gesamte Personalkosten}}{\text{Umsatz}} \cdot 100$

Die Personalkosten können in eine Vielzahl **weiterer Kennzahlen** eingehen – siehe *RKW*.

5.4 Sonstige Bereiche

Neuere Konzepte der Personalkostenrechnung sollen abschließend im Überblick dargestellt werden. Das sind:

• Die **gesellschaftsbezogene Rechnungslegung**, die in folgenden **Formen** in Erscheinung tritt:

Gesamtrechnung	Sie besteht aus einer **Erfolgsrechnung** und einer **Beständebilanz**. Dabei wird versucht, positive und negative Folgen für die Gesellschaft zu betrachten, wobei die Umwelt in einzelne Beziehungsfelder segmentiert wird (*Budäus*). **Konzepte** einer Gesamtrechnung sind u. a. von *Eichhorn, Ziehm, Abt* und *Linowes* entwickelt worden.
Teilrechnung	Mit ihr wird die **klassische Berichterstattung** des Unternehmens lediglich ergänzt, indem ihr gesellschaftsbezogene Auswirkungen hinzugefügt werden (*Budäus*). **Arten** der Teilrechnung können sein:

▸ Die **Sozialrechnung**, in der die messbaren Aufwendungen und die unmittelbar zuzuordnenden Erträge des Unternehmens in Bezug zur Gesellschaft aufgezeigt wird. Dazu erfolgt eine Auswahl und Zusammenstellung von **Aufwandsarten** des klassischen Rechnungswesens **nach gesellschaftlichen Bezugsgruppen** (*Fischer-Winkelmann*).

▸ Die **Wertschöpfungsrechnung**, mit welcher der Anteil des Unternehmens am Volkseinkommen wiedergegeben wird. Sie besteht aus (*Becker, Wegener*):

- Der **Entstehungsrechnung**, welche Unternehmensleistungen aufweist, die zu einem Wertzuwachs geführt haben.

- Die **Verteilungsrechnung**, die zeigt, in welchem Verhältnis der Wertzuwachs an die einzelnen Empfänger verteilt wird.

▸ Der **Sozialbericht**, der verbal gestaltet ist und die Ausgestaltung der gesellschaftsbezogenen Unternehmensziele und Tätigkeiten bis hin zur Analyse und Interpretation der erreichten Ergebnisse enthält (*Wysocki*). In der Praxis werden insbesondere **Sozialleistungen und besondere freiwillige Maßnahmen** des Unternehmens für sein Personal aufgezeigt (*Fritz*).

Bestandteile des Sozialberichtes können z. B. sein (*Jung*):

- Gesamtpersonalbestand
- Struktur des Personalbestands
- Betriebliche Altersversorgung
- Mitarbeiterschulungen
- Änderungen bezüglich Arbeitszeit
- Änderungen bezüglich Entlohnung
- Mitarbeiter-Gewinnbeteiligungen
- Weihnachtsgratifikationen
- Betriebsveranstaltungen
- Werkswohnungen
- Ferienheime
- Urlaubsregelungen
- Freizeitgestaltungen
- Innerbetriebliche Darlehen
- Betriebskindergärten

• Die **Humanvermögensrechnung**, mit der eine Erweiterung des klassischen Rechnungswesens um personenspezifische Daten erfolgt. Die **Mitarbeiter** werden dabei als ein **langfristig nutzbares Anlagegut** (*Lang*) angesehen. Die Humanvermögensrechnung wird auch als **Human Resource Accounting** bezeichnet. Es gibt:

Inputorientierte Konzepte	Sie basieren auf vergangenen, gegenwärtigen oder zukünftigen **Aufwendungen** des Unternehmens für das Personal, wobei unterschieden werden können – siehe *Braunschweig, Jung, Flamholtz, Schmitz, Wimmer*: ▸ Bewertung des Personals zu Wiederbeschaffungskosten ▸ Effizienzgewichtete Personalkostenmethode ▸ Bewertung anhand zukünftiger Einkünfte ▸ Bemessung auf der Basis der Anschaffungskosten
Output- orientierte Konzepte	Sie stellen den erwarteten **Anteil der menschlichen Leistungsfähigkeit** am unternehmerischen Zielsystem in den Vordergrund, wobei vor allem den nicht quantifizierbaren Größen besondere Bedeutung geschenkt wird (*Marr/Schmidt*). Es lassen sich nennen – siehe *Braunschweig, Fischer-Winkelmann, Hentze/Kammel, Lang, Schmitz, Schönfeld, Wimmer*.

> ▸ Bestimmung des Humanvermögens mittels Firmenwert
> ▸ Bestimmung zukünftiger Leistungsbeiträge
> ▸ System der Verhaltensvariablen

6. Datenschutz

Gemäß dem Bundesdatenschutzgesetz (BDSG) werden unter Datenschutz die Maßnahmen zum Schutz vor dem Missbrauch personenbezogener Daten verstanden. **Ziele** des Datenschutzes sind:

* Die Sicherung der Privatsphäre der Mitarbeiter
* Das Bewahren der Vertraulichkeit der Mitarbeiterdaten
* Das Verhüten des Missbrauchs dieser Daten.

Das BDSG bezieht sich nur auf personenbezogene Daten, die in Dateien gespeichert sind und maschinell sortiert und ausgewertet werden können. Seine **Zielgruppen** sind:

* Öffentliche Verwaltung (§§ 7 - 21 BDSG).
* Betriebe, die Mitarbeiterdaten maschinell verarbeiten (§§ 22 - 30 BDSG).
* Betriebe, die für fremde Zwecke Personaldaten verarbeiten (§§ 31 - 40 BDSG).

Die Bundesländer haben ergänzende **Landesdatenschutzgesetze** erlassen.

Für den Datenschutz sind von besonderer Bedeutung:

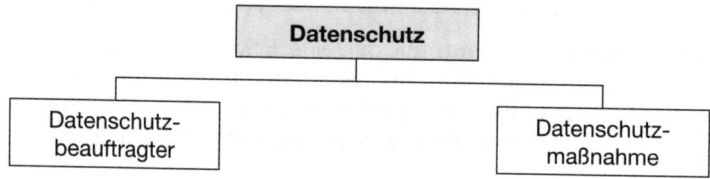

6.1 Datenschutzbeauftragter

Unternehmen, die Datenverarbeitung für eigene Zwecke betreiben, müssen nach § 28 BDSG unter folgenden **Voraussetzungen** einen Datenschutzbeauftragten beschäftigen:

* Sie verarbeiten personenbezogene Daten **automatisch** und beschäftigen ständig **mindestens fünf Arbeitnehmer**

  oder

* Sie verarbeiten personenbezogene Daten **konventionell** und beschäftigen ständig **mindestens 20 Arbeitnehmer.**

Der betriebliche Datenschutzbeauftragte hat nach dem BDSG vor allem die folgenden **Aufgaben**:

- Das Führen einer **Übersicht** über die Art der gespeicherten personenbezogenen Daten

- Das Anlegen einer **Liste** über alle regelmäßigen Empfänger personenbezogener Daten

- Die **Überwachung** der ordnungsgemäßen Anwendung der Datenverarbeitungsprogramme

- Das **Veranlassen** der ordnungsgemäßen Berichtigung, Löschung und Sperrung von Daten

- Die **Belehrung** aller bei der Verarbeitung personenbezogener Daten tätigen Mitarbeiter über den Datenschutz

- Die **Verpflichtung** aller Mitarbeiter, die mit personenbezogenen Daten umgehen, auf das Datenschutzgeheimnis.

Für den Schutz personenbezogener Daten ist der Datenschutzbeauftragte der verantwortliche, aber **nicht weisungsgebundene** Beauftragte des Unternehmens.

6.2 DATENSCHUTZMASSNAHMEN

Nach § 6 Abs. 1 BDSG sind zum Zwecke des Datenschutzes zu gewährleisten:

- Die **Zugangskontrolle**, die Unbefugten den Zugang zu Datenverarbeitungsanlagen, die personenbezogene Daten verarbeiten, verwehrt.

- Die **Abgangskontrolle**, die erfordert, dass die unbefugte Entfernung von Datenträgern verhindert wird.

- Die **Speicherkontrolle**, der die Aufgabe zukommt, die unbefugte Eingabe, Kenntnisnahme, Veränderung und Löschung personenbezogener Daten zu vereiteln.

- Die **Benutzerkontrolle**, die es notwendig macht, die Benutzung von Datenverarbeitungssystemen durch unbefugte Personen zu verhindern.

- Die **Zugriffskontrolle**, die fordert, dass zu gewährleisten ist, dass Berechtigte ausschließlich auf die ihrer Zugriffsberechtigung unterliegenden Daten zugreifen können.

- Die **Übermittlungskontrolle**, die sicherstellen muss, dass festgestellt werden kann, an welche Stellen personenbezogene Daten durch selbstständige Einrichtungen übermittelt werden können.

- Die **Eingabekontrolle**, die nachträglich feststellbar machen muss, welche personenbezogenen Daten zu welcher Zeit von wem in das Datenverarbeitungssystem eingegeben wurden.

- Die **Auftragskontrolle**, welche die Notwendigkeit bedingt, dass im Auftrag verarbeitete Daten nur entsprechend den Weisungen des Auftraggebers verarbeitet werden dürfen.

- Die **Transportkontrolle**, welche sicherzustellen hat, dass beim Transport von personenbezogenen Daten diese nicht unbefugt gelesen, verändert oder gelöscht werden können.

- Die **Organisationskontrolle**, wonach die Organisation so zu gestalten ist, dass sie den besonderen Anforderungen des Datenschutzes gerecht wird.

Diese Maßnahmen sind nach § 6 Abs. 1 Satz 2 BDSG jedoch nur dann erforderlich, wenn ihr Aufwand in einem **angemessenen Verhältnis** zu dem angestrebten Schutzzweck steht. Um den Datenschutz zu gewährleisten, müssen:

- Bei **konventioneller Archivierung** in Personalakten und Personalkarteien zwei Maßnahmen ergriffen werden, nämlich das unter Verschlusshalten der Unterlagen und die Begrenzung.

- Bei der Speicherung der Personaldaten auf **magnetischen Datenträgern** wie Festplatten oder Disketten besondere Vorkehrungen getroffen werden.

- Bei der Nutzung von **Terminals**, über welche die Personaldaten abgerufen werden können, mehrere Maßnahmen ergriffen werden:

> ▸ Zugriff auf Personaldaten nur von bestimmten Terminals aus, z. B. nur von den Terminals der Personalabteilung.
>
> ▸ Zugriff nur von bestimmten Mitarbeitern, die sich durch die Eingabe von Passwörtern identifizieren.
>
> ▸ Zugriff nur zu definierten Daten, wobei sich die Zugriffsverweigerung auf einzelne Dateien, bestimmte Datensegmente oder besondere Datenfelder, beispielsweise auf das Gehaltsfeld, beziehen kann.
>
> ▸ Manipulation von Personaldaten nur durch bestimmte Mitarbeiter in vorgegebener Art, beispielsweise Lesen, Ändern oder Ergänzen.
>
> ▸ Vier-Augen-Prinzip für bestimmte Manipulationsarten, d.h. Daten dürfen nur ergänzt oder verändert werden, wenn dieser Änderung zwei Mitarbeiter zugestimmt haben.

Die dargestellten Maßnahmen können auch in Kombination erfolgen.

80 ⟩⟩ Seite 551

KONTROLLFRAGEN	bear-beitet	Lösungs-hinweise	Lö-sung	
			+	-
01 Was ist unter der Personalverwaltung zu verstehen?		459		
02 Welcher Funktionsbereich übernimmt im Unternehmen die Personalverwaltung?		459		
03 Welche Gründe gibt es für ein Unternehmen, Personal zu verwalten?		459		
04 Worin sind die Zwecke der Personalverwaltung zu sehen?		459		
05 Welche Ziele sind von der Personalverwaltung anzustreben?		460		
06 Nennen Sie beschaffungsbezogene und einsatzbezogene Aufgaben der Personalverwaltung!		461		
07 Welche Aufgaben der Personalverwaltung sind entlohnungsbezogen bzw. betreuungsbezogen?		462		
08 Was sind entwicklungsbezogene und freistellungsbezogene Aufgaben der Personalverwaltung?		462 f.		
09 Auf welche Weisen kann die Durchführung der Aufgaben erfolgen, die sich der Personalverwaltung stellen?		463		
10 Beschreiben Sie, wie die konventionelle Personalverwaltung erfolgt!		463 f.		
11 Wie geschieht die arbeitsteilige Personalverwaltung?		464		
12 In welcher Weise erfolgt die Personalverwaltung im Dialog?		464 f.		
13 Worin sind die Voraussetzungen, Vor- und Nachteile der Personalverwaltung im Dialog zu sehen?		465		
14 Wie geschieht die automatische Personalverwaltung?		465		
15 Nennen Sie die Instrumente bzw. Hilfsmittel, derer sich die Personalverwaltung bedienen kann!		466		
16 Was ist unter einer Personalakte zu verstehen und welche Arten gibt es?		466		
17 Welche Unterlagen darf die Personalabteilung in die Personalakte aufnehmen, welche nicht?		466		
18 Worin besteht der Inhalt der Personalakte?		467		
19 Inwieweit dürfen Nebenakten geführt werden?		468		
20 Welche Rechte hat der Arbeitnehmer bzw. Pflichten der Arbeitgeber in Bezug auf die Personalakte?		468		
21 Worin unterscheidet sich die Personalakte von der Sachakte?		468		
22 Charakterisieren Sie die Personalkartei!		468 f.		
23 Welche organisatorischen Arten der Personalkartei gibt es?		469		
24 Wie kann die Personalkartei inhaltlich unterteilt werden?		469		
25 Worin sind die Vor- und Nachteile der Personalkartei zu sehen?		469 f.		
26 Erläutern Sie, worum es sich bei der Personaldatei handelt!		470		
27 Welche Arten von Personaldateien sind für die Personalverwaltung von besonderer Bedeutung?		470		
28 Worauf kann sich das Dateisplitting beziehen?		471		

29	Was versteht man unter dem Personalhandbuch und welchen Aufgaben soll es gerecht werden?		471 f.		
30	Worin besteht der Inhalt des Personalhandbuches?		472		
31	Welche Prinzipien sind bei der Gestaltung des Personalhandbuches zu beachten?		472		
32	Was ist unter einem Personalinformationssystem zu verstehen?		472 f.		
33	Worin sind die grundlegenden Ziele und Aufgaben eines Personalinformationssystems zu sehen?		473 f.		
34	Wie ist ein Personalinformationssystem aufgebaut?		474 f.		
35	Welche Informationen sind in einzelnen Datenbanken enthalten?		475		
36	Worin sind die Vor- und Nachteile bzw. Probleme des Personalinformationssystems zu sehen?		475 f.		
37	Welche rechtlichen Regelungen begrenzen die Nutzung eines Personalinformationssystems?		476		
38	Worin besteht die Aufgabe des Personalrechnungswesens?		476		
39	Wozu dient die Lohn- und Gehaltsrechnung?		477		
40	Weshalb ist die Lohn- und Gehaltsrechnung als hoch komplex anzusehen und zweckmäßigerweise mithilfe der EDV durchzuführen?		477		
41	In welchen Schritten erfolgt die Lohn- und Gehaltsrechnung?		477		
42	Zeigen Sie, woraus das Bruttoentgelt eines Arbeitnehmers bestehen kann und wie man zum Nettoentgelt gelangt!		477 f.		
43	Wozu dient die Zahlungsrechnung und wie gelangt man vom Nettoentgelt zum Auszahlungsbetrag?		479		
44	Welche Daten muss ein Lohnkonto aufweisen?		479		
45	An wen werden, außer an den Arbeitnehmer, ebenfalls aus dem Entgelt resultierende Zahlungen geleistet?		479 f.		
46	Welchen betrieblichen Bereichen sollte die Auswertungsrechnung Informationen zur Verfügung stellen?		480		
47	Nennen Sie die Aufgaben, welche sich der Personalkostenrechnung stellen!		480		
48	Wozu dient der Kostenartenplan?		481		
49	Wie und wo erfolgt die Verrechnung der Personalkosten auf die Kostenstellen?		481		
50	Welchen Erfordernissen sollte die Verrechnung der Personalkosten auf Kostenträger gerecht werden?		481		
51	Wie lassen sich personelle Einzelkosten bzw. Gemeinkosten auf die Kostenträger verrechnen?		481		
52	Wie kann bei der Personalkostenplanung vorgegangen werden?		481		
53	Weshalb bedarf es der Kontrolle der Personalkosten und wie kann sie erfolgen?		482		
54	Wie können die für die Erstellung einer Personalstatistik erforderlichen Daten gewonnen werden?		482		
55	Auf welche Arten von Kennzahlen bezieht sich die Personalstatistik?		482		
56	Nennen Sie Kennzahlen, die sich auf die Personalstruktur beziehen!		483		

57	Zeigen Sie, welche Kennzahlen unterschieden werden können, die auf Personalbewegungen beruhen!		484 f.		
58	Welche Gründe kann es dafür geben, dass arbeits- bzw. tarifvertraglich vereinbarte Arbeitszeiten nicht mit den tatsächlich geleisteten Arbeitszeiten übereinstimmen?		485		
59	Welche arbeits- bzw. fehlzeitbezogene Kennzahlen sind in der Praxis gebräuchlich?		485		
60	Nennen Sie Kennzahlen, die sich auf die Personalkosten beziehen!		486		
61	In welchen Formen tritt die gesellschaftsbezogene Rechnungslegung in Erscheinung?		486		
62	Beschreiben Sie die Gesamtrechnung!		486		
63	Wozu dient die Teilrechnung und welche Arten lassen sich beschreiben?		486 f.		
64	Als was werden die Mitarbeiter bei der Humanvermögensrechnung angesehen?		487		
65	Charakterisieren Sie die inputorientierten und outputorientierten Konzepte der Humanvermögensrechnung!		487		
66	Worin sind die Ziele des Datenschutzes zu sehen?		488		
67	Unter welchen Voraussetzungen müssen Unternehmen einen Datenschutzbeauftragten bestellen und welche Aufgaben hat er?		488		
68	Beschreiben Sie die Maßnahmen, die zum Zwecke des Datenschutzes vor allem zu gewährleisten sind!		489		
69	In welchen Fällen sind Unternehmen nicht verpflichtet, diese Maßnahmen vorzunehmen!		490		
70	Wie lässt sich der Datenschutz praktisch realisieren, wenn konventionell archiviert wird, magnetische Datenträger verwendet bzw. Terminals eingesetzt werden?		490		

GESAMTLITERATURVERZEICHNIS

A. GRUNDLAGEN

Ackermann, K.F., Auf der Suche nach kundenorientierten Organisationsformen des Personalmanagements, in: Kienbaum, J. (Hrsg.), Visionäres Personalmanagement, 3. Auflage, Stuttgart 2001

Ackermann, K.F., Die Personalabteilung am Scheideweg, in: Ackermann, K.F. (Hrsg.), Reorganisation der Personalabteilung, Stuttgart 1994

Albert, G., Betriebliche Personalwirtschaft, 6. Auflage, Ludwigshafen 2004

Berthel, J., Personalmanagement, 7. Auflage, Stuttgart 2003

Beyer, H., Personallexikon, 2. Auflage, München 1991

Bisani, F., Personalwesen und Personalführung, 5. Auflage, Wiesbaden 2003

Bühner, R., Personalmanagement, 2. Auflage, Landsberg/Lech 1997

Bühner, R., Effiziente Organisationsstrukturen in der Personalarbeit, in: Ackermann/Scholz (Hrsg.), Personalmanagement für die 90er Jahre, Stuttgart 1991

Drumm, H.J., Personalwirtschaft, 5. Auflage, Berlin/Heidelberg 2004

Eckardstein von, Betriebliche Personalpolitik, 4. Auflage, München 1995

Freund/Knochlauch/Racke, Praxisorientierte Personalwirtschaftslehre, 6. Auflage, Stuttgart/Berlin/Köln 2003

Gaugler, E. (Hrsg.), Handwörterbuch des Personalwesens, 3. Auflage, Stuttgart 2004

Hambusch, R. (Hrsg.), Personal- und Ausbildungswesen, 9. Auflage, Darmstadt 1995

Harlander u.a, Personalwirtschaft, 3. Auflage, Landsberg/Lech 1994

Hentze, J., Personalwirtschaftslehre, 7. Auflage, Bern/Stuttgart 2001

Herzberg/Mausner/Snydermann, The Motivation to Work, New York 1959

Hilb, M., Integriertes Personal Management, 12. Auflage, Neuwied 2004

Hromadka, W., Personalmanagement, Stuttgart 1991

Jung, H., Personalwirtschaft, 5. Auflage, München/Wien 2003

Kappenhaben, M., Tarifvertrag und Arbeitskampf, in: Maess/Maess (Hrsg.), Das Personal Jahrbuch 2001, Neuwied/Kriftel 2001

Kieß, W., Die Personalabteilung als Service-Center, in: Personalführung, 07/1997

Kolb, M., Personalmanagement, 2. Auflage, Berlin 1998

Kossbiel, H., Personalwirtschaft, Jena/Stuttgart 1993

Küttner, W. (Hrsg.), Personalbuch, 10. Auflage, München 2003

Maslow, A.H., Psychologie des Seins, 5. Auflage, München 1994

Maslow, A.H., Motivation und Persönlichkeit, Olten 1999

McGregor, D., Der Mensch im Unternehmen, 3. Auflage, Düsseldorf/Wien 1973

Meyer, W., Arbeitsrecht für die Praxis, 10. Auflage, Planegg/München 2004

Odiorne, G.S., Strategic Management of Human Resources, San Francisco 1984

Oechsler, W.A., Personal und Arbeit, 7. Auflage, München/Wien 2000

Olfert/Rahn, Lexikon der Betriebswirtschaftslehre, 5. Auflage, Ludwigshafen 2004

Olfert/Rahn, Kompakt-Training Organisation, 4. Aufl., Ludwigshafen 2005

Olfert, K., Organisation, 14. Auflage, Ludwigshafen 2006

Peutner, T., Braucht die Personalfunktion der Zukunft professionelle Standards, in: Personalführung 06/2001

Preissler, P.R., Personalwirtschaft, Landsberg/Lech 1991

Pullig, K.-K., Personalmanagement, München 1993

Schanz, G., Personalwirtschaftslehre, 3. Auflage, München 2000

Schaub, G., Arbeitsrechts-Handbuch, 10. Auflage, München 2002

Scholz, C., Innovative Personalorganisation, Neuwied/Kriftel/Berlin 1999

Scholz, C., Personalmanagement, 5. Auflage, München 2000

Schwerdtner, P. (Hrsg.), Handbuch der Personalpraxis, 11. Auflage, Neuwied/Kriftel/Berlin 2002

Steckler, B., Kompendium Arbeitsrecht und Sozialversicherung, 6. Auflage, Ludwigshafen 2004

Stopp, U., Betriebliche Personalwirtschaft, 26. Auflage, Ehningen 2004

Straub, D. (Hrsg.), Jahres-Handbuch Personal 2003, 4. Auflage, München 2003

Taylor, F.W., The Principles of Scientific Management, 2. Auflage, New York 1996

Wagner/Zander/Hauke (Hrsg.), Handbuch der Personalleitung, München 1992

Weinert, A.B., Organisationspsychologie, 5. Auflage, Wiesbaden 2004

Wunderer/Dick, Personalmanagement, 3. Auflage, Neuwied/Kriftel 2002

Wunderer/Kuhn, Unternehmerisches Personalmanagement, Frankfurt/New York 1993

B. PERSONALPLANUNG

Berthel, J., Personal-Management, 7. Auflage, Stuttgart 2003

Bröckermann, R., Personalwirtschaft, 3. Auflage, Stuttgart 2003

Drumm, H.J., Personalwirtschaft, 5. Auflage, Berlin/Heidelberg 2004

Gaugler, E. (Hrsg.)/Weber, W., Handwörterbuch des Personalwesens, 3. Auflage, Stuttgart 2004

Hagner, C. ., Die Anwendung der Arbeitsplatz- und Kennzahlenmethoden im Rahmen der quantitativen Personalplanung, Frankfurt/New York 1975

Horsch, J., Personalplanung, Herne/Berlin 2000

Jung, H., Personalwirtschaft, 5. Auflage, München/Wien 2003

Knebel/Schneider, Die Stellenbeschreibung, 7. Auflage, Heidelberg 2000

Metzger/Funk, Bewerben im Internet: Stellenangebote und Bewerbungen online, Niedernhausen/Ts. 1998

RKW (Hrsg.), Praxis der Personalplanung, Neuwied 1990

RKW, Handbuch Personalplanung, 3. Auflage, Neuwied/Kriftel/Berlin 1996

Schwarz H., Arbeitsplatzbeschreibungen, 13. Auflage, Freiburg 1995

Sent, B., Personalbedarfsplanung, in: Hackstein, R. (Hrsg.), fi + iaw Forschung für die Praxis, Band 38, Berlin/Heidelberg 1991

Wimmer, P., Personalplanung, Stuttgart 1991

Wittlage, H., Personalbedarfsermittlung, München/Wien 1995

C. PERSONALBESCHAFFUNG

Albers/Meier, Mitarbeiter richtig auswählen: Eignungskriterien; Auswahlverfahren; die persönliche „Chemie" muss stimmen, Regensburg/Düsseldorf 1999

Bisani, F., Personalwesen und Personalführung, 5. Auflage, Wiesbaden 2003

Beer, U., Graphologie, 2. Auflage, Landsberg/Lech 1995

Berchtold, M.M., Erfolgreiche Personeleinstellung mit Herz und Verstand, Bonn 1996

Bernard, M., Graphologie, Basel 1990

Berthel, J., Personal-Management: Grundzüge für Konzeptionen betrieblicher Personalarbeit, 7. Auflage, Stuttgart 2003

Böckel, E., Moderne Arbeitsverträge, 7. Auflage, Planegg 1997

Böckly, W., Personalanpassung, Ludwigshafen 1995

Bögelein, M., Marktübersicht: Online-Jobbörsen, in: Personal 12/99

Buchholz/Maier, Handbuch der Führungskräfteauswahl, -förderung, -bezahlung, München 1970

Drumm, H.J., Personalwirtschaft, 5. Auflage, Heidelberg 2004

Freimuth/Meyer (Hrsg.), Fraktal, fuzzy, oder darf es ein wenig virtueller sein? München/Mering 1998

Guthke/Wiedl, Dynamisches Testen, Göttingen 2002

Hambusch, R., Personal- und Ausbildungswesen, 9. Auflage, Darmstadt 1995

Hensing/Bächle, Personalsuche übers Internet, in: CoPerS, 05/1997

Hentze, J., Personalführungslehre, 3. Auflage, Bern/Stuttgart 1997

Hesse/Schrader, Assessment Center, Frankfurt/Main 2002

Hesse/Schrader, Neue Bewerbungsstrategien für Führungskräfte, Frankfurt/Main 2001

Herold/Romanovszky, Vorteilhafte Vertragsgestaltung, 9. Auflage, Freiburg i.Br. 1992

Hofert, S., Online bewerben: wie sie sich erfolgreich über das Internet präsentieren, Frankfurt/Main 2001

Horn, R., Alle wichtigen Tests zur Auswahl von Bewerbern, 3. Auflage, München 1991

Hossiep, R., Berufsdiagnostische Entscheidungen, Göttingen 1995

Hummel, T.R., Personalberatung in Deutschland, in: Personal 04/2001

Jeserich, W. (Hrsg.), Mitarbeiter auswählen und fördern: Assessment-Center-Verfahren, Band 1, Neuauflage, München/Wien 1998

Jochmann, W., Gestaltung einer effektiven Zusammenarbeit mit Personalberatungen, in: W. Jochmann (Hrsg.), Personalberatung intern: Philosophien, Methoden und Resultate führender Beratungsunternehmen, Göttingen 1995

Jung, H., Personalwirtschaft, 5. Auflage, München/Wien 2003

Kitzmann, A., Assessment Center - Personalförderung und Personalauswahl, 3. Auflage, Bamberg 1990

Knebel, H., Taschenbuch für Bewerberauslese, 7. Auflage, Heidelberg 1996

Köhler/Klug, Stellenmarkt Internet: Per Mausklick zum neuen Job, Frankfurt/Main 2000

Kompa, A., Assessment Center. Bestandsaufnahme und Kritik, 6. Auflage, München 1999

Kompa, A., Personalbeschaffung und Personalauswahl, 2. Auflage, Stuttgart 1989

Küttner, W. (Hrsg.), Personalbuch, 11. Auflage, München 2004

Lienert, G.A., Testaufbau und Testanalyse, 6. Auflage, Weinheim/Berlin 1998

Meier/Schuller/Wurm, Erfolgreich bewerben im Internet: Marketing in eigener Sache, München/Wien 2002

Metzger/Funk/Post, Bewerben im Internet, Niedernhausen/Ts. 2002

Notter/Obenaus/Ruf, Ihre Rechte als Arbeitnehmer, München 2002

Obermann, C., Assessment Center-Enwicklung, Durchführung, Trends, 2. Auflage 2002

Pillat, R., Neue Mitarbeiter - erfolgreich anwerben, auswählen und einsetzen, Freiburg 1996

Preuß, A., Strategien effizienter Bewerberauswahl, in: CoPers, 03/1998

Raschke, H., Taschenbuch für Bewerberauslese, Heidelberg 1996

Rauchfleisch, Testpsychologie, 3. Auflage, Göttingen 1994

Rosenstiel, L. von, Grundlagen der Organisationspsychologie, 5. Auflage, Stuttgart 2003

Rosenstiel/Regnet/Domsch (Hrsg.), Führung von Mitarbeitern – Handbuch für erfolgreiches Management, 5. Auflage, Stuttgart 2003

Sarges, W. (Hrsg.), Management Diagnostik, 3. Auflage, Göttingen 2000

Schaub, G., Meine Rechte und Pflichten als Arbeitnehmer, 8. Auflage, München 2001

Schaub, G., Der Betriebsrat, 7. Auflage, München 2002

Schaub, G., Arbeitsrechts-Handbuch, 10. Auflage, München 2002

Scholz, C., Personalmanagement, 5. Auflage, München 2000

Scholz, C., Personalmanagement im Cyberspace – Froschkönig oder Büchse der Pandora, in: Personalwirtschaft, 03/1997

Schuler, H., Organisationspsychologie, Bd. 4, Göttingen, 2001

Schuler/Stehle (Hrsg.), Assessment Center als Methode der Personalentwicklung, 2. Auflage, Stuttgart 1992

Schwedes, R., Einstellung und Entlassung des Arbeitnehmers, 7. Auflage, Freiburg i.Br. 1993

Schwerdtner, P. (Hrsg.), Handbuch der Personalpraxis, 11. Auflage, Neuwied/Kriftel/Berlin 2002

Stopp, U., Betriebliche Personalwirtschaft, 25. Auflage, Ehningen 2002
Styppa/Vogel, Personalaquisition via Internet, in: Personal 3/1998
Waskewitz, B., Personalwirtschaft, Gernsbach 1980
Wolter, U., Personalrekrutierung über das virtuelle Arbeitsamt, in: Personalwirtschaft 8/98

D. PERSONALEINSATZ

Berthel, J., Personalmanagement, 7. Auflage, Stuttgart 2003
Bisani, F., Personalwesen und Personalführung, 5. Auflage, Wiesbaden 2003
BMA/BMWi/BMB+F (Hrsg.), Telearbeit – Ein Leitfaden für die Praxis, Bonn 1998
Böckly, W., Personalanpassung, Ludwigshafen 1995
Brettschneider, D., Patensystem als Führungsersatz? Kritische Bemerkungen zur Einführung eines Patensystems, in: Personal
Bühner, R., Personalmanagement, 2. Auflage, Landsberg/Lech 1997
DGFP, Der internationale Einsatz von Fach- und Führungskräften, 2. Auflage, Köln 1995
Drumm, H. J., Personalwirtschaft, 5. Auflage, Berlin/Heidelberg 2004
Felser/Roos, Die Rechte des Betriebsrates und ihre Durchsetzung, Frankfurt/Main 2000
Fiedler-Winter, R., Flexible Arbeitszeiten, 3. Auflage, Landsberg/Lech 1997
Fritz, K., Individuelle Flexibilisierung der Arbeitszeit, in: Personalwirtschaft 12/1985
Gmür, M., Arbeitszeitflexibilisierung in der Diskussion, in: G. Klimecki (Hrsg.): Reihe Management, Forschung und Praxis, Nr. 3, Konstanz 1991
Grandjean, E., Physiologische Arbeitsgestaltung, 4. Auflage, Zürich 1991
Grüll/Janert, Arbeitsrechtliches Taschenbuch für Vorgesetzte, 16. Auflage, Heidelberg 2001
Heller, M., Telearbeit, Hallstadt 1996
Hentze, J., Personalwirtschaftslehre, Bd. 1, 7. Auflage, Bern/Stuttgart 2001
Hettinger/Wobbe, Kompendium der Arbeitswissenschaft, Ludwigshafen 2001
Hoff/Priemuth, Unter welchen Bedingungen funktioniert Vertrauensarbeitszeit?, in: Personal 09/2002
Hopfenbeck, W., Allgemeine Betriebswirtschafts- und Managementlehre, 14. Auflage, Landsberg/Lech 2002
Horsch, J., Auslandseinsatz von Stammhaus-Mitarbeitern, Frankfurt/Main 1995
Jung, H., Personalwirtschaft, 5. Auflage, München/Wien 2003
Kamisky, G., Praktikum der Arbeitswissenschaft, 2. Auflage, München 1980
Kamisky/Pilz, Gestaltung von Arbeitsplatz und Arbeitsmittel, 4. Auflage, Berlin 1970
Kammel/Teichelmann, Internationaler Personaleinsatz, München/Wien 1994
Kienbaum, J. (Hrsg.), Visionäres Personalmanagement, 3. Auflage, Stuttgart 2001
Kieser, A., Einarbeitung neuer Mitarbeiter, in: Rosenstiel/Regnet/Domsch (Hrsg.), Handbuch für erfolgreiches Personalmanagement, 4. Auflage, Stuttgart 1999
Kieser, A., Die Einführung neuer Mitarbeiter in das Unternehmen, 2. Auflage, Frankfurt 1990
Liebel/Oechsler, Handbuch Human Resource Management, Wiesbaden 2002
Linnenkohl//Rauschenberg/Gressierer/Schütz, Arbeitszeitflexibilisierung, 4. Auflage, Heidelberg 2001
Löber, H.-G., Auslandsvorbereitung als Aufgabe der Personalentwicklung, in: Geißler/Landsberg/Reinartz (Hrsg.), Handbuch Personalentwicklung und Training, Köln 2002
Lorenzen/Westermann, Einführung neuer Mitarbeiter, in: Wagner/Zander/Hanke (Hrsg.), Handbuch der Personalleitung, München 1992
Martin, H., Grundlagen der menschengerechten Arbeitsgestaltung, Köln 1998
Möhl, W., Die Einarbeitung neuer Mitarbeiter, in: Personalwirtschaft 12/1985
Perlitz, M., Internationales Management, 5. Auflage, Stuttgart/Jena 2004
Pornschlegel, H., Verfahren vorbestimmter Zeiten, Köln 1968
REFA, Methodenlehre des Arbeitsstudiums, Teil 1, 7. Auflage, München
REFA, Methodenlehre des Arbeitsstudiums, Teil 2, 6. Auflage, München

REFA, Methodenlehre des Arbeitsstudiums, Teil 3, 7. Auflage, München
REFA, Methodenlehre des Arbeitsstudiums, Teil 4, 5. Auflage, München
REFA, Methodenlehre des Arbeitsstudiums, Teil 5, 3. Auflage, München
Reisach, U., Teilzeit- und Telearbeit als Wettbewerbsfaktor, in: Personal 06/2001
Rieder, H.D. (Hrsg.), Die Zukunft der Arbeitswelt - Flexibilisierung von Arbeitsbedingungen, Münster 1996
Rischar, K., Flexible Arbeitszeitmodelle in der Praxis, München/Berlin 2001
Rischar/Brendt, Einführung neuer Mitarbeiter, Landsberg/Lech 1994
RKW, RKW-Handbuch Personalplanung, 3. Auflage, Neuwied 1996
Rosenstiel, L., Motivation im Betrieb, 10. Auflage, München 2001
Rosenstiel/Regnet/Domsch (Hrsg.), Führung von Mitarbeitern, 5. Auflage, Stuttgart 2003
Ruppert, R., Individualisierung von Unternehmen, Wiesbaden 1995
Schaub, G., Meine Rechte und Pflichten als Arbeitnehmer, 8. Auflage, München 2001
Scherm, E., Internationales Personalmangement, 2. Auflage, München/Wien 1999
Schmidtke, H. (Hrsg.), Ergonomie, Bd. 1, Grundlagen menschlicher Arbeit und Leistung, 3. Auflage, München 1993
Schmidtke, H. (Hrsg.), Ergonomie, Bd. 2, Gestaltung von Arbeitsplatz und Arbeitsumwelt, München/Wien 1993
Scholz, C., Personalmanagement, 5. Auflage, München 2000
Schuh/Schultes-Jaskolla/Stitzel, Alternative Arbeitszeitstrukturen, in: R. Marr (Hrsg.): Arbeitszeitmanagement, 3. Auflage, Berlin 2001
Schuster, M., Länder machen Leute, in: Personalwirtschaft 09/1995
Schwerdtner, P. (Hrsg.), Handbuch der Personalpraxis, 11. Auflage, Neuwied/Kriftel/Berlin 2002
Staehle, W.H., Management, 8. Auflage, München 1999
Strutz/Wiedemann (Hrsg.), Internationales Personalmarketing, Wiesbaden 1992
Wildemann, H., Flexible Arbeits- und Betriebszeiten - wettbewerbs- und mitarbeiterorientiert, München 1991
Wirth, E., Mitarbeiter im Auslandseinsatz, Wiesbaden 1992
Wunderer/Kuhn (Hrsg.), Innovatives Personalmanagement, Neuwied/Kriftel/Berlin 1995

E. PERSONALFÜHRUNG

Argyle, M., Körpersprache und Kommunikation, 8. Auflage, Paderborn 2002
Ballier, R., Analyse betrieblicher Fehlzeiten aus arbeitsmedizinischer Sicht, in: Nieder, P. (Hrsg.), Fehlzeiten wirksam reduzieren, Wiesbaden 1998
Becker, F.G., Grundlagen betrieblicher Leistungsbeurteilung, 4. Auflage, Stuttgart 2003
Berkel, K., Konflikttraining, 7. Auflage, Heidelberg 2002
Berkel, K., Konflikte in und zwischen Gruppen, in: Rosenstiel/Regnet/Domsch (Hrsg.), Führung von Mitarbeitern, 5. Auflage, Stuttgart 2003
Berthel, J., Personalmanagement, 7. Auflage, Stuttgart 2003
Beyer, H. T., Personallexikon, 2. Auflage, München/Wien 1991
Bisani, F., Personalwesen und Personalführung, 5. Auflage, Wiesbaden 2003
Blake/Mouton, Verhaltenspsychologie im Betrieb, 4. Auflage, Düsseldorf/Wien 1992
Bröckermann, R., Personalwirtschaft, 3. Auflage, Stuttgart 2003
Bühner, R., Personalmanagement, 3. Auflage, Landsberg/Lech 2004
Bumann, A., Das Vorschlagswesen als Instrument innovationsorientierter Unternehmensführung, Freiburg/Schweiz 1991
Comelli/von Rosenstiel, Führung durch Motivation, 3. Auflage, München 2003
Crisand, E., Psychologie der Gesprächsführung, 7. Auflage, Heidelberg 2000
Curth/Lang, Management der Personalbeurteilung, 2. Auflage, München 1991
Delhees, K.H., Führungstheorien - Eigenschaftstheorie, in: Kieser, A. (Hrsg.), Handwörterbuch der Führung, 2. Auflage, Stuttgart 1995

Dietrich/Vetter/Noji, Krankheitsbedingte Fehlzeiten in der deutschen Wirtschaft, in: Badura/ Litsch/Vetter (Hrsg.), Fehlzeiten-Report 1999, Berlin/Heidelberg/New York 2000

Domsch/Schneble, Die Informationsbasis der Personalplanung, in: Berthel/Groenewald (Hrsg.), Handbuch Personal-Management, Landsberg/Lech 1991

Eberle/Hartwich, Brennpunkt Führungspotenzial, Persönlichkeitseinschätzung als unternehmerische Aufgabe, Frankfurt/Main 1995

Eckardstein von, Betriebliche Personalpolitik, 4. Auflage, München 1995

Esser, M., Selbsturteile, in: Sarger, W. (Hrsg.), Management-Diagnostik, Göttingen/Bern/Toronto/Seattle 1995

Felfe, J., Feedbackprozesse in Organisationen: Akzeptanz bei Vorgesetzten und Mitarbeitern, in: Busch, R. (Hrsg.), Mitarbeitergespräch-Führungskräftefeedback, München 2000

Fiedler/Chemers/Mahar, Der Weg zum Führungserfolg, Stuttgart 1979

Fiedler/Mai-Dalten, Führungstheorien – Kontingenztheorie, in: Kieser/Reber/Wunderer (Hrsg.), Handwörterbuch der Führung, 2. Auflage, Stuttgart 1995

Frese, H., Mitarbeiterführung, 6. Auflage, Würzburg 1992

Frese, H., Grundlagen der Organisation, 8. Auflage, Wiesbaden 2000

Gälweiler, A., Unternehmensplanung, 2. Auflage, Frankfurt/Main 1990

Galowsky, H., Fehlzeiten – ein Hauptproblem der betrieblichen Personalführung, in: Personal 07/1991

Gaugler, E., Information als Führungsaufgabe, in: Kieser/Reber/Wunderer (Hrsg.), HWFÜ, **2. Auflage, Stuttgart 1995**

Gaugler, E. u.a., Leistungsbeurteilung in der Wirtschaft, Baden-Baden 1978

Gerpott, T.J., Gleichgestelltenbeurteilung, in: Selbach/Pullig (Hrsg.), Handbuch Mitarbeiterbeurteilung, Wiesbaden 1992

Gessau, B., Analyse des Organisationsklimas einer medizinisch-naturwissenschaftlichen Forschungseinrichtung, Aachen 1997

Golas, H.G., Der Mitarbeiter, 9. Auflage, Bielefeld 1997

Gollnow, C., Praktische Mitarbeiterbeurteilung, München 1977

Goossens, F., Personalleiter-Handbuch, 7. Auflage, München 1981

Grüning, L., Strategien gegen Mobbing, in: Personalwirtschaft 05/1999

Grunow, D., Personalbeurteilung, Stuttgart 1976

Gunkel, L., Führungskompetenz erstickt Mobbing, in: Personalwirtschaft 08/2000

Halpin/Winer, A Factorial Study of the Leader Behavior Descriptions, in: Stogdill/Coons (Hrsg.), Leader Behavior: It's Description and Measurement, Columbus, Ohio 1957

Hambusch, R., Personal- und Ausbildungswesen, 9. Auflage, Darmstadt 1995

Hentze/Kammel/Lindert, Personalführungslehre, 3. Auflage, Bern/Stuttgart 1997

Hersey/Blanchard, Management of Organizational Behavior, 6. Auflage, New York 1993

Höhn, R., Führungsbrevier der Wirtschaft, 12. Auflage, Bad Harzburg 1986

Höhn, R., Führungsmodelle – Harzburger Modell, in: Kieser/Reber/Wunderer (Hrsg.) Handwörterbuch der Führung, 2. Auflage, Stuttgart 1995

Höhn/Böhm, Der Weg zur Delegation von Verantwortung im Unternehmen, Bad Harzburg 1973

Homans, G. C., Theorie der sozialen Gruppe, 7. Auflage, Opladen 1978

Hopfenbeck, W., Allgemeine Betriebswirtschafts- und Managementlehre, 14. Auflage, Landsberg/Lech 2002

Humm/Gurlit, Motivation in der Großbank, in: Personalwirtschaft 04/1990

Jeserich, W., Kollegenurteile, in: Sarges, W. (Hrsg.), Mangement-Diagnostik, Göttingen/Bern/ Toronto/Seattle 1995

Jung, H., Personalwirtschaft, 5. Auflage, München/Wien 2003

Klaus, H., Führung: Können oder Kunst? Zum Stand der Führungsforschung, in: Personal 05/1994

Knebel, H., Taschenbuch für Personalbeurteilung, 10. Auflage, Heidelberg 1999

Kolodej, C., Mobbing: Psychoterror am Arbeitsplatz und seine Bewältigung, Wien 1999

Korndörfer, W., Unternehmensführungslehre, 9. Auflage, Wiesbaden 1999

Krenz-Maes, A., Innere Kündigung – ein unterschätztes Phänomen in vielen Unternehmen, in: Personalführung 05/1998

Krystek/Becherer/Deichelmann, Innere Kündigung als Führungsproblem, in: Personal 12/1995

Lattmann, C., Leistungsbeurteilung als Führungsmittel, 2. Auflage, Bern/Stuttgart 1994

Leymann, H., Mobbing: Psychoterror am Arbeitsplatz und wie man sich dagegen wehren kann, Hamburg 2002

Leymann, H., Der neue Mobbing-Bericht, Hamburg 1995

Liebel/Oechsler, Personalbeurteilung, Wiesbaden 1992

Lukas, A., Qualität der Führung, in: Gablers Magazin 06/07/1996

Marr/Stitzel, Personalwirtschaft - ein konfliktorientierter Ansatz, München 1979

McGregor, D., Der Mensch im Unternehmen, Düsseldorf 1970

Möhl/Winterfeldt, Mitarbeiterbewertung, Bad Wörishofen 1968

Neuberger, O., Führungsverhalten und Führungserfolg, Berlin 1976

Neuberger, O., Führen und führen lassen, 6. Auflage, Stuttgart 2002

Nickel, T., Vom betrieblichen Vorschlagswesen zum integrativen Ideenmanagement, Wiesbaden 1999

Notter/Obenaus/Ruf, Ihre Rechte als Arbeitnehmer, München 1999

Nutzhorn, H., RKW-Leitfaden der Personalbeurteilung, Berlin/Köln/Frankfurt 1965

Odiorne, G.S., Management mit Zielvorgabe, - Management by Objectives, München 1971

Olfert/Pischulti, Kompakt-Training Unternehmensführung, 3. Auflage, Ludwigshafen 2004

Olfert/Rahn, Einführung in die Betriebswirtschaftslehre, 8. Auflage, Ludwigshafen 2005

Pelz, D.C., Influence: A key to effective leadership in the first-line supervisor, in: Personnel 1952

Rahn, H.J., Unternehmensführung, 6. Auflage, Ludwigshafen/Rhein 2005

Rahn, H.J., Führung von Gruppen, 4. Auflage, Heidelberg 1998

Raidt, F., Innere Kündigung, in: Strutz, H. (Hrsg.), Handbuch Personalmarketing 1989

Raschke, H., Taschenbuch für Personalbeurteilung, 4. Auflage, Heidelberg 1974

Reber, G., Personales Verhalten im Betrieb, Stuttgart 1973

Reber, G., Führungstheorien, in: Gaugler/Weber/Oechsler (Hrsg.), Handwörterbuch des Personalwesens, 3. Auflage, Stuttgart 2004

Reddin, W.J., Das 3-D-Programm zur Leistungssteigerung des Managements, Landsberg/Lech 1981

REFA, Methodenlehre der Planung und Steuerung, Teil 1, 4. Auflage, München 1985

Reichwald, R., Kommunikation und Kommunikationsmodelle, in: Handwörterbuch der Betriebswirtschaftslehre, Teilband 2, 5. Auflage, Stuttgart 1993

Richter, M., Personalführung, 4. Auflage, Stuttgart 1999

Ridder, H.-G., Personalwirtschaftslehre, Stuttgart/Berlin 1999

Rischar, K., Schwierige Mitarbeitergespräche erfolgreich führen, 2. Auflage, Landsberg/Lech 1994

Rosenstiel v., L., Betriebsklima, in: Strutz, H. (Hrsg.), Handbuch Personalmarketing, 2. Auflage, Wiesbaden 1989

Rosenstiel v., L., Betriebsklima heute, 2. Auflage, Ludwigshafen/Rhein 1993

Rosenstiel v., L., Betriebsklima geht jeden an!, 4. Auflage, München 1992

Rosenstiel v., L., Motivation im Betrieb, 10. Auflage, München 2001

Rosenstiel/Regnet/Domsch (Hrsg.), Führung von Mitarbeitern – Handbuch für erfolgreiches Management, 5. Auflage, Stuttgart 2003

Sabathil, P., Fluktuation von Arbeitskräften, in: Wirtschaftswissenschaftliche Forschung und Entwicklung, Band 6, München 1977

Schaub, G., Meine Rechte und Pflichten als Arbeitnehmer, 8. Auflage, München 2001

Schnabel, C., Betriebliche Fehlzeiten, in: Institut der deutschen Wirtschaft (Hrsg.): Beiträge zur Wirtschafts- und Sozialpolitik Heft 236, Köln 1997, S. 19

Seifert, J.W., Visualisieren, Präsentieren, Moderieren, 16. Auflage, Bremen 2001

Selbach/Pullig, Handbuch Mitarbeiterbeurteilung, Wiesbaden 1992
Staehle, W.H., Management, 8. Auflage, München 1999
Stopp, U., Betriebliche Personalwirtschaft, 26. Auflage, Ehningen 2004
Tannenbaum/Schmidt, How to Choose a Leadership Pattern, in: HBR, Vol. 36, 1950
Thom, N., Betriebliches Vorschlagswesen, 5. Auflage, Bern/Berlin/Frankfurt/New York/Paris/ Wien 1996
Ulrich/Fluri, Management, 7. Auflage, Bern/Stuttgart 1995
Vahlen, M., Organisation, Führung und Persönlichkeit als konkurrierende Einflussfaktoren individuellen Arbeitsverhaltens, Aachen 1996
Weibler, J., Personalführung, München 2001, Stuttgart/Berlin/Köln 1999
Wildemann, H., Verbesserungsvorschläge, Leitfaden zur Einführung eines mitarbeiterorientierten betrieblichen Vorschlagswesens, 10. Auflage, München 2003
Withauer, K.F., Menschen führen, 7. Auflage, Stuttgart 2001
Zander, E., Mitarbeiter informieren: Information als Führungsaufgabe, 3. Auflage, Heidelberg 1982

F. PERSONALENTLOHNUNG

Becker, M., Personalentwicklung, 3. Auflage, Stuttgart 2002
Berthel, J., Personal Management, 7. Auflage, Stuttgart 2003
Bisani, F., Personalwesen und Personalführung, 5. Auflage, Wiesbaden 2003
Bröckermann, Personalwirtschaft, 3. Auflage, Stuttgart 2003
Büdenbender/Selke, Betriebliche Sozialleistungen, in: H. Strutz (Hrsg.), Handbuch Personalmarketing, 2. Auflage, Wiesbaden 1993
Büdenbender/Strutz, Gabler Lexikon Personal, Wiesbaden 1996
Bühner, R., Personalmanagement, 3. Auflage, Landsberg/Lech 2004
DGFP, Personalzusatzaufwand, Freiburg 1988
Drumm, H.J., Personalwirtschaft, 5. Auflage, Berlin/Heidelberg 2004
Eckardstein v./Schnellinger, Betriebliche Personalpolitik, 4. Auflage, München 1995
Goossens, F., Personalleiter-Handbuch, 7. Auflage, München 1981
Grätz/Mennecke, .. zuzüglich zum Gehalt ..., Opladen 1974
Hentze, J., Personalwirtschaftslehre, 6. Auflage, Bern/Stuttgart 1994
Hettinger/Wobbe, Kompendium der Arbeitswissenschaft, Ludwigshafen 2004
Hoppe, K., Nebenleistungen/Sozialleistungen, in: Wagner/Zander/Hauke (Hrsg.), Handbuch der Personalleitung, München 1992
Hoppe, K., Entgelt, in: Wagner/Zander/Hauke (Hrsg.), Handbuch der Personalleitung, München 1992
Jung, H., Personalwirtschaft, 5. Auflage, München/Wien 2003
Kaiser, M., Mitarbeiter-Erfolgsbeteiligung als sozial-integrativer Prozeß, St. Gallen 1992
Klötzl/Schneider, Mitarbeiter am Erfolg beteiligen, München 1990
Kupsch/Marr, Personalwirtschaft, in: E. Heinen (Hrsg.), Industriebetriebslehre, 9. Auflage, Wiesbaden 1991
Löffelholz, J., Lohn und Arbeitsentgelt, Wiesbaden 1993
Lücke, W., Arbeitsleistung und Arbeitsentlohnung, 2. Auflage, Wiesbaden 1992
McGregor, D., Der Mensch im Unternehmen, 3. Auflage, Düsseldorf/Wien 1973
Notter/Obenaus/Ruf, Ihre Rechte als Arbeitnehmer, München 2002
Olfert, K., Kostenrechnung, 14. Auflage, Ludwigshafen 2005
Olfert, K., Kompakt-Training Kostenrechnung, 5. Aufl., Ludwigshafen 2006
Pullig, K.-K., Personalmanagement, München 1993
REFA, Methodenlehre des Arbeitsstudiums, Teil 1, 7. Auflage, München
REFA, Methodenlehre des Arbeitsstudiums, Teil 2, 6. Auflage, München
REFA, Methodenlehre des Arbeitsstudiums, Teil 3, 7. Auflage, München

REFA, Methodenlehre des Arbeitsstudiums, Teil 4, 5. Auflage, München
REFA, Methodenlehre des Arbeitsstudiums, Teil 5, 3. Auflage, München
Richter, M., Personalführung, 4. Auflage, Stuttgart 1999
Rosenstiel v., L., Arbeitsmotivation und Anreizgestaltung, in: Macharzina/Oechsler (Hrsg.), Personalmanagement, Bd. 1, Wiesbaden 1977
Rosenstiel v., L., Motivation im Betrieb, 10. Auflage, München 2001
Schanz, G., Personalwirtschaftslehre, 3. Auflage, München 2000
Schaub, G., Meine Rechte und Pflichten als Arbeitnehmer, 8. Auflage, München 2001
Schaub, G., Arbeitsrechts-Handbuch, 11. Auflage, München 2004
Schettgen, P., Arbeit, Leistung, Lohn, Stuttgart 1996
Schilling/Staude, Betriebliche Sozialleistungen, Wiesbaden o.J.
Schneider/Zander, Erfolgs- und Kapitalbeteiligung der Mitarbeiter, 5. Auflage, Freiburg 2001
Schoof, C., Betriebsratspraxis von A bis Z, 6. Auflage, Köln 2003
Wibbe, J., Arbeitsbewertung, 3. Auflage, München 1966
Zander/Wagner/Grawert, Sozialleistungsmanagement, München 2002
Zander, E., Handbuch der Gehaltsfestsetzung, 5. Auflage, Heidelberg 1990
Zander/Knebel, Arbeitsbewertung und Eingruppierung, 2. Auflage, Heidelberg 1989

G. PERSONALENTWICKLUNG

Bayer, H., Coaching-Kompetenz: Persönlichkeit und Führungspsychologie, 2. Auflage, München/Basel 2000
Bechinie, E., Wege zur optimalen Führungskräfteentwicklung, Wiesbaden 1993
Becker, M., Arbeitsunterweisung, Duisburg 1991
Becker, M., Personalentwicklung: Die personalwirtschaftliche Herausforderung der Zukunft, Homburg vor der Höhe 1993
Berthel, J., Personalmanagement, 7. Auflage, Stuttgart 2003
Birkenbihl, M., Rollenspiele schnell trainiert, Landsberg/Lech 1996
Bliesener/Brons-Albert, Rollenspiele im Kommunikations- und Verhaltenstraining, Opladen 1994
Bröckermann R., Personalwirtschaft, 3. Auflage, Stuttgart 2003
Bubner/Enzinger, Das Planspiel beim Führungskräftetraining, München 1992
Bühner, R., Personalmanagement, 3. Auflage, Landsberg/Lech 2004
Burga/Ott, Mitarbeiter einarbeiten: Eine Kursanleitung zur Arbeitsunterweisung, München 1992
Czichos, R., Coaching, Leistung durch Führung, 3. Auflage, München/Basel 2002
Dahlems, R. (Hrsg.), Handbuch des Führungskräfte-Managements, München 1994
Domsch/Siemers (Hrsg.), Fachlaufbahnen, Heidelberg 1994
Eckardt, C., Leittextmethode in Theorie und Paxis, Lübeck 1992
Faix, W.G., Der Weg zum schlanken Unternehmen, Landsberg/Lech 1997
Ferring/Thom, Traineeprogramme für Hochschulabsolventen der Wirtschaftswissenschaften, Universität Köln 1988
French/Bell, Organisationsentwicklung, 4. Auflage, Bern 1994
Freund/Knoblauch/Eisele, Praxisorientierte Personalwirtschaftslehre, 6. Auflage, Stuttgart/Berlin/Köln/Mainz 2002
Gaugler, E. (Hrsg.), Handwörterbuch des Personalwesens, 3. Auflage, Stuttgart 2004
Geilhardt/Mühlbradt (Hrsg.), Planspiele im Personal- und Organisationsmanagement, Göttingen 1995
Golas, H.G., Berufs- und Arbeitspädagogik für Ausbilder, 7. Auflage, Düsseldorf 1992
Greif/Kurtz, Handbuch des selbstorganisierten Lernens, 2. Auflage, Göttingen 1998
Gress/Strasser, Gut vorbereitet in die Ausbilder-Eignungsprüfung, Wörishofen 1995
Hambusch, R. (Hrsg.), Personal- und Ausbildungswesen, 9. Auflage, Darmstadt 1995

Heinecken/Habermann, Lernpsychologie für den beruflichen Alltag, 3. Auflage, Heidelberg 1994

Hentze, J., Personalwirtschaftslehre 1, 6. Auflage, Bern/Stuttgart 2001

Jung, H., Personalwirtschaft, 5. Auflage, München/Wien 2003

Keim, H (Hrsg.), Planspiel, Rollenspiel, Fallstudie, Köln 1992

Kluge, M., Fachwissen anschaulich vermitteln, Bad Wörrishofen 2000

Kosub, B., Möglichkeiten und Grenzen von Weiterbildungs-Controlling, Bonn 1994

Küppers, B., Betriebliche Aus- und Weiterbildung, München 1994

Landsberg/Weiß, Bildungscontrolling, 2. Auflage, Stuttgart 1995

Langosch, I., Weiterbildung, Stuttgart 1993

Laske/Gorbach, Personalentwicklung, Wiesbaden 1993

Lehmann, R.G. (Hrsg.), Weiterbildung und Management, Landsberg 1996

Liebel/Oechsler, Handbuch Human Resource Management, Wiesbaden 2002

Maeck, H., Arbeitshandbuch Mitarbeitertraining, München 1989

Mayer, B., Personalentwicklung für Führungskräfte, Diss., München, o. J.

Meier, H., Personalentwicklung, Wiesbaden 1991

Meier, H., Handwörterbuch der Aus- und Weiterbildung, Neuwied/Kriftel/Berlin 1995

Mentzel, W., Personalentwicklung, Freiburg 2004

Nagel, K., Weiterbildung als strategischer Erfolgsfaktor, 3. Auflage, Landsberg/Lech 1994

Neges/Neges, Management-Training, Frankfurt/M. 1993

Neuberger, O., Personalentwicklung, 2. Auflage, Stuttgart 1994

Olesch, G., Praxis der Personalentwicklung, Heidelberg 1992

Olfert, K., Organisation, 14. Auflage, Ludwigshafen 2006

Papmehl/Walsh, Personalentwicklung im Wandel, Wiesbaden 1991

Probst/Büchel, Organisationales Lernen, 2. Auflage, Wiesbaden 1998

Riekhof, H.-C., Strategien der Personalentwicklung, 5. Auflage, Wiesbaden 2002

Rottluff, J., Selbständig lernen: Arbeiten mit Leittexten, Weinheim/Basel 1992

Rückle, H., Coaching, 2. Auflage, Düsseldorf/Wien/New York/Moskau 2001

Saamann/Pollak/Brede/Maier, Neue Wege der Personalentwicklung, Wiesbaden 1992

Schlichting/Fröhlich, Unternehmerische Mitarbeiterentwicklung durch systematische Einbindung in bereichs- und unternehmensübergreifende Projektarbeit, in: Wunderer/Kuhn (Hrsg.), Innovatives Personalmanagement, Neuwied/Kriftel/Berlin 1995

Schönfeldt, H.M., Die Führungsausbildung im betrieblichen Funktionsgefüge, Wiesbaden 1967

Scholl, D., Personalausbildung, Wiesbaden 1996

Schreyögg, A., Coaching: eine Einführung für Praxis und Ausbildung, 4. Auflage, Frankfurt/New York 1999

Severing, E., Arbeitsplatznahe Weiterbildung, Neuwied 1994

Staehle, W.H., Management, 8. Auflage, München 1999

Wunderer/Schlagenhaufer, Personalcontrolling, Stuttgart 1994

H. PERSONALFREISTELLUNG

Bährle, R.J., Vorteilhafte Aufhebungsverträge für Manager, Düsseldorf 1998

Barth, B., Die Änderungskündigung im Arbeitsrecht (Diss.), Zürich 1990

Bauer, J.-H., Arbeitsrechtliche Aufhebungsverträge, 7. Auflage, München 2004

Bengelsdorf, P., Arbeitsrechtlicher Aufhebungsvertrag und gestörte Vertragsparität, in: BB 19/1995

Berkowsky, Änderungskündigung, in: Richardi/Wlotzke (Hrsg.), Münchener Handbuch Arbeitsrecht, Bd. 2, 2. Auflage, München 2000

Berthel, J., Personal-Management, 7. Auflage, Stuttgart 2003

Bleistein, F., Aufhebungsvertrag: Auslegung von Ausgleichsklauseln, in: betrieb + personal 05/1998

Böckly, W., Personalanpassung, Ludwigshafen 1995

Bopp/Grass, Mitbestimmung des Betriebsrats bei Betriebsänderungen und Personalreduzierung, Handbuch für die Praxis, Bd. 11, Münster 1984

Bühner, R., Personalmanagement, 3. Auflage, Landsberg/Lech 2004

Dietz, K., Arbeitszeugnisse ausstellen und beurteilen, 11. Auflage, Planegg 1999

Dörner/Luczak/Wildschütz, Handbuch Arbeitsrecht, 4. Auflage, Neuwied/Kriftel 2004

Drumm, H.J., Personalwirtschaftslehre, 3. Auflage, Berlin/Heidelberg/New York/Tokyo 1995

Eisemann, H., Änderungskündigung, in: Küttner, W. (Hrsg.): Personalbuch 1994 – Arbeitsrecht, Lohnsteuerrecht, Sozialversicherungsrecht, München 1994

Gaugler, E. (Hrsg.), Handwörterbuch des Personalwesens, 3. Auflage, Stuttgart 2004

Gebhardt/Umnuß, Arbeitsrecht, München 1998

Göbel, M., Personalverwaltung, Wiesbaden 1996

Grawert, A., Outplacement – Konzeption, Möglichkeiten und Grenzen strategischer Personalfrei-setzung, in: Fechtner/Heimbrock/Lindenblatt (Hrsg.): Erfolgsfaktor Mensch: im Spannungsfeld zwischen Führen und Dienen,Neuwied/Kriftel/Berlin 1996

Haari, R., Nutzen von Gruppen-Outplacement, Düsseldorf 1997

Hamm/Rupp, Betriebsänderung, Interessenausgleich, Sozialplan, 2. Auflage, Düsseldorf 2004

Hanau/Adomeit, Arbeitsrecht, 13. Auflage, Neuwied/Kriftel/Berlin 2004

Hartmann, F., Outplacement-Beratung, Düsseldorf 1997

Hase, D., Handbuch Interessenausgleich und Sozialplan, 4. Auflage, Frankfurt/Main 2004

Hentze, J., Personalwirtschaftslehre 2., 6. Auflage, Bern/Stuttgart 1995

Hönsch/Natzel, Handbuch des Fachanwalts – Arbeitsrecht, 2. Auflage, Neuwied/Kriftel/Berlin 1994

Heinecke, A., EDV-gestützte Personalwirtschaft, München 1994

Hümmerich/Spirolke, Das arbeitsrechtliche Mandat, 3. Auflage, Bonn 2004

Hunck, B., Personalkostenabbau – eine soziale Verantwortung, in: Personal 01/1994

Hunold, W., Personalanpassung in Recht und Praxis, 2. Auflage, München 1992

Jung, H., Personalwirtschaft, 5. Auflage, München/Wien 2003

Karl, B., Die sozial ungerechtfertigte Kündigung: eine systematische Darstellung der relevanten Anfechtungs- und Rechtfertigungsgründe, Wien 1999

Kast/Pietrzyk, Aufhebungsverträge, 2. Auflage, Planegg 1994

Knorr, G., Der Sozialplan im Widerstreit der Interessen, München 1995

Kotthaus, R., Der arbeitsrechtliche Aufhebungsvertrag, Göttingen 1987

Kropp, W., Systematische Personalwirtschaft, München/Wien 2001

Kühlmann/Wesenberg, Outplacement: Die Perspektive der Betroffenen, in: Personal 12/1994

Künzel, R., § 2 KSchG – Änderungskündigung, in: Ascheid/Preis/Schmidt, Großkommentar zum Kündigungsrecht, 2. Auflage, München 2004

Kutscher, J., Flexible Arbeitszeitgestaltung, Paxis Handbuch, Wiesbaden 1996

Limbach, M., Planung der Personalanpassung, Köln 1987

Lingenfelder/Walz, Outplacement, in: Die Betriebswirtschaft 01/1988

Mäschle, W., Lexikon der Kündigungsgründe, 2. Auflage, München 1996

Mäschle, W., Lexikon des Kündigungsschutzes, München 1996

Mäschle/Rosenfelder, Lexikon der Kündigungsgründe: Kündigungssachverhalte für die Arbeitgeberkündigung im Spiegel der Rechtsprechung, München 1994

Meyer, W., Arbeitsrecht für die Praxis, 10. Auflage, Planneg 2004

Notter/Obenaus/Ruf, Ihre Rechte als Arbeitnehmer, München 2002

Promberger/Rosdücher/Seifert/Tricek, Beschäftigungssichernde Arbeitszeitverkürzungen: Ein neues personalwirtschaftliches Konzept, in: Personal 07/1997

RKW, RKW-Handbuch Personalplanung, 3. Auflage, Neuwied/Kriftel/Berlin 1996

Rundstedt & Partner, Outplacement-Beratung, Neue Position durch professionelle Unterstützung, Düsseldorf 1999

Sattelberger, T. (Hrsg.), Handbuch der Personalberatung, München 1999

Schaub, G., Arbeitsrechtshandbuch, 11. Auflage, München 2004

Schaub, G., Arbeitsrechtshandbuch – Ergänzungsheft, München 1999

Schreiber, S., Integrierter Prozeß der Personalfreistellungsplanung, Bergisch-Gladbach/Köln 1992

Schulte, W., Änderung der Arbeitsbedingungen, in: Tschöpe, U. (Hrsg.): Anwaltshandbuch Arbeitsrecht, 2. Auflage, Köln 2000

Stopp, U., Betriebliche Personalwirtschaft, 26. Auflage, Ehningen 2004

Stroebe, F., Outplacement: Manager zwischen Trennung und Neuanfang, Frankfurt/New York 1996

Weber/Ehrich/Hoß, Handbuch der arbeitsrechtlichen Aufhebungsverträge, 4. Auflage, Köln 2004

Wegmann, C., Unternehmensinterne Outplacementberatung, in: Personalwirtschaft 05/1993

Weslau, D., Betriebsratsanhörung vor Kündigungen, in: Personalwirtschaft 09/2000

Wiese, G., § 102 BetrVG, in: Fabricius, F.: Gemeinschaftskommentar Betriebsverfassungsgesetz, Bd. 2, 7. Auflage, Neuwied/Kriftel 2002

I. PERSONALVERWALTUNG

Ackermann, K.-F., Reorganisation der Personalabteilung, Stuttgart 1994

Alt/Jenak, Was Lohnbuchhalter wissen müssen: Praxisleitfaden zur Lohn- und Gehaltsabrechnung, 17. Auflage, Stuttgart 2001

Becker, W.-D., Gesellschaftsbezogene Berichterstattung öffentlicher Banken, Göttingen 1980

Bellgardt, P., Rechner- und Systemunterstützung im Personalwesen, in: Bellgart, P. (Hrsg.), EDV-Einsatz im Personalwesen, Heidelberg 1990

Bergauer, H.-P., Führung von Personalakten, Stuttgart/München/Hannover/Berlin/Weimar/ Dresden 1996

Bertram, C., Erfolgsorientiertes Personalcontrolling, München 1992

Braunschweig, C., Mitarbeiter- und gesellschaftsbezogene Erfolgsermittlung, Witterschlick/ Bonn 1987

Budäus, D., Sozialbilanzen – Ansätze gesellschaftsbezogener Rechnungslegung als Ausdruck einer erweiterten Umweltorientierung?, in: ZfB 03/1977

Domsch, M., Personal-Informationssysteme, 4. Auflage, Hamburg 1979

Domsch, M., Systemgestützte Personalarbeit, Wiesbaden 1980

Domsch/Schneble, Personalinformationssysteme, in: Rosenstiel/Regnet/Domsch, Führung von Mitarbeitern: Handbuch für erfolgreiches Personalmanagement, 5. Auflage, Stuttgart 2003

Eichhorn, P., Gesellschaftsbezogene Unternehmensrechnung, Göttingen 1974

Finzer, R., Personalinformationssystem für die betriebliche Personalplanung, München/Merzig 1992

Fischer-Winkelmann, W.F., Gesellschaftsorientierte Unternehmensrechnung, München 1980

Flamholtz, E., Rechnungslegung über Kosten und Wert des Humankapitals, in: Schmidt, H. (Hrsg.), Humanvermögensrechnung, Berlin/New York 1982

Fritz, R., Sozialbilanzen bei Kreditgenossenschaften, in: Zrecher, J. (Hrsg.), Kölner Genossenschaftswissenschaft, Gelsenkirchen 1983

Göbel, M., Personalverwaltung, Wiesbaden 1996

Grünefeld/Langemeyer, Personalinformationssysteme, Wiesbaden 1991

Heinecke, A., EDV-gestützte Personalwirtschaft, München 1994

Hentze/Kammel, Personalcontrolling, Bern/Stuttgart/Wien 1993

Hentze/Kammel, Personalcontrolling auf dem Prüfstand, in Personalführung 04/1996

Jung, H., Personalwirtschaft, 5. Auflage, München/Wien 2003

Kammerer, K., Personalakte und Abmahnung, 3. Auflage, Heidelberg 2001

Kastner, M., Personalmanagement heute, Landsberg/Lech 1990

Lang, H., Ansätze zu einer Humanvermögensrechnung, in: Personal 01/1977

Marr/Schmidt, Humanvermögensrechnung, in: Gaugler/Weber (Hrsg.), Handwörterbuch des Rechnungswesens, 2. Auflage, Stuttgart 1992

Oechsler/Strohmeier, Grundlagen der Personalplanung, in: Mülder/Seibt (Hrsg.), Methoden- und computergestützte Personalplanung, 2. Auflage, Köln 1994

Pietrzyek, R., Das Personal, München 1990

Pape, A., Neuregelung des Einsichtsrechts, Frankfurt/Bern/New York/Paris 1990

Prollius, G., Das Personalhandbuch als Führungsinstrument, Heidelberg 1987

Pulte, P., Personalakte, Personalfragebogen, 2. Auflage, Bergisch-Gladbach 1991

RKW, Handbuch Personalplanung, 3. Auflage, Neuwied/Kriftel/Berlin 1996

Seiler, A., Accounting, 3. Auflage, Zürich 1999

Schmitz, B., Gesellschaftsbezogene Rechnunglegung für Altenpflegeheime, Schriften zur öffentlichen Verwaltung und öffentlichen Wirtschaft 44/1980

Schönfeld, H.-M., Die Rechnungslegung über das betriebliche „Human Vermögen", in: Betriebswirtschaftliche Forschung und Praxis, 01/1974

Schulte, C., Personal-Controlling mit Kennzahlen, 2. Auflage, München 2002

Wegener, H., Wertschöpfungsrechnung als Teil der Sozialbilanz – ein Instrument für eine gesellschaftsbezogene Verteilungsrechnung?, in: Genossenschaftsforum 12/1980

Wimmer, P., Personalplanung, Stuttgart 1985

Wysocki v., K., Sonderbilanzen, Stuttgart/New York 1981

Ziegenbein, K., Controlling, 8. Auflage, Ludwigshafen/Rhein 2004

Ziehm, E., Die Sozialbilanz – notwendiges Führungsinstrument oder methodische Neuheit?, in: Der Betrieb 32/1974

ÜBUNGSTEIL

AUFGABEN/FÄLLE

1: Produktionsfaktoren

(1) Während die wirtschaftlichen Ziele eher die Ziele darstellen, an deren Erfüllung das Unternehmen interessiert ist, werden soziale Ziele besonders von den Mitarbeitern angestrebt. Dennoch sollte die Realisierung sozialer Ziele auch ein Anliegen des Unternehmens sein, weil dadurch die Motivation der Mitarbeiter gefördert wird, was sich auf die von ihnen zu erbringenden Leistungen positiv auswirkt.

Dies hat auch die Geschäftsführung der Metallbau GmbH erkannt. Deshalb wird der Geschäftsführungsassistent beauftragt, einen Katalog anzustrebender sozialer Ziele zu erstellen, der für die nächsten Jahre gültig sein soll.

Diskutieren Sie, worin die **Problematik eines solchen Zielkataloges** bestehen kann!

(2) In der Metallbau GmbH sind verschiedene Aktivitäten feststellbar. Welchen **Arten von personalwirtschaftlichen Aufgaben** sind sie zuzurechnen?

Aktivitäten	Aufgaben
▸ Es wird eine neue Regelung der betrieblichen Arbeitszeit erarbeitet.	
▸ Die Arbeitszeiten der Mitarbeiter werden mithilfe von Erfassungsgeräten festgestellt.	
▸ Es wird ein neues Seminar »Kommunikation für Sekretärinnen« entwickelt.	
▸ Mit den Mitarbeitern im Vertrieb werden die Leistungsziele für das kommende Jahr vereinbart.	
▸ Zur Besetzung einer ausgeschriebenen Stelle werden Vorstellungsgespräche geführt.	
▸ Für das kommende Jahr werden die voraussichtlich anfallenden Personalkosten ermittelt.	

2: Motivationstheorien

(1) Ordnen Sie die nachstehenden Bedürfnisse den **zutreffenden Bedürfnisstufen** der Maslowschen Bedürfnispyramide zu:

	Physiologische Grundbedürfnisse	Sicherheitsbedürfnisse	Soziale Bedürfnisse	Wertschätzungsbedürfnisse	Selbstverwirklichungsbedürfnisse
Teamarbeit					
Kündigungsschutz					
Fortbildung					
Einfluss					

Akzeptanz in der Gruppe					
Schlaf					
Bewegung					
Persönlich-keitsentfaltung					
Anerkennung					
Kompetenzen					

(2) Durch welche Motivatoren können bedingt werden:

Zufriedenheit	
Nicht-Zufriedenheit	

(3) Welche Hygienefaktoren können führen zu:

Nicht-Zufriedenheit	
Unzufriedenheit	

3: Leitung/Gliederung/Eingliederung der Personalabteilung

(1) Die Personalabteilung wird in mittleren bis großen Unternehmen von einem **Personalleiter** geführt. Zeigen Sie die grundsätzlich möglichen Wege auf, die dazu führen können, eine solche Aufgabe übertragen zu bekommen!

(2) Worin sind die Vorteile und Nachteile einer **aufgabenbezogenen Organisation** der Personalabteilung zu sehen?

(3) Erläutern Sie, worin die Vorteile und Nachteile des **Personalreferenten-Konzeptes** liegen!

(4) Kleine und mittlere Unternehmen weisen eine zentrale Personalabteilung auf. Größeren Unternehmen hingegen kann sich die Möglichkeit bieten, die Personalabteilung zentral oder dezentral auszulegen.

Welche **Gründe** können für bzw. gegen eine **dezentrale Personalabteilung** sprechen?

(5) Die Apparatebau AG ist ein Großunternehmen mit 2.600 Mitarbeitern, das in der Organisationsform »Matrixorganisation« aufgebaut ist. Es verfügt über drei Sparten sowie die Bereiche Vertrieb, Fertigung, Verwaltung und Personal.

Skizzieren Sie, wie die Personalabteilung in die Aufbauorganisation eingebettet sein kann, wenn die Personalpolitik einheitlich für das ganze Unternehmen zu gestalten ist!

4: Organisationskonzepte der Personalabteilung

Charakterisieren Sie die nachfolgenden **Organisationskonzepte** der Personalabteilung anhand der vorgegebenen Kriterien:

	Cost-Center	Service-Center	Profit-Center	Wertschöpfungs-Center
Hauptziel				
Voraussetzungen				
Hauptvorteil				
Hauptnachteil				
Eignung für welche Unternehmen				

5: Kollektives Arbeitsrecht

(1) Die Metallbau GmbH wird **bestreikt**.

- Welche der folgenden **Maßnahmen** müssen von der Geschäftsleitung **zugelassen** werden, welche Maßnahmen sind **rechtswidrig**?

Maßnahmen	zulässig	rechtswidrig
Hinderung arbeitswilliger Arbeitnehmer am Betreten des Betriebes		
Verhinderung des Zuganges von Kunden und Warenlieferungen		
Aufstellung von Streikposten am Werkstor		
Gewaltanwendung und Sachbeschädigung		
Kundgebungen der Gewerkschaften am Werkstor		
Anbringen von Plakaten mit Streikaufrufen/Verteilen von Handzetteln		

- Wie kann die Geschäftsleitung reagieren, um die **Streikfolgen so gering wie möglich** zu **halten**? Nennen Sie fünf mögliche Maßnahmen!

(2) Um welche **Beteiligungsrechte** handelt es sich bei folgenden Tatbeständen?

§ ... BetrVG	Tatbestände	Informationsrecht	Anhörungsrecht	Beratungsrecht	Vetorecht	Zustimmungsrecht	Initiativrecht
92 Abs. 2	Vorschläge zur Einführung der Personalplanung						
111	Durchführung von Betriebsänderungen						

92 Abs. 1	Personalplanung und Personalbedarf						
105	Einstellung leitender Angestellter						
102	Durchführung von Kündigungen						
87	Mitbestimmung bei sozialen Angelegenheiten						
93	Innerbetriebliche Stellenausschreibung						
94	Verwendung von Personalfragebögen						
98	Durchführung betrieblicher Bildungsmaßnahmen						
89	Fragen des Unfallschutzes						
112	Interessenausgleich/Sozialplan						
90	Planung von Änderungen bezüglich Arbeitsplatz						
99	Durchführung personeller Einzelmaßnahmen						

(3) Die Metallbau GmbH beabsichtigt, die Dauer der wöchentlichen Arbeitszeit abweichend von der Regelung des für die Branche einschlägigen Tarifvertrages in einer Betriebsvereinbarung festzulegen.

- Darf sie das, wenn sie **tarifgebunden** ist?
- Wie ist die Zulässigkeit zu beurteilen, wenn **keine Tarifbindung** vorliegt?

(4) Die Metallbau GmbH hat mit dem Betriebsrat eine Betriebsvereinbarung abgeschlossen, die regelt, dass wegen der wirtschaftlich äußerst angespannten Situation künftig sämtliche Prämien wegfallen.

Mehrere Arbeitnehmer haben aber ihren Arbeitsverträgen zufolge einen Anspruch auf die Zahlung von Prämien.

Kann sich die Metallbau GmbH **auf die Betriebsvereinbarung berufen** oder muss sie die **Prämien weiterhin zahlen**?

6: Arten der Personalplanung

(1) Zeigen Sie schematisch, wie die einzelnen **Ausprägungen**, welche die Arten der Personalplanung aufweisen, **miteinander kombiniert** werden können!

(2) Im Rahmen der qualitativen Personalplanung sollen die Fremdsprachenkenntnisse der Mitarbeiter gespeichert werden, um bei Bedarf maschinell und damit schnell geeignete Mitarbeiter für Übersetzungen, Dienstreisen und als Dolmetscher zu finden. Es sollen dabei nicht nur die Fremdsprachen, sondern auch die Beurteilung ihres Kenntnisstandes für die verschiedenen Zwecke am Bildschirm ermittelt werden können.

Entwerfen Sie ein **Fremdsprachenfeld**, mit dessen Hilfe die genannten Anforderungen befriedigt werden können. Da einige Mitarbeiter mehrere Fremdsprachen beherrschen, kann das Fremdsprachenfeld auch mehrfach in einem Personalstammsatz gespeichert werden.

7: Personalbestandsplanung

(1) Quantitative Personalbestandsplanung

- Der Personalbestandsplan für die Schmidtke KG ist neu zu gestalten. Die Darstellungsart soll möglichst übersichtlich sein und nur die wesentlichen Daten auf einer Seite DIN A4 für das Gesamtunternehmen ausweisen.

  Erarbeiten Sie einen **Entwurf für den Personalbestandsplan**, der den genannten Anforderungen entspricht, wobei als Abteilungen die Konstruktion, die Materialwirtschaft, der Vertrieb und die Verwaltung zu berücksichtigen sind!

- Aus welchen Unterlagen lassen sich die erforderlichen Daten **zur Ermittlung des zukünftigen Personalbestandes** entnehmen?

- Mit welchen **Genauigkeitsgraden** sollte die quantitative Personalbestandsplanung kurzfristig, mittelfristig bzw. langfristig erfolgen?

(2) Qualitative Personalbestandsplanung

- Erstellen Sie ein **Fähigkeitsprofil** aus folgenden Informationen, wobei 0 = sehr geringe Fähigkeiten und 10 = sehr hohe Fähigkeiten ausweist!

Fähigkeiten	Punkte
Berufserfahrung	3
Teamfähigkeit	5
Belastbarkeit	10
Innovationsfähigkeit	8
Englischkenntnisse	10

- Mit welchen **Genauigkeitsgraden** sollte die qualitative Personalbestandsplanung kurzfristig, mittelfristig bzw. langfristig erfolgen?

8: Stellenplan/Stellenbesetzungsplan

(1) Entwerfen Sie einen **Stellenplan als Schaubild**, in dem enthalten sind:

- Personalleiter
- Ausbilder Verwaltung
- Ausbilder Technik
- Sekretärin des Personalleiters
- Referent Werk 1
- Leiter Aus-/Fortbildung
- Referent Werk 2
- Leiter Lohn/Gehaltsabrechnung

(2) Der **Personalleiter** heißt Dr. Bodo Meier, er weist die Gehaltsgruppe AT (außertariflich) auf, ist 1955 geboren, 2001 in das Unternehmen eingetreten und hat Prokura.

Die Stelle des **Ausbilders Verwaltung** ist derzeit nicht besetzt. Die mit ihr verbundene Eingruppierung ist K 5.

Der **Ausbilder Technik** ist 1945 geboren und seit 1965 im Unternehmen tätig. Er heißt Siegfried Schräuble und ist in M 3 eingruppiert.

Der **Referent Werk 2** ist seit 1978 im Unternehmen beschäftigt. Er ist in K 6 eingruppiert, 1952 geboren und heißt Rudolf Peters.

Die **Leitung Aus- und Fortbildung** obliegt Sabine Lehmann, die 1957 geboren wurde und seit 1980 im Unternehmen tätig ist. Sie ist Handlungsbevollmächtigte und wird außertariflich entlohnt.

Die **Lohn- und Gehaltsabrechnung** wird von Cordula Kuntze geleitet, die seit 1977 dem Unternehmen angehört. Sie ist 1954 geboren, hat Handlungsvollmacht und AT-Entlohnung.

Erstellen Sie einen **Stellenbesetzungsplan als Schaubild** für diese aus (1) ausgewählten Stellen!

9: Kennzahlenmethode/Personalbemessungsmethode

(1) Kennzahlenmethode

- Es soll der Personalbedarf für die Tochtergesellschaft eines Konzerns ermittelt werden. Dazu gibt es von dem Mutterunternehmen eine **Liste mit Personalkennzahlen**, welche für die Personalbedarfsrechnung zu benutzen ist. Außerdem wird von dem Mutterunternehmen die Forderung gestellt, eine **jährliche Rationalisierung** von 2 % für den Personalbedarf zu erreichen. Für den Einkauf sind folgende Kennzahlen vorgegeben:

Personalbedarfskennzahlen		
Arbeitsaufgabe	**Kennzahl**	**Maßeinheit pro Arbeitstag**
Bestellbearbeitung	92,4	Einkäufer/1.000 Bestellungen
Bestellschreibung	5,8	Sachbearbeiter/1.000 Bestellungen
Auftragsbestätigungsbearbeitung	4,0	Sachbearbeiter/1.000 Auftragsbestätigungen
Bestellungsverfolgung	7,3	Sachbearbeiter/1.000 Bestellungen

Für das nächste Jahr wird mit 12.000 Bestellungen und 9.000 Auftragsbestätigungen gerechnet. Unabhängig vom Arbeitsvolumen ist für den Einkauf ein Abteilungsleiter, eine Sekretärin und eine Assistenz einzuplanen.

Erarbeiten Sie für das kommende Jahr den **Personalbedarfsplan für den Einkauf**!

- Wie ist die **Einsetzbarkeit der Kennzahlenmethode** bei kleinen, mittleren und großen Unternehmen bzw. Teilen davon zu beurteilen?

(2) Personalbemessungsmethode

- Ermitteln Sie den **Personalbedarf** unter Zugrundelegung folgender Daten:

Arbeitsgang 1:	4,3 Minuten/Vorgang	800 Stück/Arbeitstag
Arbeitsgang 2:	7,5 Minuten/Vorgang	550 Stück/Arbeitstag
Arbeitsgang 3:	8,1 Minuten/Vorgang	400 Stück/Arbeitstag
Arbeitsgang 4:	12,4 Minuten/Vorgang	280 Stück/Arbeitstag

Arbeitsstunden pro Mitarbeiter: 8 Stunden/Arbeitstag

Arbeitsfreie, bezahlte Zeiten: 10 % für Urlaub, Krankheit, Freistellungen

- Wie ist die **Einsetzbarkeit der Personalbemessungsmethode** zu beurteilen?

10: Qualitative Personalbedarfsplanung

(1) Worin sind die **Stärken** und **Schwächen** von **Stellenbeschreibungen** zu sehen?

(2) Erarbeiten Sie eine **Stellenbeschreibung** für einen **Personalleiter!**

(3) Erstellen Sie ein **Anforderungsprofil** aus folgenden Informationen, wobei 0 = sehr geringe Anforderungen und 10 = sehr hohe Anforderungen ausweist!

Anforderungen	Punkte
Berufserfahrung	5
Teamfähigkeit	10
Belastbarkeit	8
Innovationsfähigkeit	10
Englischkenntnisse	7

11: Qualitative Personaleinsatzplanung

(1) Stellen Sie das **Fähigkeitsprofil** aus Übung 07 und das **Anforderungsprofil** aus Übung 10 gegenüber!

Dem Fähigkeitsprofil und Anforderungsprofil liegen folgende Einschätzungen zu Grunde:

	Anforderungen	Punkte
Berufserfahrung	5	5
Teamfähigkeit	10	10
Belastbarkeit	8	8
Innovationsfähigkeit	10	10
Englischkenntnisse	7	7

(2) Zeigen Sie, inwieweit **Unterforderungen** bzw. **Überforderungen** festgestellt werden können!

12: Nachfolgeplanung

Nachstehend ist ein **Stellenbesetzungsplan** für den Bereich »Personalwesen« ausgewiesen:

Stellenbesetzungsplan		
Bereich: Personalwesen		Stand 01.01.
Stelle	Mitarbeiter	Veränderung
Personalleiter	Herr Haaga	
Personalverwaltungsleiter	Herr Kurrle	Ab 01.09. Herr Haas
Personalplanung	Herr von Rex	
Personalführung	Herr Hense	Ab 01.04. Herr von Rex
Gehaltsrechnung	Frau Stiller	
Lohnrechnung	Herr Zech	Ab 01.06. Herr Scheu
Sozialwesen	Herr Haas	Ab 01.09. Herr Hense

Erstellen Sie für den obigen Sachverhalt einen **grafischen Nachfolgeplan!**

13: Innerbetriebliche Stellenausschreibung/Versetzung

(1) Innerbetriebliche Stellenausschreibung

- Erstellen Sie ein **formularmäßiges Schema**, nach dem die innerbetrieblichen Stellenausschreibungen in einem Unternehmen standardisiert erfolgen können!

- Worin sehen Sie die **Nachteile bzw. Probleme**, die mit innerbetrieblichen anstelle externen Stellenbesetzungen verbunden sein können?

(2) Versetzung

- Bei der Kaufhaus AG, die 30 Filialen in Deutschland betreibt, ist in Mannheim die Stelle eines Erstverkäufers bzw. einer Erstverkäuferin für Haushaltsgeräte zu besetzen.

  Unter dem Aspekt einer später möglichen Versetzung kann der **Arbeitsvertrag** hinsichtlich der räumlichen und fachlichen Zuordnung **mehr oder weniger exakt formuliert** werden. Wie könnte das bezüglich dieser Stelle aussehen?

	Exakte Formulierung	Weniger exakte Formulierung	Allgemeine Formulierung
Räumliche Ausrichtung			
Fachliche Ausrichtung			

- Inwieweit liegt in den beiden folgenden Vorgängen eine **Versetzung** vor?

  ▶ Ein Mitarbeiter soll vom Außendienst in den Innendienst wechseln.
  ▶ Ein Mitarbeiter soll innerhalb des Innendienstes auf einen anderen Arbeitsplatz wechseln.

14: Interne Beschaffungswege

Die Aufgaben der Revisionsabteilung der Electronic AG sind im Verlaufe des letzten Jahres erheblich angewachsen. Da sie personell nicht mehr bewältigt werden können und bereits Rückstände auflaufen, fordert der Abteilungsleiter zum Beginn des nächsten Quartals einen **kaufmännischen Mitarbeiter** an. Er nennt der Personalabteilung folgende Qualifikationsmerkmale:

- Abgeschlossene kaufmännische Ausbildung
- Mindestens 5-jährige praktische Tätigkeit, davon mindestens 3 Jahre in der Electronic AG
- Fortbildung zum Bilanzbuchhalter, Fachwirt o. Ä.

Welche **Möglichkeiten** hat die Personalabteilung zur **internen Besetzung dieser Stelle** und inwieweit ist der Betriebsrat bei der Besetzung einzuschalten?

15: Print-Stellenanzeige

(1) Wie schätzen Sie die **Eignung** des folgenden **Stellengesuches** ein?

> ## Persönlichkeit
>
> mit umfangreichen Erfahrungen in Rechnungswesen und Controlling, guten Beurteilungen und Führungsfähigkeiten sucht eine qualifizierte Stelle in einem industriellen Unternehmen, die ihm Entwicklungsmöglichkeiten bietet.
>
> Zuschriften erbeten unter ....

(2) Beurteilen Sie folgendes **Stellengesuch!**

> ## Diplom-Kaufmann
>
> als Verkaufsleiter in der Investitionsgüterindustrie tätig, 27 Jahre alt, dynamisch und erfolgreich, fließend englisch und französisch, in ungekündigter Stellung, sucht sich nächstmöglich zu verändern.
>
> Zuschriften senden Sie bitte an ....

(3) Wie ist die folgende **Stellenanzeige** zu bewerten?

> Bekanntes Großunternehmen bietet einer/einem
>
> ## jungen kaufmännischen Angestellten
>
> im Alter zwischen 23 und 35 Jahren eine zukunftssichere Dauerstellung mit entsprechenden Aufstiegsmöglichkeiten.
>
> Die monatlichen Anfangsbezüge während der notwendigen Einarbeitungszeit betragen 2.350,– €.
> Hinzu kommen betriebliche Altersversorgung und Vermögensbildung sowie Sozialzulagen (bei Verheirateten).
>
> Ihre bisherige Tätigkeit – ob handwerklich oder kaufmännisch – ist nicht entscheidend, denn durch eine intensive Einarbeitung entwickeln wir Sie zum Fachmann unseres Betriebes.
>
> Guten Leumund sowie Aufgeschlossenheit für alle betrieblichen Belange setzen wir voraus.
>
> Damen und Herren, die an einem Kontaktgespräch interessiert sind, senden bitte ihre Kurzbewerbung an diese Zeitung unter Z 41/7702332.

(4) Die Maschinenbau GmbH sucht einen Maschinenbauingenieur mit einer bestimmten **Spezialqualifikation**. Welchen **Anzeigenträger** würden Sie ihr empfehlen?

(5) Beschreiben Sie, wie eine **Erfolgskontrolle von Stellenanzeigen** erfolgen kann!

(6) Was sind häufig **Schwachpunkte** bei Stellenanzeigen?

16: Internet-Stellenanzeige

(1) Welche **Vorteile** und **Nachteile** können sich für **Unternehmen** ergeben, wenn sie sich einer Internet-Stellenanzeige bedienen?

(2) Worin können die **Vorteile** und **Nachteile** für **Bewerber** gesehen werden, die Internet-Stellenanzeigen nutzen wollen?

17: Personalberater

(1) Welche **Gründe** kann es für ein Unternehmen geben, einen **Personalberater** im Rahmen der Personalbeschaffung einzusetzen?

(2) Worin sind **Probleme** bzw. **Nachteile** im Hinblick auf die **Zusammenarbeit mit Personalberatern** zu sehen?

(3) Erstellen Sie systematisch einen **Katalog von Anforderungen**, die an Personalberater zu stellen sind, und integrieren Sie diese in ein Formular, das ermöglicht, ein **Beraterprofil** aufzuweisen.

(4) Wegen eines abzuwickelnden Großauftrages hat die Maschinenbau GmbH einen voraussichtlich sechs Monate andauernden **Mehrbedarf** von Arbeitern in der Fertigung. Sie sind der Personalberater der Maschinenbau GmbH. Wie empfehlen Sie der Firma, den Bedarf zu decken?

18: Bewerbung per Internet

(1) Worin können die **Vorteile** und **Nachteile** einer **E-Mail-Bewerbung** aus Unternehmenssicht und aus Bewerbersicht gesehen werden?

(2) Welche **Vorteile** und **Nachteile** können **strukturierten Bewerbungsformularen** aus Unternehmenssicht und aus Bewerbersicht zugeschrieben werden?

(3) Beschreiben Sie die **Vorteile** und **Nachteile**, die mit einer **Bewerber-Homepage** aus Unternehmenssicht und aus Bewerbersicht verbunden sind?

19: Bewerbungsschreiben

Wir sind ein anerkanntes Großhandels-
unternehmen im Rhein-Neckar-Raum und
suchen den oder die

**Leiter/in
unserer Buchhaltung**

zur absolut sicheren Abwicklung unserer
Buchhaltungsarbeiten.

Selbstständigkeit, eigenverantwortliches
Arbeiten und Erfahrungen in der Anwendung der EDV werden neben Fähigkeiten
der Mitarbeiterführung vorausgesetzt.

Bitte richten Sie Ihre Bewerbung mit
Angabe Ihrer Gehaltsvorstellung an den
Verlag u. Nr. CP 158 033

Auf die vorstehende Stellenanzeige gehen mehrere Bewerbungen ein. **Beurteilen Sie** die folgenden **Bewerbungsschreiben**:

(1) HARTMUT EHMANN

Chiffre Nr. CP 158 033   *15.12.2006*

Sehr geehrte Damen und Herren,

*gestern habe ich Ihre Anzeige gelesen. Da ich seit mehreren Jahren in der Buchhaltung
tätig bin, bewerbe ich mich um die Stelle des Leiters der Buchhaltung bei Ihnen. Ich bin
mir sicher, für diese Aufgabe geeignet zu sein.*

Lebenslauf, Schul- und Arbeitszeugnisse liegen diesem Schreiben bei.

Mit freundlichen Grüßen

H. Ehmann

Hartmut Ehmann

(2) EDUARD ZIMMERLE

Chiffre Nr. CP 158 033   *10.12.2006*

Sehr geehrter Inserent,

*mit großer Freude habe ich Ihre Anzeige studiert. Mit Zahlen zu arbeiten, ist geradezu
mein Hobby. Deswegen scheue ich mich nicht, Ihnen meine Bewerbung einzureichen.
Derzeit bin ich bei einer kleineren Firma der Metallverarbeitung als Buchhalter beschäftigt. Dort genieße ich das volle Vertrauen des Firmeninhabers, was sich allein schon daran zeigt, dass dieser mir auch die Regelung steuerlicher Probleme überträgt, die dem Finanzamt nicht unbedingt bekannt werden sollen.*

Ich habe die EDV bei uns eingeführt und arbeite seit 3 Jahren damit. Als Gehalt stelle ich mir einen Betrag vor, der bei 3.600 € im Monat liegt.

Ich bin sicher, Ihre Erwartungen zu erfüllen und sehe einem Gespräch mit großer Freude entgegen.

Mit freundlichen Grüßen

E.Zimmerle

Eduard Zimmerle

(3) NORBERT SCHULZ

Chiffre Nr. 158 033   *18.12.2006*

Sehr geehrte Damen und Herren,

Ihre Stellenanzeige habe ich mit Interesse gelesen. Ich bewerbe mich hiermit.

Wie Sie meinen Unterlagen entnehmen können, bin ich seit 1998 in der Buchhaltung der Firma Handelskontor GmbH tätig. Seit Anfang 2001 bin ich Vertreter des Leiters der Buchhaltung.

In der Abwicklung der Buchhaltungsarbeiten bin ich sicher. Ich war an der Umstellung der EDV in unserem Hause konzeptionell beteiligt und arbeite seit 2003 mit ihr. Insofern habe ich hier weitgehende Erfahrungen sammeln können.

An selbstständiges und eigenverantwortliches Arbeiten bin ich gewöhnt. Mit meinen Vorgesetzten und Kollegen komme ich gut zurecht. In Zeiten der Abwesenheit des Leiters der Buchhaltung ist mir auch die Mitarbeiterführung übertragen, bei der ich bisher keine Probleme gehabt habe.

Derzeit verdiene ich 3.800 € pro Monat. Mein Gehaltswunsch liegt bei 4.300 € pro Monat.

Mit freundlichen Grüßen

N.Schulz

Norbert Schulz

20: Bewerberfoto / Lebenslauf

(1) In den Bewerbungsunterlagen findet sich eine Vielzahl unterschiedlicher **Bewerberfotos**. Das können z. B. sein:

- Automatenfotos
- Normale Fotografenfotos
- Größere Atelierfotos.

Es ist auch immer wieder festzustellen, dass **Fotos schlechter Qualität** eingereicht werden.

Welche **Bewertungen** im Hinblick auf den Bewerber lassen diese Fotos zu?

(2) Die Metall GmbH hat die Stelle eines Gruppenleiters im Einkauf ausgeschrieben. Eine der Bewerbungen enthält folgenden **Lebenslauf**:

30.04.1968	Geburt in Heidelberg
01.04.1974 - 31.03.1978	Volksschule
01.04.1978 - 31.03.1984	Realschule
15.04.1984 - 31.03.1987	Lehre als Industriekaufmann bei der Firma Werkzeugbau GmbH, Heidelberg
01.04.1987 - 31.03.1996	Sachbearbeiter bei der Firma Werkzeugbau GmbH, Heidelberg
01.04.1996 - 30.06.1997	Gruppenleiter bei der Firma Industriebedarfs GmbH, Mannheim
01.07.1997 - 30.06.1998	Gruppenleiter bei der Firma Erwin Müller OHG, Heidelberg
01.04.2000 - 30.09.2001	Außendienstmitarbeiter der Lebensfroh Versicherungsgesellschaft, Mannheim
01.10.2004 - 30.11.2005	Außendienstmitarbeiter der Immobilien GmbH, Heidelberg Heidelberg, den 01.10.2006

- Analysieren Sie den **Lebenslauf**!
- Scheint der **Bewerber** für die Tätigkeit eines Gruppenleiters im Einkauf **geeignet**?

(3) Die **Positionsanalyse** gibt Auskunft über den Verlauf der Karriere eines Bewerbers. Zu unterscheiden sind:

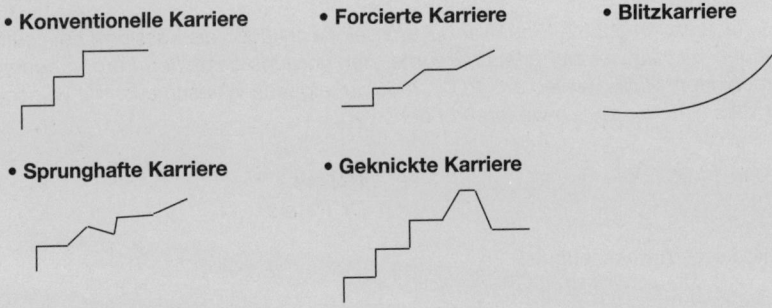

- **Konventionelle Karriere**
- **Forcierte Karriere**
- **Blitzkarriere**
- **Sprunghafte Karriere**
- **Geknickte Karriere**

Versuchen Sie, die jeweiligen **Bewerber** zu **charakterisieren**!

21: Arbeitszeugnisse

Sie sind Assistent des Personalleiters und haben sich mit folgenden Problem- bzw. Fragestellungen zu beschäftigen:

(1) Ein neu in der Personalabteilung eingestellter Mitarbeiter soll ein Zeugnis für einen Arbeiter entwerfen, dem wegen wiederholtem Diebstahls von Materialien gekündigt wurde. **Nehmen Sie** zu dem Ihnen vorgelegten Arbeitszeugnis **Stellung**!

Zeugnis

Herr Daniel Marx war vom 01.01.2004 bis 30.06.2006 als Arbeiter in der Härterei bei uns tätig. Er war für die Be- und Entschickung eines Härteofens verantwortlich und machte seine Arbeit ordentlich. Gegenüber seinen Vorgesetzten und Kollegen verhielt er sich korrekt.

Leider mussten wir Herrn Marx kündigen, da er zweimal beim Diebstahl von Materialien erwischt wurde. Wir wünschen Herrn Marx alles Gute.

Heidelberg, den 01.07.2006

Werkzeug GmbH

Müller

(2) Sie sollen ein **Zeugnis** für einen im Export ausscheidenden Mitarbeiter **schreiben**. Der betreffende Abteilungsleiter legt Ihnen folgende **Notiz** vor:

Schmidt, Adolf
geb. 04.04.1959

Eintritt:	01.01.1996	Sachbearbeiter im Export
	01.04.2001	Gruppenleiter im Export
Austritt:	31.03.2006	
Leistungen:	sehr gut	
Führung:	gut – sehr gut	

(3) Wie ist das folgende Arbeitszeugnis zu beurteilen?

Zeugnis

Herr Peter Müller, geb. am 12.07.1959, war bei uns seit 01.04.2005 als Kassierer beschäftigt. Gerne bestätigen wir, dass er sich stets bemühte, den von uns gestellten Forderungen gerecht zu werden. Herr Müller schied am 10.06.2006 auf eigenen Wunsch aus. Wir wünschen Herrn Müller alles Gute für seinen weiteren Lebensweg.

Heidelberg, den 14.06.2006

Peters
Dr. Peters

(4) Beurteilen Sie dieses Arbeitszeugnis!

Zeugnis

Herr Ludwig Schiller, geb. am 04.04.1955, war bei uns seit 01.07.2001 als Werbetexter tätig. Er zeichnete sich durch einen ausgeprägten Ordnungssinn aus, sodass wir ihn häufig auch im verwaltenden Bereich erfolgreich einsetzen konnten. Herr Schiller erwies sich als sehr anpassungsfähig und hat sich gut in unsere Organisation integriert. Er erledigte alle Arbeiten mit großem Fleiß und Interesse.

Herr Schiller schied zum 31.03.2006 aus organisatorischen Gründen aus. Wir wünschen ihm alles Gute.

Neckargemünd, den 05.04.2006

Werbeagentur
Möller GmbH

Möller
E. Möller

22: Vorstellungsgespräch

Als Vorstellungsgespräche können ihrer Strukturierung nach unterschieden werden:

(1) Freies Vorstellungsgespräch
(2) Strukturiertes Vorstellungsgespräch
(3) Standardisiertes Vorstellungsgespräch

Worin können die **Vorteile** und **Nachteile** dieser Vorstellungsgespräche im Einzelnen gesehen werden?

23: Arbeitsvertrag

(1) Harald Schiemann ist bei der Firma Büromöbel GmbH stellvertretender Verkaufsleiter. Er hat sich auf eine Stellenanzeige der Erwin Schick KG beworben, die für ihren Bereich »Büromöbel und Büromaschinen« einen Verkaufsleiter sucht.

Im Verlaufe des Vorstellungsgespräches am 23.07. sagt Herr Schiemann zu, seine neue Tätigkeit bei einem Monatsgehalt von 3.550 € am 01.10. aufzunehmen. Der Arbeitsvertrag wird ihm am 30.07. schriftlich zugestellt.

Wie schon mündlich besprochen, finden sich u.a. folgende Formulierungen im Arbeitsvertrag:

▶ Während der Dauer des Arbeitsverhältnisses gilt das gesetzliche Handels- und Wettbewerbsverbot. Der Arbeitnehmer verpflichtet sich, nach seinem Ausscheiden aus dem Arbeitsverhältnis das Wettbewerbsverbot noch 2 Jahre einzuhalten.

▶ Der Arbeitnehmer hat eine Kündigungsfrist von 3 Monaten zum Quartalsende, der Arbeitgeber kann jederzeit mit einer Kündigungsfrist von 2 Monaten kündigen.

Herr Schiemann kündigt am 22.08. bei seinem bisherigen Arbeitgeber, mit dem er arbeitsvertraglich keine besondere Kündigungsfrist vereinbart hat.

Beantworten Sie folgende Fragen:

• Zu welchen **Zeitpunkt** ist der **Arbeitsvertrag entstanden**?

• Herr Schiemann will nebenberuflich die Buchhaltung eines ihm bekannten Immobilienmaklers übernehmen. Widerspricht diese Tätigkeit dem gesetzlichen Handels- und Wettbewerbsverbot?

• Inwieweit ist es **zulässig**, ein **Wettbewerbsverbot über 2 Jahre** nach dem Ausscheiden aus dem Arbeitsverhältnis zu vereinbaren?

• Inwieweit sind die vereinbarten **Kündigungsfristen zulässig**?

• Wie lange ist Herr Schiemann noch **an** seinen **alten Arbeitsvertrag** gebunden?

(2) Entgegen den gesetzlichen Verboten der §§ 3, 4 MuSchG wurde am 01.04. eine schwangere Arbeitnehmerin eingestellt und beschäftigt. Das wird am 05.05. festgestellt.

Ist der **Arbeitsvertrag nichtig**?

(3) Ein Arbeitnehmer schließt mit einem Arbeitgeber einen Arbeitsvertrag, obwohl er bereits in einem Arbeitsverhältnis zu einem anderen Arbeitgeber steht.

Welcher **Arbeitsvertrag** ist **gültig?**

(4) In einem Arbeitsvertrag wird ein **ungebührlich geringer Lohn** vereinbart.

Ist der **Arbeitsvertrag** damit **nichtig?**

24: Leistungsfaktoren

Ordnen Sie die folgenden Faktoren den angegebenen Begriffen zu!

Faktoren	Leistungs-fähigkeit	Leistungs-bereit-schaft	Aufgaben-bezogen-heit	Persön-lichkeits-bezogen-heit	Arbeits-situation	Umfeld-situation
Wissen						
Belastbarkeit						
Ermüdung(sgrad)						
Konkurrenz						
Leistungswille						
Arbeitsaufgabe						
Arbeitsplatz						
Initiative						
Fertigkeiten						

25: Einführung/Einarbeitung neuer Mitarbeiter

(1) Erstellen Sie eine **Checkliste,** die einem neu eingestellten Mitarbeiter alle **Informationen** vermittelt, die ihm am **ersten Arbeitstag** nützlich sind!

(2) Mit einer **Einführungsveranstaltung** für neu in das Unternehmen eingetretene Mitarbeiter kann eine Reihe von Zielen effizient angestrebt und erreicht werden:

- Vermittlung von Unternehmensinformationen
- Verdeutlichung der angestrebten Unternehmensziele
- Vorstellung von wichtigen Personen im Unternehmen
- Motivation der neuen Mitarbeiter
- Vermittlung einer positiven Unternehmensbeurteilung bei den neuen Mitarbeitern
- Ausprägung einer Unternehmensgemeinschaft
- Kennenlernen anderer neu eingetretener Mitarbeiter.

Sie werden beauftragt, einen **Entwurf für den Ablauf dieser Einführungsveranstaltung** zu erarbeiten. In diesem Ablaufplan für die Einführungsveranstaltung soll auch der **verantwortliche Mitarbeiter** sowie die **zeitliche Dauer** jedes Veranstaltungspunktes ausgewiesen werden.

(3) Stellen Sie dar, welche **Aktivitäten** in einen **Einarbeitungsplan** aufgenommen werden können!

(4) Herr Werner tritt in den nächsten Tagen nach erfolgreichem Abschluss seines Studiums zum Dipl. Kfm. seine Erststellung als Personalsachbearbeiter an. Die Einarbeitung soll so schnell wie möglich erfolgen, da die mit ihm zu besetzende Position seit längerer Zeit unbesetzt war und es dringlich der Bearbeitung der unerledigten Vorgänge bedarf.

Erarbeiten Sie einen **Einarbeitungsplan für die erste Arbeitswoche** von Herrn Werner!

(5) Neuen Mitarbeitern kann zu ihrer Einarbeitung ein Pate an die Seite gestellt werden. Worin sind die **Vorteile** und **Nachteile** des **Patenkonzeptes** zu sehen?

26: Arbeitserweiterung / Arbeitsbereicherung

Inwieweit können die nachfolgenden **wirtschaftlichen Ziele** mithilfe der verschiedenen **Methoden der Arbeitserweiterung** und **Arbeitsbereicherung** erreicht werden? Bitte kreuzen Sie die geeigneten Methoden an!

Wirtschaftliche Ziele	Job rotation	Job enlargement	Job enrichment	Teilautonome Arbeitsgruppen
Störanfälligkeit des Arbeitssystems verringern				
Flexibilität des Arbeitssystems erhöhen				
Produktqualität verbessern				
Untere Ebene der Betriebsorganisation verbessern				
Abwesenheitsrate verringern				
Fluktuationsrate verringern				
Arbeitszufriedenheit erhöhen				
Interesse an der Arbeit erhöhen				
Arbeitsmotivation erhöhen				
Physische Belastung verringern				
Monotoniebelastung verringern				
Belastungswechsel (psychisch und physisch) sicherstellen				
Unterforderung (psychisch und physisch) verhindern				
Soziale Kontakte fördern				
Kommunikation verbessern				
Anpassungen an Umweltveränderungen verbessern				
Höherqualifizierung ermöglichen				
Verantwortung erhöhen				
Handlungsspielraum vergrößern				
Individuelle Unterschiede berücksichtigen				
Selbstbestätigung fördern				
Selbstverwirklichung ermöglichen				

27: Arbeitsplatzgestaltung

(1) Welchen **Gestaltungsmaßnahmen** dienen die verschiedenen **Formen der Arbeitsplatzgestaltung**? Bitte kreuzen Sie diese in der folgenden Tabelle an!

Gestaltungsmaßnahmen	Anthropometrische Arbeitsplatzgestaltung	Physiologische Arbeitsplatzgestaltung	Psychologische Arbeitsplatzgestaltung	Sicherheitstechnische Arbeitsplatzgestaltung
Tischhöhe				
Lufttemperatur				
Betriebsmittelschutz				
Schutzkleidung				
Farben				
Schwingungen				
Lärm				
Muskeleinsatz				
Gesichtsfeld				

(2) Wird die **anthropometrische Arbeitsplatzgestaltung** vernachlässigt, können erhebliche gesundheitliche Risiken die Folge sein. Welche Gesundheitsschäden sind denkbar, wenn die Arbeit beim

- Sitzen
- beim Stehen

nicht menschengerecht gestaltet wird?

28: Telearbeit

(1) Wo liegen nach Ihrer Meinung die **Tätigkeitsfelder der Telearbeit**

- bei einfachen/unterstützenden Tätigkeiten
- bei höherqualifizierten Tätigkeiten?

(2) Worin können die **Vorteile** und **Nachteile** der **Telearbeit** gesehen werden

- für Unternehmen
- für Telearbeiter?

29: Auslandseinsatz

(1) Welchen **veränderten Merkmalen** kann ein entsandter Mitarbeiter sich im Ausland gegenübersehen?

(2) Es gibt für Fach- und Führungskräfte eine Reihe von Motiven, um im Ausland tätig zu werden. Die Mitarbeiter entwickeln aber auch **Ängste in Bezug auf einen Auslandseinsatz**. Nennen Sie Ängste, die Sie entwickeln würden, wenn Sie eine berufliche Aufgabe im Ausland übertragen bekommen sollen!

30: Flexibilisierung der Arbeitszeit

(1) Zeigen Sie durch Ergänzung der nachfolgenden Darstellung in zwei Varianten I und II, wie die **Arbeitszeit** und **Betriebszeit** voneinander **abgekoppelt** werden können.

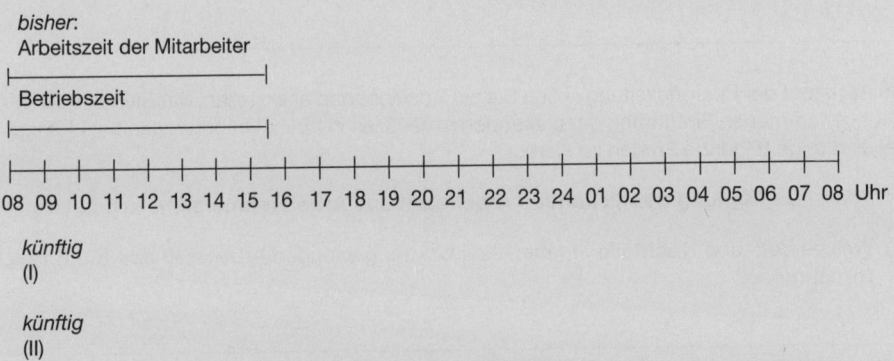

(2) Worin können die **Vorteile** und **Nachteile** der **Flexibilisierung der Arbeitszeit** aus Sicht der Unternehmen und der Arbeitnehmer gesehen werden?

31: Überstunden

Eine Lieferung verderblicher Lebensmittel aus Italien trifft kurz vor Ende der Arbeitszeit ein, da der LKW mehrfach im Stau stand. Die Lebensmittel müssen noch am gleichen Tag entladen werden, wenn sie nicht verderben sollen.

(1) Inwieweit darf der Arbeitgeber zu diesem Zwecke **Überstunden ohne Zustimmung des Betriebsrates** anweisen, wenn dies ein Einzelfall ist?

(2) Erläutern Sie, wie die Situation aussieht, wenn der LKW, der jede Woche die Lebensmittel anliefert, im Durchschnitt **zweiwöchentlich** aus den bekannten Gründen **zu spät** eintrifft?

32: Teilzeitarbeit

(1) Um welche **Formen der Teilzeitarbeit** handelt es sich bei den folgenden Beschreibungen:

- Die in Teilzeit an einem Arbeitsplatz tätigen Arbeitnehmer bestimmen selbst darüber, wer zu welcher Zeit den Arbeitsplatz einnimmt, ohne dass eine besondere Vereinbarung hierüber mit dem Arbeitgeber zu schließen ist.

- Die Arbeitnehmer schließen sich vor Abschluss eines Arbeitsvertrages zu einer »Eigengruppe« zusammen, die i. d. R. als BGB-Gesellschaft anzusehen ist.

- Ein Vollzeitarbeitsplatz wird in zwei voneinander unabhängige Teilzeitstellen aufgeteilt und es werden zwei Arbeitsverträge geschlossen.

(2) Wo ist die **Arbeitsplatzteilung gesetzlich geregelt**?

(3) Welche Gründe kann es geben, dass **Teilzeitarbeit bei Führungskräften** recht selten zu finden ist?

33: Gleitende Arbeitszeit

Als Assistent der Personalleitung sollen Sie ein Positionspapier erstellen, das sich mit der in Aussicht genommenen Einführung der gleitenden Arbeitszeit in Ihrem Unternehmen beschäftigt. Dabei sind auch folgende Fragen zu klären:

(1) Wie ist die **Eignung der gleitenden Arbeitszeit aus Arbeitnehmersicht** zu beurteilen?

(2) Welche **Vor-** und **Nachteile** ergeben sich bei der gleitenden Arbeitszeit **aus Sicht des Unternehmens**?

34: Kapazitätsorientierte variable Arbeitszeit

(1) Wann muss bei der kapazitätsorientierten variablen Arbeitszeit – ohne Berücksichtigung der Feiertagsproblematik – die **Ankündigung der angeforderten Arbeitsleistung** spätestens erfolgen?

Geplanter Arbeitstag	Spätester Ankündigungstag
Montag	
Dienstag	
Mittwoch	
Donnerstag	
Freitag	
Samstag	
Sonntag	

(2) Was kann ein Arbeitnehmer tun, wenn die **Vier-Tage-Frist unterschritten** wurde?

35: Vertrauensarbeitszeit

In Ihrem Unternehmen wird erwogen, die Vertrauensarbeitszeit einzuführen. Sie sollen über die **Vorteile** und **Nachteile** berichten, die damit verbunden sind!

36: Arbeitszeitrecht

---

(1) Auf wie viel Tage kann eine 10-stündige Arbeitszeit verteilt werden, wenn von einem Ausgleichszeitraum von 24 Wochen ausgegangen wird? Wie viel **Werktage** sind **arbeitsfrei**?

(2) Ein Arbeitnehmer war bis 20:30 Uhr im Unternehmen tätig. Sein Vorgesetzter bittet ihn, am nächsten Morgen seinen Dienst um 06:00 Uhr wieder aufzunehmen. Inwieweit entspricht dies den **Vorschriften des Arbeitszeitgesetzes**?

(3) Wer versteht das Arbeitszeitgesetz unter **Nachtzeit** und **Nachtarbeit**?

(4) Was ist nach dem Arbeitszeitgesetz ein **Nachtarbeitnehmer**?

37: Vorgesetzte

---

(1) Erstellen Sie einen **Katalog von zehn Führungseigenschaften**, die Vorgesetzte nach Ihrer Meinung aufweisen sollten!

1	
2	
3	
4	
5	
6	
7	
8	
9	
10	

(2) Welche **Bedeutung** hat die **Legitimationsmacht** als Grundlage der Führung durch Vorgesetzte?

38: Mitarbeiter/Gruppen

---

(1) Nennen Sie zehn Merkmale, die für Mitarbeiter am Arbeitsplatz als besonders wichtig angesehen werden können!

1	
2	
3	
4	

5	
6	
7	
8	
9	
10	

(2) Der Vorgesetzte muss vielfach nicht (nur) einzelne Mitarbeiter führen, sondern Gruppen. Erstellen Sie einen **Katalog von Merkmalen**, auf welche der Vorgesetzte bei der Führung einer Gruppe achten sollte, damit er in geeigneter Weise führen kann!

39: Ziele/Zielvereinbarung

(1) **Ergänzen Sie** die folgende Darstellung!

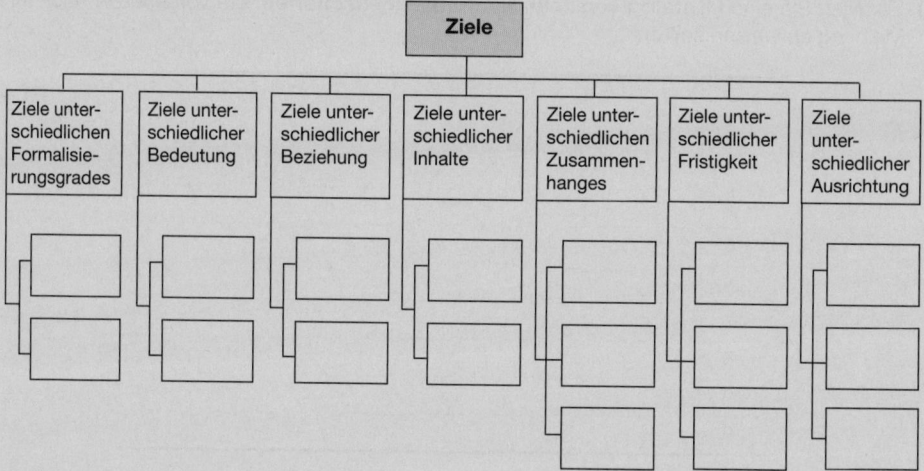

(2) Welche Überlegungen sind anzustellen, um eine wirkungsvolle **Zielvereinbarung** zwischen dem Vorgesetzten und seinen Mitarbeitern zu erlangen? Erstellen Sie dazu eine **Checkliste**!

40: Planung

Zeigen Sie in einem **Schema**, in welcher **Abfolge** der

- ▸ Ertragsplan
- ▸ Erfolgsplan
- ▸ Kostenplan
- ▸ Absatzplan

- ▸ Beschaffungsplan
- ▸ Lagerplan
- ▸ Produktionsplan
- ▸ Finanzplan

| ▸ Personalplan | ▸ Ausgabenplan |
| ▸ Einnahmenplan | ▸ Investitionsplan |

im erfolgswirtschaftlichen, leistungswirtschaftlichen bzw. finanzwirtschaftlichen Bereich sukzessiv erstellt wird!

41: Information

(1) Informationen werden in vielfacher Weise gegeben. Oft sind sie aber nicht von der Qualität bzw. von dem Nutzen, die bzw. den der Empfänger erwartet oder benötigt.

Geben Sie **Empfehlungen**, wie die **Qualität** bzw. der **Nutzen** von Informationen zweckentsprechend **sichergestellt** oder **verbessert** werden kann!

(2) Worin können die **Ursachen** für eine **mängelbehaftete Informationspolitik** eines Vorgesetzten liegen?

(3) Stellen Sie eine **Liste** zusammen, in der Sie alle **gängigen Mittel** aufnehmen, die der **Information des Personals** dienen können!

(4) Der Informationsprozess unterliegt immer wieder **Störungen**, die dazu führen, dass die Informationen nicht so beim Empfänger ankommen bzw. aufgenommen werden, wie das gewünscht ist. Geben Sie **Beispiele** dafür, welche **Ursachen** dies haben kann!

42: Kommunikation

(1) In welchen **Phasen** laufen **Gespräche** typischerweise ab? Stellen Sie diese schematisch dar!

(2) Welche **Anforderungen** sind an **eine geschäftliche Kommunikation** zu stellen und welche **Kommunikationsmittel** sind dafür

- besonders geeignet
- eingeschränkt geeignet
- nicht geeignet?

(3) Worin unterscheiden sich **offene** und **geschlossene Fragen** in ihren Merkmalen und ihren Wirkungen?

(4) Welche **Signale** deuten **bei der nicht verbalen Kommunikation** hin auf:

- Misstrauen/Ungläubigkeit
- Sympathie/Wohlwollen/Interesse
- Verachtung/Ablehnung

(5) Interpretieren Sie die folgenden **Körperhaltungen**, indem Sie den Skizzen die folgenden Begriffe zuordnen:

▶ gleichgültig
▶ selbstzufrieden
▶ ablehnend
▶ neugierig

▶ entschlossen
▶ verwirrt
▶ willkommen heißend
▶ beobachtend

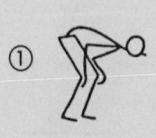

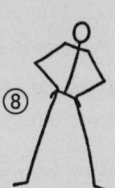

43: Delegation/Führungstechniken

(1) Die **Delegation** kann zu einer Reihe von **Problemen** führen. Wie sollte sich der Vorgesetzte in folgenden Situationen verhalten:

▶ Der Mitarbeiter lässt eine Überforderung erkennen.
▶ Der Mitarbeiter kommt zeitlich mit der Aufgabe nicht zurecht.
▶ Der Mitarbeiter macht Fehler bei der Aufgabenerfüllung.

(2) Stellen Sie die **Voraussetzungen** sowie die **Vorteile** und **Nachteile** der folgenden **Führungstechniken** gegenüber!

Kriterien	Management by Exception	Management by Delegation	Management by Objectives
Voraussetzungen			
Vorteile			
Nachteile			

44: Vorschlagswesen/Qualitätszirkel

(1) Stellen Sie das betriebliche Vorschlagswesen und die Qualitätszirkel anhand der gegebenen Kriterien gegenüber!

Kriterien	Vorschlagswesen	Qualitätszirkel
Zeitbezug		
Freiwilligkeit der Teilnahme		
Auswahl der Themen		
Formalisierungsgrad		
Belohnung		

(2) Das betriebliche Vorschlagswesen ist ein sehr geeignetes Führungsmittel, das von vielen Mitarbeitern angenommen wird. Es gibt aber dennoch eine ganze Reihe von Mitarbeitern, die **keine Verbesserungsvorschläge** einreichen. Nennen Sie mögliche **Gründe** hierfür!

45: Eignung/Arten der Personalbeurteilung

(1) Worin können die **Vorteile** und **Nachteile** der **Personalbeurteilung** gesehen werden?

(2) Welche **Unterschiede** gibt es zwischen der **Leistungsbeurteilung** und der **Potenzialbeurteilung** im Hinblick auf ihre Zielsetzungen und Methoden?

(3) Die **Kollegenbeurteilung** stellt ein Beurteilungsverfahren dar, das nicht unumstritten ist.

- Nennen Sie Voraussetzungen, die für ihre Einsetzbarkeit erfüllt werden sollten!
- Wo liegen die Probleme dieses Verfahrens?

46: Einsatz der Personalbeurteilung

(1) Erarbeiten Sie einen Stufenplan zur Einführung eines Personalbeurteilungssystems:

1	
⇩	
2	
⇩	
3	
⇩	
4	
⇩	
5	
⇩	
6	
⇩	
7	
⇩	
8	

(2) Der Erfolg einer Personalbeurteilung hängt vom Verhalten des Beurteilers ab. Die Handhabung des Beurteilungssystems, die Kenntnis seiner Schwächen sowie die Begegnung möglicher Verzerrungen lassen sich bis zu einem gewissen Grad in Seminaren für Beurteiler vermitteln. Welche **Trainingsinhalte** sollten solche **Seminare** aufweisen?

(3) Bei der Beurteilung fühlen sich **Vorgesetzte** mitunter in einem **Zwiespalt**, der dazu führt, dass Mitarbeiter nicht so (objektiv) beurteilt werden als dies möglich und wünschenswert wäre. Welche **Gründe** kann es dafür geben?

(4) Es gibt aber auch Fälle, in denen Vorgesezte ein objektives **Urteil** nicht abgeben wollen, d. h. eine **Beurteilung bewusst verfälschen**. Worin sind die möglichen **Gründe** hierfür?

47: Eindimensionale Führungsstile

Ergänzen Sie die folgenden **Schemata**!

(1)

Führungsstil Kriterien	autoritär	kooperativ
Die Beschäftigten werden betrachtet als ...		
Autorität und Macht des Vorgesetzten werden begleitet von ...		
Entscheidungen werden getroffen durch ...		
Informationen gehen aus ...		
Aufsicht und Kontrolle werden vorgenommen als ...		
Schwerpunkt der Motivation ist ...		

(2)

Führungsstil Kriterien	bürokratisch	patriachalisch	Laissez-faire
Die Beschäftigten werden betrachtet als ...			
Autorität und Macht des Vorgesetzten werden begleitet von ...			
Entscheidungen werden getroffen durch ...			
Informationen gehen aus ...			
Aufsicht und Kontrolle werden vorgenommen als ...			
Schwerpunkt der Motivation ist ...			

48: Mehrdimensionale Führunggsstile

(1) Zweidimensionaler Führungsstil

Die Leitungsgruppe der Werkzeugbau GmbH tagt. Es geht um die Verlagerung der Schwerpunkte des Fertigungsprogrammes. Die Produktgruppen A, B, D sollen zu Lasten der Produktgruppen C, E, F verstärkt werden. Dazu gibt es folgende Äußerungen:

- **Herr Schulz:** Nach eingehender Überlegung kann ich nur erklären, dass die Schwerpunktverlagerung in der bereits erwogenen Weise durchgeführt werden muss. Wir brauchen nicht weiter zu diskutieren, meine Entscheidung ist gefallen.

- **Herr Klein:** Ich fürchte Unruhen in der Belegschaft und negative Auswirkungen auf das Betriebsklima. Deshalb sollten wir diese Frage vor einer Entscheidung zunächst einmal mit der Belegschaft erörtern.

- **Herr Lustig:** Ich möchte darauf verzichten, meine Überlegungen darzulegen, da ich davon ausgehe, dass Sie die Sache besser beurteilen können. Ich bin mir sicher, dass Sie die richtige Entscheidung treffen werden.

- **Herr Peters:** Nach meiner Auffassung wird die Belegschaft verstehen, dass wir uns mehr auf die Produktgruppen A, B, D konzentrieren müssen, zu Lasten der Produktgruppen C, E, F. Die Verlagerung hat ohnehin nur auf das Werk III negative Auswirkungen, das ist nicht so problematisch. Wir müssen nur darauf achten, dass behutsam vorgegangen wird.

- **Herr Klug:** Wir sollten zunächst die Marktforschung beauftragen, die Erfordernisse des Marktes zu untersuchen. Sodann sollten wir uns die Frage beantworten, was wir für unser Unternehmen erreichen wollen. Eine Arbeitsgruppe, in der auch die Betroffenen vertreten sind, sollte eine Lösung erarbeiten.

Auf **welche Führungsstile** des Verhaltensgitters deuten die Aussagen hin?

(2) Dreidimensionaler Führungsstil

Charakterisieren Sie das 3-D-Konzept der Personalführung von *Reddin* mithilfe des nachfolgenden Schemas!

	Verfahrensstil	Beziehungsstil	Aufgabenstil	Integrationsstil
Kommunikationsweise				
Kommunikationsrichtung				
Identifikation mit ...				
Beurteilt Menschen nach ...				
Reaktion auf Fehler				
Konfliktmanagement				
Schwächen				
Menschenbild				

49: Mobbing

(1) Nennen Sie je fünf **Beispiele für Mobbing-Handlungen**, die sich beziehen auf:

- Angriffe auf Möglichkeiten, sich mitzuteilen
- Angriffe auf soziale Beziehungen
- Angriffe mit Auswirkungen auf das soziale Ansehen
- Angriffe auf die Qualität der Berufs- und Lebenssituation
- Angriffe auf die Gesundheit.

(2) Welche **Maßnahmen** können **Vorgesetzte** ergreifen, um **Mobbing vorzubeugen?**

50: Personalkosten/Tarifvertrag

(1) Nennen Sie **Einflussfaktoren**, die **auf die Personalkosten** wirken als:

- Unternehmensinterne Einflussfaktoren
- Unternehmensexterne Einflussfaktoren.

(2) Gegeben ist folgende Tabelle aus einem Tarifvertrag:

- Ermitteln Sie den **Lohngruppenfaktor für jede Lohngruppe!**

Lohngruppe	I	II	III	IV	V	VI	VII	VIII	IX	X
% des Ecklohnes	70	75	80	85	90	95	100	105	110	115
Lohngruppenfaktor										

Lohngruppe	16	17	18	19	20	21	22	23
% der Altersklasse 21	75	80	85	90	95	100	105	110
Alterklassenfaktor								

Ortsklasse	I	II	III
% der Ortsklase 1	100	96	92
Ortsklassenfaktor			

- Ermitteln Sie den **Altersklassenfaktor für jede Altersklasse!**

- Ermitteln Sie den **Ortsklassenfaktor für jede Ortsklasse!**

- Ermitteln Sie den **Stundenlohn** eines 17-jährigen Zeitlohnarbeiters der Lohngruppe VIII in der Ortsklasse III, wenn der Ecklohn 12 € beträgt!

51: Arbeitsbewertung

(1) Systematisieren Sie die **Verfahren der Arbeitsbewertung**!

Art der Bewertung Art der Qualifizierung		

(2) Um welche **Verfahren der Arbeitsbewertung** handelt es sich bei folgenden vereinfachten Darstellungen:

① Stufe je Anforderungsart x Gewichtungsfaktor ⇒ Stufenwertzahlsumme ⇒ Lohn

② Arbeitsplatzvergleich ⇒ Rang ⇒ Lohn

③ Bewertumg je Anforderungsart ⇒ Wertzahlsumme ⇒ Lohn

④ Rangplatz je Anforderungsart x Gewichtungsfaktor ⇒ Wertzahlsumme ⇒ Lohn

⑤ Arbeitsschwierigkeit ⇒ Lohn

⑥ Anforderungswert je Anforderungsart ⇒ Wertzahlsumme ⇒ Lohn

(3) Stellen Sie die **Vorteile** und **Nachteile** der **Verfahren der Arbeitsbewertung** zusammen!

Verfahren	Vorteile	Nachteile

(4) Bei den **analytischen Verfahren** der Arbeitsbewertung werden Beanspruchungen für einzelne Anforderungsarten ermittelt, deren Zahl angemessen sein sollte. Welche Auswirkungen können sich ergeben, wenn in **die Untersuchung aufgenommen** werden:

- Zu viele Anforderungsarten
- Zu wenig Anforderungsarten.

52: Leistungsbezogene Lohnfindung

Die Lohngrenzwerte weisen folgende Werte auf:

Lohngrenzwerte		
Arbeitsplatzbewertung Wertzahl	Minimale Lohnhöhe €	Maximale Lohnhöhe €
22	3.000	3.600
23	3.150	3.780
24	3.305	3.965
25	3.470	4.165
26	3.640	4.365

Ein Bewerber möchte wissen, was er bei Ihnen für eine Monatsvergütung erhalten würde. Sie teilen ihm mit, dass der angestrebte Arbeitsplatz die Wertzahl 25 aufweist und bei neuen Mitarbeitern grundsätzlich zunächst von einer durchschnittlichen Mitarbeiterbeurteilung ausgegangen würde.

Welchen Betrag können sie ihm als **Monatsvergütung** nennen?

53: Zeitlohn

(1) Bei welchen Arbeitskräften sollte **vorzugsweise** der **Zeitlohn** verwendet werden?

Arbeitskräfte	Zeitlohn	
	ja	nein
Nachtwächter		
Pförtner		
Maurer		
Fernfahrer		
Schleifer		
Werkzeugausgeber		
Dreher		

(2) Ein Arbeiter verdient 12 €/Stunde. Seine Normalleistung liegt bei 20 Stück/Stunde.

Ermitteln Sie für die **Leistungsgrade** 80 %, 90 %, 100 %, 110 % folgende Daten:

- Leistung (Stück/Std.)
- Stückzeit (Min./Stück)
- Lohnkosten (€/Stück)
- Stundenlohn (€/Std.)

54: Akkordlohn

(1) Für Montagearbeiten an Handmixgeräten wird ein Satz von 4,50 € pro fertig montiertem Gerät bezahlt.

- Wie nennt man dieses **Entlohnungsverfahren**?
- Wie hoch ist der **durchschnittliche Stundenlohn des Arbeiters**, wenn er – für den Abrechnungszeitraum einer Woche – in 40 Stunden 181 Handmixgeräte montiert hat?

(2) Die Bearbeitung eines Werkstückes erfordert 20 Minuten, der tarifliche Grundlohn wird mit 13,20 € angesetzt und ein Akkordzuschlag von 20 % gewährt. Ermitteln Sie:

- den **Grundlohn**
- den **Minutenfaktor**
- den **Stundenlohn** bei 4 in einer Stunde bearbeiteten Werkstücken!

(3) Ein Arbeiter erhält einen Grundlohn von 14 €/Stunde. Seine Normalleistung liegt bei 20 Stück/Stunde. Der Akkordzuschlag beträgt 20 %.

Ermitteln Sie für die **Leistungsgrade** 80 %, 90 %, 100 %, 110 %, 120 % folgende Daten:

- **Leistung** (Stück/Std.)
- **Stückzeit** (Min./Stück)
- **Lohnkosten** (€/Stück)
- **Stundenlohn** (€/Std.)

Vergleichen Sie die Ergebnisse mit den Daten der Übung 53!

55: Gruppenakkord

In einem Automobilwerk arbeiten 6 Arbeiter in einer Gruppe zusammen. Der Gruppenakkord beträgt für die 24. Woche 4.200 €.

Ermitteln sie die **Lohnhöhe jedes Arbeiters**!

(1) Die **Arbeitszeiten** und **Akkordrichtsätze** der sechs Arbeiter sind **gleich**.

(2) Die **Arbeitszeiten** der sechs Arbeiter sind **gleich**, die **Akkordrichtsätze unterscheiden sich**:

A 12,40 €	C 13,20 €	E 13,60 €
B 10,80 €	D 14,40 €	F 12,40 €

(3) Die **Akkordrichtsätze** der sechs Arbeiter sind **gleich**, die **Arbeitszeiten unterscheiden sich**:

A 36 Std.	C 40 Std.	E 40 Std.
B 38 Std.	D 34 Std.	F 32 Std.

56: REFA-Ablaufarten/REFA-Auftragszeit

(1) Bestimmen Sie die folgenden **Ablaufarten** und geben Sie die **Kurzzeichen** an!

- Der Arbeiter liest die Zeichnung
- Der Arbeiter spannt den Bohrer in die Bohrmaschine ein
- Der Arbeiter spannt das Werkstück ein
- Der Arbeiter bohrt ein Loch in das Werkstück
- Der Bohrer bricht ab und wird vom Arbeiter ausgewechselt
- Der Arbeiter ruht sich aus.

(2) Für einen Auftrag werden folgende Werte festgestellt:

Auftragsmenge:	50 Stück	Tätigkeitszeit:	45 Min.
Rüstgrundzeit:	350 Min.	Wartezeit:	8 Min.
Rüsterholungszeit:	7 Min.	Erholungszeit:	5 %
Rüstverteilzeit:	5 Min.	Verteilzeit:	3 %

Ermitteln Sie:

- Rüstzeit
- Ausführungszeit
- Auftragszeit

57: Prämienlohn/Akkordlohn/Zeitlohn

(1) In der Metallbau GmbH wird 8 Stunden pro Tag gearbeitet. Die Vorgabezeit pro Werkstück beträgt 1 Stunde. Der **Stundenlohn** – als Grundlohn – liegt bei 12 €. Es wird eine **Prämie** gewährt, die 50 % des ersparten Zeitlohnes beträgt.

- Wie hoch ist der tägliche **Bruttolohn** des Arbeiters, wenn er fertigt:

Tag	Leistung
1	8 Stück
2	10 Stück
3	11 Stück
4	13 Stück
5	10 Stück

- Wie hoch sind die **Lohnkosten** pro Stück an jedem Tage?
- Wie hoch ist der **Stundenlohn** an jedem Tage?

(2) Welche **sozialen Wirkungen** haben die folgenden Lohnformen? Nennen Sie **Vorteile** und **Nachteile**!

Wirkungen / Lohnformen	Vorteile	Nachteile
Zeitlohn		
Akkordlohn		
Prämienlohn		

58: Ergänzender Lohn

Geben Sie einen **Überblick** darüber, welche **ergänzenden Löhne** unterschieden werden können!

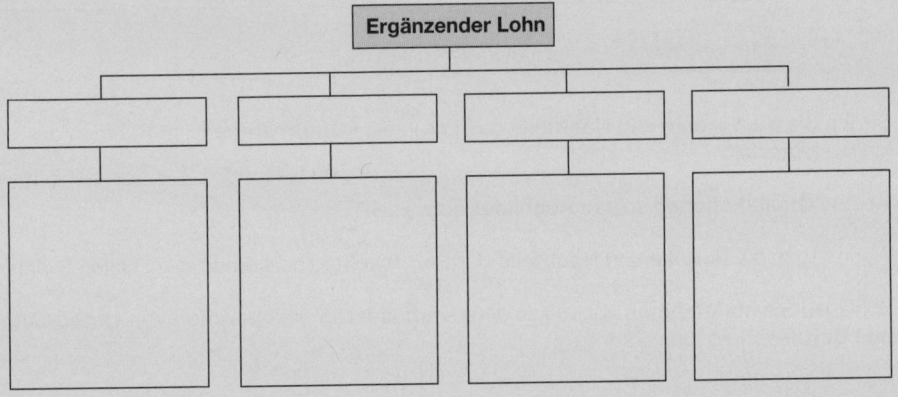

59: Löhne ohne Leistung

(1) **Inwieweit** hat der Arbeitgeber einem Arbeitnehmer das **Entgelt fortzuzahlen**, wenn folgende Tatbestände vorliegen:

- Erkrankung durch Verkehrsunfall
- Erkrankung durch Schlägerei
- Erkrankung durch Nichtanlegen des Sicherheitsgurtes
- Erkrankung während einer Nebentätigkeit
- Erkrankung durch Sportunfall.

(2) Ein Arbeitnehmer verdient pro Woche 500 €. Er nimmt seinen vollen gesetzlichen Urlaub von 24 Werktagen. Wie hoch ist sein **Urlaubsentgelt**

- bei wöchentlich fünf Arbeitstagen
- bei wöchentlich sechs Arbeitstagen?

60: Betriebsfeste

Betriebsfeste dienen zur Verbesserung des Betriebsklimas, zur Stärkung des Zusammengehörigkeitsgefühls und des Gemeinschaftsgeistes, zum Abbau der hierarchischen Schranken und zur Vermeidung von Konflikten.

Die Metall GmbH möchte diese Vorteile in Zukunft in verstärktem Maße in Anspruch nehmen und bittet Sie, eine **Liste möglicher Betriebsfeste** zu erstellen, um geeignete Festlichkeiten auswählen zu können. In dieser Liste sollen enthalten sein:

- Teilnehmerkreis
- Veranstaltungsart
- Empfehlungsstärke

Erstellen Sie diese Liste auf Stichwortbasis!

61: Ausbildung

(1) Stellen Sie die **Vorteile** und **Nachteile** des Lernortes »**Unternehmen**« im Rahmen des dualen Systems dar!

(2) Welche **Qualifikationen** sollten **Ausbilder** aufweisen?

(3) Worin liegen die **Vorteile** und **Nachteile** der **Berufsschule** als Lernort des Dualen Systems?

(4) Schlagen Sie **Maßnahmen** vor, die zu einer **verbesserten Kooperation von Unternehmen und Berufsschule** führen können!

62: Ermittlung des Fortbildungsbedarfes

(1) Welche **unternehmensinternen Probleme** können auf einen **Fortbildungsbedarf** hindeuten?

(2) Die Analyse von Arbeitszeugnissen, Stellenbeschreibungen, Leistungsbeurteilungen und Personalakten wird als Dokumentenanalyse bezeichnet. Die Ermittlung des Fortbildungsbedarfes erfolgt dabei durch die Gegenüberstellung der Arbeitsplatzanforderungen und den dokumentierten Mitarbeiterdaten zur Qualifikation.

Worin sind die **Vorteile** und **Nachteile** der **Dokumentenanalyse** zu sehen?

(3) Der Fortbildungsbedarf kann auch durch Mitarbeiterbefragungen ermittelt werden. Welche Gründe kann es geben, **Erhebungen mithilfe von Fragebogen** den auch möglichen Interviews **vorzuziehen**?

(4) Eine weitere Möglichkeit, den Fortbildungsbedarf feststellen zu können, ist die **Beobachtung** der Mitarbeiter an ihrem Arbeitsplatz.

Welche **Vorteile** und **Nachteile** sind bei dieser Erhebungsmethode feststellbar?

(5) Es wurde folgendes Anforderungsprofil und Fähigkeitsprofil ermittelt:

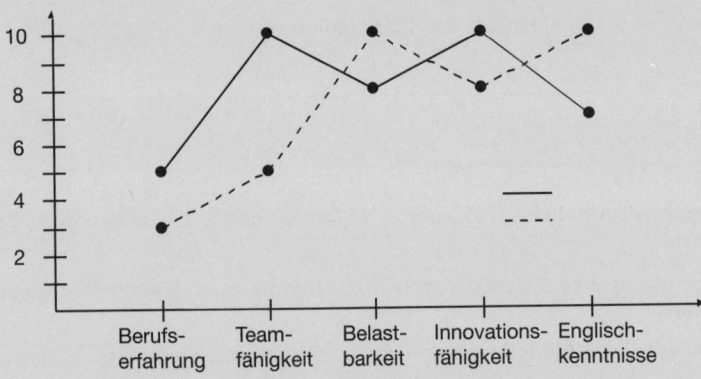

Stellen Sie fest, welche **Anforderungslücken** und **Fähigkeitslücken** gegeben sind!

63: Deckung des Fortbildungsbedarfes

(1) Welche **Gründe** sprechen für eine **interne Fortbildung**, welche Gründe für eine **externe Fortbildung** der Mitarbeiter eines Unternehmens?

(2) Entwickeln Sie ein **Formular**, das dazu dient, die **Entscheidung** über die Alternativen »**interne Fortbildung**« und »**externe Fortbildung**« zu vereinfachen!

(3) Sie sollen ein **Seminar für Mitarbeiter** entwickeln. Welchen **Anforderungen** sollten die **Lerninhalte** grundsätzlich gerecht werden?

64: Bildung am Arbeitsplatz

(1) Worin sind die **Vorteile** und **Nachteile** der **Bildung am Arbeitsplatz** zu sehen?

(2) Welche Gründe können dafür sprechen, **begrenzte Verantwortung als Assistent** zu übertragen?

(3) Welche **Ziele** verbinden Unternehmen mit der Durchführung von Traineeprogrammen?

65: Bildung außerhalb des Arbeitsplatzes

(1) Beurteilen Sie die **Eignung** der **Bildung außerhalb des Arbeitsplatzes**!

(2) Worin liegen die **Nachteile** der **Vorlesungsmethode**?

(3) Nennen Sie die **Vorteile** und **Nachteile** der **Fallstudie**!

(4) Welche **Lernziele** werden mit dem Einsatz von **Planspielen** verfolgt?

66: Bildungskontrolle

(1) Die Planung des **Bildungsbudgets** kann top-down, buttom-up und im Gegenstromverfahren vorgenommen werden.

- In welcher **Abfolge** geschieht bei diesen Verfahren die Budgetierung und die **Planung** der **Bildungsaktivitäten**?
- Worin sind die **Vorteile** und **Nachteile** der drei Vorgehensweisen zu sehen?

(2) Die von externen Bildungsträgern veranstalteten Fortbildungsveranstaltungen sollten immer einer Beurteilung durch die Teilnehmer unterzogen werden.

Entwerfen Sie ein **Formular**, mit dem die Teilnehmer einer **Fortbildungsmaßnahme** diese aus ihrer Sicht **beurteilen** können!

67: Reduzierung von Einstellungen

(1) Der Umsatz der Metallbau GmbH hat sich im vergangenen Jahr um 6,5 % vermindert. Der Personalbestand ist jedoch fast gleich geblieben. Deswegen sollen im kommenden Jahr der Personalbestand ebenfalls um 6 bis 8 % vermindert werden. Die Geschäftsführung möchte jedoch keine Entlassungen vornehmen und keinen Einstellungsstopp aussprechen, weil sie dadurch ein negatives Image für das Unternehmen befürchtet.

Die Fluktuationsquote ist schon seit vielen Jahren fast konstant und beträgt 12 %. Durch die Nichtbesetzung frei werdender Arbeitsplätze können also die geforderten 6 bis 8 % Personalminderung erreicht werden. Das bedeutet, dass von drei frei werdenden Arbeitsplätzen nur einer wiederbesetzt wird. Deswegen beschließt die Geschäftsführung, die Einstellungszahlen zum Ersatz der Fluktuation im nächsten Jahr drastisch zu vermindern.

Schlagen Sie geeignete **Maßnahmen** vor, um eine **Einstellungsminderung** in der genannten Größenordnung zu erreichen, ohne einen Einstellungsstopp aussprechen zu müssen.

(2) Welche Fragen soll ein **Formular zur Personalanforderung** beantworten, damit der Vorgesetzte, der eine Neueinstellung verlangt, auch selbst kritisch prüfen kann, ob die Einstellung tatsächlich erforderlich ist?

(3) Wie lassen sich die **Folgen des Einstellungsstopps** zahlenmäßig für jedes Jahr ermitteln?

(4) Wie ist die **Nutzung der natürlichen Fluktuation** mit Einstellungsstopps zu beurteilen?

68: Interne Personalfreistellung

(1) In einem Unternehmen, das Konsumgüter herstellt, zeigt sich seit mehreren Jahren insbesondere im Monat August ein deutlicher Absatzrückgang. Alle Marketing- und Werbungsversuche, dieses Sommerloch zu vermeiden, sind gescheitert. Um eine gleichmäßige Auslastung der Belegschaft zu sichern, möchte die Unternehmensleitung für diesen Monat einen **Betriebsurlaub** einführen.

- Kann die Unternehmensleitung den **Betriebsurlaub einseitig anordnen**?
- Ist **jeder Mitarbeiter verpflichtet**, am Betriebsurlaub **teilzunehmen**?
- Welche **Vorteile** und **Nachteile** bietet die **Einführung eines Betriebsurlaubs**?

(2) Erstellen Sie einen **Kriterienkatalog**, der geeignet ist, die dem Unternehmen möglichen **Maßnahmen der internen Personalfreistellung** in ihrer Vorteilhaftigkeit einschätzen zu können!

69: Änderungskündigung

Der Arbeitsvertrag des Peter Müller bestimmt, dass Müller als Rohrschlosser in der Werkstatt II des Werkes Leipzig beschäftigt ist. Sein Arbeitgeber, die Industriebau GmbH, erklärt, er könne ihn nicht mehr in der Werkstatt II einsetzen. Als Rohrschlosser gäbe es nichts mehr zu tun. Er kündige deshalb sein Arbeitsverhältnis. Gleichzeitig biete er ihm an, ihn in den Betrieb I desselben Werkes zu versetzen. Dort könne er künftig eingesetzt werden. Er werde nach einer Anlernphase mit der Steuerung und Überwachung der laufenden Produktion der dort hergestellten Grundstoffchemikalien betraut werden. Als Schlosser könne er nicht mehr arbeiten.

Müller ist der Auffassung, ihn treffe die Versetzung besonders hart, da er seit über 10 Jahren in der gleichen Werkstatt beschäftigt sei. Jüngeren Kollegen sei ein Wechsel eher zuzumuten. Allerdings würde er eine Beschäftigung bei der Industriebau GmbH, wenn auch an einem anderen Arbeitsplatz, der Beendigung des Arbeitsverhältnisses vorziehen.

(1) Wie ist das **Verhalten der Industriebau GmbH** zu beurteilen?

(2) Was ist Müller zu raten? Sollte er **Kündigungsschutzklage** erheben?

(3) Was entspräche am ehesten den **Interessen von Müller**?

70: Ordentliche Kündigung

(1) Herr Fritz Mayer ist seit knapp 10 Jahren Buchhalter bei der Metallbau GmbH. Obwohl er schon so lange bei diesem Unternehmen tätig ist, war er von Anfang an mit seinem Gehalt unzufrieden. Nachdem von einem anderen Unternehmen am gleichen Ort ein Buchhalter gesucht wird, bewirbt er sich auf dieses Stellenangebot und unterschreibt am 09.02. einen Arbeitsvertrag mit diesem Unternehmen.

Daraufhin kündigt er am 10.02. zum 31.03. sein Arbeitsverhältnis bei der Metallbau GmbH. Für die Kündigung gibt er keine Gründe an. Der **Personalleiter lehnt** die **Kündigung ab**, weil kein Grund für die Kündigung genannt wurde. Trotzdem tritt **Herr Mayer** am 01.04 seine **neue Stelle** gemäß seinem neuen Arbeitsvertrag an.

Beurteilen Sie die **Rechtssituation!**

(2) Der Personalleiter der Appartebau GmbH wirft der Mitarbeiterin, Petra Hill, am 15.03. gegen 19 Uhr die **ordentliche Kündigung zum nächstmöglichen Termin** in deren Briefkasten, da er sie wegen einer Besprechung am Nachmittag nicht unterschreiben und übergeben konnte.

Wird die Kündigung am 15.03. damit rechtswirksam?

71: Personenbedingte/Verhaltensbedingte Kündigung

(1) Der Schlosser Wolfgang Kast hat vor 5 Jahren seine Ausbildung im Unternehmen abgeschlossen und ist seitdem dort beschäftigt. Er ist jetzt 27 Jahre alt. Bereits im ersten Jahr nach Beendigung seiner Probezeit fiel auf, dass er häufig kurzzeitig, d. h. meist jeweils ein bis fünf Arbeitstage, der Arbeit fernblieb. Für seine **Fehlzeiten** legte er ordnungsgemäße ärztliche Arbeitsunfähigkeitsbescheinigungen vor. In den letzten drei Jahren steigerten sich die Fehlzeiten auf das folgende Niveau:

	2004	2005	2006
Januar	3	–	5
Februar	2	9	4
März	2	1	5
April	3	1	3
Mai	3	8	5
Juni	4	5	6
Juli	2	–	1
August	14	11	10
September	5	–	–
Oktober	10	8	14
November	4	5	2
Dezember	2	12	6
Gesamt	**54**	**60**	**61**

Der Vorgesetzte von Herrn Kast bittet die Personalabteilung zu prüfen, ob eine anderweitige Einsatzmöglichkeit im Unternehmen besteht. Er sei nicht mehr einplanbar, da er immer wieder überraschend wegen Krankheit fehle. Die Personalabteilung veranlasst die werksärztliche Abteilung zur Untersuchung von Kast. Diese stellt keine arbeitsbedingten Gründe für seine hohen Fehlzeiten fest.

Auf Befragen erklärt Kast, sein Arbeitsplatz sage ihm zu. Er sei jetzt völlig gesund. Er könne aber natürlich nicht vorhersagen, wann er erneut krank werde. Auch in den Monaten nach dem Gespräch verringern sich die Fehlzeiten nicht. Die Personalabteilung prüft die Kündigung.

- Welche **Voraussetzungen** erfordert eine krankheitsbedingte Kündigung?
- Wer muss die **Kündigungsgründe darlegen** und **beweisen**?
- Wie kann Kast der **Indizwirkung entgegentreten**?
- Worin kann eine **Beeinträchtigung erheblicher betrieblicher Interessen** gesehen werden?

(2) Zeigen Sie den grundlegenden **Unterschied** zwischen den **personenbedingten** und **verhaltensbedingten Kündigungsgründen** auf!

72: Betriebsbedingte Kündigung

---

(1) Ein Unternehmen hat 2.000 Mitarbeiter. Es beliefert die Automobilindustrie mit Spezialkunststoffen. Wegen der Strukturprobleme dieser Branche gehen die Aufträge seit zwei Jahren nachhaltig zurück. Die Unternehmensleitung beschließt, in dem nicht mehr ausgelasteten Bereich schnellstmöglich zehn Arbeitnehmer zu kündigen. Sie fragt bei der Personalabteilung an, ob dies zulässig sei und welche Anforderungen zu beachten seien.

- Kann eine **außerordentliche Kündigung** erklärt werden?

- Muss der **Betriebsrat angehört** werden?

- Steht der Kündigung das **Kündigungsschutzgesetz** (KSchG) entgegen?

- Ist die **Kündigung** aus anderen Gründen (§ 1 Abs. 1 Satz 2 KSchG) **sozial ungerechtfertigt**? Welches können diese Gründe sein?

- Auf welche Weise trägt das Kündigungsschutzgesetz **sozialen Aspekten** im Fall einer betriebsbedingten Kündigung besonders Rechnung?

(2) Einem Arbeitnehmer ist aus betrieblichen Gründen gekündigt worden, obwohl er zurzeit an einem Lehrgang für Kunststoffschlosser teilnimmt und das Unternehmen eine Werkstatt für Kunststoffverarbeitung einrichtet, für die neue Arbeitskräfte gesucht werden.

Der Betriebsrat ist zur Kündigung angehört worden. Er hat sich jedoch nicht dazu geäußert.

- Ist die **Kündigung** sozial **gerechtfertigt**?

- Ist die **Kündigung** sozial **gerechtfertigt**, wenn der Betriebsrat nicht widersprochen hat?

- Was muss der **Arbeitnehmer** tun, um seinen **Arbeitsplatz zu erhalten**?

73: Außerordentliche Kündigung

In den Pausen-Umkleideräumen der Metallbau GmbH wird seit längerer Zeit gestohlen. Schon mehrfach hatten Kollegen des Schlossers Greif bemerkt, dass dieser sich während der Arbeitszeit allein in den Pausen-Umkleideräumen aufhielt, obwohl das nur in den Pausenzeiten gestattet ist. Der Werkschutz wurde darauf hingewiesen und führte stichprobenhafte Kontrollen durch.

Eines Tages bemerkte ein Werkschutzangestellter, wie Greif sich an einem fremden Spind zu schaffen machte. Als er ihn darauf ansprach, lief dieser wortlos davon. Der Werkschutz führte darauf am Folgetag eine **Anhörung** durch. Greif erklärte dabei, er habe den fremden Spind mit dem eigenen verwechselt.

Die Personalabteilung, welcher der Werkschutz Meldung gemacht hatte, war mit der Erklärung nicht zufrieden und **kündigte** nach Anhörung des Betriebsrates am nächsten Tage das Arbeitsverhältnis **fristlos**. Greif hat daraufhin Klage vor dem Arbeitsgericht erhoben, mit dem Antrag festzustellen, dass die Kündigung unwirksam sei. Es sei auch noch später gestohlen worden. Außerdem wisse die Geschäftsleitung seit einigen Tagen bereits, wer der wirkliche Täter sei. Es stellen sich folgende Fragen:

(1) Welches sind die **Voraussetzungen** für eine **außerordentliche Kündigung**?
(2) Liegt hier ein **wichtiger Grund** vor?
(3) Hat Greif die **Möglichkeit, sich von dem Vorwurf** des **Diebstahls zu befreien**?
(4) Hat Greif bei **erwiesener Unschuld** für die Zwischenzeit einen **Entgeltanspruch**?

74: Aufhebungsvertrag

(1) Die Apparatebau GmbH möchte den Personalbestand auf allen Ebenen reduzieren. Auch im Bereich der oberen Führungsebene denkt sie an Einsparung. Da das angestrebte Ziel mittels betriebsbedingter Kündigungen nicht erreicht werden kann, möchte sie Aufhebungsverträge anbieten.

In ihrem Einkaufschef sieht sie einen geeigneten Adressaten für ein solches Vertragsangebot. Dieser ist 50 Jahre alt und seit 15 Jahren im Unternehmen. Seit längerem besteht der Eindruck, dass der Einkaufschef neben seiner Arbeit noch Nebenbeschäftigungen nachgeht. Ihm soll ein Aufhebungsvertrag angeboten werden. Dabei stellen sich folgende Fragen:

- Soll eine **Abfindung** angeboten werden?

- Soll der Einkaufschef **bis zum Ende des Arbeitsverhältnisses** von der Arbeit **freigestellt** werden?

- Das Alter des Einkaufschefs lässt den Neuabschluss eines Arbeitsvertrages schwierig erscheinen. Kann er deshalb bei seiner **Stellensuche unterstützt** werden?

(2) Worin können **Vorteile** und **Nachteile** von **Aufhebungsverträgen** gesehen werden?

75: Outplacement

(1) Worin liegen die **Ursachen von Outplacement**

- unternehmensbezogen
- mitarbeiterbezogen?

(2) Wie kann der **Nutzen des Outplacement** beurteilt werden

- unternehmensbezogen
- mitarbeiterbezogen?

(3) Welche **Kritikpunkte** lassen sich in Bezug auf **Outplacement-Maßnahmen** nennen?

76: Abgangsinterview

Kurz vor dem Ausscheiden von Mitarbeitern wird von vielen Unternehmen ein Abgangsinterview durchgeführt, um die Gründe für das Ausscheiden zu ermitteln und eventuelle betriebliche Schwachstellen zu erkennen.

Dieses Abgangsinterview wird i.d.R. mithilfe eines Fragebogens strukturiert, um zu einheitlichen Ergebnissen zu kommen.

Entwerfen Sie einen **Fragebogen** für dieses Interview!

77: Personalakte

Die Personalakte ist ein hilfreiches Instrument der Personalverwaltung, auf das sie nicht verzichten kann. Dennoch zeigen sich in der täglichen Personalarbeit einige Probleme, die mit der Personalakte verbunden sind.

Stellen Sie diese **Probleme** dar!

78: Personaldatei

Worin sind die **Vorteile** und **Nachteile** einer **Personaldatei** zu sehen?

79: Personalhandbuch

Erarbeiten Sie eine **Gliederung** für ein Personalhandbuch nach folgenden Themenkreisen:

- Anstellungsbedingungen
- Personaleinstellung und Personaleinsatz
- Personelle Führung
- Entgeltpolitik
- Aus- und Fortbildung
- Soziales und Dienstleistungen
- Beendigung des Arbeitsverhältnisses.

80: Datenschutz

Alle Mitarbeiter der Personalabteilung sind in besonderem Maße dem Datenschutz verpflichtet. Sie müssen die Vorschriften des Datenschutzgesetzes nicht nur kennen, sondern auch alle erforderlichen Datenschutzmaßnahmen erkennen und durchführen. Für Datenschutzbeauftragte ist im Bundesdatenschutzgesetz eine lange Auflistung aller seiner Verpflichtungen ausgewiesen, für den Mitarbeiter einer Personalabteilung enthält dieses Gesetz keine solche Zusammenstellung.

Erstellen Sie eine **Liste aller üblichen Datenschutzmaßnahmen**, welche **für einen Mitarbeiter einer Personalabteilung** bedeutsam sind, die er deshalb beachten muss und für die er gegebenenfalls Maßnahmen durchführen muss.

LÖSUNGEN

1: Produktionsfaktoren

(1) Soziale Ziele sind besonders von den Mitarbeitern angestrebte Ziele. Wenn sie der Motivation der Mitarbeiter dienen sollen, müssen diese sich in den Zielen »wiederfinden«.

Da aber nicht alle Mitarbeiter die gleichen Ziele verfolgen, ist die Frage, **an welchen Mitarbeitern die Ziele auszurichten** sind. Beispielsweise strebt ein Mitarbeiter ein höheres Entgelt an, ein anderer Mitarbeiter dagegen die Sicherung seines Arbeitsplatzes.

Außerdem muss bedacht werden, dass die Mitarbeiter ihre **Ziele im Zeitablauf verändern**, d. h. was heute als Zielkatalog zutreffender Weise erstellt wird, muss künftig nicht mehr den Mitarbeitererwartungen entsprechen. Beispielsweise können Mitarbeiter in einer erfolgreichen Phase des Unternehmens und/oder guter Konjunkturlage ein höheres Entgelt anstreben, bei Verschlechterung der Situation jedoch eher die Sicherung der Arbeitsplätze.

Schließlich kann es sich als schwierig erweisen, die Ziele so zu formulieren, dass ihr **Erfüllungsgrad objektiv messbar** ist.

(2) Die Aktivitäten sind folgenden personalwirtschaftlichen Aufgaben zuzurechnen:

▶ Personaleinsatz
▶ Personalverwaltung
▶ Personalentwicklung

▶ Personalführung
▶ Personalbeschaffung
▶ Personalplanung

2: Motivationstheorien

(1)

	Physiologische Grundbedürfnisse	Sicherheitsbedürfnisse	Soziale Bedürfnisse	Wertschätzungsbedürfnisse	Selbstverwirklichungsbedürfnisse
Teamarbeit			X		
Kündigungsschutz		X			
Fortbildung		X			
Einfluss					X
Akzeptanz in der Gruppe			X		
Schlaf	X				
Bewegung	X				
Persönlichkeitsentfaltung					X
Anerkennung				X	
Kompetenzen				X	

(2)

Zufriedenheit	▸ Erbrachte Leistung ▸ Erhaltene Anerkennung ▸ Interessanter Arbeitsinhalt/Verantwortung ▸ Erfolgter Aufstieg
Nicht- Zufriedenheit	▸ Unzureichende Leistung ▸ Keine Anerkennung ▸ Langweiliger Arbeitsinhalt/keine Verantwortung ▸ Kein Aufstieg (möglich)

(3) Welche Hygienefaktoren können führen zu:

Nicht- zufriedenheit	▸ Gute Unternehmenspolitik ▸ Gute Personalführung ▸ Gute Beziehungen zu Vorgesetzten/Mitarbeitern ▸ Gute Arbeitsbedingungen/Entlohnung
Unzufriedenheit	▸ Schlechte Unternehmenspolitik ▸ Schlechte Personalführung ▸ Schlechte Beziehungen zu Vorgesetzten/Mitarbeitern ▸ Schlechte Arbeitsbedingungen/Entlohnung

3: Leitung/Gliederung/Eingliederung der Personalabteilung

(1)

Wege ohne Studium	Wege mit Studium
• **Kaufmännische Ausbildung** • **Fortbildung** (z. B. Personalfachkaufmann/-frau, Seminare, Workshops) • **Berufliche Tätigkeiten** (zum Sammeln weiterer Kenntnisse und von Erfahrungen)	• **Studium der Betriebswirtschaftslehre oder Jurastudium** (möglichst mit Spezialisierung und Ergänzung um Arbeitsrecht bei Betriebswirtschaftslehre bzw. Betriebswirtschaftslehre bei Jura, ggf. auch um Organisations-/Betriebspsychologie) • **Berufliche Tätigkeiten** (zum Sammeln weiterer Kenntnisse und von Erfahrungen)

(2)

Vorteile	Nachteile
▸ Fachliche Spezialisierung des Personalsachbearbeiters ▸ Kompetente Problemlösung und Beratung durch Personalsachbearbeiter ▸ Schnelle Bearbeitung wiederkehrender Aufgaben	▸ Mehrere Ansprechpartner für die Mitarbeiter ▸ Begrenztes Vertrauensverhältnis zwischen Sachbearbeiter und Mitarbeiter ▸ Zutreffender Ansprechpartner nicht immer erkennbar

▸ Rationelle Bearbeitung wiederkehrender Aufgaben

▸ Integration neuer Aufgaben problemlos

▸ Klar definierte Zuständigkeitsbereiche

▸ Förderung einheitlicher Personalpolitik

▸ Entfernung von Mitarbeiterbedürfnissen

▸ Abgestimmte Problemlösungen schwer möglich

▸ Geringe Transparenz der Personalarbeit

▸ Aufgaben des Sachbearbeiters begrenzt abwechslungsreich

(3)

Vorteile	Nachteile
▸ Nur ein Ansprechpartner für die Mitarbeiter und Fachabteilungen ▸ Zutreffender Ansprechpartner eindeutig feststellbar ▸ Kurze Informations- und Bearbeitungswege und -zeiten ▸ Personalreferent kennt die Mitarbeiter und Arbeitsplätze ▸ Vertrauensverhältnis zwischen Personalreferent und Mitarbeiter ▸ Hohe Transparenz der Personalarbeit ▸ Aufgaben des Personalreferenten abwechslungsreich und motivierend	▸ Erfordernis hoher fachlicher und persönlicher Qualifikation ▸ Überforderung durch Vielzahl personeller Aufgaben möglich ▸ Geringes Detail- bzw. Spezialwissen erschwerend ▸ Rückdelegation bei komplexeren Problemen ggf. erforderlich ▸ Weniger rationelle Bearbeitung möglich ▸ Personalreferenten lösen gleiche Sachverhalte unterschiedlich ▸ Einheitliche Personalpolitik erfordert hohen Koordinationsaufwand

(4)) **Gründe** für eine **dezentrale Personalabteilung** können sein:

• Die Möglichkeit, individuell auf Problemstellungen einzugehen, da die Personalbereiche sich in der Nähe der Leistungsbereiche und Mitarbeiter befinden.

• Die Möglichkeit, personelle Maßnahmen schnell und flexibel auf Veränderungen der Rahmenbedingungen auszurichten.

• Die Handlungsspielräume, über welche die Veranwortlichen der dezentralisierten Personalbereiche verfügen und ihre Verantwortlichkeiten.

• Kurze Informations- und Kommunikationswege zwischen den Personalbereichen und ihren Leistungsbereichen bzw. Mitarbeitern.

• Räumliche Trennungen von Leistungsbereichen, welche die Präsenz von Personalverantwortlichen vor Ort notwendig machen.

Gegen eine **dezentrale Personalabteilung** kann sprechen:

• Der hohe mit einer Dezentralisierung verbundene Personalbedarf und die sich dadurch ergebenden Personalkosten.

• Die Gefahr, dass ein Bereichsdenken gefördert wird, bei dem die Leistungsbereiche versuchen, ihre Interessen durchzusetzen.

• Die Gefahr, dass eine klare, einheitliche Ausrichtung der Personalarbeit des Unternehmens verwässert wird.

(5)

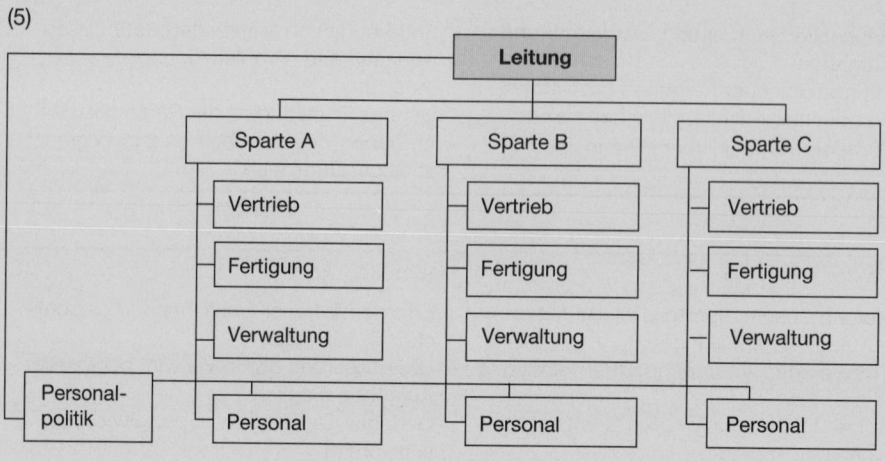

4: Organisationskonzepte der Personalabteilung

Die **Organisationskonzepte** lassen sich wie folgt charakterisieren (*Scholz*):

	Cost-Center	Service-Center	Profit-Center	Wertschöpfungs-Center
Hauptziel	Kostentransparenz und Kostenminimierung	Erbringung klar definierter Dienstleistung	Kostentransparenz und Kostenminimierung	Konzentration auf die wertschöpfenden Aktivitäten
Voraussetzungen	Transparente Vergleichsmaßstäbe	Klare Leistungsdefinition und Rollenzuweisung	Ermittelbarkeit der Kosten und Erlöse; keine kurzfristige Gewinnmaximierungsmentalität	Ermittelbarkeit der Kosten und Erlöse; Bestimmung der gesamten Wertschöpfungskette
Hauptvorteil	Kostenkalkulierbarkeit	Hohe Kundenorientierung	Äußerst effiziente Lösung	Umfassende Lösung
Hauptnachteil	Reduktion auf Kostengesichtspunkte	Zu geringe Hard-fact-Orientierung	An konsequentes Einhalten von Profit-Center-Prinzipien gebunden	Gerät leicht in die Nähe einer vagen Absichtserklärung
Eignung für welche Unternehmen	Kleine/mittlere Unternehmen	Alle Unternehmen	Eher größere Unternehmen	Marktnahe Unternehmen mit unmittelbarer Wertschöpfungsdefinition durch Kunden

5: Kollektives Arbeitsrecht

(1) Für die bestreikte Metallbau GmbH gilt (*Kappenhagen*):

Maßnahmen	zulässig	rechtswidrig
Hinderung arbeitswilliger Arbeitnehmer am Betreten des Betriebes		X
Verhinderung des Zuganges von Kunden und Warenlieferungen		X
Aufstellung von Streikposten am Werkstor	X	
Gewaltanwendung und Sachbeschädigung		X
Kundgebungen der Gewerkschaften am Werkstor	X	
Anbringen von Plakaten mit Streikaufrufen/Verteilen von Handzetteln	X	

- **Maßnahmen zur Begrenzung der Streikfolgen** können sein:
  ▶ Einsätze von Ersatzkräften
  ▶ Aufnahme von Verhandlungen mit Kunden und Lieferanten über Lieferverzögerungen
  ▶ Prüfung, ob der Betrieb mit arbeitswilligen Mitarbeitern und/oder Ersatzkräften noch aufrecht erhalten werden kann oder vorübergehend stillgelegt werden muss
  ▶ Bei vorübergehender Stilllegung des Betriebes die Auslagerung von Arbeiten in andere, nicht vom Streik betroffene Betriebe.

(2) Es handelt sich um folgende **Beteiligungsrechte**:

§ ... BetrVG	Tatbestände	Informationsrecht	Anhörungsrecht	Beratungsrecht	Vetorecht	Zustimmungsrecht	Initiativrecht
92 Abs. 2	Vorschläge zur Einführung der Personalplanung						X
111	Durchführung von Betriebsänderungen			X			
92 Abs. 1	Personalplanung und Personalbedarf	X					
105	Einstellung leitender Angestellter	X					
102	Durchführung von Kündigungen		X		X		
87	Mitbestimmung bei sozialen Angelegenheiten						X
93	Innerbetriebliche Stellenausschreibung						X
94	Verwendung von Personalfragebögen					X	
98	Durchführung betrieblicher Bildungsmaßnahmen					X	

89	Fragen des Unfallschutzes			X			
112	Interessenausgleich/Sozialplan						X
90	Planung von Änderungen bezüglich Arbeitsplatz			X			
99	Durchführung personeller Einzelmaßnahmen	X				X	

(3) Die Metallbau GmbH darf Arbeitsentgelte und sonstige Arbeitsbedingungen – und damit auch die Dauer der wöchentlichen Arbeitszeit – **nicht in einer Betriebsvereinbarung festlegen**, wenn diese durch Tarifvertrag geregelt sind oder üblicherweise geregelt werden (§ 77 Abs. 3 BetrVG).

Dies gilt bei Tarifgebundenheit, aber auch bei fehlender Tarifbindung. Entscheidend ist hier, dass der Betrieb räumlich und fachlich in den Geltungsbereich eines bestehenden Tarifvertrages fallen würde.

Gegebenenfalls könnte die Lage der Arbeitszeit ergänzend in einer Betriebsvereinbarung abweichend festgelegt werden. Das gilt aber nur dann, wenn der Tarifvertrag dies ausdrücklich zulässt.

(4) Die Betriebsvereinbarung hat zwar Vorrang vor dem Arbeitsvertrag. Es gilt aber das **Günstigkeitsprinzip**. Das bedeutet, dass die Metallbau GmbH die Prämie dennoch weiter zu zahlen hat, es sei denn, sie kann sich durch eine erfolgreiche **Änderungskündigung** davon befreien.

6: Arten der Personalplanung

(1) Die **kombinierbaren Ausprägungen** werden durch die gerasterten Felder angezeigt:

	Kurzfristige Planung	Mittelfristige Planung	Langfristige Planung	Quantitative Planung	Qualitative Planung	Individualplanung	Kollektivplanung
Personalbestandsplanung							
Personalbedarfsplanung							
Personaleinsatzplanung							
Personalbeschaffungsplanung							
Personalfreistellungsplanung							
Personalentwicklungsplanung							
Personalkostenplanung							

(2) **Feldinhalt:**

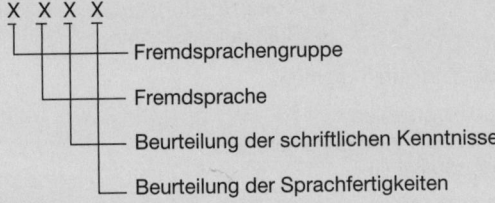

X X X X

— Fremdsprachengruppe

— Fremdsprache

— Beurteilung der schriftlichen Kenntnisse

— Beurteilung der Sprachfertigkeiten

Fremdsprachenschlüssel:

Germanische Sprachen	1	Romanische Sprachen	2
Englisch	11	Französisch	21
Schwedisch	12	Italienisch	22
Norwegisch	13	Spanisch	23
Dänisch	14	Portugiesisch	24
usw.		usw.	
Slawische Sprachen	3	Beurteilungsschlüssel	
Russisch	31	Muttersprache	1
usw.		Sehr gut	2
		Gut	3
		Verwendbar	4
		Anfangskenntnisse	5

7: Personalbestandsplanung

(1) **Quantitative Personalbestandsplanung**

Personalbestandsplan						
	Kon-strukti-on	Materi-alwirt-schaft	Ferti-gung	Ver-trieb	Verwal-tung	Ge-samt
Vollzeitmitarbeiter Teilzeitbeschäftigte Leiharbeitnehmer Langfristurlauber						
Personalbestand 01.01.						
Beeinflusssbare Zugänge Unbeeinflussbare Zugänge Beeinflusssbare Abgänge Unbeeinflussbare Abgänge						
Personalbestand 31.12.						

- Als **Unterlagen** kommen in Betracht:

  ▸ Personalakte   ▸ Alters(struktur)statistik
  ▸ Personalstatistik   ▸ Fluktuationsstatistik

- Als **Genauigkeitsgrade** sind zu empfehlen:

  ▸ **kurzfristig:**   Genaue Kopfzahlen
  ▸ **mittelfristig:** Mindest- oder Höchstzahlen
  ▸ **langfristig:**   Bedarfspotenziale

(2) Qualitative Personalbestandsplanung

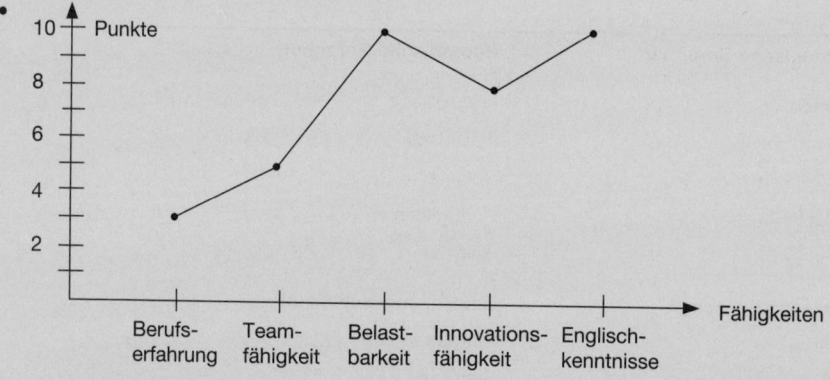

- Als **Genauigkeitsgrade** sind zu empfehlen:

  ▸ **kurzfristig:**   Genaue Anforderungen
  ▸ **mittelfristig:** Rahmenanforderungen je Tätigkeitskategorie
  ▸ **langfristig:**   Bedarfspotenziale

8: Stellenplan/Stellenbesetzungsplan

(1)

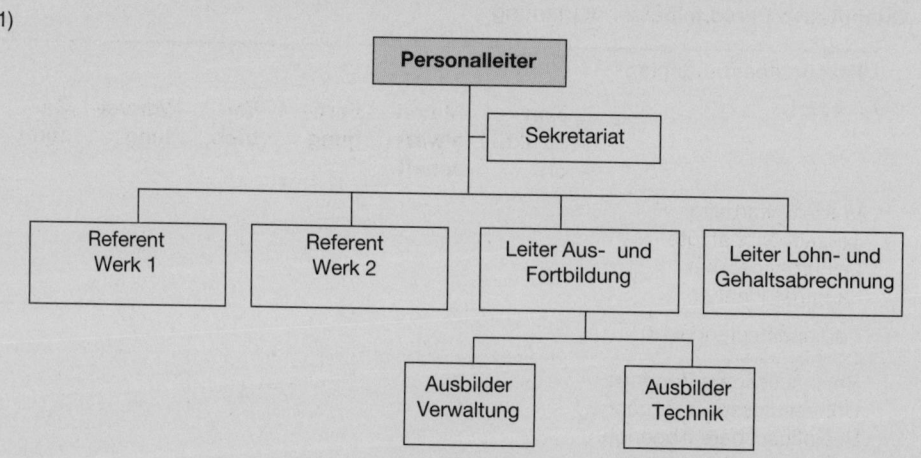

(2)

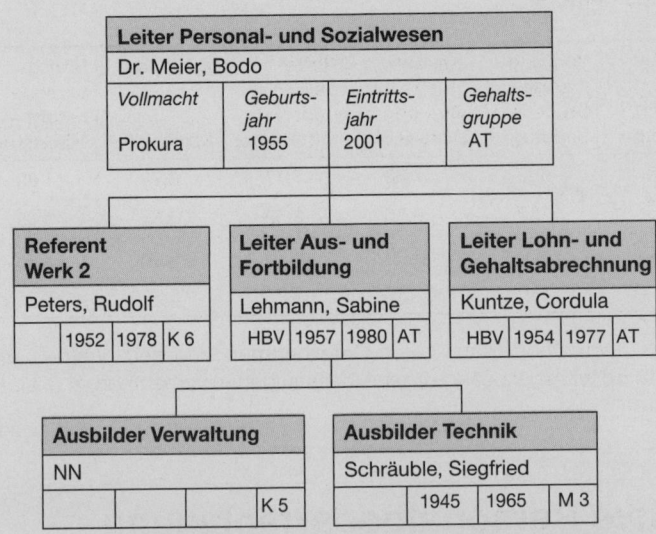

9: Kennzahlenmethode/Personalbemessungsmethode

(1) **Kennzahlenmethode**

Personalbedarfskennzahlen			
Arbeitsaufgabe	Vorgangsmenge Stück/Arbeitstag	Kennzahl Personal/1.000 Vorgänge und Arbeitstag	Personalbedarf Mitarbeiter
Bestellbearbeitung	47,6	92,4	4,3 Einkäufer
Bestellschreibung	47,6	5,8	0,3 Sachbearbeiter
Auftragsbestätigungsbearbeitung	35,7	4,0	0,1 Sachbearbeiter
Bestellungsverfolgung	47,6	7,3	0,4 Sachbearbeiter

Der **Personalbedarfsplan des Einkaufs** für das kommende Jahr erhält damit folgenden Inhalt:

Personalbedarfsplan: EINKAUF – Jahr 2007		
Einkaufsleiter	1	Leitender Einkäufer
Sekretariat	1	Sekretärin
Bestellbearbeitung	4,5	Einkäufer
Sachbearbeitung	1	Sachbearbeiter
Assistent	1	Mitarbeiter Führungsnachwuchs
Gesamtpersonalbedarf	**8,5**	**Mitarbeiter**

- Die Kennzahlenmethode ist bei **Unternehmen aller Größen und Branchen** sowie Teilen davon gut einsetzbar.

(2) **Personalbemessungsmethode**

-

Arbeits-gang	Arbeits-zeit Minuten/ Vorgang	Vorgang-menge Stück/Ar-beitstag	Kapazi-tätsbedarf Stunden/ Arbeitstag	Netto-personal-bedarf Mitarbeiter	Zuschlag 10 % Mitarbeiter	Brutto-personal-bedarf Mitarbeiter
1	4,3	800	57,33	7,17	0,72	7,89
2	7,5	550	68,75	8,59	0,86	9,45
3	8,1	400	54,00	6,75	0,68	7,43
4	12,4	280	57,87	7,23	0,72	7,95

- Die Personalbemessungmethode kann nur in **Unternehmen** eingesetzt werden, die eine **genaue Zeitermittlung** für Arbeitsgänge oder Arbeitsaufgaben vornehmen, z. B. als REFA-Vorgabezeiten.

10: Qualitative Personalbedarfsplanung

(1)

Vorteile	Nachteile
▸ Kenntnis der Aufgaben, Kompetenzen, Verantwortungen ▸ Vermeidung von Kompetenzüberschneidungen/-konflikten ▸ Regelung der Über-/Unterstellungsverhältnisse ▸ Förderung sachgemäßer Bildung/Zusammenarbeit der Stellen ▸ Offenlegung von Entwicklungs-/Fördermöglichkeiten ▸ Verbesserung der Leistungsmessung/-beurteilung/Entlohnung ▸ Erleichterung bei Stellenausschreibungen/Bewerberauswahl ▸ Unterstützung bei Einführung/Einarbeitung neuer Mitarbeiter ▸ Förderung der Ablauf-/Erfolgskontrolle	▸ Hohe Kosten der Erstellung und Pflege ▸ Gefahr der Bürokratisierung/Überorganisation ▸ Gefahr von Lücken/Überschneidungen ▸ Begrenztes Maß an Übersichtlichkeit ▸ Keine Vermittlung eines Gesamtüberblicks ▸ Hemmung persönlicher Initiativen der Stelleninhaber

(2)

Stellenbeschreibung	
Stellenbezeichnung:	Personalleiter
Stelleneinordnung:	Hauptabteilungsleiter
Unterstellung:	Vorsitzender der Geschäftsleitung
Überstellung:	Personalverwaltungsleiter Leiter der Entgeltrechnung Ausbildungsleiter Leiter des Sozialwesens

Stellenaufgaben:	Beratung der Geschäftsleitung in allen Personalfragen Entwurf der Personal-, Sozial-, Entgelt- und Führungspolitik Personalplanung Personalentwicklung Leitung des Personalwesens Vertretung des Unternehmens in Personalangelegenheiten Direkter Gesprächspartner zum Betriebsrat Pflege der Kontakte zu Verbänden, Ämtern usw.
Stellenziele:	Optimale Ausstattung des Unternehmens und bestmöglicher Einsatz von Mitarbeitern Wirtschaftlichkeit des Personaleinsatzes Motivation der Belegschaft Sicherung des Betriebsfriedens und eines guten Betriebsklimas
Stellenbefugnisse:	Prokura Einstellungen, Versetzungen, tarifliche Ein- und Umgruppierun- gen, Entlassungen Entscheidung über Entgeltvorschüsse und Personaldarlehen
Stellvertretung: 　**Vertritt:** 　**Wird vertreten:**	 Verwaltungsleiter Personalverwaltungsleiter
Stellenanforderungen:	Abgeschlossenes Jura- oder Betriebswirtschaftsstudium 3 Jahre Erfahrung im Personalwesen Spezielle Kenntnisse: 　Arbeits- und Sozialrecht 　Organisation 　Betriebspsychologie 　Elektronische Datenverarbeitung Ausgeprägte Fähigkeiten: 　Einfühlungsvermögen 　Menschenführung 　Kontaktfähigkeit

(3)

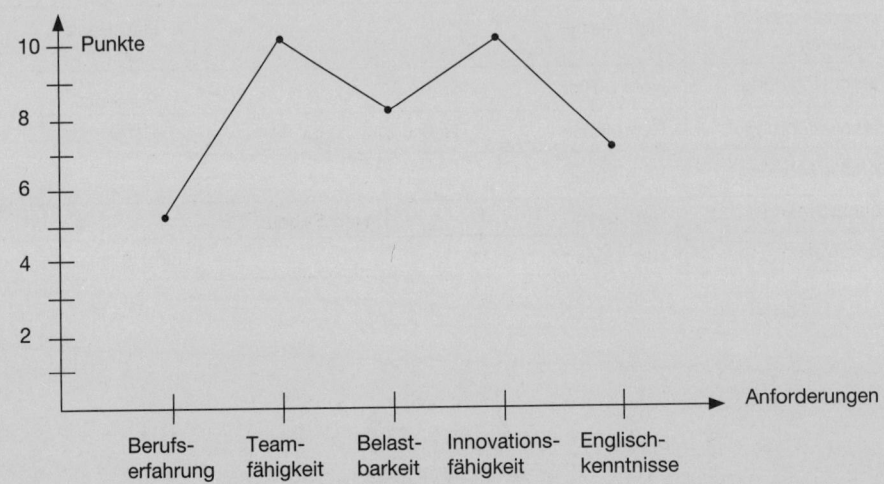

11: Qualitative Personaleinsatzplanung

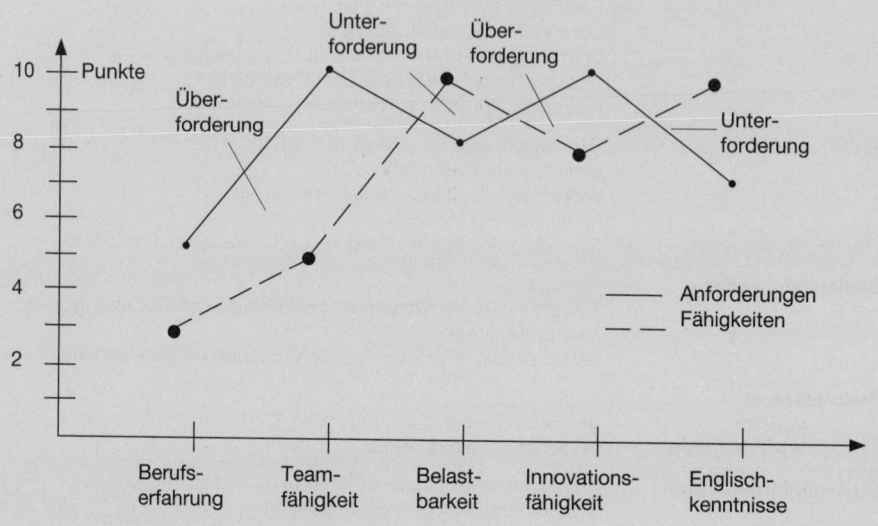

12: Nachfolgeplanung

Nachfolgeplan												
Stelle	01	02	03	04	05	06	07	08	09	10	11	12
Personalleiter	Herr Haaga											
Personalverwaltungsleiter	Herr Kurrle								Herr Haas			
Personalplanung	Herr v. Rex								Personalunion			
Personalführung	Herr Hense			Herr v. Rex								
Gehaltsrechnung	Frau Stiller											
Lohnrechnung	Herr Zech					Herr Scheu						
Sozialwesen	Herr Haas								Herr Hense			

13: Innerbetriebliche Stellenausschreibung/ Versetzung

(1) **Innerbetriebliche Stellenausschreibung**

Innerbetriebliche Stellenausschreibung

In der Abteilung .... ist ab ....
....folgende Stelle zu besetzen:

Aufgaben: ....
....

Anforderungen: ....
....

Ausbildung: ....
....

Berufserfahrung: ....
....

Spezielle Kennt-
nisse: ....
....

Sonstiges: ....

Lohn-/Gehalts-
gruppe: ....

Interessierte Mitarbeiter/innen können bis zum .... ihre Kurzbewerbung an die Personalabteilung, z. Hd. Frau/Herrn .... senden, die auch für telefonische Rückfragen (App. ....)
zur Verfügung steht.

............2007

Personalabteilung
....

- **Nachteile bzw. Probleme** können sein:

  ▶ Verschiebungen des Personalbedarfes, wenn Neubesetzungen der bisher besetzten Stellen erforderlich sind

  ▶ Schwierigkeiten bei den neuen Stellen, die sich auf die Leistungserbringung und/oder Führung beziehen können

  ▶ Probleme bei den bisherigen Stellen wegen fehlender oder nicht hinreichend geeigneter Nachfolge.

(2) **Versetzung**

	Exakte Formulierung	Weniger exakte Formulierung	Allgemeine Formulierung
Räumliche Ausrichtung	Haushaltsgeräte Filiale Mannheim	Filiale Mannheim	Kaufhaus AG
Fachliche Ausrichtung	Erstverkäufer(in) Haushaltsgeräte	Verkäufer(in)/ Kundenberater(in)	Kaufmännische(r) Angestellte(r)

- Die **Vorgänge** sind wie folgt zu beurteilen:

  ▶ Der Wechsel vom Außendienst in den Innendienst ist i.d.R. als Änderung des Arbeits-
    bereiches anzusehen und damit eine **Versetzung**.

  ▶ Der Wechsel innerhalb des Innendienstes stellt **keine Versetzung** dar, wenn lediglich
    eine geringfügige räumliche Verlegung des bisherigen Arbeitsplatzes erfolgt.

14 : Interne Beschaffungswege

Als interne Beschaffungswege scheiden aus:

- Die **Personalentwicklung** als Aus- und Fortbildung kommt nicht in Betracht, da der Mitarbeiter der Revisionsabteilung in der geforderten Qualifikation kurzfristig zur Verfügung stehen
  muss.

- Ebenso ist eine **Mehrarbeit** nicht möglich, da sie nur kurzfristige Wirkung erzielen würde, der
  neue Mitarbeiter jedoch langfristig zur Verfügung stehen muss.

- Schließlich wird das anstehende Problem auch nicht mit einer **Urlaubsverschiebung** gelöst.

Möglichkeiten der internen Besetzung der Stelle sind:

- Die Information über die zu besetzende Stelle **an einen oder mehrere Mitarbeiter**, die sich
  nach Kenntnis der Personalabteilung verändern wollen und die geforderte Qualifikation aufweisen. Die Personalabteilung kann den Kontakt zum Revisionsleiter herstellen.

  Sofern der Revisionsleiter bereit ist, den bzw. einen der in Betracht kommenden Mitarbeiter
  zu beschäftigen, und der Mitarbeiter in der Revisionsabteilung tätig werden will, kann in Absprache mit dem bisherigen Vorgesetzten eine **Versetzung** vorbereitet werden.

  Der **Betriebsrat** muss der Versetzung gemäß § 99 BetrVG allerdings **zustimmen**, wenn sie
  wirksam werden soll. Er kann die Zustimmung aus mehreren Gründen verweigern, in diesem
  Falle insbesondere, weil die Stelle nicht innerbetrieblich ausgeschrieben wurde, sofern er dies
  gefordert hatte.

- Die **Information** über die zu besetzende Stelle an alle Mitarbeiter **in Form einer innerbetrieblichen Stellenausschreibung**.

  Der Betriebsrat kann gemäß § 93 BetrVG verlangen, dass zu besetzende Arbeitsplätze allgemein oder für bestimmte Arten von Tätigkeiten vor ihrer Besetzung innerhalb des Unternehmens ausgeschrieben werden.

  Die für die Besetzung der Stelle in Betracht kommenden Bewerbungen werden dem Revisionsleiter von der Personalabteilung zur Verfügung gestellt. Der Revisionsleiter wählt den aus
  seiner Sicht geeigneten Bewerber aus und informiert die Personalabteilung.

  Diese hat die **Zustimmung** des **Betriebsrates** gemäß § 99 BetrVG **einzuholen**. Der Betriebsrat kann die Einsicht in die Unterlagen aller Bewerber verlangen, um seine Entscheidung zu treffen.

15 : Print-Stellenanzeige

(1) Das **Schlagwort »Persönlichkeit«** sagt nichts aus, was erwartet wird. Jeder Stelleninteressent ist und hat eine Persönlichkeit. Es wird zwar von **Erfahrungen** gesprochen, die im Rechnungswesen und Controlling gemacht wurden. Außer dass sie »umfangreich« sind, werden dem Leser keine näheren Informationen vermittelt, die den Stellensuchenden attraktiver erscheinen lassen könnten. Im weiten Feld des Rechnungswesens und Controllings gibt es eine Vielzahl **»qualifizierter« Stellen.** Welche der Bewerber anstrebt, bleibt im Dunkeln, insbesondere auch, weil eine durchaus mögliche Herleitung aus dem bisherigen beruflichen Weg mangels näherer Information nicht möglich ist. Ein Arbeitgeber, der das Stellengesuch liest, wird nicht zu einer Kontaktaufnahme animiert.

(2) Hier ist das Schlagwort **»Diplom-Kaufmann«** ein erster Hinweis, der um die Formulierung **»Verkaufsleiter«** ergänzt wird. Auch erfolgt eine Konkretisierung in Form der **»Investitionsgüterindustrie«.** Der Leser würde aber gerne etwas mehr wissen. Die Werte **»dynamisch«** und **»erfolgreich«** sind wenig aussagekräftig. Bis auf die **Sprachkenntnisse,** die hinreichend beschrieben sind, weiß ein künftiger Arbeitgeber wenig Greifbares. Die Tatsache, dass der Inserent mit nur **27 Jahren** bereits Verkaufsleiter ist, jetzt aber schon **»nächstmöglich«** eine Veränderung sucht, lässt **Vermutungen** aufkommen, die nicht positiv sein müssen. Daran ändert auch die **»ungekündigte Stellung«** nichts.

(3) Die **zunächst** ganz **seriös** wirkende Stellenanzeige erweist sich bei näherem Hinsehen als ein Angebot, das mit einigen positiven Floskeln garniert ist, die Bewerber sich erhoffen, aber **keinerlei Substanz** enthält. Dass jeder die ausgeschriebene Aufgabe übernehmen kann, gleich welcher Qualifikation, spricht nicht für ein anspruchsvolles und seriöses Angebot. Was heißt es, ein **»Fachmann unseres Betriebes«** zu sein und **»Aufgeschlossenheit für alle betrieblichen Belange«** zu zeigen? Die Vernebelungstaktik wird qualifizierte Bewerber davon abhalten, sich zu bewerben. Im Übrigen verstößt die Anzeige wegen ihrer Altersbegrenzung gegen das AGG.

(4) In erster Linie wäre eine Stellenanzeige in der/den für die betreffende Berufsgruppe vorhandenen **Fachzeitschrift(en)** zu empfehlen, da hier die Chance am größten ist, den gesuchten Mitarbeiter zu bekommen. Es kann aber auch ins Auge gefasst werden, in einer **überregionalen Zeitung** zu inserieren.

(5) Die **Erfolgskontrolle** erweist sich als **schwierig.** Letztlich ist die Stellenanzeige als erfolgreich anzusehen, wenn ein geeigneter Mitarbeiter damit gefunden wurde. Die Erfolgskontrolle darf sich aber nicht darauf beschränken, weil als Erfolg die **Relation von Kosten und Nutzen** anzusehen ist. Das bedeutet, dass der **Quantität der Bewerbungen** die **Qualität der Bewerbungen** gegenübergestellt werden muss. Dabei kann zum Beispiel zwischen qualifizierten, bedingt qualifizierten und nicht qualifizierten Bewerbern unterschieden werden:

Eingegangene Bewerbungen	368
davon: qualifizierte Bewerber	2
bedingt qualifizierte Bewerber	16
nicht qualifizierte Bewerber	350

Die beispielhaft dargestellte Bewerbungssituation kann **nicht** als **erfolgreich** charakterisiert werden.

Eine hohe Bewerberzahl allein sagt also nichts über den Erfolg aus, da die Zahl qualifizierter Bewerber gering ist. Die hohe Zahl bedingt und nicht qualifizierte Bewerber führt jedoch zu großem finanziellen und zeitlichen Aufwand.

Die Erfolgskontrolle kann zudem im **Verlaufe des Vorstellungsgespräches** erfolgen, was jedoch bedeutet, dass nur eine kleine Zahl von Adressaten zur Verfügung steht. So ist es z. B. möglich zu fragen,

- was in der Stellenanzeige angesprochen hat
- warum die Bewerbung erfolgte
- inwieweit sich die Informationen in bzw. Erwartungen aus der Stellenanzeige aus Sicht des Bewerbers mit den im Vorstellungsgespräch gegebenen Informationen decken.

(6) Als **häufige Schwachpunkte** bei der Stellenanzeige sind festzustellen:

- Ungenügende Informationen über das Unternehmen
- Ungenügende Informationen über die zu besetzende Stelle
- Leserunfreundliche Gestaltung
- Fehlen eines »USP« (unique selling proposition)
- Falscher Anzeigenträger
- Falscher Anzeigetermin.

16 : Internet-Stellenanzeige

(1) Aus **Unternehmenssicht** ergeben sich:

Vorteile	Nachteile
▸ Höhere Wahrnehmungsreichweite als Print-Stellenanzeige	▸ Notwendigkeit der Parallelschaltung in Printmedien möglich
▸ Möglichkeit zeitlich unbefristeter Internet-Präsenz	▸ Wahrnehmungsnachteil durch Anzeigenvielzahl
▸ Möglichkeit der Anzeigeneinordnung in komfortable Suchsysteme	▸ Mögliche Bewerbungsflut wegen hoher Wahrnehmungsreichweite
▸ Unbegrenzte inhaltliche und gestalterische Spielräume	▸ Mögliche Bewerberflut wegen einfacher Kontaktaufnahme
▸ Möglichkeit zur Verlinkung zu weiteren Informationen	▸ Aktualitätsprobleme bei mangelnder Anzeigenpflege
▸ Kostengünstigere Präsentation als in Printmedien	▸ Schwierigere Einschätzbarkeit der Erfolgsaussichten als bei rennomierten Print-Anzeigenträgern
▸ Möglichkeit sofortiger Kontaktaufnahme durch Bewerber	
▸ Unabhängigkeit der Präsentation von Erscheinungsterminen	
▸ Detaillierte Erfolgsauswertung über Zugriffsstatistiken	

(2) Für **Bewerber** bieten sich an:

Stärken/Vorteile	Schwächen/Nachteile
▸ Besserer Überblick durch Vielzahl von Informationen	▸ Mangelnde Übersichtlichkeit durch Flut von Stellenanzeigen
▸ Schnellerer Überblick durch komfortable Suchsysteme	▸ Vielzahl von überalterten Stellenanzeigen
▸ Hohe zeitliche Flexibilität bei der Stellensuche	▸ Berufsgruppenspezifisch teilweise wenig Stellenangebote

▸ Möglichkeit einer sofortigen Online-Bewerbung	▸ Mangelnde Zugriffsmöglichkeiten bei fehlendem Internetzugang
▸ Kostengünstigerer Zugriff auf Stellenanzeigen	
▸ Abrufbarkeit ständig aktueller Stellenanzeigen	

17 : Personalberater

(1) **Gründe** für den **Einsatz von Personalberatern** können sein:

- Sie sind häufig auf bestimmte Berufsgruppen und/oder Branchen spezialisiert.
- Sie können aus vorbildhaften Unternehmen positive Informationen einbringen.
- Sie gelangen durch ihr Netzwerk vielfach besser an potenzielle Kandidaten.
- Sie ermöglichen häufig eine schnellere Besetzung von Stellen.
- Sie gewährleisten bei Bedarf, die Anonymität des Unternehmens zu sichern.
- Sie entlasten die Personalabteilung bzw. vermeiden deren Überlastung.
- Fähigkeitsdefizite von Mitarbeitern in der Personalabteilung können aufgedeckt werden.

(2) **Nachteile** bzw. **Probleme** im Hinblick auf die **Zusammenarbeit mit Personalberatern** können sein:

- Die Transparenz bezüglich der Qualität der angebotenen Leistungen ist begrenzt.
- Das Honorar des Personalberaters liegt bei kurzfristiger Betrachtung i.d.R. deutlich über den Kosten für einen Mitarbeiter.
- Bei längerer Zusammenarbeit mit einem Personalberater ergibt sich eine wissensspezifische Abhängigkeit.
- Der Einsatz eines neuen Personalberaters nach längerer Zusammenarbeit mit einem anderen Berater ist mit hohem Aufwand verbunden.

(3) *Jochmann* empfiehlt folgende **Kriterien**, wobei das **Beraterprofil** sich im gerasterten Bereich befinden sollte:

	schwach				stark		
Problemlösungs-Kompetenz							
Organisation und Arbeitstechnik	○	○	○	○	○	○	○
Analysevermögen	○	○	○	○	○	○	○
Problemlösungsqualität	○	○	○	○	○	○	○
Projektmanagement	○	○	○	○	○	○	○
Vernetztes Denken	○	○	○	○	○	○	○
Zwischenmenschliches Verhalten							
Überzeugungskraft	○	○	○	○	○	○	○
Gesprächs- und Verhandlungstechniken	○	○	○	○	○	○	○
Einfühlungsvermögen	○	○	○	○	○	○	○
Kontakt- und Kooperationsbereitschaft	○	○	○	○	○	○	○
Konfliktbereitschaft	○	○	○	○	○	○	○
Einstellungen und Motive							
Kunden- und Qualitätsorientierung	○	○	○	○	○	○	○
Ausdauer und Beharrlichkeit	○	○	○	○	○	○	○
Stressresistenz	○	○	○	○	○	○	○
Leistungsmotivation	○	○	○	○	○	○	○
Flexibilität	○	○	○	○	○	○	○

(4) Wegen des befristeten Bedarfes kommen **befristet beschäftigte Mitarbeiter** oder **Leiharbeitnehmer** in Betracht. Befristet beschäftigte Mitarbeiter werden Arbeitnehmer des Unternehmens mit allen damit verbundenen Folgen und Risiken für das Unternehmen. Bei Leiharbeitnehmern ist das nicht der Fall, sie bleiben Arbeitnehmer des verleihenden Unternehmens. Sie sind gegebenenfalls teurer als befristet beschäftigte Mitarbeiter, vermeiden jedoch die Risiken für das ausleihende Unternehmen.

18 : Bewerbung per Internet

(1)

Vorteile aus Unternehmenssicht	Nachteile aus Unternehmenssicht
▸ Schnelligkeit des Bewerbungsprozesses ▸ Einfache Datenübernahme ▸ Kostengünstige Abwicklung ▸ Kein Lagern der Unterlagen ▸ Kein Rücksenden der Unterlagen ▸ Innerbetrieblich einfache Weitersendung ▸ Image als moderner Arbeitgeber	▸ Gefahr vireninfizierter Dateien ▸ Mögliche Kompatibilitätsprobleme ▸ Gefahr von Massenbewerbungen ▸ Erwartung schneller Reaktion ▸ Standardisierte, vollautomatische Bewerbungs(vor)analyse unmöglich
Vorteile aus Bewerbersicht	**Nachteile aus Bewerbersicht**
▸ Schneller Bewerbungsweg ▸ Kostengünstiger Bewerbungsweg ▸ Einfachheit des Bewerbungsprozesses ▸ Gestaltungsfreiheit möglich ▸ Erwartbarkeit schneller Reaktionen	▸ Weg der Datenübermittlung unsicher ▸ Mögliche Akzeptanzprobleme ▸ Ggf. nicht öffenbare Dateianhänge ▸ Ggf. Verstoß gegen formale Anforderungen ▸ Größere Exklusivität der schriftlichen Bewerbungsmappe

(2)

Vorteile aus Unternehmenssicht	Nachteile aus Unternehmenssicht
▸ Schnelligkeit des Bewerbungsprozesses ▸ Möglichkeit vollautomatischer Datenübernahme ▸ Vollautomatische Bewerbungs(vor)analyse möglich ▸ Kostengünstige Abwicklung ▸ Keine Kompatibilitätsprobleme ▸ Keine Virenprobleme ▸ Vermeidung von Massenbewerbungen ▸ Vielzahl der Bewerbungen gut administrierbar ▸ Basis eines vollelektronischen Bewerbungsmanagements ▸ Sichere Datenübermittlung realisierbar ▸ Image als moderner Arbeitgeber	▸ Gefahr eines Negativimage bei nicht zielgruppenspezifisch gestalteten Bewerbungsformularen ▸ Keine Identifizierbarkeit individueller Bewerbereigenschaften durch Standardisierung ▸ Keine Möglichkeit der Individualisierung der Bewerbung durch Stellensuchenden

Vorteile aus Bewerbersicht	Nachteile aus Bewerbersicht
▸ Interessierende Personaldaten des Bewerbers erkennbar	▸ Keine Gestaltungsfreiräume bei der Bewerbung
▸ Keine aufwändige Gestaltung der Bewerbung	▸ Individualiät der Bewerbung nicht möglich
▸ Schnelle und einfache Form der Bewerbung	▸ Gefahr, unberechtigterweise durch standardisierte Selektionsschemata zu fallen
▸ Fast keine Kosten für die Bewerbung	▸ Möglichkeit der späteren Anforderung schriftlicher Bewerbungsunterlagen
▸ Erwartbarkeit schneller Reaktion	
▸ Mehr Transparenz im Bewerbungsprozess	

(3)

Vorteile aus Unternehmenssicht	Nachteile aus Unternehmenssicht
▸ Hohe Affinität des Bewerbers zum Internet erkennbar	▸ Ggf. zeitaufwändige Analyse der Homepage
▸ Gutes Persönlichkeitsbild des Bewerbers durch Homepage-Gestaltung feststellbar	▸ Kein konkreter Bezug zu Unternehmen und ausgeschriebener Stelle
▸ Sinnvolle Ergänzbarkeit der Eignungsanalyse durch Homepage	▸ Instrument einer standardisierten Massenbewerbung, wenn keine weiteren Bewerbungsunterlagen verfügbar
▸ Ernsthaftigkeit der Bewerbung erkennbar	
▸ Schnelle Abrufbarkeit der Bewerbereigenschaften möglich	
▸ Wegfall vieler administrativer Vorgänge möglich	
▸ Kein »Papierkrieg« mehr	
Vorteile aus Bewerbersicht	**Nachteile aus Bewerbersicht**
▸ Detailliertes Persönlichkeitsbild des Bewerbers vermittelbar	▸ Ggf. Akzeptanzprobleme bei Unternehmen
▸ Abgrenzbarkeit von anderen Bewerbern durch Homepage-Gestaltung	▸ Großer Aufwand für die Homepage-Erstellung
▸ Nach Erstellung der Homepage viele Bewerbungen rasch möglich	▸ Vielfach kein Ersatz für stellenspezifische Bewerbung
▸ Präsentation des Bewerbers auch ohne aktive Stellensuche	▸ Unsicherheit aufgrund fehlender Gestaltungsvorschriften
▸ Keine Platzbeschränkungen für Persönlichkeitsinformationen	▸ Qualität der Homepage lenkt von Qualifikation ab

19 : Bewerbungsschreiben

(1) Zunächst soll der vorliegende Text beurteilt werden:

...gestern habe ich Ihre Anzeige gelesen.	Es ist uninteressant, wann die Anzeige vom Bewerber *gelesen* wurde. Als Bezug sind die Zeitung und der Zeitpunkt der Einschaltung der Anzeige zu nennen.

Da ich seit mehreren Jahren in der Buchhaltung tätig bin, bewerbe ich mich...	Allein die Tatsache, dass der Bewerber seit mehreren Jahren in der Buchhaltung tätig ist, qualifiziert ihn noch nicht für die ausgeschriebene Stelle, zumal spezielle Anforderungen in der Anzeige genannt sind.
Ich bin mir sicher, für diese Aufgabe geeignet zu sein.	Das ist eine sehr undifferenzierte Aussage, die hier nicht nachvollziehbar und ggf. nur in Verbindung mit den Bewerbungsunterlagen bewertbar ist.

Im Bewerbungsschreiben **fehlen Hinweise,**

• warum die Bewerbung konkret erfolgt,

• dass der Bewerber die Buchhaltungsarbeiten absolut sicher abzuwickeln vermag,

• dass der Bewerber selbstständiges, eigenverantwortliches Arbeiten gewöhnt ist,

• dass der Bewerber über Fähigkeiten zur Mitarbeiterführung verfügt,

• welche Gehaltsvorstellungen der Bewerber hat bzw. warum er Gehaltsvorstellungen im Bewerbungsschreiben noch nicht nennt.

(2) Auch bei dieser Bewerbung **fehlen** einige **Informationen.** Eine eingehende **Analyse** dieser Fehlpositionen **erübrigt sich** aber bereits aus zwei Gründen:

• Das Bewerbungsschreiben ist überzogen, zu überschwänglich und zu selbstbewusst. So sollte man sich keinen Leiter der Buchhaltung vorstellen!

• Schwerwiegender für die Ablehnung des Bewerbers ist aber noch der Vertrauensbruch gegenüber seinem bisherigen Arbeitgeber, mit dem er sich anzubiedern versucht.

Das Bewerbungsschreiben ist **eindeutig negativ** zu beurteilen.

(3) Das Bewerbungsschreiben ist **positiv** zu beurteilen. Es enthält die **wesentlichen Informationen** in geeigneter Weise.

20: Bewerberfoto / Lebenslauf

(1) Bewertungen können sein (*Hesse/Schrader*):

Automatenfotos	▸ Mangelndes Selbstwertgefühl ▸ Fehlende Bemühung/Motivation für Arbeitsplatz ▸ Geiz
Normale Fotografenfotos	▸ Bewerber hat keine Mühe/Kosten gescheut ▸ Er will möglichst positiv in Erscheinung treten
Größere Atelierfotos	▸ Kompensation von Minderwertigkeitsgefühlen ▸ Perfektionistischer Drang ▸ Besondere Bemühtheit zur Erlangung von Aufmerksamkeit
Fotos schlechter Qualität	▸ Generell nicht besonders ausgeprägte Leistungsmotivation ▸ Niedriges Anspruchsniveau ▸ Mangelnde Motivation bezüglich der ausgeschriebenen Stelle

(2) Der vorliegende **Lebenslauf** zeigt nach seiner **Analyse**:

- Er lässt folgende **Feststellungen** zu:

  ▶ Bis zum 31.03.1996 ist er problemlos. Er zeigt einen »normalen« Verlauf.

  ▶ Die beiden Tätigkeiten als Gruppenleiter (01.04.1996 - 30.06.1997 und 01.07.1997 - 30.06.1998) sind relativ kurz, was auf eine negative Entwicklung hindeuten könnte, aber nicht muss.

  ▶ Vom 01.07.1998 - 31.03.2000 ist keine Tätigkeit nachgewiesen. Das könnte die zuvor angestellte Überlegung bestärken.

  ▶ Aufnahme einer branchenfremden Tätigkeit, die auch nur relativ kurze Zeit (01.04.2000 - 30.09.2001) ausgeübt wird. Es wäre festzustellen, weshalb der Branchenwechsel erfolgte und nur 18 Monate gearbeitet wurde.

  ▶ Vom 01.10.2001 - 30.09.2004 wird keine Tätigkeit nachgewiesen.

  ▶ Erneuter Branchenwechsel und eine recht kurze Ausübung der Tätigkeit (01.10.2004 - 30.11.2005) sind festzustellen.

  ▶ Zwischen der zuletzt nachgewiesenen Tätigkeit (30.11.2005) und dem Zeitpunkt der Bewerbung (01.10.2006) ist keine Tätigkeit angegeben.

  Der Lebenslauf lässt vermuten, dass der Bewerber **als Sachbearbeiter erfolgreich** gewesen sein könnte, was aus dem Arbeitszeugnis gegebenenfalls zu entnehmen wäre. **Als Gruppenleiter** hatte er offensichtlich **geringeren Erfolg**. Schließlich wechselte er innerhalb relativ kurzer Zeit und hatte nach der zweiten Tätigkeit keine sich anschließende Arbeit. Auch hier wären die Arbeitszeugnisse zurate zu ziehen.

  Der Bewerber versuchte dann **branchenfremd** sein Glück, was offensichtlich auch nicht mit Erfolg beschieden war und in **Arbeitslosigkeit** endete.

- Der Einsatz als Gruppenleiter im Einkauf der Metall GmbH erscheint **nicht zweckmäßig**, wenn die zuvor genannten Vermutungen durch die übrigen Bewerbungsunterlagen im Wesentlichen bestätigt werden.

(3) **Interpretationen** können sein (*Berchtold*):

- **Konventionelle Karriere bzw. Stufenkarriere**
  Zuverlässiger Bewerber, der fleißig und zielstrebig ist, wohlüberlegte Entscheidungen trifft, gesunden Ehrgeiz entwickelt.

- **Forcierte Karriere**
  Bewerber mit übergroßem Ehrgeiz und Bereitschaft zum raschen Stellenwechsel sowie der Wahrnehmung jeder Aufstiegsmöglichkeit.

- **Blitzkarriere**
  Bewerber mit überdurchschnittlichen Fähigkeiten, aber langzeitig flacher und konventioneller Entwicklung.

- **Sprunghafte Karriere**
  Bewerber mit überdurchschnittlichen Fähigkeiten, aber wenig Durchsetzungs- und Beharrungsvermögen.

- **Genickte Karriere**
  Bewerber kann begabt sein, aber ohne Möglichkeit der beruflichen Weiterentwicklung, oder er hat die Grenzen seiner Fähigkeiten erreicht bzw. überschritten.

21: Arbeitszeugnisse

(1) Der erste Absatz des Arbeitszeugnisses ist inhaltlich nicht zu beanstanden. Inwieweit er sprachlich zu überarbeiten ist, soll nicht untersucht werden.

Hingegen ist die ausdrückliche **Darstellung des Kündigungsgrundes** in der vorgeschlagenen Form **nicht möglich**. Das Zeugnis ist zwar wahrheitsgetreu zu gestalten, darf aber keine direkt negativen Beurteilungen enthalten, damit das weitere Fortkommen des Arbeitnehmers nicht erschwert wird.

(2)

Zeugnis

Herr Adolf Schmidt, geb. am 04.04.1959, war seit 01.01.1996 bei uns beschäftigt. Er wurde zunächst als Sachbearbeiter in der Exportabteilung eingesetzt. Seit 01.04.2001 war er als Gruppenleiter in unserer Exportabteilung tätig.

Gerne bestätigen wir Herrn Schmidt, dass er den gestellten Erwartungen in jeder Hinsicht und in allerbester Weise entsprochen hat. Sein Verhalten zu Vorgesetzten und Kollegen war stets zuvorkommend und korrekt.

Herr Schmidt schied zum 31.03.2006 auf eigenen Wunsch aus seinem Arbeitsverhältnis. Wir bedauern dies sehr und wünschen Herrn Schmidt für seine weitere Zukunft alles Gute.

Neckargemünd, den 06.04.2006

Werkzeug GmbH

Hans Müller

(3) Das Arbeitszeugnis deutet auf **schwache Leistungen** hin:

• Herr Müller war nur rund 13 Monate als Kassierer beschäftigt und verlässt das Unternehmen zu einem absolut atypischen Termin, dem *10.06.2006*. Die relativ kurze Zeit der Tätigkeit kann – muss aber nicht unbedingt – auf Probleme hindeuten. Der Termin des Ausscheidens lässt hingegen mit hoher Wahrscheinlichkeit vermuten, dass Probleme auftraten.

• Daran ändert auch das Ausscheiden »auf eigenen Wunsch« nichts. Es ist anzunehmen, dass das Unternehmen ihm **Gelegenheit** gab, selbst **zu kündigen**.

• Die Bestätigung, Herr Müller habe sich bemüht, den gestellten Forderungen gerecht zu werden, deutet ebenfalls auf **schlechte Leistungen** hin. Daran ändert sich auch nichts dadurch, dass dies »gerne bestätigt« wird.

(4) Auch dieses Arbeitszeugnis weist auf **schwache Leistungen** hin:

• Die Dauer der Beschäftigung gibt keinen Anlass zu Bedenken.

• Das besondere **Hervorheben des ausgeprägten Ordnungssinnes** ist, wenn auch positiv formuliert, ein ausgesprochen negatives Urteil. Das charakteristische Merkmal eines Werbetexters ist u.a. seine Kreativität. Sie steht aber in gewissem Gegensatz zum dargestellten Ordnungssinn.

• Der **häufige Einsatz im verwaltenden Bereich** bestärkt das negative Urteil. Ein qualifizierter Werbetexter wird wenig Neigung und Fähigkeit haben, verwaltend zu arbeiten.

• Eine **qualitative Aussage** über Leistungen und Eigenschaften, die für einen Werbetexter typisch sind, wird völlig vermieden.

- Die Formulierung, dass er alle Arbeiten mit großem Fleiß und Interesse erledigte, deutet darauf hin, dass er eifrig war, aber **nicht besonders tüchtig**.

- Das Ausscheiden aus organisatorischen Gründen gibt zu **Bedenken** Anlass.

22: Vorstellungsgespräch

Die strukturbezogenen Vorstellungsgespräche können wie folgt beurteilt werden (*Albers/Maier*):

(1) **Freies Vorstellungsgespräch**

Vorteile	Nachteile
▸ Individuelles Eingehen auf den Bewerber	▸ Gefahr des Abschweifens
▸ Höchste Flexibilität	▸ Gefahr der Beliebigkeit der Antworten
▸ Durch offene Fragen ergeben sich informationsreichere Antworten	▸ Gefahr der verstärkten Selbstdarstellung des Interviewers, da »roter Faden« fehlt
▸ Bewerber öffnen sich, da auch Raum für vertiefende Erörterungen	▸ Aufwändige Auswertung
▸ Gute Gesprächsatmosphäre	▸ Kaum Vergleich der Bewerber möglich
▸ Große Einflussmöglichkeit des Interviewers	▸ Gefahr der Verfälschung der Gesprächsergebnisse durch den Interviewer
▸ Hohe Akzeptanz bei Bewerbern	

(2) **Strukturiertes Vorstellungsgespräch**

Vorteile	Nachteile
▸ Flexibilität im Gesprächsverlauf	▸ Gefahr der Verfälschung der Gesprächsergebnisse durch den Interviewer
▸ Vorgegebener Rahmen bildet »roten Faden«	▸ Hoher Vorbereitungsaufwand für den Gesprächsleitfaden
▸ Durch offene Fragen ergeben sich informationsreiche Antworten	
▸ Vertiefung einzelner Bereiche möglich	
▸ Individuelles Eingehen auf den Bewerber	
▸ Einflussmöglichkeit des Interviewers	
▸ Raum für Zusatzfragen und -themen	
▸ Gute Gesprächsatmosphäre	
▸ Gute Akzeptanz bei Bewerbern	
▸ Leichtere Auswertung als beim freien Gespräch möglich	
▸ Gute Vergleichbarkeit der Bewerber	

(3) **Standardisiertes Vorstellungsgespräch**

Vorteile	Nachteile
▸ Viele Fragen in kurzer Zeit möglich	▸ Starrer Gesprächsverlauf
▸ Einfache und schnelle Auswertung	▸ Unflexibel, kein Eingehen auf den Bewerber möglich
▸ Gute Vergleichbarkeit der Bewerber	

▸ Kein Abschweifen, da nur Antworten zu abgefragten Sachverhalten

▸ Statistische Bearbeitung möglich

▸ Kaum Gefahr der Verfälschung der Gesprächsergebnisse

▸ Bewerber fühlen sich u. U. ausgehorcht

▸ Neigung zu kontrolliertem Antwortverhalten

▸ Gefühl des Zeitdrucks

▸ Eher kühle Gesprächsatmosphäre

▸ Geringe Akzeptanz bei Bewerbern

23: Arbeitsvertrag

(1) Die Fragen sind wie folgt zu beantworten:

- Der **Arbeitsvertrag** ist am **23.07. entstanden**, da er nach § 611 BGB mündlich abgeschlossen werden darf, es sei denn, dass in Gesetzen, Tarifverträgen oder Betriebsvereinbarungen die Schriftform vorgeschrieben ist.

- Herr Schiemann **verstößt mit** dieser **Nebentätigkeit nicht** gegen das gesetzliche Handels- und Wettbewerbsverbot, da er gemäß § 60 HGB weder ein Handelsgewerbe betreibt noch im Geschäftszweig des Arbeitgebers tätig ist.

- Ein **Wettbewerbsverbot über 2 Jahre** nach dem Ausscheiden aus dem Arbeitsverhältnis ist **zulässig**, allerdings ist das auch die maximal zulässige Frist.

  Voraussetzungen für Angestellte sind jedoch:

  ▸ Schriftform der Vereinbarung.

  ▸ Entschädigung von mindestens der Hälfte der zuletzt bezogenen vertragsmäßigen Leistungen für die Dauer des Wettbewerbsverbotes.

  ▸ Kein unbilliges Erschwernis des Fortkommens des Arbeitnehmers nach Ort, Zeit oder Gegenstand.

- Die **vereinbarten Kündigungsfristen** sind nach § 622 BGB **nicht zulässig**, weil dem Arbeitnehmer eine längere Kündigungsfrist zugemutet wird als dem Arbeitgeber und der Arbeitgeber nicht zu Ende eines Monats kündigen muss.

- Herr Schiemann ist noch **bis zum 30.09.** an seinen bisherigen Arbeitsplatz **gebunden**, da mangels einer arbeitsvertraglichen oder anderen tariflichen Regelung die gesetzliche Regelung des § 622 BGB anzuwenden ist. Danach kann das Arbeitsverhältnis unter Einhaltung einer Kündigungsfrist von vier Wochen zum Fünfzehnten oder zum Ende eines Kalendermonats gekündigt werden.

(2) Für die in der **Vergangenheit** erbrachten Leistungen bleiben die gegenseitigen **Rechte erhalten**, da bereits Arbeit geleistet wurde. Für die **Zukunft entfällt** die **Bindung an den Arbeitsvertrag** automatisch und zwar ohne Rücksicht auf kündigungsschutzrechtliche Bestimmungen.

Von einer Nichtigkeit des Arbeitsvertrages auch für die Vergangenheit kann ausnahmsweise nur dann ausgegangen werden, wenn besonders schwere Verstöße vorliegen, beispielsweise der Arbeitsvertrag zur Begehung eines Verbrechens abgeschlossen wurde.

(3) Sowohl der **alte** als auch der **neue Arbeitsvertrag** ist **gültig**, selbst dann, wenn der neue Arbeitgeber vom bestehenden Arbeitsverhältnis Kenntnis hatte.

Das neue Arbeitsverhältnis ist nur dann wegen Verstoßes gegen die guten Sitten nach § 138 BGB nichtig, wenn erschwerende, besonders verwerfliche Umstände hinzukommen, beispielsweise wenn der neue Arbeitgeber dem bisherigen Arbeitgeber mit dem Vertragsschluss schaden will.

Bei welchem Arbeitgeber der Arbeitnehmer tätig wird bzw. bleibt, liegt in der Entscheidung des Arbeitnehmers, wenn beide Verträge gültig sind. Der benachteiligte Arbeitgeber kann gegenüber dem vertragsbrüchigen Arbeitnehmer normalerweise nur Schadensersatzansprüche geltend machen.

(4) Gleichgültig, ob bereits Arbeiten geleistet wurden oder nicht, ist nicht von einer Nichtigkeit des Arbeitsvertrages auszugehen. An die Stelle der unwirksamen Abrede hat eine der **Billigkeit entsprechende Regelung** zu treten. Im genannten Falle würde der Tariflohn oder ein sonst angemessener Lohn anzusetzen sein.

24: Leistungsfaktoren

Faktoren	Leistungs-fähigkeit	Leistungs-bereit-schaft	Aufgaben-bezogen-heit	Persönlich-keitsbezo-genheit	Arbeits-situation	Umfeld-situation
Wissen	x		x			
Belastbarkeit	x			x		
Ermüdung(sgrad)	x			x		
Konkurrenz						x
Leistungswille		x				
Arbeitsaufgabe					x	
Arbeitsplatz					x	
Initiative		x				
Fertigkeiten	x		x			

25: Einführung/Einarbeitung neuer Mitarbeiter

(1) *Möhl* schlägt als **Checkliste** vor:

Einführung neuer Mitarbeiter		
Name des Mitarbeiters: **Einstellungsdatum:** **Abteilung/Funktion:**	informiert/ eingeführt von:	Datum:

1. Weiß der Mitarbeiter, wo er seine persönlichen Dinge unterbringen kann?
 	
  - Arbeitsplatz/Schreibtisch
  - Aufenthaltsraum/Schrank		

2. Ist er vorgestellt worden?
 	
  - dem nächsthöheren Vorgesetzten   - seinen Kollegen
  - seinen Mitarbeitern - dem Betriebsrat		

3. Ist er über die Arbeitszeit informiert worden?

- Arbeitsbeginn und Arbeitsschluss   - rollierendes System
- Mittagspause   - Gleitzeitregelung

4. Ist er über die Verhaltensregeln am Arbeitsplatz/in den Arbeitsräumen informiert worden?

- betriebsübliche Umgangsformen
- Rauchen
- Verlassen des Arbeitsplatzes
- Verhalten im Verkehr mit anderen Abteilungen
- Sicherheitsvorschriften
- Feuerschutz
- Unfallmeldungen
- Betreten der Dienstgebäude nach Arbeitsschluss
- Meldung von Abwesenheiten (wann und bei wem?)
- Führungsleitsätze
- Arbeits-/Betriebsordnung

5. Ist er mit den Räumlichkeiten vertraut?

- Waschräume und Toiletten   - Kantine
- andere Abteilungen   - sonstige Einrichtungen
- Zugänge zum Gebäude/Notausgänge   - Parkplätze

6. Weiß er, an wen er sich um Rat und Hilfe wenden kann?

- Vorgesetzter/Stellvertreter   - Betriebsrat
- Starthelfer/Pate   - Betriebsarzt
- Personalbetreuer   - Sozialbetreuer

7. Ist er über die Organisation seiner Abteilung informiert?

- Organisationsplan
- Namen und Funktionen der übrigen Mitarbeiter
- Arbeitsmaterial
- Arbeitskleidung

8. Kennt er die Aufgaben seiner Abteilung, seiner Arbeitsgruppe, des Unternehmens?

- Hauptaufgaben   - Produktions-/
- Stellenbeschreibungen   Dienstleistungspalette
- Zusammenarbeit mit ...   - Unternehmensziele
                 - Richtlinien

9. Ist er mit den sonstigen Mitarbeiterprogrammen vertraut?

- Weiterbildungsmöglichkeiten   - Betriebliches Vorschlagswesen
- Bibliothek   - Betriebssport
- Werkszeitung   - Personaleinkauf/Personalrabatt

(2) Der **Ablaufplan für die Einführungsveranstaltung** kann wie folgt aussehen:

Programm-punkt	Inhalt	Verantwortlicher	Dauer Minuten
1	Einleitende Musik	Betriebsorchester	5
2	Begrüßung	Personalleiter	10
3	Unser Unternehmen	Vorstandsvorsitzender	20
4	Firmenhymne	Betriebsorchester	5
5	Unternehmensfilm	Filmvorführer	20
6	Kaffee und Kuchen	Kantinenleiter	30
7	Unsere Mitarbeiter	Betriebsratsvorsitzender	15
8	Firmenpotpourri	Betriebsorchester	10
9	Fragenbeantwortung und Ausklang	Personalleiter	20

(3) Folgende **Aktivitäten** können in einen **Einarbeitungsplan aufgenommen** werden:

- **Vorstellungen** bei allen Mitarbeitern des Unternehmens, mit denen der neue Kollege regelmäßig zusammenarbeiten wird. Das wird üblicherweise in einem kurzen Vorstellungsgespräch erfolgen.

  Durch abgestimmte Gesprächstermine im Einarbeitungsplan kann der neue Mitarbeiter diese Gespräche ohne Hilfe problemlos führen.

- Die Durchführung von **Informationsgesprächen** mit den Stelleninhabern von allen Stellen, deren Aufgaben- und Tätigkeitsgebiet für die Arbeit des neuen Mitarbeiters besonders bedeutsam sind.

- Die Teilnahme an **Besprechungen** und **Konferenzen**, die mit der Erfüllung der Arbeitsaufgabe des neuen Mitarbeiters zusammenhängen.

- Die Teilnahme an **Praktika** und **Job Rotationen** können zur Vermittlung von Kenntnissen über betriebliche Tätigkeiten nützlich sein.

- **Besuche** in eigenen Werken, Verkaufsniederlassungen oder bei Kunden und Lieferanten können zur Einarbeitung in bestimmten Positionen wichtig sein.

- **Besichtigungen** des Betriebsgeländes, der Fertigung und anderer wichtiger Betriebsteile sollten dem neuen Mitarbeiter ermöglicht werden.

(4)

Einarbeitungsplan			
Mitarbeiter: Herr Werner / Personalwesen			
Datum	**Zeit**	**Partner**	**Aktivität**
Montag	8:00 10:30 13:00 15:30	Personalsachbearbeiter Werksarzt Personalleiter Personalwesen	Einstellungserfordernisse Ärztliche Aufnahmeuntersuchung Einführungsgespräch Vorstellung der Mitarbeiter
Dienstag	8:00 11:00 13:00 15:00	Personalverwaltungsleiter Mentor Personalverwaltungsleiter EDV-Leiter	Einweisung in die Arbeitsabwicklung Zusatzinformation EDV-Abwicklung EDV-Einsatz
Mittwoch	8:00 13:00 15:30	EDV-Mitarbeiter Organisationsleiter Vorstandsvorsitzer	Terminaleinführung Erläuterung der Unternehmensorganisation Vorstellung
Donnerstag	8:00 10:00 13:00	EDV-Mitarbeiter Personalplanung Lohnrechnungsleiter	Terminaltraining Erläuterung der Personalplanung Erläuterung der Lohnrechnung
Freitag	8:00 10:00	Personalleiter Seminar	Dienstgespräch Aktuelles Arbeitsrecht

(5) Das Patenkonzept kann wie folgt beurteilt werden (*Brettschneider, Möhl, Kieser*):

Vorteile	**Nachteile**
▸ Reibungslose Eingliederung des Betreuten in die neue soziale Gruppe ▸ Unterstützung im Vertrautmachen mit ungeschriebenen Gesetzen des Unternehmens	▸ Blockierung des Kontaktes zum Vorgesetzten ▸ Verringerung der Möglichkeiten des Vorgesetzten zur Aufnahme innovatorischer Impulse

▸ Hilfestellung beim Aufbau menschlicher Kontakte

▸ Entlastung des Vorgesetzten durch fachliche Einarbeitung

▸ Anleiten des Betreuten zum selbstständigen Handeln

▸ Förderung des Paten im Hinblick auf Führungsaufgaben

▸ Offenlegung der Eignung des Paten möglich

▸ Orientierungsschwierigkeiten des Betreuten, da Pate weitere Instanz bzw. »Ersatzvorgesetzter«

▸ Konkurrenzsituation zwischen Vorgesetztem und Paten

▸ Ansprüche des Paten aus dieser Zusatzaufgabe

▸ Kollission der Hauptaufgabe des Paten mit seiner Zusatzaufgabe

▸ Neid bei dafür unberücksichtigten Mitarbeitern

26: Arbeitserweiterung / Arbeitsbereicherung

Geeignete **Methoden** können sein (*Bühner*):

Wirtschaftliche Ziele	Job rotation	Job enlargement	Job enrichment	Teilautonome Arbeitsgruppen
Störanfälligkeit des Arbeitssystems verringern	x	x	x	x
Flexibilität des Arbeitssystems erhöhen	x	x	x	x
Produktqualität verbessern	x	x	x	x
Untere Ebene der Betriebsorganisation verbessern			x	x
Abwesenheitsrate verringern			x	x
Fluktuationsrate verringern			x	x
Arbeitszufriedenheit erhöhen	x	x	x	x
Interesse an der Arbeit erhöhen	x	x	x	x
Arbeitsmotivation erhöhen	x	x	x	x
Physische Belastung verringern	x			x
Monotoniebelastung verringern	x			x
Belastungswechsel (psychisch und physisch) sicherstellen		x	x	
Unterforderung (psychisch und physisch) verhindern		x	x	
Soziale Kontakte fördern				x
Kommunikation verbessern				x
Anpassungen an Umweltveränderungen verbessern				x
Höherqualifizierung ermöglichen	x	x	x	x
Verantwortung erhöhen			x	x
Handlungsspielraum vergrößern			x	x
Individuelle Unterschiede berücksichtigen				x
Selbstbestätigung fördern			x	x
Selbstverwirklichung ermöglichen			x	x

27: Arbeitsplatzgestaltung

(1)

Gestaltungsmaßnahmen	Anthro-pometrische Arbeitsplatz-gestaltung	Physio-logische Arbeitsplatz-gestaltung	Psycho-logische Arbeitsplatz-gestaltung	Sicherheits-technische Arbeitsplatz-gestaltung
Tischhöhe	x			
Lufttemperatur		x		
Betriebsmittelschutz				x
Schutzkleidung				x
Farben			x	
Schwingungen		x		
Lärm		x		
Muskeleinsatz		x		
Gesichtsfeld	x			

(2) **Gesundheitsschäden beim Sitzen**

- Herz- und Atembeschwerden
- Magenbeschwerden
- Rückenschmerzen
- Bandscheibenschmerzen

- Durchblutungsstörungen der Beine
- Krampfadernbildung
- Haltungsschäden

Gesundheitsschäden beim Stehen

- Krampfadernbildung
- Venenentzündung
- Haltungsschäden

- Senk-, Knick-, Spreizfüße
- Ermüdung
- Erschöpfung

28: Telearbeit

(1) **Tätigkeitsfelder der Telearbeit** sind (*BMA/BMWi/BMB+F*):

- **Einfachere/unterstützende Tätigkeiten**

  ▸ Datenerfassung
  ▸ Satzerstellung
  ▸ Telefonische Auf-
  tragsannahme
  ▸ Telefonmarketing
  ▸ Übersetzungstätigkeiten
  ▸ Buchhalterische
  Tätigkeiten
  ▸ Texterfassung

  ▸ Hot-Line-Service
  ▸ Telefonische In-
  formationsdienste
  ▸ Statistik
  ▸ Vorbereitung von
  Lehrtätigkeiten
  ▸ Informationsbroker
  ▸ Textverarbeitung
  ▸ Dokumentation

  ▸ Reservierungsdienste
  ▸ PR-Tätigkeiten
  ▸ Recherchierende
  Tätigkeiten
  ▸ Vorlagenerstellung für
  Webseiten und E-Com-
  merce-Systeme

- **Höherqualifizierte Tätigkeiten**

▸ Controlling	▸ Kalkulation	▸ Auftragsbearbeitung
▸ Finanzberatung	▸ Programmierung	▸ Datenverarbeitung
▸ Datenbankentwicklung	▸ Fernwartungstätigkeiten	▸ Entwicklungstätigkeiten
▸ Außendienst	▸ Kundendienst	▸ Planung
▸ Produktgestaltung	▸ Grafik und Design	▸ Konstruktion
▸ Technisches Zeichnen/ CAD	▸ Journalistische Tätigkeiten	▸ Steuerberatertätigkeiten
▸ Autorentätigkeiten	▸ Juristentätigkeiten	▸ Beratungstätigkeiten
▸ Gutachtertätigkeiten	▸ Architektentätigkeiten	▸ Redakteurstätigkeiten
▸ Forschungstätigkeiten	▸ Vorbereitung von Schulungen	▸ Rechtsanwaltstätigkeiten

(2) Als **Vorteile** und **Nachteile** der **Telearbeit** können gesehen werden (*BMA/BMWi/BMB+F, Rischar, Reisach*):

Vorteile aus Unternehmenssicht	Nachteile aus Unternehmenssicht
▸ Höhere Produktivität/effektiveres Arbeiten/Qualität ▸ Steigerung der betrieblichen Flexibilität ▸ Nutzung von Kreativitätspotenzialen ▸ Einsparung von Raum- und Energiekosten ▸ Senkung der Fluktuation/Fehlzeiten ▸ Verbesserung des Arbeitgeber-Images ▸ Nutzung von entferntem »Know-how« ▸ Bessere Kundenorientierung ▸ Weiterentwicklung innovativer Arbeitsformen ▸ Produktivitätssteigerung/Kostenreduktion ▸ Bessere Kapazitätsauslastung durch eine flexiblere Arbeitszeitgestaltung ▸ Förderung von Arbeitsplätzen für Behinderte	▸ Probleme bei der Führung und Kontrolle der Mitarbeiter ▸ Einschränkungen bei Kommunikation und Erfahrungsaustausch ▸ Gefährdung der Vertraulichkeit und des Datenschutzes ▸ Erhöhter organisatorischer Aufwand ▸ Gesteigerter technischer Aufwand bei der Einführung/Wartung ▸ Einführungskosten (technische Investitionen, Schulungen der Mitarbeiter)
Vorteile für Telearbeiter	**Nachteile für Telearbeiter**
▸ Flexible Arbeitszeit ▸ Bessere Vereinbarkeit von Familie und Beruf ▸ Einsparung von Fahrtkosten ▸ Zeitgewinn ▸ Selbstständigkeit ▸ Eigenverantwortung ▸ Erleichterter beruflicher Wiedereinstieg ▸ Angenehme Arbeitsatmosphäre ▸ Freie Wohnortwahl ▸ Reduzierung von Stresssituationen ▸ Ungestörtes, konzentriertes und strukturiertes Arbeiten	▸ Mögliche soziale Isolation ▸ Nachteile bei Karriere und Weiterbildung ▸ Fehlende Trennung/Fließende Grenze von Beruf und Privatleben ▸ Ungeschütztes Beschäftigungsverhältnis ▸ Rollenkonflikte (Mutter und Telearbeiterin) ▸ Entsolidarisierung ▸ Ablenkung durch Angehörige oder häusliche Arbeiten

29: Auslandseinsatz

(1) Die **veränderten Merkmale** im Ausland können sein (*Löber*):

- **Andere Normen und Werte**

  ▶ Richtig/Falsch ▶ Recht
  ▶ Gut/Böse ▶ Religion

- **Andere Erziehungsnormen**

  ▶ Traditionelle Erziehung ▶ Selbstständigkeit
  ▶ »Westliche« Erziehung ▶ Abhängigkeit

- **Andere soziale Realität**

  ▶ Familienstrukturen ▶ Soziale Hierarchie
  ▶ Beziehungsstrukturen ▶ Reichtum/Armut

- **Anderes betriebliches Umfeld**

  ▶ Mitarbeiterstruktur ▶ Entscheidungsabläufe
  ▶ Führungsstil ▶ Motivation

- **Andere Wirtschaft**

  ▶ Marktwirtschaft ▶ Mischformen
  ▶ Planwirtschaft ▶ Beziehungen

- **Anderes privates Umfeld**

  ▶ Wohnung ▶ Freizeitmöglichkeiten
  ▶ Bekanntenkreis ▶ Isolation

(2) **Ängste** können sein (*Schuster*):

- Aufgabe persönlicher Bindungen wie Familie, Freunde, Vereine
- Aufgabe der gesellschaftlichen Stabilität und Sicherheit
- Unsicherheit, was im Ausland zu erwarten ist
- Ungewissheit für die Zeit der Rückkehr nach Deutschland (Wiedereingliederungsrisiko)
- Familiäre, sprachliche, schulische Probleme
- Nachlassender finanzieller Reiz
- Partner muss eventuell seinen Beruf aufgeben
- Gesellschaftliche Isolierung im Ausland
- Eventuell sinkender Lebensstandard im Vergleich zu Deutschland
- Angst vor einem Karriereknick
- Risiko, im Stammhaus vergessen zu werden.

30: Flexibilisierung der Arbeitszeit

(1) Die **Abkopplung** von **Arbeitszeit** und **Betriebszeit** ist z. B. wie folgt möglich:

- **bisher**:

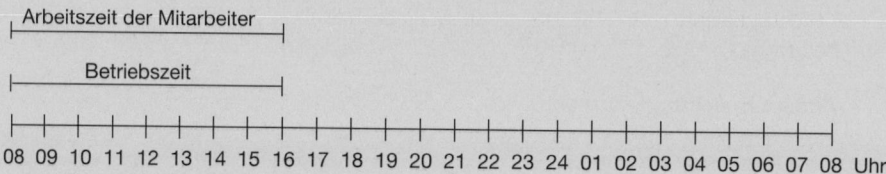

- **künftig: bei gleicher Arbeitszeit**:

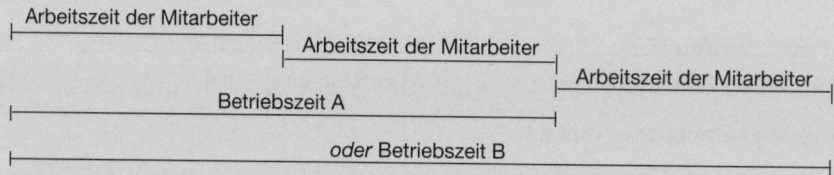

- **künftig: bei verkürzter Arbeitszeit**:

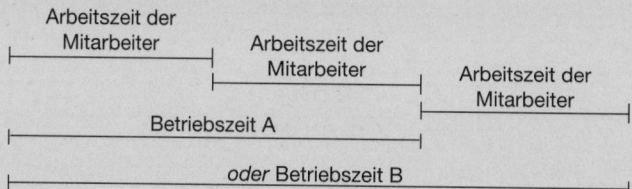

(2) **Vorteile** und **Nachteile** der **Flexibilisierung der Arbeitszeit** sind z. B. (*Schuh/Schultes-Jaskolla, Spitzel, Gmür*):

Vorteile aus Unternehmenssicht	Nachteile aus Unternehmenssicht
▸ Zunehmendes Selbstverantwortlichkeits-bewusstsein	▸ Schaffung von Konfliktpotenzialen um die Arbeitszeit
▸ Rückgang der Fehlzeiten und Fluktuation	▸ Missbrauchsrisiko
▸ Weniger Verspätungen	▸ Implementierungskosten
▸ Weniger Überstundenzuschläge	▸ Zusätzlicher Verwaltungsaufwand
▸ Arbeitsqualität tendenziell besser	▸ Kosten für die Zeiterfassung
▸ Höhere Arbeitszufriedenheit	▸ Weiterbildungsaufwand für Führungskräfte
▸ Besseres Arbeitsklima	▸ Wegfall eventuell bisher stillschweigend geleisteter Überzeit
▸ Förderung von Teamarbeit	
▸ Bessere Anpassung an Kapazitätsauslastung	
▸ Ausdehnung der Betriebszeiten	
▸ Attraktivität auf dem Arbeitsmarkt	

Vorteile aus Arbeitnehmersicht	Nachteile aus Arbeitnehmersicht
▶ Einräumen begrenzter Zeitsouveränität ▶ Möglichkeit zur besseren Abstimmung von Beruf und Privatleben ▶ Abstimmung mit Verkehrsmitteln ▶ Evtl. mehr persönliche Kontakte am Arbeitsplatz ▶ Bessere Anpassung an den persönlichen Biorhythmus ▶ Keine unbezahlten Überzeiten mehr ▶ Anpassung an den Arbeitsanfall ▶ Kein Pünktlichkeitsgebot mehr	▶ Selbstorganisationszwang, evtl. Selbstbestimmungsverlust zu Gunsten des Arbeitgebers ▶ Evtl. weniger soziale Kontakte am Arbeitsplatz ▶ Pünktlichkeitsrisiko für den Arbeitnehmer ▶ Weniger Überstundenzuschläge ▶ Keine Beteiligung an Produktivitätsgewinnen ▶ Arbeitsverdichtung und Stresszunahme ▶ »spill over« durch Verwischen der Grenze von Arbeits- und Freizeit ▶ Konflikte bei Mehrpersonenmodellen ▶ Evtl. Ausweitung der Betriebszeiten ▶ Evtl. Ausnahmeregelungen für bestimmte Personenkreise ▶ Zusätzliche Kontrollen

31: Überstunden

(1) Bei einem einzelnen, nicht vorhersehbaren Ereignis darf der Arbeitgeber die Überstunden **ohne Zustimmung des Betriebsrates** anordnen, da es sich um einen **Notfall** handelt.

(2) Ist die Notwendigkeit von Überstunden aus bekannten Gründen wiederholt gegeben, handelt es sich um ein im Zeitablauf **vorhersehbares Ereignis**, auch wenn der genaue Zeitpunkt seines Anfalles nicht sicher vorausgesagt werden kann.

In diesem Fall besteht ein Bedürfnis nach einer generellen Regelung. Der **Betriebsrat** hat bezüglich der Überstunden ein **Mitbestimmungsrecht**. Es ist zu empfehlen eine **Betriebsvereinbarung** abzuschließen, welche die Anordenbarkeit von Überstunden entsprechend betrieblicher Notwendigkeit regelt.

32: Teilzeitarbeit

(1) Es handelt sich um folgende **Formen der Teilzeitarbeit**:

- Job Sharing im engeren Sinne
- Job Pairing
- Job Splitting

(2) § 13 TzBfG

(3) **Gründe** können sein:

- **Relativ wenig Führungskräfte fragen Teilzeitarbeit nach**, insbesondere weil sie darin eine Behinderung ihrer Karriere sehen. Wissensvorsprünge können sich begrenzen. Nicht nur die Führung der Mitarbeiter, sondern auch die Karriere fördernde Einflussnahme auf Kollegen erfahren aus ihrer Sicht nicht wünschenswerte Beschränkungen.

- **Angebote qualifizierter Teilzeitstellen** von Unternehmen **erfolgen nur in Einzelfällen**, weil vielfach noch die Auffassung vertreten wird, dass Führungsaufgaben nicht teilbar sind, so z. B. die Qualitätskontrolle und durchgängige Betreuung der Mitarbeiter.

33: Gleitende Arbeitszeit

(1) **Aus der Sicht der Arbeitnehmer** hat die gleitende Arbeitszeit im Wesentlichen nur **Vorteile**, insbesondere:

- Zeitsparende, bequeme An- und Abfahrt zum bzw. vom Arbeitsort
- Flexible Anpassung betrieblicher und privater Interessen.

(2) Für die **Unternehmen** können sich durch die gleitende Arbeitszeit als **Vorteile** ergeben:

- Steigerung der Motivation der Arbeitnehmer
- Bessere Ausnutzung des Anlagekapitals
- Größere Flexibilität bei der Arbeitszeitanpassung
- Abbau von Überstunden
- Verringerung der Fehlzeiten
- Erleichterung der Personalpolitik.

Nachteile für die Unternehmen können sein:

- Kostenerhöhung durch Verlängerung der betrieblichen Arbeitszeit
- Kostenerhöhung durch Steigerung des Verwaltungsaufwands
- Erschwernis der betrieblichen Planung und Koordination
- Störung des Betriebsfriedens.

34: Kapazitätsorientierte variable Arbeitszeit

(1)

Geplanter Arbeitstag	Spätester Ankündigungstag
Montag	Mittwoch
Dienstag	Donnerstag
Mittwoch	Freitag
Donnerstag	Freitag
Freitag	Freitag
Samstag	Montag
Sonntag	Dienstag

(2) Bei **Unterschreiten der Vier-Tage-Frist** kann der Arbeitnehmer die Leistung verweigern, ohne dass dies zu einer Verdienstminderung führt. Er kann aber auch, wenn er es will, die Arbeitsleistung erbringen.

35: Vertrauensarbeitszeit

Die Vertrauensarbeitszeit lässt sich wie folgt beurteilen (*Rischar, Hoff/Priemuth*):

Vorteile	Nachteile
▸ Konzentration auf die Arbeitsaufgabe, nicht auf die Arbeitszeit ▸ Mehr Flexibilität für Arbeitnehmer und Arbeitgeber ▸ Abkehr von der aufwändigen und teuren elektronischen Zeiterfassung ▸ Höhere Motivation der Arbeitnehmer ▸ Eigenverantwortlichkeit der Mitarbeiter wird gefördert ▸ Ortsungebundenes Arbeiten wird unterstützt ▸ Demonstration von Vertrauen gegenüber den Arbeitnehmern ▸ Anpassung des Arbeitszeitmodells an fortschrittliche Führungsauffassungen ▸ Höhere Attraktivität des Unternehmens für (potenzielle) Mitarbeiter ▸ Arbeitszeitsteuerung und Arbeitszeitverantwortung liegen in einer Hand ▸ Geringerer Regelungs-, Verwaltungs- und Kommunikationsaufwand ▸ Keine »Zeitverbrauchskultur« und »Minutenmentalität«	▸ Mögliche Leistungsverdichtung durch sozialen Druck der Kollegen ▸ Gefährdung von Arbeitnehmer-Schutzrechten (z. B. ArbZG) ▸ Verschlechterte Arbeitsbedingungen durch Zeitdruck oder falsche Zeitschätzungen bei Zielvorgaben ▸ Umgehung der Mitbestimmungsrechte des Betriebsrates ▸ Befürchtung, dass lediglich unbezahlte Mehrarbeit angestrebt wird ▸ Ausnutzen der Zeitsouveränität von Mitarbeitern ▸ Mitarbeiter werden möglicherweise in Überlast-Situationen allein gelassen ▸ Gefahr der »Arbeit ohne Ende« für Mitarbeiter ▸ Durch die Aufzeichnungspflicht ist durch die Hintertür doch wieder eine Kontrolle möglich

36: Arbeitszeitrecht

(1)

Zulässige Wochenarbeitszeit:	6 · 8 Std.	=	48 Std.
Gesamtarbeitszeit in 24 Wochen:	24 · 48 Std.	=	1.152 Std.
Werktage je 10 Std.:	1.152 : 10	=	115,2 Werktage
Werktage je 8 Std.:	1.152 : 8	=	144 Werktage
Arbeitsfreie Werktage bei 10 Std./Tag:	144 - 115,2	=	**28,8 Werktage**

(2) Der Arbeitnehmer hat Anspruch auf eine **elfstündige Ruhezeit**, sodass sein Vorgesetzter ihn am nächsten Tag erst wieder um 07:30 Uhr einsetzen darf.

(3) Die **Nachtzeit** ist die Zeit von 23:00 Uhr bis 06:00 Uhr. Die **Nachtarbeit** umfasst mehr als zwei Stunden der Nachtzeit.

(4) Ein **Nachtarbeitnehmer** leistet an mindestens 48 Tagen im Kalenderjahr Nachtarbeit.

37: Vorgesetzte

(1)

▸ Belastbarkeit	▸ Einfühlungsvermögen	▸ Persönliche Integrität
▸ Intelligenz	▸ Selbstbeherrschung	▸ Überzeugungskraft
▸ Urteilsfähigkeit	▸ Kreativität	
▸ Entscheidungsfähigkeit	▸ Verantwortungsfreude	

(2) Die **Legitimationsmacht** kennzeichnet die formale Ordnung. Für die Führung gilt:

- Wenn der Vorgesetzte **kooperativ** führt, hat die Legitimationsmacht nachrangige Bedeutung. Viel bedeutsamer sind insbesondere die Referenzmacht und Expertenmacht. Die Legitimationsmacht kommt nur zum Tragen, wenn der Mitarbeiter in seiner Leistungserfüllung auf kooperatives Verhalten nicht anspricht.

- Bei einem **autoritären Führungsstil** steht die Legitimationsmacht dagegen im Vordergrund. Der Vorgesetzte handelt kraft seiner hierarchischen Stellung im Unternehmen.

38: Mitarbeiter/Gruppen

(1) Als besonders wichtig angesehene **Merkmale am Arbeitsplatz** sind z. B.:

▸ Sicherer Arbeitsplatz	▸ Positive Arbeitsverhältnisse
▸ Gute Bezahlung	▸ Klare Regelung der Arbeitszeit
▸ Gutes Verhältnis zu Kollegen	▸ Flexible Urlaubsregelung
▸ Art der Arbeit/Tätigkeit	▸ Entwicklungsmöglichkeiten
▸ Gutes Verhältnis zu Vorgesetzten	▸ Mitwirkungsmöglichkeiten
▸ Gute Arbeitsplatzbedingungen	▸ Gute Sozialeinrichtungen

(2) Folgende **Merkmale der Gruppe** sind für den Vorgesetzten interessant, damit er seine Führungsaufgabe in geeigneter Weise wahrnehmen kann:

- **Größe der Gruppe**
(einheitlich ausgerichtete Gruppe; mehrere Cliquen?)

- **Informelle Machtstrukturen der Gruppe**
(ein Führer, mehrere Führer?)

- **Durchschnittliches Qualifikationsniveau der Gruppe**
(Niveau der informellen Führung?)

- **Innere Homogenität der Gruppe**
(einheitliches Niveau, stark differenziertes Niveau?)

- **Normen der Gruppe**
(welche Einstellungen zu Arbeit und Unternehmen?)

- **Kommunikationsstruktur der Gruppe**
(wie laufen Informationswege, wer ist Meinungsbildner?)

- **Beziehung zum Vorgesetzten**
(Autorität, Furcht, Positionsmacht, Sympathie, Antipathie?)

39: Ziele/Zielvereinbarung

(1)

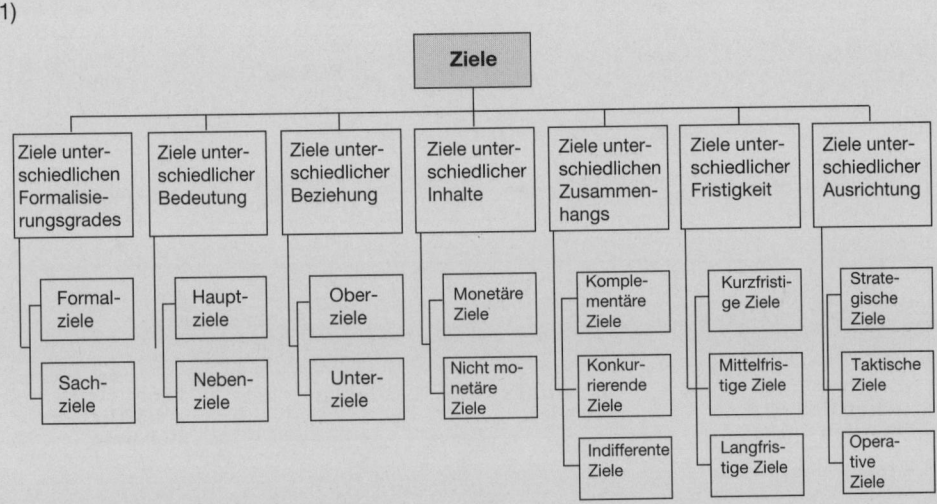

(2) Die **Checkliste** kann wie folgt aussehen (*Cornelli/von Rosenstiel*):

> ▸ Was ist das beabsichtigte Ziel?
>
> ▸ Ist es präzise beschrieben?
>
> ▸ Was ist als Ergebnis, Endprodukt bzw. erwünschte Verhaltensweise definiert worden?
>
> ▸ Wie ist das angestrebte Ziel (Ergebnis, Endprodukt, erwünschte Verhaltensweise) zu kontrollieren?
>
> ▸ Wie kann man hinreichend genau feststellen, ob das Ziel erreicht wurde?
>
> ▸ Wie ist es messbar bzw. beobachtbar?
>
> ▸ Lässt sich das Ziel mit den anderen Zielen vereinbaren, mit den Zielen
>   - des Mitarbeiters
>   - seiner Stellenbeschreibung
>   - seiner Abteilung und
>   - seines Unternehmens?
>
> ▸ Wird das Arbeitsgebiet durch Ziele vollständig abgedeckt oder gibt es Lücken?
>
> ▸ Ist das Ziel wirklich wichtig?
>
> ▸ Was passiert, wenn es nicht erreicht wird?
>
> ▸ Ist das Ziel eine Herausforderung?
>
> ▸ Ist es weder zu leicht erreichbar noch unrealistisch hoch?
>
> ▸ Ist das Ziel positiv formuliert? (»Ich soll ...«, nicht »Ich darf nicht ...«?)
>
> ▸ Wer muss mitwirken, um das Ziel erreichen zu können?

40: Planung

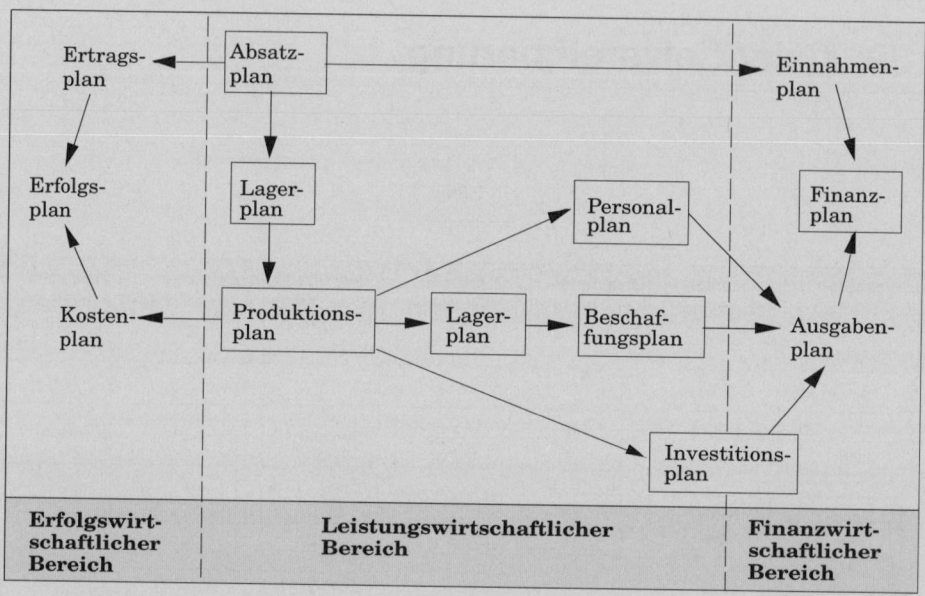

Erfolgswirt-
schaftlicher
Bereich | Leistungswirtschaftlicher
Bereich | Finanzwirt-
schaftlicher
Bereich

41: Information

(1) Es können z. B. folgende **Empfehlungen** gegeben werden (*Zander*):

- Möglichst genaue Kenntnis der zu informierenden Zielgruppe, z. B. durch eine im Vorfeld des Informationsprozesses durchgeführte Recherche
- Prüfung der Aufnahmebereitschaft und Aufnahmefähigkeit des Empfängers
- Bevorzugung unmissverständlicher und übersichtlicher Darstellungen/Visualisierungen
- Ständige Beobachtung und ggf. Korrektur der eigenen Informationsleistung
- Suche nach und Einsatz von neuen Informationsmitteln, z. B. E-Mail-Verteiler, Firmen-Newsletter
- Ständige Durchführung von Erfolgskontrollen.

(2) **Ursachen** für eine **mängelbehaftete Informationspolitik** eines Vorgesetzten können sein:

- Unfähigkeit des Vorgesetzten, zeitnah, richtig und aussagekräftig zu informieren
- Fehlende Sensibilität des Vorgesetzten, dass Informationen für die Mitarbeiter wichtig sind
- Zurückhalten von Informationen, um die eigene Machtposition nicht zu gefährden, die Mitarbeiter bewusst von Informationen abschneiden bzw. sich einen Wissensvorsprung zu erhalten
- Unsicherheit des Vorgesetzten, welche Informationen er weitergeben darf, insbesondere wenn er nicht sicher ist, inwieweit sie vertraulich sind.

(3) *Zander/Wagner* nennen als **gängige Mittel** zur **Information des Personals:**

Abschlussbericht	Flugschrift	Persönliches Gespräch
Anschlag	Formulare	Personalschulung
Ansprache	Führungskräftebesprechung	Plakat
Anstellungsgespräch	Führungskräfteinformation	Problemausschuss
Arbeitsordnung	Führungskräftetraining	Qualifikationsbesprechung
Auftragserteilung	Geschäftsbericht	Rapport
Aushang	Grafik	Redaktionsbeirat
Ausstellung	Gruppenbesprechung	Rundgang des Chefs
Beratung, Besprechung	Handbuch für Vorgesetzte	Rundschreiben
Bericht	Handzettel	Schaubild
Betriebsbesichtigung	Hausmitteilung	Schaukasten
Betriebschronik	Hauszeitung	Schautafel
Betriebshandbuch	Informationsbroschüre	Schwarzes Brett
Besprechung	Informationskurs	Sicherheitsbeauftragtenbesprechung
Betriebsratsbesprechung	Informationstafel	Signale aller Art
Betriebsvereinbarung	Informationsveranstaltung	Sozialbericht
Betriebsversammlung	Innerbetriebliche Werbung	Sprechstunde
Dienstbesprechung	Jubiläumsschrift	Statistik
Dokumentationsauswertung	Konferenz	Tonbildschau
Einführungskurs	Kontakt mit Gewerkschaft	Tonbildstreifen
Einführungsschrift	Kurzbericht	Tonfilm
Einlageblatt	Merkblatt	Umlauf
Einzelaussprache	Mitteilungsblatt	Vorschlagswesenkommission
Fachvortrag	Mitarbeiterbesprechung	Vortrag
Fernkurs	Mitarbeiterzeitschrift	Weiterbildungsveranstaltungen
Fernsprecher	Organisationshandbuch	Wirtschaftsausschusssitzung
Firmenhandbuch	Persönlicher Brief	

(4) Als **Ursachen für Informationsstörungen** können z. B. genannt werden:

- Machtbezogene Informationspolitik
- Nutzung fremder Informationen für eigene Zwecke
- Sender und Empfänger sind räumlich getrennt
- EDV-technische Probleme
- Informationsvielfalt und Informationsüberhäufung
- Defizite in der Aufbau- und Prozessorganisation.

42: Kommunikation

(1)

Eröffnung	Beginn des Gesprächs planen und realisieren
	⇩
Einstieg	Problemstruktur darlegen
	⇩
Kritik	Negative und positive Kritik aussprechen
	⇩
Aktivitäten	Maßnahmen klären
	⇩
Sicherung	Erfolgssicherung betreiben
	⇩
Kontrolle	Überprüfung festlegen
	⇩
Beendigung	Schluss des Gesprächs klären

(2) **Anforderungen** und **Eignungen** bei der **geschäftlichen Kommunikation** sind (*Reichwald*):

Anforderungen an einen geschäftlichen Kommunikationsprozess			
Genauigkeit	**Schnelligkeit/ Bequemlichkeit**	**Vertraulichkeit**	**Komplexität**
z. B.: • formalisiertes Berichtswesen • Hausmitteilungen/ Rundbriefe • Rechnungserstellung/ Auftragsbestätigung • Austausch von Massendaten z. B. mit Banken	z. B.: • kurze Anfragen bei Arbeitspartnern • Verteilung kurzer Nachrichten • Reaktion auf überraschende Ereignisse	z. B.: • Information über Personalangelegenheiten • Vermutungen über geschäftliche Risiken und Chancen	z. B.: • arbeitsteilige Lösung neuartiger Probleme • Verhandlungen • Mitarbeitergespräch • Erläuterungen komplizierter Zusammenhänge

	Genauigkeit	Schnelligkeit/ Bequemlichkeit	Vertraulichkeit	Komplexität
besonders gut geeignet	Text/Bild-Dokumentation	Telefon	Face-to-Face	Face-to-Face
eingeschränkt geeignet	reine Textkommunikation	Face-to-Face	Telefon	Text-/Bildkommunikation
nicht geeignet	persönliches Gespräch (Face-to-Face, Telefon)	Briefkommunikation	offene Telekommunikation	reine Textkommunikation

(3)

	Merkmale	Wirkungen
Offene Fragen	▸ Sie beginnen mit einem Fragewort, z. B. was, wer, wie, wo. ▸ Sie lassen sich nicht mit »ja« oder »nein« beantworten. ▸ Sie bieten Freiräume hinsichtlich des Inhaltes und der Formulierung der Antwort	▸ Sie ermöglichen eine große Ausbeute an Informationen ▸ Sie wirken partnerschaftlich bzw. kooperativ ▸ Sie werden nicht als stark lenkend empfunden
Geschlossene Fragen	▸ Sie beginnen mit einem Tätigkeitswort, z. B. »Haben Sie ..., können Sie ....« ▸ Sie bieten geringe Freiräume bei der Beantwortung, z. B. »Ja, nein, groß, klein«	▸ Sie begrenzen die Ausbeute an Informationen erheblich ▸ Sie zwingen zu eindeutigen Aussagen ▸ Sie werden als stark lenkend empfunden

(4) Folgende **Signale** können hindeuten auf:

• **Misstrauen/Ungläubigkeit**

▸ Stirn runzeln
▸ Mund zusammenpressen
▸ Unterlippe nach vorn schieben
▸ Verzerrtes Lächeln
▸ Augenbrauen zusammenziehen

▸ Kopf weg drehen mit Blickkontakt
▸ Augen verdrehen
▸ Augenlider halb geschlossen
▸ Seitenblicke
▸ Berühren der Nase

- **Sympathie/Wohlwollen/Interesse**

▸ Spiegelnde Bewegungen	▸ Tendenz zu Distanzverringerung
▸ Lächeln	▸ Putzverhalten
▸ Kopf seitlich neigen	▸ Flirtverhalten
▸ Blickkontakt	▸ Berührung des Anderen

- **Verachtung/Ablehnung**

▸ Lautes, langsames Sprechen mit niedriger Frequenz	▸ Mundwinkel nach unten verzogen
	▸ Mund geschlossen
▸ Angespanntes Atmen	▸ Lider halb geschlossen
▸ Verschränkte Arme und Beine	▸ Erhobener Kopf
▸ Heben der Nasenflügel	▸ Blick von oben nach unten

(5) Es sind folgende Interpretationen möglich (*Argyle*):

①   neugierig
②   verwirrt
③   gleichgültig
④   ablehnend

⑤   beobachtend
⑥   selbstzufrieden
⑦   willkommen heißend
⑧   entschlossen

43: Delegation/Führungstechniken

(1) Der **Vorgesetzte** könnte folgendes **Verhalten** zeigen:

- Er sollte bei einer erkennbaren **Überforderung den Mitarbeiter** motivieren und Hilfe anbieten. Gegebenenfalls sind die Ziele neu festzulegen bzw. zu vereinfachen und der Mitarbeiter in »kleinen Schritten« zu betreuen.

- **Wenn der Mitarbeiter mit der Aufgabe zeitlich nicht zurecht kommt**, sollten die Gründe hierfür ermittelt werden, um Vorschläge für ein besseres Zeitmanagement geben zu können. Dem Mitarbeiter sollte auch deutlich gemacht werden, wo Prioritäten zu sehen sind bzw. was wichtig, weniger wichtig und unwichtig ist.

- Bei **Fehlern des Mitarbeiters** sollte geklärt werden, weshalb die Fehler erfolgten. Der Mitarbeiter ist vertieft über die Aufgabe zu informieren, in geeigneter Weise anzuleiten und gegebenenfalls zu schulen. Wichtig ist auch, dass der Vorgesetzte ihn ermutigt.

(2)

Kriterium	Management by Exception	Management by Delegation	Management by Objectives
Voraussetzungen	▸ Aufgaben delegieren ▸ Ermessenspielraum festlegen ▸ Ausnahmeregelungen festlegen	▸ Aufgaben delegieren ▸ Kompetenzen delegieren ▸ Handlungsverantwortung delegieren	▸ Aufgaben delegieren ▸ Kompetenzen delegieren ▸ Handlungsverantwortung delegieren

	▶ Informationssystem schaffen ▶ Art des Vorgesetzten-Eingreifens festlegen	▶ Zurück- und Weiterde-legation ausschließen ▶ Ausnahmeregelungen festlegen ▶ Vorgesetzten-Eingriff regeln ▶ Führungsverantwortung übertragen ▶ Informationssystem schaffen	▶ Organisation zielorien-tieren ▶ Planungs-, Informations-, Kontrollsystem organisieren ▶ Mitarbeiter ausbilden
Vor-teile	▶ Vorgesetzten-Entlastung von Routinearbeiten ▶ Selbstständiges Handeln der Mitarbeiter ▶ Verbesserung der Organisation und Kommunikation	▶ Vorgesetzten-Entlastung von Routinearbeiten ▶ Schnelle, sachgerechte Entscheidungen ▶ Kompetenz- und Handlungsverantwortung der Mitarbeiter ▶ Eigeninitiative, Leistungsmotivation, Verantwortungsbereitschaft	▶ Vorgesetzten-Entlastung von Routinearbeiten ▶ Verbesserung der Identifikation mit Unterzielen ▶ Objektivere Beurteilung der Mitarbeiter ▶ Eigeninitiative, Leistungsmotivation, Verantwortungsbereitschaft ▶ Gesteigerte Effizienz von Planung und Organisation ▶ Kompetenz und Handlungsverantwortung der Mitarbeiter
Nach-teile	▶ Nur für einen Teil der Führungsprobleme nutzbar ▶ Festlegung der Toleranzbereiche schwierig ▶ Demotivation der Mitarbeiter durch Routinearbeiten ▶ Demotivation der Mitarbeiter durch Zwang zur Meldung negativer Abweichungen	▶ Delegation weniger interessanter Aufgaben ▶ Verfestigung der Hierarchie ▶ Starke Aufgabenorientierung ▶ Vernachlässigung horizontaler Hierarchiebeziehungen	▶ Überhöhter Leistungsdruck auf Mitarbeiter möglich ▶ Nicht ohne weiteres Identifikation mit Unternehmenszielen ▶ Hemmung von Eigeninitiative, Leistungsmotivation, Verantwortungsbereitschaft möglich ▶ Bevorzugung quantitativer Ziele ▶ Überbetonung des Kontrollsystems ▶ Abstimmung der Ziele über Abteilungsgrenzen schwierig

44: Vorschlagswesen/Qualitätszirkel

(1)

Kriterien	Vorschlagswesen	Qualitätszirkel
Zeitbezug	langfristig	langfristig
Freiwilligkeit der Teilnahme	freiwillig	freiwillig
Auswahl der Themen	durch Mitarbeiter bestimmt	von Gruppe bestimmt
Formalisierungsgrad	relativ hoch	eher gering
Belohnung	materiell	immateriell

(2) **Gründe** für die **Nicht-Teilnahme** am Verbesserungsvorschlagswesen können z. B. sein:

- Vorschlagswesen unbekannt
- Mangelnde Kenntnisse/Kritikfähigkeit/Einfallslosigkeit
- Ungenügende Artikulationsfähigkeit
- Gleichgültige Artikulationsfähigkeit
- Keine Bereitschaft zu Veränderungen
- Formalisierter Ablauf des Vorschlagswesens
- Angst vor Blamage
- Furcht vor materiellen Nachteilen
- Angst vor Konflikten mit Kollegen/Vorgesetzten.

45: Eignung/Arten der Personalbeurteilung

(1) Die **Eignung der Personalbeurteilung** kann eingeschätzt werden (*Jung*):

Vorteile	Nachteile
▸ Größere Arbeitsproduktivität durch Mehrleistung	▸ Höhere Personalkosten
▸ Gerechtere leistungsabhängige Entlohnung	▸ Höherer Arbeitsaufwand für Führungskräfte
▸ Als wichtiges Führungsinstrument einsetzbar	▸ Schaden durch falsche Beurteilungen möglich
▸ Zwang der Führungskräfte, sich mit der Leistung ihrer Mitarbeiter zu befassen	▸ Spannungsverhältnis zwischen Mitarbeiter und Vorgesetztem möglich
▸ Förderung zu zielorientiertem Handeln	▸ Schädigung der Teamarbeit durch Leistungskonkurrenz
▸ Gezielte Anleitung zur Leistungssteigerung möglich	▸ Erschwerung der Versetzungen von Mitarbeitern auf gleicher Ebene, weil sie ihre Leistungszulagen in der neuen Arbeitsgruppe »verteidigen« müssen
▸ Erkennbarkeit von Über- und Unterforderungen	
▸ Gezielter Einsatz der Mitarbeiter möglich	
▸ Kontrollierbarkeit und Beeinflussbarkeit der Höhe des Leistungsgehaltes durch die Mitarbeiter	

(2) Zwischen Leistungsbeurteilung und Potenzialbeurteilung gibt es vor allem folgende **Unterschiede** (*Eberle/Hartwich*):

	Leistungsbeurteilung	Potenzialbeurteilung
Ziel-setzungen	▸ Liefert nachträglich den Beweis für richtigen Mitarbeitereinsatz ▸ Ist Basis für weitergehende Entscheidungen über Gehalt/Zulagen/Beförderung ▸ Gibt Auskunft über die Notwendigkeit einer Umsetzung	▸ Ermöglicht die Prognose über die Bewältigung künftiger Aufgaben und sichert für die Zukunft richtigen Mitarbeitereinsatz ▸ Ist Basis für Stellenbesetzungsentscheidungen ▸ Liefert den Erklärungsgrund für auffällige Leistungsmängel
Methodik	▸ Vergangenheitsorientiert ▸ Verhaltensorientiert ▸ Beurteilt äußeres Verhalten als äußerer »Oberflächenbefund« ▸ Erfordert überwiegend Fachkenntnis ▸ Jährlich oder zweijährlich notwendig	▸ Zukunftsorientiert ▸ Persönlichkeitsbezogen ▸ Diagnostiziert innere Strebungen und Neigungen als innerer »Tiefenbefund« ▸ Erfordert überwiegend Menschenkenntnis ▸ Alle drei bis fünf Jahre ausreichend

(3) **Voraussetzungen** für die Einsetzbarkeit der Kollegenbeurteilung sind:

- Aufgaben und Aufgabenziele müssen Kollegen genau bekannt sein
- Einschätzbarkeit der Leistungen erfordert fachliche Kompetenz
- Vorliegen ausreichender Informationen über Leistungsergebnisse
- Möglichkeit zur Beobachtung des Kollegenverhaltens
- Vorhandensein der Motivation zur gegenseitigen Beurteilung
- Qualifiziertes Feedback unter den Kollegen
- Ähnliche Qualifikation und Erfahrung der Kollegen.

Probleme der Kollegenbeurteilung können sein:

- Mitarbeiter beurteilen sich gegenseitig positiv
- Beurteilungsergebnisse können zu Konkurrenz führen
- Eher Beurteilung der Beziehung zum Kollegen als der Leistung
- Mitarbeiter mit schwächerer Persönlichkeit können durch Urteile von Kollegen bevormundet, unterdrückt, falsch interpretiert werden.

46: Einsatz der Personalbeurteilung

(1)

1	Erarbeitung oder Auswahl eines Personalbeurteilungssystems
	⇩
2	Abschluss einer Betriebsvereinbarung über die Einführung des Personalbeurteilungssystems
	⇩

3	Information der Mitarbeiter über die Einführung des Systems

⇩

4	Ausarbeitung, Beschaffung und Bereitstellung der Hilfsmittel zur Personalbeurteilung

⇩

5	Schulung der Vorgesetzten in der Beurteilung ihrer Mitarbeiter gemäß dem ausgewählten System

⇩

6	Durchführung der Beurteilungen nach einem ausgearbeiteten Terminplan

⇩

7	Durchführung der Beurteilungsgespräche mit jedem Mitarbeiter

⇩

8	Kritische Analyse der Personalbeurteilung

(2) Als **Trainingsinhalte** für **Personalbeurteilungs-Seminare** bieten sich an (*Liebel/Oechsler*):

- Erläuterung von Sinn und Zweck von Leistungs- und Verhaltensbeurteilungen
- Darstellung des eingeführten Systems
- Vergleich zu anderen Beurteilungsmethoden
- Bestimmung kritischer Arbeitsinhalte
- Festlegung von Bewertungsstandards
- Darstellung der Leistungsbeurteilung im Ablauf
- Beurteilung als Prozess, Beurteilungsfehler und Methoden in ihrer Reduzierung
- Beurteilungsbekanntgabe, Gesprächsvorbereitung und Gesprächsablauf
- Fallbeispiele und Übungen (zum Beurteilen und zur Gesprächsführung)

(3) **Gründe** für den **Zwiespalt der Vorgesetzten** können sein:

- Sie wollen das vertrauensvolle Verhältnis zu den Mitarbeitern nicht gefährden
- Sie wollen die Mitarbeiter nicht demotivieren sowie ihre Arbeits- und Einsatzbereitschaft aufrecht erhalten
- Sie wollen gute Mitarbeiter, die ihnen nützlich sind, nicht verlieren
- Sie wollen weniger leistungsfähige Mitarbeiter halten, weil sie gegenwärtig nicht zu ersetzen sind
- Sie fühlen sich ihren Mitarbeitern nicht so gewachsen, wie es von ihnen zu erwarten wäre

(4) Als **Gründe** für **bewusste Verfälschungen** von Beurteilungen lassen sich nennen:

- Protektion, d. h. aus Sympathie wird ein Mitarbeiter begünstigt
- Vergeltung für Schwierigkeiten, Hassgefühle, Antipathie
- Bewusste Verdrehung von Sachverhalten, um eigene Schuld oder Unfähigkeit zu verschleiern
- Bewusstes Vorziehen eines schlechten Mitarbeiters einem besseren Mitarbeiter gegenüber, um eigene Position nicht zu gefährden
- Wegloben von Mitarbeitern aus fragwürdigen Hintergründen
- Manipulation der Beurteilung, um selbst besser beurteilt zu werden
- Befürchtung negativer Konsequenzen bei objektiver Beurteilung

47: Eindimensionale Führungsstile

(1)

Kriterien Führungsstil	autoritär	kooperativ
Die Beschäftigten werden betrachtet als …	Maschinen	Mitarbeiter
Autorität und Macht des Vorgesetzten werden begleitet von …	Hierarchie	persönlichem Können und Aufgabenerfüllung
Entscheidungen werden getroffen durch …	Befehl	Anhören und Überzeugen der Mitarbeiter
Informationen gehen aus …	von der Spitze	von oben, von unten, auch Quer- und Schräginformation
Aufsicht und Kontrolle werden vorgenommen als …	Totalkontrolle	durch den Vorgesetzten
Schwerpunkt der Motivation ist …	Angst	der »Bürger« im Unternehmen

(2)

Kriterien Führungsstil	bürokratisch	patriachalisch	Laissez-faire
Die Beschäftigten werden betrachtet als …	anonyme Faktoren	Kinder	isolierte Individuen
Autorität und Macht des Vorgesetzten werden begleitet von …	Apparat	Vater	Mitarbeiter
Entscheidungen werden getroffen durch …	schriftliche Anweisungen und Vorschriften	anordnende Aufklärung	Abstimmungen
Informationen gehen aus …	überwiegend von oben nach unten auf formellen Wegen	wohlwollend von oben	zufällig
Aufsicht und Kontrolle werden vorgenommen als …	durch Berichte und schriftliche Überprüfungen	nach Gefühl	nicht
Schwerpunkt der Motivation ist …	Anweisungen und Vorschriften	Abhängigkeit	Freiheit

48: Mehrdimensionale Führungsstile

(1) Die Aussagen deuten auf folgende **Führungsstile** des Verhaltensgitters hin:

▶ Herr **Schulz**: 9.1-Führungsstil

▶ Herr **Klein**: 1.9-Führungsstil

▶ Herr **Lustig**: 1.1.Führungsstil

▶ Herr **Peters**: 5.5-Führungssti

▶ Herr **Klug**: 9.9-Führungsstil

(2) Das 3-D-Konzept lässt sich charakterisieren (*Reddin*):

	Verfahrensstil	Beziehungsstil	Aufgabenstil	Integrationsstil
Kommunikationsweise	schriftlich	Gespräche	Anweisungen	Konferenzen/Mitarbeitergespräche
Kommunikationsrichtung	kaum Kommunikation in irgendeine Richtung	vom Mitarbeiter nach oben	nach unten zum Mitarbeiter	Kommunikation in beide Richtungen
Identifikation mit ...	Organisation	Mitarbeitern	Vorgesetztem und Arbeitsweise	Mitarbeitern und Kollegen
Beurteilt Menschen nach ...	Intelligenz/Regeleinhaltung	menschlicher Wärme/Verständnis	Macht/Leistung	Teamarbeit/Soziale Integration
Reaktion auf Fehler	stärkere Kontrollen	werden übergangen	Bestrafung	daraus lernen
Konfliktmanagement	meidet Konflikte	schlichtet	unterdrückt	nutzt sie aus/Konfliktdiskussion
Schwächen	Sklave der Regeln	Sentimentalität	kämpft unnötigerweise	unangebrachte Mitsprache
Menschenbild			Theorie X	Theorie Y

49: Mobbing

(1) *Leymann* nennt als **Mobbing-Handlungen**:

- **Angriffe auf die Möglichkeiten, sich mitzuteilen**

  - ▸ Der Vorgesetzte schränkt die Möglichkeit ein, sich zu äußern
  - ▸ Man wird ständig unterbrochen
  - ▸ Kollegen schränken die Möglichkeiten ein, sich zu äußern
  - ▸ Anschreien oder lautes Schimpfen
  - ▸ Ständige Kritik an der Arbeit
  - ▸ Ständige Kritik am Privatleben
  - ▸ Telefonterror
  - ▸ Mündliche Drohungen
  - ▸ Schriftliche Drohungen
  - ▸ Kontaktverweigerung durch abwertende Blicke oder Gesten
  - ▸ Kontaktverweigerung durch Andeutungen, ohne dass man etwas direkt ausspricht

- **Angriffe auf die sozialen Beziehungen**

  - ▸ Man spricht nicht mehr mit dem/der Betroffenen
  - ▸ Man lässt sich nicht ansprechen
  - ▸ Versetzung in einen Raum weitab von den Kollegen
  - ▸ Den Arbeitskollegen/innen wird verboten, den/die Betroffenen anzusprechen
  - ▸ Man wird »wie Luft« behandelt

- **Angriffe mit Auswirkungen auf das soziale Ansehen**

> ▸ Hinter dem Rücken des Betroffenen wird schlecht über ihn gesprochen
> ▸ Man verbreitet Gerüchte
> ▸ Man macht jemanden lächerlich
> ▸ Man verdächtigt jemanden, psychisch krank zu sein
> ▸ Man will jemanden zu einer psychiatrischen Untersuchung zwingen
> ▸ Man macht sich über eine Behinderung lustig
> ▸ Man imitiert den Gang, die Stimme oder Gesten, um jemanden lächerlich zu machen
> ▸ Man greift die politische oder religiöse Einstellung an
> ▸ Man macht sich über das Privatleben lustig
> ▸ Man macht sich über die Nationalität lustig
> ▸ Man zwingt jemanden, Arbeiten auszuführen, die das Selbstbewusstsein verletzen
> ▸ Man beurteilt den Arbeitseinsatz in falscher oder kränkender Weise
> ▸ Man stellt die Entscheidungen des/der Betroffenen infrage
> ▸ Man ruft ihm/ihr obszöne Schimpfworte oder andere entwürdigende Ausdrücke nach
> ▸ Sexuelle Annäherungen oder verbale sexuelle Angebote

- **Angriffe auf die Qualität der Berufs- und Lebenssituation**

> ▸ Man weist dem Betroffenen keine Arbeitsaufgaben zu
> ▸ Man nimmt ihm jede Beschäftigung am Arbeitsplatz, sodass er sich nicht einmal selbst Aufgaben ausdenken kann
> ▸ Man gibt ihm sinnlose Arbeitsaufgaben
> ▸ Man gibt ihm Aufgaben weit unter seinem eigentlichen Können
> ▸ Man gibt ihm ständig neue Aufgaben
> ▸ Man gibt ihm »kränkende« Arbeitsaufgaben
> ▸ Man gibt dem Betroffenen Arbeitsaufgaben, die seine Qualifikation übersteigen, um ihn zu diskreditieren

- **Angriffe auf die Gesundheit**

> ▸ Zwang zu gesundheitsschädlichen Arbeiten
> ▸ Androhung körperlicher Gewalt
> ▸ Anwendung leichter Gewalt, zum Beispiel um jemanden einen „Denkzettel" zu verpassen
> ▸ Körperliche Misshandlung
> ▸ Man verursacht Kosten für den/die Betroffene, um ihm/ihr zu schaden
> ▸ Man richtet physischen Schaden im Heim oder am Arbeitsplatz des/der Betroffenen an
> ▸ Sexuelle Handgreiflichkeiten

(2) **Vorbeugende Maßnahmen** von **Vorgesetzten** können z. B. sein (*Gunkel, Grüning*):

- Offen informieren
- Mitarbeiter einbeziehen

- Konstruktive Rückmeldungen geben (konkret, sachlich)
- Sich schützend vor die Mitarbeiter stellen
- Gleichbehandlungsgrundsatz beachten
- Kritikgespräche nicht vor Dritten führen
- Lob und Anerkennung geben
- Regelmäßige Mitarbeitergespräche führen
- Probleme und Konflikte frühzeitig erkennen
- Auf die Zusammensetzung der Arbeitsgruppen achten
- Motivierende Arbeitsbedingungen schaffen
- Verhinderung von Überforderung
- Für die Mitarbeiter erreichbar sein
- Aufstiegs- und Qualifizierungsmöglichkeiten unterstützen bzw. anbieten
- Stellung gegen Mobbing beziehen.

50: Personalkosten/Tarifvertrag

(1) **Einflussfaktoren auf die Personalkosten** sind:

- **Unternehmensinterne Einflussfaktoren**

  ▸ Personalpolitische Grundsätze
  ▸ Organisation des Unternehmens (Aufbau- und Prozessorganisation)
  ▸ Betriebsgröße
  ▸ Betriebsstruktur (arbeits-, kapital- oder materialintensiv)
  ▸ Personalstruktur (Geschlecht, Alter, Betriebszugehörigkeit etc.)
  ▸ Standort und Wirtschaftszweig
  ▸ Unternehmenspolitische Zielsetzungen/Unternehmensleitbild
  ▸ Soziales Engagement
  ▸ Mitbestimmung des Betriebsrates
  ▸ Produktionsprozess (Belastung der Arbeitskräfte, Unfallgefahr, Betriebs- und Arbeitszeit)
  ▸ Finanz- und Ertragslage

- **Unternehmensexterne Einflussfaktoren**

  ▸ Gesetzliche Regelungen (staatliche Sozialpolitik, ausgedrückt in Sozialgesetzgebung)
  ▸ Betriebsverfassungsrecht/Arbeitsgesetzen
  ▸ Tarifpolitik und Verhalten der Tarifparteien
  ▸ Betriebliche Regelungen
  ▸ Regionale Wirtschafts- und Arbeitsmarktstrukturen
  ▸ Allgemeine und branchenspezifische Konjunkturlage
  ▸ Situation auf dem Arbeitsmarkt
  ▸ Erwartungen und Einflüsse der Öffentlichkeit
  ▸ Ständiger technologischer Wandel, der den Einsatz qualifizierter und teurer Mitarbeiter erforderlich macht
  ▸ Inflation

(2) Es ergeben sich folgende Werte:

Lohngruppe	I	II	III	IV	V	VI	VII	VIII	IX	X
% des Ecklohnes	70	75	80	85	90	95	100	105	110	115
Lohngruppenfaktor	0,70	0,75	0,80	0,85	0,90	0,95	1,00	1,05	1,10	1,15

Lohngruppe	16	17	18	19	20	21	22	23
% der Altersklasse 21	75	80	85	90	95	100	105	110
Alterklassenfaktor	0,75	0,80	0,85	0,90	0,95	1,00	1,05	1,10

Ortsklasse	I	II	III
% der Ortsklase 1	100	96	92
Ortsklassenfaktor	1,00	0,96	0,92

- $12 \cdot 1,05 \cdot 0,80 \cdot 0,92 = \textbf{9,27 €}$

51: Arbeitsbewertung

(1)

Art der Qualifizierung \ Art der Bewertung	summarisch	analytisch
Reihung	Rangfolgeverfahren	Rangreihenverfahren
Stufung	Lohngruppenverfahren	Stufenwertzahlverfahren

(2) Es handelt sich um folgende **Verfahren der Arbeitsbewertung:**

① Stufenwertzahlverfahren mit getrennter Gewichtung
② Rangfolgeverfahren
③ Rangreihenverfahren mit gebundener Gewichtung
④ Rangreihenverfahren mit getrennter Gewichtung
⑤ Lohngruppenverfahren
⑥ Stufenwertzahlverfahren mit gebundener Gewichtung

(3)

Verfahren	Vorteile	Nachteile
Rangfolge-verfahren	▸ Einfache Handhabbarkeit ▸ Kostengünstigkeit ▸ Leichte Verständlichkeit	▸ Größe der Rangabstände unbekannt ▸ Nicht gewichtete Anforderungsarten ▸ Subjektive Bewertung
Lohngruppen-verfahren	▸ Einfache Handhabbarkeit ▸ Kostengünstigkeit ▸ Leichte Verständlichkeit	▸ Gefahr der Schematisierung ▸ Mangelnde Berücksichtigung individueller Gegebenheiten ▸ Mangelnde Berücksichtigung technischer Entwicklungen

Rangreihen-verfahren	▸ Verbesserte Genauigkeit ▸ Verbesserte Objektivität	▸ Großer Ermessensspielraum des Bewerters ▸ Gewichtung der einzelnen Anforderungsarten schwierig
Stufenwert-zahlverfahren	▸ Gesamt-Wertzahl leicht in Geldeinheiten umrechenbar ▸ Verfahren mit größter Objektivität	▸ Unübersichtlichkeit

(4) **Auswirkungen** in Bezug auf **analytische Verfahren der Arbeitsbewertung** können sein (*Knebel/Zander*):

- **Bei zu vielen Anforderungsarten**

  ▸ Begriffsinhaltliche Überschneidungen
  ▸ Wechselbeziehungen zwischen Merkmalen
  ▸ Dadurch Doppelbewertungen
  ▸ Verminderung der Genauigkeit/Treffsicherheit

- **Bei zu wenig Anforderungsarten**

  ▸ Spezielle/wesentliche Anforderungen nicht erkennbar
  ▸ Keine differenzierten Unterschiede zwischen Arbeiten
  ▸ Hohe Anforderungen an Bewerter wegen Bewertungsspielraum
  ▸ Gefahr ungerechter Bewertung

52: Leistungsbezogene Lohnfindung

Das **monatliche Anfangsgehalt** beläuft sich auf:

$3.470 + (4.165 - 3.470) : 2 = \mathbf{3.817,50\ €}$

53: Zeitlohn

(1)

Arbeitskräfte	Zeitlohn	
	ja	nein
Nachtwächter	x	
Pförtner	x	
Maurer		x
Fernfahrer	x	
Schleifer		x
Werkzeugausgeber	x	
Dreher		x

(2)

Leistungs-grad	Leistung Stück/Std.	Stückzeit Min./Stück	Lohnkosten €/Stück	Stundenlohn €/Std.
80	16	3,75	0,75	12,00
90	18	3,33	0,67	12,00
100	20	3,00	0,60	12,00
110	22	2,73	0,55	12,00
120	24	2,50	0,50	12,00

54: Akkordlohn

(1) Es handelt sich um einen **Geldakkord**.

Durchschnittlicher Stundenlohn $= 181 \cdot 4,50 : 40$ **$= 20,36$ €**

(2) Grundlohn $= 13,20 + (0,20 \cdot 13,20)$ **$= 15,84$ €**

Minutenfaktor $= 15,84 : 60$ **$= 0,264$ €/Min.**

Stundenlohn $= (15,84 : 3) \cdot 4$ **$= 21,12$ €/Std.**

oder $4 \cdot 20 \cdot 0,264$ **$= 21,12$ €/Std.**

(3)

Leistungsgrad	Leistung Stück/Std.	Stückzeit Min./Stück	Lohnkosten €/Stück	Stundenlohn €/Std.
80	16	3,75	0,84	13,44
90	18	3,33	0,84	15,12
100	20	3,00	0,84	16,80*
110	22	2,73	0,84	18,48
120	24	2,50	0,84	20,16

* $14,00 + 14,00 \cdot 0,20 = 16,80$

55: Gruppenakkord

(1) $4.200,00 : 6 =$ **700,00 €**

(2) A: $[4.200,00 : (12,40 + 10,80 + 13,20 + 14,40 + 13,60 + 12,40)] \cdot 12,40$ **$= 678,13$ €**

B: $[4.200,00 : (12,40 + 10,80 + 13,20 + 14,40 + 13,60 + 12,40)] \cdot 10,80$ **$= 590,63$ €**

C: $[4.200,00 : (12,40 + 10,80 + 13,20 + 14,40 + 13,60 + 12,40)] \cdot 13,20$ **$= 721,87$ €**

D: $[4.200,00 : (12,40 + 10,80 + 13,20 + 14,40 + 13,60 + 12,40)] \cdot 14,40$ **$= 787,50$ €**

E: [4.200,00 : (12,40 + 10,80 + 13,20 + 14,40 + 13,60 + 12,40)] · 13,60 = **743,75 €**

F: [4.200,00 : (12,40 + 10,80 + 13,20 + 14,40 + 13,60 + 12,40)] · 12,40 = **678,12 €**

(3) A: [4.200,00 : (36 + 38 + 40 + 34 + 40 + 32)] · 36   = **687,27 €**

B: [4.200,00 : (36 + 38 + 40 + 34 + 40 + 32)] · 38   = **725,45 €**

C: [4.200,00 : (36 + 38 + 40 + 34 + 40 + 32)] · 40   = **763,64 €**

D: [4.200,00 : (36 + 38 + 40 + 34 + 40 + 32)] · 34   = **649,09 €**

E: [4.200,00 : (36 + 38 + 40 + 34 + 40 + 32)] · 40   = **763,64 €**

F: [4.200,00 : (36 + 38 + 40 + 34 + 40 + 32)] · 32   = **610,91 €**

56: REFA-Ablaufarten/REFA-Auftragszeit

(1) Es sind folgende **Ablaufarten** gegeben:

- Nebentätigkeit beim Rüsten   MNR
- Nebentätigkeit beim Rüsten   MNR
- Nebentätigkeit   MN
- Haupttätigkeit   MH
- Zusätzliche Tätigkeit   MZ
- Erholungsbedingtes Unterbrechen   ME

(2) **Rüstzeit** $= t_{rg} + t_{rer} + t_{rv} = 350 + 7 + 5 =$ **362 Min.**

Ausführungszeit $= (t_t + t_w + t_{er} + t_v) \cdot m =$
$$[45 + 8 + (45 + 8) \cdot 0,05 + (45 + 8) \cdot 0,03] \cdot 50$$
$$= \textbf{2.862 Min.}$$

Auftragszeit $= t_r + t_a = 362 + 2.862 =$ **3.224 Min.**

57: Prämienlohn/Akkordlohn/Zeitlohn

(1) Bei der **Prämienentlohnung** ergeben sich:

-

Tag	Leistung Stück	Arbeitszeit Std.	Ersparte Zeit Std.	Grundlohn €	Prämie 50 %	Tageslohn €
1	8	8	0	96,00	0,00	96,00
2	10	8	2	96,00	12,00	108,00
3	11	8	3	96,00	18,00	114,00
4	13	8	5	96,00	30,00	126,00
5	10	8	2	96,00	12,00	108,00

•

Tag	Leistung Stück	Tageslohn €	Lohnkosten €/Stück
1	8	96,00	12,00*
2	10	108,00	10,80
3	11	114,00	10,36
4	13	126,00	9,69
5	10	108,00	10,80

* 96,00 : 8 = 12,00

•

Tag	Arbeitszeit/Std.	Tageslohn €	Lohnkosten €/Stück
1	8	144,00	18,00*
2	8	162,00	20,25
3	8	171,00	21,38
4	8	189,00	23,63
5	8	162,00	20,25

* 144,00 : 8 = 18,00

(2) **Soziale Wirkungen** sind:

Lohnformen / Wirkungen	Vorteile	Nachteile
Zeitlohn	Er gewährt den Mitarbeitern Sicherheit.	Er fördert die Unzufriedenheit bei leistungsstarken Mitarbeitern.
Akkordlohn	Er fördert die Zufriedenheit der Mitarbeiter.	Er gefährdet die Gesundheit der Mitarbeiter wegen Überlastung und schränkt die Kommunikation ein.
Prämienlohn	Er führt gegenüber dem Akkordlohn zu geringerer emotioneller Belastung.	Zusätzlicher Abrechnungsaufwand sowie i. d. R. Lohnbegrenzung nach oben.

58: Ergänzender Lohn

Ergänzender Lohn

Prämien	Zuschläge/ Zulagen	Gratifikationen	Sonstige Zuwendungen
Mengenleistungs-prämien Quantitätsprämien Nutzungsprämien Nutzungsgradprä-mien Qualitätsprämien Ersparnisprämien Anwesenheitsprä-mien Prämien für Dienst-/ Geschäftsjubiläen* Jahresabschlussprä-mien* * → Gratifkationen	Leistungszuschläge Überstundenzu-schläge Funktionszulagen Sonntagszuschläge Feiertagszuschläge Schichtzuschläge Nachtzuschläge Erschwerniszulagen Gefahrenzulagen Schmutzzulagen Ortszuschläge Kinderzuschläge Trennungszulagen Alterszuschläge Wohnzuschläge	Weihnachtsgrati-fikationen Urlaubsgratifika-tionen Jubiläumsgratifika-tionen Jahresabschluss-gratifikationen	Mietzuschüsse Verpflegungszu-schüsse Fahrtkostenzuschüs-se Beihilfen bei Krank-heit, Tod Deputate verbilligte Einkäufe Nutzung einer Werks-wohnung Private Nutzung des Dienstwagens Verbilligte Arbeitge-berdarlehen Vermögenswirksame Leistungen

59: Löhne ohne Leistung

(1) Die **Entgeltfortzahlung** ist wie folgt zu beurteilen:

- Bei einem **verschuldeten Verkehrsunfall** besteht kein Anspruch auf Entgeltfortzahlung, wenn grobe Fahrlässigkeit vorliegt, z. B. Trunkenheit, stark überhöhte Geschwindigkeit.

- Bei einer von ihm **verschuldeten Schlägerei** hat der Arbeitnehmer keinen Anspruch auf Entgeltfortzahlung. Liegt kein Verschulden vor, kann der Arbeitgeber sich an den Verursacher halten.

- Bei **Nichtanlegen des Sicherheitsgurtes** ist regelmäßig von einem Verschulden des Arbeitnehmers auszugehen, sodass kein Anspruch auf Entgeltfortzahlung besteht.

- Bei einer **Erkrankung während einer Nebentätigkeit** bleibt der Anspruch auf Entgeltfortzahlung bestehen, es sei denn, es liegt eine verbotene, besonders gefährliche oder die Kräfte des Arbeitnehmers erheblich übersteigende Tätigkeit vor.

- Bei **Sportunfällen** besteht ein Anspruch auf Entgeltfortzahlung, sofern der Arbeitnehmer nicht eine gefährliche Sportart ausübt, sich in seinen Kräften und Fähigkeiten deutlich überfordert oder in grober Weise anerkannte Regeln verletzt.

(2) Das **Urlaubsentgelt** beträgt:

- Bei wöchentlich sechs Arbeitstagen

$$\frac{13 \cdot 500}{13 \cdot 6 \text{ Arbeitstage}} \cdot 24 \text{ Urlaubstage} = \textbf{2.000} \text{ €}$$

- Bei wöchentlich fünf Arbeitstagen

$$\frac{13 \cdot 500}{13 \cdot 5 \text{ Arbeitstage}} \cdot 20 \text{ Urlaubstage} = \textbf{2.000} \text{ €}$$

Hier sind im Nenner nur 5 Arbeitstage anzusetzen, aber auch nur 20 Urlaubstage, da diese einen Urlaub von 24 Werktagen ergeben. Das Ergebnis ist, wie feststellbar das Gleiche.

60: Betriebsfeste

Betriebsfeste		
Teilnehmerkreis	**Festart**	**Empfehlung**
Gesamtbelegschaft	Weihnachtsfeier	+++
	Jahresergebnisfeier	+
	Frühlingsfest	++
	Jubilarfeier	+++
	Betriebsausflug	+
Abteilungen	Büroparty	+
	Abteilungsausflug	++
	Volksfestbesuch	+
	Weihnachtsfeier	++
	Faschingsgfest	++
Ausgewählter Mitarbeiterkreis	Exklusives Essen	+++
	Preisauszeichnung	++
Leitende Mitarbeiter	Titelverleihung	+++
Lange zugehörige Mitarbeiter	Weihnachtsfeier	+
Erfolgreiche Verkäufer	Jahresergebnisfeier	++
	Gemeinschaftsreise an bevorzugte Orte	+
Einreicher erfolgreicher Verbesserungsvorschläge	Party beim Geschäftsführer	+++
Angehörige von Mitarbeitern	Kinderfest	+
	Arbeitnehmerjubiläum	+++
	Freisprechung	++
	Tag der offenen Tür	+++
	Betriebsjubiläum	+++
	Ehrungen	++

+++ sehr empfehlenswert   ++ empfehlenswert   + möglich

61: Ausbildung

(1) Der **Lernort »Unternehmen«** kann in seiner Eignung beurteilt werden *(Gress/Stresser, Golas)*:

Vorteile	Nachteile
▶ Unmittelbarer Zusammenhang mit der Arbeitswelt ▶ Enge Verbindung mit der technischen Entwicklung ▶ Erfahrungsvermittlung aus der Praxis ▶ Kurzer Weg der Umsetzungsmöglichkeiten zwischen Theorie und Praxis ▶ Anregung des funktionellen und praktischen Denkens ▶ Lernen durch »praktisches Tun« ▶ Gewinnung von Einblicken in betriebliche Zusammenhänge und Arbeitsabläufe ▶ Lernen von eigenständigen Arbeiten und selbstständigem Handeln ▶ Hineinwachsen in die sozialen Beziehungen des Berufslebens ▶ Aneignung von Verantwortungsbewusstsein ▶ Erlernung der Teamarbeitsfähigkeit	▶ Unvollständige Ausbildung ▶ Unzureichende theoretische Fundierung der Ausbildung ▶ Mangelnde Berücksichtigung pädagogischer Erfordernisse, insbesondere Unsystematik und Unplanmäßigkeit der Ausbildung ▶ Unzureichende Maßnahmen zur individuellen Förderung von Auszubildenden ▶ Unbefriedigende Lehrabschlussprüfungen ▶ Mangelhafte pädagogische Qualifikation der Ausbilder ▶ Unzureichende Information der Auszubildenden über den Ausbildungsplan und begrenzte Beteiligung an der Kontrolle seiner Einhaltung

(2) **Ausbilder** sollten als **Qualifikationen** aufweisen *(Gress/Stresser)*:

- Persönliche und fachliche Eignung für die Ausbildung im rechtlichen Sinne
- Fachmann auf beruflichem Gebiet
- Didaktisch-methodische Kompetenz für auftragsorientierte Ausbildung
- Eignung als Vorgesetzter/Führungseigenschaften
- Charakterliche Eignung für den Umgang mit jungen Menschen
- Kontaktfreudigkeit und Kooperationsfähigkeit im Betrieb und nach außen
- Organisatorische Fähigkeiten
- Vorbildfunktion
- Verantwortungsbewusstsein
- Aufgeschlossenheit für neuere Entwicklungen in Technik und Wirtschaft
- Kreativität und geistige Beweglichkeit
- Sprachliche Ausdrucksfähigkeit und Ausstrahlung auf andere
- Willensstärke, Einsatz- und Entscheidungsfreudigkeit
- Teamfähigkeit
- Bereitschaft zur ständigen Weiterbildung

(3) Die **Vorteile** und **Nachteile** der **Berufsschule** als Lernort liegen in *(Golas)*:

Vorteile	Nachteile
▸ Theoretische Durchdringung des Lehrstoffes ▸ Systematische Vermittlung des Lehrstoffes ▸ Pädagogische Ausbildung der Lehrer ▸ Didaktischer Aufbau des Unterrichts und des gesamten Lehrplanes ▸ Kontinuität des Ablaufes ▸ Förderung der Allgemeinbildung	▸ Geringerer Zeitanteil ▸ Auszubildende aus unterschiedlichen Betrieben mit verschiedenen Vorkenntnissen sitzen zusammen ▸ Häufig mangelnde personelle und sachliche Voraussetzungen ▸ Mangelnde Kenntnis der Praxis, vor allem bei jungen Lehrern ▸ Fehlender Praxisbezug im Unterricht ▸ Zeitliche und inhaltliche Verwerfung zwischen schulischer und betrieblicher Ausbildung ▸ Unmöglichkeit, die Ernstsituation in der Schule zu simulieren ▸ Zeitlücke zwischen neuen Entwicklungen und ihrer Berücksichtigung im Unterricht ▸ Übervolle und veraltete Lehrpläne ▸ Kostenintensiver Lernort ▸ Berufsschullehrer und Ausbilder arbeiten ungenügend zusammen ▸ Relativ geringe fachliche Fortbildung der Lehrer

(4) **Maßnahmen zur Verbesserung der Kooperation** von Unternehmen und Berufsschule können sein *(Gress/Strasser)*:

- Abstimmung der Ausbildungsrahmenlehrpläne, der Ausbildungsordnungen und der Rahmenstoffpläne für die Berufsschule

- Abstimmung der Ausbildungspläne, der überbetrieblichen Ausbildungspläne mit den Ausbildungsrahmenplänen und den Rahmenstoffplänen

- Abstimmung von Lehr- und Anschauungsmaterialien

- Anstreben von gleichen Ausbildungsmethoden an den Lernorten

- Einsichtnahme der Berufsschule in die Ausbildungsnachweise (Berichtshefte)

- Zusammenarbeit und Erfahrungsaustausch bei Zwischen- und Abschlussprüfungen

- Gegenseitige Besuche/Hospitationen

- Erfahrungsaustausch zwischen Lehrern an Berufsschulen, Ausbildungsmeistern der Ausbildungsbetriebe und überbetrieblichen Ausbildungsstätten

- Lehrerfortbildung in den Unternehmen

- Bildung von Arbeitskreisen Schule und Wirtschaft.

62: Ermittlung des Fortbildungsbedarfes

(1) Folgende **unternehmensinternen Probleme** können auf einen **Fortbildungsbedarf** hinweisen:

- Überdurchschnittliche Fluktuation
- Schwierigkeiten bei der Personalbeschaffung
- Hohe Fehlzeiten
- Hohe Unfallquoten
- Übermäßiger Ausschuss
- Auffallendes Absinken der Arbeitsmenge
- Auffallendes Sinken der Qualität
- Betriebsklimaverschlechterung
- Sinkende Motivation
- Verschlechterung des Informationsflusses.

(2) Die **Eignung der Dokumentenanalyse** lässt sich beurteilen:

Vorteile	Nachteile
▶ Schnelle und direkte Gegenüberstellung von Stellenanforderungen und Mitarbeiterqualifikationen ▶ Vergleich mehrerer Personen möglich	▶ Zeitbedarf und Analyseaufwand erheblich ▶ Bedingte Eignung verschiedener Dokumente, z. B. Schul- und Abschlusszeignis ▶ Fehlen an sich geeigneter Unterlagen möglich ▶ Einsichtnahme nur für begrenzten Personenkreis

(3) Gründe für die **Bevorzugung von Erhebungen mithilfe von Fragebogen** können sein:

- Sie sind kostengünstiger als Interviews
- In der Person des Interviewers liegende Fehlerquellen entfallen
- Sie lassen sich für eine große Zahl von Mitarbeitern einsetzen.

(4) Als **Vorteile** und **Nachteile** der **Beobachtung** sind zu nennen:

Vorteile	Nachteile
▶ Genaue und detaillierte Verhaltensbeschreibung möglich ▶ Direkte Mängelanalyse durchführbar ▶ Fortbildungsbedarf effektiv feststellbar	▶ Widerstände bei Mitarbeitern möglich ▶ Demonstration eines »Muster«verhaltens ▶ Gründe für (Fehl-)Verhalten nicht erkennbar ▶ Fehlinterpretationen bei Bewertung möglich ▶ Zeitaufwändig und kostenintensiv ▶ Qualifizierte Beobachter notwendig

(5)

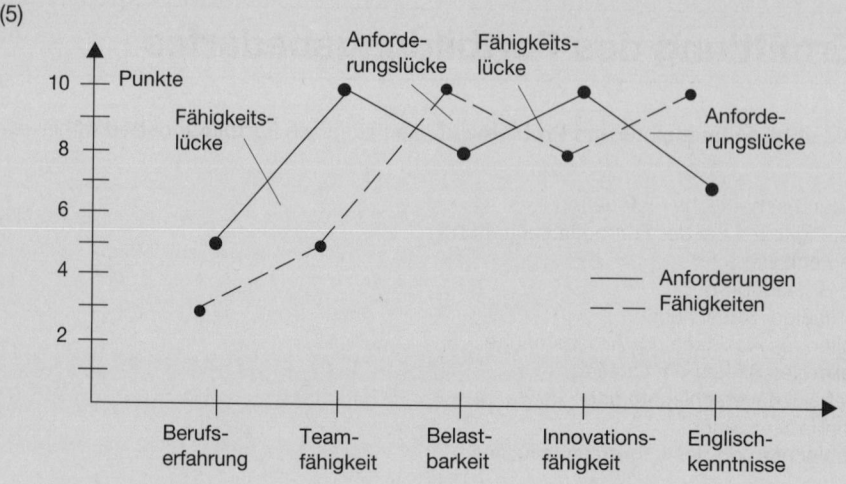

63: Deckung des Fortbildungsbedarfes

(1) Für eine **interne bzw. externe Fortbildung** sprechen folgende Gründe *(Meier)*:

Gründe für interne Fortbildung	Gründe für externe Fortbildung
▶ Freier Umgang mit Unternehmensgeheimnissen möglich ▶ Betriebsspezifische Orientierung möglich ▶ Freie Bestimmung der Lerninhalte und Lernmethoden ▶ Mehr Zusammengehörigkeitsgefühl der Teilnehmer ▶ Konkrete Transferbearbeitung möglich ▶ Kostenvorteile bei hoher Teilnehmerzahl ▶ Freie Orts- und Terminwahl ▶ Relative Kostenvorteile	▶ Keine »Betriebsblindheit« ▶ Professionelle Schulungsräume und Schulungsmaterialien ▶ Erfahrene Trainer ▶ Schulungsverhalten oft weniger gehemmt ▶ Relativ wenig Organisationsaufwand für Unternehmen ▶ Breites Auswahlangebot ▶ Multiplikator-Effekt aus Kontakt zu anderen Teilnehmern ▶ Motivationsinstrument ▶ Gut für branchenunabhängiges Funktions- und Spezialwissen ▶ Anteil an Fremderfahrung durch Erfahrungsaustausch

(2)

Kriterien	Eigene Fortbildungs-veranstaltung	Angebotene Fortbildungs-veranstaltung		
		Kurs A	Kurs B	Kurs C

I. Quantitative Beurteilung
a. **Kosten**
    Teilnehmerzahl
    Teilnehmerkosten
    Gesamtkosten
b. **Zeitbedarf**
    Teilnehmerarbeits-
    zeitbedarf
    Gesamtarbeits-
    zeitbedarf				

II. Qualitative Beurteilung
    Inhalt
    Ziele
    Methoden
    Medien
    Referenten
    Unterlagen				

Beurteilung				

(3) Die **Anforderungen an die Lerninhalte** des **Seminars für Mitarbeiter** sollten sein:

- Exemplarisch, typisch und repräsentativ
- Wiederverwendbar für spätere Seminare
- Lernziel- und berufsbezogen
- Mit früheren Lerninhalten verknüpfbar
- Möglichst nah an die betriebliche Praxis angelehnt.

64: Bildung am Arbeitsplatz

(1) **Vorteile** und **Nachteile** der **Bildung am Arbeitsplatz** sind *(Hentze, Maeck, Neges/Neges)*:

Vorteile	Nachteile
▶ Relativ kostengünstig ▶ Direkter Lerntransfer ▶ Kurzfristige Durchführbarkeit ▶ Vermeidung unnötiger Theorie ▶ Schnelles Erkennen von Fehlern ▶ Schnelle Erfolgserlebnisse möglich ▶ Große Mitarbeiteranzahl ansprechbar ▶ Verbesserung des Informationsflusses ▶ Förderung der Kommunikation	▶ Keine Übertragbarkeit der Qualifikationen auf andere Arbeitsplätze ▶ Begrenztes Erlernen von Handlungskompetenzen ▶ Probleme durch schlecht ausgebildeten Trainer ▶ Umsetzung der Lernziele nicht möglich ▶ Begrenzte Akzeptanz durch Trainer aus eigenen Reihen ▶ Oftmals nur einseitige Ausbildung ▶ Unsystematische Lernsituation ▶ Neigung zu übermäßiger betriebsbezogener Wissensaneignung ▶ Auswirkung von Negativerlebnissen auf das Arbeitsfeld

(2) **Gründe** für die **Übertragung begrenzter Verantwortung als Assistent** können sein *(Metzel)*:

- Stufenweise Übernahme von Verantwortung
- Entlastung des Vorgesetzten
- Abbau von Scheu vor höherem »Leitungsapparat«
- Entwicklung des Selbstbewusstseins
- Erwerb von Kenntnissen über Problemanalysen
- Schneller Ersatz ausscheidenden Führungspersonals durch Assistenten

(3) **Ziele** des Unternehmens bei der Durchführung von **Traineeprogrammen** sind:

- Vermitteln eines Überblicks über Aufgaben, Produkte, Struktur und Arbeitsweisen des Unternehmens

- Herantragen praktischer Erfahrungen an den Trainee

- Vermittlung spezifischer Kenntnisse und Fähigkeiten für die Übernahme späterer Funktionsverantwortung

- Bekanntmachen der Trainees mit der Unternehmensphilosophie

- Schaffung von Identifikation und Betriebsverbundenheit mit dem Unternehmen

- Vermittlung von langfristig einer Management-Laufbahn dienlichen Inhalten

- Förderung innerbetrieblicher Kommunikation und Zusammenarbeit

- Langfristige Sicherung der Versorgung des Unternehmens mit qualifizierten Führungskräften

- Erwartung eines Rückflusses der für die Ausbildung aufgewandten finanziellen Mittel.

65: Bildung außerhalb des Arbeitsplatzes

(1) Die **Eignung der Bildung außerhalb des Arbeitsplatzes** kann beurteilt werden *(Mentzel, Schneider, Jung, Hentze)*:

Vorteile	Nachteile
▶ Austausch mit Kollegen ▶ Konfrontation mit anderen Sichtweisen ▶ Entlastung von Alltagsaufgaben ▶ Gründliches und systematisches Lernen ▶ Zurückgreifen auf Experten des jeweiligen Fachbereiches ▶ Vermittelbarkeit kognitiver Lerninhalte oder intellektueller Fähigkeiten ▶ Möglichkeit der Ansprache vieler Mitarbeiter ▶ Guter pädagogischer und didaktischer Hintergrund	▶ Anwendbarkeit des Gelernten ggf. begrenzt ▶ Motivationsprobleme, wenn Gelerntes nicht eingesetzt werden kann ▶ Gefahr von passivem Teilnehmerverhalten ▶ Relativ hohe Kosten ▶ Fehlender Realitätsbezug möglich ▶ Qualität der angebotenen Schulungen vielfach unbekannt ▶ Unzureichende Berücksichtigung betrieblicher Anforderungen ▶ Begrenztes Erlernen von Handlungskompetenzen

(2) **Nachteile** der **Vorlesungsmethode** sind *(Jung, Meier, Maeck)*:

- Unzureichende Berücksichtigung von Motivation, Interessen, Wünschen der Zuhörer
- Ergänzungen und Fragen zum Wissen nur eingeschränkt möglich
- Passive Rolle der Zuhörer
- Einseitiger Informationsprozess
- Schnelle Ermüdungserscheinungen
- Schlechte Behaltensquote bezüglich des vermittelten Wissens
- Ablauf, Zeit, Intensität vom Redner abhängig
- Hoher Transferverlust.

(3) **Vorteile** und **Nachteile** der **Fallstudie** sind *(Meier, Langosch)*:

Vorteile	Nachteile
▶ Soziales Lernen möglich ▶ Anwenden von Wissen und Methoden ▶ Problemorientiertes Vorgehen wird geübt ▶ Umgehen mit komplexen Situationen ▶ Durchführung auch bei weniger lerngewohnten Teilnehmern geeignet ▶ Förderung von Schlüsselqualifikationen ▶ Vervollständigung und Übung von neuem Wissen ▶ Beeinflussung innerer Einstellungen und Verhaltensweisen ▶ Unmittelbare Erfolgskontrolle ▶ Praxisnah ▶ Zwang zur Teilnehmeraktivität ▶ Förderung des Verstehens von Zusammenhängen ▶ Steigerung der Lernmotivation durch Demonstration	▶ Kein Wissenserwerb ▶ Geringe Kontrolle des Lernablaufs ▶ Manipulationsmöglichkeit durch »starke« Teilnehmer ▶ Lernen abhängig vom Klima sowie Interaktionen in der Gruppe ▶ Vorbereitungsarbeiten zeitintensiv ▶ Bearbeitung von Fällen wird von Teilnehmern als Spielerei angesehen ▶ Erreichen aller Lernziele fraglich ▶ Erhebliches Hintergrundwissen erforderlich ▶ Nachweis über die Förderung von Schlüsselqualifikationen fehlt ▶ Kosten für Modellkonstruktion hoch ▶ Begrenzung bei Vergrößerung der Komplexität ▶ Demotivation unkompetenter Besprechung des Falls

(4) **Lernziele**, die mit dem **Einsatz von Planspielen** verfolgt werden, sind *(Jung)*:

- Übung systematischer Planungen
- Förderung der Kooperation beim Treffen von Entscheidungen unter Zeitdruck
- Ziel- und Entscheidungsfindung unter Risiko
- Lernen aus den erzielten Ergebnissen
- Erkennen von Zusammenhängen und Auswirkungen unter Berücksichtigung von Entscheidungen anderer Gruppen.

66: Bildungskontrolle

(1) Für die **Planung des Bildungsbudgets** gelten folgende **Abfolgen**:

-

Ansätze nach Planungsrichtung	Budgetierung	Planung der Bildungsaktivitäten
Top-down-Ansatz	1. —————————————————▶	2.
Buttom-up-Ansatz	2. ◀—————————————————	1.
Gegenstrom-Ansatz	1. ◀————————————————▶	1.

-

	Vorteile	Nachteile
Top-down-Ansatz	▶ Schnell durchführbar ▶ Geringer Arbeitsaufwand ▶ Kostengünstig	▶ Plangrößen, wie Umsatz oder Gewinne, sind vergangenheitsbezogen ▶ Kosten verursachende Bildungsaktivitäten bleiben unberücksichtigt ▶ Ineffizienzen nicht aufdeckbar ▶ Gefahr mangelnder Kostendisziplin
Buttom-up-Ansatz	▶ Basis sind die geplanten Bildungsaktivitäten ▶ Zukunftsorientiert ▶ Realitätsnah ▶ Identifikation der Abteilung mit Budgetvorgaben ▶ Bessere Kontrollmöglichkeiten	▶ Arbeits- und kostenintensiver ▶ Überzogene Budgetforderungen ▶ Schaffung von finanziellen Reserven, Gefahr »weicher Budgets«
Gegenstromansatz	▶ Kombiniert die Vorteile aus Top-down- und Bottom-up-Ansatz	▶ Größerer Abstimmungsbedarf ▶ Kostenintensiver

(2)

Beurteilungsbogen für Fortbildungsveranstaltungen	
Veranstaltung	Nr.:
Teilnehmer	Abt.:
Kriterien	**Beurteilung**
Stoffdarstellung und Verständlichkeit	
Qualität des Inhaltes	
Anregungen zur Mitarbeit in der Veranstaltung	
Nutzen für Ihre Arbeit	
Qualität und Quantität der Arbeitsunterlagen	
Veranstaltungsräume	
Veranstaltungsorganisation	

Bitte benutzen Sie dazu die nachstehende Beurteilungsskala:

1 - sehr gut	3 - befriedigend	5 - mangelhaft
2 - gut	4 - ausreichend	6 - indiskutabel

Anmerkungen und Vorschläge

Vielen Dank für Ihre Mitarbeit!

67: Reduzierung von Einstellungen

(1) Zur deutlichen Verminderung der Einstellungen empfiehlt es sich, ein **bürokratisches Einstellungsverfahren** einzuführen. Frei werdende Arbeitsplätze bedürfen dabei zunächst zu ihrer Neubesetzung der **Freigabe durch die Geschäftsführung**:

- Zur Freigabe eines Arbeitsplatzes und zur Neubesetzung muss ein **formularisierter Freigabeantrag** gestellt werden. In ihm ist ausführlich zu begründen, warum es unumgänglich ist, den Arbeitsplatz neu zu besetzen.

- Der Freigabeantrag wird **vom Personalleiter geprüft** und bei ungenügender Begründung wieder an den beantragenden Abteilungsleiter zurückgegeben. Ansonsten wird er vom Personalleiter befürwortet und an die Geschäftsführung weitergegeben.

- **Von der Geschäftsführung** wird der Freigabeantrag ohne Begründung **genehmigt** oder **abgelehnt**.

- Wird der Freigabeantrag genehmigt, kann nun nach einer **Wartefrist** von zumindest drei Monaten die Neubesetzung des Arbeitsplatzes eingeleitet werden.

(2) Ein **Formular zur Personalanforderung** kann Antworten auf folgende Fragen geben:

- Warum ist die Stellenbesetzung nötig?
- Was passiert, wenn die Stelle vakant bleibt?
- Lässt sich die Stellenbesetzung verschieben?
- Wie hoch sind die Personalkosten jährlich für die Neueinstellung?
- Ist evtl. eine befristete Einstellung ausreichend?
- Kann die Aufgabe durch externe Kräfte (Werk-/Dienstvertrag) erledigt werden?

- Sind organisatorische Maßnahmen denkbar, die die Neueinstellung vermeidbar machen?
- Kann eine Teilzeitkraft eingestellt werden?
- Verlangt die Neueinstellung weitere personelle Maßnahmen?
- Gibt es externe Bewerber für die Stelle?

(3) Es ist eine **Fluktuationsstatistik** zu erstellen, aus der sich Zugänge und Abgänge im Unternehmen ablesen lassen, die im Verlaufe des Jahres erfolgten.

(4) Die **Nutzung der natürlichen Fluktuation** mit Einstellungsstopps ist wie folgt zu beurteilen:

Vorteile	Nachteile
▶ Kurzfristig realisierbar ▶ Widerspruch des Betriebsrates eher nicht zu erwarten ▶ Keine Imagebeschädigung ▶ Kostengünstig machbar	▶ Abbau schwer prognostizierbar ▶ Abbau kaum steuerbar ▶ Verunsicherung in der Belegschaft ▶ Mehrbelastung von Mitarbeitern ▶ Organisations-/Koordinationsaufwand

68 : Interne Personalfreistellung

(1) Im Hinblick auf den einzuführenden **Betriebsurlaub** gilt:

- Die Unternehmensleitung kann den Betriebsurlaub nicht einseitig anordnen, denn der **Betriebsrat** hat gemäß § 87 Abs. 1 Nr. 5 BetrVG ein **Mitbestimmungsrecht** bei der Festsetzung der zeitlichen Lage des Urlaubs. Damit kann das Unternehmen Betriebsurlaub nur einführen, wenn es sich mit dem Betriebsrat geeinigt oder ersatzweise die Einigungsstelle zu seinen Gunsten entschieden hat.

- **Grundsätzlich** ja, wenn das Unternehmen mit dem Betriebsrat eine wirksame **Betriebsvereinbarung** abgeschlossen hat. Leitende Angestellte werden aber von der Betriebsvereinbarung nicht erfasst.

- **Vorteile** der **Einführung eines Betriebsurlaubs** sind:

    ▶ Bei saisonalem Auftragsrückgang wird kein überflüssiges Personal bereitgestellt
    ▶ Die Auftragsabwicklung wird nicht durch Urlaubsnahmen gestört
    ▶ Der Planungsaufwand (Urlaubslisten) für individuelle Urlaubsnahme reduziert sich
    ▶ Energiekosten verringern sich

- Als **Nachteile** der **Einführung eines Betriebsurlaubs** können genannt werden:

    ▶ Eingriff in die Dispositionsfreiheit der Arbeitnehmer
    ▶ Mögliche Schwierigkeiten beim Wiederanlaufen der Produktion
    ▶ Aufrechterhalten einer Notbesetzung kann unproduktive Kosten verursachen

(2) Ein **Kriterienkatalog** zur Beurteilung von internen **Personalfreistellungsmaßnahmen** kann folgendes Aussehen haben:

- ► Gesetzliche Restrikitionen (BetrVG, KSchG usw.)
- ► Kollektivrechtliche Restriktionen (Tarifvertrag/Betriebsvereinbarung)
- ► Individualrechtliche Restriktionen (Arbeitsvertrag)
- ► Politische Restriktionen
- ► Organisatorische Restriktionen
- ► Planbarkeit der Maßnahme/ihrer Wirkungen
- ▷ Quantitative Wirkung der Maßnahmen
- ▷ Qualitative Wirkung der Maßnahmen
- ▷ Kostenmäßige Wirkung der Maßnahmen
- ▷ Strukturelle Wirkung der Maßnahmen
- ► Fristigkeit der Maßnahmen
- ► Auswirkungen der Maßnahmen (Image/Betriebsklima)
- ► Veränderbarkeit der Maßnahmen
- ► Verwaltungstechnischer Aufwand
- ► Begründbarkeit/Durchsetzbarkeit (Mitarbeiter/Betriebsrat)

69 : Änderungskündigung

(1) Die Industriebau GmbH möchte Müller versetzen, d. h. nicht nur vorübergehend einen anderen Arbeitsplatz zuweisen. Ob die Versetzung ohne Zustimmung von Müller möglich ist, hängt grundsätzlich vom Arbeitsvertrag ab. Konkret gibt der Arbeitsvertrag der Industriebau GmbH nicht die Befugnis, Müller einseitig zu versetzen. Die Industriebau GmbH kann somit nicht ihr Direktionsrecht ausüben, denn Müller ist laut Arbeitsvertrag nur verpflichtet, als Rohrschlosser in der Werkstatt II zu arbeiten.

Die Industriebau GmbH beabsichtigt, das bisherige Arbeitsverhältnis zu beenden, also zu kündigen. Da sie aber das Arbeitsverhältnis in anderer Form fortsetzen will, liegt eine **Änderungskündigung** vor. Die Industriebau GmbH hat Müller ein Angebot zur Abänderung des Arbeitsvertrages gemacht. Für den Fall, das Müller dieses **Angebot nicht annimmt**, hat die Industriebau GmbH die **Beendigungskündigung** erklärt. **Nimmt** Müller das **Angebot** an, wird das **Arbeitsverhältnis zu den neuen Bedingungen weitergeführt**.

(2) Müller sollte **Kündigungsschutzklage** gem. § 16 KSchG **erheben**, wenn er die Kündigung für sozial ungerechtfertigt hält. Dringt er mit dieser Ansicht durch, bleibt das bisherige Arbeitsverhältnis bestehen. Müller kann weiter in der Werkstatt II arbeiten. Verliert Müller den Kündigungsschutzrechtsstreit, kann er an seinem bisherigen Arbeitsplatz nicht bleiben.

(3) Müller möchte verhindern, das er auf der Straße steht. Gleichzeitig möchte er aber überprüft wissen, ob er das Vorgehen der Industriebau GmbH hinnehmen muss. Den Interessen des Müller würde es am ehesten entsprechen, wenn er das Angebot der Industriebau GmbH unter der Bedingung **annehmen** könnte, dass er die **Kündigungsschutzklage verliert**. Diese Möglichkeit räumt ihm § 2 Kündigungsschutzgesetz (KSchG) ein. Er kann die Kündigung unter dem Vorbehalt annehmen, dass die Änderung der Arbeitsbedingungen nicht sozial ungerechtfertigt ist, d. h. sich als wirksam erweist.

Empfehlung an Müller:

- Das Angebot der Industriebau GmbH unter Vorbehalt des § 2 KSchG annehmen
- Kündigungsschutzklage erheben.

Verliert Müller die Kündigungsschutzklage, kann er wenigstens im Betrieb I weiterarbeiten. Gewinnt Müller, arbeitet er weiter in der Werkstatt II als Rohrschlosser.

70 : Ordentliche Kündigung

(1) Die **Rechtssituation** ist folgendermaßen zu beurteilen:

- Herr Mayer hat das **Arbeitsverhältnis** mit seinem Arbeitgeber, der Metallbau GmbH, **rechtskräftig gekündigt**, denn eine Kündigung ist eine einseitige Willenserklärung, die keiner Zustimmung bedarf.

- Eine **Begründung** braucht Herr Mayer für seine Kündigung **nicht vortragen**.

- Die **Kündigung** ist **zum 31.03. rechtswirksam**, wenn keine andere Kündigungsfrist als die gesetzliche Kündigungsfrist vereinbart ist. Die Kündigungsfrist beträgt 4 Wochen zum 15. oder zum Ende des Kalendermonats nach § 622 BGB.

- Die **Vorschriften zum Schutz von langjährigen Arbeitnehmern**, wonach bei einer Betriebszugehörigkeit von acht bis zehn Jahren eine Kündigungsfrist von drei Monaten einzuhalten ist, gilt nur zum Schutz des Arbeitnehmers. Sie kann also nicht vom Arbeitgeber geltend gemacht werden.

(2) Die Kündigung wird für den nächsten Kündigungstermin **nicht rechtswirksam**, da nicht mit einem Leeren des Briefkastens am gleichen Abend zu rechnen ist, sondern erst am darauf folgenden Tag, dem 16.03. Damit erlangt Frau Hill erst am folgenden Tag von ihr Kenntnis.

71 : Personenbedingte/Verhaltensbedingte Kündigung

(1) Die Prüfung der Personalabteilung ergibt:

- **Voraussetzungen** sind:

  - ▸ Negative Zukunftsprognose im Zeitpunkt der Kündigung, weitere Fehlzeiten sind zu erwarten
  - ▸ Erhebliche Beeinträchtigung betrieblicher Interessen (insbesondere hohe Lohnfortzahlungskosten)
  - ▸ Die Beeinträchtigung seiner Interessen muss für den Arbeitgeber unzumutbar sein

- Der **Arbeitgeber** hat die **Darlegungs- und Beweislast**. Die häufigen Kurzerkrankungen in der Vergangenheit können ein Indiz für häufige zukünftige Erkrankungen und damit eine negative Zukunftsprognose abgeben. Im vorliegenden Fall kann das **Unternehmen** diese **Indizwirkung geltend machen**. Die häufigen Fehlzeiten sind über einen Zeitraum von drei Jahren mit steigender Tendenz aufgetreten.

- Kast muss seine behandelnden **Ärzte von der Schweigepflicht entbinden**. Tut er das nicht, wird im Arbeitsrechtstreit die **negative Prognose** unterstellt.

- Die **Beeinträchtigung erheblicher betrieblicher Interessen** ist zu sehen in:

  - ▸ Maschinenstillstand
  - ▸ Behinderung der Arbeit anderer Arbeitnehmer
  - ▸ Notwendige Mehrarbeit anderer Arbeitnehmer
  - ▸ Übermäßige Mehrbelastung des Aufsichtspersonals wegen ständiger Umdisponierung

> ‣ Steigende Unfallgefahr wegen Einsatz ungeübter Vertreter
> ‣ Produktionsausfall
> ‣ Lohnfortzahlungskosten

Im Beispielfall wird das Unternehmen noch weiter genau zur Beeinträchtigung seiner betrieblichen Interessen vortragen müssen. Gelingt ihm das, ist davon auszugehen, dass die Kündigung wohl sozial gerechtfertigt ist.

(2) Bei der **personenbedingten Kündigung** liegen keine Gründe vor, die schuldhaftes Verhalten des Arbeitnehmers darstellen. Die Nichterfüllung erfolgt aufgrund objektiver, nicht steuerbarer Umstände.

Die **verhaltensbedingte Kündigung** wird durch bewusstes, steuerbares Verhalten des Arbeitnehmers bewirkt. Sein Verhalten ist schuldhaft.

72 : Betriebsbedingte Kündigung

(1) Die Personalabteilung gibt folgende **Auskünfte**:

- Eine **außerordentliche Kündigung scheidet aus**, weil kein wichtiger Grund vorliegt. Der Auftragsrückgang ist kein wichtiger Grund, weil er in die Risikosphäre des Unternehmens fällt.

- § 102 Abs. 1 BetrVG verlangt, dass vor **jeder Kündigung der Betriebsrat anzuhören** ist.

- Das **KSchG ist anwendbar**, denn das Unternehmen hat mehr als zehn Mitarbeiter. Die Kündigung ist rechtsunwirksam, wenn sie sozial ungerechtfertigt ist (§ 1 Abs. 1 KSchG). Hier liegen dringende betriebliche Gründe vor. Aus dem Gesichtspunkt des § 1 Abs. 1 KSchG ist die Kündigung sozial gerechtfertigt.

- **Andere Gründe** können sein:

> ‣ **Verstoß der Kündigung gegen eine Richtlinie** nach § 95 BetrVG.
> ‣ Der **Arbeitehmer kann** an einem anderen Arbeitsplatz in demselben Bereich oder in einem anderen Betrieb des Unternehmens **weiter beschäftigt werden**.
> ‣ Die **Weiterbeschäftigung** des Arbeitnehmers ist nach zumutbaren Umschulungs- und Fortbildungsmaßnahmen **möglich** oder eine Weiterbeschäftigung des Arbeitnehmers ist unter geänderten Arbeitsbedingungen **möglich** und der **Arbeitnehmer** hat damit sein **Einverständnis erklärt**.

- Nach § 1 Abs. 3 KSchG ist eine Kündigung, die aus dringenden betrieblichen Gründen erfolgt, sozial ungerechtfertigt, wenn der Arbeitgeber bei der Auswahl des Arbeitnehmers soziale Gesichtspunkte nicht oder nicht ausreichend berücksichtigt hat.

Als **soziale Gesichtspunkte** des Arbeitnehmers sind zu berücksichtigen:

‣ Dauer der Betriebszugehörigkeit	‣ Lebensalter ‣ Unterhaltspflichten	‣ Schwerbehinderung

Diese Gesichtspunkte sind mit anderen vergleichbaren Arbeitnehmern zu vergleichen.

(2) Die Fragen lassen sich beantworten:

- Nach Abschluss der Umschulungsmaßnahme ist die Weiterbeschäftigung des Arbeitnehmers möglich. Die **Kündigung** ist danach **sozial ungerechtfertigt**.

- Der Wortlaut des § 1 Abs. 1 Satz 2 KSchG – **fehlender Widerspruch des Betriebsrates – rechtfertigt nicht die Kündigung**. Wäre das der Fall, würde das die Situation des Arbeitnehmers, in den Fällen, in denen kein Betriebsrat besteht oder in denen der Betriebsrat nicht widersprochen hat, erheblich verschlechtern. Die Kündigung ist sozial ungerechtfertigt.

- Der **Arbeitnehmer** muss **binnen drei Wochen Kündigungsschutzklage** beim Arbeitsgericht erheben, sonst ist die Kündigung rechtswirksam (§ 7 KSchG).

73 : Außerordentliche Kündigung

(1) **Voraussetzungen** für eine außerordentliche Kündigung sind:

- Ordnungsgemäße Kündigungserklärung seitens des Arbeitgebers
- Anhörung des Betriebsrates
- Vorliegen eines wichtigen Grundes
- Unzumutbarkeit der Weiterbeschäftigung bis zum Ablauf der Kündigungsfrist
- Rechtzeitige Zustellung der Kündigung binnen 14 Tagen nach Feststellung des Kündigungsgrundes.

Ordnungsgemäße Kündigungserklärung und Betriebsanhörung liegen vor. Die Kündigung erfolgte auch innerhalb der gesetzlich vorgeschriebenen Frist.

(2) Ein **wichtiger Grund** liegt vor, und zwar in der Form des Verdachtes einer strafbaren Handlung. Der Verdacht kann vor Ausspruch der Kündigung nicht ausgeräumt werden, sodass das Vertrauen in die Rechtschaffenheit des Greif zerstört ist. Der Verdacht ist durch das Verhalten von Greif begründet.

(3) Das Bundesarbeitsgericht hat entschieden, dass es **zu Gunsten des Verdächtigen** zu berücksichtigen ist, wenn sich im Kündigungsrechtstreit seine **Unschuld ergibt**. Das Arbeitsgericht muss damit allen Beweisangeboten des Greif nachgeben. Ergibt sich seine Unschuld im Verfahren, ist die Kündigung unwirksam.

(4) Die Metallbau GmbH befand sich wegen der zunächst zu Recht erklärten Kündigung **nicht im Annahmeverzug**, da sie annehmen musste, Greif sei ein Dieb. Für die Zeit, in der Greif nicht gearbeitet hat, bekommt er **kein Entgelt**.

74 : Aufhebungsvertrag

(1) Antworten auf die aufgeworfenen Fragen sind:

- Aufhebungsverträge werden **meist** mit einer **Abfindungszahlung** verbunden, wenn der **Arbeitgeber** ein **besonderes Interesse am Ausscheiden** des Arbeitnehmers hat. Die Höhe der Abfindung kann das Lebensalter, das Dienstalter und das bisherige Monatseinkommen berücksichtigen.

- Das **Angebot auf Freistellung** von der Arbeit ist immer dann **angesagt**, wenn die freiwerdende **Stelle nicht mehr besetzt** werden soll oder die **Einarbeitung des Nachfolgers** problemlos ohne den bisherigen Stelleninhaber möglich ist. Aus Sicht des Mitarbeiters kann eine langfristige Freistellung attraktiv sein, weil er diese Zeit zur Stellensuche nutzen kann.

• Bei qualifizierten Fach- und Führungskräften bietet es sich an, professionelle Beratung bei der Stellensuche bereitzustellen. Zu diesem Zweck kann ein **Outplacement-Berater** eingeschaltet werden. Die Kosten dafür sollte das Unternehmen übernehmen.

(2)

Vorteile	Nachteile
▶ Keine Einhaltung der Kündigungsschutzbestimmung notwendig ▶ Betriebsrat ohne Mitbestimmungsrecht ▶ Kostengünstiger als Kündigungen ▶ Vermeidung von Kündigungsschutzklagen ▶ Sozialauswahl entbehrlich ▶ Flexible Vertragsgestaltung ▶ Gezielte Einflussnahme auf Alters- und Qualifikationsstruktur ▶ Keine Imageschäden/negative Wirkungen auf Betriebsklima ▶ Schnelle Trennung möglich	▶ Vielfach Zahlung einer Abfindung ▶ Akzeptanz des Aufhebungsvertrages schwer abschätzbar ▶ Arbeitnehmer verliert Kündigungsschutz ▶ Nachteilige sozialversicherungsrechtliche Folgen für den Arbeitnehmer

75 : Outplacement

(1) **Ursachen des Outplacement** können liegen in:

Unternehmensbezogen	Mitarbeiterbezogen
▶ Veränderte Unternehmensphilosophie ▶ Einführung eines neuen Führungsstils ▶ Technischer Wandel ▶ Neuorganisation ▶ Verbesserung der Mitarbeiterstruktur ▶ Betriebsstilllegungen, Fusionen, Aufgabe von Geschäftsbereichen	▶ Nachlassen der Leistungsfähigkeit ▶ Reduktion der Leistungsbereitschaft ▶ Nachlassen der Entwicklungsfähigkeit ▶ Intrigen, Spannungen, Störungen des Vertrauensverhältnisses

(2) Der **Nutzen des Outplacement** kann sein *(Kühlmann/Wesenberg)*:

Unternehmensbezogen	Mitarbeiterbezogen
▶ Verminderung von Trennungskosten ▶ Stärkung des Bildes einer sozialverantwortlichen Personalpolitik ▶ Abbau negativer Einstellungen und Äußerungen zum früheren Arbeitgeber ▶ Beratung bei Entscheidungsfindung und Einleitung des Trennungsprozesses ▶ Entdramatisierung der Trennung ▶ Verkürzung des Trennungsprozesses	▶ Milderung psychischer Folgen der Trennung (Enttäuschung, Verärgerung) ▶ Realistische Einschätzung eigener Stärken und Schwächen ▶ Formulierung neuer beruflicher Ziele ▶ Entwicklung einer Marketing- und Suchstrategie ▶ Prüfung der eigenen Angebote ▶ Vorbereitung und Training von Bewerbungsaktivitäten ▶ Verkürzte Übergangsphase

(3) **Kritikpunkte am Outplacement** können sein:

- Ungenügende Qualifikationen der Berater
- Zu starke Betonung der Kosten
- Einflussnahme des zahlenden Unternehmens auf zukünftige Karriereentscheidungen
- Möglicherweise geringe Akzeptanz bei Betroffenen und Anwendenden
- Vernachlässigung einzelner Personen bei Gruppen-Outplacement
- Anwendung fast ausschließlich im Führungsbereich
- Aufnehmende Unternehmen können durch Bewerbertraining getäuscht werden.

76 : Abgangsinterview

Der **Fragebogen zu einem Abgangsinterview** kann z. B. folgenden Inhalt haben:

Metallbau GmbH

ABGANGSINTERVIEW

Name: Vorname: Geburtstag:

Kündigung durch   ▶ Arbeitgeber
                          ▶ Arbeitnehmer

Kündigungsgrund   ▶ Arbeitsbedingungen
                          ▶ Arbeitsumfang
                          ▶ Führungsstil der Vorgesetzten
                          ▶ Entgelthöhe
                          ▶ Betriebsklima
                          ▶ Kollegen
                          ▶ Arbeitszeiten
                          ▶ Fehlende Entwicklungs-
                            möglichkeiten
                          ▶ Sonstige

Betriebliche Schwachstellen   ▶ Arbeitsablauf
                          ▶ Unternehmensaufbau
                          ▶ Arbeitsplatz
                          ▶ Arbeitsbereich
                          ▶ Mitarbeiterqualifikation
                          ▶ Mitarbeitermotivation
                          ▶ Unternehmensleitung
                          ▶ Abteilungsleitung
                          ▶ Sonstige

Einstellung zum Unternehmen   ▶ Positiv
                          ▶ Neutral
                          ▶ Negativ
                          ▶ Extrem negativ

Zukünftige Anschrift:

77 : Personalakte

Die Personalakte weist folgende **Probleme** auf:

- Die Personalakte als i.d.R. körperlicher Ordner benötigt viel Platz
- Eine »zweckmäßigste« Ordnung der einzelnen Schriftstücke gibt es nicht
- Die Ablage und Suche von Schriftstücken ist recht zeitaufwändig
- Die feste Sortierung der Personalakte erschwert Auswertungen
- Die Personalakte lässt sich von Sachbearbeitern nur nacheinander bearbeiten
- Zu viel Papier macht die Personalakte unüberschaubar und schwer nutzbar.

Die Probleme mit der Personalakte führen dazu, dass der Personalsachbearbeiter sie nicht täglich nutzt, sondern vorrangig Unterlagen darin sammelt.

78 : Personaldatei

Vorteile der Personaldatei sind:

- Der Rückgriff auf die Personaldaten ist schnell und direkt möglich
- Jeder berechtigte Arbeitsplatz ist rückgrifffähig
- Mehrere Sachbearbeiter können ein Mitarbeiterproblem parallel bearbeiten
- Die Personaldatei kann mehr Daten aufnehmen als eine Personalakte
- Der Platzbedarf der Personaldatei ist außerordentlich gering
- Mehrere Daten sind ohne weiteres verknüpfbar.

Als **Nachteile** der Personaldatei können angesehen werden:

- Die Verknüpfbarkeit der Dateien, wenn damit nicht seriös umgegangen wird, z. B. Kündigungskandidaten herausgefunden werden.

- Die Nutzung der Personaldatei erfordert die Verfügbarkeit der entsprechenden kostenintensiven Hardware und Software.

- Gesetzliche Restriktionen sind zu beachten, z. B. das Mitbestimmungsrecht des Betriebsrates bei der EDV-Implementierung.

79 : Personalhandbuch

Die **Gliederung des Personalhandbuches** kann wie folgt vorgenommen werden *(Jung, Göbel)*:

1. Anstellungsbedingungen

▶ Arbeitszeitreglement
▶ Überzeitregelungen
▶ Spesen- und Reisereglement
▶ Festlegung der Urlaubszeiten
▶ Angestelltenreglement
▶ Betriebsordnung
▶ Unterschriftenreglement
▶ Aushilfsanstellung
▶ Teilzeitanstellung
▶ Heimarbeit
▶ Auslandsverträge

2. Personaleinstellung und -einsatz

▶ Auswertung von Personalstatistiken
▶ Personalplanung
▶ Personalwerbung
▶ Kontakte zu Schulen
▶ Einholen von Auskünften und Gutachten
▶ Vorstellungsspesen
▶ Personalauswahl
▶ Einführung neuer Mitarbeiter
▶ Beratungsverträge
▶ Probezeit
▶ Versetzungen

3. Personelle Führung

▶ Führungsrichtlinien
▶ Aufgaben und Pflichten für Vorgesetzte
▶ Organigramm
▶ Funktionsdiagramme
▶ Stellenbeschreibungen
▶ Personalpolitik
▶ Nachwuchsplanung, Förderung
▶ Zielsetzungsprozess
▶ Information

4. Entgeltpolitik

▶ Qualifikationsgespräch
▶ Mitarbeiterbeurteilung
▶ Arbeitsplatzbewertung
▶ Lohnfindung
▶ Gratifikationen
▶ Bonussystem

5. Aus- und Weiterbildung

▶ Ermittlung des Schulungsbedarfes
▶ Externe Ausbildung
▶ Interne Ausbildung
▶ Persönliche Weiterbildung
▶ Nachwuchskräfteschulung
▶ Sprachausbildung
▶ Lehrlingsausbildung
▶ Anlernen
▶ Stipendien

6. Soziales und Dienstleistungen

▶ Altersvorsorge
▶ Krankenversicherung
▶ Gesundheitsvorsorge
▶ Finanzielle Unterstützung
▶ Darlehen
▶ Sozialberatung
▶ Freizeitkurse
▶ Dienstjubiläen
▶ Rechtsberatung
▶ Vorschlagswesen
▶ Unfallverhütung
▶ Mitarbeiterrabatte
▶ Kantine, Automaten

7. Beendigung des Arbeitsverhältnisses

▶ Pensionierung
▶ Kündigung
▶ Austrittsformalitäten
▶ Todesfälle

80 : Datenschutz

Eine **Maßnahmenliste zum Datenschutz für Mitarbeiter der Personalabteilung** kann sich beziehen auf:

- Unterschreiben der Verpflichtungserklärung auf das Datenschutzgeheimnis

- Einhalten des Datenschutzgeheimnisses gegenüber allen Personen, die nicht auf dieses Geheimnis verpflichtet sind

- Benutzen von Passwörtern bei der maschinellen Personaldatenverwaltung

- Ausschließliche Benutzung von Personalcomputern und/oder Terminals der Personalabteilung

- Erteilen von Auskünften an die Mitarbeiter über ihre gespeicherten Personaldaten, wenn diese Auskünfte über ihre gespeicherten Personaldaten wünschen

- Benachrichtigen der Mitarbeiter über gespeicherte Daten, wenn das Datenschutzrecht eine solche Benachrichtigung fordert

- Schnelle ordnungsgemäße Berichtigung von fehlerhaften Personaldaten

- Sichern des Transportes von Personaldaten, sodass diese nicht unbefugt gelesen, verändert oder gelöscht werden können

- Information des Datenschutzbeauftragten, wenn der Verdacht auf einen Verstoß gegen das Datenschutzrecht besteht.

STICHWORTVERZEICHNIS

Stichwortverzeichnis